U0431076

"十三五"
国家重点出版物出版规划项目
重大出版工程

—— 原子能科学与技术出版工程 ——

名誉主编 王乃彦 王方定

放射源制备及应用技术

罗志福　孙玉华　唐　显　马俊平
牛厂磊　张海旭　李思杰　杨红伟
秦少鹏　向学琴　许洪卫　罗洪义
李　鑫　张　磊　于　雪　李　雪
李丽波　编　著

THE PREPARATION AND
APPLICATION TECHNOLOGY FOR
RADIOACTIVE SOURCE

北京理工大学出版社
BEIJING INSTITUTE OF TECHNOLOGY PRESS

中国原子能科学研究院
CHINA INSTITUTE OF ATOMIC ENERGY

版权专有　侵权必究

图书在版编目（CIP）数据

放射源制备及应用技术／罗志福等编著. －－北京：北京理工大学出版社，2022.1

ISBN 978－7－5763－0939－3

Ⅰ．①放… Ⅱ．①罗… Ⅲ．①辐射源－研究 Ⅳ．①TL929

中国版本图书馆 CIP 数据核字（2022）第 029889 号

出版发行	／北京理工大学出版社有限责任公司
社　　址	／北京市海淀区中关村南大街 5 号
邮　　编	／100081
电　　话	／（010）68914775（总编室）
	（010）82562903（教材售后服务热线）
	（010）68944723（其他图书服务热线）
网　　址	／http：／／www.bitpress.com.cn
经　　销	／全国各地新华书店
印　　刷	／三河市华骏印务包装有限公司
开　　本	／710 毫米×1000 毫米　1／16
印　　张	／34.25
字　　数	／610 千字
版　　次	／2022 年 1 月第 1 版　2022 年 1 月第 1 次印刷
定　　价	／164.00 元

责任编辑／刘　派
文案编辑／闫小惠
责任校对／周瑞红
责任印制／王美丽

图书出现印装质量问题，请拨打售后服务热线，本社负责调换

序

1934 年，法国的 J. Curie 和 F. Joliot 夫妇第一次用化学方法分离得到了钋和镭。人工放射性同位素的发现，不但在理论上意义重大，而且为人工生产各种放射性同位素开拓了广阔的道路。

1958 年 9 月在中国原子能科学研究院建成的国内第一座反应堆和第一台加速器标志着我国进入了原子能时代。同年 10 月，33 种放射性同位素的试制成功结束了我国不能生产放射性同位素的历史，标志着我国放射性同位素领域的发展进入了一个新时期。经过 60 多年发展，放射性同位素技术已发展成为具有强大生命力的高新技术。

放射源作为重要的放射性同位素制品之一，是一种可发射电离辐射的独特产品，广泛应用于工业、农业、医疗、国防和科学研究等领域，获得了显著的经济与社会效益。1960—1971 年，国内先后研制成功了 ^{210}Po 模拟裂变中子源、^{210}Po–Be 中子源、^{210}Po α 放射源、^{210}Po 热源、^{60}Co 检查源、^{90}Sr/^{90}Y 大面积源和 ^{241}Am–Be 中子源，在反应堆启动、油田测井等方面广泛应用。80 年代初，先后用粉末冶金法成功制备 ^{241}Am 火警源和 ^{210}Po 静电消除器，铯榴法制备 ^{137}Cs 辐射源，^{147}Pm、^{90}Sr、^{204}Tl 测厚源，电镀、搪瓷、陶瓷法制备 ^{55}Fe、^{241}Am、^{238}Pu 低能光子源和 ^{192}Ir 后装源、氚钛靶等 20 种放射源新产品供国内核仪器仪表广泛应用。1990 年，制成 ^{210}Po–Be 启动中子源棒，圆满完成了我国第一座核电站首次启动用中子源棒的制备任务，为我国自行设计制造的第一座核电站反应堆达到临界以及并网发电做出了重要贡献。1998 年，完成 ^{252}Cf 自裂变中子源的制备技术工艺研究，为巴基斯坦洽希玛核电站反应堆提供了启动中子源棒，这也是中国放射源产品首次出口到国外。2018年，同位素热源随探测器登陆月球，着陆器和月球车系统状态良好、运转正常。2019年，医用钴60原料成功出堆，一举打破医用钴60原料全部依赖进口的局面，中国伽马刀治疗设备装备上中国芯。2020年，成功研制多规格同位素光源，填补国内同类产品空白。

《放射源制备及应用技术》教材的主编及团队成员从20世纪80年代开始，一直从事放射性同位素及其应用的研究，在放射性同位素及其制品制备和应用技术，特别是在放射源的制备及应用方面开展了大量的研究工作，积累了丰富的经验，取得了许多创新性成果，获得多项国家级及省（部）级奖励，发表论文上百篇。该书是在作者们多年的技术积累和工作经验基础上，参阅了大量国内外文献资料编写而成。

受该书主编所邀，很高兴地为该教材写此序言。期望该教科书的出版能有助于放射源制备及应用领域的人才培养，并推动我国放射源制备技术和核技术应用的发展。

中国工程院院士 罗琦

2022年1月

前　言

　　1958 年在中国原子能科学研究院建成的国内第一个反应堆和第一台加速器标志着我国进入原子能时代。33 种放射性同位素的试制成功结束了我国不能生产放射性同位素的历史，标志着我国放射性同位素技术的发展进入一个新时期。经过 60 多年的探索研究、技术开发、试制生产和推广应用，放射性同位素已发展成具有强大生命力的高技术产业，广泛应用于工业、农业、医疗、国防和科学研究等领域，获得了显著的经济与社会效益。

　　放射源作为重要的放射性同位素制品之一，是一种可发射电离辐射的独特产品。放射源发射出的射线可以诱发链式核反应用于反应堆启动；可使物质产生物理、化学与生物效应进而实现肿瘤治疗、高分子材料辐射加工、辐射消毒、食品辐射保鲜和农业育种等；与物质相互作用时发生的电离、激发、吸收以及散射等效应可用于分析物质的结构、成分、状态以及非电参数等。而当放射源匹配上灵敏的辐射传感器及电子计算机后可以构成先进的信息系统，制备成同位素仪表与核分析装置应用于材料分析、检测、报警、探伤、测厚等方向。放射源作为一种独特的能源，其衰变能可以转化为热能，制成同位素热源；亦可转化为电能，作为一种不可替代的同位素电源用于航天、海洋和极地考察等。

　　本教材全面系统地介绍了放射源的基础知识、制备技术、质量控制方法及应用领域等。全书共分 14 章，第 1 章介绍了放射性同位素的发展历程及技术基础、放射源的基本特性及国内放射源的发展历程等。第 2 章到第 10 章介绍了放射源的基础知识及分类，并分别介绍了α放射源、β放射源、γ放射源、低能光子源、中子源、同位素光源、同位素热源等放射源的制备技术、特性及应用。第11章介绍了放射源的活度、中子发射率、量热、亮度、污染、泄漏的质量控制方法。第12章介绍了放射源的应用技术和主要应用领域。第13章介绍了放射源的辐射防护知识。第14章对未来放射源的发展进行了展望。

本教材的编制目的，主要倾向于研究生教育。从放射性的基本特性、放射源的基本要求、应用要求等多方面出发，由简入深，力求全方位介绍放射源的制备、应用技术和应用领域，总结我国放射源发展历程，并简要介绍国外放射源研究和应用的一些进展。力求让已学习了"放射化学""放射性同位素技术"等课程的学生通过本课程的学习，进一步掌握放射源的基本知识，熟悉放射源的制备技术、主要应用范围，了解放射源的最新进展以及发展趋势。

本教材在编写过程中，得到中国原子能科学研究院科技人员的大力支持，他们均为长期从事放射性同位素工作的专业人员，具有丰富的理论知识和实战经验，分别撰写了各章节，最后由罗志福、孙玉华统稿。本教材各部分编写者均列于相应章节之后，在此一并表示感谢。感谢他们花费了大量的心血，利用大量的业余时间提供了素材，编写了教材。

在教材统稿和修改过程中，李丽波和北京理工大学出版社多位编辑对教材成书也做了大量细致的工作，对相关同志一并致谢。

本教材在编写过程中，参阅了大量的文献和资料，引用了其中的一些数据、图表，节录了其中的一部分文字，已将主要的引用来源或出处列于参考文献目录中。对所参阅和引用的文献资料的作者表示感谢。

由于本教材的涉及面广、技术难度大，其技术发展和要求也日新月异，受限于编者的学识和水平，难免会出现以偏概全之处；另外由于作者较多，写作风格各异，因此造成在全书结构、体例和格式上不完全一致，希望读者多提宝贵意见，批评指正，我们将不胜感激。

编　者

2022 年 1 月 30 日

目　录

第 1 章　概述 ··· 001
　1.1　放射性同位素技术的发展历程 ·· 002
　1.2　放射性同位素技术基础 ·· 003
　1.3　放射源基本特性 ·· 004
　1.4　国内放射源的发展历程 ·· 005

第 2 章　基础知识 ··· 007
　2.1　放射源制备基础 ·· 008
　2.2　同位素制备方法简介 ··· 024
　2.3　焊接知识 ·· 035

第 3 章　放射源制备技术 ·· 042
　3.1　放射源制备基本原则 ··· 043
　3.2　放射源制备方法分类 ··· 044
　3.3　真空技术 ·· 052
　3.4　粉末冶金技术 ··· 058
　3.5　搪瓷法、陶瓷法、硅酸盐法 ·· 060
　3.6　电化学法 ·· 061

3.7 沸石吸附技术 …………………………………………………………… 064
3.8 其他技术 ………………………………………………………………… 067

第4章 α放射源 …………………………………………………………………… 071

4.1 α放射源的结构与分类 ………………………………………………… 072
4.2 α放射源源芯的制备方法 ……………………………………………… 073
4.3 α放射源的密封 ………………………………………………………… 079
4.4 典型α放射源的制备 …………………………………………………… 085
4.5 α放射源的检验 ………………………………………………………… 090
4.6 α放射源的应用 ………………………………………………………… 091

第5章 β放射源 …………………………………………………………………… 094

5.1 β放射源的分类与应用 ………………………………………………… 095
5.2 β放射源的设计方法、制备和检验 …………………………………… 098
5.3 氚（^{3}H）放射源的制备 ……………………………………………… 100
5.4 镍63（^{63}Ni）β放射源的制备 ……………………………………… 103
5.5 钷147（^{147}Pm）β放射源的制备 …………………………………… 104
5.6 铊204（^{204}Tl）β放射源的制备 …………………………………… 107
5.7 锶90（^{90}Sr）β放射源的制备 ……………………………………… 108
5.8 钌106（^{106}Ru）β放射源的制备 …………………………………… 112
5.9 氪85（^{85}Kr）放射源的制备 ………………………………………… 113
5.10 微型β放射源的制备 ………………………………………………… 115
5.11 放射性永久发光体的制备 …………………………………………… 116
5.12 医用内照射β放射源的制备 ………………………………………… 117

第6章 γ源 ………………………………………………………………………… 121

6.1 辐照制备γ放射源 ……………………………………………………… 125
6.2 化学制备铯137（^{137}Cs）γ放射源 ………………………………… 135

第7章 低能光子源 ………………………………………………………………… 143

7.1 低能光子源的分类及制备 ……………………………………………… 144
7.2 初级低能光子源 ………………………………………………………… 150

7.3 次级低能光子源的制备 ·················· 175
7.4 低能光子源的应用 ······················ 206

第8章 中子源 ································ 207
8.1 中子源分类 ·························· 208
8.2 (α,n)中子源 ························· 214
8.3 (γ,n)中子源 ························· 235
8.4 自发裂变中子源 ······················ 239

第9章 同位素光源 ···························· 249
9.1 同位素光源的原理及特点 ·············· 250
9.2 同位素光源的分类与表征参数 ·········· 252
9.3 气态氚光源 ·························· 257
9.4 固态氚光源 ·························· 276
9.5 氪光源 ······························ 294
9.6 其他同位素光源 ······················ 297
9.7 同位素光源的应用 ···················· 298

第10章 同位素热源 ·························· 303
10.1 放射性同位素热源 ··················· 304
10.2 同位素热源的制备 ··················· 312
10.3 同位素热源的应用 ··················· 328
10.4 同位素电源 ························· 329
10.5 同位素热/电源的应用展望 ············ 341

第11章 放射源质量控制方法 ·················· 342
11.1 放射性活度 ························· 345
11.2 常用核辐射探测器 ··················· 346
11.3 测量方法 ··························· 357
11.4 中子发射率测量 ····················· 371
11.5 量热法测量 ························· 384
11.6 亮度测量 ··························· 395

11.7 污染、泄漏测量 …………………………………………………………… 399
11.8 原型源试验 ………………………………………………………………… 404

第12章 放射源应用技术 …………………………………………………………… 412
12.1 射线分析应用技术 ………………………………………………………… 413
12.2 射线检测应用技术 ………………………………………………………… 425
12.3 辐射效应应用技术 ………………………………………………………… 445
12.4 衰变能利用技术 …………………………………………………………… 462

第13章 放射源的辐射防护 ………………………………………………………… 464
13.1 放射源制备中的辐射防护 ………………………………………………… 465
13.2 放射源使用 ………………………………………………………………… 487
13.3 贮存及运输 ………………………………………………………………… 492
13.4 放射源分类 ………………………………………………………………… 494
13.5 培训 ………………………………………………………………………… 502

第14章 展望 ………………………………………………………………………… 504

参考文献 ………………………………………………………………………………… 507

索引 ……………………………………………………………………………………… 515

第 1 章

概 述

1.1 放射性同位素技术的发展历程

放射性同位素技术可以追溯到 120 多年前放射性的发现。1895 年末，德国物理学家 W. Roentgen 用 Crookes 管研究高压放电现象，当阴极电子束流轰击玻璃管壁时，观察到了荧光以及 X 射线。1898 年，M. Curie 等人陆续发现了放射性及金属钋、镭。1913 年，英国物理学家 E. Rutherford 和 F. Soddy 提出了著名的放射性衰变理论和同位素概念，使人们第一次认识到一种化学元素可以包含几种质量数不同而化学性质相同的原子，而且能够自发地按照一定规律进行某种转变。

1919 年，E. Rutherford 利用 α 粒子轰击氮 14，生成了氧 17 和质子，首次实现了人工核反应，完成了由一种原子核向另一种原子核的转变。1932 年，E. D. Lawrence 发明回旋加速器，当时被称为划时代的原子击破器，为制备人工放射性同位素提供了重要工具。1934 年，E. Joliot - Curie 和 I. Joliot - Curie 用 α 粒子轰击轻元素发现了人工放射性同位素，从而为人工制备放射性同位素开辟了途径。

1938 年，O. Hahn 和 F. Strassmann 在研究中子与铀核作用时发现了铀核裂变现象。1942 年，E. Fermi 在美国建成了世界上第一座核反应堆，实现了人类历史上首次自持链式反应。核反应堆的建成为放射性同位素的规模性生产奠定了基础。随着核反应堆与带电粒子加速器等现代化装置的建立，放射性同位素及其制品实现了批量化生产，从而促进了放射性同位素技术的发展和广泛应用。

我国放射性同位素技术的工作始于20世纪50年代。1956年，放射性同位素技术作为原子能和平利用的内容纳入《1956—1967年科学技术发展远景规划》，原子能和平利用被列为全国六大重点科研任务之一。1958年8月30日，我国第一台回旋加速器开始运行。1958年9月，我国第一座研究性反应堆投入运行。同年，中国原子能科学研究院在我国第一座研究堆上成功试制第一批 ^{24}Na、^{32}P、^{60}Co、^{45}Ca 等33种放射性同位素。20世纪70年代，我国放射性同位素技术应用全面展开，放射性同位素产品有了较大发展。20世纪80年代，我国核工业开始了"保军转民"的重点转移。20世纪90年代，随着我国国民经济的增长，放射性同位素技术的产业化速度也明显加快，国际交流与合作日趋活跃，一些薄弱的环节得到突破。为增强市场竞争力，一些早期的工艺方法更新换代，有些产品正按ISO（国际标准化组织）标准生产，与国际接轨。

总之，我国放射性同位素技术经过几十年的发展已初具规模，在制备技术和应用技术的某些领域已步入国际先进水平的行列。

1.2　放射性同位素技术基础

放射性同位素技术可以粗略分为制备技术和应用技术两大类。制备技术主要包括利用核反应堆与带电粒子加速器等手段，专门为获取放射性同位素及其制品的各项技术。制备技术为应用技术提供了基本条件和物质基础。应用技术是指运用放射性同位素及其制品以取得实际应用的各种技术。如：

（1）信息获取技术。其包括放射性同位素示踪技术、放射性同位素检测技术、放射性同位素分析技术。

（2）辐射效应应用技术。其包括放射性同位素辐射技术以及辐射效应在工业、农业、癌症治疗、静电消除等方面应用的技术。

（3）衰变能利用技术。其包括放射性同位素衰变能转变为光能、电能、热能的各种技术。

放射性同位素技术体系也可以分为同位素制备、制品制备、检验检测和射线应用技术等四个方面。同位素制备技术可简单分为天然和人工制备（包括反应堆辐照产生、加速器辐照产生、高放废液提取、发生器分离等）技术。制品制备技术可分为放射性无机化学制剂、放射性有机标记物、放免试剂盒、放射性药物、放射源、含源器械、射线发生器和放射性标准物质等技术体系。检验检测技术可分为物理、化学、生物、放射源和标记化合物及放免试剂盒等检验检测技术。射线应用技术可分为示踪、辐照、分析等相关技术。

放射性同位素技术的特点，确立了它在国民经济发展中的地位。当今，放射性同位素技术的应用是核科学技术和平利用中最活跃的领域，世界上 100 多个国家在开展放射性同位素技术的研究、开发和应用。放射性同位素技术在传统工业方面有着极其丰富的内容，其中核子控制系统的应用最为引人注目。含放射源仪器仪表非接触式探测与电子计算机信息处理技术结合，为实现工业过程的现场实时控制与生产自动化奠定了基础。放射性同位素示踪已广泛应用于化工、冶金、水泥、石油、能源、水利等领域，促进了企业的技术进步。放射性同位素技术可以培育生物新品种，不仅可以指导合理施肥，还可利用辐射直接杀灭害虫，或使害虫不育而达到防治的目的。放射源辐照技术利用其电离辐射处理食品以提高食品卫生品质，食品辐照在向世界范围商业化推进。特别在医疗行业，放射性同位素技术为保障人类健康提供了一种锐利的武器——放射性药品。放射性标记化合物与自射线显影法的出现，同位素稀释法等技术的应用，放射性显像技术的不断提高，均为生命科学的研究和发展提供了有效的途径。放射性同位素技术在医学上的应用已为人类疾病的早期诊断和预防，拯救病人的生命，保障人民的身体健康做出重大贡献。

1.3　放射源基本特性

本书所论述的放射源是一种由放射性同位素制成的小型紧凑的辐射源，简称放射源。放射源的辐射种类、强度由放射源中的放射性同位素性质及含量所决定，而且辐射过程是连续的、有统计的。放射源是辐射源，但辐射源不一定是放射源，而可能是一种装置。能发射致电离辐射的装置或物质均称为辐射源，核反应堆和带电粒子加速器是产生致电离辐射的大型装置，其核辐射发射过程是可以控制的。

放射源按辐射种类可分为 α 放射源、β 放射源、γ 放射源、中子源、光子源等，按照放射源的封装方式可分为密封放射源和非密封放射源，按应用又可分为反应堆启动中子源、同位素热源、探伤源、自激发光源、测井源、仪器仪表分析用源、报警源和医用放射源等。放射源按源芯制作工艺则可分为真空技术、粉末冶金技术、陶瓷-搪瓷技术、电化学技术、沸石吸附技术等。

由于放射源中含有放射性物质，在其制作和使用过程中都需要关注工作人员和环境的保护，因此对放射源的辐射防护也极其重要。

1.4 国内放射源的发展历程

1960—1971 年，我国先后研制成功了 ^{210}Po 模拟裂变中子源、^{210}Po – Be 中子源、^{210}Poα 源、^{60}Co 检查源、^{90}Sr/^{90}Y 大面积源，为我国放射性同位素事业的发展和在特定领域内应用做出了重要贡献。

1975—1985 年 10 年间，研制生产的 ^{210}Po – Be 中子源和 ^{241}Am – Be 中子源在国内油田测井中推广应用；又研制成功 α、β 参考源，γ 系列标准源和放射性标准溶液，^{63}Ni 低能 β 源和 ^{60}Co 辐射源等 20 余种放射源新产品相继投入应用。

20 世纪 80 年代初，先后研制成功氚钛靶、粉末冶金法制备 ^{241}Am 火警源和 ^{210}Po 静电消除源，铯榴法制备 ^{137}Cs 放射源，^{147}Pm、^{90}Sr、^{204}Tl 测厚源，电镀、搪瓷、陶瓷法制备 ^{55}Fe、^{241}Am、^{238}Pu 低能光子源和 ^{192}Ir 后装源等 20 种放射源新产品供国内核仪器仪表广泛应用（图 1.1、图 1.2）。

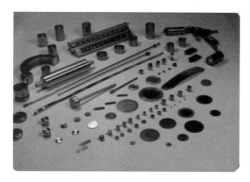

图 1.1　工业放射源

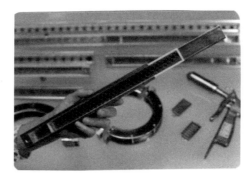

图 1.2　各种静电消除器

1991 年 5 月制成两根 ^{210}Po – Be 启动中子源棒（图 1.3），圆满完成了我国第一座核电站首次启动用中子源棒的制备任务，为我国自行设计制造的第一座核电站反应堆达到临界以及并网发电做出了贡献。

1998 年，完成 ^{252}Cf 自裂变中子源的制备技术工艺研究，为巴基斯坦恰希玛核电站反应堆提供了启动中子源棒，这也是中国首次出口到国外的放射源产品。

图 1.3 反应堆启动用中子源棒装配现场

2016年，利用秦山 CANDU 重水堆生产 ^{60}Co，实现了工业辐照 ^{60}Co 源和医用伽马刀 ^{60}Co 的国产化。

第 2 章
基础知识

2.1 放射源制备基础

2.1.1 基本术语

1. 放射性同位素

放射性同位素即某种元素中不稳定的同位素，会自发地放出 α 射线、β 射线或通过电子俘获等方式进行衰变，具有特征的半衰期。

2. 放射性活度

放射性活度为单位时间内发生核衰变的总数。

3. 放射性浓度

放射性浓度为单位体积液体中所含的放射性活度。

4. 放射源

放射源是一种由放射性同位素制成的小型紧凑的辐射源。

5. 密封放射源

密封放射源是指密封在包壳内或与某种材料紧密结合的放射性物质。在规定的使用条件下和正常磨损下，这种包壳或结合材料足以保持源的密封性。

6. 非密封放射源

非密封放射源是指未经包壳或覆盖层密封的含放射性物质的放射源，一般不满足密封放射源定义中所列条件的源。

7. 源芯

源芯是指放射源中带有放射性物质的活性区域。

8. 源包壳

源包壳是为了防止放射性物质泄漏或扩散而设置的保护性外壳，通常由金属制成。

9. 源窗

源窗是为了使放射源有效射线具有足够高的发射率，在源包壳上设计的适于射线发射的源工作面。

10. α放射源

α放射源是一种用发射α粒子的同位素所制成、以发射α粒子为主要特征的放射源。用于制备α放射源的放射性同位素主要有 ^{210}Po、^{226}Ra、^{228}Th、^{238}Pu、^{239}Pu、^{241}Am、^{242}Cm 和 ^{244}Cm 等。

11. β放射源

β放射源是以发射β⁻粒子为基本特征的放射源，制备β放射源的同位素主要有 ^{3}H、^{14}C、^{22}Na、^{58}Co、^{63}Ni、^{85}Kr、^{90}Sr、^{147}Pm 和 ^{204}Tl 等。

12. γ放射源

γ放射源是以发射γ辐射为基本特征的放射源，用于制备γ放射源的同位素有 ^{55}Fe、^{57}Co、^{60}Co、^{75}Se、^{137}Cs、^{170}Tm、^{192}Ir 等。

13. 中子源

中子源是能产生较高中子通量的一种装置，常伴有γ辐射。种类包括反应堆中子源、同位素中子源、加速器中子源等。以同位素中子源应用最为广泛，同位素中子源是利用放射性同位素核衰变时放出的具有一定能量的射线轰击某些靶物质，使其发生核反应而发射出中子，如 ^{210}Po – Be、^{228}Po – Be、^{241}Am – Be 等中子源。

14. 同位素热源

放射性同位素发射的带电粒子和 γ 辐射，与物质相互作用，最终被物质阻止和吸收，射线的动能转变为热能，吸收体温度升高，可以向外界提供热能，利用这一特性将放射性同位素制备成的放射源即同位素热源。例如 ^{238}Pu 同位素热源、^{210}Po 同位素热源、^{90}Sr 同位素热源等。

15. 同位素电源

同位素电源是指将同位素衰变过程中产生的热能、高速带电粒子动能及其次级效应转变成电能的装置。

2.1.2 放射性

放射源的应用是利用放射源发射的射线和物质相互作用产生的各种效应。原子核衰变放射出来的射线在与物质相互作用时，一方面射线能量不断损耗，另一方面射线消耗的能量使物质的分子或原子产生电离或激发。这种过程对于射线探测和射线特性的研究，射线的应用及辐射防护都有十分重要的意义。

射线在这里是指电离辐射。它由带电电离粒子、不带电电离粒子组成或由两者混合而成。通常所说的带电电离粒子，如电子、质子以及 α 粒子等，它们拥有足够大的动能，以致由碰撞产生电离，而那些能够使物质释放出带电电离粒子或引起核变化的不带电粒子，如中子、光子等，则称为不带电电离粒子。

1. α 粒子与物质的相互作用

1) α 粒子射程

α 粒子射程是指粒子沿入射方向所能达到的最大直线距离。α 粒子在通过物质时，其能量消耗在电离、激发过程中，其速度越来越慢，最后被物质吸收。

如果将一个薄的 α 放射源放在记录 α 粒子的探测器前面，不断改变 α 源与探测器之间的水平距离 R，记录相应距离上的计数率 n（单位时间的计数），即可得到如图 2.1 所示的曲线。n_0 为 $R = 0$ 时的计数率。从曲线 A 可以看出，在离开 α 源距离不大时，测得的计数率几乎不变；距离继续增加到某一数值时，α 粒子计数率迅速下降，这表明已经到了 α 粒子在空气中射程的末端。同一能量的 α 粒子，它们在空气中的射程大致相同，但有统计涨落，大多数分布在平均值附近,其统计平均值 R_m 称为平均射程。R_m 的获得通常是对曲线 A 求微分,得到图 2.1 中曲线 B。曲线 B 最大值所对应的 R 值即为 R_m。从曲线 A 末端的近似直线部分延长到和横坐标轴相交的交点的横坐标称为外推射程,用 R_E 表示,而曲线 A 与横坐标轴的交点则称为 α 粒子最大射程,用 R_{max} 表示。

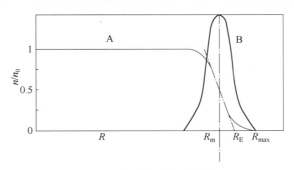

图 2.1 α 射程与计数率的关系

A—单能 α 粒子的射程与相对计数率的关系曲线;B—曲线 A 的微分曲线;n/n_0—相对计数率;
R_m—平均射程;R_E—外推射程;R_{max}—最大射程

α 射线在不同的介质中有不同的射程。例如 α 粒子在水中的射程比空气中的短得多。在同一介质中,α 粒子射程与其能量有关,能量越大,α 粒子的射程越大。能量为 4~7 MeV 的 α 粒子,在空气中的射程可用经验公式计算,即

$$R_0 = 0.318 E^{3/2} \tag{2.1}$$

式(2.1)中,R_0——α 粒子在 760 mm Hg、15 ℃ 的空气中的射程,cm;E——α 粒子能量,MeV。

α 射线在其他介质中的射程,可通过它在空气中的射程 R_0 用布拉格–克里曼(Bragg–Kleeman)经验公式计算,即

$$R_m \approx 3.2 \times 10^{-4} \frac{\sqrt{A_m}}{\rho} R_0 \tag{2.2}$$

式(2.2)中,ρ——介质密度,g/cm³;A_m——介质原子核质量数;R_m——α 粒子在除空气外其他介质中的射程,cm。

如果介质为化合物或混合物,则由式(2.3)计算:

$$\sqrt{A_m} = \frac{n_1 A_1 + n_2 A_2 + \cdots n_i + \cdots}{n_1 \sqrt{A_1} + n_2 \sqrt{A_2} + \cdots + n_i \sqrt{A_i} + \cdots} \tag{2.3}$$

式(2.3)中,n_i——原子量为 A_i 的第 i 种元素原子所占百分数。

由式(2.3)可以看出,由于固体介质密度比空气密度大很多,因此 α 粒子在固体介质中的射程是非常小的。α 粒子在固体中的射程常用质量厚度来表

示。质量厚度是指介质层单位面积上所具有的质量,它的数值等于介质层线性厚度与其密度的乘积。如 α 粒子在某一介质中的射程的线性厚度为 d,则其质量厚度 $d_m = \rho d$,在此,ρ 为介质密度。质量厚度的单位为 g/cm^2(克/平方厘米)或 mg/cm^2(毫克/平方厘米)。

2)α 射线与核外电子的作用

α 粒子在介质中通过时,由于 α 粒子和原子核外电子的静电库仑作用,电子获得能量。如果这种能量能够使电子克服核的束缚,电子将脱离原子而成为自由电子,这个过程称为电离,图 2.2 为氦原子被 α 粒子电离示意图。

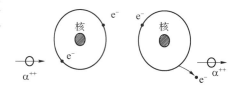

图 2.2 氦原子被 α 粒子电离示意图

原子最外层电子受原子核的束缚最弱,故这些电子最容易被电离。由原初入射粒子所产生的电离称为原电离,原电离过程中发射出来的电子,其中具有足够大的动能,并可以继续产生电离的电子,称为 δ 电子。这种电离称为次电离,而总电离是两者之和。

为了衡量带电粒子电离本领的大小,常用比电离来表示电离本领强弱。比电离也叫电离比度,它是指带电电粒子在单位路程上所产生的离子对总数,它与介质原子序数 Z 及带电粒子速度等有关。图 2.3 给出了 α 粒子比电离与剩余射程 R_s 的关系曲线,这一曲线称为 Bragg 曲线。

图 2.3 中横坐标表示 α 粒子剩余射程。剩余射程就是 α 粒子比电离测量位置距 α 粒子射程末端的距离。从图中可以看出:比电离随着 α 粒子与放射源的距离而变化。当距离比较小时(此时剩余射程 R_s 大),表明 α 粒子刚离开辐射体,速度较高,与电子作用时间很短,即 α 粒子与气体分子或原子碰撞机会少,因此比电离较小。随着 α 粒子能量不断损失,速度不断降低,比电离逐渐增加,最后达到一个峰值,而当 α 粒子能量全部损失后,比电离 I_s 迅速下降为零。

如果 α 粒子传给电子的能量较小,还不能使电子脱离核的束缚变成自由电子,但是电子有可能从原来的能级跃迁到更高的能级上去,使原子处于较高的能量状态,这一过程称为激发。

带电粒子通过物质时,在所经过的单位路程上,由于电离和激发而损失的平均能量称为碰撞电离能量损失率,通常用 $\left(-\dfrac{dE}{dX}\right)_{col}$ 表示,负号表示能量随路程增加而减少。能量的损失是 α 粒子在介质中不断同电子产生碰撞的结果,因此 $\dfrac{dE}{dX}$ 也是吸收介质对射线阻止本领的量度。故 $\left(-\dfrac{dE}{dX}\right)_{col}$ 被称为介质对入射带

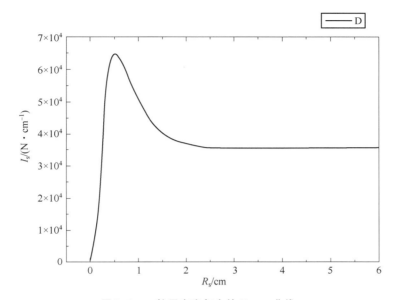

图 2.3　α 粒子在空气中的 Bragg 曲线

I_s—比电离，N/cm；R_s—剩余射程，cm；N—离子对数

电粒子的线性碰撞阻止本领。对于 α 射线，$\left(-\dfrac{dE}{dX}\right)_{col}$ 可由贝特（Bethe）公式给出

$$\left(-\frac{dE}{dX}\right)_{col}=\frac{4\pi e^4 z^2 NZ}{m_0 v^2}\left[\ln\frac{2m_0 v^2}{I(1-\beta^2)}-\beta^2\right] \quad (2.4)$$

式（2.4）中，m_0、e——电子静止质量与电荷；z、v——α 粒子电荷数与速度；$\beta=\dfrac{v}{c}$，c——光速；Z——介质原子序数；N——单位体积（1 cm³）内的原子数目；I——吸收介质原子的平均电离电位。

从式（2.4）中可以看出：

（1）碰撞电离能量损失率与入射带电粒子速度 v 有关而与入射粒子的质量无关。式中方括号前面的因子与 v 的平方成反比，即入射粒子能量越小，碰撞电离能量损失率 $\left(-\dfrac{dE}{dX}\right)_{col}$ 越大，这就可以解释图 2-3 中 Bragg 曲线为什么比电离 I_s 随剩余射程的增加而减少。

（2）碰撞电离能量损失率与入射带电粒子电荷数的平方成正比，因此，在同一介质中，多电荷带电粒子能量损失率大（或阻止本领强）。例如 α 粒子与质子即使以同样速度入射到同一介质中，α 粒子的碰撞电离能量损失率也要比质子的大4倍,或者说介质对α粒子的线阻止本领比对质子的强4倍,因而α粒子在物质中穿透本领较弱。

3) α射线与原子核的作用

α射线在介质中通过时,还可能与介质的原子核发生作用。它可能与原子核发生库伦作用而改变运动方向,即卢瑟福散射。除此,α粒子还可能进入原子核,使原来原子核发生根本性变化,即产生一新核并放出一个或几个粒子,这种过程称为核反应。例如用^{210}Po放出的α粒子打击铍9制成的靶,产生碳12和中子,这一过程可写成核反应式:

$$^{9}_{4}Be + ^{4}_{2}\alpha \rightarrow ^{12}_{6}C + ^{1}_{0}n + 5.901 \text{ MeV} \quad (2.5)$$

式(2.5)或简单写成$^{9}_{4}Be(\alpha,n)^{12}_{6}C$,这一反应也称为$(\alpha,n)$过程。

α粒子与核还可能产生其他反应,不过概率都比较小,因此它同物质相互作用时,能力损失主要是由碰撞电离所引起的。

2 β射线与物质的相互作用

β射线和物质的相互作用,同样也能使介质原子电离与激发,此外β粒子还能被核及核外电子多次散射,β粒子当其速度较高时与核作用还能产生轫致辐射。$β^+$粒子在介质中还能产生"湮灭"。

1) 电离与激发

β粒子通过吸收介质时,可与介质原子发生多次弹性碰撞和非弹性碰撞,其示意图如图2.4所示。

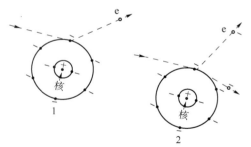

图2.4 电子与原子的弹性及非弹性碰撞示意图
1—弹性碰撞;2—非弹性碰撞

弹性碰撞是指电子和介质原子碰撞前后总动量和总动能均保持不变的碰撞。这种碰撞使入射电子遭到散射—弹性碰撞。入射电子还能与原子产生非弹性碰撞。在非弹性碰撞中,碰撞前后各个粒子总动能不再守恒,β粒子把它的能量交给原子中的电子,从而引起原子的电离或激发。β粒子在其通过的单位路程上由于电离和激发所引起的能量损失称为线碰撞电离能量损失率,用 $\left(-\dfrac{dE}{dX}\right)_{col}$ 表示,同样电子的线碰撞阻止本领为 $S_{col} = \dfrac{dE}{dX}$。

β粒子的比电离比较小,因此它的射程要比α粒子大得多。β射线在与物质作用时,除使原子产生电离和激发外,还由于不断受到原子中电子及原子核的库伦作用而发生散射。这种散射在多数情况下都是"小角度散射",即偏离原来运动方向不大,但是由于散射次数较多,最后总的散射角度可能大于180°,即β粒子被反射回来,这种散射称为反散射。由于β粒子的多次散射,电子在介质中的路径不是一条直线,电子实际路程比其首尾直线距离大得多。

2)韧致辐射

高速电子与物质原子核或其他带电粒子的电场作用而被减速或加速时所伴生的电磁辐射称为韧致辐射。通常所说的X射线就是高速电子流打在金属钨制成的靶上产生的一种韧致辐射。

β粒子由于韧致辐射而在单位路程上的能量损失称为辐射损失率,用 $\left(-\dfrac{dE}{dX}\right)_{rad}$ 表示。与前相似,即

$$\left(-\dfrac{dE}{dX}\right)_{rad} = S_{rad} \tag{2.6}$$

其中:S_{rad} 是介质对带电粒子的线辐射阻止本领。贝特给出 $\left(-\dfrac{dE}{dX}\right)_{rad}$ 表达式:

$$\left(-\dfrac{dE}{dX}\right)_{rad} = \dfrac{NEZ(Z+1)e^4}{137 m_0^2 c^4}\left(4\ln\dfrac{2E}{m_0 c^2} - \dfrac{4}{3}\right) \tag{2.7}$$

式(2.7)中,E——带电粒子总能量,它等于粒子动能与静止能量之和。从式(2.7)中可以看出:

① $\left(-\dfrac{dE}{dX}\right)_{rad}$ 与入射带电粒子质量平方成反比,因此电子的辐射损失比α粒子、质子及其他重粒子要大得多,对重带电粒子,韧致辐射的能量损失可以忽略不计。

② $\left(-\dfrac{dE}{dX}\right)_{rad}$ 与介质原子序数 Z 的平方成正比,因此高速电子打到重元素上容易产生韧致辐射。所以,常用有较低原子序数的材料去屏蔽β射线。

③ $\left(-\dfrac{dE}{dX}\right)_{rad}$ 与入射带电粒子能量 E 成正比,这一点与 $\left(-\dfrac{dE}{dX}\right)_{col}$ 不同。当带电粒子能量较低时,$\left(-\dfrac{dE}{dX}\right)_{col}$ 占优势;而当能量较高时,$\left(-\dfrac{dE}{dX}\right)_{rad}$ 逐渐增加。

对于二者之比为

$$\frac{\left(-\dfrac{dE}{dX}\right)_{rad}}{\left(-\dfrac{dE}{dX}\right)_{col}} \approx \frac{EZ}{800} \qquad (2.8)$$

如果电子的能量 $E = 10$ MeV，介质的 $Z = 82$（Pb），根据式（2.8），此时电子的碰撞电离损失率与辐射损失率近似相等。

β^+ 粒子物质的相互作用基本上与 β 射线相同，只是 β^+ 粒子在介质中损失了动能以后，将和物质中的电子结合转化为两个或多个光子（发射多个光子的概率很小，如发射 3 个光子的概率只有发射两个光子概率的千分之一），这种过程叫作电子对的湮灭。

当电子穿过介质，其速度大于光在该介质中的速度时，会发射出一种微弱的电磁辐射，产生这种辐射过程称为契仑科夫效应。此外高能电子也还可能与核作用使核跃迁到激发态或跃迁到同质异能的亚稳态，但是放射性同位素所放出来的 β 射线与物质的主要作用是电离、激发和散射过程。

3）β 射线的吸收

一平行束 β 射线通过吸收介质时，其计数率 n 随吸收介质的厚度增加不断降低，通过实验测量不同吸收介质厚度的计数率（即每分钟计数 cpm），则得如图 2.5 所示的 β 射线吸收曲线。

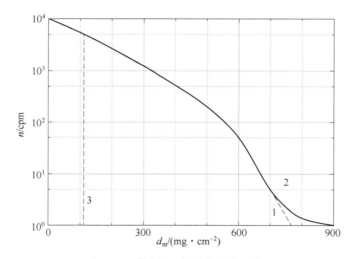

图 2.5　^{32}P 的 β 射线的吸收曲线

1—β 粒子最大射程 R_{max}；2—轫致辐射；3—半值层

从图 2.5 可以看出：以 β 射线的计数率 n 为纵坐标（指数坐标），n 随着吸收片厚度 d_m 的增加，先是近似直线衰减，说明平行 β 射线束随吸收介质厚度的减弱近似服从指数规律，即

$$n = n_0 e^{-\mu d} \tag{2.9}$$

或

$$n = n_0 e^{-\mu_m d_m} \tag{2.10}$$

式（2.10）中，n_0——吸收介质厚度 d（或 d_m）等于零时的计数率；d、d_m——吸收介质的线性厚度（cm 或 mm）与质量厚度（g/cm² 或 mg/cm²）。μ——介质对 β 射线的线减弱系数、μ_m——质量减弱系数，μ_m 可由 μ、ρ 求出，即

$$\mu_m = \frac{\mu}{\rho} \tag{2.11}$$

μ、μ_m 与吸收介质的组成及 β 粒子的最大能量 E_{max} 有关。

图 2.5 中，曲线后一部分 n 随 d_m 变化缓慢，最后吸收介质达到一定厚度后，计数率 n 几乎不再减少，这一计数率称为本底计数率。本底计数率由轫致辐射和测量装置本底辐射组成。我们沿吸收曲线后一部分直线趋势外推到横轴，与横轴交于 R_{max} 点，R_{max} 称为 β 粒子的最大射程，它表明经过吸收厚度 R_{max} 后，β 射线束的计数率减弱到零。由于 β 粒子在介质中的多次散射，加上 β 能量是连续的，β 粒子没有确定的射程。通常所说的 β 粒子的射程即指具有最大能量的 β 粒子的最大射程。

图 2.5 中还给出了 ^{32}P 的 β 射线的半减弱厚度，半减弱厚度是指辐射水平因介质的吸收而减至原来一半时的介质厚度（例如使计数率下降至一半时的介质厚度），这一厚度也叫半值层，常用 HVL 来表示。β 粒子的最大射程大约是其半值层的 7～8 倍。

3. γ 射线与物质的相互作用

γ 射线和物质相互作用时，主要过程有光电效应、康普顿效应及电子对效应。

1）光电效应

光电效应是当一个 γ 光子与物质中的一个束缚电子作用时，它可能将全部能量交给电子，而光子本身被吸收。得到能量的电子脱离原子核的束缚而成为自由电子，这个电子称为光电子。这一过程叫作光电效应，如图 2.6

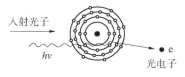

图 2.6 光电效应

$h\nu$—入射光子能量；e—光电子

在发生光电效应时,入射光子能量的一部分用于克服电子的结合能,其余部分转化为电子的动能。根据爱因斯坦光电方程式,即

$$h\nu = T + \phi \tag{2.12}$$

式(2.12)中,$h\nu$——入射光子能量;T——光电子动能;ϕ——电子结合能。

由于 K 壳层电子离核最近,其次为 L、M、N 等壳层,因此 K 壳层产生光电效应的概率最大。从光电子角分布研究观察到,当光子能量不大时,光电子发射方向差不多和入射光子方向相垂直;而在光子能量较大时,则光电子发射方向逐渐趋于入射方向。光电子动能 T 据式(2.12)可得

$$T = h\nu - \phi \tag{2.13}$$

由于一般 ϕ 值为几千电子伏到几万电子伏,而 γ 射线的能量 $h\nu$ 在几十万电子伏到几百万电子伏,故得 $T \approx h\nu$,所以通常用测定光电子的能量来确定 γ 射线的能量。

如果吸收介质原子序数为 Z,γ 射线能量为 $h\nu$,由于光电效应而使射线强度减弱,其减弱系数为 τ,则

$$\tau \propto Z^5/\nu^{7/2} \quad (h\nu \ll m_0 c^2)$$

$$\tau \propto Z^5/\nu \quad (h\nu \ll m_0 c^2)$$

由此可见:光电效应只是在 γ 射线能量较低、介质原子序数较高时,才有较大概率。

2)康普顿效应

γ 射线与物质的另一作用是入射光子把一部分动能交给原子外层电子,电子从原子中以与入射光子方向成 φ 角方向射出,这一电子称为反冲电子。入射光子能量则变为 $h\nu'$,并朝着与入射方向成 θ 角方向散射,这一过程最早为康普顿发现,故称为康普顿效应。康普顿效应如图 2.7 所示。

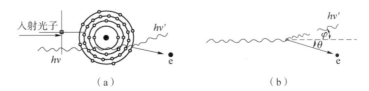

图 2.7 康普顿效应

(a)康普顿效应;(b)入射光子、散射光子和反冲电子的几何关系

当入射光子能量较大时,外层电子的结合能(一般是电子伏数量级)可

以忽略不计。因此，可以把外层电子近似看作"自由电子"。这样，康普顿效应可以认为是 γ 光子与原子中外层轨道电子的弹性碰撞。由能量和动量守恒定律，可根据入射光子的能量和动量求得反冲电子以及散射光子的能量和动量。康普顿效应产生的反冲电子能量是较高的，因此在计算它的能量和动量时，必须对其质量进行相对论性修正。

反冲电子速度为 v，其相应质量 m 为

$$m = \frac{m_0}{\sqrt{1-\left(\frac{v}{c}\right)^2}} \tag{2.14}$$

式（2.14）中，m_0 为电子静止质量。由此得到康普顿反冲电子动量，其式为

$$mv = \frac{m_0 v}{\sqrt{1-\left(\frac{v}{c}\right)^2}} \tag{2.15}$$

康普顿反冲电子动能为

$$E_\varepsilon = mc^2 - m_0 c^2 = m_0 c^2 \left(\frac{1}{\sqrt{1-\left(\frac{v}{c}\right)^2}} - 1 \right) \tag{2.16}$$

根据能量守恒原理，利用式（2.16）可算出入射光子能量，即

$$h\nu = h\nu' + m_0 c^2 \left(\frac{1}{\sqrt{1-\left(\frac{v}{c}\right)^2}} - 1 \right) \tag{2.17}$$

3）电子对效应

当 γ 射线能量大于两倍电子静止能量（$2m_0 c^2$），即 $h\nu > 1.02$ MeV 时，γ 光子从原子核旁经过，光子被吸收，转化为两个电子：电子和正电子，这一过程称为电子对效应。电子对产生过程如图 2.8 所示。

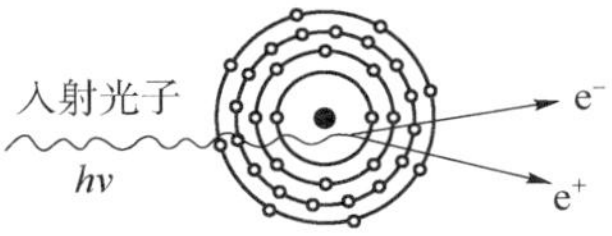

在电子对产生时，入射光子能量一部分转化为两个电子静止能量，其余转化为正、负电子动能，即

图 2.8 电子对产生过程

$$h\nu = 2m_0 c^2 + E_{\varepsilon^+} + E_{\varepsilon^-} \tag{2.18}$$

在此，E_{ε^+}、E_{ε^-}——分别代表正、负电子动能。由式（2.18）可以看出，能量为 $h\nu$ 的光子在发生电子对效应时，生成的正、负电子总动能为一常数，这一常数等于

$$E_{\varepsilon^+} + E_{\varepsilon^-} = h\nu - 2m_0 c^2 \tag{2.19}$$

由于电子和正电子之间能量分配是任意的，因此每一个粒子动能可从 0 到

$h\nu - 2m_0c^2$。由动量守恒关系可以得到：电子和正电子几乎都是沿着入射光子方向前倾的角度发射的，入射光子能量越大，正、负电子的发射方向越向前倾，即它们与入射光子方向夹角变得越来越小。

4）单能 γ 射线减弱

（1）窄束 γ 射线减弱。

窄束是在实验装置中，采用准直、细束几何条件，使与介质原子发生作用的 γ 光子都离开了原来射线束，而不考虑 γ 射线在物质中的多次散射过程。点状 γ 源窄束几何条件如图 2.9 所示。

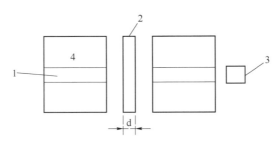

图 2.9　窄束 γ 射线减弱曲线测定装置
1—γ 源；2—吸收片；3—γ 探测器；4—铅准直孔

由于 γ 射线穿透本领很强，测定装置中多用原子序数较高的铅、铁等物质做吸收片，不断变化吸收片厚度，测出相应计数率 n，再被吸收片 $d=0$ 时的计数率 n_0 除，便得到如图 2.10 所示的 Zn 的 γ 射线减弱曲线。

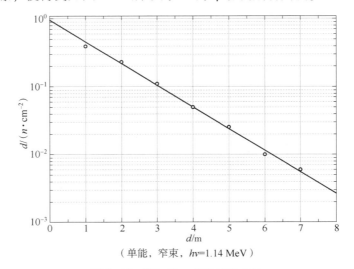

（单能，窄束，$h\nu=1.14$ MeV）

图 2.10　^{65}Zn 的 γ 射线减弱曲线

一窄束 γ 射线，经过厚度为 Δx 的吸收片后，有 ΔI 个光子与物质发生了相互作用（包括散射和吸收），即入射 γ 光子的通量密度（光子数/cm²）变化了 ΔI：

$$\Delta I = -\mu I \Delta x \tag{2.20}$$

积分式（2.20）并利用 $x = 0$，$I = I_0$ 便得到

$$I = I_0 e^{-\mu x} \tag{2.21}$$

或

$$I = I_0 e^{-\mu_m x_m} \tag{2.22}$$

其中：μ、μ_m——总线性减弱系数和总质量减弱系数。式（2.21）即为单能窄束 γ 射线减弱规律，这一结果与图 2.10 的结果相一致，说明 γ 射线的通量密度随吸收介质厚度增加按指数规律衰减。

（2）宽束 γ 射线的减弱。

γ 射线通过介质的指数减弱规律，只是在"窄束"条件下成立，所有线性减弱系数 μ 都是在"窄束"结合条件下测得的。然而在实际工作中经常遇到的都是"宽束"散射。这时，必须考虑入射 γ 光子在屏蔽介质内的多次散射，即入射光子经过一次或多次散射后仍有可能被探测器记录。宽束 γ 射线的减弱如图 2.11。

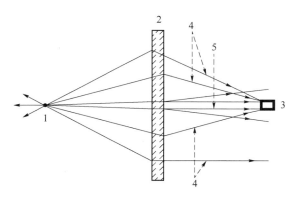

图 2.11 宽束 γ 射线的减弱

1—γ 源；2—吸收介质；3—探测器；4—散射射线束；5—初级射线束

由图 2.11 可以看出，不仅 γ 射线束被探测器记录，经过吸收体散射的光子也有一部分被记录。因此，由于散射光子进入探测器，宽束条件的 γ 射线减弱规律变为

$$I = I_0 B e^{-\mu x} \tag{2.23}$$

式（2.23）中，B——γ 射线通过物质时的积累因子。

4. 中子与物质的相互作用

1930年，玻特（W. Bothe）和贝克尔（H. Becker）利用钋放出的α粒子去轰击一些轻元素（铍、硼、锂等），他们发现有一种贯穿本领很强的中性辐射发射出来。这种辐射能穿透很厚的铅板并能被计数管记录。他们曾认为这种辐射就是高能γ射线。1931年依伦·居里（Irene Curie）和她的丈夫弗雷德里克·约里奥（Frederic Joliot）在实验中进一步证实了这种辐射的存在，而且他们还观察到这种未知的辐射能从石蜡中打出质子。1932年，在剑桥大学工作的詹姆斯·恰德维克经过一系列研究，他认为用α粒子轰击铍时所放出来的贯穿辐射不是γ射线，而是一种质量接近于质子而不带电的新粒子，他把这种新粒子命名为中子。

中子的质量大于质子质量与电子质量之和，因此自由中子不稳定，能发生β衰变，即

$$n \to p + \beta^- + \overline{V} \tag{2.24}$$

中子的半衰期 $T = 12$ m（分钟）。中子按能量通常可分为：

高能中子，中子能量 $E_n > 10$ MeV

快中子，中子能量 E_n 范围 10 keV ~ 10 MeV

中能中子，中子能量 E_n 范围 100 eV ~ 10 keV

慢中子，中子能量 E_n 范围 0.03 ~ 100 eV

热中子，中子能量 $E_n = 0.025$ eV

冷中子，中子能量小于 0.005 eV

1）弹性散射（n, n）

当中子能量不高时，中子与一些轻核物质作用，弹性碰撞是主要作用过程，弹性散射可以看成是中子与原子核发生弹性碰撞的结果。在弹性碰撞中，中子动能的一部分（乃至全部）交给（受撞核），变成靶核动能。根据弹性碰撞中的动量和能量守恒原理，如果中子碰撞前动能为 E_0，碰撞后中子以与入射方向呈 θ 角的方向散射，其动能为 E，则

$$E = \frac{A^2 + 2A\cos\theta + 1}{(A+1)^2} E_0 \tag{2.25}$$

从式（2.25）可见，散射后中子能量损失与散射角 θ 有关。当 $\theta = 0°$ 时，$E = E_0$ 中子能量没有损失；而当 $\theta = 180°$ 时，即中子与核发生对头碰撞的情况，这时，

$$E = \left(\frac{A-1}{A+1}\right)^2 E_0 \tag{2.26}$$

中子能量损失最大。如果中子与氢原子核发生对头碰撞,则 $A=1$,$E=0$,即中子与质子在一次对头碰撞中失去其全部动能。

2)非弹性碰撞(n,n′)

中子能量大于 0.5 MeV 时,中子还可能发生非弹性散射。这时,中子动能的一部分转化为靶核的激发能,使核处于激发态。激发态核可通过发射一个或几个 γ 光子回到基态,这种发射通常是瞬时发射,但也可能发生同质异能跃迁,即经延迟后再发射。这种散射只有中子能量大于原子核激发能时才有可能发生。

3)辐射俘获(n,γ)

辐射俘获过程是靶核吸收一个中子,形成一个激发的"复合核"。当"复合核"跃迁到基态时,发射一个或几个 γ 光子。由于这种"复合核"内多了一个中子,故它们经常是 β 辐射体。辐射俘获多发生在低能、重核上,轻核的概率很小。当中子能量等于靶核的某一能级能量时,中子特别容易被吸收,这个过程称为共振俘获。一般共振俘获中子能量在 0.1~100 eV。

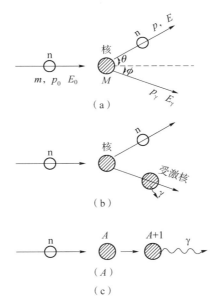

图 2.12 中子与核的弹性碰撞、非弹性碰撞及中子俘获过程示意图

(a)—弹性散射;(b)—非弹性散射;(c)—辐射俘获。
m—中子质量;p_γ—碰撞后反冲核动量;M—靶核质量;E_0、E—碰撞前、后中子能量;
p_0—碰撞前中子动量;E_γ—碰撞后反冲核动能;p—碰撞后中子动量;ϕ—反冲角

4)带电粒子的发射

这个过程是指原子核吸收中子而发射出带电粒子的核反应,如:^3_2He +

$_0^1n \rightarrow _1^3H + _1^1p$ 吸收中子发射出质子,即(n,p)反应,此外还有(n,α)反应,如 $_3^6Li + _0^1n \rightarrow _1^3H + _2^4He$ 等。

在一般情况下,中子引起带电粒子发射的核反应截面比较小,并常常有一定的阈能。

5)裂变(n,f)

原子核分裂成两个或多个(多个的概率很小)核裂块的过程称为原子核裂变。裂变有自发和感生两种。前者是重核不稳定的一种表现,其裂变半衰期一般很长,后者是指原子核在受到轰击时,立即发生的裂变。中子可使某些重核发生裂变。特别是中子在物质中经过多次碰撞,能量不断损失,最后中子能量与介质原子(或分子)热运动的能量处于平衡,这时中子能量可以根据分子运动最可几速度计算得到 $E_k = 0.025$ eV,与此相应的中子速度 $v = 2200$ m/s($T = 293^0$K),这种中子称为热中子。

热中子不仅能为原子核吸收引起俘获过程,它还有较大的概率使某些重核如 ^{235}U、^{238}Pu 等裂变,这是利用核能的重要途径之一。裂变过程除产生核裂片(中等质量核),还将产生瞬发裂变中子和瞬发裂变γ射线。绝大多数裂变产物是放射性的,有的要经过几次β衰变才转变为稳定核。

中子与物质的相互作用,除上述几种类型外,高能中子被原子核吸收还可能产生(n,2n)、(n,3n)等反应。这时,核发射一个中子后,仍处于激发态,还可发射一个或几个中子。

2.2 同位素制备方法简介

放射性同位素是制备放射源的原料来源。放射性同位素制备,可以从天然产物中提取天然放射性同位素,可以通过反应堆、加速器等途径制备人工放射性同位素,也可以通过反应堆、加速器制备某些母体同位素,制成放射性同位素发生器,以制备子体放射性同位素,还可以从高放废液中提取长寿命放射性同位素。

2.2.1 从天然产物中提取放射性同位素

铀(^{235}U、^{238}U)和钍(^{232}Th)形成了3个天然放射性衰变系,在铀矿和钍矿中共存着它们的衰变子体,只要没发生衰变产物的浸出过程,在地质年代里,长寿命母体同位素和衰变子体同位素之间就存在放射性衰变平衡。从天然产物中提取放射性同位素有两种方法:一种是直接从矿石中提取长寿命放射性同位素,另一种是从长寿命天然放射性同位素中每隔一定时间分离出短寿命的子体同位素。

1. 直接从矿石中提取长寿命的放射性同位素

在钍系、铀系和锕系中,只有少数几个长寿命同位素能以可称量的量存在,其余的衰变子体包括 ^{210}Po 均小于 0.1mg。从钍矿中除了提取钍外,还可以分离提取长寿命同位素 ^{228}Ra。从铀矿中除了提取铀外,还可以分离提取长寿命同位素 ^{231}Pa、^{230}Th、^{227}Ac、^{226}Ra 和 ^{210}Pb 等。

2. 从长寿命的天然放射性同位素中提取短寿命的子体同位素

天然放射系中适于产生短寿命同位素的放射性同位素有 ^{238}U、^{228}Ra、^{226}Ra 和 ^{227}Ac。从 ^{238}U 中可以分离 ^{234}Th,从 ^{228}Ra 中可以分离 ^{228}Ac、^{228}Th,从 ^{226}Ra 中可以分离 ^{222}Rn,从 ^{227}Ac 中可以分离 ^{227}Th、^{223}Ra。

还可以利用放射性衰变平衡关系制备天然放射系衰变链后部的短寿命同位素,从 ^{228}Ra 中分离得到 ^{212}Pb、^{212}Bi,从 ^{226}Ra 中分离得到 ^{210}Pb、^{210}Bi 和 ^{210}Po。

2.2.2 反应堆生产放射性同位素

反应堆是最强的中子源,其中子注量率可达 $10^{13} \sim 10^{15} \text{cm}^{-2} \cdot \text{s}^{-1}$。利用中子轰击不同的靶核,可以大量生产多种放射性同位素。

反应堆生产放射性同位素有许多优点:可同时辐照多种样品,可辐照的样品量大,靶子制备容易,辐照操作简便,成本低廉等。因此,它是制备人工放射性同位素最重要的方法。

1. 主要核反应

反应堆生产放射性同位素,主要是利用中子核反应。中子不带电,与靶核作用时不存在库仑势垒,各种能量的中子均可引起核反应。例如:热中子引发的(n,γ)、(n,f)以及快中子引发的(n,p)、(n,α)等反应。

1) (n,γ)反应

利用(n,γ)反应可生产大多数元素的放射性同位素,它是生产放射性同位素最重要、最常用的核反应。中子核反应生成的同位素通常是丰中子放射性同位素,因而多以 β^- 形式衰变。

(1) 通过(n,γ)反应直接生成所需要的放射性同位素,如 ^{59}Co(n,γ)^{60}Co、^{191}Ir(n,γ)^{192}Ir、^{31}P(n,γ)^{32}P 等。

生成的放射性同位素,是靶元素的同位素,不能用化学方法将其与靶元素分离,因而一般说来,其是有载体的,所制备的放射性同位素比活度较低。

(2) 通过(n,γ)反应,再经核衰变生成所需要的放射性同位素,如 ^{130}Te(n,γ)^{131}Te→^{131}I、^{124}Xe(n,γ)^{125}Xe→^{125}I。

制备的放射性同位素与靶元素不是同一种元素的同位素,因而是无载体的。

(3) 通过两次或两次以上连续的(n,γ)反应,其中还可能经过核衰变,生成所需要的放射性同位素。例如,辐照 ^{238}U 靶件,通过多次中子俘获和 β$^-$ 衰变,生产超铀元素,如生产 ^{241}Am。

$$^{238}U(n,\gamma)^{239}U \to ^{239}Np \to ^{239}Pu(n,\gamma)^{240}Pu(n,\gamma)^{241}Pu \to ^{241}Am$$

(4) 通过(n,γ)反应过程中的热原子效应,分离得到较高比活度的放射性同位素,如用此方法制备 ^{51}Cr、^{65}Zn 等。

2) (n,f)反应

^{235}U、^{239}Pu 等易裂变同位素俘获中子发生(n,f)反应,生成几百种裂变产物同位素。

长期照射 ^{235}U 靶件,经化学分离可提取若干种有重要应用价值的放射性同位素,如 ^{85}Kr、^{90}Sr、^{137}Cs、^{147}Pm、^{237}Pu、^{241}Am 等。

短期辐照 ^{235}U 靶件,可制备某些短半衰期同位素,如 ^{99}Mo、^{131}I、^{133}Xe 等。

3) (n,p)反应

(n,p)反应要求中子有较高能量,一般由快中子诱发。核内势垒随原子序数的增大而增高,故(n,p)反应适于制备原子序数较低的放射性同位素。例如,^{14}N(n,p)^{14}C、^{32}S(n,p)^{32}P、^{35}Cl(n,p)^{35}S、^{58}Ni(n,p)^{58}Co 等。

(n,p)反应制备的同位素与靶元素的原子序数不同,可以用化学方法进行分离,从而获得无载体放射性同位素。

4) (n,α)反应

在放射性同位素生产中,最重要的(n,α)反应是 ^{6}Li(n,α)^{3}H,该反应是制备氚的主要方法。与(n,γ)反应加核衰变、(n,p)反应一样,利用(n,α)反应也可以生产无载体放射性同位素。

某一放射性同位素的生产可能有两种或以上核反应可供选择,应选择最适宜的核反应:产额高、比活度高、产品中放射性同位素杂质少、化学分离容易、生产工艺简便经济。

2. 靶件制备

利用反应堆生产放射性同位素时,制靶质量是关系到提高放射性同位素产额、减少放射性同位素杂质和保证辐照安全等的重要问题。

1）靶材料选择

（1）高纯度。靶材料中不应含有中子吸收截面高的杂质（如硼、镉），也不应含有会生成长寿命放射性同位素的杂质，至少要求含量甚微。制备无载体生产放射性同位素时，靶材料中不应含有拟制备同位素的同位素载体。例如：利用 $^{14}N(n,p)^{14}C$ 反应生产 ^{14}C 时，靶材料中不应含有稳定的碳，或者其含量应低于 10^{-5}。

（2）靶元素含量高。最好采用元素或金属作为靶材料，但当辐照后的元素或金属化学处理困难时，就不得不改用靶元素化合物，此时化合物中靶元素含量越高越好。

（3）靶同位素丰度高。如果靶元素由多种同位素组成，则靶同位素丰度越高越好。当靶同位素天然丰度很低时，可以通过富集方法，提高靶同位素的丰度，即采用富集靶。

（4）辐照稳定性和热稳定性好。在反应堆内的强辐射场中，靶材料应该不会因辐照或受热而分解。

2）靶材料预处理

为了保证最终产品纯度和辐照安全，一般在入堆辐照前要根据不同靶材料的具体情况，对其进行预处理：加热除水除气（湿存水、结晶水、挥发性杂质等）、化学提纯（化学纯度达不到要求时）、清洗除油（金属靶材料）、压块成型（靶材料为粉末时）等。

3）靶筒设计

通常，先将靶材料装入内容器（称靶容器，由铝、石英等制成）中，然后将其置于外辐照容器（简称"靶筒"）中入堆辐照。根据靶材料的具体情况和反应堆辐照对靶筒的要求，设计结构合理、安全可靠、操作方便的靶筒。靶筒设计要考虑下述要求。

（1）足够的机械强度。靶筒的机械强度要满足辐照安全要求，尤其是靶材料为气体时，要考虑辐照过程中温度升高，靶筒内气体压力增大，可能造成靶筒变形而导致无法从辐照孔道内取出等严重问题。

（2）靶筒材料选择。靶筒不会因材料选择不当导致在产品中引入放射性杂质；中子俘获截面小或不会生成长寿命、强辐射的同位素，以避免造成靶件出堆和解靶过程中产生不必要的辐射剂量；有一定的机械强度和较好的机加工性能，便于加工。目前靶筒材料多为高纯铝。

（3）结构上应能适应气、液、固三种状态靶材料的要求，并能方便富集靶的回收。

(4）为了便于靶件出入堆，靶筒设计时要考虑与反应堆取放装置相配套。

4）靶容器的清洗和靶筒的密封

用于装载靶材料的靶容器必须洁净，为此应当用清除效果好的溶液仔细清洗，最后用净水洗净并烘干。

按照不同的靶材料，根据辐照时的安全要求，确定靶筒是否需要密封。凡需密封的，一般用氩弧焊等方法进行焊封，并通过氦质谱检漏法等检测方法，确认其密封性。

3. 靶件辐照

利用反应堆生产放射性同位素时，应选择有利的辐照条件并保证辐照过程的安全。

1）合适的中子能谱

反应堆内中子核反应类型以及其截面的大小均与中子能量有关。某一核反应能否发生及其截面大小，取决于中子能量。

反应堆内中子能谱是很复杂的，不同位置中子的能谱可能很不相同。反应堆中子按能量高低大致可分为三类：热中子（0.025 eV）、超热中子与共振中子（0.5~1.0 eV）以及快中子（0.5~10 MeV）。鉴于此，实际生产某一同位素时，最好将靶件置于中子能谱最适合的辐照孔道，以提高放射性同位素的产额。

2）尽可能高的中子注量率

放射性同位素的产额与中子注量率成正比。因此，中子注量率越高，对生产放射性同位素越有利。特别是那些需要多次中子俘获才能得到的同位素（如 ^{252}Cf)，只有在高中子注量率的条件下，才能得到有用数量的产品。

3）合理的辐照时间

如何选择辐照时间，主要决定于预定的放射性同位素的活度、比活度和放射性核纯度等方面的要求。

有些放射性同位素半衰期很长，靶核反应截面又较小，为了得到高活度和高比活度的产品，即使在高中子注量率的条件下，也要照射一年甚至数年。

当靶核中子俘获截面较大而生成同位素半衰期又甚短时，可能只需要照射几小时至十几天，即能达到预期要求。

在确定照射时间的时候，另一个必须考虑的因素是，必须将副反应产生的放射性同位素杂质控制在质量要求的范围内。

4. 放射性同位素常规生产的条件与工艺

1）生产条件

放射性同位素的常规生产要求一定的条件，主要是反应堆生产同位素的条件和能力，同时还要有完善的放射化学加工设施等。

（1）放射性同位素常规生产要求的反应堆条件。反应堆生产放射性同位素的条件与能力，是放射性同位素批量常规生产的前提和基础。如前所述，放射性同位素生产要求反应堆提供的条件主要有：

①稳定的高中子注量率和合适的中子能谱。规模生产放射性同位素一般要求中子注量率大于 10^{14} cm^{-2}·s^{-1}，对于超钚元素的生产，最好达到 10^{15} cm^{-2}·s^{-1}。大多数放射性同位素是通过（n,γ）反应制备的，故要求高的热中子比例。

②足够的辐照空间。反应堆内设置的辐照孔道应当足够多，以满足多品种、大批量生产放射性同位素的需要。

③连续运行与规律性开堆。通常放射性同位素生产是在反应堆为其他目的（如核物理实验、核工程研究）运行的同时进行的。在这种情况下，要统筹兼顾，保证每月运行时间不少于 10 d，并且要定时开堆。

④冷却回路。必要时，还要求建立专门的辐照冷却回路。如辐照浓缩 ^{235}U 靶件生产 ^{99}Mo、^{131}I、^{133}Xe 等同位素的冷却回路。

⑤靶件取放装置。为了在反应堆运行期间随时取、放靶件，必须设置专门的靶取、放装置。

（2）放射化学加工设施。辐照后的靶材料需通过放射化学加工，制成满足用户需要的放射性同位素。因此，放射性同位素生产要求具有进行化学加工并保证辐射安全的必要设施：热室、工作箱、手套箱、通风柜等；辐照靶切割装置、化学分离与纯化系统、测量与监测仪表、产品分装设备；质量监控与检验装置等。

（3）通风与空气净化设施。放射性同位素生产场所必须设置通风系统，以保证产品质量和辐射安全，通风条件应符合国家规定。

（4）放射性"三废"处理设施。规模生产放射性同位素，将会产生较大量的放射性固体废物、废液和废气。因此，建立"三废"处理或处置设施是放射性同位素常规生产的必备条件，随着环境保护要求日渐严格，对"三废"处理必须高度重视。

（5）人员素质条件。放射性同位素的常规生产，要求有一支素质良好的专业队伍。对那些从事技术难度大、要求高或国家规定要进行专业培训的岗位的人员，必须经培训、考核合格后，方能上岗。

2）生产工艺

（1）制靶。制靶是反应堆生产放射性同位素的重要步骤。制靶时要注意的问题是：靶材料要纯净，达不到纯度要求时要进行纯化；制靶用具、靶容器及环境必须洁净，避免在制靶过程中引入外来杂质；含水和含挥发性杂质的靶材料要通过预处理除去；凡可能对反应堆部件产生腐蚀等不利影响的靶材料，靶容器必须密封；靶材料质量及靶子制备质量应通过检验予以验证。

（2）辐照。通过(n,γ)反应制备放射性同位素时，靶子应尽量放在堆内热中子注量率高的位置辐照；通过(n,p)与(n,α)反应制备放射性同位素时，靶子则应置于堆内快中子注量率高的位置辐照；利用热原子效应制备高比活度放射性同位素时，除应合理选择合适的靶材料化学形式外，尚应在堆温足够低和辐射场强度尽量小的条件下辐照；凡生成的放射性同位素会进一步发生核反应而产生放射性杂质时，要严格掌握辐照时间。

总之，对靶件辐照的要求是，选择合适的辐照条件，求得最佳产额和比活度，同时减少放射性杂质的生成。

3）分离与纯化

一般说来，辐照后的靶材料均须进行化学加工：①将欲制备的放射性同位素从靶材料中分离出来，必要时还须进行进一步纯化；②将其制成需要的化学形式。

分离与纯化过程中使用的化学试剂的纯度与数量要严格控制，否则会影响放射性同位素的化学纯度。

4）质量检验

质量检验的目的是确定生产的产品是否符合规定的质量要求。质量检验按生产过程的顺序分为进货检验、工序验证和成品检验。

对质量检验的要求是：严格执行相应的程序文件和检验规程；完善检验、测量和试验设备并使其处于正常工作状态，测量的不确定度满足检验要求；做好样品标识和检验记录。

2.2.3 加速器生产放射性同位素

回旋加速器发明于20世纪30年代初，它的建成开启了人造放射性同位素的新纪元。从20世纪60年代开始，正电子发射断层显像（PET）技术和单光子发射断层显像（SPECT）技术的出现，以及它们对相应放射性同位素的需求，迎来了加速器生产放射性同位素的复兴时代。

1. 加速器生产的放射性同位素的特点

加速器生产同位素是利用被加速的各种带电粒子引发的核反应，如 (p, xn)、(d, xn)、(α, xn) 等。加速器生产的放射性同位素有如下特点。

1）高比活度

加速器生产的放射性同位素与靶同位素不是同一元素，故易于用化学分离方法制得高比活度甚至无载体的放射性同位素。

2）贫中子

加速器生产的同位素大多是贫中子同位素。这类同位素大多以电子俘获（EC）或发射正电子（$β^+$）方式衰变，发射的光子能量低（50～300 keV）且较单一，通常不伴随其他带电粒子的发射，特别适合核医学诊断应用。尤其是正电子湮灭时发射两个能量为 511 keV 光子，使用 γ–γ 符合计数探测方法，既可提高影像分辨率，又可准确查明放射性物质的立体定位。

3）短寿命

加速器生产的放射性同位素，大多数半衰期较短。构成生物机体的主要元素碳、氮、氧等的 (n, γ) 反应截面低，不能有效地用反应堆生产出适合核医学研究的这类放射性素。用加速器可以很方便地生 ^{11}C、^{13}N、^{15}O 和 ^{18}F 等短寿命同位素，并特别适合临床在线生产和应用。

加速器生产放射性同位素也有一些缺点：一般产量要比反应堆生产小得多，成本贵，价格高；制靶及靶件冷却技术难度大；产品半衰期短是优点，也是缺点，使产品的使用范围（时间、空间）受到限制。

2. 核反应的选择

加速器生产放射性同位素常用的带电粒子包括质子、氘核、氦-3 和 α 粒子，它们能引起多种核反应。一种放射性同位素可以通过多种核反应生成，选择核反应的依据有下列几个方面。

1）加速器的参数

核反应的选择自然受加速器加速的带电粒子种类和能量范围等参数的制约。例如：^{57}Co 的生产，采用核反应 $^{58}Ni(p, 2p)^{57}Co$ 和 $^{58}Ni(p, 2n)^{57}Cu \rightarrow {}^{57}Ni \rightarrow {}^{57}Co$ 可获得较高产额，而且纯度高，是当今生产 ^{57}Co 最广泛采用的核反应，但这两个核反应要求质子能量大于 15 MeV（通常用 22 MeV）。如果质子能量低于 15 MeV，就只能采用 $^{56}Fe(d, n)^{57}Co$ 核反应。

2）产额

对不同质子数（Z）靶件、不同能量的入射粒子（如 p、d、α 等）的核反应厚靶产额理论计算结果表明,入射粒子静止质量越小,能量越大,靶质子数越小,则产额越大。因此,同样能量下(p,n)反应比(d,n)、(α,n)反应产额高。

3) 核纯度

有时选择的核反应或入射粒子能量可以满足产额高的要求,但因同时伴有严重的竞争反应而带来产品纯度不高的问题。这时就得降低产额方面的要求而改用别的核反应或入射粒子能量,以达到对产品纯度的要求。例如:通过 $^{56}Fe(d,n)^{57}Co$ 反应制备 ^{57}Co 时,氘核能量大于 8.0 MeV 后产额较高,但因竞争反应 $^{56}Fe(d,2n)^{56}Co$ 逐渐加强,^{56}Co 杂质会影响 ^{57}Co 产品使用,因此必须把氘核能量限制在 7.5~8.0 MeV 范围内。

3. 靶系统

建立合适的靶系统是加速器生产放射性同位素的基本工作内容之一。靶系统由这几部分组成:①隔离加速器真空室与靶物的靶窗;②靶物;③靶容器和测束器;④冷却系统。

为了高效稳定生产,在设计靶系统时要考虑的因素有:①核数据,包括反应截面、激发函数、产额等;②靶物的性质、厚度和承受高束流的能力;③冷却系统的散热效率;④产物的分离、提取、纯化方法;⑤产品的化学反应性;⑥产品的放射性水平和比活度;⑦靶物的回收。

加速器生产同位素对靶物的要求:①化学纯度高;②靶同位素丰度高;③良好的热稳定性与辐射稳定性,熔点高,导热性好;④分离提取产品容易;⑤价格便宜,容易得到。

当靶同位素的丰度很低时,往往需要采用富集靶,这样可以得到高比活度产品,并减少放射性杂质,例如:用富集度 99.8% 的 ^{124}Xe 气体生产高纯度(≥99.9%)的 ^{123}I 同位素。当今,已有近 20 种高富集度的稳定同位素被用于加速器生产同位素。

依据靶材料的物理状态,靶系统分为固体靶、液体靶或气体靶。

4. 生产工艺

对一个好的生产方法来说,除了要有高的产额外,还应有低水平的放射性杂质,途径是选择合适的工艺和化学分离步骤。所有的分离、纯化和配制成所需要的放射性药物工作都可采用标准化学方法进行。

辐照后靶的"冷却"时间要仔细计算,因为其中放射性同位素混合物的组成是随时间变化的。

5. 质量检验

质量检验与反应堆生产同位素类似。

2.2.4 放射性同位素发生器

放射性同位素发生器，是一种从较长半衰期的放射性母体同位素中分离出由其衰变而产生的较短半衰期放射性子体同位素的装置。放射性同位素发生器可以为人们多次地、安全方便地提供无载体、高核纯度、高比活度和高放射性浓度的短半衰期同位素，在医学、工业、科研等领域中得到广泛应用。

制备放射性同位素发生器，首先要研究适合大规模生产高纯度母体同位素的生产工艺，选择诸如生产母体同位素的合适靶材料及制靶技术，解决反应堆或加速器辐照技术；研究母体同位素的化学分离、纯化工艺；选择和评价制备发生器用的吸附材料；建立母子体同位素的化学纯度、放射化学纯度、放射性同位素纯度的分析鉴定方法和产品质量保证体系等。其次要设计制造有足够辐射屏蔽能力、便于长途运输和用户方便使用的发生器装置。

从理论上说，构成放射性同位素发生器的母-子体系很多，总数超过150种，但是真正得到实际应用的只有20多种，而且绝大多数是用于临床核医学。按照母体与子体同位素分离方法不同，放射性同位素发生器可以分为色谱型发生器、溶剂萃取型发生器和升华型发生器等。

1. 色谱型发生器

目前市售的放射性同位素发生器多为色谱型发生器。在玻璃或塑料制成的柱内填充无机或有机吸附剂，以吸附母体同位素；或者将母体同位素制备成某种稳定的化合物直接装载在玻璃柱内。经洗涤、预淋洗和严格消毒后将柱子放置在设计精巧的防护体内。使用时用生理盐水或其他合适的淋洗剂淋洗，即可得到子体放射性同位素的洗脱液，直接或标记成某种化合物后应用。目前，核医学中使用最广泛的是 $^{99}Mo - ^{99m}Tc$ 色谱型发生器（结构见图2.13）。

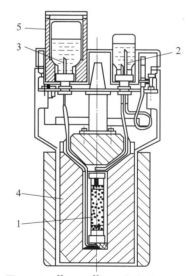

图2.13　$^{99}Mo - ^{99m}Tc$ 发生器结构图
1—吸附了 ^{99}Mo 的氧化铝柱；
2—双针插座（插生理盐水瓶）；
3—单针插座（插真空瓶）；
4—铅屏蔽体；5—铅防护套

2. 溶剂萃取型发生器及升华型发生器

溶剂萃取型发生器,以 $^{99}Mo-^{99m}Tc$ 溶剂萃取型发生器制备为例,是利用有机溶剂萃取的方法,将 ^{99m}Tc 从 ^{99}Mo 碱性溶液中分离出来的发生器。Gerlit 第一个报道了甲乙酮(MEK)溶剂萃取 ^{99m}Tc 的方法,Lathrop 将其发展成为一种 $^{99}Mo-^{99m}Tc$ 发生器。

升华型发生器,以 $^{99}Mo-^{99m}Tc$ 升华型发生器制备为例,是利用 Mo 和 Tc 的氧化物具有不同的挥发性,采用高温升华方法直接从辐照过的 MoO_3 中分离 ^{99m}Tc 的一种装置。

此两种类型的 $^{99}Mo-^{99m}Tc$ 发生器,共同优点是:①适用于从低比活度 ^{99}Mo 制备高浓度的 ^{99m}Tc 溶液;②可以提供同位素纯度高、价格较为低廉的 ^{99m}Tc。但是,这两种发生器也存在一些缺点,如升华发生器的分离效率太低(25%~50%),而且不适合在小型核医学单位使用;^{99m}Tc 溶剂萃取发生器的设备比较复杂,需要配备训练有素的专业人员,而且 MEK 蒸气可能引起着火以及可能存在有机物残渣的影响。所以,长时间以来,这两种发生器的应用未得到进一步的发展。

2.2.5 从高放废液中提取长寿命放射性同位素

从动力堆卸出的乏燃料元件,经过一定时间冷却后,运往后处理工厂采用 PUREX 流程提取 Pu、回收 U 后,几乎全部裂变产物和超铀元素均转入高放废液中。高放废液中,少数几种裂变产额高、半衰期长的同位素如 ^{90}Sr、^{137}Cs、^{147}Pm 等广泛应用于制备核电池、辐射源和荧光材料;还有一些自然界不存在或稀有金属如 ^{99}Tc、^{103}Rh、^{107}Pd 等,以及超铀、超钚元素如 ^{237}Np、^{241}Am、^{242}Cm 等。有关长寿命裂变同位素的提取工艺,可参阅其他有关专著,在此不做详细介绍。一些主要的长寿命裂变产物的性质见表 2.1。

表 2.1 一些主要的长寿命裂变产物的性质

同位素	半衰期	衰变方式	卸出燃料中的总含量/(3.7 TBq)		
			刚卸出	冷却 150 d	冷却 10 a
^{90}Sr	28.8 a	β^-	2.11E+4	2.09E+4	1.65E+4
^{99}Tc	2.1E+6 a	β^-	3.90	3.90	3.90
^{106}Ru	368 d	β^-	1.48E+5	1.12E+5	1.50E+2
^{107}Pd	7E+6 a	β^-	3.00E-2	3.00E-2	3.00E-2
^{125}Sb	2.71 a	β^-, γ	2.37E+3	2.15E+3	1.85E+2

续表

同位素	半衰期	衰变方式	卸出燃料中的总含量/(3.7 TBq)		
			刚卸出	冷却 150 d	冷却 10 a
^{129}I	1.7E+7 a	β^-	1.02E-2	1.02E-2	1.02E-2
^{134}Cs	2.064 a	β^-, γ	6.70E+4	5.82E+4	2.28E+3
^{137}Cs	30 a	β^-, γ	2.94E+4	2.92E+4	2.33E+4
^{144}Ce	284 d	β^-, γ	3.02E+5	2.10E+4	4.11E+1
^{147}Pm	2.6 a	β^-	2.78E+4	2.65E+4	2.11E+3
^{151}Sm	87 a	β^-	3.41E+2	3.41E+2	3.16E+2
^{154}Eu	16 a	β^-, γ	1.91E+3	1.87E+3	1.23E+3

注：表中数据是对于 1 000 MW 压水堆的燃料（^{235}U）连续运行 3 年的数值。

（向学琴）

2.3 焊接知识

焊接是指通过适当的物理化学过程使两种或者两种以上分离的固态物体产生原子（分子）间的结合或扩散，形成永久性连接的技术。被连接的两个物体（构件、零件）可以是各种同类或不同类的金属、非金属（石墨、陶瓷、玻璃、塑料等），也可以是一种金属与一种非金属。

2.3.1 焊接的本质与分类

金属等固体之所以能够保持固定的形状，是因为其内部原子间距（晶格）十分小，原子间形成了牢固的结合力。除非施加足够的外力破坏这些原子间结合力，否则一块固体是不会变形或分离破碎的。要把两个以上的固体构件连接在一起，从物理本质上来看就是要使这些构件表面的原子彼此接近到金属晶格距离（0.3～0.5 nm）。在一般情况下，当我们把两个金属构件放在一起时，由于表面粗糙度（≥1 μm）、氧化膜和其他表面污染物的存在，阻碍了实际金属表面原子之间接近到晶格距离形成结合力。因此，焊接过程的本质就是通过适当的物理化学过程使分离表面的金属原子接近到晶格距离形成结合力实现固体的连接。

一般来说，按照焊接过程中连接界面所处的状态不同，焊接方法可分为熔化焊接、压力焊接和钎焊三大类。

1. 熔化焊接

使被连接的构件表面局部加热熔化成液体，然后冷却结晶成一体的方法称为熔化焊接。为了实现熔化焊接，关键是要有一个能量集中、温度足够高的加热热源。按照热源形式不同，熔化焊接基本分为：气焊（以氧乙炔或其他可燃气体燃烧火焰为热源），铝热焊（以铝热剂放热反应热为热源），电弧焊（以气体导电时产生的热为热源）；电阻点、缝焊（以焊件本身通电时的电阻热为热源）；电渣焊（以熔渣导电时的电阻热为热源）；电子束焊（以高速运动的电子束流为热源）；激光焊（以单色光子束流为热源）等若干种。

为了防止局部熔化的高温焊缝金属因跟空气接触而造成成分、性能不良，熔化焊接过程一般都必须采取有效的隔离空气的保护措施，基本形式有真空、气相和渣相保护三种。因此保护形式常常是区分熔化焊接方法的另一个特征。例如，熔化焊接方法中最重要的电弧焊方法就可按保护方法不同分为埋弧焊、气保护焊等很多种。此外，电弧焊方法还按电极特征分为熔化电极和非熔化电极两大类。

2. 压力焊接

利用摩擦、扩散和加压等物理作用克服两个连接表面的不平度，除去（挤走）氧化膜及其他污染物，使两个连接表面的原子相互接近到晶格距离，从而在固态条件下实现的连接统称为固相焊接。固相焊接时通常都必须加压，因此通常这类加压的焊接方法称为压力焊接。为了使压力焊接容易实现，压力焊接大部在加压的同时伴随加热措施，但加热温度通常都远低于焊件的熔点。

按照加热方法不同，压力焊接的基本方法有冷压焊（不采取加热措施的压焊）、摩擦焊、超声波焊、爆炸焊、锻焊、扩散焊、电阻对焊、闪光对焊等若干种。需要特殊说明的是，有些电阻焊（点焊、缝焊）的接头形成过程也会伴随有熔化结晶过程，但由于是在加压条件进行的，因此也仍属压力焊接。

3. 钎焊

利用某些熔点低于被连接构件材料熔点的熔化金属（钎料）做连接的媒介物在连接界面上的浸润和扩散作用，然后冷却结晶形成结合面的方法称为钎焊。显然钎焊过程也必须采取加热（以使钎料熔化，但母材不熔化）和保护措施（以使熔化的钎料不与空气接触）。按照热源和保护条件不同，钎焊方法分为:火焰钎焊(以氧乙炔燃烧火焰为热源)、真空或惰性气体保护感应钎焊(以高频感应电流的电阻热为热源)、电阻炉钎焊(以电阻炉辐射热为热源)、盐浴钎焊(以高温盐浴为热源)、电子束或激光钎焊(以高能束轰击产生的局部高温为热源)等若干种。

2.3.2 焊接热源

焊接通常是在材料连接区(焊接区)处于局部塑性或熔化状态下进行的,为使材料达到形成焊接的条件,需要高度集中的热输入。因此,在材料的焊接过程中要利用焊接热源对焊接区进行加热。热源是将电能、化学能或机械能转变为热能的装置,发展高效、洁净、低耗的热源是现代焊接技术的重要方向。

现代焊接生产对于焊接热源的主要要求如下:①具有高能量密度,并能产生足够高的温度。高能量密度和高温可以使焊接加热区域尽可能小,热量集中,减小热影响区(HAZ),可实现高速焊接过程、提高生产率。②热源性能稳定,易于调节和控制。热源性能稳定是减少焊接缺欠、保证焊接质量的基本条件。同时,为了适应不同产品的焊接要求,焊接热源应具有较宽的功率调节范围,以确保焊接工艺参数的有效控制。③具有较高的热效率,降低能源消耗。焊接能源消耗在焊接生产总成本中所占的比例是比较高的。因此,尽可能提高焊接热效率对节约能源消耗有着重要的技术经济意义。目前,焊接技术中广泛应用的热源主要有以下形式。

1. 电弧

利用在气体介质中放电产生的电弧热为热源,如焊条电弧焊、埋弧焊、二氧化碳气体保护焊、惰性气体保护焊[TIG(钨极惰性气体保护焊)、MIG(熔化极惰性气体保护焊)]等。电弧所产生的热量通过传导、辐射和对流传递到工件上。

2. 电阻热

利用电流通过导体产生的电阻热作为焊接热源。如电阻焊(点焊和缝焊)及电渣焊。前者利用焊件金属本身电阻产生的电阻热,后者则利用液态熔渣的电阻产生的电阻热来进行焊接。

3. 电磁感应

感应加热利用涡流原理和变压器原理来实现。将导电的工件置于一个感应线圈的感应场内,线圈通以高频电流(5 kHz~5 MHz)、靠物体内感应出的涡流使物体直接产生热量，这就是涡流原理。变压器原理是让工件本身起一个二级线圈的作用，工件感应出低电压、大电流，这也是一种间接供热的方式。

4. 等离子束

将电弧放电或高频放电形成的等离子体通过一水冷喷嘴引出形成等离子体束电弧，由于喷嘴中电弧受到电磁压缩作用和热压缩作用，等离子束具有较高的能量密度和极高的温度（1 800～2 400 K），是一种高能量密度焊接热源。

5. 激光束

利用经聚焦后具有高能量密度的激光束作为焊接热源。用于焊接的主要是CO_2激光和YAG激光。当激光束到达材料上时，一部分能量被反射掉了，其余部分在工件上转换为热量。由于激光束可聚集在10～100 μm这样极小的范围，所以激光束的能量密度很高（10^4～10^5 W/mm^2），生成的热量能使大多数金属熔化并汽化。

6. 电子束

在真空中高电压场作用下，高速运动的电子经过磁性透镜聚焦形成高能密度电子束，当它猛烈轰击金属表面时，电子的动能转化为热能，利用这种热源的焊接方法称为电子束焊。它也是一种高能焊接方法，电子束的能量密度可达10^7 W/mm^2。

7. 化学热

利用可燃气体的燃烧反应热或铝、镁热剂的化学反应热来进行焊接。如应用氧–乙炔焰（或氢氧焰、液化气焰）为热源的气焊、切割、铝热剂焊和镁热剂焊等。这些能量转换过程是燃烧或其他放热的化学反应。

8. 摩擦热

摩擦生热是机械能转换为热能的不可逆过程。在摩擦过程中，机械能可以高效地转换为热能，因此以搅拌摩擦焊为代表的摩擦加工技术正在发展成为一项低能耗、高效、洁净的先进制造工艺。

2.3.3 焊接结构

焊接接头包括焊缝、熔合区和热影响区。如图2.14所示，熔化焊焊缝一般由熔化了的母材和填充金属组成，是焊接后焊件中所形成的结合部分。在接近焊缝两侧的母材，由于受到焊接的热作用，而发生金相组织和力学性能变化的区域称为焊接热影响区。焊缝向热影响区过渡的区域称为熔合区。因此，从焊缝结构和焊接过程的冶金特点分析，焊接接头性能的影响因素主要取决于母材的焊接性、焊接方法的适用性和焊接结构设计的合理性。

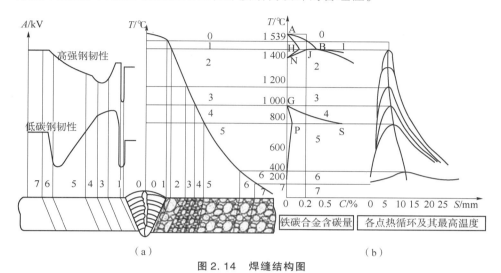

图2.14 焊缝结构图

(a) 焊接热影响区及组织性能变化；(b) 相对应的组织变化和热循环与最高温度

0—焊缝；1—熔合区；2—过热区；3—正火区；4—不完全重结晶区；
5—亚临界热影响区；6—兰脆区；7—母材

一般来说，焊接接头结构分为对接接头［图2.15（a）］、搭接接头［图2.15（b）］、T形接头［图2.15（c）］、角接接头［图2.15（d）］、塞焊接头［图2.15（e）］等几种类型的接头形式。其中，对接接头由于受力状态较为理想，适用于大多数焊接方法；搭接接头则更适于连接面积比较大而材料厚度较小的钎焊。

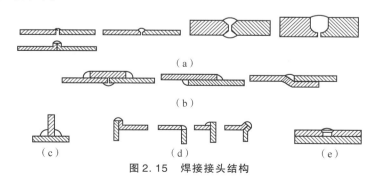

图2.15 焊接接头结构

(a) 对接接头；(b) 搭接接头；(c) T形接头；(d) 角接接头；(e) 塞焊接头

在焊接结构设计时,除选择合适的接头形式外,一般还需要综合考虑热力效应和接头强度的因素。

1. 焊接热力效应

焊接通常是在材料连接区(焊接区)处于局部塑性或熔化状态下进行的,焊缝区会熔化(熔化焊)或进入塑性状态(固相焊接),随后在冷却过程中形成焊缝和焊接接头。这种焊接热过程具有集中、瞬时和高温度梯度的特点,不可避免地会产生内应力和变形,可能会对结构的强度、刚度、稳定性以及尺寸精度产生较大影响,也可能会导致焊接裂纹或开裂,因此在焊接结构设计时要充分考虑焊接热应力的影响,必要时采用抗热振结构以及力学冗余设计。

2. 焊接接头的强度

焊接接头的强度是焊接结构承受外载作用的基本保证,是焊接结构在承受外载和环境作用下能正常工作的前提。焊接接头是由焊缝、熔合区、热影响区和母材组成的不均匀体,其整体强度不仅与接头的几何形状有关,而且与母材金属和焊缝金属之间的力学匹配度有关,包括母材金属与焊缝金属之间屈服强度和抗拉强度的匹配,以及母材金属与焊缝金属的应变硬化性能匹配。因此,焊缝及母材的强度组配对焊接接头强度有重要影响,是焊接接头强度设计必须考虑的主要因素之一。

2.3.4 焊缝检验

由于受焊接热循环及焊接冶金过程的影响,焊缝不可避免地会发生物理化学的变化,从而导致焊接缺陷、残余应力和焊接变形等,因此焊接检验是焊接技术中不可或缺的部分。

图 2.16 为一般熔焊接头易出现的几种缺陷类型。根据国标 GB/T 6417.1—2005《金属熔化焊接头缺欠分类及说明》,焊接缺欠分为六类:裂纹、孔穴、固体夹杂、未熔合及未焊透、形状和尺寸不良及其他缺欠。其中,裂纹就是指在宏观和微观的热应力及其他致脆因素的共同作用下,焊接接头局部区域金属原子之间的结

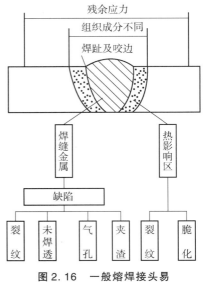

图 2.16 一般熔焊接头易出现的几种缺陷类型

合力遭到破坏而形成的新界面所产生的缝隙。焊接裂纹的成因和形式是多种多样的，按产生的温度及范围，可以分为热裂纹、冷裂纹、再热裂纹和层状撕裂。孔穴按其成因可以分为气孔和缩孔两类。气孔是熔池中的气体在凝固时未能逃逸出而残留下来形成的孔穴，按其形状和分布状态可以分为球形气孔、均布气孔、局部密集气孔、链状气孔、条形气孔、虫形气孔和表面气孔七种类型。缩孔是熔化金属在凝固过程中由于体积收缩而在焊缝中间产生的孔穴，按其形状、大小及分布状态分为结晶缩孔、微型缩孔、微型穿晶缩孔、微型结晶缩孔、弧坑缩孔和末端弧坑缩孔六种类型。固体夹杂是在焊缝金属中残留的固体杂物，可以分为夹渣、焊剂夹渣、氧化物夹杂、皱褶和金属夹杂五种类型。未熔合是指在焊缝金属和母材之间或焊道金属相焊道金属之间未完全熔化结合的部分，它可分为三种形式：侧壁未熔合、焊道间未熔合和焊缝根部未熔合。形状和尺寸不良是指焊缝的表面形状与原设计的几何形状有偏差，形式和种类较多，包括咬边、缩沟、焊缝超高、下塌、焊瘤、错边、烧穿、未焊满等。

　　焊接缺欠产生的原因是多方面的，有母材、焊接材料、结构因素、制造工艺等因素。除了通过优化焊接结构和工艺防止产生焊接缺欠外，通过焊接检验及时发现缺欠也是防止发生意外事故的重要措施。一般焊接检验可分为破坏性检验、非破坏性检验和工艺性检验三类，每类中又有若干具体检验方法，详见表2.2。

表2.2　焊接检验方法与分类

类型	特点	内容	
破坏性检验	检验过程中须破坏被检对象的结构	力学性能试验	拉伸、弯曲、冲击、压扁、硬度、疲劳
		化学分析与试验	成分分析、晶间腐蚀、铁素体含量测定
		金相与断口分析试验	宏观组织分析、微观组织分析、断口检验分析
非破坏性检验	检验过程中不破坏被检对象的结构和材料	外观检查	
		强度检查	水压试验、气压试验
		密封性检查	气密性试验、水密封试验、煤油渗透试验、氦质谱检漏试验
		无损检测	射线、超声、磁粉、渗透、涡流
工艺性检验	在产品制造过程中为保证工艺的正确性而进行的检验	材料焊接性试验、工艺评定、焊接电源检查、工艺装备检查、结构的装配质量检查、焊接参数检验及预热、后热和焊后热处理检验	

（李鑫）

第 3 章

放射源制备技术

3.1 放射源制备基本原则

放射源制备的基本原则包括适用性和安全性。

3.1.1 适用性

放射源的适用性涉及放射源的辐射种类、辐射能量、辐射强度及规格尺寸,以上性能主要取决于放射源中放射性同位素的种类及其含量以及制源工艺。

放射源选用何种同位素应根据使用场景,判定所需的辐射类型、射线能量,还要考虑经济成本等因素。放射源的使用期限与其初始活度、同位素半衰期紧密相关,为了保证使用安全,在满足使用要求的基础上,应尽量减少放射性同位素投料量。放射源辐射强度与源芯放射性同位素的活度值有关,放射性活度大,相应源芯的重量和体积也增大,导致源芯自身对辐射的自吸收效应增强,要尽可能采用高比活度的放射性原料,少引入非放射性载体。放射源的规格尺寸在满足使用安全性要求的基础上,需要与安装的仪器设备配套。

3.1.2 安全性

放射源发射出的射线对人体有害,而且所使用的同位素大部分具有化学毒性，所以放射源安全性要求很高。放射源的安全性取决于设计、制源工艺以及正确使用。

放射源设计必须全面考虑其在正常使用环境以及可能遇到的意外事故环境中的安全性，为了确保放射源使用的安全性，源芯形式应具有稳定的化学形式和合适的物理状态，应尽量减少放射性物质投料量，源壳材料选择、结构设计也应保障能承受来自源芯内部和环境外部的热作用、机械作用和化学作用。

在制源工艺和使用方面，随着制源技术的发展和放射源在各个领域的大量使用，放射源安全制备和安全使用的经验方法逐渐丰富，制定了一系列的放射源安全技术标准、检验方法和使用规范等。

|3.2 放射源制备方法分类|

放射源的制备技术主要包括放射源设计技术、放射源制备工艺等。

3.2.1 放射源设计技术

放射源的设计必须满足使用要求，包括功能技术参数、使用环境和使用期限等，能够确保在设计使用期限内放射源正常工作和辐射安全性。放射源设计内容主要包括源芯设计和源壳设计。源芯设计主要针对放射源具体用途，选用不同的同位素形式，进行放射源初始活度和同位素投料量计算，以及源芯主要形式（化学形式、结构）等。源壳设计主要考虑材料选择和结构设计两方面，在保证使用安全的前提下尽量轻量化。

1. 源芯设计

源芯是指放射源中含有放射性物质的部分，承担着发射射线的功能，是放射源的核心部件。源芯设计内容主要包括放射性同位素选择、源强计算、源芯设计以及源芯结构设计。

1）放射性同位素选择

根据放射源功能、使用环境及使用寿命等要求，判定所采用辐射类型、射线能量、衰变规律等，考虑放射性同位素的可获得性，同时兼顾成本因素，进而选择放射性同位素。同一种放射性同位素可能产生多种辐射形式，若对主要利用的射线有干扰，则应从源芯制造和源壳结构上予以避免。为了提高放射源的辐射发射率，要尽量采用比活度大的放射性原料，减少非放射性物质的加入。

2）源强计算

放射源源强计算应保证放射源在规定使用寿命期间内达到所要求的辐射发射率。若放射源使用寿命为 T，寿命末期发射率要求为 N_t，所使用的同位素半衰期为 $T_{1/2}$，在考虑一定设计裕度值 ϕ 的情况下，则初始发射率 N_0 按式（3.1）计算：

$$N_0 = N_t \times e^{\frac{\ln 2}{T_{1/2}} \times T} \times (1 + \phi) \quad (3.1)$$

放射性同位素投料量则根据初始发射率要求和同位素比活度进行计算，在满足辐射发射率要求的基础上，应尽量减少放射性同位素投料量，以保障放射源的辐射安全。即使一些放射源所使用的同位素半衰期较长，也应当规定推荐使用寿命。

3）源芯设计

为了保障放射源的辐射稳定性和使用安全性，源芯应具有稳定的化学形式和合适的物理形态。源芯设计应考虑以下因素：化学稳定性、熔点、溶解性、耐酸碱性能、机械强度等，要求即使放射源源壳发生破裂、源芯暴露在环境中，也尽可能减少放射性同位素扩散到环境中。

4）源芯结构设计

源芯结构设计在考虑放射源总体结构形式和结构尺寸的基础上，还需兼顾源芯工艺上易于制备性、制备过程中的辐射安全性以及方便组装等因素。

2. 源壳设计

源壳是包裹在源芯外部，用于防止源芯放射性同位素泄漏的一层或多层保护壳体。源壳设计内容主要包括材料选择、封装形式、结构设计、焊接接头设计等。

1）材料选择

源壳与源芯直接接触，必须考虑源壳材料的相容性，要求所选用的源壳材料在使用环境下不与源芯发生任何化学和物理作用。同时，还应考虑材料的机械强度、耐辐照性能、抗腐蚀性能、机械加工性能及可焊性等。

2）封装形式

普通放射源一般采用单层源壳封装即可。但对于强 γ 源、中子源和同位素热源等需要采用双层，甚至多层源壳来分装。层与层之间应配合良好，且互为倒置。对于 α 源、β 源或低能 γ 源，由于射线穿透能力较弱，常在源壳上设计适于射线发射的工作面作为源窗，源窗部分比源壳其他部位要薄，或者采用低原子序数材料制成，并根据射线能量确定源窗厚度。

3）结构设计

放射源源壳的主要功能是防止源芯放射性物质向外部环境泄漏，要求源壳结构强度能够承受来自内部源芯和外部使用环境的力学作用，分为以下两种情况：①在正常工作环境应力下，要求源壳结构不会出现变形；②在可能发生的意外事故情况下，源壳结构允许出现变形，但整体应能保持密封。

依据源壳安全性要求，源壳结构强度设计内容主要包括正常工作环境应力下的承压结构设计和意外事故环境应力下的结构安全性分析。承压结构设计主要针对源壳在内压或外压作用下的安全性进行，对于 α 放射源、（α，n）中子源和 α 热源，由于 α 衰变产生氦气与日俱增，将会在源壳内积聚而使内压不断增高，这类放射源需考虑内压对源壳安全性的影响。承压结构设计一般采用安全系数法，确定安全系数后（一般取 1.5），根据所承受的压力类型（内压或外压）分别进行源壳结构设计，具体过程可参考压力容器设计和计算方法。意外事故环境下结构安全性应针对放射源结构在复杂事故环境应力下的受力情况进行分析，评价源壳是否整体出现泄漏，找出应力集中薄弱部位进行补强设计，确保其在意外事故下内部放射性物质不会泄漏。

4）焊接接头设计

放射源源壳一般采用焊接方式进行密封。源壳焊接接头形式的设计直接关系到源壳的结构强度和密封质量。放射源源壳常用焊接接头包括对接接头、角接接头和塞接接头（图 3.1），其中对接接头从力学角度看是比较理想的接头形式，但角接接头更易焊接实施，焊缝也不易被放射性污染，塞接接头一般用于放射源堵孔焊接密封。放射源源壳焊接接头采用何种形式还需根据具体要求来确定。

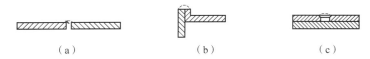

图 3.1　放射源源壳常用焊接接头示意图
(a)对接接头；(b)角接接头；(c)塞接接头

3.2.2　放射源制备工艺

放射源制备工艺主要包括源芯制备工艺和源壳密封技术。

1. 源芯制备工艺

源芯是放射源的核心部件。为了提供可靠的辐射特性，要求其具有稳定的化学形式和合适的物理状态，源芯成型性能与其制备工艺密切相关。源芯制备主要工艺包括真空技术、粉末冶金工艺、陶瓷-搪瓷技术、电化学工艺、沸石吸附技术以及其他方法。

1）真空技术

真空技术是建立低于大气压力的物理环境，以及在此环境中进行工艺制作、物理测量和科学试验等所需的技术。真空技术主要包括真空获得、真空测量、真空检漏和真空应用四个方面。真空通常采用封闭空间抽气来获得，用来抽气的设备称为真空泵，为保证真空系统能达到和维持工作所需，除配备合适抽速的真空泵以外，还要求真空系统及其零部件经过严格检漏，以消除破坏真空的漏孔，检漏一般采用气压检漏，对于超高真空则需采用检漏仪进行检漏。

应用真空技术能够为放射源制备过程提供所需的真空工艺环境，主要用于气体放射源的制备，如氪85放射源、氚靶、气态氚（^3H）光源等。放射源真空技术的关键环节是真空系统的建立与高真空的获取，建立气体放射源真空系统时重点要从安全角度进行考虑，需要满足对放射性气体的包容性要求，真空系统自身包容性越好，环境排放量越小，废物产生量也越少。真空系统的漏率也是保障放射性操作安全性的因素，若系统存在严重的漏气，轻则无法保持真空状态，重则出现放射性气体泄漏而造成环境污染，放射性操作真空系统的漏率要求不大于 5×10^{-7} Pa·L^3/s。在真空系统内进行放射性气体的纯化、充填、增压与回收、封割与密封等，进而制备得到相应放射源。

2）粉末冶金工艺

粉末冶金工艺是一种由金属或金属化合物粉末压制成型后，经烧结而形成制品的冶金方法。一般粉末冶金分为四个过程：制粉、粉末的混合和成型、烧结、烧结后的处理。制粉方法包括机械法和物理化学法，机械法是将原材料用机械粉碎获得粉末，物理化学法则是借助化学或物理的作用获得粉末。粉末混合方法同样分为机械法和化学法，机械混合一般在翻转混合器中通过粉末颗粒间物理搅拌混合方式进行，化学混合则通过化学方法实现物料混合，化学混合法能够使物料中各组分分布更加均匀。成型的方法很多，如压制成型、振动成型、爆炸成型、电成型、冲击成型、等静压成型、热压成型、轧制成型、粉浆浇注、3D打印等。压制成型应用最为普遍，压制过程中粉末产生一定位移和变形，最终变成一定形状的具有一定机械强度的压坯。烧结是粉末冶金的关键工序，压坯通过烧结变为"晶体结合体"后才具有一定的物理机械性能，满足使用要求。最后，对烧结后制品进行处理，进一步提高烧结制品的物理和机械性能，得到所需设计形状和尺寸等。

粉末冶金工艺是制备放射源源芯的常用方法之一，其主要工艺过程包括：首先将放射性同位素与延展性较好的金属粉末（如 Ag、Au 等）混合，均匀混合后压制成型，再经过烧结、轧制成带状，根据使用要求，冲切成各种尺寸或形状不同的放射性活性块，最后封装在源壳中制成放射源。

3）陶瓷 – 搪瓷技术

陶瓷、搪瓷、玻璃的主要成分是氧化铝、氧化硅及碱金属氧化物等。陶瓷 – 搪瓷技术是指将氧化物与陶瓷、搪瓷、玻璃料（主要成分为 SiO_2、Al_2O_3 及碱金属氧化物等）和其他辅料混合在一起，在高温下通过高温化学反应形成陶瓷、搪瓷或玻璃体等稳定化合物的一种工艺。

利用该方法制备放射源源芯活性块的方法分别称为陶瓷法、搪瓷法、硅酸盐法，制成的源芯活性块具有化学稳定好、耐辐照、耐高温以及机械性能好的优点。玻璃法制备源芯，先将放射性同位素以一定化学形式掺入玻璃料内，然后在高温下熔融成玻璃体，冷却后制备得到源芯，再焊封在源壳内。陶瓷法则是将放射性同位素和陶瓷料或釉料混合在一起，作为釉面烧结在陶瓷片上。搪瓷法是将一定化学形式的放射性同位素与搪瓷釉料混合，再涂到已搪有底釉的源托上。陶瓷法与搪瓷法的区别在于前者基体是陶瓷体，后者则是由金属制成。釉层应具有较好的机械强度，不溶于水，难溶于弱酸或弱碱。

4）电化学工艺

电化学工艺主要包括电镀法和自镀法。

电镀是利用电解原理在某些金属表面镀上一薄层其他金属或金属化合物的过程，其原理是镀液中的金属离子在外加电场的作用下，经电极反应还原成金属离子，并在阴极上沉积下来形成镀层。电镀装置包含供电电源以及由电镀液、待镀工件（阴极）和阳极构成的电解池。镀层金属或其他不溶性材料作为阳极，待镀工件作为阴极，电镀液也需采用含镀层金属阳离子的溶液，以排除其他阳离子的干扰，获得均匀、牢固的镀层。电镀过程中，金属离子在阴极上的沉积速率随电流密度增加而增加，为了获得致密的镀层，电流密度不能过大，电镀时间也不宜过短。金属离子的电沉积量与消耗电量密切相关，符合法拉第定律。

自镀是溶液中一种金属离子自发地沉积在置于该溶液内的另外一种金属上的过程，该电化学反应不需要外加电压即能完成，只要金属电极在溶液内的电位比溶液中要沉积的金属离子的还原电位更负，该反应过程就能自发进行下去。通常离子浓度越大，越有利于自镀过程进行。溶剂的性质、溶液温度、搅拌速度、干扰离子浓度均会影响自镀过程。

采用电化学工艺制备放射源源芯是一种使用较普遍的方法。采用电镀法制备放射源源芯，电镀液中含有放射性同位素金属离子，在外加电压下使放射性同位素金属离子在阴极表面还原为金属，或以某种化合物形式沉积在阴极表面，通过控制电流密度、电镀时间可制备得到所需的放射性源芯。自镀法制备放射性源芯，则通过溶液中放射性同位素离子自沉积在一些电极电位值比它更负的金属表面形成镀层，如在盐酸溶液中，Po^{4+}可自沉积在银、铜、镍、铋等金属表面。

5）沸石吸附技术

沸石具有丰富的微孔结构，孔架结构主要由SiO_2、Al_2O_3和碱金属组成，由大量SiO_4四面体和Al_2O_3四面体相互组成复杂的立体网状结构，形成了大量空腔，空腔相互连通，形成了纵横交错的空间网络孔道。所有沸石可用一个通用化学式来表示：

$$(Na,K)_x(Mg,Ca,Sr、Ba)_y[Al_xSi_{n-(x+2y)}O_{2n}] \cdot mH_2O$$

其中：x为碱金属离子个数；y为非碱金属离子个数；n为铝硅离子个数之和；m为水分子的个数。

沸石具有丰富的孔道结构和晶体化学组成，使其具有吸水、吸附、选择性吸附、离子交换、耐酸和耐辐射等性能，主要如下。

（1）吸水特性：水分子极性较强，沸石对强极性物质具有优秀的吸附性能。

（2）吸附性：沸石分子丰富的孔状结构使其具有超大比表面积，通常每克沸石比表面积高达350～1 200 m^2，沸石丰富的立体网状孔道也使其内部空腔体积很大。同时沸石特殊的分子结构使其具有相当大的应力场，对周围物质具有很强的吸附性。

（3）离子交换性：沸石中的碱金属离子分子键结合力不太牢固，在溶液条件下，这些碱金属离子可以和其他金属阳离子或者整体离子团进行交换。

利用沸石吸附技术是制造^{90}Sr、^{147}Pm、^{90}Cs放射源的一种有效方法，通过将沸石浸泡在含放射性同位素离子的溶液中，沸石中阳离子（Na^+、K^+、Ca^+）与溶液中放射性同位素离子（Sr^{2+}、Pm^{3+}、Cs^+）等发生交换，具有很高的分配系数，几乎可提取溶液中全部放射性同位素。根据需要将吸附放射性同位素离子的沸石组装成所需规格的放射源。

6）其他方法

还有一些其他制备放射源源芯的方法，如真空升华法、溶液蒸发法、电溅射法、有机合成法等，这些方法一般用于特定放射源的制备，应用面较窄。

真空升华法也叫真空蒸发法，是指待镀材料在真空中加热蒸发、升华到温度较低的底片上，最后在沉积层上加盖一层保护层，从而制备成放射源的方法，一般用于制备极薄层α源。

溶液蒸发法是指将高纯度放射性溶液滴到源底片上，烘干后于高温炉中灼烧，放射性同位素扩散到底片表层，擦去源表面不牢固部分，制备锕系元素α能谱源的方法。

电溅射法是指利用产生的高能等离子体撞击靶物，使其以粒子形式溅射出来，并在高压电场下沉积到底片材料表面的方法，用于制备核谱学研究用薄层源。

有机合成法是先制备含放射性同位素的有机物，然后涂在金属底片上的方法，如 ^{14}C 和 ^{3}H 标准源的制备，先合成 ^{14}C 和 ^{3}H 的甲基丙烯酸单体，然后聚合形成甲基丙烯酸甲酯，涂在铝板上，做成薄的有机膜源。

2. 源壳密封技术

源壳的主要作用是保护放射源在使用过程中的安全性，防止其内部放射性同位素泄漏，因此源壳的密封环节十分关键，直接关系到使用安全和使用寿命。

国外早期采用过简单的密封手段，如螺栓垫圈压紧方式、环氧树脂黏结技术和钎焊工艺等。20世纪50年代末至60年代初，世界上几个大规模生产放射性同位素的实验室和工厂先后使用了钨极氩弧焊技术。针对某些特殊的放射源或使用的特殊源壳材料，还发展了电阻焊、扩散焊、摩擦焊、超声焊、电子束焊、等离子体弧焊和激光焊等技术。

我国于1966年开展了用氩弧焊密封中子源的试验工作，并于1967年首次将这一技术应用于 $^{210}Po-Be$ 中子源和钋模拟（^{235}U）裂变中子源的制造工艺中。20世纪70年代中期，又将熔透好、焊缝强度高的等离子体弧焊技术，用于当时油田勘探与开发所急需的长寿命镅铍中子源的批量生产中，确保了测井中子源在长期使用过程中的安全性和可靠性。

1）钨极氩弧焊技术

钨极氩弧焊是一种在Ar气保护下实施的熔化焊技术，属于非熔化极-惰性气体保护焊范畴。它借助Ar气保护熔池，利用钨电极与焊件（此处为源壳）之间产生的电弧热量来熔化焊件（或焊条），使两个焊接接头先熔化、而后冷却在一起的焊接方法。

放射源的密封大多采用钨极氩弧焊技术，依靠源盖与壳体（或壳体与壳体之间）金属本身熔化来实施密封。这样既操作简便，又可省去一套复杂的送丝（焊丝）机构，并易于实施遥控和自动化。为了获得满意的密封质量，应注意以下几个重要环节。

(1) 设计合适的接头类型。源壳接头设计大多采用"端接"(或称角接)接头,其优点是操作时观察方便,不需要填充金属,焊缝成型好,且不易被放射性污染。在某些场合须采用圆柱面上的"对接"接头形式(设计),虽然焊接操作复杂一些,但其焊缝强度较高。

(2) 做好焊前的充分准备。焊前必须注意源壳装配质量,这样既能保证接头处的窄间隙(0.02~0.05 mm),又便于用机械手或夹具操作。试验表明,源壳使用前进行超声清洗,去除油污效果甚佳。

(3) 采取良好的散热措施。为了避免放射性物质因源壳焊接时过热而发生逸出的危险,并防止源壳在焊接过程中产生塌陷、氧化等缺陷,源壳的散热冷却尤为重要。实践表明,使用热容量大、导热系数高的紫铜材料做焊接冷却部件(夹具)是合适的。

(4) 选择最佳的焊接参数。源壳焊接规范选择包括焊接电流、焊接速度、氩气流量、钨极(常用钍钨极或铈钨极)直径和电弧长度等参数。焊封时采用"直流正极性"接法。焊接时焊距固定,源壳随焊台(夹具)转动。焊接收尾时应使焊缝重叠一段(约1/8 圆周长)并进行电流衰减。选用正确焊接规范操作,可观察到熔池稳定、光亮;熔池前端金属活跃;获得的焊缝熔透均匀、光滑、美观。

2) 等离子体弧焊技术

等离子体弧焊(简称"等离子焊"),是一种先进的熔化焊技术。其原理是利用气体在电弧中经"机械压缩""热压缩"和"磁压缩"三种效应相互作用而形成一束截面较小、温度很高、能量集中的等离子弧,当用它作为热源时,随着等离子弧的移动,熔化金属便沿着焊接方向不断冷却、结晶,而形成了焊缝。

等离子焊与目前应用较广的氩弧焊相比,具有温度梯度高、能量密度大、电弧稳定性好和焊接速度快等特点,因此可获得熔深大、热影响区窄、工件变形小、接头强度高的优质焊缝。

鉴于氩弧焊焊缝熔深较小,对于尺寸较大的放射源源壳,如测井用 ^{241}Am-Be中子源、高活度 γ 源、同位素热源的密封已不能满足要求,而用等离子焊是十分合适的。考虑到放射源焊封的特点,采用了"熔透型"焊接方法,即在等离子焊过程中,熔池底部并不形成"小孔效应",而是依靠源盖与壳体金属本身的熔化来实施源的密封。

小电流环缝等离子焊设备和装置由焊接电源、等离子焊控制箱(电流调节范围为 10~100 A)、环缝焊装置、供气系统、电气控制盒和观察系统等组成

（环焊装置放置在有屏蔽的手套箱或通风柜内），可实施远距离操纵。

放射源的等离子焊密封，主电路的接电方式也采用"直流正极性"。焊接参数包括焊接电流、焊接速度、等离子气流量、保护气流量、喷嘴孔径和喷嘴端面至源壳焊边距离等。试验表明，采用混合气（Ar + 0.5 ~ 0.7% H_2）比单独用工业纯氩（纯度99.99%）做工作气体，可明显改善源壳保护效果，防止焊缝氧化，获得熔透均匀、光滑、光亮的焊缝，且焊接速度也能提高。

（罗洪义）

3.3 真空技术

在放射源研制中，真空技术的任务是为放射源的制备提供有关的真空工艺环境，包括以绝热或热沉、洁净或分子沉的特定器壁边界所包容的无污染的特定空间；适用于气体放射源的制备，如氪85放射源、气态氚光源等，主要流程包括真空系统的建立与高真空的获取、放射性气体的纯化、充填、增压与回收、封割与密封等。

3.3.1 真空系统的建立

建立真空系统时，更多侧重的是操作系统的安全性。真空系统的建立原则，从安全设计的角度进行考虑，就是需要满足对放射性气体的包容性要求。包容性越好，次级包容系统处理的放射性气体量就越小，环境排放量也越小，处理过程中所产生的废物也越少。

1. 真空系统材料

通常使用的材料为金属材料和聚合物，在这两类材料的选择过程中必须要考虑几个重要因素：材料的氢渗透性、氢脆、氦脆等引起的材料性能退化问题，特别是对氚，更是需要注意，因为氚进入材料内部后还会继续衰变产生氦3（^3He），^3He的聚集还会发生氦脆。

当金属结构材料沉浸在高压氛围的氢同位素气体的气氛下时，材料的氢脆效应会加速，直到材料失效，材料失效的时间取决于材料的种类、气压和温度。目前氚的真空系统结构材料推荐采用的是奥氏体不锈钢。国外氚设施常采用低碳含量的304L不锈钢和316L不锈钢，这种类型的钢有很好的强度，且其焊接性能和抗氢脆性能均不错，因此，很多用于氚真空系统的组件，如阀门、管道、泵和各种传感器等都是由这类材料制造。如果需要在高温条件下工作，则可以采用高碳含量的347H不锈钢和316H不锈钢，常见的是347H不锈钢用作贮氚铀床的主体材料，316H用于氚提取反应器。在高温和氧化气氛下则采用310不锈钢，它比316L不锈钢具有更好的抗氧化性。在国内，抗氢钢HR系列已经在实践中被证明也是非常适用于氚系统的高压和高温组件。

铜和铝及其合金。铜有很好的延展性和导热性能，并且由于铜中的氢及氢同位素的扩散率和溶解度都很低，故抗氢脆性能很好，铜及其合金材料在氚真空系统中被广泛用作密封垫圈和散热元件，但由于大于200 ℃时，铜及其合金材料的强度会急剧下降，因此铜及其合金不适宜用作真空系统的结构材料。铝有很好的导热性能，密度低，与不锈钢相比，铝的氢渗透率更低。但其缺点是铝在较高的温度下强度与抗卷曲性较低，也难以和其他材料焊接在一起，因此，铝及其合金不适宜用作真空系统的结构材料，但可以作为结构材料的阻氚涂层材料，具有较高的阻氚因子。

聚合物则是在金属不能替代的情况下使用，因为聚合物上的β射线能量沉积能导致聚合物软化或硬化、延展性失效、粉化等。高聚合度聚乙烯（ultra-high-molecular-weight polyethylene）、聚亚酰胺和高密度的聚乙烯（high-Density polyethylene）、丁基合成橡胶等已经分别用于氚系统阀门和手套箱手套。

2. 真空和压力组件

真空系统的真空和压力组件，如放射性气体贮存和计量容器，放射性气体的转移、分装、增压的贮存床、增压床等，实际上是由抗氢脆不锈钢或其他结构材料制成，组件的失效可能会导致放射性泄漏事件（事故）。

设计中应考虑内压力、容器自重、内装物重及装配预紧力等因素，以及容器外各部件和环境温度变化对容器内气体温度的影响。

工作压力在不考虑氚衰变为 ^{3}He 的条件下，不超过 50 MPa 时，可根据容器内容积、所充氚气体量及设计温度，工作压力 P_0 计算公式可表示为

$$P_0 = Z_\rho RT$$

$$Z = 1 + 19.87\left[1 - \left(\frac{109.8}{T}\right)\right]\rho + 1\,310.5\left(\frac{20.62}{T}\right)^{1/2}\rho^2 \quad (3.1)$$

式（3.1）中，Z——修正系数；R——气体常数，8.314 4 MPa·cm^2/kmol；ρ——气体密度，mol/cm^3。值得注意的是，这里如果工作压力超过了 50 MPa，则需要对修正系数进行校正。设计压力取工作压力的 1.05~1.25 倍。

为了确保产品安全可靠，在选择安全系数时，需同时保证容器的爆破压力

与工作压力之比不低于 4.5。设计时用式（3.2）和式（3.3）计算爆破压力：

单层球形容器：

$$P_b = 2\sigma_{0.2}\left(2 - \frac{\sigma_{0.2}}{\sigma_b}\right)\ln\frac{R_N}{R_W} \quad (3.2)$$

单层柱形容器：

$$P_b = \frac{2}{\sqrt{3}}\sigma_{0.2}\left(2 - \frac{\sigma_{0.2}}{\sigma_b}\right)\ln\frac{R_N}{R_W} \quad (3.3)$$

式中，P_b——爆破压力，MPa；$\sigma_{0.2}$——容器所用材料的条件屈服强度，MPa；σ_b——容器所用材料的抗拉强度极限，MPa；R_W——容器外半径，mm；R_N——容器内半径，mm。

真空系统中，高真空的获取通常采用多级真空泵串联，常用的为：第一级是无油机械泵或干泵，第二级为分子泵，第三级为离子泵。若真空要求不高，通常第一二两级串列即可。

3. 组件连接及检漏

真空系统组件在条件允许的情况下，应该采用焊接连接的方式，采用经过试验验证的焊接工艺和适用于基体合金的焊料，以避免形成夹杂、孔洞等焊接缺陷，现出焊接件的残余应力，并对焊接试验件、系统组件、操作系统分步进行真空气密性和高压气密性检验等。

金属连接方式也是常见的方式。在可能的情况下，将系统拆分为若干个单元，采用活连接的方式将焊接方式连接的各单元进行连接。真空系统的活连接部位常采用金属密封法兰连接、挤压型密封连接、球面密封连接、扩口密封连接等方式。对于长期暴露于放射性气氛，如氚气氛下的密封连接，应尽量避免使用抗氚辐照性能较差的有机合成弹性密封材料，如聚四氟乙烯、聚乙烯等。

真空系统的组件与子系统通常采用阀门连接和螺纹接头连接。常用的螺纹接头连接方式有平压垫密封接头、球面密封接头、扩口密封接头和挤压型密封接头。图 3.2 为螺纹接头原理示意图和连接类型。

手动阀门常用全金属波纹管阀门或金属隔膜阀，图 3.3 为常用的金属波纹管阀结构及其密封方式。其他含有机氟材料的阀门，如含聚四氟乙烯弹性密封材料的金属波纹管真空阀，虽然开关可靠，特别适用于手套箱内操作，但使用时不能长期浸泡于放射性气氛中。而真空系统用的自动控制阀，可利用气动传动器或小型电动机进行远距离操纵，便于手套箱内操作，阀门的密封垫圈或堵头和手动阀门一样，尽量用金属或无氟酸盐的耐辐射材料制成。

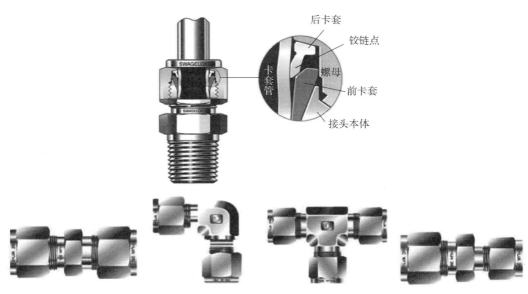

图 3.2 螺纹接头原理示意图和连接类型

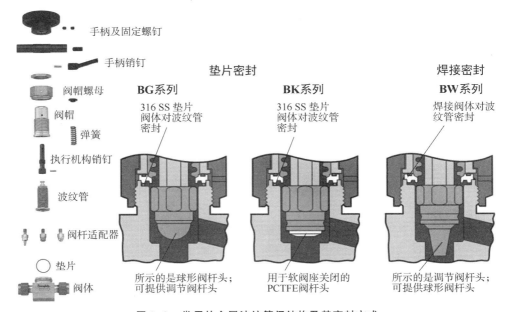

图 3.3 常用的金属波纹管阀结构及其密封方式

真空系统要求获得并保持真空状态,如果存在严重的漏气,则系统存在重大缺陷。透气和漏气的本质是不同的。透气是气体从密度大的一侧向密度小的一侧渗入、扩散、通过和逸出的过程，任何材料都有一定的渗透率。而漏气是由于材料本身的缺陷或封口部不良，导致气体分子从高压侧流向低压侧的现象。严格意义来讲，任何真空系统都有漏气的现象存在，漏气是绝对的。针对不同的真空系统，可以容许一定的漏率。在工作压力下，核真空系统的漏率应不大于 $5 \times 10^{-7} Pa \cdot L^3/s$。

3.3.2 放射性气体的纯化与增压

放射性气体的纯化，在真空技术中尤为重要。特别是对氚而言，利用金属氚化物对氚气进行纯化、清除杂质元素是较成熟和普遍使用的技术。当氚中含有 O_2、N_2、CT_4、NT_3、CO_2 等杂质气体时，可以用高温流通铀床与杂质气体反应，生成不分解的 UO_2、U_2N_3、UC；当氚中含有惰性气体时，如氚衰变生成的 ^3He，可以用常温流通铀床吸收氚，剩余的氦气被抽取后，再解吸氚。表 3.1 为金属铀与主要杂质的反应产物。

表 3.1 金属铀与主要杂质的反应产物

反应物	反应温度/℃	反应产物
H_2	250	α 和 β UH_3
H_2	700	UN，UN_2
O_2	150~350	UO_2，U_3O_8
H_2O	120	UO_2，H_2，UH_3
NH_3	700	UN，H_2
CH_4	635	UO_2，UC，H_2，UH_3
CO	750	UO_2，UC
CO_2	750	UO_2，UC

工程上常将高、低温铀床结合使用。流通式铀床的结构没有标准，一般是根据使用的需要进行设计，并通过实验确定工作过程的工艺参数。流通式铀床的设计原则是：铀粉在填充高度内均匀分布；有较长的流通路径，使铀气接触面积大和气体滞留的时间长，以提高气体单次通过床体时的除气效率。铀床在反复吸放氢同位素后，铀粉会结块、压实，增加气阻并降低吸氚能力，因此，流通式铀床常常设计成多层结构，层间由惰性疏松多孔支撑材料填充，能很好地适用于小型氚纯化装置的要求。

另一个常用的氚纯化方法是钯管或钯合金膜过滤法，即在适当温度下，氚及其同位素气体能够较快地渗透穿过薄壁钯管或钯合金膜，但其他气体杂质或气体化合物则不能透过。

钯薄膜表面具有很强的吸氢能力,能使氢分子离解成氢原子溶解于钯中,沿着浓度梯度方向由表面向内扩散,并透过钯薄膜,在薄膜的另一侧以分子形态脱离。在同等条件下,其他气体分子,如 O_2、N_2、Ar 等,由于原子体积、离解能等比氢及其同位素分子大得多,在钯晶格中的扩散速度十分低,因此,从宏观角度来看,是不能透过钯薄膜的,钯薄膜具有氢及其同位素气体的选择性透过能力。但值得注意的是,由于 α 相和 β 相晶格常数的差异,相变过程中会伴随钯晶格的膨胀和收缩,并产生应力,很快导致钯薄膜的破裂。因此,纯钯膜不宜作为纯化材料,可采用钯银合金或多组分钯合金来克服这些缺点。表 3.2 为几种国产钯合金膜的透氢速率。

表 3.2 几种国产钯合金膜的透氢速率

合金元素组成(质量分数)	透氢速率/($cm^3 \cdot cm^{-2} \cdot s$)	工作条件
Pd	7.43	膜厚:0.025 mm 温度:350 ℃ 氢压力:2.0 MPa
Pd – 20% Ag	2.46	
Pd – 23% Ag	2.48	
Pd – 5% Au	1.52	
Pd – 20% Au	1.37	
Pd – 7.7% Ce	2.24	
Pd – 12.7% Ce	1.27	
Pd – 6.6% Y	4.99	
Pd – 10% Y	5.39	

对于氚的增压,如向压力容器内充填较高压力的氚气,常用两种方式:铀床和钒床,而不需要机械增压泵。工作在坪区的金属氚化物床,通过控制加热解吸温度,便可获得所需压力的氚气,达到增压的目的。LaN_5 床是常用的中等压力范围的氚增压床,从室温到 300 ℃,这种氚化物床能提高 0.2~65 MPa 的氚压力。为了降低室温贮存状态下的床内气相氚压力,现在更常用的是 La-$Ni_{5-x}Al_x$ 床,其中,铝的含量 $x = 0.1~0.3$。这种床在室温下的解吸压力稍微小于或等于大气压,达到 60 MPa 的压力,解吸温度只比 LaN_5 床稍高。无论 LaN_5 床还是 $LaNi_{5-x}Al_x$ 床,由于其加热温度低,氦气不会被释放,所以,提供的氚及其同位素气体中,几乎不含 ^3He。

(李思杰)

3.4 粉末冶金技术

粉末冶金是用金属粉末（或金属粉末与非金属粉末混合物）作为原料，经过成型和烧结，制造金属材料、复合材料以及各种类型制品的工艺过程。粉末冶金技术与陶瓷技术类似，因此也叫金属陶瓷技术。

粉末的纯度和性能对成型和烧结过程以及产品的性能有重大的影响。粉末性能是由很多因素构成的。从使用角度出发，一般只考虑化学成分，物理性能和工艺性能主要受流动性、松装密度、压缩性和成型性等因素影响。所有的这些因素都会影响到成型、烧结、烧结后处理以及产品的性能。

混合是粉末冶金过程的重要工序之一。制品的性能很大程度上取决于物料混合后各成分分布的状况。

最为普遍的成型方法是压制成型，压制成型过程中，粉末产生一定位移和变形，最终变成一定形状的具有一定机械强度的压坯。成型压力的选择是很重要的，压力过小，压坯的机械强度差，易掉边角；压力过大，烧结时易变形、起泡，在压制时易分层、裂开。压坯的好坏对制品的质量影响甚大，采取适当的措施获得高质量的压坯是必要的。

粉末颗粒之间的联结力，大概分为两种。一种是粉末颗粒表面原子之间的联结力，在轧制时，粉末颗粒受到压力的作用，原子就彼此接近，当进入原子引力（电引力）范围时，粉末颗粒由原子之间的引力作用而联结起来，粉末的接触越大，则压坯的强度越大。另一种是粉末颗粒之间的机械啮合力，粉末的外表面总是凹凸不平的，所以会相互楔住和勾连。

烧结是粉末冶金的关键工序。凡是粉末冶金产品基本上都进行烧结。烧结的作用是使粉末中的原子从高能位向低能位转化。由于粉末具有相当大的比表面积，储有大量的表面能，因此粉末的表面原子有降低其表面能的趋势。在烧结过程中，由于温度的升高，提升了原子的活动性，原子进行扩散，释放表面能，同时物质迁移，扩大了接触面，即产生了蠕变、再结晶等过程，从而导致压坯成为晶体结合体。

一般情况下，单元组分粉末固相烧结温度 $T_{烧结}$ = （2/3~3/4）$T_{熔点}$；多元组分的混合粉末的固相烧结温度低于主要成分的熔点，而可高于其他一种或多种成分的熔点。在实际生产中，不论是单元粉末的烧结还是多元粉末的烧结，都是在一定温度范围内进行的。保温时间与烧结温度有关。通常，烧结温度越高,保温时间越短;烧结温度越低,保温时间越长。

升、降温时间由制品尺寸和性能要求而定。升温太快,压坯容易产生裂纹,升温太慢,则不利于生产。降温速度太快会造成制品的变形和开裂。烧结温度过低,压坯的物理机械性能不好,轧制时会发生断裂现象;烧结温度过高,则可能出现熔融现象。温度保持时间为 0.5~1 h 就可以达到较好的烧结效果和较高的密度。为避免压坯形变或起泡,烧结时升温速度不宜过快,而降温一般选择随炉自然冷却。粉末冶金制备放射源时,由于常用金或银做基体,因此压坯可在空气氛围中加热处理,而不会发生氧化。

粉末混合物中的放射性物质应是化学和热稳定性好,在烧结和退火温度下不易分解、不易挥发的物质。常用的化合物有 $^{241}AmO_2$、$^{238}PuO_2$、$^{147}Pm_2O_3$、$^{210}Po(CrO_4)_2$、$^{204}Tl(CrO_4)_2$、$^{147}Pm_2(CO_3)_3$ 等。粉末混合物中的主要成分是金或银粉(占粉末混合物质量 90% 以上),决定了成型后的毛坯的物理和机械性能,而放射性物质只占很少部分。

放射性物质与金或银粉的混合方法有两种:干法和湿法。干法混合是把放射性物质和金或银粉分别放在 Y 型混料器的两个分叉内,由电机带动混料器转动,进行混合。这种混合方法只适用于较细的(0.05 mm)粉末材料。湿法混合是在放射性物质沉淀时(如生成氢氧化物、碳酸盐、草酸盐沉淀等)加入金或银粉,沉淀烘干后进行研磨。对于不稳定的化合物,可加热转化为较为稳定的氧化物。

用粉末冶金技术制备放射源时,选择压制压力是根据基体金属的特性和放射性物质的加入量而定,通常是 $9.8\times10^7 \sim 19.6\times10^7$ Pa($1\sim2$ t/cm^2)。压坯应是规整的,没有毛边。

粉末冶金技术制备放射源烧结后处理用到的方法是轧制。轧制压坯,即将放射性活性块(烧结后的压坯)封在金或银的基体中,用双辊轧机热压封。在轧制过程中需要进行退火处理,以消除轧制应力,避免轧断、轧裂。退火温度应略低于烧结温度。滚轧好的源箔的厚度一般在 0.1~0.2 mm,长度在 1 m 以上。α 放射源的金属保护层厚度一般为 3 μm 左右,而 β 放射源的金属保护层要根据 β 粒子能量而定。轧制出的源箔带根据实际需要进行剪切。切口处实施了冷焊,但不牢固,所以制备活度较大的放射源时,要再封在金或银中轧制,或者增设保护膜。源箔最后固定在源托中。粉末冶金技术制备低活度放射源时,一般不需要再加保护层。

(秦少鹏)

3.5 搪瓷法、陶瓷法、硅酸盐法

搪瓷技术可以被应用于放射源制备。但根据不同的放射源特性及功能需求，金属基体材料需要替换为陶瓷基体甚至不采用基体设计，为了区别前者，这两种制备方法被称为陶瓷法和硅酸盐（玻璃）法。搪瓷、陶瓷、玻璃的主要成分是氧化铝、氧化硅及碱金属氧化物等，多数放射性同位素的氧化物可同搪瓷、陶瓷、玻璃料和其他辅料一起，在高温下通过高温化学反应形成含有放射性同位素的搪瓷、陶瓷或玻璃体。陶瓷法、搪瓷法、硅酸盐法制备放射源具有化学稳定性好、耐辐照、耐高温等特点。

实施陶瓷法和搪瓷法的第一步，需将放射性物质和陶瓷料或釉料混合均匀，釉料一般选择一种硅酸盐玻璃配方；第二步，将混合好的釉料涂覆至源托上，陶瓷法采用的源托为陶瓷体，搪瓷法采用的源托为已搪有底釉的金属源托；第三步，将涂覆釉料的源托进行高温烧结，使釉料固化在源托上。另外，也有将放射性同位素与陶瓷料混合在一起做成坯烧结成陶瓷的方法，也属于陶瓷法制源，这种实施方法容易增强射线在源芯中的自吸收。

硅酸盐法又被称为玻璃法，该方法的实施如下：首先将放射性同位素以一定化学形式掺入玻璃料内，然后在高温下熔融成玻璃体，经冷却后获得源芯，再焊封在源壳内。对于透射能力强的 γ 源，可做成尺寸较大的玻璃体源芯，如铯 137 玻璃体。一般情况是先做成玻璃珠或丝，再组合焊接密封成源，以减少辐射在玻璃体中的吸收。

在具体选择陶瓷与搪瓷配料时，要考虑到射线能量和强度在配料中的损失。此外在原料中应少含或者不含高原子序数的元素，以减少对射线的吸收。釉层应有较好的机械强度，不溶于水，难溶于弱酸或者弱碱，成釉温度通常在 800 ℃ 左右，温度过高增加操作难度，过低则影响源的耐温性能。

陶瓷、搪瓷和玻璃法可制备 α 放射源、β 放射源、γ 源和中子源。源活度一般小于 1 000 Bq，也可大于 10 TBq。这些方法适于大批量生产放射源。用这类方法制备的源芯需密封在金属源壳中或表面加保护膜以保证使用过程中人员与环境安全。

（于雪）

3.6 电化学法

电化学是研究两类导体形成的带电界面现象及其上所发生的变化的科学。一般来说，每个电化学系统包含两个由电解质隔开的电极，并通过外部电子导体连接。离子通过电解质从一个电极流到另一个电极，并且通过流过外部导体的电子形成完整电路。在电化学反应中，在一个电极处发生还原反应，在另一个电极处发生氧化反应。采用电化学制备放射源，包括电镀法和自镀法。

3.6.1 电镀法制源

在电镀槽中注入电镀液，电镀液中含有所要沉积的放射性金属离子，在适当的电压下，可在阴极表面还原为金属，或以某种化合物形式沉积在阴极表面。

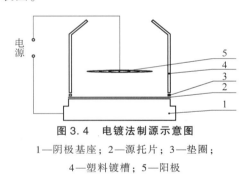

图 3.4　电镀法制源示意图
1—阴极基座；2—源托片；3—垫圈；
4—塑料镀槽；5—阳极

图 3.4 是制备参考源的电镀槽和电路。电镀槽基座连接一个源托片，共同作为阴极，托片的四周被密封圈遮挡，只露出中间部分和电镀液接触，电镀时放射性同位素只在这一部分沉积，其他部分不与电镀液接触，没有放射性物质沉积。通常是铂等作为不溶性阳极，并按阴极面积大小做成盘香型，以使阴极表面的电力线分布均匀，有利于得到均匀的镀层。

电镀法制源通常是在酸性介质中进行的。有时用有机溶剂中（含微量水相）进行的电沉积，适用于这种电渡的溶剂有异丙醇、丙酮、乙二醇等。这种方法使那些不易从水溶液中电沉积的元素，能以氢氧化物或原始化合物形式在阴极上沉积。镀层均匀性好，源外观光亮、定量沉积的时间短，某些杂质的干扰较小。但是该法所制备的镀层不能太厚，一般厚度在 1 mg/cm^2 以下，同水溶液体系相比，部分元素的选择性更差。

溶液中金属离子能否在阴极上沉积，取决于金属离子从此溶液中电沉积所需的极限析出电位值。

$$E = E_0 + \frac{RT}{nF}\ln a_{ox} \tag{3.4}$$

式（3.4）中，E——电极电位值；E_0——标准电位值；a_{ox}——金属离子的化学活度值；n——参加反应的电子数（如 $Me^{n+} + ne \rightarrow Me$ 反应，n–离子的价态）；R——气体常数；T——绝对温度；F——法拉第常数。电镀过程中放射性金属离子在阴极上的沉积速率与电流密度有关，电镀阴极沉积量与消耗电量的关系符合法拉第定律。

在阴极上，金属沉积量 $M(g)$ 和电流强度 $I(A)$、电镀时间 t 成正比，可用式（3.5）表示：

$$M = KQ = KIt \tag{3.5}$$

式（3.5）中，Q——通过的电量；K——比例常数。在电镀过程中，通过的电量相同，所析出或溶解的不同物质的摩尔数相同。

在电镀过程中，电极上还可能有某些副反应消耗电量，如水的电解等，因此通过电镀槽的电量不能全部用在金属的还原上，电镀产物的实际重量比理论计算值要小，即电流效率小于100%。在进行放射性电化学操作时，由于放射性同位素的离子浓度很低，检流计指示值并不能真实反映电镀情况，有一部分是假电流，那么用此电流值进行沉积量计算时可能有误差。因为有化学极化和浓差极化存在，极限析出电位值常偏离平衡电位值。通过提高溶液的温度和加强搅拌，可在一定程度上消除极化的影响。有时极化的存在有利于得到好的镀层。

电镀的工艺参数和电镀槽的设计对沉积的放射性同位素镀层的性质和质量有着重要的影响。一般来说，影响镀层性能的工艺参数主要是温度、阴极电流密度、镀液的pH值、添加剂（配位体、缓冲剂等）和电镀时间。

温度是电镀工艺控制中一项重要的参数。很多待镀阳离子对温度都比较敏感，只有在较狭小的温度范围内才能得到满意的镀层。在该温度范围内，温度的高低也对电结晶过程产生影响，主要表现温度升高提高晶粒的生长速度，从而使镀层的结晶尺寸变大，晶粒从细致平滑变为明显粗大。过大的晶粒在受热或受外力等机械作用下，有可能产生镀层断裂，影响镀层质量。

阴极电流密度是电镀工艺中的重要参数，是电镀现场控制最为严格的参数。没有合适的电流密度，就无法得到合格的镀层。通常都认为，电流密度低，镀层沉积慢，但结晶细一些；电流密度高，沉积速度快，但结晶相对粗大。

镀液的pH值对镀层结晶大小的影响不明显，但是对某些种类的镀层结晶构型产生一定影响。不同时间下的镀层在微观观测中表现为不同厚度，也就是说镀层厚度记录下了时间对结晶的影响。由微观观测可知，镀层的结晶是随着镀层厚度的增加而增大的。但这并不是单一晶体的单纯长大，而是多晶的结块成长。

电镀过程中的添加剂大部分是具有表面活性的物质，特别是有机添加剂，可以在微观突起部位吸附，从而阻止结晶在这些部位长大，并有利于低凹处的镀层生长，保障了镀层的均匀性。

在电镀制源时，为得到均匀牢固的放射性物质镀层，对源托片（做阴极）必须进行适当的预处理。金属源托片表面不允许有油污、锈或氧化皮，同时源托片表面还应力求平整光滑，这样才能使镀液很好地浸润表面，才能使镀层与源托片表面结合牢固。镀前预处理是得到良好镀层的关键。一般采用机械处理、有机溶剂除油、化学除油、浸蚀等来进行镀前预处理。机械处理主要是对粗糙表面进行机械整平，清除表面一些明显的缺陷，包括磨光、机械抛光、滚光、喷砂等；化学处理包括除油与浸蚀，是在适当的溶液中，用零件表面与溶液接触时所发生的各种化学反应，除去零件表面的油污、锈及氧化皮；电化学处理采用通电的方法强化化学除油和浸蚀过程，处理速度快、效果好；超声波处理是在超声波场的作用下进行的除油或清洗过程，主要用于形状复杂或对表面处理要求极高的场合。源托片一般预处理过程如下：不同型号的砂纸打磨、清洗、化学除油（$NaOH$、Na_3PO_4、Na_2CO_3 等）、热水洗、冷水洗、酸浸蚀、水清洗、乙醇洗、丙酮清洗、吹干。

利用电镀法制备放射源的优点如下。

（1）放射性同位素以金属、氧化物或氢氧化物形式沉积在电极（源托片）上，镀层薄，辐射的自吸收小，适于制备 α 放射源和低能 β 放射源与 γ 源。

（2）沉积量可以通过控制电镀时间和电流密度来调节。

（3）对于那些电极电位值相差较大的元素，可进行有选择的电沉积，得到核纯度较高的源；或者选择适当的电压条件实现几种金属电共沉积。

（4）镀层均匀，与基体的结合牢固。

（5）设备简单。

（6）方法应用面广，适用于制备多种同位素不同强度的放射源。

3.6.2 自镀制源

在溶液中，一种金属离子在浸入此溶液的另一种金属上的自发沉积也是一种电化学交换反应。电化学自沉积过程能否进行取决于待沉积元素的起始电位值 E_1 和在此溶液中金属电极的起始电位值 E_2 的电位差值。自沉积过程可以看作是金属电极溶解，使电极上积累了负电荷，而溶液中的金属离子获得电荷，还原成金属。自沉积过程不仅和局部电极的起始电位差值有关，还和阴极、阳极的极化值及欧姆电阻有关。

在制备放射源的过程中，可以利用溶液中某些放射性同位素的离子自沉积在一些电极电位值比它更负的金属表面。由于这种过程是自发进行的，所以称为自镀。就一个体系而言，为使自镀过程顺利进行，可选择与待沉积元素电极电位值相差较大的金属做电极（源托片）。如溶液中的Po^{4+}就可以自镀在比它点位更负的金属上，但对于标准点位比钋正的金属，可以采用一些特殊的方法使其电位变负，也能使钋在这类金属上自镀。例如金，可以在溶液中加入硫脲，由于硫脲能和金离子形成稳定的络合物，降低了溶液中自由金离子的浓度，金离子的电位变负，钋就可以在金电极上自镀。因此钋可自镀在金、银、铜、镍、铋等金属表面。

从式（3.6）可知离子浓度与电极电位的关系。电极金属的离子浓度高，则电位值E向正的方向变化。离子浓度差越大，则越有利于自镀过程的进行。此外，溶剂的性质、干扰离子的浓度以及溶液温度、搅拌速度等都对自镀过程有影响。

自镀过程速率可用式（3.6）表示：

$$\frac{dx}{dt} = k\frac{S}{V}(a-x) \qquad (3.6)$$

式（3.6）中，S——电极表面积；V——溶液体积；a——溶液中起始金属离子浓度（在制源过程中可以用放射性核素活度值来表示）；x——已沉积在电极上的活度；k——速率常数；$k=\frac{D}{\delta}$，其中D——待沉积金属离子在溶液中的扩散系数，δ——电极表面的溶液扩散厚度值，对不同的金属电极，k值亦不同。

（张磊）

3.7 沸石吸附技术

沸石（zeolite）是沸石族矿物的总称，是一种含水的碱金属或碱土金属的铝硅酸矿物。沸石是由三种元素硅（Si）、铝（Al）、氧（O）组成的四面体，如图3.5所示，其中硅氧四面体和铝氧四面体间构成无限拓展的三维空间架状结构。在沸石的四面体结构中，以铝离子取代硅离子所造成的负电荷由钠离子、钾离子、钙离子和镁离子等平衡,因此沸石具有较强的离子交换和吸附能力。

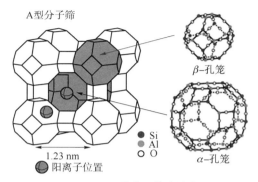

图 3.5　一种沸石基本结构

沸石的结构式通常为 $A_{(x/q)}[(AlO_2)_x(SiO_2)_y] \cdot n(H_2O)$ 其中:A 为 Ca、Na、K、Ba、Sr 等阳离子,其分子孔道直径通常为 0.3~1.3 nm。

沸石具有独特的、开放性的矿物结构:其结构为三维硅氧四面体和三维铝氧四面体,这些四面体按一定的规律排列成具有一定形状的晶体骨架,具有很多大小均一的通道和空腔(3~11Å)。在这些孔穴和通道中吸附着金属阳离子和水分子,这些阳离子和水分子与阴离子骨架间的结合力较弱。沸石的这种特殊结构决定了它所特有的性能,具有吸附性、离子交换性、催化和耐酸耐热等性能,还依据其晶体内部孔穴的大小对分子进行选择性吸附,即吸附一定大小的分子而排斥较大物质的分子。

根据来源的不同,沸石可以分为自然界中生成的天然沸石和人工制造的合成沸石。天然沸石有方沸石、束沸石、片沸石、钠沸石、辉沸石等类型;人工合成沸石有 A 型沸石、X 型沸石、Y 型沸石、I 型沸石、丝光沸石等类型。合成沸石比天然沸石有许多优点,如纯度高,孔径的均匀性、离子交换性能及吸附性能等都较好等。

目前,在工业上及其他各部门中,使用最广的是 A 型沸石、X 型沸石、Y 型沸石及丝光沸石等几种。其中,A 型沸石是属于小孔径沸石,X 型沸石是属于中孔径沸石,Y 型沸石是属于大孔径沸石。A 型沸石和 X 型沸石硅铝比较低,它们的结构也各不相同。

A 型沸石的结构类似氯化钠的晶体结构。氯化钠晶体是由钠离子和氯离子组成的,其排列情况如图 3.6 所示,若将氯化钠晶格中的钠离子和氧离子全部换成 β 笼,并且相邻的两个 β 笼之间通过四元环用 4 个氧桥相互联结起来,这样就得到了 A 型沸石的晶体结构。

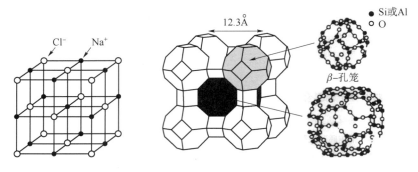

图 3.6　A 型沸石结构与氯化钠结构比较

X 型沸石和 Y 型沸石与八面沸石具有相同的硅铝氧骨架结构。天然生长的矿物叫八面沸石，人工合成的则按照硅铝比（SiO_2/Al_2O_3）的不同而有 X 型沸石和 Y 型沸石之分，它们的结构单元和 A 型沸石一样，也是 β 笼。其排列情况和金刚石的结构有类似之处；金刚石的晶体是由碳原子组成的，如图 3.7 所示。如果以 β 笼代替金刚石结构的碳原子，且相邻的两个 β 笼之间通过六元环用 6 个氧桥相互联结（即每个 β 笼通过 8 个六元环中的 4 个、按四面体的方向与其他的 β 笼联结），这样就形成了八面沸石的晶体结构，如图 3.7 所示。

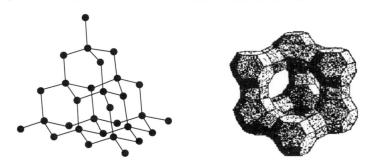

图 3.7　八面沸石与金刚石结构比较

沸石具有离子交换性质。当沸石与某种金属盐的水溶液相接触时，溶液中的金属阳离子可以进入沸石中，而沸石中的阳离子可以被交换下来进入溶液中。这种离子交换过程可以用通式（3.7）表示：

$$A^+Z^- + B^+ = B^+Z^- + A^+ \qquad (3.7)$$

式（3.7）中，Z^-——沸石的阴离子骨架，A^+——交换前沸石中含有的阳离子（一般为钠离子），B^+——水溶液中的金属阳离子。沸石中的钠离子都以相对固定的位置分布于沸石结构中，在不同的位置上的钠离子不但能量不同，而且有不同的空间位阻，因此，在离子交换过程中，离子交换反应速度主要受到扩散速度的控制,位于小笼中的钠离子就很难被交换出来。

另外,沸石还有吸附性质。由于沸石晶穴内部有强大的库仑场和极性作用,而晶穴又不会宽到使流体分子能够避开晶格中场的作用,因此,沸石作为吸附剂不仅具有筛分分子的作用,它孔径的大小还决定可以进入晶穴内部的分子的大小,而且和其他类型的吸附剂相比,即使在较高的温度和较低的吸附质分压下,仍有较高的吸附容量的特点。

正是由于沸石有良好的吸附性能和离子交换性能,沸石在放射源中很早就开始了应用。国际上很早就利用沸石吸附 ^{90}Sr、^{137}Cs 等生产放射源。NaX 型具有很高的交换容量(达 mmol/g)。沸石中离子(如钠离子、钾离子、钙离子)与溶液中离子(如 Sr^{2+}、Pm^{3+}、Cs^+)发生交换,具有很高的分配系数,几乎可以提取溶液中全部放射性核素,这样每个源的放射性核素量近似等于溶液中核素量。

沸石柱吸附法制备放射源的主要工艺流程如图 3.8 所示,首先是沸石材料制备及改性,制备出沸石柱,然后浸入一定浓度的放射性溶液中吸附放射性元素离子,最后进行高温烧结。沸石柱吸附法制备的放射源一般制备高活度的 γ 放射源,活度一般在 GBq ~ 数百 TBq。

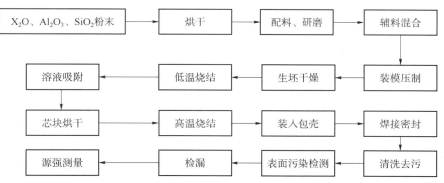

图 3.8 沸石柱吸附法制备放射源的主要工艺流程

(马俊平)

3.8 其他技术

除了前面章节提到的方法,还有一些其他制备放射源源芯的方法,如真空升华法、溶液蒸发法、溅射法、有机合成法等。虽然这些方法各不相同，但总体方向是通过运用热学、电学、磁学等学科技术，将放射性同位素沉积到基片上制备成薄膜源。

3.8.1 真空升华法

真空升华法也叫真空热蒸发法，是指放射性同位素在真空中加热蒸发、升华到温度较低的底片上，最后在沉积层上加盖一层保护层，从而制备成放射源的方法。

真空升华法的原理是依据各种金属蒸气压进行制源。各种金属的蒸气压多可表示为

$$\lg P_i = -\frac{A}{T} + B \tag{3.8}$$

式（3.8）中，P——固态金属的蒸气压；A 和 B——金属的蒸气压常数；T——绝对温度。表 3.3 为不同物质沸点温度及蒸气压常数。

表 3.3　不同物质沸点温度及蒸气压常数

金属	Na	K	Mg	Fe	Cu	Ni	Mn
沸点温度/℃	802	774	1 107	2 735	2 505	2 730	2 097
A	5 532	4 556	7 590	16 770	16 770	20 020	12 800
B	7.922	7.558	8.538	8.965	9.039	9.774	8.370

使用真空升华法制备放射源主要包括以下几个基本过程。

首先是升华（热蒸发）过程。根据每种被蒸发的物质在不同温度时有不相同的饱和蒸气压，使之由凝聚相转变为气相，以气态或蒸气升华后（蒸发后）进入特定的空间。

接着是汽化原子或分子在蒸发源与衬底之间的传输，即这些粒子在环境气氛中的飞行过程。飞行过程中与真空室内残余气体分子发生碰撞的次数，取决于蒸发原子的平均自由程，以及蒸发源到衬底之间的距离。

最后是蒸发原子或分子在衬底表面的淀积过程，即蒸气凝聚、成核、核生长、形成连续薄膜。由于衬底温度远低于蒸发源温度，因此，沉积物分子在衬底表面将直接发生从气相到固相的转变。

真空升华法（真空热蒸发法）是在真空室中加热待形成薄膜的源材料，使其原子或者分子从表面汽化逸出，形成蒸汽流，入射到衬底表面后凝结形成

固态薄膜的方法，放射层是裸露在衬底上，因此，从安全角度出发，最后还需在沉积层上加盖一层保护层，该方法一般用于制备极薄层α放射源。

3.8.2　溶液蒸发法

溶液蒸发法是指将高纯度放射性溶液滴到源底片上，烘干后于高温炉中灼烧，放射性同位素扩散到底片表层，接着擦去源表面不牢固部分，最后制备成所需放射源的方法。

溶液蒸发法制源技术属于热扩散技术的一种。其原理是当环境温度升高时，基底材料的原子在平衡格点附近振动，它们当中有的会获得足够的能量而离开平衡格点，成为处于填隙状态的原子，同时在原格点上产生空位。当临近的杂质原子或基质原子迁移到空位时，发生空位扩散。

使用溶液蒸发法制备放射源有两个过程。

首先是恒定表面源扩散，即衬底表面浓度保持不变，放射性同位素的分布可由以下初始和边界条件解得。

初始条件：$t=0$，$N(x,0)=0$

边界条件：$x=0$，$N(0,t)=N_s$

$x \to \infty$，$N(\infty,t) \to 0$

代入扩散方程可解得扩散层中放射性同位素的分布为

$$N(x,t) = N_s \mathrm{erfc}\left(\frac{x}{2\sqrt{Dt}}\right) \tag{3.9}$$

式（3.9）中，erfc——互补误差函数，也称为高斯误差函数；N_s——表面浓度；D——扩散系数。

然后是再分布过程，也即有限源扩散。这是指在扩散过程中，放射性同位素限定于扩散前淀积在衬底表面的总数不变，依靠这些有限的放射性同位素向衬底内扩散，并随着时间的增加，表面浓度下降。

初始条件：$t=0$，$0<x<\delta$

$$N(x,0) = \frac{Q}{\delta} \approx N_s \tag{3.10}$$

$t=0$，$x>\delta$ 的区域 $N(x,0)=0$

边界条件：$t>0$，$x=0$，$\left(\frac{\partial N}{\partial x}\right)_{x=0}=0$，$x \to \infty$，$N(\infty,t)=0$

$$N(x,t) = \frac{Q}{\sqrt{\pi Dt}} \exp\left(-\frac{x^2}{4Dt}\right), \quad x_j = 2\left(\ln\frac{N_s}{N_B}\right)^{1/2}\sqrt{Dt} \tag{3.11}$$

式（3.10）、式（3.11）中，δ——预淀积在衬底表面薄层的厚度；Q——放射性同位素在衬底的固溶度，放射性同位素均匀分布在薄层 δ 内。

该方法是利用热扩散原理，把放射性同位素扩散到底片表层，接着擦去源表面不牢固部分，制备成所需放射源，一般用于制备锕系元素 α 能谱源。

3.8.3 溅射法

溅射法是指利用产生的高能等离子体撞击靶物，使其以粒子形式溅射出来，并在高压电场下沉积到底片材料表面，制作成所需放射源的方法。溅射法可用于制备核谱学研究用的薄层源。

溅射镀膜有多种方式，可按电极结构分类，即根据电极结构、电极的相对位置及溅射镀膜的过程，可以分为直流二极溅射、直流三极溅射、直流四极溅射、磁控溅射、对向靶溅射、ECR（电子回旋共振）溅射等。其中，磁控溅射是在二极溅射、三极溅射、射频溅射的基础上发展起来的技术，可以在低温、低损伤的条件下实现高速沉积。

3.8.4 有机合成法

有机合成法是先制备含放射性同位素的有机物，然后涂在金属底片上，干燥后形成放射源的方法。有机物一般采用甲基丙烯酸，以 ^{14}C 和 ^{3}H 标准源的制备为例，通常先通过取代反应，合成含有 ^{14}C 和 ^{3}H 的甲基丙烯酸单体，然后聚合形成甲基丙烯酸甲酯，也就是俗称的有机玻璃，最后涂在底衬板上，做成薄的有机膜源。

（平杰红）

第 4 章
α 放射源

4.1 α放射源的结构与分类

α放射源主要由放射源源芯（活性层）、保护膜/层及其他附属结构构成。其中，适宜做源芯的α类同位素主要有 ^{210}Po、^{238}Pu、^{239}Pu、^{241}Am、^{244}Cm 等几种，主要应用于工业领域，表 4.1 为某些可用于制备工业用α放射源的同位素的特性。其中 ^{241}Am 具有容易生产、价格便宜、半衰期较长等优点，是使用最为广泛的α放射源。

表 4.1 某些可用于制备工业用α放射源的同位素的特性

同位素	半衰期	主要α粒子能量（MeV）及分支比（%）	比活度/$GBq \cdot g^{-1}$	来源
^{210}Po	138.4 d	5.305（100）	1.67×10^5	^{209}Bi（n, γ）^{210}Bi $\xrightarrow{\beta^-}$ ^{210}Po
^{238}Pu	87.75 a	5.445（28.7） 5.499（71.1）	636.4	^{237}Np（n, γ）^{238}Np $\xrightarrow{\beta^-}$ ^{238}Pu
^{239}Pu	2.44×10^4 a	5.103（11） 5.142（15） 5.155（73）	2.28	^{238}U（n, γ）^{239}U $\xrightarrow{\beta^-}$ ^{239}Np $\xrightarrow{\beta^-}$ ^{239}Pu
^{241}Am	432 a	5.443（12.7） 5.486（86）	126.9	^{238}U 多次中子俘获生成 ^{241}Pu $\xrightarrow{\beta^-}$ ^{241}Am
^{242}Cm	162.5 d	6.071（26.3） 6.115（73.7）	1.25×10^6	^{238}U 多次中子俘获加 β^- 衰变

α 放射源的保护膜的设计和选择与 α 放射源 α 粒子的射程密切相关。在标准状态空气中，α 粒子的平均射程 R_A° 可近似地表示为

$$R_A^\circ = 0.56 E_\alpha \qquad (E_\alpha < 4 \text{ MeV}) \qquad (4.1)$$

$$R_A^\circ = 0.318 E_\alpha^{3/2} \qquad (4 \text{ MeV} < E_\alpha < 8 \text{ MeV}) \qquad (4.2)$$

α 粒子在不同材料中的射程 R_M（mg/cm²）可从近似公式（4.3）中获得：

$$R_M = 0.3 \sqrt{物质 M 的相对原子质量} \times R_A^\circ \qquad (4.3)$$

由于 α 粒子穿透物质的能力弱，在设计制备 α 放射源时必须考虑源的自吸收。为此活性层厚度一般不大于 α 粒子的射程。为了减小防护层对 α 粒子的吸收，密封 α 放射源的保护层厚度应不大于几微米。

根据 α 同位素的特性，可采用电镀、粉末冶金、搪瓷、陶瓷和玻璃微球法等方法制备 α 放射源；不同的制备方法影响 α 放射源的附属结构。

（唐显）

4.2 α 放射源源芯的制备方法

制备 ^{241}Am、^{238}Pu、^{239}Pu、^{244}Cm α 放射源的主要方法分述如下。

4.2.1 电镀法

钍、铀、钚、镅等锕系元素化合物的水解产物在适宜的 pH 值范围可沉积在阴极表面。在水溶液中，锕系元素的氧化－还原电位均在氢的电位之后，因此在阴极上进行氢还原。

$$2H^+ + 2e \rightarrow H_2 \uparrow$$

这样，在阴极区积累大量的 OH⁻ 离子，形成一个高 pH 区，溶液中的锕系元素正离子与 OH⁻ 离子形成氢氧化物，并沉积在阴极上。电极过程为

$$6H_2O + 6e \rightarrow 3H_2 + 6OH^-$$

$$2Me^{3+} + 6OH^- \rightarrow 2Me(OH)_3$$

$$2Me^{3+} + 6H_2O + 6e \rightarrow 2Me(OH)_3 + 3H_2 \uparrow$$

可用作电解质的无机酸有 HNO_3、HCl、$HClO_4$、H_2SO_4、$H_2C_2O_4$，其中用得较多的是 HNO_3。从 HNO_3 介质中电沉积某些锕系元素的最佳条件见表 4.2。

表 4.2 从 HNO_3 介质中电沉积某些锕系元素的最佳条件

元素	溶液体积/mL	pH	电流密度/($mA \cdot cm^{-2}$)	电沉积时间/min	沉积率/%
Th	20	2.5	100	120	99.8
U	20	2.5	100	120	100.1
Pu	20	3	100	120	100.0
Am	20	3	100	5	99.7

以 H_2SO_4、HCl、$HClO_4$、$H_2C_2O_4$ 做电解质，控制电解溶液的 pH = 2～3，可得到和 HNO_3 介质相近的结果。

铵盐也是一种好的电解质，常用的铵盐有 NH_4Cl、NH_4NO_3、$(NH_4)SO_4$ 和 $(NH_4)_2C_2O_4$。其中以 $(NH_4)_2C_2O_4$ 为最好，缓冲性强，腐蚀性小。

用混合介质进行电沉积可得到较好的结果，从水溶液中电沉积锕系元素，一般在 pH = 2～3 的酸中进行。酸度过高，不利于氢氧化物形成；酸度过低，则水解产物将不仅限于在阴极区形成，而且扩散到整个电解液中，使被沉积物在溶液中的有效浓度降低，影响在阴极上的沉积率，而且沉积层的质量不好，还可能有杂质带入。

制备 α 放射源一般用不锈钢托片做阴极，也有用铂、金等金属做电镀托片的。阳极用铝丝，根据阴极大小做成盘香形，并可兼做搅拌用。

电镀终止前应向电镀液中加入少量的浓氨水，以提高电镀液的 pH 值，可避免沉积物在断电后再溶解。

电镀得到的 α 放射源源芯预制体须继续进行加工处理才能得到 α 放射源源芯。一般方法是在空气中加热到 800 ℃ 灼烧，把氢氧化物转化为氧化物，同时使放射源源芯镀层与底托牢固结合，具有较好的稳定性和牢固性。

美国采用从水溶液中电共沉积 ^{241}Am－Au 来制备 ^{241}Amα 放射源。具体方法为：用镀金镶箔做托片，在其上面涂一层感光物质，把带孔的模板（孔的大小和形状根据源的活性区尺寸而定）放在托片上，曝光冲洗后，没被模板遮挡的部分露出金属面，其余部分仍被感光物质遮盖。用这样的托片做阴极进行电沉积，^{241}Am－Au 只在露出金属面的地方沉积，然后再镀一层金，去除全部感光物质后，再镀一层金并涂一层耐辐射的聚合物（图 4.1）。

用电共沉积法生产的 α 放射源，放射性物质分布均匀，能谱分散度小，源托片四周无放射性物质，安全性能好，美国用这种工艺生产离子感烟探测器的电离源。

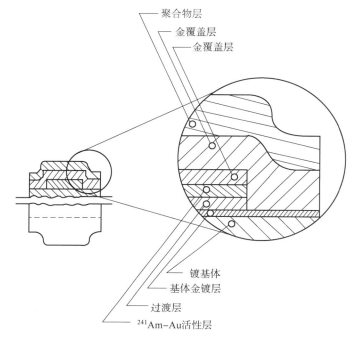

图 4.1 电镀法制备的 ^{241}Am – Au 合金 α 放射源

4.2.2 陶瓷法

陶瓷法制备 α 放射源采用陶瓷片做基体，基体瓷片上部涂中温釉（熔点 550～1 000 ℃），通过烧结与放射性同位素紧密结合，以防放射性物质掉落。在瓷片底部涂一层高温釉（熔点 1 370～1 390 ℃），避免在烧源时基体瓷片底部与烧舟粘连。以 ^{241}Am α 放射源为例，把 ^{241}Am（NO$_3$）$_3$ 溶液滴在基体瓷片上，在电炉中逐渐升温加热，使 ^{241}Am（NO$_3$）$_3$ 转化成 ^{241}AmO$_2$，到 850 ℃ 后恒温一定时间，之后随炉自然冷却即可得到 ^{241}Am α 放射源。

另外一种方法是将 ^{241}AmO$_2$ 与釉料混合制成悬浮水溶液，再滴到已上有底釉的陶瓷片上，通过高温烧结制备成 α 放射源。底釉要求不能上得过厚，高温加热时间不能过长，以免放射性物质扩散到釉层深处，影响 α 粒子的发射率。

制备 ^{241}Am α 放射源方法是将硝酸镅（或硫酸镅）与硅酸钠反应生成硅酸镅沉淀，再把该沉淀（~4%）与预先制好的釉料粉末（其组成为：45～50% PbO、45～50% SiO$_2$、5% Al$_2$O$_3$ 和少量的 CaO、NO$_2$O、B$_2$O$_3$）混合，在铂坩埚中于 850 ℃ 灼烧 30 min，熔块研细，再用沉降法选出小于 20 μm 的含 ^{241}Am 的釉粉，将上述 ^{241}Am 釉粉涂在已经高温（1 250 ℃）处理过的底釉氧化铝瓷片上,并在 850 ℃下灼烧 15 min。放射性釉层厚度约 4 μm,所制成的放射源在 50 ℃水中浸泡试验,放射性物质浸出量低于允许标准。

4.2.3 搪瓷法

搪瓷法制备 ^{241}Am、^{238}Pu、^{239}Pu、^{242}Cm、^{244}Cm α 放射源的基本工艺流程主要分为五个步骤。

(1) 为金属托片上底釉。金属托片一般选用不锈钢片。为使金属托片与底釉结合牢固,先将底片在 850 ℃下热处理后再上底釉,表 4.3 列出一种底釉组分。

表 4.3　一种涂在不锈钢上的底釉组分　　　　　　　单位:%

组分	SiO_2	Na_2O	B_2O_3	Al_2O_3	Na_2SiF_6	CaF_2
含量	49.76	18.34	14.89	5.94	2.12	8.35

(2) 加面釉。将涂有底釉的不锈钢再涂上面釉并灼烧成均匀、光亮和无气泡、无龟裂的搪瓷面。

(3) 放射性物质在托片表面沉积。把放射性物质加到源托片的方法有两种:一种是将放射性同位素溶液直接滴在托片上。另一种是放射性物质以粉末形式用电泳方法上到托片上,用后一种方法要把托片金属化处理成为电泳的电极。

(4) 灼烧。将带有放射性物质的托片烘干并在 800~900 ℃下灼烧,得到平滑、无疵点的含放射性物质搪瓷层。当放射性物质量多时,在灼烧过程中有部分放射性物质进入釉的结构,还有一部分是呈小的晶块形式,均匀地分布在釉料中,不和外界接触。

(5) 加密封保护层。在搪瓷 α 放射源的表面热分解 $TiCl_4$ 形成 TiO_2 保护层。用搪瓷法可制备大面积、分布均匀的 α 放射源(表 4.4)和火警及静电消除器源。

表 4.4　苏联生产的 ^{239}Pu α 面源的规格

外形尺寸/mm			工作面尺寸/mm		电离电流/A	活度/Bq
长	宽	高	长	宽		
70	35	2.8	60	25	2.2×10^{-7}	2×10^8

J. Bourges 和 G. Koehly 提出另一种搪瓷制源工艺,用于制备 ^{238}Pu、^{241}Am、^{242}Cm、^{244}Cm α 放射源。该搪瓷制源工艺使用氧化铝或不锈钢为源托片,先在

托片上滴上放射性同位素硝酸盐溶液；蒸发干后，涂上釉粉，采用 1 000 ~ 1 100 ℃熔融釉粉，形成 3 ~ 10 μm 厚的釉层，使部分放射性同位素进入釉层。如果用硅酸盐釉料，它和锔可形成硅酸锔釉层；然后用阴极溅射法在源表面包 1 ~ 2 μm 厚的钛、金、铂或钽膜。

法国采用搪瓷法和陶瓷法生产 ^{241}Am 和 ^{244}Cm 火警源。陶瓷源是用烧结氧化铝托。搪瓷源是用镍或钛金属做底托。在含 Am_2O_3（或 Cm_2O_3）釉层表面再用溅射法加一层钛（2 μm）保护层（图4.2）。

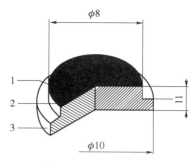

图 4.2　法国生产的火警源
1—钛保护膜（2 μm）；2—AmO_2（CmO_2）瓷釉（5 μm）；3—基体（金属或陶瓷）

4.2.4　玻璃法

玻璃法制备放射源的过程为：先把 ^{238}Pu、^{239}Pu、^{241}Am 的氧化物与玻璃料混合（表4.5）放在铂坩埚中于 1 200 ℃下灼烧半小时；然后倒入冷水中炸碎并研磨成细粉；再将含放射性物质的不规则的玻璃颗粒在滚动中用氧气灯烧成小玻璃珠，其直径小于 10 μm；最后再根据需要把玻璃珠烧在源托片上或用胶粘接在托片上。

表 4.5　制备 α 放射源典型玻璃料组分　　　　单位：%

组分	SiO_2	Na_2O	K_2O	At_2O_3	CaO
含量	66.6	16.6	5.6	5.6	5.6

4.2.5　粉末冶金 – 滚轧法

利用粉末冶金法生产低活度（~ 10^4 Bq）^{241}Am、^{238}Pu α 放射源是安全的，而且容易进行批量化生产。但是与搪瓷法制备的 α 放射源相比，高活度粉末冶金 α 放射源在较差的环境气氛中使用时，其安全性较差。

粉末冶金法的基本过程是先制毛坯，再滚轧制成箔源。毛坯制备分为湿法混合制毛坯法和干法混合制毛坯法两种。湿法混合制毛坯法制备的毛坯放射性物质分布较为均匀，但工艺过程复杂。干法混合制毛坯法制备与湿法混合制毛坯法制备相反。湿法混合制毛坯法制备的工艺过程为：将一定量的金粉加到已知总活度的硝酸锔溶液中，再加进氢氧化铵，使锔以氢氧化物形式与金粉一起沉淀出来；混合物烘干后，压制成型，而后逐渐升温加热使氢氧化锔转化成氧化锔，最后烧结成致密的毛坯。干法混合制毛坯法将 AmO_2 粉与金粉直接混合再压制烧结制成毛坯。毛坯是以大量的金（~90%）和少量的氧化镅制成的金属陶瓷体，在小双辊轧膜机上将毛坯轧制成一定形状，或把毛坯热封在金和银箔之间，然后再轧制所需规格的箔源，毛坯的起始厚度为 2~3 mm，轧后的箔源厚度为 0.1~0.2 mm，源保护面厚度一般不超过 3 μm。用放射性毛坯直接轧制的箔源，一般活度大，表面可能有污染。把第一次轧制成的箔带剪切后，再封在金银之间，热压封后，再进行轧制，可获得所需活度的放射源，而且表面不受污染。轧制过程中应进行退火处理。

辊轧好的箔源，剪切后固定在源托中。箔源的切口不要外露，一般用压封封在源托内，不需进行焊接密封。

图 4.3 为国产 ^{241}Am α 箔源，其规格见表 4.6，图 4.4 为三种国产离子感烟探测器用 ^{241}Am α 放射源，其规格见表 4.7，图 4.5 为 ^{241}Am α 箔源能谱。

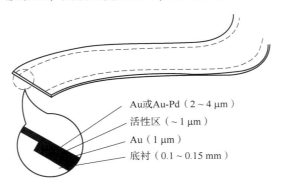

图 4.3　国产 ^{241}Am α 箔源

表 4.6　国产 ^{241}Am α 箔源规格

代码	活度/(MBq·cm^{-2})	活性区宽度/mm	源箔宽度/mm	源箔厚度/mm
AMFA-101	<100	7	12	0.1

表 4.7　^{241}Am 感烟探测器源规格

代码	源活度值/kBq	活性区直径/mm	源托直轻/mm
AMSA-101	75~185	4	10
AMSA-111	75~185	4	14
AMSA-201	75~185	5	10
AMSA-211	75~185	5	14
AMSA-301	75~185	6	10
AMSA-401	75~185	7	10

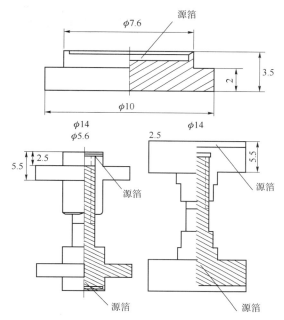

图 4.4　三种国产离子感烟探测器用 ^{241}Am α 放射源

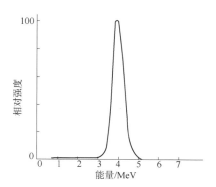

图 4.5　^{241}Am α 箔源能谱

4.3　α 放射源的密封

α 粒子在固体物质中的射程很短,在低原子序数轻质材料中的射程约为 20 μm,在高原子序数高密度材料中的射程约为 10 μm。表 4.8 为由 ^{210}Po 衰变所发射的 5.3 MeV 能量的 α 粒子在某些物质中的射程数据。

表 4.8　由 ^{210}Po 衰变所发射的 5.3 MeV 能量的 α 粒子在某些物质中的射程数据

材料	密度/ (g·cm^{-3})	质量射程/ (mg·cm^{-2})	线性射程/ (μm)
空气	1.29×10^{-3}	5.00	38 400
聚酯薄膜	—	—	40
云母	2.76~3.00	5.00	17~18
铍	1.93	3.46	19
铝	2.70	5.97	22
钛	4.50	7.97	18
不锈钢	7.86	8.60	11
铜	8.93	8.93	10
镍	8.90	8.82	9.9
银	10.49	11.5	11
钽	16.6	15.5	9.3
金	19.3	16.2	8.4
铂	21.5	16.1	7.5
钋	9.1~9.3	16.5	18

α 放射源的密封在放射源制备工艺中占有很重要的位置。保护膜只有几微米厚，在放射源使用过程中机械作用、腐蚀作用和高活度源的辐射作用等会使保护膜破坏，放射源密封层的保护作用与放射源的结构、尺寸，膜的厚度、种类和成分及加膜的方法等因素有关，在一些实验中证实，当源中放射性同位素的活性大于 0.10 Bq/cm^2 时，表面加的金、铝、云母薄膜几周后均出现孔洞且表面有放射性同位素沾污。因此，对于 α 放射源，应规定合适的放射性同位素活度的限值和使用期限，避免放射源表面放射性同位素污染。

放射源表面加何种保护膜和采用何种加膜方式可根据制源工艺和放射源活度而定。

α 放射源面保护层，一般是和活性层紧贴在一起的。这样保护膜不易破损，而且容易实现。它的不足之处是放射性物质易扩散出来。粉末冶金制成的箔源，表面有金或金-钯合金膜，解决了源的密封问题。

有些放射源的活性层制好后，立即加保护膜，如在搪瓷源上加钛或氧化钛、氧化钽、氧化银保护膜，在电镀制备的源表面加镍保护膜等。

对于电镀制备的 ^{210}Po α 箔源可用化学镀镍法加膜；对于粉末冶金法生产的箔源可用化学镀镍或电镀金属保护膜；对于搪瓷法制备的 α 放射源可加氧化膜或真空溅射钛膜保护。

保护膜的厚度对源的安全性能有直接影响。保护膜厚，源的安全性能增强，但输出的 α 粒子束的能量降低，这样，当 α 放射源做电离源使用时，它所提供的电离电流也随之减小。所以选择保护膜的材料和确定其厚度时，要综合考虑源的安全性能和使用效率诸因素。

表 4.9 和表 4.10 分别列出出射 α 粒子能量随金膜厚度增加而减小的情况和 α 粒子能量变化而引起的最大电离电流的变化值。

表 4.9 不同厚度的金覆盖层对 ^{241}Am、^{238}Pu 所发射的 5.5 MeV α 粒子能量的影响

金覆盖层厚度/μm	1.27	2.57	3.81	5.08	6.35
α 粒子最大能量/MeV	4.7	3.8	3.0	2.2	1.3

表 4.10 不同能量的 α 粒子所能提供的电离电流

α 粒子能量/MeV	2	2.5	3	3.5	4	4.5	5	5.5	6
在空气中射程/cm	1.12	1.4	1.68	2.1	2.4	3.0	3.6	4.1	4.7
最大电离电流/(μA·mCi^{-1})	0.34	0.43	0.51	0.60	0.68	0.77	0.85	0.94	1.02

表 4.10 中所列的电离电流都是计算值，与实际值相差较大。这是因为向背面发射的 α 粒子不能被利用，使实际源的最大电离电流值比计算值低很多。图 4.6 是实测的 α 放射源比电离电流值。

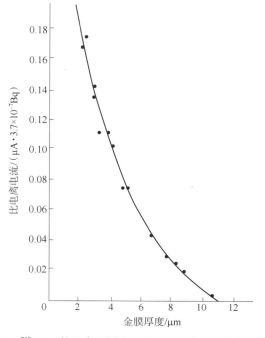

图 4.6 ^{210}Po α 箔源表面覆盖层厚度对比电离电流值的影响

4.3.1　化学镀镍、电镀加金属保护膜

化学镀镍是一种简单而适用的在放射源活性面加保护膜的方法,已在国产 ^{210}Po α 放射源生产中成功应用。

化学镀镍是在一定条件下利用次亚磷酸盐还原镍离子,使它以金属形式沉积在活化表面。表 4.11 为化学镀镍工艺规范。

表 4.11　化学镀镍工艺规范

配方	成分	用量/(g·L^{-1})	
		1	2
	NiSO$_4$·7H$_2$O	25	20
	NaH$_2$PO$_2$·H$_2$O	25	30
	Na$_3$C$_6$H$_5$O$_7$·2H$_2$O	—	10
	Na$_4$P$_2$O$_7$·10H$_2$O	80	—
	NH$_4$Cl	—	30
	NH$_4$OH/mL	30~50	
pH		9~10	9~10
温度/℃		65	35~45
沉积速率/(μm·h^{-1})		12~15	

镀镍过程的化学反应式为

$$NiSO_4 + 2NaH_2PO_2 + 2H_2O \xrightarrow{催化} Ni + 2NaH_2PO_3 + H_2 + H_2SO_4$$

$$NaH_2PO_2 + H \rightarrow P + NaOH + H_2O$$

化学镀镍的源托片用与电镀源托片相同的方法进行去油污处理。化学镀镍过程只需控制溶液组成和温度条件,镀层均匀、光亮,其抗腐蚀性能同电镀镍层。该工艺可用于裸源加镍膜和粉末冶金生产的箔源二次加膜,增强源面的安全性能,并起到封闭箔源切口的作用。

根据需要还可用化学镀金、化学镀钯等工艺加保护膜。

常用的电镀密封层材料是金和金合金、钯和钯合金。在金中加入 0.1% ~ 25% 的 Co、Cd、Ni、Cu、Ag 等要比现在常用的电镀纯钯好。

此外,还可以把箔源加热到略低于箔材料的熔点进行热扩散封。比如由金和银制成的 ^{241}Am 箔源,在 600 ℃ 下保持 30 min,金和银互相扩散,把箔的切口封住。

把含放射性同位素量高的箔带剪切成一定尺寸的箔片，再封在金和银中，然后在小双辊轧膜机上轧制成箔源。这种放射源不需剪切，避免了放射性同位素从切口处脱落。

4.3.2 搪瓷源面加保护膜

在制好的搪瓷 α 放射源面上加保护膜的方法有再烧一层搪瓷釉、沉积一层 TiO_2 和阴极真空溅射钛膜。

苏联用搪瓷法生产的 ^{239}Pu 静电消除器源和火警源的表面是采用沉积一层 TiO_2 的方法加保护膜，其厚度为零点几微米。

TiO_2 在 α 放射源面上的沉积过程是使气体 $TiCl_4$ 在有水蒸气存在的 200～650 ℃温度条件下发生水解反应，即

$$TiCl_4(气相) + 2H_2O(汽) \rightarrow TiO_2(固体) + 4HCl(气)$$

此时，TiO_2 在放射源表面沉积形成密封层。用气态 $(C_2H_5)_4Ti$ 也可得到 TiO_2 薄膜。TiO_2 膜的密封性能与成膜的条件有关，如温度、气态氧化物分解是否完全等。较低温度条件下形成的 TiO_2 膜质量差，见表 4.12。

表 4.12　^{239}Pu 放射源在不同温度下形成的 TiO_2 密封膜的试验结果

起始化合物	成膜温度/℃	放射源活度/(MBq·cm^{-2})	放射源表面污染/(Bq·cm^{-2})	
			立即检查	1.5 年后检查
$TiCl_4$	150	18.5	3.7～7.4	(3.7～7.4)×10^3
$TiCl_4$	250	18.5	3.7～7.4	1.85×10^3
$TiCl_4$	350～380	18.5	3.7	(1.85～3.7)×10^2
$(C_2H_5)_4Ti$	600	18.5	18～37	1.85×10^2

放射源的安全性能可根据放射源中放射性同位素脱落速率来评价，图 4.7 表示加 TiO_2 膜的 ^{239}Pu α 放射源不同温度下放射性同位素的脱落速率。这是连续 3 年对放射源进行每周擦拭检查一次的结果。从图 4.7 可见，开始段随温度的增加，放射性同位素脱落速率变小，在高于 200 ℃时脱落速率增加。这种规律可以解释为，开始时源表面吸附的水挥发掉，因此减弱了对

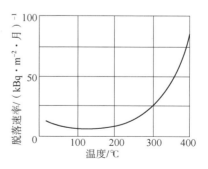

图 4.7　^{239}Pu 搪瓷源中放射性同位素脱落速率与温度的关系

放射源制备及应用技术

TiO_2 膜和搪瓷釉层的作用,在高于 200 ℃ 时膜的密封能力减弱、放射性同位素的扩散加速。苏联根据这些实验结果和其他国家的数据及有关规定制定了 ^{239}Pu 源的 ^{239}Pu 脱落速率限值(表 4.13)。

表 4.13　钚源放射性同位素脱落速率限值

源类型	放射性同位素	脱落速率/($Bq \cdot cm^{-2} \cdot$ 月)
静电消除器源	^{239}Pu	0.037
α 活化分析用源	^{238}Pu	1.1
火警源	^{239}Pu	0.18

J. C. Lauthir 等人提出一种制备 α 放射源的工艺,其主要过程为:在金属托片上加上一薄层放射性同位素,将此托片氧化,所形成的金属氧化物膜就成为源的非放射性保护层。金属氧化物膜经扩散作用通过放射性物质层,并在其表面形成保护层,保护层的厚度是靠改变温度(从 900 ℃ 到 1 300 ℃)、气体介质的组成(氧气或空气)和时间(大于 1 h)来调节,为了保证 α 粒子束有较高的发射率,氧化物覆盖层的厚度不应超过 10 μm。

用真空蒸发或阴极喷射法制备的 ^{238}Pu 和 ^{241}Am 源,所用镍托片厚度为 1~2 mm,直径为 5~25 mm,源的比活度为 0.37~3 700 kBq/cm²,α 粒子的平均能量为 3.0~4.5 MeV。所形成的保护膜的稳定性很好,在 1 400 ℃ 下加热 1 h 保护膜不被破坏,酸气和盐雾对膜也无腐蚀作用。把加热到 1 050 ℃(空气中)的源立即放到 20 ℃ 水中进行热冲击试验,源面不发生任何变化,这种源用在离子感烟探头中还有自我保护作用,即在火灾时,温度升高,氧化膜厚度也增加。但是这种源表面放射性同位素脱落量超过允许水平,所以源表面要再加一层保护膜。

箔源和搪瓷源通常是封在源壳中使用的。有的放射源是封在有很薄源窗的金属壳中使用的。源窗可用 2.5 μm 厚镍箔。这种源壳封装的 ^{241}Am α 放射源,输出的 α 粒子的平均能量为 4 MeV,即输出的 α 粒子束能量等于起始能量的 70%。

(张海旭)

4.4 典型α放射源的制备

4.4.1 钚238和镅241 α放射源的制备

4.2节已用大量篇幅论述了钚238和镅241 α放射源的制备方法和工艺路线,如可采用电镀法,以硝酸为介质,可实现电镀法制备钚238和镅241 α放射源。具体可参见表4.2;还可以采用陶瓷法、搪瓷法、玻璃法、粉末冶金 – 滚轧法等方法制备钚238和镅241 α放射源,在此不做过多阐述。

4.4.2 钋210 α放射源的制备

^{210}Po为100% α衰变,半衰期138.4 d。钋金属和氧化物的熔点低、易挥发,绝大多数钋的化合物的热稳定性差,易分解、挥发。所以制备稳定性好的高活度^{210}Po α放射源是很困难的。钋的化学性质不同于镅、钚等锕系元素,所以^{210}Po α放射源的制备工艺不同于镅、钚等。常用的制源方法有电化学方法、陶瓷微球法和粉末冶金 – 滚轧法。

1. 电化学法

钋的标准电极电位处在碲和银之间,它可以从水溶液中自沉积在某些较钋更活泼的金属表面,也可用电沉积法以金属形式沉积在阴极表面。

1)自镀

在盐酸介质中,Po^{4+}可通过电化学交换自镀在金属铋、镍、铜、银的表面。如果向溶液中加入少量的硫脲(用于络合金离子),Po^{4+}也可在金面上沉积。

自镀法工艺简单。将处理好的金属托片投到需要自镀的放射性溶液中,用电磁搅拌,或通氮气搅拌,就可得到均匀的放射性物质镀片。自镀法可用于制备放射源,也可用于某些放射性同位素的提取和纯化。

钋的自镀一般在盐酸(或硫酸、醋酸、草酸)介质中进行。

从图4.8可见,Cu、Ni、Ag和Au等金属的电位值都比Po的电位负,这说明钋是可以在这些金属上自沉积的。从图4.9又可看出,钋在这些金属上沉积速率的大小次序和它们的电位次序是有关的,即金属电位越负,钋在此种金属上的自沉积速率越大。

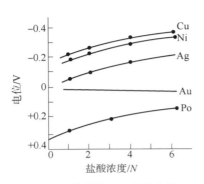
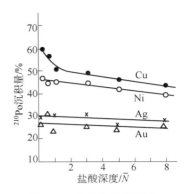

图 4.8　金属在 HCl 中的电位
（相对于饱和甘汞电极，^{210}Po 浓度 $(1\sim2)\times10^{-12}$ mol/L）

图 4.9　钋在各种金属上的沉积速率（沉积时间：2 h）

国产 ^{210}Po α 放射源多是用自镀法生产的，托片选用铜、镍、银和金。工业用 ^{210}Po α 放射源还需加金属保护膜。中国原子能科学研究院早期生产的一种 ^{210}Po 静电消除源是用镍做托片，自镀 ^{210}Po，表面再用化学镀镍法，镀 3 μm 厚的镍做保护膜，源的结构如图 4.10 所示。用这种工艺生产 ^{210}Po α 放射源与粉末冶金法相比，可节省金、银等贵金属材料，且设备简单、容易实现。自镀法制 ^{210}Po α 放射源的工艺，还可用于环境、土壤取样的放射性钋的提取制源。

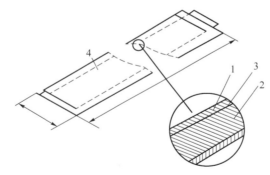

图 4.10　自镀 ^{210}Po – 化学镀 α 放射源
1—镍覆盖层（3 μm）；2—基体；3—^{210}Po 层（0.1 μm）；4—活性区

用自镀法制源芯，并用化学镀镍法制保护膜的 ^{210}Po α 放射源，放射性镀层薄而且均匀，镍保护膜厚度易控制，源的 α 能谱分散度小。这种放射源除用于组装静电消除器外，还用于薄层材料测厚、激发 X 射线以及物理实验等。

国产 ^{210}Po 放射源规格见表 4.14 所示。

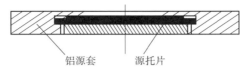

图 4.11　国产 ^{210}Po α 放射源

表 4.14　国产 ^{210}Po α 放射源规格

代码	源活度/MBq	托片材料	活性区直径/mm	源厚度/mm
PoA-101	3.7~37	金	20	0.1
PoA-102	3.7~37	银	20	0.1
PoA-103	3.7~37	镍	20	0.1
PoA-104	3.7~37	铜	20	0.1

2）电镀

钋可以在无机酸介质中（如 HNO_3、HCl、H_2SO_4、HF 等）通过控制外加电压、阴极电位或电流密度在阴极表面以金属形式沉积。如果控制阴极电位，可以将钋中的钛、铜、锑、银等金属离子杂质分离。

电解质的选择，要考虑钋的溶解度、电镀层质量和操作是否方便。虽然钋在 HF 和 HCl 中有较高的溶解度，但在 HCl 介质中，电解过程和辐解作用生成初生态氯，可使铂阳极氧化溶解。溶解的 Pt 离子又易在阴极上沉积，影响 ^{210}Po 镀层质量。HF 在玻璃电镀槽中不能使用，所以一般多用 HNO_3 介质。尽管钋在 HNO_3 中溶解度低（在 25 ℃，1.6 mol/L HNO_3，钋浓度是 0.07 mg/mL，即 12 GBq/mL），但是操作方便，镀层质量好，利用钋的过饱和液电解，可电镀制备比活度达到 1.7 TBq/cm^2 的 α 放射源。高比活度的 ^{210}Po α 放射源可用于制备 ^{210}Po-Be 中子源、同位素能源等。

电镀条件是：在 4.6 mol/L HCl 介质中，控制阴极电位 $\varphi = +0.05 \sim +0.15$ V，^{210}Po 在阴极上沉积，而溶液中的 Bi、Sb、Ag、Cu 等金属离子杂质则不被还原成金属。在 1.5 mol/HNO_3 介质中，控制阴极电位 $\varphi = -0.05 \sim +0.05$ V，可使 ^{210}Po 与溶液中 Bi、Cu、Sb 等金属离子杂质分离。

用 HCl 做电解质、酸度在 1~6 mol/L，但一般采用 2~4 mol/L HCl。用 HNO_3 做电解质，酸度不大于 3 mol/L，一般选在 1.5~2 mol/L。

3）内电解

内电解是利用原电池原理，使溶液中金属离子在阴极上沉积。金属离子在阴极上沉积取决于该离子的还原电位值是否比阴极电位正。同时阴极电位又与体系中的阳极电位相关。

图 4.12 所示为 ^{210}Po 内电解装置。它是由一个带有坩埚式玻璃漏斗的烧杯组成，漏斗内盛有含 ^{210}Po 的溶液，烧杯里盛的酸溶液与漏斗内的相同，但不含 ^{210}Po。把铂金片放在漏斗内，把铋棒放在漏斗外的玻璃烧杯中，铂片与铋棒通过导线连接起来，漏斗内外的溶液通过玻璃漏斗连通。这样就形成一内电解回路。在这个回路中，铋溶解，即发生氧化反应，铂阴极发生还原反应。从图 4.12 可见，在该体系中钋的电位比铋阳极正，也比铂阴极正，所以钋可以沉积在铂阴极上。

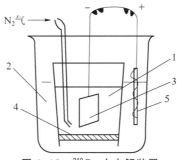

图 4.12　^{210}Po 内电解装置

1—阴极区：装含 ^{210}Po – HCl – Bi 溶液；体积为 20 mL；2—阳极区：装 40 mL 组成与阴极区液相同、但不含 ^{210}Po 的溶液；3. Pt 阴极：厚 0.1 mm，面积 15×10 mm$^2 \times 2$；4. 隔膜：G – 4 烧结玻璃砂；5. Bi 阳极：直径 8 mm，长 40 mm，30 mm 浸在溶液中

Po^{4+} 离子在 HCl 或 HNO_3 介质中的电板反应是：

在阳极 Bi 上：$Bi - 3e \rightarrow Bi^{3+}$

在阴极 Pt 上：$^{210}Po^{4+} + 4e \rightarrow {}^{210}Po$（金属）

选择铋做阳极是为了使溶液中大量存在的铋离子不会在阴极铂上还原，同时在溶液中存在的银、铜、锑因电位和铋相近，同样也不可能在铂阴极上析出。

内电解法兼有自镀和电镀的优点，并能克服自镀和电镀方法之不足。^{210}Po 只能自沉积在某些电极电位比它负的金属上，电镀则需要有外电源和控制仪表。

盐酸浓度对电极电位的影响如图 4.13 所示。

第 4 章 α 放射源

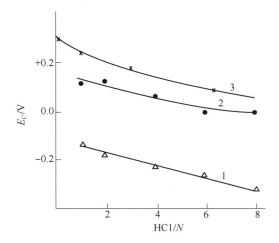

图 4.13 盐酸浓度对电极电位的影响
1—Bi 电极电位；2—Pt 电极电位；3—^{210}Po 析出电位；$[^{210}\text{Po}] = 1 \sim 2 \times 10^{12}$ mol/L

2. 陶瓷微球法

多孔微球磷酸锆（钛、铪）是一种无机离子交换剂，具有较高的交换容量。制备微球的方法是把含有 ZrO、P_2O_5 和其他无机氧化物的陶瓷料，在 1 100～1 500 ℃下加热成流体状态，倒入水中炸裂成小的颗粒；利用高温加热槽，使颗粒软化，在表面张力的作用下呈球形迅速冷却，避免反玻璃化。再把微球放到 5 mol/L HNO_3 中浸泡几小时，以除去不耐酸的组分。此外还可用溶胶 – 凝胶法制备微球，直径小于 10 μm 的微球适于制备 α 放射源。

^{210}Po α 陶瓷源的制备，是将上述微球浸泡在含 ^{210}Po 的溶液中，^{210}Po 吸附在微孔中，干燥后微孔收缩经高温灼烧，^{210}Po 被固定在微球内成为难溶的陶瓷体。

把 ^{210}Po 放射性微球植入生物体内可进行 α 辐射效应的研究，还可把 ^{210}Po 放射性微球用环氧树脂粘接在托片上做成大面积 α 放射源。

3. 粉末冶金 – 滚轧法

因金属钋的熔点低（$T_{熔点} = 254$ ℃），而且大多数钋的化合物在高温下不稳定，易分解、易挥发，并易溶于水和酸碱中，所以用粉末冶金法制备 ^{210}Po α 放射源，应选择热稳定性好的化合物和可以在较低温度下进行烧结和退火处理的轧制工艺。

已知钋化银和铬酸钋是热稳定性较好的化合物,可用作粉末冶金制源的原料。

在 HCl 介质中,^{210}Po 可自沉积在银粉表面,在 400 ℃ 下形成钋 – 银金属化合物。该化合物在 559 ℃ 开始分解。将表面沉积有 ^{210}Po 的银粉和大量的银粉一起加压成型,在 500 ℃ 下烧结,^{210}Po 固定在银块中。

钋的铬酸盐的制备方法是将 1 mol/L CrO_3 溶液与 ^{210}Po（OH）$_4$ 或 $^{210}P_0Cl_4$ 作用生成橘黄色的 Po（CrO_4）$_2$ 沉淀物,经水洗涤后变成深紫色沉淀,它的组成接近 $2PoO_2 \cdot CrO_3$。这两种产物在真空中加热到 500 ℃ 后变成既不易溶于酸也不易溶于碱的稳定化合物。

将 ^{210}Po 的铬酸盐与银粉混合加压成型,在 700 ℃ 烧制成金属陶瓷体毛坯。制好的毛坯压封在面为金箔、底为银板的包壳中,在小双辊轧膜机上制成总厚度为 0.15 mm 左右、金面厚度约为 3 μm 的箔源。对于高活度 ^{210}Po α 箔源,表面需加镀镍保护层。

4.5 α 放射源的检验

α 放射源的检验包括源的外形尺寸、活性面积、活度及各种安全性检验。其中安全性检验指的是放射源的检漏,主要采用的方法包括热液体浸泡检漏、沸腾液体浸泡检漏、液体闪烁液检漏等,这里主要对上述检漏方法进行简单介绍。

4.5.1 热液体浸泡检漏

具体检验过程为:先将 α 放射源浸泡在蒸馏水、稀的洗涤溶液或螯合剂、5% 左右的微酸性溶液或微碱溶液;再将液体加热到 50 ± 5 ℃,保温 4 h 以上;最后取出放射源,并测量液体的放射性活度。

4.5.2 沸腾液体浸泡检漏

将 α 放射源泡在既不腐蚀放射源表面材料,又能有效去除泄漏出来的痕量放射性物质的液体中,煮沸 10 min,自然冷却;然后用新的浸泡液清洗放射源,再把放射源浸泡在新清洗液中,煮沸 10 min,取出放射源,测量液体的放射性活度。

4.5.3 液体闪烁液检漏

室温下,将放射源浸泡在不腐蚀放射源表面的液体闪烁液不少于 3 h 后,取出放射源,并用液体闪烁计数法测量液体的放射性活度。

(牛厂磊)

4.6 α 放射源的应用

α 放射源主要用作静电消除器,还可以用作烟雾报警器、放射性避雷针、负氧离子发生器、电离式气体密度或压强计、电离式气体流速计、湿度计及标准源、α 透射测厚仪等仪器设备的离子发生器。用长寿命的 α 放射性同位素 ^{238}Pu、^{239}Pu、^{241}Am、^{244}Cm 等制备的静电消除器具有使用期长的优点,但对 γ 辐射需采取适当的防护措施(距离和屏蔽防护),使工作人员所受剂量低于 7.5×10^{-3} mSv/h。图 4.14 为条状 α 放射性静电消除器。静电消除器的主要部件是:静电消除源,固定消除源的金属托架,消除源上面的金属保护网。金属保护网可防止手或重物碰撞放射源,同时网的孔隙要尽可能大些,以便更多的 α 粒子穿过保护网。

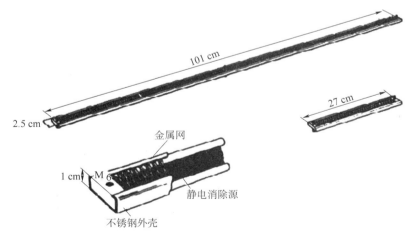

图 4.14　条状 α 放射性静电消除器

对于有较强 γ 辐射的静电消除器,其结构设计要考虑辐射防护。苏联生产

的 ^{239}Pu 静电消除器带有较厚的钢材做成的圆筒式屏蔽体，以防护 γ 辐射。圆筒的一面开口，当使用时源面向开口处；不用时，源面转向圆筒封闭位置，此时消除器表面剂量率降到允许标准（图 4.15）。

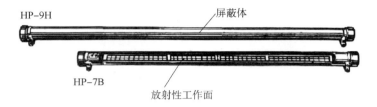

图 4.15　苏联生产的 ^{239}Pu 静电消除器结构示意图

静电消除源可用前述的电镀法、搪瓷法、陶瓷微球法、粉末冶金 - 滚轧法制备。静电消除源的放射性活度都比较大，这样可增强消除器的工作能力。

由于 α 放射性静电消除器的安装位置需靠近带电体表面，因此要根据带电体表面形状不同设计不同形式的消除器。长条状消除器用于消除平面材料的表面静电。对于圆柱状材料的表面静电要用环形、半环形、马蹄形消除器，在精密天平和电子器件中要装微型消除器。还有离子风式消除器，它是把静电消除源安装在喷嘴、喷枪、鼓风机等送风装置的空气出口通道，被电离的空气随空气流一起送到较远的带电体表面，消除静电。

放射性静电消除器的工作能力受放射源活度限制，感应放电针式消除器在高电荷密度时，可发生电离放电，电高空气，消除静电。而放射性静电消除器在低电荷密度时工作效果好，可彻底消除静电。图 4.16 为联合式静电消除器。国产的各种 ^{210}Po 静电消除器规格见表 4.15，国产的各种 ^{210}Po 静电消除器如图 4.17 所示。

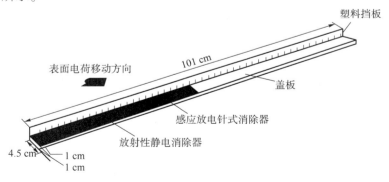

图 4.16　联合式静电消除器

表 4.15 国产的各种 ^{210}Po 静电消除器规格

	代码		放射源活度 /GBq	消除器长度 /mm	活性区长度 /mm
	单一式	联合式			
条型	POSA-101	POCA-101	0.30	130	100
	POSA-102	POCA-102	0.52	225	195
	POSA-103	POCA-103	0.89	315	285
	POSA-104	POCA-104	1.78	600	570
	POSA-105	POCA-105	2.66	885	855
	POSA-106	POCA-106	3.52	1190	1140
环型	代码		放射源活度 /GBq	消除器外径 /mm	消除器内径 /mm	安装长度 /mm
	PORA-101		0.52	140	100	164
	PORA-102		0.74	190	150	214
盒型	代码		放射源活度 /GBq	活性区长度 /mm	外壳总长度 /mm	外壳宽度 /mm
	POBA-101		0.10	40	59	23
	POBA-102		0.17	—	80	23

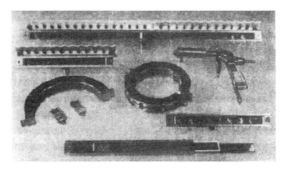

图 4.17 国产的各种 ^{210}Po 静电消除器

(唐显)

第 5 章
β放射源

5.1 β放射源的分类与应用

β放射源是指可以发射电子的同位素放射源。它包括发射 β⁻粒子、β⁺粒子，以及发射俄歇电子或内转换电子的放射源，其中以发射 β⁻粒子的放射源最为常见，通常写成 β 放射源。其他电子源则应用专门的名词，如正电子源、俄歇电子源、内转换电子源等。

某些 β 放射源伴有 γ 辐射，但在使用时主要用其 β 粒子并保证 β 粒子有较高的发射率，那么这种源仍属 β 放射源。

表 5.1 为可用于制备 β 放射源的放射性同位素的主要特征。

表 5.1 可用于制备 β 放射源的放射性同位素的主要特征

同位素	半衰期	β粒子最大能量（keV）及分支比（%）	β粒子平均能量/keV	伴随辐射 γ 能量/keV	生产方式
^{3}H	12.34 a	18.593（100）	5.69		^{6}Li（n, a）^{3}H
^{14}C	5 710 a	156.478（100）	49.44		^{14}N（n, p）^{14}C
^{32}P	14.31 d	1709（100）	695.2		^{31}P（n, γ）^{32}P
					^{32}S（n, p）^{32}P
^{35}S	87.4 d	164.47（100）	49.8		^{34}S（n, γ）^{35}S
					^{35}Cl（n, p）^{35}S

续表

同位素	半衰期	β粒子最大能量（keV）及分支比（%）	β粒子平均能量/keV	伴随辐射γ能量/keV	生产方式
^{45}Ca	162.63 d	256.9（100）	77.3	12.5（1.7×10^{-3}%）	^{44}Ca（n，γ）^{45}Ca
					^{45}Sc（n，p）^{45}Ca
^{63}Ni	100 a	65.9（100）	17.0		^{62}Ni（n，γ）^{63}Ni
					^{62}Cu（n，p）^{63}Ni
^{85}Kr	10.37 a	687（99.57）	251	514（0.43）	裂变产物
		173（0.43）			
^{90}Sr	28.7 a	546（100）	196.3		裂变产物
^{90}Y	64.27 h	2 274（99.984）	928		^{90}Sr子体
^{106}Ru	367 d	39.4（100）	10.4		裂变产物
^{106}Rh	29.9 s	1 979（1.46）	778	511.865（20.47）	^{106}Ru子体
		2 407（9.90）	975	621.88（9.95）	
		3 029（8.1）	1 265	1 050.42（1.45）	
		3 541（79.1）	1 505		
^{137}Cs	30.18 a	511.7（94.8）	174.0	661.662（85.3）	裂变产物
		1 173.4（5.2）	272		
^{147}Pm	2.623 a	224.5（99.941）	62.1	121.3（2.9×10^{-3}）	裂变产物
^{204}Tl	3.784 a	763.4（97.72）	243.3	很弱	^{203}Tl（n，γ）^{204}Tl
^{22}Na	2.603 a	545.8β^+（90.50）	215.2	1 274.55（99.94）	
		1 819.7β^+（0.057）	835.0	511.00（181.11）	
^{54}Mn	312.16 d	EC（100）		834.86（99.75）	^{54}Fe（n，p）
^{55}Fe	2.72 a	EC（100）			^{54}Fe（n，γ）
					^{56}Fe（p，np）

β放射源按发射的粒子的最大能量可分为三类：低能β（电子）源、中能β放射源和高能β放射源。

5.1.1 低能β放射源

低能β放射源包括^{3}H源、^{63}Ni源和^{55}Fe俄歇电子源。低能电子在固体中射程很短（表5.2）。这种源的活性层表面只能加很薄的保护膜，有的甚至是裸源。低能β（电子）源只能用作电离源，在电子捕获鉴定器和电子管中用作放电电离源。

表 5.2 低能 β 放射源特性

放射源	同位素半衰期/a	β粒子最大能量/keV	β粒子最大射程 在空气中 /mm	β粒子最大射程 在其他材料中 /(mg·cm^{-2})	制源方法
^{55}Fe	2.72	5.4，5.6	0.3	0.05	电镀
^{3}H	12.34	18.593	5.2	0.8	金属膜吸附
^{63}Ni	100	65.9	40	6.3	电镀

5.1.2 中能 β 放射源

中能 β 放射源包括 ^{14}C、^{147}Pm、^{85}Kr、^{204}Tl 源。它们的特性见表 5.3。中能 β 放射源主要用于薄层材料测厚。

表 5.3 一些中能 β 放射源的特性

放射源	同位素半衰期/a	β粒子最大能量/MeV	β粒子最大射程/(mg·cm^{-2})	制源方法
^{14}C	5710	0.156	~30	^{14}C 标记单体聚合
^{147}Pm	2.623	0.225	50	粉末冶金，搪瓷
^{85}Kr	10.73	0.672	280	气体封在金属壳或笼状物内
^{204}Tl	3.784	0.763	300	粉末冶金，电镀

中国原子能科学研究院生产的一些 β 放射源如图 5.1 所示。

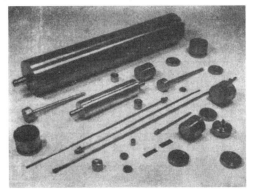

图 5.1 中国原子能科学研究院生产的一些 β 放射源

5.1.3 高能 β 放射源

高能 β 放射源包括 ^{90}Sr 源和 ^{106}Ru 源。^{90}Sr 和 ^{106}Ru 所发射的 β 粒子能量并不高，但它们的衰变子体同位素的 ^{90}Y 和 ^{106}Rh 都发射高能 β 粒子。这类源用不锈钢窗的源壳密封。它们用于金属板材测厚和卷烟密度测量等（表 5.4）。

表 5.4　一些高能 β 放射源的特性

放射源	同位素半衰期	β 粒子最大能量 /MeV	β 粒子最大射程 /(mg·cm^{-2})	制源方法
^{90}Sr – ^{90}Y	28.7 a	2.274	1.1	陶瓷，粉末冶金
^{106}Ru – ^{106}Rh	367 d	3.541（79.1%）	1.6	陶瓷，粉末冶金

5.2　β 放射源的设计方法、制备和检验

5.2.1　β 放射源的设计方法

β 放射源按照不同的制备方法有不同的设计方法，下面根据不同制备工艺介绍几种常用的 β 放射源设计方法。

1. 金属膜吸附法

金属膜吸附法主要应用于氚放射源的制备。该类源由衬底和载体两部分组成。衬底材料的选择一般需要考虑抗腐蚀性能、耐热性能、加工性能和价格。载体的选择一般考虑与放射性同位素的结合能力。吸附的放射性同位素的活度可以通过载体厚度来控制。

2. 电镀法

电镀法制备 β 放射源主要应用于镍 63 源的制备。该类源由衬底、电镀层和保护层组成。在镍 63 源设计过程中，选择金属镍作为衬底材料，可以在高温下保持较高的 β 发射率，并且由于镍片有弹性，可以围成设计的形状。镍的加载量可以通过电镀时间和电流密度来控制。

3. 粉末冶金法

该类放射源一般由金属包壳和箔片状源芯组成。金属包壳选择时一般考虑材料的机械强度、耐辐照性能、抗腐蚀性能、机械加工性能及可焊性等。箔片中金属粉末选择主要考虑该金属材料的延展性和抗腐蚀性。放射性物质的形式选择主要考虑化学稳定性和热稳定性。该类放射源的活度由投料量决定。

4. 真空技术制源法

真空技术制源法一般用于氪85源的制备。该类源是把放射性气体密封在金属包壳内，β射线通过源窗射出。在选择材料金属包壳时一般考虑材料的机械强度、耐辐照性能、抗腐蚀性能、机械加工性能及可焊性等，源窗一般比源壳其他部分要薄，根据射线能量来设计源窗的厚度。考虑到安全性，该类源在设计时，源芯内的压力应小于大气压。

5.2.2 β放射源的制备

1. 金属吸附法

金属吸附法一般用来制备氚源。金属吸附法制备氚源的流程大致为衬底处理、镀膜、吸附、涂膜等过程。

衬底在镀膜之前须进行严格的去污和去氧化膜处理，镀膜时要考虑衬底的清洁度、活化情况、镀膜机内真空度和清洁程度、待沉积金属的纯度、镀膜速率、镀膜在空气中的冷却时间等。镀好载体膜的衬底放置在真空系统中的真空室内，系统抽真空，加热真空室到预定的吸氚温度后，缓慢释放氚气到真空室中。吸氚过程一般为几分钟，吸氚后的靶冷却到室温后方可取出。在氚靶表面涂一层厚度约为 $0.1\ \mu m$ 的银或铝，可降低氚的释放且不会对氚靶的发射率有明显的影响。

2. 电镀法

在电镀槽中注入电镀液，电镀液中含有所要沉积的放射性金属离子，在适当的电压下，可在阴极表面还原为金属，或以某种化合物形式沉积在阴极表面。

电镀法的衬底在电镀前须进行严格的去污和去氧化处理。

电镀的工艺参数和电镀槽的设计对沉积的放射性同位素镀层的性质和质量有着重要的影响。一般来说，影响镀层性能的工艺参数主要是温度、阴极电流密度、溶液 pH 值、添加剂（配位体、缓冲剂等）和电镀时间。

为了提高源的安全性和使用期限，电镀法制备的放射源需加一层保护膜。

3. 粉末冶金法

放射性粉末与金粉或银粉采用干法或湿法进行混合，混合均匀后的粉末一般采用压制成型，压制成型的粗坯放进炉子中进行烧结，烧结温度 $T_{烧结}$ = (2/3 ~ 3/4) $T_{熔点}$，烧结后的粗坯在双辊轧机上压制到合适的尺寸后，裁成合适的形状放入包壳内安装。

4. 真空技术法

采用真空技术法制备氪85源流程如下：将包壳通过紫铜管连接到真空系统中，系统抽真空，缓慢释放氪85气体到设定的压力，系统气压平衡后，通过冷焊封的方法掐断紫铜管，最后用液氮冷却钢瓶回收系统中的氪85气体。

5.2.3 β放射源的检验

制备好的β放射源需要进行表面污染、泄漏率、活度等检验。

5.3 氚（^{3}H）放射源的制备

^{3}H（亦可写成 T）是在反应堆中辐照锂靶生产的，^{6}Li(n,a)^{3}H 为 ^{3}H 核素的反应堆生产途径。它是低能β放射性同位素，β粒子的最大能量为 18.59 keV，平均能量为 5.69 keV。

固体氚放射源的主要形式是金属氚化物。因为它的主要用途是做加速器的靶，所以亦称作氚靶。

氚靶由两部分组成，底层为金属衬底（即底片），表层为吸附氚的载体金属。

底片是载体的承受物。常用来做底片的金属有钼、铜、不锈钢、银、镍、钨、钽、金、铂等，其中以钼、不锈钢铜用得较多。选用底片材料以抗腐蚀性能好、耐热性好、易加工和价格低等为主要指标。若用铜做底片，必须用无氧铜，因为电解铜中有氧化铜，吸氚时可能生成水，而水能和钛反应产生钛的氧化物，阻碍钛氚化合物的生成。因此用电解铜做底片的钛靶吸氚量仅是理论计算值的 10% 左右。

底片在镀金属膜之前须经严格的去污和去氧化膜处理。处理方法包括：用金刚砂干磨抛光，硝酸、磷酸和冰混合剂抛光，碳化硅砂纸抛光和硝酸、盐酸化学浸蚀，然后在三氯乙烯蒸汽或异丙醇中清洁处理，并在 600 ℃ 和 1.3×10^4 Pa 真空中除气，清除滞留或吸附的气体及表面污染物。高质量的底片还需在充氢炉中灼烧，以除去氧化膜和进行表面活化。底片加热处理后，需在真空中储存器中冷却。底片称重后短期保存在真空储存器中待用，长期储存的底片，需再经必要的处理后，方可使用。

吸附氚的载体金属有钛、锆、钪、钇、镧、铈、镨、钕、铒等。

底片镀膜是在真空镀膜机（或离子溅射镀膜机）内将载体金属以薄膜形式沉积在底片上。镀膜机的末级真空系统应是无油的。

镀膜的质量是氚靶好坏的关键。影响镀膜质量的因素很多，如底片的清洁度、活化情况、镀膜机内的真空度和清洁程度、待沉积金属的纯度以及镀膜操作时镀膜速率、镀膜在真空中的冷却时间等。

待沉积的金属在使用前应严格清洗。在实施镀膜时还要把开始段和最后段的蒸发物屏蔽掉，不使其沉积在底片上，以保证镀膜的纯度。

实验测定，当钛的蒸发速率大于 4.2×10^{16} atom/cm$^2 \cdot$ s（30 s 内镀膜厚度为 100 μg/cm^2）时，膜中的杂质含量小于 1%。如果速率过慢，则杂质量增大。

已镀膜的底片，须在真空中冷却 5~6 h，冷却时间太短，可能产生氧化层。

镀膜的厚度由天平称量确定。称量操作应注意镀膜不污染、不划坏。

镀膜的厚度与预计的吸氚量有关。最大厚度以不超过 β 粒子的射程为好，一般不超过 2 mg/cm^2。

载体吸氚是将镀好载体膜的底片放置在吸氚系统的真空室内，系统抽空，然后加热真空室到预定的吸氚温度，再加热储氚铀粉瓶（通常氚能是吸附在铀粉中储存），将瓶慢慢放入吸氚室中。氚气压在 1.3×10^4 Pa（100 mmHg）左右。钛膜的最佳吸氚温度是 330~380 ℃，锆膜的最佳吸瓶温度是 280~400 ℃。吸氚量可根据系统压力的变化来计算。一般吸氚过程只需几分钟就可完成。吸氚后的靶慢慢冷却到室温后，方可取出。

氚被吸附在载体金属中，形成一种键能很弱的（0.2～0.3 eV）金属氚化物。

新制的氚靶表面物理吸附的氚很快跑掉，但膜内吸留的氚在较高的温度下才能释放，对于优质的镀膜，物理吸附是很少的。

氚靶载体中所吸附的氚量的多少是以原子比，即被载体所吸附的氚原子与载体原子个数之比来表示。原子比高，表明单位质量载体吸附氚量多，原子比低，则相反。它是标志氚靶产品质量的重要技术指标。

对于钛和锆载体，其氚化物的原子比最大值是 2，相当于化学分子式 TiT_2、ZrT_2；而对于钪、铒、钕等载体，其原子比最大值为 3，相当于化学分子式 ScT_3、ErT_3、NdT_3。但实际制备的氚靶的原子比都达不到理论最大值。如氚钛靶和氚锆靶的原子比通常为 1.5 左右，好的可达到 1.7、1.8，差的只有 1.0 或更小。氚钪靶和氚铒靶的原子比一般为 2.0 左右。

氚靶可用于中子发生器的靶子、电离源和韧致辐射源。为了满足这些使用要求，氚靶应具有较好的化学稳定性和热稳定性，对于中子发生器用的靶还应具有良好的导热性能。

氚靶的化学稳定性与载体金属的稳定性有关。如钛和锆的氚化物在大气中是稳定的，钪和钇的氚化物在大气中会发生缓慢的氧化，而稀土金属氚化物在空气中是不稳定的，需加一层保护膜。

氚靶不能在酸性气氛及其他腐蚀性气氛中使用。

金属氚化物遇热时要发生解离作用，氚从金属中逸出。逸出的氚在金属氚化物表面形成一定的压力，叫作平衡分压。平衡分压越大，表明释放的氚越多。不同的金属氚化物的稳定性相差很大．在相同温度下，钛和锆的平衡分压最大，钪和钇次之，稀土元素最小。氚钛靶的最高使用温度为 200 ℃，氚钪靶为 300 ℃，而氚铒、氚镨等稀土氚靶可在 400 ℃ 下使用。

靶中氚的释放情况与载体膜的质量有关。曾对氚钛靶在 1.3×10^{-4} Pa 真空下用热解分析法测定氚的释放情况，在 ≤225 ℃ 时，氚基本不析出，随着温度的升高，氚化物分解，在 250 ℃ 分解过程已很明显。对于质量差的靶，在 225 ℃ 前可释放相当量的氚。

在氚钛靶表面涂一层厚度约为 0.1 μm 的银或铝，这对源的发射率没有明显影响，但氚的释放量可减少到 1/10 以下，还可在氚靶表面涂一层 SiO_2 膜，这种氚靶在 4 年有效期内输出电离电流仅降低 40%。

固体氚源除氚靶外还有聚酯薄膜源，它是由含氚的有机单体聚合成的，比活度可达到 370 GBq/kg。表 5.5 为国产氚靶的一些规格。

表 5.5　国产氚靶的一些规格

靶种类	代 码	含氚量/GBq	膜厚度/$(mg \cdot cm^{-2})$	活性区尺寸/mm	衬底尺寸/mm
氚钛靶	TTIT-101	7.4~111	0.1~2.0	Φ12	Φ14
	TTIT-201	26~371	0.6~0.8	Φ12	Φ15
	TTIT-301	37~296	0.1~2.0	Φ25	Φ28.5
	TTIT-401	74~925	0.1~2.0	Φ40	Φ45
	TTIT-501	74~111	0.1~2.0	Φ40	Φ50
	TTIT-601	18.5~29.6	0.2~0.3	10×24	10×24
	TTIT-701	22~37	0.2~0.3	10×31.4	10×31.4
氚锆靶	TZRT-101	26~74	1~3	Φ14	Φ14
	TZRT-201	222~666	1~3	Φ45×20	Φ45×20（环形）
	TZRT-301	185~555	1~3	Φ55×43×35	Φ55×43×35（环形）
氚钪靶	TSCT-101	18.5~29.6	0.2~0.3	10×24	10×24
	TSCT-201	22.2~37	0.2~0.3	10×31.4	10×31.4

5.4　镍63（^{63}Ni）β放射源的制备

^{63}Ni 是长半衰期（100 a）低能 β 放射性同位素（E_β = 66 keV）。^{63}Ni 是在反应堆中辐照镍靶生产的，即 ^{62}Ni（n，γ）^{63}Ni。^{63}Ni β 放射源是一种应用很广泛的放射源，主要用于气相色谱仪的电子捕获鉴定器、火灾报警器、测厚仪、电子管发射极以及用来制造辐射伏特效应同位素电池。

^{63}Ni β 放射源制备方法主要有电喷镀、化学镀和电镀。

电喷镀能制备形状复杂的源，但装置复杂，一般不采用。

化学镀主要用亚磷酸盐、硼氢化钠等还原剂还原 Ni^{2+} 为 Ni 并结晶沉积，从而制得 ^{63}Ni β 放射源，此法制备的源均匀性好，但反应速度、反应终止等不易控制，而且还原剂不稳定，镀液不易存放，给制源带来困难。

电镀法是一种较为理想的制源方法，工艺简单，操作方便。用镍做底片比用铂好，用镍做底片，源在高温下仍保持较高 β 粒子发射率（电离电流）；而用铂做底片时，在高温下镍向底片内扩散，电离电流下降。镍片有弹性，可围成一定形状，固定在电子捕获鉴定器中。

电镀底片须经严格的除油去污处理，并在热盐酸中浸蚀，去除金属表面的氧化膜。

常用前点镀膜是由 H_3BO_3（40 g/L），KCl（20g/L）和一定量的 $^{63}NiCl_2$ 料液配制而成的，pH = 4。电镀时控制电流密度为 15 mA/cm^2。^{63}Ni 以金属形式沉积在阴极镍片上（源底片）。为增强源的安全性能和延长使用期限，在源的表面加约 0.5 μm 厚的镍保护膜。由于 ^{63}Ni 粒子能量低，所以 ^{63}Ni 源不能做得很强，一般是 370 MBq/cm^2。

色谱仪电子捕获鉴定器常用矩形 ^{63}Ni 源。国产的矩形源有 24 mm × 10 mm 或 30 mm × 10 mm。根据鉴定器的结构和源的安装位置，可把矩形源围成圆筒形。这类源的活度一般为 0.37 ~ 0.74 GBq。

电子管内装有 ^{63}Ni 源做电离源可诱发放电，提高管子的工作性能并延长其使用寿命。根据管子的安装位置，源可以是矩形、圆形或丝状的。源活度在 0.185 ~ 1.85 MBq 范围。这种低活度的 ^{63}Ni 源不会对操作人员造成辐射危害。

^{63}Ni 辐射伏特效应同位素电池驱动用放射源制备有间接法和直接法两种途径。间接法即制备独立的 ^{63}Ni 源片，然后将源片覆盖在换能器件接受辐射粒子的面上；直接法则通过化学或物理的方法直接在硅材料表面加载放射性同位素。

间接法选用不锈钢源作为源的衬底，采取除油脂、除无机杂质、敏化、活化、化学镀等工艺，将 ^{63}Ni 化学镀在衬底上。

直接法直接在硅上镀镍，需重点考虑化学镀液的复杂组成对 P - N 结性能的不利影响，同时，镀液中的强酸对结的引出电极造成腐蚀，因此需要对 P - N 结和其引出电极实施必要的保护。与化学加载法比，电镀法具有明显的加载量优势，但两种方法所得的 ^{63}Ni 加载均不高，而采用沉积等物理手段可获得更高比活度的 ^{63}Ni 源。

5.5 钷 147（^{147}Pm）β 放射源的制备

^{147}Pm 是裂变产物，发射较低能量的 β 粒子（E = 0.225 MeV），半衰期为 2.623 a，没有稳定同位素。裂变产物 ^{147}Pm 比活度高、价格便宜，所以用 ^{147}Pm

制备的放射源用途广,可作为电离源,用于电子捕获鉴定器、静电消除器等,还可用在测薄层材料(纸、塑料膜等)厚度的同位素仪表中。

制备^{147}Pm放射源的常用方法有粉末冶金法、搪瓷法和电镀法。其中以粉末冶金法最为常用。钷是稀土类元素,金属钷不稳定,钷的氧化物和碳酸盐较稳定。

5.5.1 粉末冶金法

向^{147}Pm(NO$_3$)$_2$溶液中加入碳酸铵形成Pm$_2$(CO$_3$)$_3$沉淀。沉淀物与金粉或银粉混合,压制成活性块,再烧结成金属陶瓷体。然后将活性块封在银为底,金-钯、银-钯、金-银或纯金箔为面的套中,最后用小双辊轧膜机制成总厚度为0.2 mm的箔源。箔源源面覆盖层约5 μm。源活度可达3.7 GBq/cm^2(表5.6、表5.7)。

表5.6 ^{147}Pm源箔规格

外形尺寸/mm			活性区尺寸/mm		总活度/	比活度/
长	宽	厚	长	宽	GBq	(TBq·m^{-2})
86	25	0.2	82	18	1.85	1.2
100	30	0.2	80	15	7.4	6.2
Φ58	—	0.2	Φ42	—	7.4	5.3
50	20	0.2	25	10	0.37	1.5
125	20	0.2	75	10	0.74	1
100	25	0.2	50	12.5	0.37	0.3
200	25	0.2	150	12.5	0.74	0.3
100	35	0.2	50	25	1.1	0.9
300	25	0.2	180	15	11	4.1
300	25	0.2	180	15	18.5	6.8

表5.7 国产^{147}Pm源箔规格

代码	活度/(GBq·cm^{-2})	活性区直径/mm	源窗厚度/μm	保护环尺寸/mm
PMB	1.11	27	2~4	Φ39×8.5

工业用^{147}Pm β测厚源,是用粉末冶金法生产的,如图5.2所示。图5.3为国产^{147}Pm β测厚源。源托架是不锈钢材料。源活度为3.7 GBq和7.4 GBq。

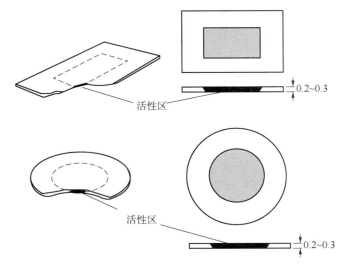

图 5.2　粉末冶金法制备的^{147}Pm 源箔

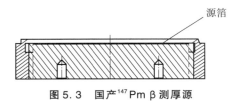

图 5.3　国产^{147}Pm β 测厚源

5.5.2　搪瓷法

用搪瓷法制备^{147}Pm 源的工艺类似前面提到的^{238}Pu α 源的制备工艺。钷的氧化物和搪瓷釉料一起烧成厚度一般不大于 0.1 mm 的釉层。搪瓷釉层含^{147}Pm 量达 50%，而且稳定性好于粉末冶金法制的^{147}Pm 箔源。源的活性层表面有氧化钛保护膜。

5.5.3　真空蒸发法

C. Parry 和 K. J. Round 介绍了一种用真空蒸发法制备活性层均匀、薄、与基体结合牢固的^{147}Pm 源的工艺，此工艺在真空中一个循环完成。将镧和氧化钷（或氟化钷）混合并置入钽坩埚中，在 1.3 ~ 13 mPa 压力下，加热到 1 600 ~ 2 000 ℃，使钷被还原成金属并蒸发出来，并将^{147}Pm 沉积在低原子序数耐高温的材料上，如铝、钛、玻璃、氧化钛、氧化铝、镍、铬、二氧化硅等，在其上再加一保护层，此工艺过程可同时生产多个源。

5.5.4 电镀法

Parker 等人用电共沉积制备 ^{147}Pm 源。在 20 mL 异丙醇溶液中加入 0.1 mL 氯化铒溶液和浓度为 0.2 g/L 的氯化钕。电沉积时间为 16 h，电流密度为 2 A/m^2，收率为 98%，沉积层牢固。

5.6 铊 204（^{204}Tl）β 放射源的制备

反应堆辐照铊靶生产的 ^{204}Tl，比活度一般低于 50 GBq/g。另外，铊金属和氧化物熔点低，大多数化合物热稳定性差，而铊元素又是剧毒物质。这些都给铊源的生产和应用造成了很大困难。所以现在 ^{204}Tl 源的很多应用已被与它的 β 粒子能量相近的 ^{85}Kr 源所代替。当然 ^{85}Kr 源也不理想，它是气体源，体积大、易泄漏。但是目前还没有更好的中能 β 放射源。

制备 ^{204}Tl 源的方法有粉末冶金法和电镀法，其中以粉末冶金法用得较多。^{204}Tl 以铊酸盐沉淀与银粉混合，压制成型高温烧结后，包在银中在小双辊轧膜机上轧制成箔源。箔源的总厚度为 0.2 mm，源面覆盖层厚度约为 20 μm。

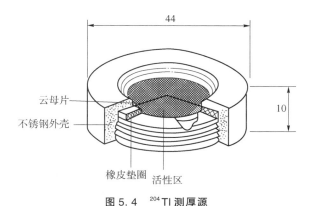

图 5.4　^{204}Tl 测厚源

^{204}Tl 箔源主要用于同位素测厚仪，其规格尺寸与 ^{147}Pm 箔源相同。图 5.4 是一种国产 ^{204}Tl 测厚源，活度为 370 MBq。

电沉积是制备 ^{204}Tl 源的常用方法。表 5.8 为 ^{204}Tl 的电沉积参数。

表 5.8 ^{204}Tl 的电沉积参数

沉底材料	阴极材料	电镀液组成	时间/h	电流密度/(A·m^{-2})	沉积物面密度/(g·m^{-2})
Al	Pt	特利隆 B1.25 g，硅胶 1.25 g，硫酸铊（含^{204}Tl）46~93 g，水 250 mL	0.1	3.3	<0.1
Cu	Pt	过氯酸铊，苯酚（pH=2）	0.5	50~100	—
Cu	—	乙二醇 100 mL，甲酸铊 1 g，无水甲酸 0.5 mL	—	5	300
Cu	—	过氯酸铊乙醇溶液，β-萘酚，对甲酚（pH2~3）	—	5~10	—
Cu	Pt	硫酸铊 4 g/L，硫酸钠 12.5 g/L，琼脂 6 g/L，间苯二酚 6 g/L，β-萘酚 0.5 g/L，乙酸 3 g/L	6	4~10	500

在含硫酸铊和乙酸的电镀液中可得到均匀的、结晶颗粒小的金属铊沉积层，为防止铊金属氧化，源表面要加密封层。为获得高发射率的 ^{204}Tl β 放射源，活性层厚度不应超过 40 μm（570 g/m^2）。有时为制备活度大的源，活性层可能到 0.3 mm，此时 β 射线自吸收很强。由于 ^{204}Tl 比活度限制，^{204}Tl 源不能做成高活度源。电镀源可做到 7 GBq/cm^2，而粉末冶金法生产的源只有 15 MBq/cm^2。

5.7 锶 90（^{90}Sr）β 放射源的制备

^{90}Sr 是裂变产物，半衰期为 28.5 a，发射的 β 粒子能量为 0.546 MeV。^{90}Sr 的子体 ^{90}Y（$T_{1/2}$=64 h）发射高能 β 粒子（2.274 MeV）。在放射源中 ^{90}Sr 与 ^{90}Y 处于长期平衡状态。^{90}Sr 和 ^{90}Y 都是纯 β 放射性同位素。由于 ^{90}Y β 粒子能量比 ^{90}Sr β 粒子能量高很多，制源时主要考虑 ^{90}Y 高能 β 粒子的输出，^{90}Sr β 粒子大部分在源中被自吸收掉。所以就源的 β 辐射输出而言，^{90}Sr 放射源实际上是 ^{90}Y 放射源。

锶是碱土金属，锶的氧化物和其他化合物的稳定性很好。大多数 ^{90}Sr 放射源的制备是利用氧化锶和陶瓷、搪瓷或玻璃料混合在一起，高温下烧成陶瓷体、搪瓷釉或玻璃。低活度 ^{90}Sr 放射源还可以用粉末冶金法制备。

钛酸锶 $SrTiO_3$ 耐高温、抗腐蚀、不溶于水，可以烧结成陶瓷体，其含锶量近 50%，是制备 ^{90}Sr 放射源理想的化学形式。直接合成 $SrTiO_3$ 工艺比较复杂，制备低活度的 ^{90}Sr 放射源可以采用较为简易的方法，即把 TiO_2（含有 1% 聚酯酸乙烯酯）压制成片作为基体，把 $^{90}Sr(NO_3)_2$ 溶液滴到此片上，烘干并加热灼烧，在 1 400 ℃ 形成 $^{90}SrTiO_3$，化学反应式是

$$Sr(NO_3)_2 + TiO_2 \rightarrow SrTiO_3 + 2NO_3 + \frac{1}{2}O_2$$

用这种方法可以生产活度大于 37 GBq 的 ^{90}Sr 放射源，^{90}Sr 源芯用焊接的方式密封在不锈钢包壳中。

还可把制好的 $^{90}SrTiO_3$ 粉末敷在非放射性的 $SrTiO_3$ 陶瓷体的表面，加热灼烧成一体。

利用磷酸锆玻璃易吸附 ^{90}Sr 的特性也可以制备 ^{90}Sr 源。磷酸锆玻璃体球（直径为 50 μm）在 ^{90}Sr 氧化物溶液中浸泡，^{90}Sr 吸附量可达 3.7 GBq/g 磷酸锆。吸附 ^{90}Sr 的颗粒烘干后在 1 100 ℃ 下灼烧，然后进行化学镀镍，并放到镀镍的托盘上。用电化学法在托盘和微球上涂铜，使微球固着在托盘上，最后再镀一层镍。

^{90}Sr 可交换吸附在多孔磷酸锆（或钛、铪）陶瓷微球中制成高比活度的 ^{90}Sr 源。微球放置在 ^{90}Sr 溶液中，然后在 350 ℃ 温度下处理，使微球的微孔封闭，^{90}Sr 比活度达到 370 GBq/g 磷酸锆。微球的热稳定性和化学稳定性很好，在无机酸中不溶。用不同数量放射性微球组装成所需规格的放射源。

在硅铝阳离子交换剂（decalso）上可大量吸附 ^{90}Sr。此交换剂的成分及质量百分比为：NaO_2（7.5%），Al_2O_3（15.9%），SiO_2（49.5%），H_2O_2（27.1%）。吸附 ^{90}Sr 的比活度可达 260 GBq/g。将吸附 ^{90}Sr 的交换剂颗粒在 1 000 ℃ 下灼烧 1 h，^{90}Sr 放射性同位素牢固地固着在颗粒内部。

利用沸石吸附 ^{90}Sr 制造放射源也是一种很有效的方法。NaX 型具有很高的交换容量（达 mmol/g）。沸石中离子（Na^+、K^+、Ca^{2+}）与溶液中离子如 Sr^{2+}、Pm^{3+}、Cs^{3+} 等发生交换，具有很高的分配系数，几乎可提取溶液中全部放射性同位素。这样，每个源的放射性同位素量近似等于溶液中同位素量。苏联用这种工艺生产 ^{90}Sr、^{147}Pm 和 ^{137}Cs 放射源。

有机交换剂也用于制备 ^{90}Sr 放射源。有机交换剂耐辐照性能差、不稳定，但经高温炭化处理后，亦可得到稳定的 ^{90}Sr 放射源。吸附了 ^{90}Sr 的有机交换剂在 200~250 ℃ 温度下加热几个小时，有机交换剂炭化成为不溶于水的固体，^{90}Sr 牢固地结合在其中。很多玻璃体都是固定 ^{90}Sr 的合适材料，有时玻璃中含 SrO 可达 60%~65%。它具有与 $SrTiO_3$ 相似的优点：含 ^{90}Sr 量大和低浸取率。

已经研究出一种釉料,其主要成分是50% SiO_2 和约24%的 SrO,只有少量的 B_2O_3,用于减小熔融体的黏度和降低熔点。当活性层厚度为 0.2 mm 时,其活度为 3.7 GBq/cm^2。放射源的底托材料有金属、瓷片、玻璃、烧结氧化铝等。放射性同位素可以是瓷釉粉形式,也可是瓷釉粉与放射性同位素的混合物形式,重要的是选择釉层与底托的膨胀系数相近。比如对烧结氧化铝合适的釉料组成为:SiO_2(70.2%)、Al_2O_3(7.2%)、B_2O_3(3.7%)、Na_2O(9.7%)、Li_2O(2.7%)、MgO(6.5%)。

国产 ^{90}Sr 陶瓷源的制备方法是将 ^{90}Sr$(NO_3)_2$ 溶液加到陶瓷面釉上烧制。制备过程是:在陶瓷底片上先滴上釉料的水悬浮液,釉料组分是:Li_2O(2.5%),B_2O_3(3.5%),Na_2O(8.6%),MgO(6.4%),Al_2O_3(8.5%),SiO_2(69.7%)和 $NaSiF_6$(0.8%)。烘干后,再向该釉料层滴入一定量的 ^{90}Sr$(NO_3)_2$ 溶液,加热到 850 ℃,^{90}Sr$(NO_3)_2$ 分解为 ^{90}SrO 并与釉料一起固着在陶瓷体上。含放射性釉层厚度约为 50 mg/cm^2(^{90}Sr/^{90}Y 的饱和吸收厚度为 0.5 g/cm^2)制备的活性块的规格尺寸和活度根据需要而定,但辐射强度要比用钛酸锶陶瓷法低。

制备好的源芯用氩弧焊焊封在不锈钢壳中,源窗厚度为 0.1 mm。用于皮肤科敷贴治疗的源芯在铝合金壳中。图 5.5 为国产 ^{90}Sr 测厚源。^{90}Sr 同面釉一起烧结在陶瓷底托上。^{90}Sr 源芯用氩弧焊焊封在不锈钢壳中,源窗为 0.1 mm 厚不锈钢,放射源活度规格有 37、185、370 MBq。

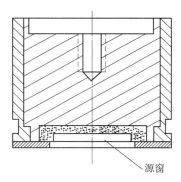

图 5.5 国产 ^{90}Sr 测厚源

对于高活度(3.7 GBq 以上)的 ^{90}Sr 放射源要加钨合金背衬,以防护韧致辐射。

^{90}Sr 放射源还可以用粉末冶金法制成。在含 ^{90}Sr 的硝酸锶溶液中加入碳酸钠,形成碳酸锶与溶液中预先加进的银粉一起沉淀出来。混合物烘干后,压制成型,在 800 ℃下烧成金属陶瓷体毛坯,活性块封在银、金-银包壳中,在轧

机上轧制成总厚度为 1 mm、表面覆盖层厚度为 50~100 μm 的源。源箔固定在不锈钢源托中，做成可供实际使用的放射源。

$$Sr(NO_3)_2 + Na_2CO_3 + Ag(粉) \rightarrow (SrTiO_3 + Ag) \downarrow + 2NaNO_3$$

利用 ^{90}Sr 箔源做放射源具有表面光洁度好、放射性剂量分布均匀的优点。^{90}Sr 放射源托架一般是用铝合金或不锈钢，有一个长柄。必要时在长柄上加一个有机玻璃防护板，以减少医护人员的操作剂量。图 5.6 是两种形状不同的 ^{90}Sr 放射源。表 5.9、表 5.10 分别列出了国外和国内生产的 ^{90}Sr 皮肤科用放射源的一些规格。

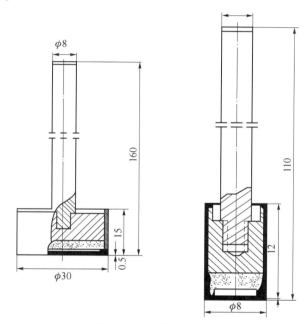

图 5.6　医用 ^{90}Sr 放射源

表 5.9　国外用于皮肤科治疗用 ^{90}Sr 放射源的规格

形状	活性区面积 /cm²	活度 /GBq	表面剂量率/ (Gy·s⁻¹)
圆形	1	0.74	0.1
	2	0.74	0.05
	4	1.48	0.05
正方形	4	0.74	0.025
	4	1.48	0.05
矩形	2	0.74	0.05

表 5.10　国产用于皮肤科治疗用 ^{90}Sr 放射源的规格

外形尺寸/mm	活性区面积/cm^2	活度/GBq	表面剂量率/(Gy·s^{-1})
$\Phi 28 \times 10$	2	0.37	0.025
$\Phi 28 \times 10$	7	0.74	0.015
$58 \times 58 \times 10$	16	1.48	0.012 5
异形 $\Phi 18/\Phi 8$（曲率半径 15）	2	0.37	0.025
异形 $\Phi 18$（曲率半径 15）	2	0.37	0.025
椭圆 $\Phi 25 \times 15$	2	0.37	0.025

美国提出一种使用方便的可变辐照区的 ^{90}Sr 放射源。它有以下特点：能根据辐照范围调节活性区的工作长度（通常是用几个放射源组合起来用）；不使用时，源收缩到屏蔽部分。^{90}Sr 放射源（图 5.7）包括套管 1，在套管中安置活性部分 2，在它的两端有堵头 3 和 4。套管 1 可在屏蔽套中移动，使活性部分按需要从屏蔽套中移出一定长度（在管上刻度表上表示活性部分的位置）。活性部分位置的调节是通过与屏蔽密封套管相连接的金属杆带动。

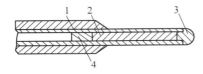

图 5.7　^{90}Sr 放射源

1—套管；2—活性部分；3、4—堵头

5.8　钌 106（^{106}Ru）β 放射源的制备

^{106}Ru 可从裂变产物中提取，其半衰期为 367 d。它是纯 β 放射性同位素，发射的 β 粒子能量为 39 keV。它和 ^{90}Sr 一样，也有一个发射高能 β 粒子的子体核素。^{106}Ru β 衰变后生成半衰期为 30 s 的 ^{106}Rh，^{106}Rh 发射的 β 粒子能量为 3.53 MeV(68%)、3.1 MeV(11%)、2.44 MeV(12%)、2.0 MeV(3%) 等。所以 ^{106}Rh 源是一种具有很高能量的 β 放射源，但因 ^{106}Ru 半衰期短，工业使用不方便，所以应用不多。其主要用于测量较厚材料的同位素仪表。

^{106}Ru 放射源宜用粉末冶金法制备。^{106}Ru 以金属形式掺杂在银粉中，压制成活性块，封在银套中，再轧制成箔源。箔源总厚度为 0.2 mm，源面覆盖层厚度为 50 μm（50 mg/cm^2）。

由于 ^{106}Ru 发射的 β 粒子能量高，制成的放射源可用于治疗眼球深部肿瘤。

5.9 氪85（^{85}Kr）放射源的制备

^{85}Kr 可从裂变产物中提取，是从核燃料元件后处理时收集到的放射性气体中提取的。所收集到的废气中，^{85}Kr 只占 4～5%。单位体积放射性活度值为 2.2～2.8 GBq/cm³（正常状态）。制备高活度（37 GBq）的 ^{85}Kr 放射源，需把 ^{85}Kr 浓缩到 20%～40%。

^{85}Kr 的半衰期为 10.7a，β粒子最大能量为 672 keV。

氪是惰性气体，难以制成稳定化合物。

通常制备 ^{85}Kr 放射源的方法是将氪气密封在金属壳中，^{85}Kr 放射源的结构形式有两种。

一种结构分两个腔：内腔在源壳中部，用于放置盛 ^{85}Kr 的安瓿，工作腔与源窗相通，腔间由窄通道相连。整个源壳抽空，密封后用专门的棒把安瓿打破或者创造一个条件使氪从安瓿释放出来，通过窄通道进入工作腔（图 5.8）。源壳材料用金属钛，因为钛的密度比不锈钢低（钛密度为 4.5 g/cm）。为了源的安全性能，可用较厚的源窗。表 5.11 为钛壳 ^{85}Kr 气体源的特性。

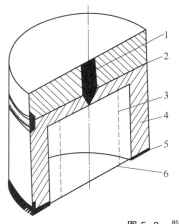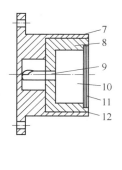

图 5.8　^{85}Kr 端窗源

1—盛放射性物质的内壳；2—焊口；3—^{85}Kr 工作腔；4—包壳；5—焊口；6、11—源窗；7—外壳；8—内壳；9—铜管；10—盛 ^{85}Kr 工作腔；12—焊口

表5.11 钛壳^{85}Kr气体源的特性

外形尺寸/mm		活性区尺寸/mm		源窗厚度 /μm	活度 /GBq
直径	高	直径	高		
12.7	14	4.7	2.2	50	1.85
12.7	14	4.7	2.2	75	1.85
50.8	38.1	38.1	24.2	75	37
50.8	38.1	25.4	24.4	50	11

另一种结构是先把^{85}Kr密封在有源窗的不锈钢内壳中,然后再加外密封壳。源窗厚度为50 μm。放射性气体是通过紫铜管进入内壳并用冷焊封。这个壳再放到外壳中,并进行焊封。直径为47 mm、高为28 mm、工作面直径为22 mm的^{85}Kr活度值为1.85~37 GBq。

国产^{85}Kr放射源类似第二种结构,但用单层不锈钢壳。通^{85}Kr的紫铜管冷焊封后又加锡焊保护,最后再加不锈钢壳并用氩弧焊焊封。图5.9所示为国产^{85}Kr端窗源,表5.12为国产^{85}Kr放射源规格。在设计充^{85}Kr真空系统时应尽可能使其简单、容易操作、自由体积小,并可设计多个接口同时对几个放射源充气。

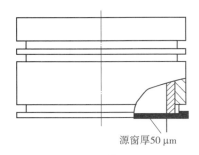

图5.9 国产^{85}Kr端窗源

根据需用还可设计出点源和矩形源。所有的^{85}Kr气体源都有保护盖,只在使用时打开源盖。

表5.12 国产^{85}Kr放射源规格

代码	活度/GBq	活性区直径/mm	源壳尺寸/mm
KRWB-101	0.37~1.1	10	Φ20×20
KRWB-102	0.47~3.7	20	Φ30×25
KRWB-103	1.1~5.6	30	Φ40×40
KRWB-104	1.8~7.4	40	Φ40×40

除了^{85}Kr气体源外,还可以把^{85}Kr固定在固体载体中,制成固体源。有两种固定^{85}Kr的方式:①^{85}Kr吸附在活性炭、硅胶、沸石中;②^{85}Kr包在笼状化合物中。

苏联选用对苯二酚笼状化合物来固定^{85}Kr。这种放射源的优点是单位体积内的^{85}Kr量比气体源大10倍。制备^{85}Kr笼状化合物是在高压氪气下让对苯二酚从水溶液或非水溶液中慢慢结晶。由于结晶过程的条件不同,氪在笼状化合物中含量可以是最大理论值的25%~90%。如果^{85}Kr浓度为5%,那么最大比活度为360 GBq/g(约490 GBq/cm^3)。

这种源在-50~+40 ℃范围内使用是安全的,在120 ℃时笼状化合物全分解。源在使用过程中^{85}Kr会逐渐泄漏。

5.10 微型β放射源的制备

反散射仪所用的点源是一种小型β放射源。对这种小型β放射源的要求是输出β辐射分散度很小,辐射的背透弱,而且源壳对反散射辐射的遮挡少。所以这种源壳通常呈细长笔状,源壳材料最好用铂、金或不锈钢等,可起到良好的屏蔽作用。一些微型β反散射源规格见表5.13。

表5.13 一些微型β反散射源规格

同位素	半衰期(a)	β粒子能量/MeV	活度/MBq
^{14}C	5 730	0.156	0.37~3.7
^{147}Pm	2.623	0.225	0.37~3.7
^{204}Tl	3.78	0.763	<3.7
^{210}Pb - ^{210}Bi	22	0.015(81%) 0.061(19%) 1.16(99%)	<0.37
^{90}Sr - ^{90}Y	28.5	0.546, 2.274	0.37~0.93
^{106}Ru - ^{106}Rh	1	0.039(100%) 3.55(68%) 3.1(11%) 2.4(12%) 2(3%)	0.37

由于所测涂层材料和厚度不同,因此要用不同同位素和不同活度的β放射源。常用的β放射源有^{14}C、^{147}Pm、^{204}Tl、^{90}Sr、^{106}Ru放射源,活度范围为0.37~3.7 MBq。放射性物质做成0.5 mm直径的陶瓷或玻璃球。源芯封在细金属管中,再固定在源托架上。我国已研制出这种微型源。

5.11 放射性永久发光体的制备

放射性同位素发射的粒子与发光基体的原子（或分子）发生相互作用，引起电离或激发。当激发态或电离态的原子（或分子）重新回到基态或复合时就产生荧光。

β粒子激发的发光光源，其寿命和β射性同位素的半衰期有关。用长寿命的β放射性同位素可得到"永久"发光体。但由于发光基体材料的分解、放射性物质的释放和泄漏等，发光体亮度的衰减要比β同位素放射性衰变快得多。所以它不是真正的永久发光体。

β粒子激发的光源是一种弱光源，光亮度一般不到 $1 cd/m^2$。

早期放射性发光粉是用 ^{226}Ra 发光基体混合制成的。由于 ^{226}Ra 的毒性大，给生产者和使用者都带来一定的辐射危害，而且α粒子的电离作用甚强，发光体材料分解、亮度下降快，现在多用毒性小、易防护、价格便宜的 ^3H、^{147}Pm 和 ^{85}Kr（做氪灯）。

可作为发光基体的材料很多，适合长期使用、稳定性好、发光效率高的是硫化物，以硫化锌（ZnS）型的发光基体性能最好。在硫化锌型发光基体中有发黄色光的硫化锌镉/铜（ZnCdS/Cu），发绿色光的硫化锌/铜（ZnS/Cu），发蓝色光的硫化锌/银（ZnS/Ag），发橙红色光的硫化锌/锰（ZnS/Mn）等。其中以硫化锌/铜的效果最好，因为它发出人肉眼最敏感的 $5.2 \sim 5.3 \times 10^{-13}$ m 波长的黄绿色光。

国产的氚发光粉，钷147发光枪粉，氚、氪85原子灯已有商品供应。

氚发光粉是氚化苯乙烯与发光基体（如 ZnS/Cu）粉末混合制成的。氚化苯乙烯的合成是制备氚发光粉的关键。选择合适的工艺条件和催化剂，使合成的氚化苯乙烯含氚原子多，接近饱和，氚的利用率高，制备的氚发光粉发光效果好、稳定性好。除氚化苯乙烯外还可制成其他能原子比例大、稳定性好的氚化物。

钷147发光粉是以 $^{147}Pm_2O_3$ 与发光基体物 ZnS/Cu 等粉末混合制成的。

氚、氪85原子灯是将发光基体材料涂在小玻璃体内壁（玻璃体的形状根据需要而定），再充入放射性气体 ^3H 和 ^{85}Kr，封口后即成原子灯。原子灯的发光颜色取决于发光基体材料。灯的亮度与充入的放射性物质的量有关（表5.14和表5.15）。

表 5.14　氪 85 原子灯壳充入放射性物质量与亮度的关系
（灯体积：直径 21 mm，高 24 mm）

充入 ^{85}Kr 量 /GBq	10.36	11.1	12.95	18.87	28.86	29.23	29.6	33.3	37
灯亮度 /(cd·m^{-2})	3.3	3.3	3.5	5.2	8.2	8.6	10.5	11.7	11.9

表 5.15　氚原子灯壳充氚量与亮度的关系
（灯体积：直径 30 mm，高 38 mm）

充入 ^{3}H 量 /GBq	192.4	462.5	873.2	1 309.8	1 750.1	2 183	2 623.3	3 064	3 497
灯亮度 /(cd·m^{-2})	4.3	7.1	9.0	9.8	10.6	11	11.3	11.9	12.2

氚原子灯和氪 85 原子灯的使用温度分别为 –60 ~ +70 ℃和 –50 ~ 50 ℃。使用寿命不仅取决于放射性同位素的半衰期，还取决于发光基体的稳定性，以及放射性物质的泄漏情况。所以原子灯亮度的衰减要比同位素放射性衰变速率快。

5.12　医用内照射 β 放射源的制备

放射治疗已成为恶性肿瘤的主要治疗方法之一。放射治疗分外照射和内照射两种方式。外照射在杀死肿瘤细胞的同时，对正常组织的损伤也很大。放射性同位素内照射治疗成为肿瘤治疗的另一重要方向。肿瘤的放射性同位素内照射治疗由于疗效明显、操作简便、无明显毒副作用，尤其适合晚期恶性肿瘤的控制。常见的用于放射性同位素内照射治疗的 β 同位素有 ^{90}Y、^{32}P 等。

^{32}P 是纯 β 衰变同位素，射线的最大能量为 1.709 MeV，半衰期 14.26 d，人体组织内的最大射程为 8.6 mm，平均射程为 4 mm。^{32}P 是临床上应用最早和最广泛的同位素之一。^{32}P 最早由 Lawrance 在回旋加速器上利用核反应 ^{31}P(d,p)^{32}P 制得。但由于加速器的生产成本高，无法满足迅速增长的需求，^{32}P 生产转向产量更大的反应堆生产。反应堆生产方式主要包括 ^{35}Cl(n,

a) ^{32}P、$^{31}P(n,r)^{32}P$、$^{32}S(n,p)^{32}P$。实际上，$^{35}Cl(n,a)^{32}P$ 由于生产效率低而没有得到应用，而其他两种方式生产成本较低而得到广泛应用。$^{32}S(n,p)^{32}P$ 可制得高比活度的 ^{32}P，但需要快中子辐照，并且产品提纯需要精良的设备，处理过程复杂。$^{31}P(n,r)^{32}P$ 的生产方法简单，以天然 ^{31}P 为靶料，热中子辐照后，经简单处理可得到产品 ^{32}P。因 ^{32}P 的热中子截面很小，双中子俘获反应 $^{31}P(n,r)^{32}P$、$^{32}P(n,r)^{33}P$ 产生的 ^{33}P 可以忽略不计。

^{90}Y 是纯 β 衰变同位素，射线的最大能量 2.3 MeV，平均能量 0.93 MeV，半衰期 64 h，人体组织内的最大射程 11.9 mm，平均射程 2.5 mm。^{90}Y 具有良好的螯合化学性质[与 DTPA（二乙三胺五三乙酸）螯合常数 lg K 为 22.1，与 DOTA（氮杂环十二烷四乙酸）螯合常数 lg$K$ 为 25]。^{90}Y 衰变子体为 ^{90}Zr，稳定无毒。^{90}Y 是目前最为理想的局部内照射放射性治疗同位素。

^{90}Y 有两种生产方式，一种是在反应堆中利用中子辐照高纯 $^{89}Y_2O_3$ 生产 ^{90}Y，另一种是从 ^{90}Sr 的衰变平衡体系中分离出 ^{90}Y。

反应堆辐照生产 ^{90}Y 是利用 $^{89}Y(n,r)^{90}Y$ 反应，将 $^{89}Y_2O_3$ 制成靶在反应堆中辐照生产 ^{90}Y。采用这种方法生产 ^{90}Y，优点是没有高毒性的 ^{90}Sr 的污染；缺点是需要制备高纯度的 $^{89}Y_2O_3$ 靶，不能满足远离反应堆的地方对 ^{90}Y 的需求，所得到的 ^{90}Y 比活度较低，不能直接用于放射免疫治疗（radioimmunotherapy，RIT）。

^{90}Zr 是 ^{235}U 的裂变产物，裂变产额约为 5.772%。裂变方式为：$^{235}U \rightarrow \cdots\cdots \rightarrow {}^{90}Sr \rightarrow {}^{90}Y \rightarrow {}^{90}Zr$。从 ^{90}Sr 衰变平衡体系中分离 ^{90}Y 具有以下优点：能做成 ^{90}Y 发生器，快速方便地生产 ^{90}Y；操作比较简单，无须中子源，能够在远离反应堆的地方生产；所得的 ^{90}Y 比活度比较高。但这种方法在分离过程中不可避免地带来少量高毒性的 ^{90}Sr 沾污。目前使用的 ^{90}Y 主要从 ^{90}Sr 分离得到。

从 ^{90}Sr 中分离 ^{90}Y 的方法很多，用于 ^{90}Y 发生器制备研究的 ^{90}Sr – ^{90}Y 分离方法包括萃取法、沉淀法、共沉淀法、电沉积法及粒子交换法。

萃取发生器是利用 ^{90}Sr 和 ^{90}Y 在互不相容的有机萃取剂和水相之间的分配系数不同而使 ^{90}Sr 和 ^{90}Y 分离。能用于萃取型 ^{90}Y 发生器的萃取剂有 HDEHP[二（2 – 乙基已基）磷酸酯]、硝基苯及其衍生物、其他冠醚类萃取剂等。Kodina G E 等以 HDEHP 为萃取剂，采用逆流离心萃取法生产高纯度的 ^{90}Y，经过四次萃取后，得到的 ^{90}Y 产品中 ^{90}Sr 沾污的活度比少于 10^{-4}。Kuznesov R A 等利用 18 – 冠 – 6 – 辛正辛醇溶液作为有机相，从硝酸溶液中萃取 ^{90}Sr。结果表明，硝酸浓度为 1 mol/L 时，^{90}Sr 在有机相与水相的分配比为 40，而 ^{90}Y 仅为 0.05。经过一次萃取后，^{90}Sr 沾污的活度比少于 10^{-3}，而有机相中的 ^{90}Sr 可以用 8 mol/L 的硝酸反萃进行回收利用。Vanura P 等利用硝基苯 – 15 – 冠 – 5、硝基苯、苯-15-冠-6、18-冠-6等对^{90}Sr的高选择性而对^{90}Y的低选择性萃取分离^{90}Sr-^{90}Y。其中分离效果最好的是硝基苯-15-冠-5作为有机相，盐酸溶液作为水相，通过有机相和盐酸溶液萃取后，^{90}Sr被萃取到有机相中，而^{90}Y仍留在水相中，得到无载体的YCl$_3$溶液。一次操作^{90}Y的损失约为10%，经过三次重复萃取，^{90}Y样品中的^{90}Sr沾污活度比少于10^{-10}。杜洪善等采用均二苯-16-冠-5氧化乙酸的CHCl$_3$溶液作为有机相，^{90}Sr-^{90}Y的硝酸水溶液作为被萃取溶液，利用在一定的pH时有机相对^{90}Y的选择性很好，而^{90}Sr不发生萃取的原理，进行^{90}Sr和^{90}Y分离，分离后将有机相中的^{90}Y低浓度的硝酸溶液反萃出来，得到的产品^{90}Y中的^{90}Sr沾污活度少于10^{-8}。萃取法生产^{90}Y的主要优点是用较短的时间可以获得较高纯度的产品，一次操作^{90}Sr沾污的活度比约为10^{-4}，但是操作都比较复杂，同时会在^{90}Y产品中带来有机溶剂的沾污并产生大量的放射性废液。

电沉积法分离^{90}Sr-^{90}Y的原理是利用^{90}Sr与^{90}Y在相同的电解质条件下进行电解时，化合价高的^{90}Y^{3+}先在阴极上发生反应，沉积到阴极上；而低价的^{90}Sr^{2+}在^{90}Y^{3+}沉积完成前基本不在阴极上沉积，从而使^{90}Sr-^{90}Y分离。

色谱型的发生器是选用有机树脂、萃淋树脂或者无机离子交换剂作为吸附材料，选择性地吸附^{90}Y或^{90}Sr中的一种同位素，当吸附^{90}Sr和^{90}Y的混合溶液通过交换柱时，其中一种同位素吸附在交换剂上，而另一种同位素则仍保留在溶液中，从而使两种同位素分离。作为^{90}Y发生器选用的吸附剂，应具有良好的离子选择性、较快的交换速度、较大的交换容量、良好的物理和化学及辐照稳定性等特点。这类发生器根据其吸附性能，又可以分为母体吸附型发生器（吸附^{90}Sr）和子体吸附型发生器（吸附^{90}Y）。

母体吸附型发生器是利用离子交换剂对^{90}Sr的选择性高、对^{90}Y的选择性低而达到两者分离的目的，交换剂材料可以分为无机离子交换剂和有机树脂交换剂两大类。

Sylvester P等研究了将菱沸石、斜发沸石、铁酸钾、钛硅酸钠、钛酸钠等无机离子吸附材料用于^{90}Y发生器的可能性。其研究结果显示，钛硅酸钠、钛酸钠对^{90}Sr具有很好的选择性，且对^{90}Y的选择性很低，耐辐照、低毒性、吸附速度很快而且再生性好，非常适合用作^{90}Y发生器的吸附材料。在试制的发生器中，使用葡糖酸、草酸、亚氨基二乙酸、次氨基三乙酸和柠檬酸等螯合剂为洗脱液，分离出来的^{90}Y产品中^{90}Sr的沾污情况符合要求。

MnO$_2$对^{90}Sr也有特异性吸附，Mateos J J等曾利用MnO$_2$作为吸附材料对^{90}Sr-^{90}Y进行分离。在60℃下将^{90}Sr-^{90}Y的盐酸体系(c(HCl) = 0.2mol/L)通过吸附柱，^{90}Sr和^{90}Y均吸附在色谱柱上，再用0.001 mol/L的羟胺溶液作为淋

洗液，把^{90}Y从MnO$_2$上洗脱，而^{90}Sr不被洗脱。^{90}Sr-^{90}Y放射性平衡体系仅经过一次柱分离，^{90}Y中^{90}Sr沾污的活度比约为10^{-3}，但其纯度还达不到医用的要求，因此需要进行多次分离。

1947年，Prinzmetal等人的试验表明，把不同粒度的玻璃注入狗、兔和人体内，不会发生任何不良结果。把^{90}Y或^{32}P以氧化物的形式烧结在玻璃中再制成微球制剂，这样就避免了^{90}Y或^{32}P释放扩散的弊病。1987年，^{90}Y玻璃微球TheraSphere在美国问世。该微球是利用玻璃主要成分（Y$_2$O$_3$）中的^{89}Y，经高通量中子轰击后变成^{90}Y玻璃微球，而玻璃又不易分解，因而基本解决了^{90}Y析出导致的并发症问题。3年后，上海建筑材料工业学院玻璃二系、中国原子能科学研究院同位素研究所及上海医科大学中山医院就合作研制成功^{90}Y玻璃微球，并进行一系列基础及临床研究。同时期，中国核动力研究设计院研制了医用^{32}P玻璃微球，将五氧化二磷与玻璃料混合，放入铂坩埚中，在高温电阻炉1 000 ℃恒温3 h，再在高温下恒温4 h，取出即成磷玻璃，磨碎过筛，将100～300目磷玻璃粉撒在氧-甲烷火焰中，表面张力促使熔融状态的玻璃粉颗粒变为球形，用去离子水湿法筛选，丙酮洗后晾干，装靶入反应堆辐照后即成^{32}P玻璃微球。

（秦少鹏）

第 6 章

γ 源

以发射γ射线为主要特征的放射源,简称γ源。通常所说的辐射源,实际上也是γ放射源。γ放射源是利用能发射γ射线(包括X射线)的核素制备的。

γ辐射通常是其他类型核衰变的伴随辐射。在α衰变或β衰变时生成的子体核可能通过几个能态跃迁到基态并发射几种γ辐射。图6.1所示衰变纲图中,^{60}Co的$β^-$衰变伴随两组强度(每一个核衰变时放出该γ辐射的概率)均大于99%的γ辐射,其能量分别为1.173 MeV和1.332 MeV;^{137}Cs $β^-$衰变有94.7%的子体(^{137m}Ba)处于0.662 MeV能级,在进一步转换过程中,有9.5%通过内转换跃迁到基态,其余的通过发射γ辐射跃迁到基态,所以^{137}Cs的γ辐射强度为85%。

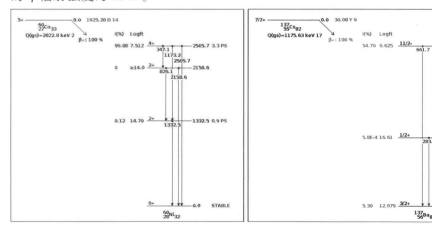

图6.1 钴60和铯137衰变纲图

γ 放射源按 γ 辐射的能量和活度可分为三类。

（1）低能 γ（X）放射源（亦称低能光子源）。它由发射 γ 射线或 X 射线的核素 ^{55}Fe、^{57}Co、^{75}Se、^{109}Cd、^{125}I、^{155}Gd、^{169}Yb、^{170}Tm、^{241}Am、^{238}Pu、^{244}Cm 等制成。韧致辐射源也属于低能光子源。关于低能光子源本章不做叙述。

（2）中等活度 γ 放射源。它由中等活度的 ^{137}Cs、^{60}Co、^{192}Ir、^{124}Sb、^{134}Cs、^{182}Ta、^{226}Ra 等核素制成，大多用于同位素仪表中。高比活度的 ^{137}Cs、^{192}Ir 和 ^{170}Tm 等 γ 放射源还可用于 γ 辐射照相探伤。

（3）强 γ 放射源。它是活度大于 10^{13} Bq 的 ^{60}Co、^{137}Cs γ 放射源，用在工业辐照装置和医用辐照装置中。这类 γ 放射源亦称作 γ 辐射源。

表 6.1 为常用于制备 γ 放射源的核素的特性；图 6.2 为常用 γ 放射源照片。

表 6.1　常用于制备 γ 放射源的核素的特性

核素	衰变类型	半衰期 /a	主要的 γ 辐射 能量/MeV	主要的 γ 辐射 强度/%	生产方式
^{60}Co	β$^-$	5.273	1.173	99.85	^{59}Co（n, γ）
			1.332	99.98	
^{137}Cs	β$^-$	30.08	0.662	85.1	裂变
^{134}Cs	EC, β$^-$	2.065	0.604 7	97.62	^{133}Cs（n, γ）
			0.795 9	85.46	
			0.569 3	15.37	
			0.801 9	8.688	
			0.563 2	8.338	
^{192}Ir	β$^-$	(73.829 d)	0.316	82.86	^{191}Ir（n, γ）
			0.468	47.84	
			0.308	29.7	
			0.296	28.71	
			0.604	8.216	
^{241}Am	α	432.6	0.059 5	35.9	^{241}Pu 衰变
			0.026 3	2.27	
^{124}Sb	β$^-$	(60.2 d)	0.602 7	97.8	^{123}Sb（n, γ）
			1.690 9	47.57	
			0.722 8	10.76	
			2.090 9	7.42	

续表

核素	衰变类型	半衰期 /a	主要的γ辐射 能量/MeV	主要的γ辐射 强度/%	生产方式
^{152}Eu	EC β$^+$, β$^-$	13.5	0.121 8	28.53	^{151}Eu (n, γ)
			1.408 0	20.87	
			0.964 1	14.51	
			1.112 1	13.67	
			1.085 8	10.11	
			0.344 3	26.59	
			0.778 9	12.93	
			0.411 1	2.237	
^{99m}Tc	IT, β$^-$	6.007 2 h	140.5	89	裂变
^{75}Se	EC	0.32 (119.8 d)	0.066~0.097	4	^{74}Se (n, γ)
			0-121	16.5	
			0.136	56	
			0.264	58.5	
			0.279	24.8	
			0.304~0.401	12.95	
^{88}Y	EC β$^+$	0.29 (106.6 d)	0.014~0.016(Sr-KX)	60	^{88}Sr (p, n) ^{88}Sr (d, 2n)
			0.511 (β$^-$$^+$)	0.45	
			0.898	93.7	
			1.836	99.2	
			2.734	0.71	
^{144}Ce	β$^-$	0.78 (284.4 d)	0.08	1.36	裂变
			0.134	11.1	
^{170}Tm	EC, β$^-$	0.35 (128.6 d)	0.051~0.061(YbKX)	~4	^{169}Tm (n, γ)
			0.084	3.4	
^{182}Ta	β$^-$	0.32 (115 d)	0.067 7	42.9	^{181}Ta (n, γ)
			1.121	35.24	
			1.221	27.23	
			1.189	16.49	
			0.100	14.20	
			1.231	11.62	
			0.222	7.57	

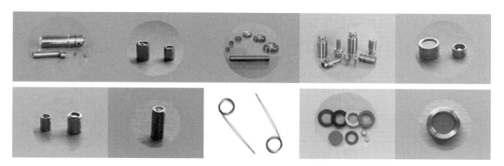

图 6.2　常用 γ 放射源照片

根据源的制备过程不同，γ 放射源可分为两类：一类是将制好的靶物放在反应堆内辐照，辐照后不经化学处理，直接封在源壳内制成放射源；另一类是将放射性核素化学加工成活性块，再封在源壳内。

6.1　辐照制备 γ 放射源

^{60}Co、^{192}Ir、^{134}Cs、^{182}Ta、^{124}Sb、^{170}Tm、^{75}Se、^{169}Yb 等 γ 放射源都是靶物堆照后不需经化学加工处理，直接做成的。

这类源的生产必须根据源的要求制成一定规格尺寸的靶，并按放射源的强度要求确定反应堆辐照条件。堆照后的靶，有的加一个包壳就可以使用，有的还要进一步组装成源。通常是把放射性物质装在不锈钢壳中，常采用氩弧焊密封。

由于辐照后的靶不经化学处理而直接做成放射源，因此必须用高纯度的靶物质，最好用金属或氧化物。这样所生成的干扰辐射核素就降到最低，不致影响使用，而且这类材料的稳定性好。

6.1.1　钴 60（^{60}Co）γ 放射源

它是一种应用最多、最广的 γ 放射源。^{60}Co 是堆照 ^{59}Co 靶生产，其堆照反应如图 6.3 所示。

天然 ^{59}Co 丰度 100%，其热中子俘获截面高，所以堆照钴靶可生产高比活度的 ^{60}Co。但是要得到均匀活化的高比活度的 ^{60}Co 却较困难，因为当靶件尺寸

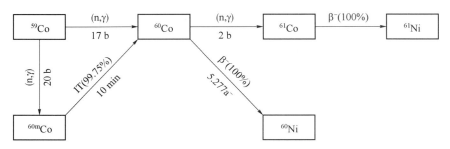

图 6.3 钴 60 堆照生产反应链

很大时，会产生很强的中子自屏效应。为了减少自屏效应、提高照射靶的比活度，要把靶件做得很小。通常所用的钴靶有 1 mm 厚的薄片、直径为 1 mm 的钴丝，或 $\Phi 1$ mm × 2 mm、$\Phi 2$ mm × 2 mm 的钴粒。钴靶在照射筒中的摆放方式也要注意相互保持一定间隔，一般用铝隔开。辐照后的靶件根据需要组装成源。为了减少组装源时 ^{60}Co 从钴靶表面脱落而造成的辐射污染，辐照前在钴靶的表面先镀一层镍。

根据堆照产额的理论计算，在反应堆热中子通量密度为 1×10^{14} cm^{-2}·s^{-1} 时，^{60}Co 最大比活度值约为 14.3 TBq/g（388 Ci/g），达到此比活度需要在此热中子通量密度下连续辐照 7.85 a。1 g 纯 ^{60}Co 的放射性活度值是 41 799 GBq。在堆照生产 ^{60}Co、放射性活度达到 3 700 GBq/g 时，^{60}Co 的"燃耗"已很大。同时，生成的 ^{60}Co 还有相当一部分经二次核反应转化为 ^{61}Co，并衰变成 ^{61}Ni。另外长期辐照还应考虑 ^{60}Co 的衰变。

在实际生产 ^{60}Co 时，应选择经济合理的堆照条件。对于要求比活度值小于 1 850 GBq/g 的 ^{60}Co γ 放射源，可在热中子通量密较低的反应堆内辐照。当需要高比活度的 ^{60}Co 时，可把低比活度的 ^{60}Co 转移到中子通量密度高的反应堆内再照射，或者在同一反应堆内先在中子通量密度低的位置照射一段时间，再移到中子通量密度高处照射，以获得高比活度的 ^{60}Co。

图 6.4 显示了堆照生成 ^{60}Co 的比活度与中子通量密度及辐照时间的关系。为了得到 γ 射线治疗机所需要的大于 7 400 GBq/g 比活度的 ^{60}Co，必须在 10^{14} cm^{-2}·s^{-1} 以上的高中子通量密度下辐照。

^{60}Co γ 放射源可以分为同位素仪表用低活度 γ 放射源（< 37 GBq）、中等活度照相用和医用 γ 放射源（3.7 ~ 3 700 GBq）与高活度 γ 放射源。

1. 同位素仪表用 ^{60}Co γ 放射源

同位素仪表用 ^{60}Co γ 放射源有点源、圆片源、线状源。放射源活度一般为

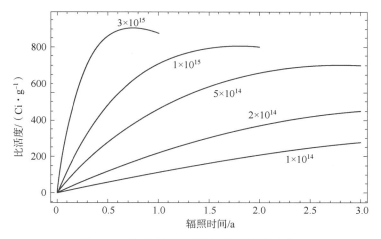

图 6.4 钴 60 堆照产额随辐照时间的变化

1～37 GBq。^{60}Co 点源是把 Φ1 mm × 2 mm、Φ2 mm × 2 mm ^{60}Co 粒或 Φ2 mm ^{60}Co 珠封装在不锈钢壳中，用氩弧焊焊封。国产的 ^{60}Co 点源是把钴粒先装在铝壳中，再送入反应堆内辐照。这类放射源常用于料位计、密度计和厚度计，源活度不大于 3.7 GBq。片状源的制备是将 ^{60}Co 片焊接密封在不锈钢壳中，做成 ^{60}Co 圆片源。

^{60}Co 线状源有两种，一种是把辐照的钴丝封在不锈钢管中；还有一种线状源，其放射性活度按特定的规律分布，使在料位测量时仪表显示出的吸收呈直线变化而不是呈指数变化。后一种线状源有四种制法。

（1）点源叠加法。把已知活度的点源按线源活度分布要求放置在一长棒的各贮源孔中。

（2）把 ^{60}Co 丝按活度变化要求，疏密不同地绕在长棒上，再封在不锈钢壳中。

（3）按源的活度变化要求，把 ^{60}Co 溶液吸附在陶瓷体中，烧成放射性陶瓷体，再封在不锈钢壳中。

（4）根据线状源活度变化要求剪成不同宽度的钴箔靶，送入反应堆辐照。这样活化后源带的活度值变化与源带宽度的变化一致。

图 6.5 所示为 ^{60}Co 点源、面源和管状源的一般结构。点源为 ^{60}Co 粒被不锈钢外壳通过螺口或氩弧焊密封在其中，源活度一般在 0.185～3.7 GBq；^{60}Co 面源，圆片（Φ10 mm、Φ20 mm、Φ30 mm 等）封在不锈钢壳中，源活度一般小于 3.7 GBq；^{60}Co 管状源，是将 ^{60}Co 丝装入不锈钢壳中，氩弧焊密封，源壳直径为 2.5～3 mm、长度为 20 mm，放射性活度从 0.185 GBq 到 3.7 GBq。这种管状源用于同位素仪表和医用腔内治疗。

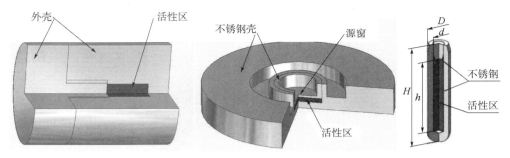

图 6.5 ⁶⁰Co 点源、面源和管状源的一般结构

2. 辐射探伤用 ⁶⁰Co γ 放射源

辐射探伤用 ⁶⁰Co γ 放射源是活度较大的点源。常用 γ 照相 ⁶⁰Co 放射源规格见表 6.2。

表 6.2　常用 γ 照相 ⁶⁰Co 放射源规格

活性尺寸 直径×高度/mm	1×1	2×2	3×3	4×2	4×4
活度/GBq	37~55.5	37~370	296~1 110	1 480~1 850	2 960~3 700

辐射探伤用 ⁶⁰Co γ 源的制备是将 ⁶⁰Co 封在不锈钢壳中，并固定在 γ 探伤仪的放射源托架中，如图 6.6 所示。

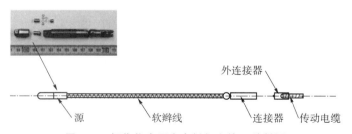

图 6.6　探伤仪中固定在托架上的 γ 放射源

3. 医用 ⁶⁰Co 放射源

医用 ⁶⁰Co 放射源包括 ⁶⁰Co 管、⁶⁰Co 针、⁶⁰Co 后装辐照装置和 ⁶⁰Co 远距离辐照装置。⁶⁰Co 针类似 ⁶⁰Co 管，一端有尖。医用后装 γ 辐照装置是一种可减小操作人员剂量、使用方便的装置，所用的放射源有 ⁶⁰Co、¹³⁷Cs 和 ¹⁹²Ir 等。源的形状

有小球和圆柱两种。根据治疗部位和所需剂量不同，放射源的规格尺寸和活度亦不同。有一种高剂量率后装 γ 辐照装置用 ^{60}Co 柱状源，源长为 8 mm，外径 3.2 mm，不锈钢源壳壁厚为 0.45 mm，^{60}Co 柱高 5 mm，直径 2 mm。其放射性活度为 22.2～222 GBq。

4. 高活度 ^{60}Co γ 放射源

工业、农业用辐照装置和医用远距离放射治疗机都需配备高活度 γ 放射源。一个大型辐照装置，一般需要 10^{15}～10^{16} Bq ^{60}Co γ 放射源。医用放射性治疗机所用的 ^{60}Co γ 放射源比活度要求高，通常用高比活度的钴柱或钴片组装。

利用高比活度 ^{60}Co 组装高活度 γ 源时，需注意钴源间相互屏蔽。^{60}Co 包装在双层不锈钢壳中，用氩弧焊或等离子焊密封。

高比活度 ^{60}Co γ 源根据使用目的不同可分为三类：医用 ^{60}Co γ 强源、工农业等辐照用 ^{60}Co 强源和 ^{60}Co 同位素能源。

1）医用 ^{60}Co γ 强源

它是由高比活度的钴柱或钴片组成的，所用 ^{60}Co 都是镀镍的钴靶辐照产生的，比活度一般大于 3.7 TBq/g，组装成的每个源的活度为 74～444 TBq。2019 年，我国秦山核电站生产出首批医用 ^{60}Co 原料，解决了国内医用 ^{60}Co 放射源及相关医用设备"缺芯少源"的问题，为数以万计的患者带来福音，伽马刀医疗产业得到持续健康发展。

为了适应钴治疗机的装源腔的尺寸，国产 ^{60}Co γ 源的外形尺寸及规格见表 6.3，源壳是双层不锈钢，氩弧焊密封，端窗部分的总厚度为 1 mm。

表 6.3　国产 ^{60}Co γ 源规格

序号	外形尺寸/mm	活性区尺寸/mm	名义活度/Ci
1	$\Phi 29.8 \times 70.2$	$\Phi 3.6 \times 29$	300
2	$\Phi 23.5 \times 57.5$	$\Phi 4 \times 32$	300
3	$\Phi 27.8 \times 50$	$\Phi 2.7 \times 32.9$	200
4	$\Phi 6.9 \times 24$	$\Phi 2.6 \times 17.5$	143
5	$\Phi 7.6 \times 27.5$	$\Phi 3.8 \times 21$	320

^{60}Co 放射源强度的增加可以通过提高 ^{60}Co 的比活度或扩大活性区直径来实现，而不是单纯增加 ^{60}Co 的量。这样做可减少 γ 辐射的自吸收，使放射源有较

高的辐射输出率。对于放射源的使用者来说，重要的是放射源的辐射输出率。所以生产厂家在给出源的活度值的同时，还要给出源的最大辐射输出率，辐射输出率的单位是距源 1 m 处的照射量。

2）工农业等辐照用 ^{60}Co 强源

大型工业、农业和科研用辐照装置中的 ^{60}Co 放射源的活度很大，有的大于 $3.7×10^{16}$ Bq，它是用很多放射源组装成的，辐射场大，所以并不需要特别高比活度的 ^{60}Co 放射源，比活度一般为 1.85 TBq/g。

辐照用高活度 ^{60}Co 放射源通常是用反应堆辐照的钴棒或钴片组装成的。细的钴棒密封在不锈钢壳中送入反应堆中辐照，不锈钢包壳也同时被活化，其总量不超过 ^{60}Co 的 0.1%，但为了使用安全，必须再加一不锈钢包壳。

法国用矩形 ^{60}Co 片组装高活度 γ 放射源。每一 ^{60}Co 片宽为 19.4 mm、长为 54.5 mm、厚为 2.2 mm。可用几个片叠加在一起，也可以组装成三面体、四面体。这种片状钴靶辐照时，中子衰减少，容易生产出高活度 ^{60}Co 片，比活度可达 0.74~1.85 TBq/g，组装成的放射源 γ 射线自吸收少。

国产的辐照用 ^{60}Co γ 放射源是把直径为 9 mm、长为 77.4 mm 的钴棒密封在不锈钢壳中送入反应堆内辐照，照后再封在不锈钢壳中，规格见表 6.4。

表 6.4 国产辐照 ^{60}Co γ 源规格

活度 /10^{13}Bq	比活度/ (10^{10}Bq·g^{-1})	源尺寸/mm					
		钴棒		不锈钢内壳		不锈钢外壳	
		直径	高度	外径	高度	外径	高度
3.7~7.4	81~162	9	77.9	12.2	81.5	15	90

6.1.2 铱 192（^{192}Ir）γ 放射源

^{192}Ir 放射性核素衰变纲图如图 6.7 所示，从图中可见其衰变类型为 $β^-$（95.24%）和 EC（4.76%），半衰期约为 74 d，产生的 γ 射线能量在 300~600 keV 范围。

^{192}Ir γ 放射源的主要用途如下。

（1）工业 γ 照相探伤：由于 ^{192}Ir 辐射能量适中、放射源的比活度高，可做成大于 3.7 TBq 的点源，适用于大多数金属材料的 γ 照相探伤。

（2）医学用途：后装治疗，用于腔内肿瘤，如宫颈癌治疗；^{192}Ir 丝状源、

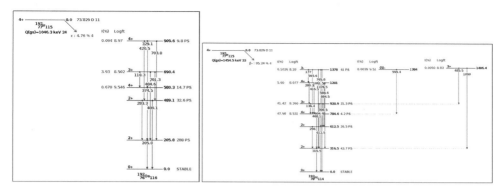

图 6.7　^{192}Ir 放射性核素衰变纲图

发夹式源和细管状源可用于组织间局部肿瘤治疗。

^{192}Ir 是堆照 ^{191}Ir 生产的。^{191}Ir 热中子俘获截面为 954 b，生成的 ^{192}Ir 同位素也具有很高的热中子俘获截面（1 578 b），并且 ^{192}Ir 的半衰期仅 73.829 d，因此为了获得高比活度且适用于 γ 探伤仪的 ^{192}Ir 源（3.7~7.4 TBq/g），必须在高热中子通量密度（>10^{14} cm^{-2}·s^{-1}）的反应堆内辐照。^{192}Ir 堆照生产反应过程如图 6.8 所示。

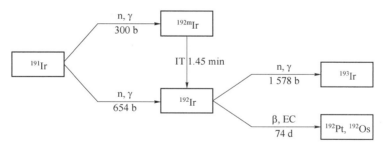

图 6.8　^{192}Ir 堆照生产反应过程

由于铱很硬，加工困难，辐照靶常用铱-金合金（含金 10%）做成薄片或者小颗粒。辐照时注意靶放置位置及方式，以确保获得均匀活化的高比活度 ^{192}Ir。辐照后的铱靶放入不锈钢壳中密封。

^{192}Ir 辐射能量适中、比活度高，可以做成大于 3.7 TBq 的点源，适用于多种金属材料的 γ 照相探伤，因此 ^{192}Ir 源的需求量很大。常用于 γ 探伤仪中的 ^{192}Ir 源见表 6.5。

表6.5 常用于γ探伤仪中的^{192}Ir源

活性块尺寸，直径×高度/mm	0.5×0.5	1×1	2×1	2×2	3×2	3×3	4×4
活度/GBq	37	248	740	1 480	2 590	4 070	7 400
比活度/(TBq·g^{-1})	18.5	15.5	13.7	13.7	9.1	9.6	7.4

医用的^{192}Ir丝状源，是在源的表面镀一层铂，可以阻止β辐射和防止使用时污染。丝状源的直径为0.3 mm、长50 cm，发夹式源的直径0.6 mm，都可以用于局部肿瘤治疗。

将φ1 mm×1 mm的点源密封在直径为2.5 mm的球形钛壳中，用于后装置辐照装置中。

6.1.3 锑124（^{124}Sb）γ放射源

^{124}Sb γ放射源是以金属锑做辐照靶、在反应堆辐照生产的。照射后的锑密封在不锈钢、铝合金或钛金属壳中。钛壳^{124}Sb放射源的制备还可以将锑金属密封在钛壳中，然后入堆辐照，钛被中子活化的放射性核素很少，因此可以认为源表面是无污染的。^{124}Sb γ放射源主要用于制备(γ,n)中子源。

6.1.4 ^{152,154}Eu γ放射源

^{152,154}Eu是重要的γ辐射探测器能量和效率刻度用源核素。^{152}Eu 和^{154}Eu的衰变非常复杂，^{152}Eu半衰期13.517 a，包括72.1%的EC衰变和27.9%的β$^-$衰变，衰变子体退激过程中放出100多条γ射线，分布在能量范围为122～1 408 keV之间；^{154}Eu半衰期8.601 a，主要为β$^-$衰变（99.982%），EC衰变仅0.018%，衰变产生100多条γ射线，能量在50～1 700 keV之间。^{152,154}Eu衰变纲图如图6.9所示。

^{152,154}Eu放射性核素一般通过Eu$_2$O$_3$靶，在热中子反应堆中进行辐照产生。^{151}Eu和^{153}Eu的丰度分别为47.81%和52.19%，热中子截面分别为9 230 b和312 b。在反应堆不同热中子通量辐照不同时间得到的放射性核素^{152}Eu和^{154}Eu的产额如图6.10所示。

将所得天然Eu$_2$O$_3$粉末干燥后球磨到一定粒度，然后压模成型，在空气氛围中1 500 ℃左右下烧结2 h形成陶瓷体，装入铝合金壳中密封。在热中子反应堆中辐照一定时间，取出冷却一定时间后去污，最后装入不锈钢壳中并焊接密封，制备出陶瓷基^{152,154}Eu放射源，如图6.11所示。

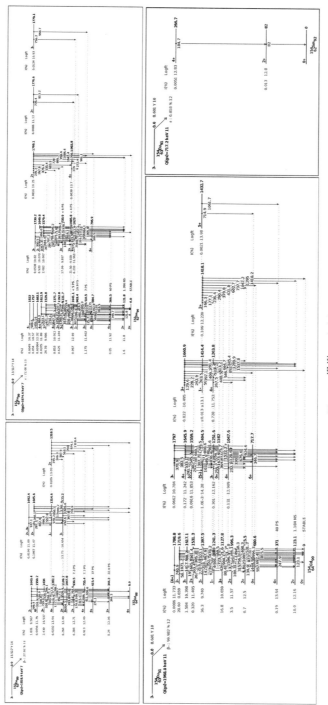

图 6.9 ^{153,154}Eu 衰变纲图

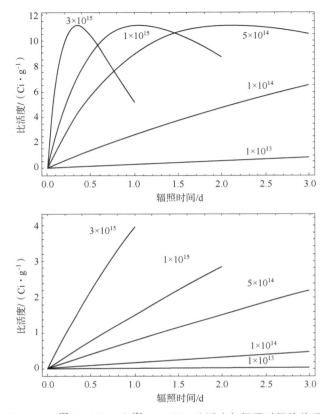

图 6.10 ^{152}Eu（上）和 ^{154}Eu（下）比活度与辐照时间的关系

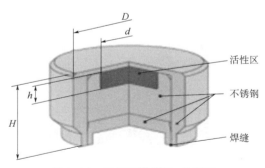

图 6.11 陶瓷基 ^{152,154}Eu 放射源

6.1.5 其他 γ 放射源

其他堆照不经化学加工的放射源还有 ^{170}Tm、^{75}Se、^{169}Yb、^{134}Cs、^{65}Zn 等。一

般生产方法是将辐照靶物密封在铝合金壳或钛壳中制成辐照靶,辐照后经去污直接使用或者密封在金属壳中。

(马俊平)

6.2 化学制备铯137(^{137}Cs)γ放射源

^{137}Cs 是核燃料裂变产物,可以从核燃料后处理的高放废液中大量获得。通常在 ^{137}Cs 原料中含有 ^{137}Cs(36.5%)、少量的 ^{134}Cs 和铯的稳定同位素 ^{133}Cs(43.4%)、长半衰期(2.3×10^6 a)的 ^{135}Cs(20.1%)。

^{137}Cs 是 β⁻衰变放射性核素,其衰变纲图如图 6.12 所示,半衰期为 30.08a,β 粒子最大能量为 1.176 MeV(5.3%)和 0.514 MeV(94.7%)。^{137}Cs β⁻衰变生成的子体核素 ^{137m}Ba 的半衰期为 2.6 min,同质异能跃迁到基态 ^{137}Ba 并放出 0.662 MeV(85.1%)能量的 γ 射线。

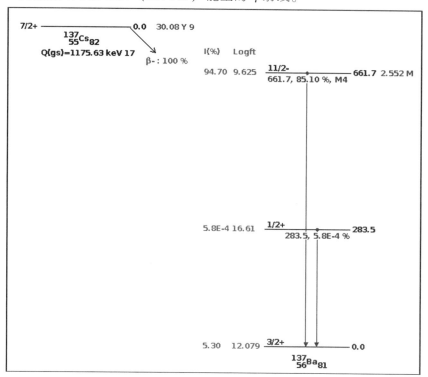

图 6.12　^{137}Cs 衰变纲图

由于 ^{137}Cs 具有以下特点：①射线能量适中，辐射防护相对较容易，易于移动；②半衰期较长，使用周期相对较长，提高了放射源的使用率，降低了成本；③使用的 ^{137}Cs 是核燃料后处理过程中的副产品，^{137}Cs 源制备成本较低，制备过程较灵活，因此，铯源是使用范围最为广泛的 γ 放射源。其缺点是 ^{137}Cs 源的源芯单位体积内的活度一般很难做得较高，所以 ^{137}Cs 源常用于低活度使用场所，使用源强一般在十几居里或几居里以下。

利用 ^{137}Cs 可制备同位素仪表用 γ 放射源、医用 γ 放射源、高活度 γ 辐照源和同位素能源。

^{137}Cs 放射源因原料来源容易、使用期长、γ 能量适中，是一种较理想的工业用 γ 源。但其比活度不高，还不能完全代替 ^{60}Co 源的应用。

制备 ^{137}Cs γ 源的主要问题是如何得到含 ^{137}Cs 多而且稳定性好的源芯。目前 ^{137}Cs 活性块——源芯的制备方法有氯化铯法、铯玻璃法、陶瓷法（铯榴石）和铯的稳定化合物法等。铯玻璃法和陶瓷法都属于硅酸盐工艺。铯的稳定化合物法中最常用的方法是合成铯的钽钨酸盐和铌酸盐，这两种杂多酸盐的稳定性极好，而且铯的含量很高，能达到 40% 以上，但需要在 1 400 ℃ 合成，高温操作相对比较困难。目前大多数工业用铯源都采用陶瓷法进行制备。

6.2.1 氯化铯法

CsCl 是铯化合物中化学性质比较稳定的一种形式，而且 CsCl 中铯的含量高，每克纯 ^{137}CsCl 的活度最高可达 2.58 TBq，是唯一可以实现高活度 ^{137}Cs 放射源的制备方法。CsCl 和不锈钢源壳材料有良好的相容性，可以确保放射源的密封性。

CsCl 的熔点是 645 ℃，可用熔融浇注法制备 ^{137}Cs 活性块。但是，由于此方法需要在较高温度下进行，会使铯的蒸发量增加，加剧对操作空间的污染，所采用的设备和操作密封箱室要求较高。因此，该方法一般不常采用。

另一种方法是将经过热干燥的 CsCl 粉末加压成型制备 ^{137}Cs 活性块。将 400 ℃ 热干燥的 CsCl 粉末掺入适量的硬脂酸，在模具中加压成型，在 100 ℃ 下脱脂，所制备的 CsCl 的密度为 3.0~3.3 g/cm³（约为理论密度的 75%），^{137}Cs 含量可达 814~925 GBq/g。

氯化铯法一般用于高活度源和 ^{137}Cs 同位素热源的制备。与其他大多数碱金属盐类一样，CsCl 在水中的溶解度较高，因此此类放射源的安全性完全依赖于源壳的密封性，尤其是对于高活度的放射源多采用双层密封源壳。

6.2.2 铯玻璃法

铯玻璃法制备源芯是利用碱金属易于和一些金属或非金属氧化物形成玻璃

体的性质。一般是将一定化学形式的放射性铯与玻璃基体粉末混合，在高温下熔融成玻璃体，经冷却后获得源芯，其制备原理与生产普通玻璃的工艺类似。主要的不同之处是要求玻璃体有较高的铯含量，而且玻璃基体的熔点不能太高，以避免制备过程中铯的挥发。常见的形式有硅酸盐、铝硅酸盐和硼硅酸盐等。

6.2.3 陶瓷法

陶瓷体铯榴石是处理和存储^{137}Cs的一种性能良好的材料，也可用于制备^{137}Cs源。该方法一般采用的基体材料包括分子筛和陶瓷粉。分子筛是人工合成的沸石，为铝硅酸的钠盐或钙盐，与天然沸石的主要区别是制备条件可控，产品的物化性质更加一致稳定，结构相对简单。分子筛的一般化学形式为$A_m B_z O_{2z} \cdot n H_2 O$，其中$A$为K、Na、Ca、Ba、Sr等阳离子，$B$为Al和Si，$z$为阳离子化合价，$m$为阳离子数，$n$为水分子数。根据铝硅酸根中$SiO_2/Al_2O_3$的比值不同，分子筛可分为A型、X型、Y型和丝光沸石等几种。

目前，在工业上及其他各部门中，使用最广的是A型沸石、X型沸石、Y型沸石及丝光沸石等几种。其中，A型沸石是属于小孔径沸石，X型沸石是属于中孔径沸石，Y型沸石是属于大孔径沸石。A型沸石和X型沸石硅铝比较低，它们的结构也各不相同。

A型沸石的结构类似氯化钠的晶体结构。氯化钠晶体是由钠离子和氯离子组成的，若将氯化钠晶格中的钠离子和氯离子全部换成β笼，并且相邻的两个β笼之间通过四元环用4个氧桥相互联结起来，这样就得到了A型沸石的晶体结构。

X型沸石和Y型沸石与八面沸石具有相同的硅铝氧骨架结构。天然生长的矿物叫八面沸石，人工合成的则按照硅铝比（SiO_2/Al_2O_3）的不同而有X型沸石和Y型沸石之分，它们的结构单元和A型沸石一样，也是β笼。其排列情况和金刚石的结构有类似之处；金刚石的晶体是由碳原子组成的。如果以β笼代替金刚石结构的碳原子，且相邻的两个β笼之间通过六元环用6个氧桥相互联结（即每个β笼通过8个六元环中的4个、按四面体的方向与其他的β笼联结），这样就形成了八面沸石的晶体结构。

沸石具有离子交换性质。当沸石与某种金属盐的水溶液相接触时，溶液中的金属阳离子可以进入沸石中，而沸石中的阳离子可以被交换下来进入溶液中。这种离子交换过程可以用下面通式表示：

$$A^+ Z^- + B^+ = B^+ Z^- + A^+$$

式中，Z^-——沸石的阴离子骨架；A^+——交换前沸石中含有的阳离子（一般为钠离子);B^+——水溶液中的金属阳离子。沸石中的钠离子都以相对固定的位置分布于沸石结构中,在不同的位置上的钠离子不但能量不同,而且有不同的空间位阻,因此,在离子交换过程中,离子交换反应速度主要受到扩散速度的控制,位于小笼中的钠离子就很难被交换出来。

另外,沸石还有吸附性质。由于沸石晶穴内部有强大的库仑场和极性作用,而晶穴又不会宽到使流体分子能够避开晶格中场的作用,因此,沸石作为吸附剂不仅具有筛分子的作用,它孔径的大小还决定可以进入晶穴内部的分子的大小,而且和其他类型的吸附剂相比,即使在较高的温度和较低的吸附质分压下,仍有较高的吸附容量的特点。

沸石在处理放射性核素上很早就开始了应用。由于核技术的广泛使用,产生了大量的放射性废物,对这些危险性废物的处置当时成了一大重要课题,而且处置后的放射性废物要与人类生活环境长期隔离。因此,许多国家建立专门的废物处置库进行最终处置,而处置库必须设置专用工程屏蔽,以阻止地下水与放射性废物接触;即使在很长时间后,在隔离功能失效后也能阻滞放射性核素迁移。虽然各国对处置库的缓冲材料进行了广泛的研究,但目前还没一个国家完全确定最佳的缓冲回填材料制作方案。而沸石作为一种分布广泛的非金属矿产,和其他材料相比,具有优良的离子交换性能和吸附性能,已广泛应用于化工、环保等领域,逐渐成为人们用来处理吸附放射性 Sr、Cs 等离子的材料之一。

选择分子筛作为铯源源芯制备的主要材料是由于其在常温下具有良好的阳离子交换特性,即有较高的离子交换容量。不同的分子筛对不同价态和种类的阳离子具有不同的选择性。SiO_2/Al_2O_3 的摩尔比低的分子筛有较高的交换容量。在水溶液中分子筛的交换容量与分子筛的水化程度有关,由于水溶液的化学组成不同,实际的交换容量都偏低。表 6.6 显示了几种类型的分子筛在不同条件下的交换容量。

表 6.6 常用分子筛特性

类型	SiO_2/Al_2O_3 摩尔比值	交换容量/($mmol \cdot g^{-1}$)			
		无水粉末	20% 成型剂	水化粉末	20% 成型剂
A	~2	7.0	5.6	5.5	4.4
X	2~3	6.0	5.1	4.7	3.8
Y	3~6	5.0	4.0	3.7	3.0
M	9~12	2.6	—	2.3	—

从表 6.6 可见，Y 型分子筛的交换容量小于 A 型和 X 型，但是由于其 SiO_2/Al_2O_3 摩尔比值较大，在常温下对 Cs^+ 具有良好的选择性。对于一价阳离子的选择顺序为 $Tl^+ > Ag^+ > Cs^+ > NH_4^+ > K^+ > Na^+ > Li^+$。此外，Y 型分子筛在烧结后具有良好的机械强度和低 Cs 浸出率，具有抗浸泡、耐高温和抗冲击等性能。因此 Y 型分子筛是制备 Cs 放射源的良好基质材料。

用 Y 型分子筛制备的 Cs 放射源源芯是以铯榴石的形式存在，能满足大多数情况下对放射源使用的可靠性和安全性要求。铯榴石的化学式为 $Cs[AlSi_2O_6] \cdot nH_2O$，为石榴石的一种，其颜色会随着其中所含杂质元素的不同而不同，以红褐色和暗红为主，有透明、半透明和不透明的，硬度为 6.5 ~ 7.5，密度为 3.0 ~ 4.3。铯榴石是目前一致含铯量最高的矿物，含铯量达到 40%，在水中 Cs 的浸出率为 2×10^{-8} $g/cm^2 \cdot d$，比铯玻璃低 4 ~ 5 个数量级。因此成为铯放射源制备最常用的源芯形式。

根据放射性铯与陶瓷载体的结合方式差异，源芯的制备方法一般可以分为两类。

1. 成型吸附

该方法是利用较低温烧结的陶瓷体具有一定的吸水性和吸附性特点，将 Cs_2O、Al_2O_3、SiO_2 按一定比例混合，加压成型后于 600 ℃烧结制备具有吸附能力的陶瓷体，然后浸入含有一定浓度的铯酸性溶液，通过控制 Cs^+ 浓度和浸泡时间制备出具有不同活度的陶瓷体，最后经过烘干后高温烧结得到铯榴石。

另外，对于制备较低活度的 ^{137}Cs 放射源亦可以采用该方法。将含有 ^{137}Cs 放射性核素的低酸溶液滴加到低温烧结好的陶瓷体上，活度的控制可以通过 ^{137}Cs 溶液的浓度和滴加的溶液体积来实现。将吸附有 ^{137}Cs 放射性核素的陶瓷体烘干，在高温下烧结可得到源芯。

这类方法均是通过基体材料加压成型后低温烧结，吸附含有 ^{137}Cs 放射性核素的溶液，最后经过高温烧结使铯与陶瓷体组分牢固结合并进一步提高陶瓷体的致密度，提高了源芯的机械强度和抗浸泡性能。高温烧结的温度一般在 1 100 ℃左右，温度过低时铯与陶瓷组分的结合不紧密，浸出率增大；温度过高会导致变形，外形尺寸发生变化，并且铯挥发会变得严重，降低源芯的活度，增加放射性污染。最终烧结的陶瓷源芯的密度一般在 2.0 ~ 2.4 g/cm^3。成型吸附这类放射源制备方法的工艺流程如图 6.13 所示。

成型吸附方法的优点是工序操作简单，操作人员受到的辐射相对较低；不足之处是陶瓷体经过高温烧结后其外形尺寸会发生变化，形状可能变得不规

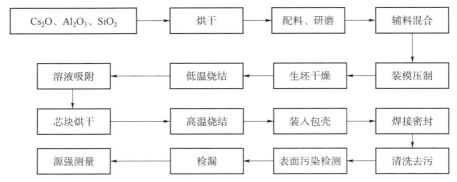

图 6.13　陶瓷成型吸附工艺过程

则。另外，由于陶瓷体吸附性能一致性可能存在较大差异，对铯的吸附量难以准确控制，源芯的活度差异较大，比活度相对较低一些。

2. 直接吸附

直接吸附是利用分子筛易于吸附某些金属阳离子的特性，将一定数目的分子筛定量加入一定浓度和体积的含铯溶液中，经过搅拌、过滤、装模和烧结等工艺制备源芯。通过该方法制备的源芯是铯榴石形式。这种方法可以实现不同活度源芯的大批量制备，每批次的源芯活度较均匀，比活度较高。此外，由于采用了模具烧制，得到的陶瓷源芯外形尺寸一致。烧制温度一般不超过 1 200 ℃ 左右，不能以太高的温度烧结，温度太高会增加铯的挥发量，降低源芯活度和增加放射性污染程度。

大量的实验表明，13Y 分子筛是目前制备铯榴石放射源芯的最佳材料选择。13Y 分子筛的成分为 $Na_2O \cdot Al_2O_3 \cdot (3.3 \sim 5) SiO_2 \cdot (7 \sim 9) H_2O$，制备放射源的工艺如图 6.14 所示。

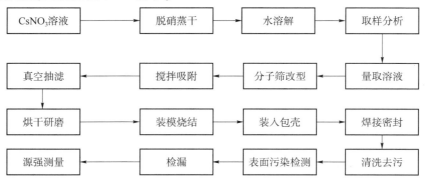

图 6.14　直接吸附工艺流程

其中关键步骤是分子筛改型。分子筛的目数不能过粗也不能过细,过粗会在装模过程中出现各模孔装量不均匀、烧结的源芯均匀性差;过细不便于过滤和装模操作,会造成分子筛的损失。用 HCl 转型需要控制好盐酸的浓度以及分子筛的比例,转型后的分子筛经过滤干燥和研磨后密封存储备用。

在源芯制备工艺中,可以根据不同的包壳尺寸加工出不同的烧结模具。为了便于高温烧结后源芯和模具分离,一般采用金属材质加工烧结模具。但是由于金属模具在高温下易发生氧化,多次使用后尺寸会发生变化,因此一般多次使用后更换模具或在烧结过程中可以采用惰性气体保护防止模具氧化。模具每次使用后使用稀硝酸溶液进行浸泡清洗,烘干备用。

6.2.4 其他不同源芯形式的 ^{137}Cs 放射源

铌酸铯、钛酸铯、钽酸铯以及铌钨酸铯、钽钨酸铯等都是铯的稳定化合物,可用于制备 ^{137}Cs γ 放射源,特别是后两种化合物稳定性能很高。铌钨酸铯的合成方法是将 Cs_2CO_3 和过量 10% 的 WO_3 粉末混合,加热到 600 ℃,发生固相反应生成 Cs_2WO_4,然后与 Nb_2O_5 及少量的 B_2O_3 粉末混合,加热到 1 450 ℃ 生成 $CsW_xNb_{1-x}O_3$。$CsW_xTa_{1-x}O_3$ 的制备方法与此类似,铯化合物的性质见表 6.7。将制备得到的铌钨酸铯、钽钨酸铯化合物装入源壳中,然后通过氩弧焊密封得到 ^{137}Cs γ 放射源。

表 6.7 铯化合物的性质

化合物	溶解性能	烧结硬度	熔点 /℃	密度 /(g·cm^{-3})	Cs 含量 /%	Cs 密度 /(g·cm^{-3})
$CsW_xNb_{1-x}O_3$	极差	好	>900	3.928	48.54	1.84
$CsW_xTa_{1-x}O_3$	极差	极好	>1 470	4.98	36.74	1.80

所制得 ^{137}Cs 稳定化合物在冷水、65 ℃ 水、1 mol HCl 或 2.2 mol NaOH 中浸泡 24 h,溶液中均未发现放射性污染。它们是 ^{137}Cs γ 放射源较理想的活性块,但烧结温度较高,操作比较困难。

另外还有一种用于辐射剂量仪表校对和检查的低活度 ^{137}Cs γ 放射源,其制备工艺比较简单,可以根据实际要求设计各种包壳尺寸和活度。这种 γ 放射源包壳一般采用塑料或有机玻璃,如图 6.15 所示。

活度在 10 mCi 以下。大多数情况下使用有机玻璃(PMMA)加工成圆形包壳,在圆心位置分别加工出不同深度和半径的两个或三个内凹圆,并加工与之对应的两个与内凹圆径高比相同的有机玻璃圆片作为密封盖。

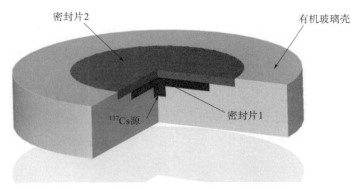

图 6.15　^{137}Cs γ 仪表源

根据设计需求配置一定浓度的含^{137}Cs 溶液，按照所需活度使用移液枪将溶液滴加在上述已加工好的最内凹圆中心，然后用红外灯烘干。根据所需活度可以分为一次或多次反复滴加烘干。有时为了标识活性区的范围，最后可以滴加颜料。在已烘干的有机玻璃壳的内凹圆边缘涂抹一圈三氯甲烷液体，然后马上将相应的有机玻璃盖压入内凹圆中，压紧直至液体挥发后，第一层密封完成。用同样的方法将外层密封完成，最后经过抛光处理即得到^{137}Cs γ 放射源。

(李雪)

第 7 章
低能光子源

7.1 低能光子源的分类及制备

通常把能量低于 150 keV 的 γ 射线和 X 光子称为低能光子，能提供这种能量光子的放射源称作低能光子源。放射性同位素尽管有 2 000 种以上，但可供制备低能光子源的同位素只有几十种，而且在一些能区还没有合适的同位素，可用于制备低能光子源的核素有铁 55、钴 57、钴 60、硒 75、铯 137、铥 170、铱 192、钚 238、镅 241 等，其中铁 55、钴 57、硒 75、铥 170、镅 241 等发射的射线能量低于 0.15 MeV，用这些核素制备的源专称作低能光子源。

7.1.1 低能光子源的结构与分类

与其他放射源结构类似，低能光子源主要由放射性源芯和源壳两部分构成，源壳上开有源窗，因此，低能放射源的安全主要取决于其源芯。

按光子产生的方式，同位素低能光子源可分为三类：①γ 放射源：放射源的有效辐射为来自源内放射性同位素的 γ 辐射。②初级 X 射线源：放射源的有效辐射为来自源中放射性同位素衰变诱发的 X 辐射。③次级 X 射线源：放射源中放射性同位素发射的 α、β、γ 或 X 辐射与靶物作用产生 X 辐射，轫致辐射源是其中主要的一种。

γ 放射源和初级 X 射线源都是直接利用发射低能 γ 辐射或 X 辐射的放射性同位素制成的，其光子辐射均是伴随核衰变而发生的，并且光子能量和发射概率是固定不变的，可统称为初级低能光子源。有一部分用于制备低能光子源的放射性同位素，既能发射 γ 辐射又能发射 X 辐射。实际应用时，我们感兴趣的是光子的能量和强度。次级 X 辐射的能谱和强度与激发辐射的种类、能量以及靶物和制备方式等有关。

由于可用于制备初级低能光子源的同位素有限，光子能区分布不均，因此次级低能光子源是初级低能光子源的重要补充。

7.1.2 低能光子源的设计

除放射性材料选择低毒、物理化学性质稳定的核素外，低能光子源的设计主要从光子发射率和安全性两方面来考虑。

（1）光子的有效发射率高。低能光子在固体材料中，特别是在高密度重元素材料中射程短。考虑到放射源自吸收的影响，源芯不能做得很厚，这就要求放射源中所含的非放射性载体物质尽可能少，而且单位面积内放射性同位素本身的量也不能太多。另外源窗要采用薄的低原子序数材料（图 7.1、图 7.2）。

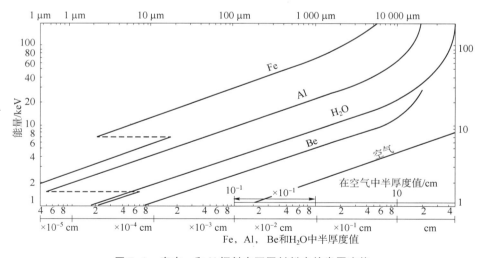

图 7.1　窄束 γ 和 X 辐射在不同材料中的半厚度值

（2）源的安全性好。由于源窗薄，源的安全性能主要靠源芯的稳定性来保证。通常源芯都做成陶瓷体。

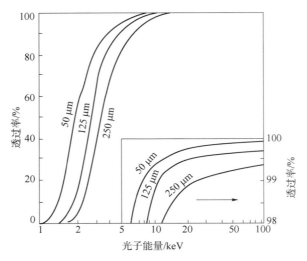

图 7.2　不同能量光子对不同厚度铍箔的透过率

7.1.3　低能光子源的测量

低能光子源的主要参数是它的光子能谱和在某一能区的光子输出率。

低能光子源的能谱和光子输出率的测量是比较复杂的。各种探测器在不同能区，响应是不一样的，对每一光子源的能谱，应标明探测仪器。表 7.1 为不同探测器的有效工作能区。

表 7.1　不同探测器的有效工作区

探测器	最有效的能量响应范围/keV
氩 - 甲烷正比计数器	3 ~ 10
Si (Li) 半导体探测器	1 ~ 100
薄碘化钠晶体探测器	10 ~ 100
3 × 3″厚碘化钠晶体探测器	50 ~ 3 000
Ge (Li) 半导体探测器	50 ~ 3 000

图 7.3 和图 7.4 是 Ge(Li)、Si(Li) 半导体探测器在不同能区的探测效率曲线。图 7.5 是利用 Si(Li) 半导体探测器、厚 NaI 晶体探测器和氩 - 甲烷正比计数器三种探测器测量同一 ^{241}Am 低能光子源所得结果。从图 7.5 可见，用氩 - 甲烷正比计数器，只能测出 ^{241}Am 源中 Np - LX 辐射，Si(Li) 半导体探测器对 59.5 keV γ 辐射探测效率也是很低的，而厚 NaI 晶体探测器则对 59.5 keV γ 辐射有高的探测效率,所以测量源中光子输出率要根据光子能量选择合适的探测器。

由于低能光子源的光子能量低,源中单位面积放射性活度值不可能和光子输出率呈比例变化,所以低能光子源一般要标明源中的放射性活度值,也要标出某一能量范围光子输出率。

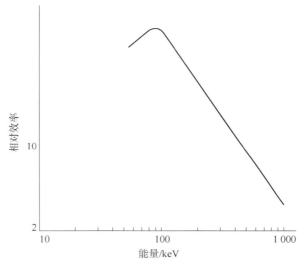

图 7.3　Ge(Li) 探测器 2π 效率曲线

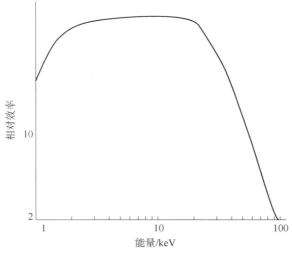

图 7.4　Si(Li) 探测器效率

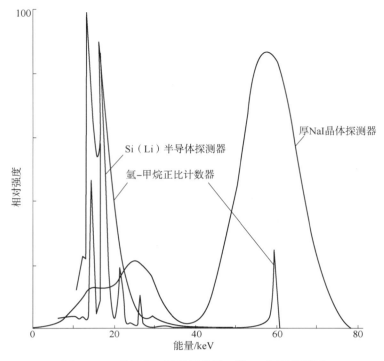

图 7.5 三种不同探测器测量同一 ²⁴¹Am 源所得谱图

不同品种的低能光子源其光子输出率的立体角分布是不同的。从图 7.6 可见，不锈钢窗的 ²⁴¹Am γ 放射源与铝窗的 ²⁴¹Am γ 放射源其立体角分布相差很大。这是由于低能光子在不锈钢中的吸收比在铝中大得多的缘故。

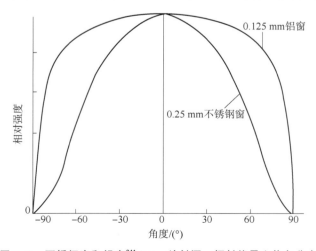

图 7.6 不锈钢窗和铝窗 ²⁴¹Am γ 放射源 γ 辐射能量立体角分布

7.1.4 低能光子源的检验

低能光子源的检验包括源的外形尺寸、活性面积、活度及各种安全性检验。其中安全性检验主要是对源芯的检验，目的是确保源壳出现破损也不致引起放射性物质的逸散、造成放射性物质的大面积污染，检验方法主要有超声波检验、擦拭检验、水浸检验及温度检验，以下采用 13.5 mCi 的 ^{238}Pu 源芯为例介绍四种检验方法。

1. 超声波检验

把放射性陶瓷源芯投入盛有 50 mL 蒸馏水的锥形瓶中，置于超声波清洗仪内清洗 1.5 h；然后取清洗样，以 ^{238}Pu α 标准源作为参考，进行相对测量，从而根据测量结果判断放射源安全性。13.5 mCi 的 ^{238}Pu 放射源的测量数据见表 7.2。

表 7.2　^{238}Pu 陶瓷源芯超声清洗结果

源芯 ^{238}Pu 强度/mCi	13.5	13.5
清洗液中 ^{238}Pu 总含量/μCi	4.5×10^{-3}	1.5×10^{-2}
洗脱比	3.3×10^{-7}	1.1×10^{-8}

2. 擦拭检验

对上述陶瓷源芯的活性面用绸或擦镜纸、白布擦拭，然后分别对纸、布做 α 相对测量，从而根据测量结果判断放射源安全性。13.5 mCi 的 ^{238}Pu 放射源的测量数据见表 7.3。

表 7.3　^{238}Pu 陶瓷源芯干擦拭数据

样品名称	擦落的 α 强度/μCi	擦落比
擦拭 100 次的擦镜纸	2.0×10^{-4}	1.5×10^{-8}
擦拭 100 次的白布	1.01×10^{-3}	7.5×10^{-8}
擦拭 300 次的擦镜纸	2.5×10^{-4}	1.9×10^{-8}
总和	1.46×10^{-3}	1.1×10^{-7}

3. 水浸检验

该源芯于室温蒸馏水中浸泡 36 h，测量浸泡液，根据测量结果判断放射源安全性。13.5 mCi 的 ^{238}Pu 放射源的测量数据见表 7.4。

表 7.4 ^{238}Pu 陶瓷源芯水浸试验结果

源芯 ^{238}Pu 强度/mCi	清洗液中 ^{238}Pu 总含量/μCi	浸出比
13.5	3.3×10^{-3}	2.4×10^{-7}
13.5	3.4×10^{-3}	2.4×10^{-7}

4. 温度检验

上述源芯加热至 500 ℃，自然冷却至室温；反复数次，外观无变化。同样在液氮中反复数次，取出放至室温，源芯仍未发生变化，表明源芯安全性较高。

（唐显，牛厂磊）

7.2 初级低能光子源

7.2.1 初级低能光子源的放射性同位素

发射低能 γ 和 X 辐射的同位素很多，但实际可用于制备低能光子源的同位素却有限。表 7.5 为制备低能光子源的常用同位素的特性。

表 7.5 制备低能光子源的常用同位素的特性

同位素	半衰期	衰变类型分支比/%	主要光子		产生方式
			能量/keV	强度/%	
^{55}Fe	2.72 a	EC 100	Mn−KX		^{56}Mn(p,n)
			5.89	8.2	
			5.90	16.2	^{54}Fe(n,γ)
			6.49	3.3	^{56}Fe(p,pn)
^{57}Co	271.5 d	EC 100	Fe−KX		^{56}Ni(p,pn)^{57}Ni $\xrightarrow{\beta^+}$ ^{57}Co
			6.39	16.7	
			6.40	32.9	
			7.06~7.11	6.7	
			γ 14.4	9.6	
			γ 122.1	85.4	
			γ 136.5	10.7	^{55}Fe(d,n)

续表

同位素	半衰期	衰变类型 分支比/%	主要光子		产生方式
			能量/keV	强度/%	
^{75}Se	119.8 d	EC 100	As – KX		^{74}Se(n,γ)
			10.5	46.7	
			11.5~11.9	7.1	
			γ 121.1	16.5	
			136	56.0	
			264.7	58.5	
			279.5	24.8	
			400.1	11.4	
^{109}Cd	453 d	EC 100	Ag – KX		^{108}Cd(n,γ)
			22.1	81.4	
			25.0	17.2	
			Ag – LX		
			2.63~3.8	7.3	
			γ 88	3.65	
^{125}I	60 d	EC 100	Te – KX		^{124}Xe(n,γ)
			27.2	49.2	^{125}Xe(EC)
			27.5	75	
			31.1	26	
			γ 35.5	6.67	
^{153}Gd	241.6 d	EC 100	Eu – KX		^{152}Gd(n,γ)
			40.9	29.9	
			41.5	53.6	
			47.0	16.6	
			48.4	3.7	
			γ 69.7	2.1	
			97.4	26	
			103.2	19	
^{169}Yb	32 d	EC 100	Tm – KX		^{168}Yb(n,γ)
			49.8	52	
			50.7	92	
			57.3~57.9	38	

续表

同位素	半衰期	衰变类型 分支比/%	主要光子 能量/keV	主要光子 强度/%	产生方式
^{169}Yb	32 d	EC 100	γ 63.1	47.6	
			130.5	11.0	
			177.2	21.6	
			197.9	35.2	
^{170}Tm	128.6 d	β 99.8	Yb–KX		^{169}Tm(n,γ)
		EC 0.2	51.4	1.2	
			52.4	2.2	
			59.7	0.9	
			γ 84.3	3.3	
^{238}Pu	87.94 a	α~100	U–LX		^{237}Np(n,γ)
			11.6	0.25	^{238}Np $\xrightarrow{\beta^-}$ ^{238}Pu
			13.6	3.99	
			15.4	0.14	
			17.1	5.87	
			20.5	1.16	
^{241}Am	432.1 a	α>99	Np–LX		^{238}U、^{239}Pu
			11.9	0.89	多次俘获中子生成
			13.9	13.3	
			17.8	19.4	
			20.8	4.9	
			γ 59.5	35.8	
^{244}Cm	18.11 a	α~100 1	Pu–LX		
			12.1–21.4	9.1	
^{119}Sn^m	293.1 d	IT 100	Sn–KX		^{235}U(n,f)
			25.0	7.9	^{118}Sn(n,γ)
			25.3	14.8	
			28.6	5.0	
			γ 23.9	16.3	
^{131}Cs	9.68 d	EC 100	Xe–KX		^{130}Ba(n,γ) ^{131}Ba $\xrightarrow{\beta^+}$
			29.5	20.9	
			29.8	38.7	
			33.8	13.8	

续表

同位素	半衰期	衰变类型 分支比/%	主要光子 能量/keV	主要光子 强度/%	产生方式
$^{123}Te^m$	119.7 d	IT100	Te – KX		$^{122}Te(n,\gamma)$
			27.2~31.1	50	
			γ 139	84	$^{123}Sb(d,2n)$
$^{125}Te^m$	57.4 d	IT100	Te – KX		$^{124}Te(n,\gamma)$
			27.2	32.8	
			27.5	61.0	—
			31.1	21.2	
			γ 35.5	6.7	
^{181}W	121.2 d	EC100	Ta – KX		$^{180}W(n,\gamma)$
			56.3	18.0	$^{181}Ta(d,2n)$
			57.5	33.3	$^{181}Ta(p,n)$
			65.2~67.0	14.2	
			γ 6.2	0.62	

目前用于制备低能光子源的同位素的来源有三种：核燃料后处理回收，如 ^{241}Am 等；反应堆辐照生产，如 ^{75}Se、^{55}Fe、^{170}Tm、^{169}Yb、^{125}I、^{238}Pu 等；利用加速器生产，如 ^{57}Co、^{109}Cd 等。用得较多的同位素有 ^{241}Am、^{238}Pu、^{55}Fe、^{57}Co、^{109}Cd。

7.2.2　镅241（^{241}Am）低能光子源

^{241}Am 在 α 衰变时伴随 59.5 keV γ 辐射和 11.9~20.8 keV Np – LX 辐射。用 ^{241}Am 可以制成只能透过 59.5 keV γ 辐射的单束光子源，亦可制成同时具有两组能量不同的辐射的双束光子源。^{241}Am 低能光子源在 X 射线荧光分析与材料的密度和厚度测量方面均有重要用途。

1. 源芯的制备

一般采用搪瓷法或 AmO_2 与石英粉、铝粉或石墨粉混合后进行压片的方法制备 ^{241}Am 源芯。^{241}Am 比活度只有 126.5 GBq/g，而且源芯中还有一定量载体物质，所以 ^{241}Am 源芯的单位面积活度值不可能太高。随着源芯中单位面积 ^{241}Am 量的增加，光子输出率并不呈直线增加。图 7.7 所示为 $^{241}AmO_2$ 与铝粉混合压片源 60 keV γ 辐射的光子输出率测量结果，光子输出率的饱和值对应的 ^{241}Am 饱和载量约为 44 GBq/cm²。陶瓷法制备的 ^{241}Am 源芯 γ 辐射的光子输出

率饱和值对应的 ^{241}Am 饱和载量约为 28 GBq/cm^2，NpKX 辐射的为 5 GBq/cm^2。

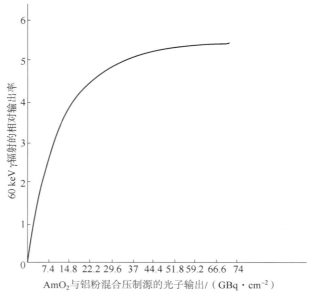

图 7.7　^{241}AmO$_2$ 与铝粉混合压片源 60 keV γ 辐射的光子输出率测量结果

源芯制备中 ^{241}Am 的加入量选在图 7.7 中曲线的初始段，对 ^{241}Am γ 放射源一般不超过 15 GBq/cm^2，对于高活度的 ^{241}Am 放射源须扩大活性区面积，以保证高的光子输出率。

2. 搪（陶）瓷法制 ^{241}Am 源芯

搪（陶）瓷法制 ^{241}Am 源芯的工艺流程为：①在源芯底托（陶瓷片或金属板）表面烧一层底釉，以保证掺有放射性物质的面釉能牢固结合在底托上。底托既是 ^{241}Am 同位素的支撑体，又可屏蔽背面透过的 γ 辐射。②向面釉料中加入 ^{241}AmO$_2$，按重量计算不超过 50%。面釉料的组成是碱金属化合物 13%、Al$_2$O$_3$ 2%、B$_2$O$_3$ 18%、SiO$_2$ 43%、Na$_2$SiF$_6$ 24%。③将面釉和 ^{241}AmO$_2$ 混合后制成悬浮液，滴加在已加底釉的钨合金托上，烘干后放入电炉内加热升温到 840 ℃煅烧。④煅烧后即可得到表面光滑的含 ^{241}Am 的搪瓷活性块。国产 ^{241}Am 放射源采用钨银合金做底托，钨合金底托要先清洗，然后进行退火处理，再搪一层工业搪瓷底釉。^{241}AmO$_2$ 掺在面釉料中再搪在已烧有底釉的钨合金源托上。

3. ^{241}AmO$_2$ 与石英粉、铝粉或石墨粉混合压片制源芯

石英粉（SiO$_2$）、铝粉、石墨粉是作为 ^{241}AmO$_2$ 的结合材料，这些材料的原

子序数低，对 γ 辐射吸收少。源芯的制备是把混合物装到源内壳中加压，上面再加一多孔的不锈钢块，防止源块活动，并给气体留出自由空间。内壳焊封后，再封在外壳中。源窗总厚度不超过 0.4 mm，对 59.5 keV γ 射线的吸收约为 50%。还可以将源块先压制好，再装到源壳中焊封起来。这种方法制备的源芯比活度达到 15 GBq/cm^2，因源芯紧贴在源窗表面，在外压大时，源窗不易破裂。与搪（陶）瓷源芯相比，混合压片法制备的 ^{241}Am 源芯的稳定性较差。

4. ^{241}Am 低能光子源的包壳和规格

^{241}Am 低能光子源有圆盘源、点源、线状源和环状源。源壳用蒙乃尔合金或不锈钢，源窗用 1 mm（或 0.5 mm）厚铍片或 0.2～0.4 mm 厚的不锈钢。

中国、英国和苏联是用搪瓷陶瓷法生产源芯，法国和美国是用粉末压片法生产源芯，制好的源芯封在铍窗或不锈钢窗的金属壳中（图 7.8～图 7.13）。用不同的源窗，放射源发射光子的能谱不同（图 7.14～图 7.15），表 7.6 为国产 ^{241}Am 低能光子源规格，表 7.7 为英国 Amersham 公司生产的部分 ^{241}Am 低能光子源规格。

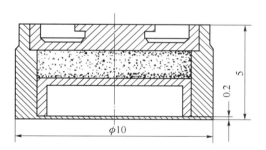

图 7.8 国产的不锈钢窗 ^{241}Am 低能光子源

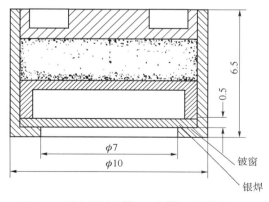

图 7.9 国产的铍窗 ^{241}Am 和 ^{238}Pu 低能光子源

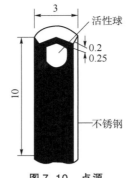

图 7.10 点源

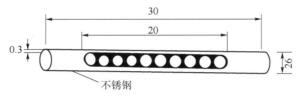

图 7.11 线源

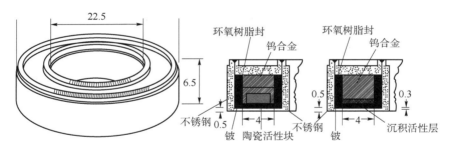

图 7.12 不锈钢窗环形低能光子源

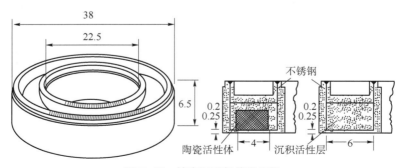

图 7.13 铍窗环形低能光子源

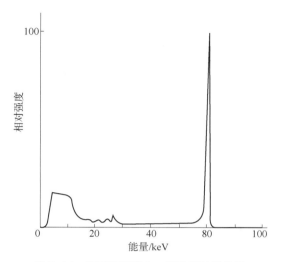

图 7.14　不锈钢窗 ^{241}Am 低能光子源能谱

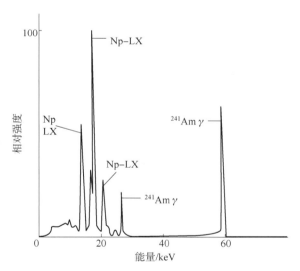

图 7.15　铍窗低能光子源能谱

表 7.6　国产 ^{241}Am 低能光子源规格

代码	活度/MBq	源窗类型	源窗厚度/mm	源窗尺寸/mm
AMP-101	185	不锈钢窗	0.2	$\Phi 10 \times 5$
AMP-102	370	不锈钢窗	0.2	$\Phi 10 \times 5$
AMP-103	740	不锈钢窗	0.2	$\Phi 10 \times 5$

续表

代码	活度/MBq	源窗类型	源窗厚度/mm	源窗尺寸/mm
AMP-104	1 110	不锈钢窗	0.2	$\Phi 10 \times 5$
AMP-201	185	铍窗	0.5	$\Phi 10 \times 6.5$
AMP-202	370	铍窗	0.5	$\Phi 10 \times 6.5$
AMP-203	740	铍窗	0.5	$\Phi 10 \times 6.5$
AMP-204	1 110	铍窗	0.5	$\Phi 10 \times 6.5$

表 7.7 英国 Amersham 公司生产的部分 ^{241}Am 低能光子源规格

种类	活度/GBq	源壳尺寸/mm		活性区尺寸/mm		比活度/(GBq·cm^{-2})	光子发射率/(s^{-1}·Sr^{-1})		
							1 mm Be 窗		0.2~0.25 mm 不锈钢窗
		直径	高	直径	面积		17.7 keV	59.5 keV	59.5 keV
圆盘源	0.003 7	0.8	0.5	0.42	0.14	0.026	4.3×10^4	1.1×10^5	8×10^4
	0.037	0.8	0.5	0.42	0.14	0.26	3.7×10^6	1.1×10^6	8×10^5
	0.37	0.8	0.5	0.42	0.14	2.6	1.9×10^6	8.6×10^6	8×10^6
	3.7	1.08	0.5	0.72	0.41	9	1×10^7	6.7×10^7	5.3×10^7
	11.1	1.5	0.6	1.2	1.13	9.8			1.5×10^8
	18.5	2.2	0.6	1.6	2.01	9.1			2.8×10^8
	111	3.6	0.5	3.1	7.55	14.6			1.2×10^9
	185	4.5	0.8	4.0	12.56	14.7			2×10^9
		环外径	环内径	活性区宽					
环状源	0.37	3.8	2.25	0.4					7×10^8
	3.7	3.8	2.25	0.4					6.5×10^7
	37	3.8	2.25	0.4					5×10^8
	1.11	3.8	2.25	0.4			9×10^4	2×10^7	
	3.7	3.8	2.255	0.4			3×10^7	6.5×10^7	
	18.5	3.8	2.25	0.4			6.7×10^7	2.8×10^8	

7.2.3 钚238（^{238}Pu）低能光子源

^{238}Pu 是仅次于 ^{241}Am 放射源应用范围的一种低能光子源。^{238}Pu α 衰变产生的 ^{234}U 发射 LX 射线，其平均能量为 16.4 keV。由于 X 辐射能量低，制源工艺

的选择尤其要考虑减少辐射的吸收。图 7.16 为低能光子源的光子发射率与单位面积活度的关系，铍窗厚 0.5 mm，^{238}Pu 的饱和载量为 8 GBq/cm^2（对 17.2 keV X 射线）。

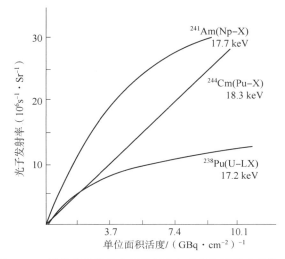

图 7.16　低能光子源的光子发射率与单位面积活度的关系

国产 ^{238}Pu 低能光子源的源芯是用陶瓷法制备的，底托是致密的瓷片，掺入 ^{238}PuO$_2$ 的釉料组分见表 7.8。

表 7.8　釉料的典型组成

成分	SiO$_2$	Al$_2$O$_3$	CaO	Fe$_2$O$_3$	MgO	K$_2$O	Na$_2$O	Li$_2$O
配方 I	74.0	5.1	3.5	0.1	10.0	3.2	1.0	3.1
配方 II	72.0	3.1	4.5	0.1	15	2.5	0.5	2.3

由于配方中 SiO$_2$ 含量高，它们的熔点都比较高，配方 I 为 1 250 ℃，配方 II 为 1 170 ℃。两配方的使用效果相似。^{238}PuO$_2$ 加入量可接近釉粉量。源芯的制备是把釉料与 ^{238}PuO$_2$ 混合制成的悬浮液滴加到瓷片上，烘干后，加热到 1 350 ℃，保温 10~15 min；冷却后，瓷片表面形成一薄的和基体结合牢固的深绿色釉层，釉层厚度从几 μm 到十几 μm。

制好的源芯氩弧焊焊封在已预先银焊有铍窗的蒙乃尔合金壳中，背衬用钨合金。铍窗选用 0.5 mm 厚的铍片。这种厚度的铍对 ^{238}Pu 低能光子源的 X 辐射影响不大，从激发 Cu 的 KX 射线看只减少约 3%（表 7.9）。

表 7.9 不同厚度铍片对 ^{238}Pu 低能光子源 X 辐射发射率的影响

铍窗厚度/mm	0	0.2	0.26	0.5	1.0
激发 Cu - KX 计数率/cpm	55 110	54 633	54 101	53 265	52 830
窗的影响/%	0	-1.60	-1.83	-2.93	-3.72

国产 ^{238}Pu 低能光子源的结构如图 7.9 所示,活性区直径为 7 mm,最大活度为 1.11 GBq (表 7.10)。高活度 ^{238}Pu 低能光子源,活性区直径增大到 10.6 mm, ^{238}Pu 活度可增加到 3.7 GBq,其光子发射率呈比例增加(表 7.11)。

表 7.10 国产 ^{238}Pu 低能光子源的规格

代码	活度/MBq	活性区直径/mm	铍窗厚度/mm	源壳尺寸/mm
PUP - 101	185	7	0.5	$\Phi 10 \times 6.5$
PUP - 102	370	7	0.5	$\Phi 10 \times 6.5$
PUP - 103	555	7	0.5	$\Phi 10 \times 6.5$
PUP - 104	740	7	0.5	$\Phi 10 \times 6.5$
PUP - 105	1 110	7	0.5	$\Phi 10 \times 6.5$

表 7.11 ^{238}Pu 低能光子源的光子发射率

活度/GBq	活性区直径/mm	源直径/mm	铍窗厚度/mm	17.2 keV 光子发射率/$(s^{-1} \cdot Sr^{-1})$
0.037	4.2	8	0.95~1.05	1.4×10^6
0.37	7.2	10.8	0.95~1.05	1.3×10^6
3.7	10.6	15	0.95~1.05	9×10^6

把环形 ^{238}Pu 陶瓷源芯氩弧焊焊封在图 7.13 所示铍窗环形源壳中,制成环形 ^{238}Pu 低能光子源。图 7.17 为 ^{238}Pu 低能光子源 L1 - LX 辐射能谱。

7.2.4 锔244 (^{244}Cm) 低能光子源

^{244}Cm α 衰变半衰期为 18.11 a, ^{244}Cm 低能光子源发射 Pu - LX 辐射 (12.1~21.4 keV)。

^{244}Cm 低能光子源的制备方法类似 ^{241}Am 源和 ^{238}Pu 源,多用陶(搪)瓷法。制好的源芯封在带有铍窗的蒙乃尔合金壳中(图 7.9),图 7.18 为 ^{244}Cm 低能光子源能谱。表 7.12 为 ^{244}Cm 低能光子源规格。

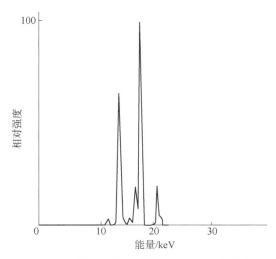

图 7.17 ^{238}Pu 低能光子源 L1 – LX 辐射能谱

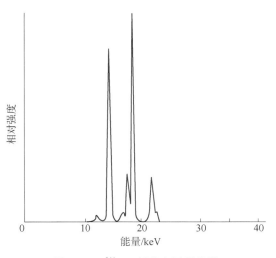

图 7.18 ^{244}Cm 低能光子源能谱

表 7.12 ^{244}Cm 低能光子源规格

活度 /GBq	活性区直径 /mm	活性区直径 /mm	铍窗厚度 /mm	18.3 keV 光子发射率/ ($s^{-1} \cdot Sr^{-1}$)
0.37	4.2	8	0.95 ~ 1.05	1×10^6
3.7	4.2	8	0.95 ~ 1.05	7.3×10^8
3.7	7.2	10.8	0.95 ~ 1.05	1×10^7
7.4	7.2	10.8	0.95 ~ 1.05	2×10^7

7.2.5　铁55（^{55}Fe）低能光子源

^{55}Fe 可以用反应堆辐照 ^{54}Fe 靶而获得。^{55}Fe 电子俘获衰变，伴随发射 Mn-KX 辐射，其能量为 5.90 keV 和 6.49 keV。这种低能 X 射线在铁中的半减弱厚度值只有 10 μm 左右。因此制备这种源需用高比活度的 ^{55}Fe 原料，一般是 1~1.5 TBq/g，用电镀法生产，只能加很薄的保护膜。

国产 ^{55}Fe 低能光子源用电镀法生产，电镀条件是：以饱和草酸铵做电解液，控制 pH 在 7 左右，或者用柠檬酸铵做电解液，控制 pH 在 10 左右，紫铜托片做阴极，铂金丝做阳极，电流密度为 6 mA/cm^2。表 7.13 为国产 ^{55}Fe 低能光子源的规格。

表 7.13　国产 ^{55}Fe 低能光子源的规格

代码	活度/MBq	活性区直径/mm	活性层托片/mm	托片厚度/mm
FEP-101	31	10	12.5	2
FEP-102	185	10	12.5	2
FEP-103	370	10	12.5	2
FEP-104	740	10	12.5	2

^{55}Fe 低能光子源除圆盘形外还有长条形、环形和裸源，一般是在活性面上加镀镍膜（~2 μm），或者把 ^{55}Fe 镀片放入带有铍窗的蒙乃尔合金壳中。环形源是把 ^{55}Fe 镀片加上钨合金背衬并封在不锈钢壳中，铍窗厚度为 0.23~0.27 mm。

^{55}Fe 源面保护层对光子发射率的影响如下：对于 37 MBq 的 ^{55}Fe 低能光子源，不加保护层时，Mn-KX 射线峰值光子发射率为 7.5×10^5 s^{-1}·Sr^{-1}；源面加 2 μm 镍层，发射率降为 6.4×10^5 s^{-1}·Sr^{-1}；而 ^{55}Fe 镀片封在 0.23~0.27 mm 厚铍窗的源壳中，则光子发射率减少 20%，见表 7.14。图 7.19 为 ^{55}Fe 低能光子源能谱图。

表 7.14　^{55}Fe 低能光子源

种类	活度/MBq	活性区尺寸化/cm	光子发射率/(s^{-1}·Sr^{-1})
圆盘裸源	3.7	1.25	1.5×10^5
	37	1.25	7.5×10^5
	370	1.25	7.5×10^6
	740	1.25	1.5×10^7
	1 850	1.25	3.1×10^7

续表

种类	活度/MBq	活性区尺寸化/cm	光子发射率/(s^{-1}·Sr^{-1})
2 μm 镍膜圆盘源	3.7	1.25	1.3×10^5
	37	1.25	6.4×10^6
	370	1.25	6.4×10^6
	740	1.25	1.3×10^7
	1 850	1.25	2.7×10^7
0.23~0.27 mm 铍窗源	3.7	1.2	1.2×10^5
	37	1.2	6×10^5
	370	1.2	6×10^6
	740	1.2	1.2×10^7
	1 850	1.2	2.5×10^7
	3 700	1.2	3.8×10^7
2 μm 镍膜条形源铍窗环形源	370	长2.5，宽0.3	6.4×10^4
	740	2.5　　0.3	1.3×10^7
铍窗环形源	37	活性环宽0.4	6×10^5
	740	0.4	1.2×10^7

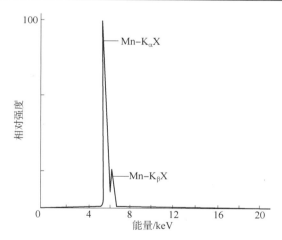

图 7.19　^{55}Fe 低能光子源能谱图

7.2.6　钴 57（^{57}Co）低能光子源

^{57}Co 可用加速器辐照铁靶或镍靶生产。辐照靶物经化学分离后，主要放射性杂质同位素是 ^{56}Co、^{58}Co 和 ^{60}Co，^{57}Co 电子俘获衰变伴随发射 14.4 keV、122.1 keV

和 136.5 keV γ 辐射。^{57}Co 放射源属于低能光子源中能量较高的一种。

钴容易电沉积在金属基体上，所以都用电镀法制备 ^{57}Co 低能 γ 源。典型电镀液组分是柠檬酸铵（2.5 g/100 mL）、水合联胺（2.5 mL/100 mL）、少许氯化钠、所需量 ^{57}Co，控制 pH = 11 ~ 12，电流密度为 50 mA/cm^2。

电镀制备的 ^{57}Co 金属托片加钨合金背衬后，氢弧焊封在不锈钢壳中，源窗为 0.2 ~ 0.25 mm 不锈钢。^{57}Co 低能光子源有圆盘形和环形两种，图 7.20 是不锈钢窗的 ^{57}Co 低能光子源 γ 能谱。表 7.15 为 ^{57}Co 低能光子源光子发射率。

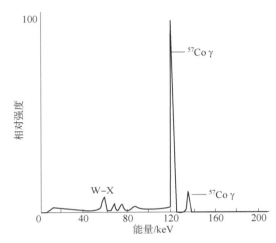

图 7.20　^{57}Co 低能光子源 γ 能谱

表 7.15　^{57}Co 低能光子源光子发射率

圆盘形源活度/MBq	37	111	370
122.1 keV 和 136.5 keV 光子发射率/(s^{-1}·Sr^{-1})	2.8×10^6	8.4×10^6	2.8×10^7
环形源活度/MBq	37	111	370
122.1 keV 和 136.5 keV 光子发射率/(s^{-1}·Sr^{-1})	2.8×10^6	8.4×10^6	2.8×10^7

7.2.7　镉 109（^{109}Cd）低能光子源

^{109}Cd 可发射三组低能光子（Ag - KX 辐射、Ag - LX 辐射和 88 keV γ 辐射），目前有三种途径获得 ^{109}Cd，最好的方法是用加速器辐照 ^{109}Ag 靶，核反应是 ^{109}Ag(d,2n)^{109}Cd、^{109}Ag(p,n)^{109}Cd；另一种途径是在反应堆中辐照 ^{108}Cd 和 ^{107}Ag 靶，即

$$^{107}Ag \xrightarrow{(n,\gamma)} {}^{108}Ag \xrightarrow[2.41\ min]{\beta^-} {}^{108}Cd \xrightarrow{(n,\gamma)} {}^{109}Cd$$

通过这一途径生产^{109}Cd 的主要困难是从大量^{110}Ag^m 中提取^{109}Cd，分离工作必须在有很好防护条件的工作箱内进行；要用富集的^{107}Ag 靶并在高中子通量密度下辐照才能获得有实用意义的^{109}Cd。

^{109}Cd 源的制备方法比较简单，可用离子交换树脂吸附^{109}Cd，或者把^{109}Cd 电镀在银托片（圆片或环形片）上，再封在有镀窗的不锈钢壳中，圆盘源的结构如图 7.9 所示，环形源如图 7.13 所示。点源是把吸附有^{109}Cd 的树脂封在 0.1 mm 厚铝窗源壳中。

不锈钢窗^{109}Cd 低能光子源主要输出 88 keV γ 辐射（图 7.21）。铍窗（1 mm）厚^{109}Cd 源则可发射 Ag – KX 辐射（图 7.22）。表 7.16 为^{109}Cd 低能光子源规格。

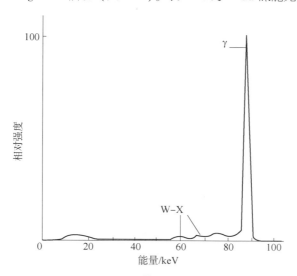

图 7.21　不锈钢窗^{109}Cd 低能光子源能谱

表 7.16　^{109}Cd 低能光子源规格

种类	活性区尺寸 /mm	源窗	活度 /MBq	Ag – KX 辐射发射率 /(s^{-1}·Sr^{-1})
圆盘源	Φ4.2	0.95 ~ 1.05 mm 铍	37	2.5 × 10^5
		0.95 ~ 1.05 mm 铍	111	7.5 × 10^6
		0.95 ~ 1.05 mm 铍	370	2.5 × 10^7
点源	球直径 2	0.1 mm 铝	37	2.5 × 10^6
		0.1 mm 铝	111	7.5 × 10^6
		0.1 mm 铝	185	1.25 × 10^7
环形源	宽 4	0.95 ~ 1.05 mm 铍	111	7.5 × 10^6
		0.95 ~ 1.05 mm 铍	185	1.25 × 10^7
		0.95 ~ 1.05 mm 铍	370	2.5 × 10^7

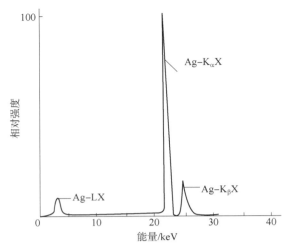

图 7.22 铍窗 ^{109}Cd 低能光子源能谱

7.2.8 钆 153（^{153}Gd）低能光子源

^{153}Gd 可用加速器和反应堆辐照铕靶而获得，核反应是 ^{153}Eu(d,2n)^{153}Gd 和 ^{151}Eu $\xrightarrow{(n,\gamma)}$ ^{152}Eu $\xrightarrow{\beta}$ ^{152}Gd $\xrightarrow{(n,\gamma)}$ ^{153}Gd。由于 Eu 的中子俘获截面高，可以把铕靶做成反应堆的控制棒，这样既可生产大量有用的 ^{153}Gd，又不影响反应堆正常的辐照工作。辐照后的铕靶中生成的 ^{153}Gd 与 ^{152}Eu 和 ^{154}Eu 的活度约为 1∶60，从铕靶中提取 ^{153}Gd 一般分两步进行，先用锌或汞阴极电解还原 Eu，然后用高压离子交换法纯化 ^{153}Gd。

^{153}Gd 电子俘获衰变主要发射 97.4、103.2 keV γ 辐射和 40.9 ~ 48.4 keV Eu – KX 辐射。用 ^{153}Gd 可做成多种用途的双束低能光子源。

^{153}Gd 放射源用陶瓷法制备，用钨合金做背衬，氩弧焊焊封在不锈钢壳中，源窗为 0.2 ~ 0.25 nm 不锈钢。

简单的制源方法是把富集的 ^{152}Gd 与铝粉混合压块灼烧后，送反应堆辐照，然后组装成源。也可把 ^{153}Gd(NO$_3$)$_3$ 沉淀封在不锈钢壳中做成源。

骨密度分析用的小体积（Φ2 mm × 3 mm）高活度（37 GBq）^{153}Gd 双束光子源，则要用 ^{153}Gd$_2$O$_3$ 粉末压片（厚度为 2 mm）封在源窗为 1 mm 厚的铝包壳或钛包壳中，图 7.23 为 ^{153}Gd 低能光子源能谱。^{153}Gd 低能光子源规格见表 7.17。

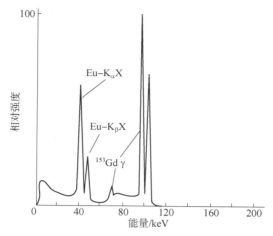

图 7.23 ^{153}Gd 低能光子源能谱

表 7.17 ^{153}Gd 低能光子源规格

活度 /GBq	活性区直径 /mm	源壳直径 /mm	不锈钢源窗厚 /mm	97.4 keV 和 103.2 keV 光子发射率/($s^{-1} \cdot Sr^{-1}$)
3.7	12	15	0.2 ~ 0.25	1.4×10^8
11.1	12	15	0.2 ~ 0.25	4.2×10^8
18.5	12	15	0.2 ~ 0.25	7×10^8

7.2.9 铥170（^{170}Tm）和硒75（^{75}Se）低能光子源

这两种源的生产比较简单，高纯靶物在反应堆中辐照后，不须经化学加工，封在源壳中就制成源。制备 ^{170}Tm 可用铥金属做靶，也可用铥氧化物做靶，将氧化物与铝粉混合压制成型，灼烧成金属陶瓷靶再辐照；对于 ^{75}Se，用硒氧化物做靶，靶物的规格尺寸就是将来活性块的规格尺寸，源壳采用铝或不锈钢。

^{170}Tm 和 ^{75}Se 发射的光子能量较高。对于 1 mm × 1 mm 的 ^{170}Tm 活性块，活度可达 74 ~ 185 GBq，37 GBq 放射源的光子发射率（84.3 keV 和 52.0 keV）为 ~ 10^8 $s^{-1} \cdot Sr^{-1}$。

国产 ^{170}Tm 低能光子源是把金属铥柱封在铝包壳中经反应堆辐照而成，其规格见表 7.18。

图 7.24 为 ^{170}Tm 低能光子源能谱。^{170}Tm 低能光子源主要发射 84.3 keV γ 辐射、Yb Kx 辐射和能量高达 970 keV 的韧致辐射；而 ^{75}Se 低能光子源发射 10.5 ~ 11.9 keV As - KX 辐射和 136 keV（56%）、264.7 keV（58.5%）等多

种能量的 γ 辐射（图 7.25）。

表 7.18　国产 ^{170}Tm 低能光子源

代码	源活度/GBq	铥柱尺寸/mm	铝壳尺寸/mm
TMG - 101	37	$\varPhi 2 \times 2$	$\varPhi 4.5 \times 5$
TMG - 102	185	$\varPhi 2 \times 2$	$\varPhi 4.5 \times 5$
TMG - 103	370	$\varPhi 2 \times 2$	$\varPhi 4.5 \times 5$
TMG - 104	740	$\varPhi 2 \times 2$	$\varPhi 4.5 \times 5$
TMG - 201	1 110	$\varPhi 3 \times 3$	$\varPhi 6 \times 6$
TMG - 202	1 480	$\varPhi 3 \times 3$	$\varPhi 6 \times 6$
TMG - 203	1 850	$\varPhi 3 \times 3$	$\varPhi 6 \times 6$

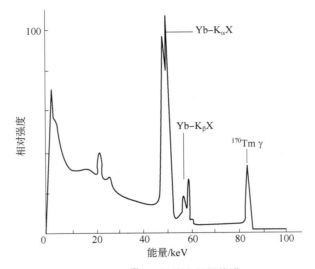

图 7.24　^{170}Tm 低能光子源能谱

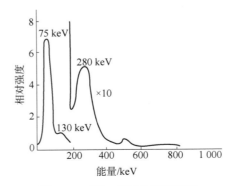

图 7.25　^{75}Se 低能光子源能谱

7.2.10 碘 125 (^{125}I) 低能光子源

^{125}I 是经反应堆辐照 ^{124}Xe 生成的。^{125}I 电子俘获衰变伴随发射 35.5 keV (6.7%) 的 γ 辐射和 27.4~31.1 keV (14.1%) 的 Te-KX 辐射。^{125}I 比活度高,可制成高活度的低能光子源。用 ^{125}I 制低能光子源的不足之处是半衰期短 (60 d) 和有半衰期为 13 d 发射能量较高的 γ 辐射 (386、667 keV) 的 ^{126}I 杂质,在存放一段时间后,^{126}I 在 ^{125}I 中的相对含量可小于 0.2%,这时用于制备 ^{125}I 低能光子源就比较好。

多数碘化物是不稳定的,适合制备 ^{125}I 放射源的方法有:①^{125}I 溶液中加入银盐,得 AgI 沉淀物,经过滤、烘干后,压制成活性块封在源壳内;②将 ^{125}I 吸附在离子交换树脂上,再封在源壳内;③^{125}I 吸附在尼龙膜上,再封在源壳内;④用电镀法将 ^{125}I 沉积在作为源托的 Ag 或 Cu 阳极上,而后形成 AgI 和 CuI 稳定化合物;⑤以亚硫酸氢钠为电镀液,在偏碱性的溶液中电镀。从图 7.26 可见,用铜做托片比用银好,因为生成的 Cu^{125}I 比 Ag^{125}I 的自吸收少。

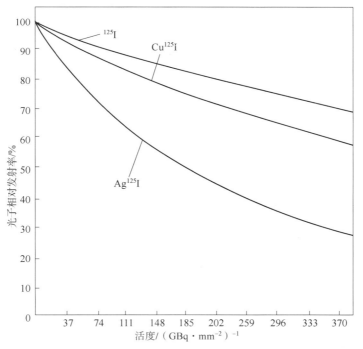

图 7.26 ^{125}I、Cu^{126}I、Ag^{125}I 放射源的光子相对发射率与单位面积活度的关系

碘易于吸附在活性炭上,因此用活性炭固定 ^{125}I 制备放射源是可取的。放

射性碘可以从有机溶剂,如四氯化碳、苯、氯仿、乙醚中吸附到活性炭上。为此要把 ^{125}I 转移到有机溶剂中去,其操作步骤如下:用 Fe^{+3} 氧化碘化物,并用有机溶剂萃取,萃取过程进行 24 h,有 90% 以上的碘转到有机相中,

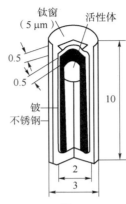

图 7.27　^{125}I 点源结构

用这种方法制备的 ^{125}I 点源的活度从 0.000 37 GBq 到 74 GBq。法国介绍了 ^{125}I 从水溶液直接吸附在活性炭上的制源方法,在 8 mL 0.5 M 硝酸溶液中,加入 8 mg $FeNH_4(SO_4)_2 \cdot 12H_2O$ 氧化剂,在 24 h 内 3 mg 活性炭粒上吸附 7.5 GBq ^{125}I,相当于 ^{125}I 起始溶液中放射性活度的 70%。

制好的 ^{125}I 源芯可用氩弧焊密封在 0.1 mm 厚的不锈钢源窗壳中,也可以封在 0.25 mm 厚铍窗源壳中,图 7.27 显示的源壳结构较特殊,吸附有 ^{125}I 的离子交换树脂球装到 0.5 mm 厚的铍套中,再封在有 5 μm 厚钛窗的不锈钢壳中。表 7.19 列出不同活度 ^{125}I 点源的发射率。^{125}I 低能光子源能谱如图 7.28 所示。

表 7.19　^{125}I 点源

活度/GBq	0.037	0.37	0.925	1.85	3.7	5.55	7.4
Te-KX 辐射发射率 /(s^{-1}·Sr^{-1})	4×10^6	4×10^7	1×10^8	2×10^8	4×10^8	6×10^8	8×10^8

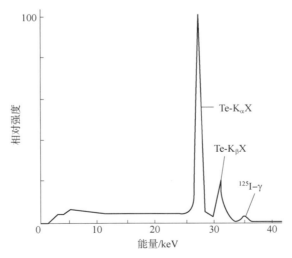

图 7.28　^{125}I 低能光子源能谱

7.2.11 镅241 – 碘125（^{241}Am – ^{125}I）组合源

在临床诊断和生物研究中，常需用在生物体各组织吸收系数差别大的两种能量的低能光子，以获得清晰的图像。为此将两种能量的低能光子源组合成一个组合源，如 ^{241}Am（$E_\gamma = 59.5$ keV）和 ^{125}I（$E_{ph} = 27 \sim 35$ keV）。由于 ^{125}I 半衰期短，源的结构要满足容易更换 ^{125}I 源的要求（图7.29）。根据所测骨骼的粗细和密度的不同，可分别选用 ^{241}Am 点源和 ^{125}I 点源。^{241}Am 点源的活度为 1.67 GBq，59.5 keV 光子发射率为 1.4×10^7 $s^{-1} \cdot Sr^{-1}$，活性区直径为 3 mm，源窗为厚 $0.2 \sim 0.25$ mm 的不锈钢。^{125}I 点源的结构同图7.27，源活度从 0.925 GBq 到 7.4 GBq。

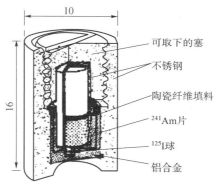

图7.29　^{241}Am – ^{125}I 组合源

7.2.12 其他初级低能光子源

除前面介绍的低能光子源外，还有用 ^{123}Te^m、^{88}Y、^{137}Cs、^{152}Eu、^{203}Hg 等同位素制备的低能光子源。这些同位素除发射低能光子外还有较高能量的 γ 辐射。这些源主要用于探测器在某些能区的能量、计数率测量检查和能量分辨检查。它们的基本性质列于表7.20，能谱绘在图7.30 ~ 图7.34。

表7.20　某些初级低能光子源

同位素	半衰期	低能光子		放射源活度 /kBq	光子发射率 /($s^{-1} \cdot Sr^{-1}$)	其他辐射	
		能量/keV	强度/%			keV	%
^{88}Y	106.6 d	Sr 14.10（K_α）	17.6	37	1.8×10^4	898	94.0
		14.17	34.0			1 836	99.4
		15.86（K_β）	9.3			2 734	0.6

续表

同位素	半衰期	低能光子		放射源活度 /kBq	光子发射率 /(s^{-1}·Sr^{-1})	其他辐射	
		能量/keV	强度/%			keV	%
^{123}Te^m	119.7 d	Te 27.4(K_α)	~50	370	1.4×10^4	159	83.5
		31.1(K_β)					
^{137}Cs	30.17 a	Ba 32.1(K_α)	5.67	37	2.3×10^3	662	85.1
		36.5(K_β)	1.34				
^{152}Eu	13.6 a	Gd 39.5(K_α)	20.2	370	1.7×10^4	122~1 408	150
		40.1	36.7				
		45.2(K_β)	14.2				
^{203}Hg	46.7 d	Te 70.8(K_α)	3.8	74	7.4×10^3	279	81.5
		72.9	1.4				
		83.0(K_β)	2.8				

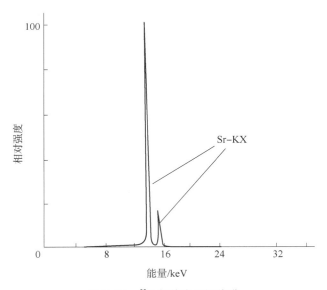

图7.30　^{88}Y 低能光子源能谱

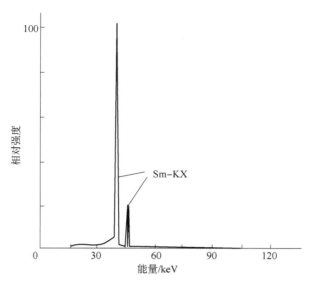

图 7.31　^{152}Eu 低能光子源能谱

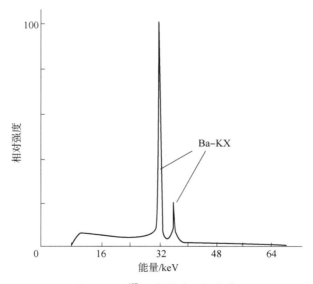

图 7.32　^{137}Cs 低能光子源能谱

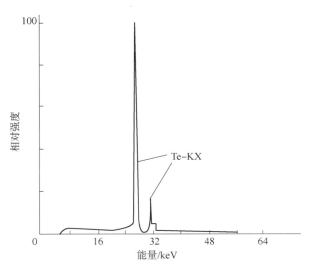

图 7.33 $^{123}Te^m$ 低能光子能谱

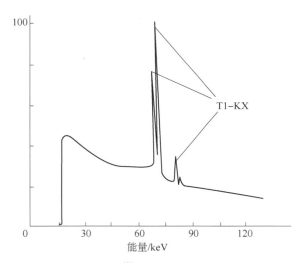

图 7.34 ^{203}Hg 低能光子源能谱

(唐显、张海旭)

7.3 次级低能光子源的制备

7.3.1 次级辐射的产生

尽管可供制备低能光子源的同位素有很多，但是在某些能区没有合适的同位素。研究人员发现，当放射性同位素发射 γ 光子和 α、β 粒子与选定的靶物作用时，可获得某能区要求的 X 射线，这就可以利用有限的放射性同位素，得到多种能量的低能光子源。

当高速带电粒子或光子轰击原子时，使内层轨道（主要是 K、L 壳层）上的电子激发到能量较高的外层轨道，甚至使它跳离该原子，同时，外层电子立即跃迁到能级较低的内层轨道填补空位，并发射量子化能量（$h\nu$）的 X 辐射，受激原子恢复到基态。图 7.35 为原子能级图和主要 K 系、L 系特征 X 辐射。图中用 n、l、j 3 个量子数来描述不同的能级。$n=1，2，3\cdots$ 分别代表 K、L、M$\cdots$壳层，用 $l=0，1，2\cdots(n-1)$ 和 $j=|l\pm 1/2|$ 的不同组合区分不同的支壳层。习惯上还称 $l=0，1，2，3\cdots$电子为 s 电子、p 电子、d 电子、f 电子……

从图 7.35 可见，当 K 层电子被击出后，所有外层电子都有可能跃迁到 K 层空位同时辐射 K 系特征 X 辐射，其中由 L 层跃迁到 K 层而发射的 X 辐射称为 K_α 辐射，由 M 层跃迁到 K 层而发射的 X 辐射称为 K_β 辐射。如系较外层电子跃迁到 L 层，发射 L 系特征辐射由较外层电子跃迁到 M 层，发射 M 系特征辐射等。K 系 X 辐射的能量可表示为

$$E(K_\alpha) = E_L - E_K$$

$$E(K_{\beta 1}) = E_M - E_K$$

$$E(K_{\beta 2}) = E_N - E_K$$

对于每一种元素的原子，其各电子层能级是一定的，发射的 K_α、$K_{\beta 1}$、$K_{\beta 2}$、L_α、$L_\beta\cdots$X 辐射能量也是一定的，所以称作特征辐射。受击原子不是同时等量地发射 K_α、K_β、$L_\alpha\cdots$光子，而是以其中一组为主，这与入射粒子的种类及能量有关。距离原子核越近的电子壳层的电子，越需高能粒子来激发。一种元素的原子各电子壳层的电子激发所需的最低能量称作该元素原子的吸收限能量。只有在入射粒子转移给电子的能量大于吸收限能量时，才能使电子脱离原来的轨道。如果入射粒子的能量不足以使 K 层电子脱离轨道，也许可使 L 层

或 M 层电子脱离轨道。高原子序数元素的原子需要高能量的入射粒子才能使电子脱离轨道。

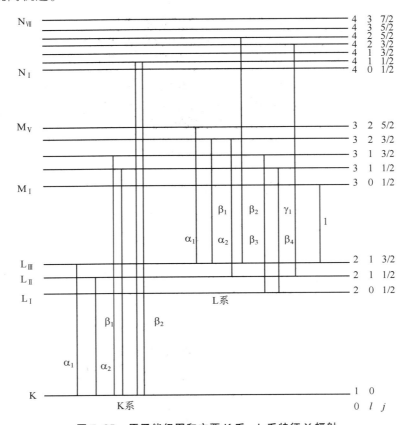

图 7.35 原子能级图和主要 K 系、L 系特征 X 辐射

从图 7.35 可见,每个谱系有若干条特征 X 辐射谱线。它们同时出现但每条谱线的强度不同。以 K 系特征 X 射线为例,主要谱线有 $K_{\alpha,1}$、$K_{\alpha,2}$、$K_{\beta',1}$、$K_{\beta'',1}$、$K_{\beta',2}$、$K_{\beta'',2}$ 6 条,其中 $K_{\beta',1}$ 和 $K_{\beta'',1}$ 的能量相差很小,通常合称为 $K_{\beta,1}$。同样原因 $K_{\beta',2}$ 和 $K_{\beta'',2}$ 合称为 $K_{\beta,2}$。粗略估计时,可以认为其强度比如下:

$$K_{\alpha,1}:K_{\alpha,2}:K_{\beta,1}:K_{\beta,2} = 100:50:(20\sim35):(2\sim15)$$

L 系特征 X 射线以 $L_{\alpha,1}$、$L_{\alpha,2}$、$L_{\beta,1}$、$L_{\beta,2}$、L_{γ} 5 条谱线较强。它们的强度比约为

$$L_{\alpha,1}:L_{\alpha,2}:L_{\beta,1}:L_{\beta,2}:L_{\gamma} = 100:10:50:20:(1\sim10)$$

由于谱系中各谱线之间的能量差别不是很大,需要高分辨率的探测器才能辨别。

当原子的内壳层出现空位时，原子的壳层电子立即重新配位，在此过程中发射特征 X 辐射；也可能发射俄歇电子，即把过剩的能量传给同壳层的一个电子，使其成为自由电子。这样，产生 X 辐射荧光的概率就不是百分之百。我们用荧光产额来描述这种概率 K 系荧光产额 ω_K，就是当 K 壳层出现一个电子空位时，产生 X 辐射荧光的概率。从图 7.36 可以看到低原子序数元素的 ω_K 值接近零；高原子序数元素的 ω_K 接近 1，即接近百分之百。

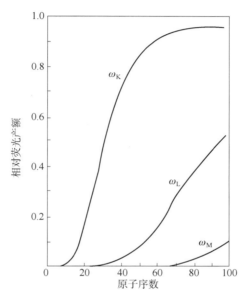

图 7.36　荧光产额和原子序数的关系

特征 X 辐射的能量只与被轰击的靶原子有关，而与入射粒子的能量无关。靶原子序数高，所发射的特征 X 辐射能量就高。入射粒子的能量决定了是否能激发 X 辐射和 X 辐射的产额。

带电粒子和电磁辐射都可激发原子并发射特征 X 辐射。经实验证明，它们作用于原子产生特征辐射的效果却不相同。

从图 7.37 可见，低能光子激发产生次级光子的荧光产额比 α 粒子和 β 粒子激发的都高。当所用的光子能量略高于靶原子的吸收限能量时，光子荧光产额最高，而后随着能量的增加，荧光产额急剧下降。用带电粒子激发产生次级 X 射线的荧光产额，则随粒子能量的增加，光子产额急剧上升。用同一元素的靶，若获得同样产额的光子，用质子激发要比用电子激发粒子能量高两个数量级，而用 α 粒子激发则需比质子高 4 倍的能量。

光子激发的次级光子谱纯度（谱纯度是指特征辐射与全部光子辐射之比

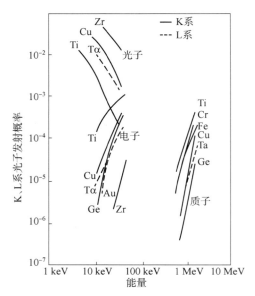

图 7.37　一个光子或其他粒子作用于靶原子产生特征 X 辐射的概率与能量的关系

值）比 β 粒子激发的次级光子谱高。β 粒子激发除产生特征辐射外还有较强的轫致辐射，在特定的情况下征待辐射与轫致辐射相等。用 α 粒子激发产生次级光子，产额低，轫致辐射也低。

下面将分别叙述光子（γ 或 X 光子）γ 粒子和 α 粒子激发产生次级光子的低能光子源的制备及其基本特性。

7.3.2　光子激发低能光子源

用初级低能光子源发射的 γ 和 X 辐射激发靶元素发射特征 X 辐射，这是获得次级光子的主要方式。

选用的初级光子源的光子能量必须大于靶元素的吸收限能量，才能激发元素发射待征辐射。但是过高能量是不必要的，这将增加防护要求。前述的初级低能光子源原则上都可用于制备次级光子源，其中以由 ^{55}Fe、^{241}Am 和 ^{109}Cd 同位素制备的低能光子源用得最多。其能区分别为较低、中等和较高三种，可分别有效地激发轻元素、中等元素和较重元素靶，发射低能、中能和较高能量三种次级低能光子。

低能光子和物质的作用主要是光电吸收，光电吸收占全部光子衰减的份额越大，辐射产额就越高。入射光子束流越强，产生的次级光子束流也越强。

初级光子源和靶物组合形式很多，这里介绍两种典型的结构：点源－圆锥面靶和环形源靶组合。

1. 点源-锥面靶组合源

图 7.38 是一种典型的组合形式。理论计算和实验都证明这种结构比较好，次级光子产额高、能谱纯度好。

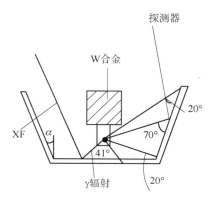

图 7.38　点源-圆锥面靶组合源

如果光电吸收产生的是 KX 辐射，以 N_γ 代表初始入射光子数；N_K 代表次级光子数，激发的次级光子产额 Y 等于

$$Y = \frac{N_K}{N_\gamma} \tag{7.1}$$

如果是多组能量的 γ 辐射，则激发的次级光子亦是多组的。以 f_i 代表能量为 E 的光子强度占总光子强度的百分数，则

$$Y = \sum_{i=1}^{n} f_i \frac{N_{K,i}}{N_{\gamma,i}} \tag{7.2}$$

常以 Cu、Mo、Sn、I、W、Pt 和 Pb 材料做圆锥面靶。对于这些组合的计算结果绘于图 7.39。从图 7.39 可见，对于大多数靶元素，当入射光子能量接近靶元素的 K 吸收限能量时，激发的次级 X 辐射的产额接近 30%。但是实际上不总是能找到这种能量合适的光子，下面介绍几个实例。

用 ^{170}Tm γ 放射源激发一组不同原子序数的圆锥面靶物，靶物厚度等于 ^{170}Tm γ 辐射在此靶物中的半厚度，次级低能光子的实测结果绘在图 7.40 中，此结果与理论计算的图 7.39 相近。

利用反射式源靶组合的次级光子源，输出的光子主要是靶元素的特征辐射和少量康普顿散射光子，一般康普顿散射光子的贡献不大。用薄靶可减少康普顿散射，当然次级辐射的总产额也相应降低。由实验测得 ^{158}Gd γ 放射源和某些圆锥面靶物次级光子能谱，证明薄靶的光子能谱纯度比厚靶好（图 7.41）。

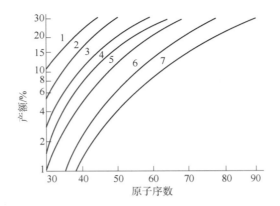

图 7.39 不同能量的光子源和圆锥面靶作用激发的特征辐射与原子序数的关系

1—20 keV；2—30 keV；3—40 keV；4—50 keV；
5—60 keV；6—60 keV；7—100 keV

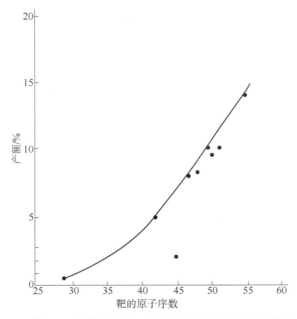

图 7.40 ^{170}Tm γ 辐射激发的 X 辐射产额与靶材料原子序数的关系

图 7.42 为由 ^{109}Cd 点源和圆锥面铜靶组合的次级光子能谱。从谱图中可见到 Cu 的 K_α。特征辐射峰（~8 keV），其强度占辐射的 90% 以上，^{109}Cd γ 辐射的散射部分很少。

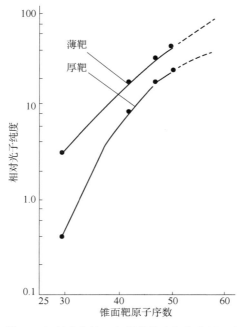

图 7.41 ^{163}Gdγ 辐射激发的 X 辐射的纯度与靶物原子序数的关系

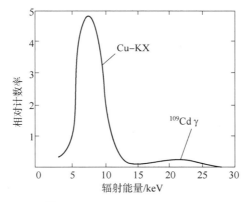

图 7.42 由 ^{103}Cd 点源与圆锥面铜靶组合的次级光子能谱

2. 环形源靶组合源

图 7.43 是一种适用于半导体探测器的双环形源靶组合结构。其源的形状如图 7.44 所示。^{241}Am 环形初级光子源是不锈钢窗的陶瓷源。环形靶的尺寸略大于放射源以保证有较高的次级光子产额。

放射源制备及应用技术

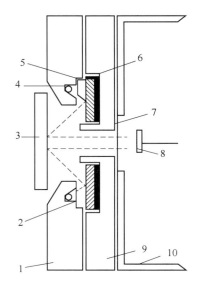

图 7.43 用于半导体探测器的源靶结合

1—源托架；2—过滤片；3—样品；4—放射源；5—靶；6—铝框架；7—铍窗；
8—半导体探测器；9—屏蔽；10—探测器框架

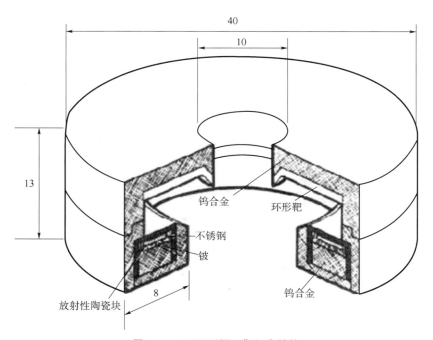

图 7.44 双环形源–靶组合结构

图 7.45 所示的是一种由环形初级光子源与圆锥面或圆片形靶组成的次级光子源,这种组合的次级光子源的光子产额要比双环形高。表 7.21 为环形源 – 靶组合源的光子发射率。

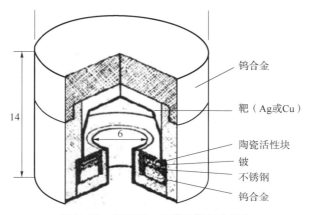

图 7.45　环形源 – 圆锥面靶组合结构

表 7.21　环形源 – 靶组合源的光子发射率

靶物	初级源	活度/GBq	光子发射率/($s^{-1} \cdot Sr^{-1}$)
Ag	^{241}Am	3.7	2×10^4 Ag – KX
	^{241}Am	18.5	5×10^4 Ag – KX
Cu	^{241}Am	3.7	8×10^3 Cu – KX
	^{241}Am	18.5	2×10^4 Cu – KX

图 7.46 和图 7.47 是 ^{241}Am 初级光子源与 Ag 或 Cu 靶组合次级光子源的能谱,表 7.22 为环形 ^{241}Am 初级光子源与圆锥面靶组合源的光子发射率。

表 7.22　环形 ^{241}Am 初级光子源与圆锥面靶组合源的光子发射率

靶物	^{241}Am 初级源/GBq	光子发射率/($s^{-1} \cdot Sr^{-1}$)
Ag	1.11	7×10^4 Ag – KX
	2×10^5 Ag – KX	3.7
Cu	1.11	5×10^4 Cu – KX
	3.7	1×10^5 Cu – KX

由 ^{55}Fe 制备的环形源靶组合源的结构如图 7.48 所示。^{55}Fe 放射源是用电镀法制备的,表面加镍保护层。^{55}Fe 源靶组合源还可以抽真空以减少光子的吸收,提高次级光子发射率。图 7.49 ~ 图 7.51 分别是 ^{55}Fe 初级光子源 – 铝靶、^{55}Fe

初级光子源－硫靶、^{55}Fe 初级光子源－钛靶次级光子源的能谱。表 7.23 为 ^{55}Fe 初级光子源与铝、硫、钛靶组合源的次级光子发射率。

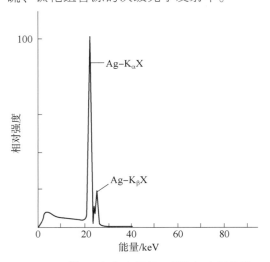

图 7.46　^{241}Am 初级光子源－银靶组合源能谱

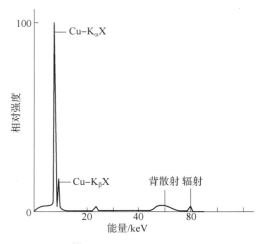

图 7.47　^{241}Am 初级光子源－铜靶组合能谱

表 7.23　^{55}Fe 初级光子源与铝、硫、钛靶组合源的次级光子发射率

靶物	^{55}Fe 初级光子源的活度/GBq	光子发射率/($S^{-1} \cdot Sr^{-1}$)
Al	370	2.5×10^2
S	370	1×10^3
Ti	370	2×10^4

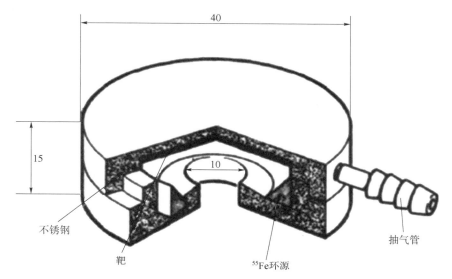

图 7.48　由 ^{55}Fe 制备的环形源靶组合源的结构

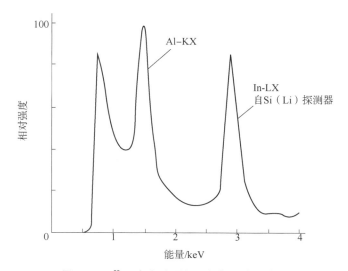

图 7.49　^{55}Fe 初级光子源 – 铝靶组合源能谱

3. 可变能量低能光子源

可变能量低能光子源（图 7.52）适用于探测器的刻度和教学示范。可变能量低能光子源是由一个环形源和一组靶物组成，环形源安装在由不锈钢做成

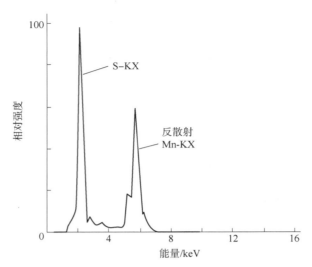

图 7.50　^{55}Fe 初级光子源 – 硫靶组合源能谱

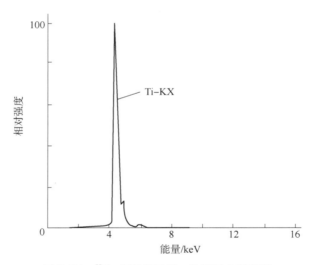

图 7.51　^{55}Fe 初级光子源 – 钛靶组合源能谱

的组合结构的不动部分，而 6 个靶物则是安装在一个可以旋转的靶支架上。初级光子源可依次对准这一组靶，形成类似图 7.48 单环形源靶组合的源。产生的次级光子由环形初级光子源中间孔（$\varPhi$4 mm）射出。

按这种结构，用 370 MBq 的 ^{241}Am 环形源和 Cu、Rb、Mo、Ag、Ba、Tb 圆片靶组成的次级光子源，其特征 Z 射线发射率见表 7.24，光子能谱如图 7.53 所示。

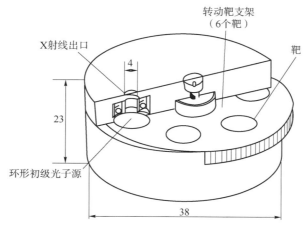

图 7.52 ^{55}Fe 初级光子源多种靶物组成的可变能量低能光子源的装置

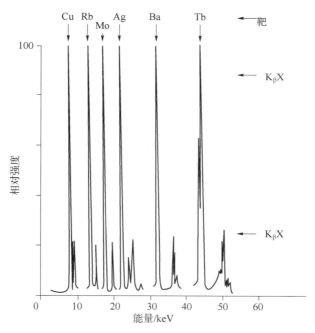

图 7.53 ^{241}Am 初级光子源与 Cu、Pb、Mo、Ag、Ba、Tb 靶作用产生的光子能谱

利用 ^{55}Fe 环形源激发一组轻元素靶可获得一系列低能量子化的 X 辐射。^{55}Fe 环形源是电镀在铜环上,再加镍保护层。表 7.25 列出 370 MBq ^{55}Fe 初级光子源与 Al、Si、S、Cu、Sc、Ti 系列靶组合,产生的次级光子的发射率。

表 7.24　^{241}Am 初级光子源激发靶物产生的光子的发射率

靶物	光子能量		光子发射率/($s^{-1} \cdot Sr^{-1}$)
	$K_\alpha X$/keV	$K_\beta X$/keV	
Cu	8.04	8.91	2.5×10^3
Rb	13.37	14.97	8.8×10^3
Mo	17.44	19.63	2.43×10^4
Ag	22.10	24.99	3.85×10^4
Ba	32.06	36.55	4.65×10^4
Tb	44.23	50.65	7.6×10^4

* 加权平均后的能量值。

表 7.25　370 MBq ^{55}Fe 初级光子源与不同靶物组合的可变能量低能光子源的光子发射率

靶物	光子能量/keV		光子发射率/($s^{-1} \cdot Sr^{-1}$)
	$K_\alpha X$	$K_\beta X$	
Al	1.49	1.55	4×10^2
Si	1.74	1.83	8×10^2
S	2.31	2.46	5.5×10^3
Cd	3.69	4.01	1.5×10^4
Sc	4.09	4.46	2.0×10^4
Ti	4.51	4.13	2.5×10^4

* 加权平均能量。

由较高能量的 ^{241}Am 初级光子源和较低能量的 ^{55}Fe 初级光子源与相应的靶物作用可产生一系列不同能区的低能光子，再加上初级低能光子源就可在 100 keV 以下的低能光子区排列出低能光子的能谱图，见表 7.26 及图 7.54。

表 7.26　低能光子源 γ 和 X 光子能量

能量/keV	低能光子源	光子发射率/($s^{-1} \cdot Sr^{-1}$)
1.49（AlK_α）	^{55}Fe ~ Al	4×10^2（^{55}Fe – 370 MBq）
1.55（AlK_β）		
1.74（SiK_α）	^{55}Fe – Si	8×10^2（^{55}Fe – 370 MBq）
1.83（SiK_β）		
2.31（SK_α）	^{55}Fe – S	5.5×10^2（^{55}Fe – 370 MBq）
2.46（SK_β）		

续表

能量/keV	低能光子源	光子发射率/(s^{-1}·Sr^{-1})
3.69 (CaK$_\alpha$) 4.01 (CaK$_\beta$)	^{55}Fe – Ca	1.5×10^4 (^{55}Fe – 370 MBq)
4.09 (ScK$_\alpha$) 4.46 (ScK$_\beta$)	^{55}Fe – Sc	2×10^4 (^{55}Fe – 370 MBq)
4.51 (TiK$_\alpha$) 4.93 (TiK$_\beta$)	^{55}Fe – Ti	2.5×10^4 (^{55}Fe – 370 MBq)
5.89 (MnK$_\alpha$) 6.49 (MnK$_\beta$)	^{55}Fe	1.6×10^4 (^{55}Fe – 1.85 MBq)
6.4 (FeK$_\alpha$) 7.06 (FeK$_\beta$)	^{57}Co	6×10^3 (^{57}Co – 37 kBq)
8.04 (CuK$_\alpha$) 8.91 (CuK$_\beta$)	^{241}Am – Cn	2.5×10^3 (^{241}Am – 370 MBq)
11.9 (NpKX)	^{241}Am	2.2×10^2 (^{241}Am – 37 kBq)
13.37 (RbK$_\alpha$) 14.97 (RbK$_\beta$)	^{241}Am – Rb	8.8×10^3 (^{241}Am – 370 MBq)
14.4	^{57}Co	2.7×10^3 (^{57}Co – 37 kBq)
14.4	^{88}Y	1.8×10^4 (^{88}Y – 37 kBq)
17.44 (MoK$_\alpha$) 19.63 (MoK$_\beta$)	^{241}Am – Mo	2.43×10^4 (^{241}Am – 370 MBq)
17.8 (NpL$_\beta$)	^{241}Am	5.3×10^3 (^{241}Am – 37 kBq)
20.1 (Npl$_r$)	^{241}Am	1.4×10^3 (^{241}Am – 37 kBq)
22.1 (AgK$_\alpha$) 24.99 (AgK$_\beta$)	^{241}Am – Ag	3.85×10^4 (^{241}Am – 370 MBq)
22.1 (AgK$_\alpha$) 24.99 (AgK$_\beta$)	^{109}Cd	3×10^4 (^{109}Cd – 370 kBq)
27.4 (IK$_\alpha$) 31.1 (IK$_\beta$)	^{123m}Te	1.4×10^4 (^{123}Te^m – 370 kBq)
32.06 (BaK$_\alpha$) 36.55 (BaK$_b$)	^{241}Am – Ba	4.65×10^4 (^{241}Am – 370 MBq)
32.06 (BaK$_\alpha$) 36.55 (BaK$_\beta$)	^{137}Ca	2.3×10^3 (^{137}Cs – 37 kBq)
39.5 (SmK$_\alpha$) 45.2 (SmK$_\beta$)	^{152}Eu	1×10^4 (^{152}Eu – 370 kBq)

续表

能量/keV	低能光子源	光子发射率/(s⁻¹·Sr⁻¹)
44.23（TbK$_\alpha$）	²⁴¹Am – Tb	7.6×10^4（²⁴¹Am – 370 MBq）
50.65（TbK$_\beta$）		
59.5	²⁴¹Am	1×10^4（²⁴¹Am – 370 kBq）
72.2（TlK$_\alpha$）	²⁰³Hg	7.4×10^3（²⁰³Hg – 74 kBq）
83.0（TlK$_\beta$）		
88	¹⁰⁹Cd	1×10^3（¹⁰⁹Cd – 370 kBq）

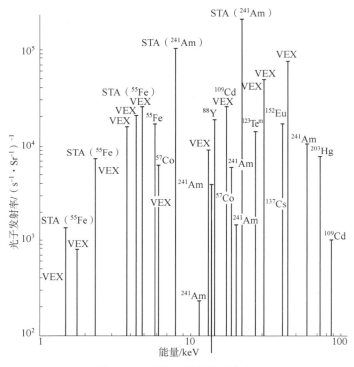

图 7.54　低能光子源能量分布

7.3.3　β粒子激发低能光子源

β粒子和物质相互作用可产生韧致辐射和特征辐射。这两种辐射是同时存在的。

（1）韧致辐射。β粒子在单位径迹范围内消耗于韧致辐射的能量 $\left(\dfrac{\mathrm{d}E}{\mathrm{d}X}\right)_{韧致}$ 与β粒子能量（E_β）、介质原子序数（Z）及密度（ρ）有关，高能量β粒子在原子序数高、密度大的介质中产生的轫致辐射强度比较大。

$$\left(\frac{dE}{dX}\right)_{轫致} \propto \frac{N_A \rho}{A} E_\beta Z^2$$

β 粒子要在物质中产生轫致辐射，其能量必须超过临界能量。表 7.27 为在某些材料中产生轫致辐射的临界能量。

表 7.27　在某些材料中产生轫致辐射的临界能量

靶物质	H_2	He	C	N_2	O_2	Al	Ar	Fe	Cu	Pb	空气	水
E/keV	340	220	103	87	77	47	34.5	24	21.5	6.9	83	93

轫致辐射能谱是连续谱，其最大能量和 β 能谱最大能量大小相近。轫致辐射谱形与放射性同位素的 β 能谱有关，也与靶物性质、厚度及靶物与同位素的组合形式等因素有关。

对于 ^{32}P β 能谱的粒子产生的轫致辐射的总能量可用式（7.3）表示：

$$I_{\beta,T} = 1.23 \times 10^{-4} \overline{Z} E_\beta^2 \tag{7.3}$$

式（7.3）中：$I_{\beta,T}$——轫致辐射总能量（或称强度），MeV。它与靶物的有效原子序数（$\overline{Z}$）及同位素 β 能谱最大能量（E_β，单位为 MeV）的平方成正比。

有人对 ^{90}Sr 和 ^{147}Pm 轫致辐射的总能量（强度）和光子产额与靶物原子序数的关系进行了系统的研究，用薄源和可吸收 β 粒子厚度的靶物。所用的靶物从铝到钽多种元素。从图 7.55 和图 7.56 可以看出，这两种同位素 β 辐射的轫致辐射的总能量与靶物原子序数呈直线关系，表达式为

$$I_{\beta,T} = 4.5 \times 10^{-6} Z \text{ MeV}/\beta \text{ 对}(^{147}\text{Pm}) \tag{7.4}$$

$$I_{\beta,T} = 2.52 \times 10^{-4} Z \text{ MeV}/\beta \text{ 对}(^{90}\text{Sr}-^{90}\text{Y}) \tag{7.5}$$

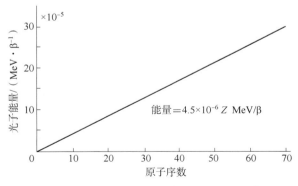

图 7.55　^{147}Pm β 辐射和靶物作用产生的轫致辐射的总能量与靶物原子序数的关系

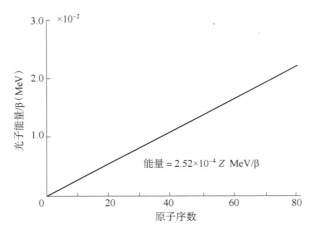

图7.56 $^{90}Sr-^{90}Y$ β辐射和靶物作用产生的韧致辐射的总能量与靶物原子序数的关系

图7.57和图7.58表示$^{90}Sr-^{90}Y$和^{147}Pm β辐射产生的韧致辐射光子数与靶物原子序数的关系,并可用式(7.6)和式(7.7)表示:

$$N_\gamma = 1.50 \times 10^{-3} Z \text{ 光子}/\beta \text{（对}^{90}Sr-^{90}Y\text{）} \quad (7.6)$$

$$N_\gamma = 3.7 \times 10^{-4} Z \text{ 光子}/\beta \text{（对}^{147}Pm\text{）} \quad (7.7)$$

式中,N_γ——韧致辐射光子数,s^{-1}。

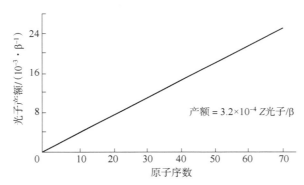

图7.57 ^{147}Pm β辐射和靶物作用产生的韧致辐射与靶物原子序数的关系

(2)特征辐射。β粒子和物质作用能量消耗在韧致辐射和电离激发原子的比值为

$$\left(\frac{dE}{dx}\right)_{\text{韧致}} \Big/ \left(\frac{dE}{dX}\right)_{\text{激发}} \approx \frac{EZ}{800} \quad (7.8)$$

这里:E——β粒子能量,MeV;Z——靶物原子序数。
电子激发原子产生K系特征X辐射的光子数可以用式(7.9)表示:

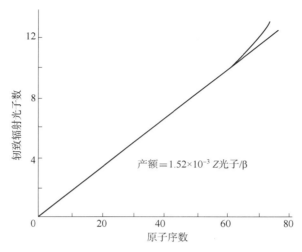

图 7.58 ^{90}Sr–^{90}Y β 辐射和靶物作用产生的韧致辐射与靶物原子序数的关系

$$N_K = \int_{E_K}^{E} W_K \sigma_{E,Z} (dE/dx)^{-1} dE \qquad (7.9)$$

式（7.9）中，N_K——由一个电子作用于靶物产生的 K 系光子数；E_K——K 吸收限能量；E——该电子能量；W_K——K 系光子产额；$\sigma_{E,Z}$——K 壳层电离截面；dE/dx——电子在其单位径迹上能量消耗。

为计算由 β 粒子产生的 K 系光子数，必须按 β 能谱进行积分。表 7.28 为某些放射源的一个 β 粒子与靶物作用产生的 K 系光子数。

表 7.28 某些放射源的一个 β 粒子与靶物作用产生的 K 系光子数

靶元素	产生的光子数					
	^{147}Pm	^{90}Sr	^{85}Kr	^{204}Tl	^{32}P	^{90}Y
Sn	1.5×10^{-3}	1.5×10^{-2}	2.2×10^{-2}	1.8×10^{-2}		
W	1.5×10^{-4}	2.3×10^{-3}	4×10^{-3}	3.6×10^{-3}	1.9×10^{-2}	2.7×10^{-2}
Pb	4.3×10^{-5}	1.5×10^{-3}	2.5×10^{-3}	2×10^{-3}	1.3×10^{-2}	1.9×10^{-2}
U	5.6×10^{-6}	7×10^{-4}	1.2×10^{-3}	1×10^{-3}	7.3×10^{-3}	1.2×10^{-2}

在实际应用中常希望得到光子能量分散小的光子源，为此在次级低能光子源的制备时要选择使特征辐射比例大的工艺条件。

（1）β 放射性同位素的选择。选择依据：同位素 β 能谱适中；半衰期较长；使用寿命较长；γ 辐射较少，易于屏蔽；放射性同位素容易得到。常用的同位素有 ^{3}H、^{85}Kr、^{147}Pm、^{204}Tl、^{90}Sr–^{90}Y 等。

（2）靶材料的选择。如不考虑能谱，则选用高原子序数，高密度材料可获得高产额的韧致辐射源。同一同位素发射的 β 粒子和不同靶物作用，光子产额和能谱不同。图 7.59 是 ^{147}Pm 与 Sb_2O_3、Sm_2O_3、WO_3 三种靶物作用产生的能谱。

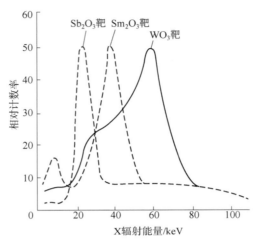

图 7.59　^{147}Pm β 辐射与某些靶物作用产生的能谱

（3）β 放射性同位素或 β 放射源与靶物的组合形式的选择。它们的组合形式如下。

①β 放射性同位素与靶物均匀混合式。β 放射性物质溶在液体靶中，粉末状放射性物质和靶物均匀混合；β 放射性同位素吸附在固体靶物表面；β 放射性物质和陶瓷釉料靶物混合，烧在陶瓷基体上。这种均匀混合式光子源的产额高，对于用低能 β 粒子激发的光子源效果较好。

②β 放射源和靶物组合式。它包括透射式靶、反射式靶和夹馅式靶三种（图 7.60）。

特征辐射的产额与源-靶组合形式有关。从图 7.61 可明显看出源-靶组合形式对光子产额的影响。夹馅式靶光子产额最高，反射式靶达到一定厚度（β 粒子最大射程）后光子产额不再变化。透射式靶的光子产额达到最大值后，随着靶厚度增加呈指数下降。

（4）靶物厚度的确定。靶物的厚度对特征辐射在光子源光子辐射中份额的影响很大。厚靶光子源主要是韧致辐射。选择适当靶厚度可提高特征辐射的份额，降低光子能谱的分散度。

确定靶厚度的原则是 β 粒子有效地转变为光子，而所产生的特征辐射被吸收较少。靶物的最佳厚度与源靶组合形式有关，可按式（7.10）~式（7.12）

第7章 低能光子源

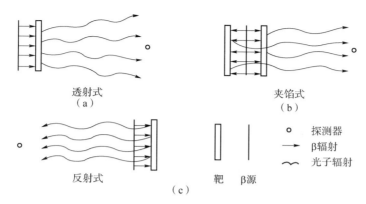

图 7.60 激发低能光子源组合形式

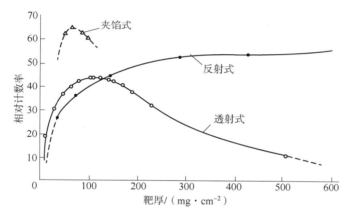

图 7.61 $^{90}Sr-^{90}Y$ 放射源的 β 辐射和 Sn 靶作用产生的 KX 峰强度

计算：

透射式靶：

$$t_{最佳} = \frac{\lg \mu_X - \lg \mu_\beta}{\mu_X - \mu_\beta} \qquad (7.10)$$

或者

$$t_{最佳} = (R_\beta/10)\ln(1 + 10/(\mu_X \cdot R_\beta)) \qquad (7.11)$$

夹馅式靶（靶背衬厚度大于 R_β）：

$$t_{最佳} = \frac{\lg(\mu_\beta + \mu_X) - \lg 2\mu_X}{\mu_\beta - \mu_X} \qquad (7.12)$$

式（7.12）中：μ_β 和 μ_X——β 粒子和 X 辐射的质量减弱系数，cm^2/g，R_β——β 粒子射程，g/cm^2。

对于有效原子序数 $Z>20$ 的靶物,其最佳厚度约等于 β 粒子的半厚度值。从图 7.62 可见,对于 ^{90}Sr – ^{90}Y β 放射源,铅靶厚度低于或高于最佳靶厚 270 mg/cm² 时,能谱均不好。

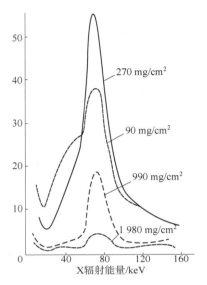

图 7.62　^{90}Sr – ^{90}Y β 辐射与不同厚度的铅靶作用产生的 X 射线谱

如果所选择靶物的厚度比产生特征辐射最佳厚度值大很多,则光子源特征辐射的贡献不明显,韧致辐射是主要的。

韧致辐射产额随靶物厚度的增加有一最大值,大约在 β 粒子射程的 1/3 处。靶厚超过此值,则韧致辐射产额因产生的光子的吸收部分多于生成部分而下降(图 7.63、图 7.64)。

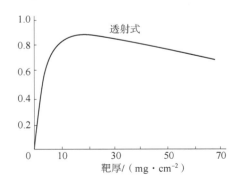

图 7.63　^{147}Pm β 辐射与不同厚度镍靶作用产生的韧致辐射的产额

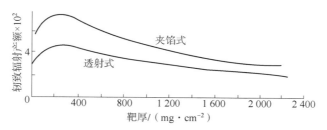

图 7.64 $^{90}\text{Sr}-^{90}\text{Y}$ 辐射与不同厚度铌靶作用产生的韧致辐射的产额

不同组合形式的 β 粒子激发光子源的产额公式如下。

透射式：

$$Y_\text{T} = N_\text{K} \frac{\mu_\beta}{\mu_\beta - \mu_\text{X}} (\text{e}^{-\mu_\text{X} t} - \text{e}^{-\mu_\beta t}) \qquad (7.13)$$

反射式：

$$Y_\text{R} = N_\text{K} \frac{\mu_\beta}{\mu_\beta + \mu_\text{X}} [1 - \text{e}^{-(\mu_\beta + \mu_\text{X}) t}] \qquad (7.14)$$

夹馅式：

$$Y_\text{S} = \frac{N_\text{K}}{2} \left[\frac{\mu_\beta}{\mu_\beta - \mu_\text{X}} (\text{e}^{-\mu_\text{X} t} - \text{e}^{-\mu_\beta t}) + \frac{\mu_\beta}{\mu_\beta + \mu_\text{X}} \text{e}^{-\mu_\text{X} t} \right] \qquad (7.15)$$

混合式：

$$Y_\text{m} = N_\text{K} \left(\frac{1 - \text{e}^{-\mu_\text{X} t}}{\mu_\text{X} t} \right) (t \geqslant R_\text{max}) \qquad (7.16)$$

式（7.13）~式（7.16）的计算结果与表 7.29 所列值很接近。

表 7.29 计算和实测 Sn 和 Pb 靶最佳厚度

β 放射源	β 辐射		$T_\text{最佳}/(\text{mg}\cdot\text{cm}^{-2})$							
			Sn($1/\mu_\text{K}$=110 mg/cm^2)					Pb($1/\mu_\text{K}$)=660 mg/cm^2		
	射程/	厚度/	夹馅式		透射式			夹馅式	透射式	
	(mg·cm^{-2})	(mg·cm^{-2})	计算值	实测值	计算值	实测值	产额/%	计算值	计算值 实测值	产额/%
^{147}Pm	50	4.5	15	12	18	18	0.3	25	30　30	<0.1
^{85}Kr	280	25	36	—	55	54	0.7	79	100　100	1.0
^{90}Y	1100	120	58	70	124	110	3.5	185	270　250	2.0

β 激发次级光子源所发射的具有特征辐射能量的光子，实际上由三部分来源不同的光子组成：由 β 粒子直接激发的 KX 光子，光子数为 $N_{\text{K},\beta}$；由能量高于元素的 K 吸收限能量的韧致辐射部分（N_T）$_2$，在源中通过光电吸收作用产

生的 KX 光子，光子数为 $N_{K,T}$，$N_{K,T} = G_2 (N_T)_2$，G_2 是产生此过程的系数；此外还有韧致辐射光子中具有和特征辐射能量相近的部分，ΔN_T。因此源中具有特征辐射能量和接近特征辐射能量的光子总数 N_K 为

$$N_K = N_{K,\beta} + N_{K,T} + \Delta N_T = N_{K,\beta} + G_2 (N_T)_2 + \Delta N_T \tag{7.17}$$

实际测量时很难把这三项分开来。J. J. Ezop 建议用近似值表示各项值。

1. ^{3}H β 粒子激发低能光子源

实际上氚钛靶、氚锆靶也是低能光子源。这种放射源的结构如图 7.65 所示。氚靶安装在有钨合金背衬的不锈钢壳中。源窗是薄的塑料膜。

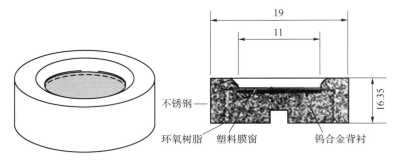

图 7.65 ^{3}H β 粒子激发低能光子源

^{3}H β 粒子最大能量为 18 keV，可激发 Ti 发射 TiKX 辐射（~4.5 keV），^{3}H–Ti 次级光子源除 TiKX 辐射外，还有韧致辐射（图 7.66）。商品源的光子产额为 ~8×10^4 s$^{-1} \cdot$ Sr^{-1}/GBq ^{3}H。

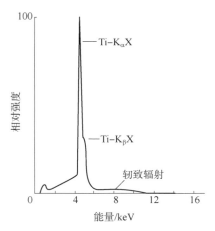

图 7.66 ^{3}H–Ti 次级光子源能谱

^{3}H β 粒子不能激发 Zr 发射 KX 辐射（Zr 的 K 吸收限能量为 ~18keV），而能激发发射 LX 辐射（~2keV），并有较强的韧致辐射（图 7.67）。

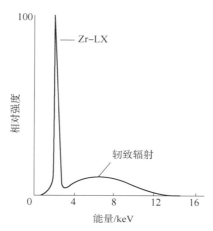

图 7.67　^{3}H – Zr 次级光子源能谱

每 GBq ^{3}H – Zr 次级光子源的光子产额为

韧致辐射 ~5×10^3 s^{-1} · Sr^{-1}，

Zr – LX 辐射 ~8×10^3 s^{-1} · Sr^{-1}。

国产 ^{3}H – Zr 次级光子源规格见表 7.30。

表 7.30　国产 ^{3}H – Zr 次级光子源规格

型号	衬底材料	衬底尺寸 /mm	活性区尺寸 /mm	锆膜厚度/ (mg·cm^{-2})	含 ^{3}H 量 /GBq
TZr – E	Mo	$\varPhi$14	$\varPhi$14	1~3	28.5~74
TZr – M	Mo	$\varPhi$45 × 420（环形）	$\varPhi$45 × 20	1~3	222~666
TZr – O	Mo	$\varPhi$45 × 15 × 35°（锥环形）	$\varPhi$45 × 45 × 35°	1~3	185~555

2. ^{147}Pm β 粒子激发低能光子源

由于 ^{147}Pm 发射的 β 粒子能量低，最好的制源方法是把 ^{147}Pm 与靶物密实结合在一起，以获得较高的光子产额。用于制备 ^{147}Pm β 放射源的粉末冶金法和陶瓷法也适用于制备 ^{147}Pm 次级低能光子源。

用碳酸钷和少量的银粉均匀混合压制成源芯，再封压在适当厚度的银壳中，制成 ^{147}Pm – Ag 次级光子源，同样方法也可做成 ^{147}Pm – Al 次级光子源。

将 ^{147}Pm 加入含有 Zr 的陶瓷釉料中烧结在 Al_2O_3 陶瓷体上，再封在有铍窗的蒙乃尔合金壳中做成 Pm – Zr 次级光子源。源结构和能谱如图 7.68 和图 7.69 所示。

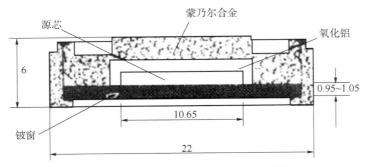

图 7.68　^{147}Pm β粒子激发低能光子源结构

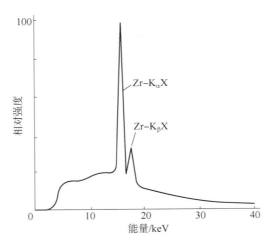

图 7.69　^{147}Pm – Zr 次级光子源能谱

目前作为商品的 ^{147}Pm β激发的低能光子源，有 ^{147}Pm – Zr（15.7 keV）、^{147}Pm – Sn（25.3 keV）、^{147}Pm – Ba（32.2 keV）、^{147}Pm – Sm（40.1 keV）。

每 GBq ^{147}Pm – Zr 次级光子源的光子产额为轫致辐射 $\sim 8 \times 10^4$ 光子 $s^{-1} \cdot Sr^{-1}$，Zr – KX 辐射 $\sim 4 \times 10^4$ 光子 $s^{-1} \cdot Sr^{-1}$。^{147}Pm 和中等原子序数的靶物作用，光子产额和谱纯度都比较好，特别是 ^{147}Pm 本身做靶时谱纯度很好。由于 Pm 没有稳定同位素，常用 Sm 靶。将 Sm 和 ^{147}Pm 的氧化物做成源，其厚度控制在 $2 \sim 3$ 个 $1/\mu_K$ 长（μ_K 为特征辐射在源中的衰减系数）。在这种情况下，相当部分轫致辐射在放射源中被吸收，增加了 K 系特征辐射的比例（0.5 光子/β 粒子)。光子能谱峰在 40 keV 左右。

^{147}Pm β 激发光子源的 ^{147}Pm 强度通常是几百 GBq 到几千 GBq。这种光子源广泛用于厚度计、X 射线荧光分析和轻质材料的辐射照相探伤。

3. ^{204}Tl β 粒子激发低能光子源

^{204}Tl 有 2.6% 是通过电子俘获方式衰变的，伴随发射 Hg – KX 辐射。用 Pb 靶或 Tl 靶，所激发的 KX 辐射与 HgKX 辐射相近（~70 keV），用 Tl 和 Pb 混合做成的源能谱峰值在 70~80 keV 间，特征辐射和韧致辐射可达到 1:1，大于 300 keV 的光子约为 3%。

4. ^{85}Kr β 粒子激发低能光子源

^{85}Kr 可吸附在活性炭或直接以气体形式封在金属壳中。^{85}Kr 还发射 γ 辐射（0.514keV，0.7%），增加了防护要求。

图 7.70 给出了薄壁圆管式 ^{85}Kr 源与靶物三种组合形式。图 7.70（a）是把 β 放射源插到靶管中，图 7.70（b）是把 β 放射源安装在一呈直角的盖板式靶内，图 7.70（c）是用锥型靶，X 辐射通过端窗射出。图 7.70（b）、(c) 属于反射式靶。

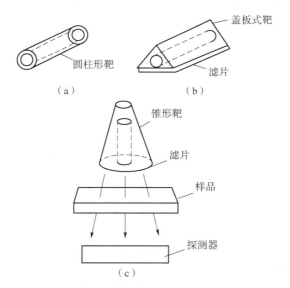

图 7.70　^{85}Kr β 粒子激发低能光子源组合形式

5. ^{90}Sr – ^{90}Y β 粒子激发低能光子源

^{90}Sr – ^{90}Y 中的母体同位素 ^{90}Sr 半衰期长（$T_{1/2}$ = 28 a），子体同位素 ^{90}Y 的 β

粒子能高（$E=2.274$ MeV）。^{90}Sr-^{90}Y 原料比活度高（5 143 GBq/g），并且价格便宜，容易得到。所以 ^{90}Sr-^{90}Y 轫致辐射源曾得到广泛的应用。

可以把 ^{90}Sr 和靶物混合做成源，如 ^{90}SrTiO$_3$ 陶瓷源，也可做成源靶组合源。用高原子序数的靶材料，组合源的光子产额高而且特征辐射强。对于铅靶，最佳厚度是 270 mg/cm^2。^{90}Y β 粒子射程为 1 100 mg/cm^2。所以要用相当厚的靶物才能获得高的光子产额。对于高原子序数靶，光子主要分布在 75～150 keV，并有相当部分高能轫致辐射，增加了防护困难。某些轫致辐射源的特性见表 7.31。

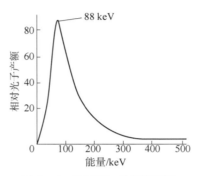

图 7.71　^{90}SrTiO$_3$ 陶瓷源能谱

表 7.31　某些轫致辐射源的特性

同位素	靶物	光子产额（光子/β粒子）/%	谱纯 轫致/特征	靶物及其厚度	β放射性活度 /GBq
^{3}H	Ti	1.3×10^{-2}	0.45	源基体（7.25 mg/cm^2）	177.6
^{3}H	Zr	4.2×10^{-3}		源基体（7.25 mg/cm^2）	88.8
^{147}Pm	Al	2×10^{-1}		源基体 + Al 靶（60 mg/cm^2）	5.55
^{147}Pm	Ag	3×10^{-1}	2.5	源基体 + Ag 靶（50 mg/cm^2）	1.295
^{85}Kr	C	1.0		源基体 + Ni 靶（150 mg/cm^2）	3.7
^{204}Tl	Ag	2		Ag 靶（30 mg/cm^2）	3.5
^{90}Sr-^{90}Y	Al	6.1		Al 靶（200 mg/cm^2）	0.03

7.3.4　α 粒子激发低能光子源

α 粒子与物质相互作用，可使原子电离或激发，处于激发态的原子可通过发射特征 X 射线恢复到基态。这种过程和 β 粒子、光子激发原子的情况相似，但是 α 粒子是带有两个电荷的重粒子，所以它与靶物作用的效果不同于 β 粒子和光子。

α 粒子激发可能得到的某壳层如 K 层光子产额 $Y_{\alpha,k}$ 主要和 α 粒子作用下该壳层电子的电离截面 $\sigma_{\alpha,s}$ 有关。$\sigma_{\alpha,s}$ 与 α 粒子能量及靶物的原子序数呈多次方指数关系。从图 7.72（37 MBq，^{210}Po）可见，高能量的 α 粒子与低原子序数的物质作用可获得较高产额的 0.1 ~ 5 keV 能量范围的单能 X 辐射。

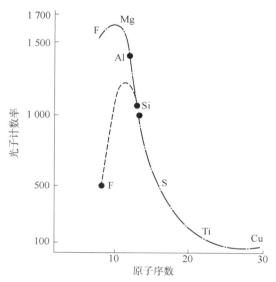

图 7.72 K_α X 光子计数率与纯元素厚靶原子序数的关系

在低原子序数 [Z = 12（Mg）~ 22（Ti）] 区间，$Y_{\alpha,k}$ 值随 Z 值的变化而急剧变化，$Y_{\alpha,k} \sim 1/Z^6$。图 7.73 表示铝靶产主 X 光子的截面。因 α 粒子能量不同，激发产生 X 辐射的截面相差很大。

放射性同位素发射的 α 粒子的能量一般在 4 ~ 6 MeV，不可能使高原子序数的原子发射 KX 辐射，一般只能产生较低能量的 LX 和 MX 辐射，而且产额低。比如 5.3 MeV 的 α 粒子不可能激发大于 14 keV 吸收限能量的壳层电子，因此它可激发 S 靶发射 KX 射线（2.3 keV）、Mo 靶发射 LX 射线（2.5 keV）、Pb 靶发射 MX 射线（2.4 keV），三种靶物发射的 X 辐射的能量相近，光子产额相差很大。S – K

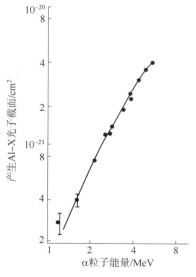

图 7.73 α 粒子激发 Al – X 辐射的截面

X∶Mo－LX∶Pb－MX＝475∶205∶85。所以用α粒子激发低原子序数靶，产生低能 X 辐射特别有效，是用其他方法难以相比的。

α粒子和β粒子同是带电粒子，但它们和物质作用时轫致辐射的产额却相差很大。这是因为带电粒子在原子核的库伦场中的加速度和该粒子的质量成反比，而它们所转移的能量值正比于加速度的平方（即和粒子质量的平方成反比）。比如α粒子激发轻元素（$Z<16$），轫致辐射的强度要比特征辐射低，为它的 $1/10^4$。所以用α粒子激发的次级 X 辐射的谱纯度很好。

由于α粒子与物质作用的过程与质子的情况相近，因此光子产额的计算，常借助有关质子方面的数据（有关质子的数据比较全）。如果知道质子激发的光子产额（Y_p）．则可用式（7.18）估算α粒子激发的光子产额 Y_α：

$$Y_\alpha(E_\alpha)=4Y_p(E/4) \tag{7.18}$$

实验证明这种计算是正确的。

用于产生次级 X 辐射的α放射源有 ^{210}Po、^{242}Cm、^{244}Cm 和 ^{238}Pu 等。其中 ^{210}Po 较好，其γ辐射少。^{242}Cm 的α粒子能量高（6.11 MeV）、光子产额高，但γ辐射比 ^{210}Po 强。^{210}Po 和 ^{242}Cm α放射源的使用期短，有时要用长半衰期的 ^{244}Cm 和 ^{238}Pu α放射源。

所用的α放射源都是有金属覆盖层的密封源，活度一般是 37 MBq 左右。放射源的制备方法已在第 3 章中叙述过，主要有电化学法、粉末冶金法和陶瓷法。国产 ^{210}Po α放射源已用于激发元素产生次级 X 辐射。

α放射源的背衬常用铂、金或钨合金，屏蔽放射源发射的γ辐射和 X 辐射。由于α粒子和超低能 X 辐射穿透能力弱，因此α激发低能光子源的制备要选择合适的源－靶组合结构。最简单的源－靶组合形式是把α放射源夹在靶物之间，再封在外壳中，如图 7.74 所示。此种结构不足之处是不容易制作厚度合适，保证所希望的 X 射线能有效地通过，又能挡住α粒子的源窗。另外源中的γ辐射和较高能量的 X 辐射可影响次级 X 射线谱纯度和破坏探测器的工作状态。图 7.74（b）所示结构是把密封α放射源放置在靶物的正面，源靶相距几 mm，是反射式结构。这种结构克服了图 7.74（a）结构的缺点，但是产生的次级 X 辐射被α放射源壳遮挡一部分。把图 7.74（b）结构略加改动，把α放射源放置在一侧，如图 7.74（c）所示，这样，发射的次级光子可通过一个大的有效的射孔被收集起来，次级 X 辐射产生在靶物表面的自吸收少、产额高，靶材料容易更换。因此这种源－靶组合形式采用得比较多。环形α放射源圆片靶组合成图 7.74（d）形式，源靶间距 1 mm，产生的次级 X 辐射从中间孔射出，这种结构适合半导体探测器。

表 7.32 为 ^{244}Cm α粒子激发不同靶物的光子发射率，所用放射源活度为

74 MBq，按图 7.74 结构组合，用正比计数器测量，窗厚为 1 μm 聚丙烯，充 4.26 mg/mL Ar – CH₄ 气。

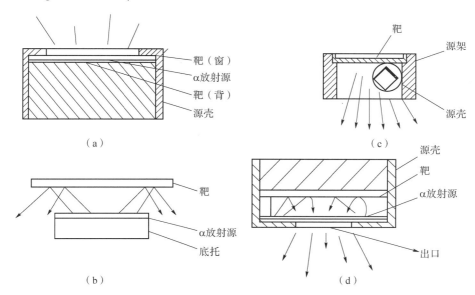

图 7.74 α 粒子激发低能光子源的源 – 靶组合形式

(a) α 放射源夹在靶物间；(b) 靶在放射源正面；(c) 放射源在靶侧面；(d) 环形源与圆片靶组合

表 7.32 ²⁴⁴Cm α 粒子激发不同靶物的光子发射率

靶物及形式	原子序数	光子能量/keV	光子发射率/(S⁻¹·Sr⁻¹)	
			Sr = 1.0	Sr = 0.5
铍金属	4	0.109	>3.4×10⁵	1.9×10⁵
硼元素	5	0.184	4.6×10⁴	2.9×10⁴
碳石墨	6	0.279	4.4×10⁴	2.8×10⁴
镁金属	12	1.255	2.9×10⁴	1.8×10⁴
铝金属	13	1.487	2.4×10⁴	1.5×10⁴
硅元素	14	1.742	2×10⁴	1.3×10⁴
硫元素	16	2.317	5×10⁴	—
钙碳酸钙	20	3.719	*3×10³	—
钛金属	22	4.55	3.1×10³	*1.7×10⁴
碳有机物	6	0.279	6.1×10³	4.2×10³
氟聚四氟乙烯	9	0.675	2.6×10⁴	1.6×10³
银金属	47	3.1（Ag – LX）	*4.1×10³	*2.3×10³

*用 0.051 mm 的铍片，系统误差为 10%。

α粒子可激发中等元素和重元素发射K系、L系甚至M系X辐射（表7.33），其产额低，但可获得低能X辐射。

表7.33　α粒子激发中等元素和重元素发射特征X辐射的产额

光子能量 /keV	靶元素	原子序数	电子壳层	光子产额/(10^{-5}光子·α粒子$^{-1}$)	
				0.051 mm 的铍窗	计算值
2.30	Mo	42	L	27	23
2.35	Pb	82	M	13	27
2.83	Pd	46	L	10	
2.98	Ag	47	L	11	16
3.17	U	92	M	7.3	14
3.28	In	49	L	8.6	
3.44	Sn	50	L	8.2	
4.09	V	23	K	4.6	
6.09	Co	27	K	3.3	
7.05	Ni	28	K	3.5	
8.00	Cu	29	K	4.2	54

（张海旭）

7.4　低能光子源的应用

低能光子源目前在地质、冶金、生物医学、环境科学、工业流线分析、科研等领域都得到了广泛的应用，主要用于厚度计、密度计、X射线荧光分析仪等分析测试设备。其中，^{241}Am低能光子源应用最为广泛。

^{241}Am 在 α 衰变时伴随 59.5 keV γ 辐射和 11.9~20.8 keV Np-LX 辐射。用^{241}Am可以制成只能透过59.5 keV γ辐射的单束光子源，也可制成同时具有两组能量不同辐射的双束光子源。^{241}Am低能光子源在X射线荧光分析与材料的密度和厚度测量方面均有重要用途；^{241}Am可作为低能光子源与^{125}I组合为一个组合源，用于临床诊断和生物研究，如甲状腺图像扫描、活体骨密度测定；还可以作为低能γ源用于测量厚度10 mm以下的钢板、玻璃及30 mm厚的塑料。

（牛厂磊）

第8章

中子源

8.1 中子源分类

8.1.1 中子源

中子源是一种可以产生大量中子的放射源或装置。获得中子的方法很多，按照中子产生的方法，中子源可以分为三类：反应堆中子源、加速器中子源和同位素中子源。本章主要介绍同位素中子源。

1. 反应堆中子源

反应堆内可裂变材料 ^{235}U、^{233}U 或 ^{239}Pu 在俘获中子引起核裂变的过程中，伴随着大量次级中子的发射。它所提供的中子通量一般可达 10^{10} ~ 10^{14} n/cm²·s，也可高达 10^{15} ~ 10^{16} n/cm²·s，中子能量在 0.02 eV 到 2 MeV 之间。

2. 加速器中子源

利用加速的带电粒子（如质子和氘核等）轰击靶核以产生中子，这样的中子源称为加速器中子源。这类加速器种类很多，如静电加速器、电子加速器、直线加速器和回旋加速器等。其中应用最广泛的是一种专门产生中子的装置，也叫"中子发射器"，它利用加速的氘核轰击氚靶（或氘靶）以产生大量中子，核反应如下：

$$_1T^3 + {_1}d_0^2 \longrightarrow n^1 + {_2}He^4 + 17.6 \text{ MeV}$$

$$_1d^2 + {_1}d_0^2 \longrightarrow n^1 + {_2}He^3 + 3.28 \text{ MeV}$$

目前，这种发射器可以提供 $10^8 \sim 10^9$ n/cm² · s 的热中子流以及靠近氚靶的 4π 立体角中能产生 $10^{10} \sim 10^{11}$ n/s 的快中子流（中子能量为 14 MeV）。

3. 同位素中子源

利用放射性同位素衰变发生的 α 粒子或高能 γ 射线与某些轻元素，如 Be、B、F 等作用，通过（α,n）或（γ,n）反应产生中子，或某些重元素自发裂变发射中子，这样的中子源称作同位素中子源。

同位素中子源的强度以中子发射率表示，亦可用源中放射性同位素活度 Bq 表示，对 ^{252}Cf 自发裂变中子源亦用其重量表示。

同位素中子源与反应堆中子源和加速器中子源相比，虽然中子注量率较低，但具有体积小、使用轻便、易于制造、价格较低、使用简单等特点，可用于反应堆启动、工业过程控制、中子测井、活化分析、中子照相、湿度测量、仪器校正、辐射育种、中子治癌等。

同位素中子源具有以下特点。

（1）体积小。一个中子发射率为 10^7 n/s 的 ^{241}Am – Be 中子源体积为 20 cm³，10^6 n/s 的 ^{241}Am – Be 中子源体积为 4 cm³；（γ,n）中子源的体积稍大些；1 μg ^{252}Cf 中子源中子发射率为 2.32×10^6 n/s。

（2）中子发射率稳定。同位素中子源的中子发射率随时间减弱，可根据中子源中放射性同位素的半衰期计算出来。用长半衰期同位素制备的中子源，在短期内使用，可以认为中子发射率是稳定不变的。

（3）易生产，价格便宜，而且安全性能好，使用方便。

（4）中子发射率低，一般不大于 10^8 n/s。

8.1.2 同位素中子源特性

同位素中子源的重要参数有中子强度（中子发射率）、中子能谱和衰减特性。

1. 中子强度

中子强度即中子发射率，也就是每秒内发射的中子数。多数中子源都是通过核反应来生产中子的。设核反应为 A(α,n)B，即入射 α 粒子轰击靶核 A，

发射中子 n 之后剩余核为 B，根据定义，核反应截面 σ 为 $\sigma = N'/IN_s$
式中，I——单位时间内的入射粒子数；N_s——单位面积的靶核数，$N_s = Nx$，N 为靶物质的核密度，x 为靶厚度；N'——单位时间内入射粒子与靶核发生的反应数。核反应产额 Y 的定义为

$$Y = N'/I$$

所以

$$Y = \sigma N x \tag{8.1}$$

可见产额与截面、靶的核密度和靶厚度成正比。式（8.1）仅适用于薄靶，即 $x \ll 1/N\sigma$ 的靶。对于厚靶，即 $x \gg 1/N\sigma$ 的靶，入射粒子在靶内能损较大，式（8.1）不适用。

薄靶主要用于产生单能中子，厚靶可以提高中子源的强度，厚度大于轰击粒子在靶物质中的射程 R，此时，厚靶的中子产额可以表示为

$$Y = N \int_0^R \sigma(E) \mathrm{d}x = N \int_E^0 \frac{\sigma(E)}{-\mathrm{d}E/\mathrm{d}x} \mathrm{d}E \tag{8.2}$$

由式（8.2）可以看出，要估算厚靶中子产额，除了需要知道截面 σ 与粒子能量 E 的关系外，还应该知道轰击粒子在靶物质中的阻止本领 $-\mathrm{d}E/\mathrm{d}x$，如果反应截面 $\sigma(E)$ 随能量的变化不大，式（8.2）可以近似为

$$Y \cong N\overline{\sigma} \int_0^R \mathrm{d}x \approx N\overline{\sigma}R \tag{8.3}$$

对于一般产生中子的反应，当选用适当的平均截面 $\overline{\sigma}$ 数值时，式（8.3）可用来近似估算厚靶中子产额。

2. 中子能谱

中子能量是指在非相对论性条件下（即中子速度与光速之比 $\frac{v}{c} \ll 1$）中子源发射的中子动能 $E_n = \frac{1}{2}m_n v^2$；这里 m_n 是中子的静止质量。

我们把具有单一能量的中子叫作单能中子，或者采用光学的说法（因为中子具有波动和粒子二重性），称为单色中子；而把具有连续能量分布的中子叫作连续谱中子。

中子能量常用 eV 做单位，通常中子能量区域是 $10^{-3} \sim 10^7$ eV，从 meV 到几十 MeV，习惯上把 0.1 MeV 以上的中子叫作快中子。把 1 keV 以下的中子叫作慢中子，介于其间的叫作中能中子，在 eV 到 keV 能区的中子，由于它们与物质相互作用的截面常呈共振结构，所以又标为共振中子。10^{-2} eV 左右的中子，由于相当于与分子、原子、晶格处于热运动平衡的能量，所以又叫作热中

子。比热中子能量更低的，就又叫作冷中子。各类中子的能量区分并不是很严格。

中子源发射的中子能量取决于所进行的核反应能 Q 和轰击粒子的动能 E，Q 和 E 大多为 MeV 量级，因此，一般中子源发射的中子初始能量也多在这一区域。在这种情况下，可以用经典力学的能量和动量守恒定律处理核反应过程。以 $a + A \rightarrow B + n + Q$ 为例研究核反应过程。以 E、p、v、m、E_a、p_a、v_a、M_a、E_b、p_b、v_b、M_b、E_n、p_n、v_n、m_n 分别代表轰击粒子、靶核、终核和中子的动能、动量、速度和质量。假定反应开始时靶核是静止的，即 E_a、p_a 和 v_a 都为零，由能量守恒定律得到

$$E + Q = E_b + E_n$$

由动量守恒定律得到

$$p_b^2 = p^2 + p_n^2 - 2pp_n \cos \theta$$

利用动量与能量的关系式

$$E = \frac{p^2}{2m}$$

由前两个方程中消去 E_b，得到

$$Q = \left(1 + \frac{m_n}{M_b}\right) E_n - \left(1 - \frac{m}{M_b}\right) E - \frac{2}{M_b} \sqrt{mm_n EE_n} \cos \theta \tag{8.4}$$

式（8.4）中，θ——中子发射方向与轰击粒子入射方向的夹角。

由式（8.4）可以解出 E_n 为

$$E_n = \frac{mm_n}{(m_n + M_b)^2} E \left\{ 2\cos^2 \theta + \frac{M_b(M_b + M_n)}{mm_n} \left[\frac{Q}{E} + \left(1 - \frac{m}{M_b}\right)\right] \pm 2\cos \theta \sqrt{\cos^2 \theta + \frac{M_b(M_b + m_n)}{mm_n} \left[\frac{Q}{E} + \left(1 - \frac{m}{M_b}\right)\right]} \right\} \tag{8.5}$$

由式（8.5）得出，当 Q 为负值时，根号内的量可能为负值，这是无意义的，因此，要使反应发生，根号内的数值必须大于或等于零。于是对吸热反应来说就存在如下的阈能 E_s：

$$E_s = -Q \frac{M_b + m_n}{M_b + m_n - m} \tag{8.6}$$

当轰击粒子能量 E 达到 E_s 时，反应开始发生。此时中子只向 θ 角方向发射；$E > E_s$ 以后，随着 E 的增加，发射中子的角度也逐渐增大，但中子能量 E_n 为双值函数，对应于每一 θ 角有两种能量的中子，高能量一组的 E_n 随着 E 的增加而增加，低能组的 E_n 随着 E 的增加而降低。当 E 增加到 E_s' 时，低能组的 E_n 降到零，E_s' 可从下式得到

$$\frac{Q}{E'_s} + \left(1 - \frac{m}{M_b}\right) = 0$$

$$E'_s = -Q\frac{M_b}{M_b - m} \tag{8.7}$$

从 $E > E'_s$ 起，中子能量 E_n 为 E 和 θ 的单值函数，所以 E'_s 也称产生单能中子的阈。式（8.6）和式（8.7）可以计算吸热反应的阈能 E_s 产生单能中子的阈能 E'_s。例如对于 ^{7}Li（p，n）^{7}Be 反应，$Q = -1.646$ MeV，可求得 $E_s = 1.881$ MeV，$E'_s = 1.920$ MeV。

对于放热反应，$Q > 0$，E_n 总是单值函数，当轰击能量 E 为零时，中子能量将与发射角无关：

$$E_n = \frac{M_b}{M_b + m_n}Q \tag{8.8}$$

当轰击粒子能量 E 比反应能 Q 小很多时，式（8.8）可用来近似估计中子能量。例如对于 T（d，n）^{4}He 反应，$Q = 17.588$ MeV，当氘核能量很小时，中子能量接近 14.1 MeV。

3. 衰减特性

中子源的强度随着放射性同位素的衰变而衰减，因此同位素中子源有一定的使用期，在使用过程中，中子强度应根据半衰期进行修正。中子源强度随时间的变化可以表示为：$I = I_0 e^{-\lambda t}$

其中 λ 为放射性同位素的衰变常数，I_0 为零时间的源强度。

中子源的半衰期也就是源里面放射性同位素的半衰期，它是放射性核数目衰减到原来一半时所需的时间，半衰期 $T_{1/2}$ 与衰变常数 λ 的关系是 $T_{1/2} = 0.693/\lambda$。如 ^{210}Po–Be 中子源半衰期为 138.4 天，中子强度几乎每天减少 0.5% 左右，^{241}Am–Be 中子源半衰期为 433 年，每年只要校正一次即可。

8.1.3 同位素中子源应用

同位素中子源可以用于活化分析、石油测井、水分测量、中子照相，也可以用于癌症治疗。

1. 中子活化分析

中子活化分析是将样品用同位素中子源提供的中子照射，在中子照射下，样品中的元素活化产生放射性同位素，即鉴定出待测元素和含量。同位素中子源一般用于分析含量较高和活化截面较大的元素，由于同位素中子源体积小，运输操作方便，常用于野外工作。如用 ^{252}Cf 放射源进行铀矿、镍精矿活化分析，用 ^{241}Am–Be 源和 ^{210}Po–Be 源分析 Dy、Eu、Sm、Ho、Zn、Au、Ag、Sc、Mg、Si 等元素。

2. 中子测井

同位素中子源测井技术是利用同位素中子源产生的中子与钻井周围和井内介质元素原子核发生弹性散射、俘获和活化等作用，通过探测中子或 γ 射线，获取孔隙度、含油气饱和度、渗透层厚度、渗透率、元素含量等地质和工程参数，为矿藏勘探和开发服务的测井方法。

同位素中子源测井技术包括中子–中子测井、中子–γ 测井和中子–中子–γ 测井。中子–中子测井包括超热中子孔隙度测井和补偿中子孔隙度测井，是应用最普遍的测井方法；中子–γ 测井包括中子γ强度测井、中子活化测井和中子γ能谱测井；中子–中子–γ 测井包括氯能谱测井和宽能域中子γ能谱测井等。

测井常用的同位素中子源是 ^{241}Am–Be 中子源和 ^{252}Cf 中子源，^{241}Am–Be 中子源主要用于补偿中子孔隙度测井，^{252}Cf 中子源主要用于中子活化测井。

3. 中子测水分

中子测水分是利用快中子与氢原子核相互作用，进而测量被测物质中水含量的技术。当快中子进入被测物时，通过测量源周围的物质中热中子密度的分布即可确定被测物中水分的多少。同位素中子源测水分，实际上是中子测氢，快中子通过氢含量大的物质，中子慢化就快，中子源周围形成的热中子密度就大。中子测水具有无损、不接触物质直接测量水分的特点，对水分的反应迅速、灵敏，可以连续测量水分。

中子测水分使用的仪器为中子水分计，中子水分计在工业农业具有广泛的用途，在农业上可用于快速测定表层和深层的土壤水分，为土壤耕作适时灌溉、确保农业增产及时提供科学数据。在工业上，其可用于烧结料、焦炭、混凝土搅合料、陶瓷配料、肥料等在线水分分析，还可对公路路面、铁路路基、机场跑道、水坝坝身和大型工程地基进行含水量测定，以确保施工质量。中子水分计上一般使用同位素中子源，对中子源的要求为：半衰期长，无须经常校准或重新制造；γ 剂量小；中子产额高。常用的中子源为 ^{241}Am–Be 中子源。

4. 中子照相

中子照相的方法与 X 射线照相类似。X 射线照相中，光子与原子核外的电子相互作用，其强度的衰减主要取决于物质的原子序数和物体的厚度；中子照相中，中子与物质的原子核相互作用，其强度的衰减有类似于 X 射线强度的衰减规律。

对于 X 射线，各元素的质量吸收系数随原子序数的增加而平滑连续上升，重元素（如铅、铀）对 X 射线吸收较强，轻元素吸收较弱；对于中子，中子的质量吸收系数随原子序数的变化是混乱的，轻元素氢、锂、硼，一些稀土元素和镉的质量吸收系数特别大，重元素的质量吸收系数反而比较小。此外，同一元素的不同同位素，中子的质量吸收系数往往也有较大区别。中子照相正是利用与 X 射线在质量吸收系数上的差异，检测某些 X 射线照相不能检测的物体。

8.2 (α,n) 中子源

8.2.1 (α,n) 中子源特性

(α,n) 中子源一般应具备：中子源所使用的放射性物质（α 发射体）应当具有较高的比活度，以提高中子源的强度；中子源在发射中子时所伴随的 γ 射线发射率应当尽可能低；用同一种放射性同性素基于同一种反应类型制成的不同中子源，它们的中心能谱应当能彼此重复；源的寿命应当比较长；放射性物质（α 发射体）与靶物质应当紧密混合，最好能采用合金或化合物的形式，以得到较高的机械稳定性。

将发射 α 粒子的放射性同位素与轻元素物质（靶）均匀混合，紧密压制在一起，再加包装、密封，就制成了中子源。常用的轻元素有 Li、Be、B、F，特别是 Be。之所以要用轻元素，是因为轻元素的核电荷数小，因而核势垒高度低，α 射线易于穿透。实际上，用天然放射的 α 粒子做轰击粒子时，只能采用轻核靶。例如 ^{9}Be 对 α 粒子的势垒高度只有 4 MeV。

1. 中子产额

(α,n) 反应的中子产额取决于 (α,n) 反应的截面，反应截面又与 α 粒子穿透靶核的库仑势垒的概率相关。只有 α 粒子的能量 E 大于起排斥作用的靶核库仑势垒时，才可能发生明显的 (α,n) 型核反应，这个条件可以表达为

$$E \geq 1.44 \frac{Z_1 Z_2}{r} \tag{8.9}$$

式（8.9）中，E——α 粒子与靶核相对运动的动能（以 MeV 为单位），当靶核静止时，它就是 α 粒子的动能；Z_1——入射的 α 粒子的核电荷；Z_2——靶原子的核电荷；r——相互作用半径，单位为 f_m（$1\,f_m = 1 \times 10^{-13}$ cm）。

由式（8.9）可以看出，重核（即 Z_2 值大）的库仑势垒高，而轻核（即 Z_2 值小）的库仑势垒低。例如，轻核 ^{9}Be 对 α 粒子的库仑势垒高度为 4~6 MeV，能量为 5~10 MeV 的 α 粒子便可以穿透 ^{9}Be 核的库仑势率而发生（α,n）型核反应。

中子源的中子产额与 α 粒子和靶元素作用相关，厚靶是指 α 粒子能充分与周围的靶元素作用的靶，厚靶中子产额可以根据式（8.3）估算。对于 Be，（α,n）反应也可近似估算铍靶中子产额为

$$Y = 0.080 E^{4.05} \quad\quad 4.1 < E \leq 5.7 \tag{8.10}$$
$$Y = 0.80 E^{2.75} \quad\quad 5.7 < E \leq 10.0 \tag{8.11}$$

这里 α 粒子的能量 E 用 MeV 表示，Y 的单位是中子/10^6 α 粒子。

如果靶物量低于厚靶，则中子产额下降。

总之，中子产额与 α 粒子能量、靶元素及其量有关。

2. 中子能谱

（α,n）中子源的中子能谱主要与靶物元素有关，同时还与轰击粒子能量、中子发射方向与轰击粒子入射方向的夹角 θ、反应方式、反应后生成核的能态，以及制备工艺及中子在源中的慢化程度等因素有关。

所有的（α,n）中子源所发射的中子都具有连续变化的能谱，其最大能量可以根据 α 粒子的最大能量由式（8.5）求出。形成这种复杂中子能谱的主要原因在于：①即使 α 发射体发出单一能量的 α 粒子，由于 α 粒子在铍中连续慢化，（α,n）反应实际上是在 α 粒子能量从零到最大能量时都可能发生的。②一般的源中 α 发射体与铍以粉末状态均匀混合，因此 α 粒子可从各个方向轰击靶核，对于确定的 α 能量，所产生的中子能量与 θ 角（入射方向与发射中子方向的夹角）有关。③反应终核 ^{12}C 可以处于激发态，它的前两个激发态位于 4.43 MeV 和 7.65 MeV，这样中子的能量就会降低。④某些 α 发射体的衰变产物（子代）放出 γ 射线，可以通过 ^{9}Be 的（γ,n）反应产生低能中子。⑤α 粒子轰击 ^{9}Be 时还可能通过下面的反应产生中子：

$$^9\text{Be} + \alpha \longrightarrow \alpha + {}^8\text{Be} + n - 1.665 \text{ MeV}$$
$$^9\text{Be} + \alpha \longrightarrow 3\alpha + n - 1.571 \text{ MeV}$$

3. 制备（α,n）中子源的放射性同位素

在人工放射性同位素出现以前，制备同位素中子源主要用 ^{226}Ra 以及其子体同位素 ^{210}Pb、^{210}Po 等。随着锕系元素生产的发展，人们广泛利用 ^{241}Am、^{238}Pu、^{242}Cm 和 ^{244}Cm 等 α 放射性同位素制备（α,n）中子源。表 8.1 为常用制备（α,n）中子源的 α 放射性同位素。

表 8.1　常用制备（α,n）中子源的 α 放射性同位素

同位素	半衰期	主要 α 粒子能量（MeV）及分支比/%	来源
^{210}Pb	22.3 a	5.31（^{210}Po）	
^{210}Po	138.4 d	5.31（100）	^{209}Bi(n,γ)^{210}BI ⟶ ^{210}Po
^{226}Ra	1 600 a	4.78，4.6	天然存在，铀系列
^{227}Ac	21.8 a	4.94，4.95	天然存在
^{228}Th	1.91 a	5.34，5.42	天然存在
^{238}Pu	87.7 a	5.456（28.98），5.499（70.91）	^{238}Np 衰变
^{239}Pu	24 110 a	5.11（11.5），5.14（15.1），5.16（73.3）	^{239}Np 衰变
^{241}Am	432.2 a	5.44（13.5），5.49（85.1）	^{241}Pu 衰变
^{242}Cm	162.8 d	6.07（25.9），6.11（74.1）	^{238}U 多次中子俘获
^{244}Cm	18.10 a	5.76（23.6），5.80（76.4）	^{238}U 多次中子俘获

4. 靶物

（α,n）反应中子源的理想靶物是金属铍，一般用铍粉。也有用 BeO 做靶，AmO$_2$ 和 BeO 混合体在高温下可形成稳定的陶瓷体，中子产额比用金属铍低一半。表 8.2 为靶物与 ^{210}Po α 粒子作用的中子产额。

表 8.2　靶物与 ^{210}Po α 粒子作用的中子产额

| 中子源 | 中子能量/MeV | | 中子产额/ |
	最大	平均	（10^4n·GBq^{-1}·s）
^{210}Po – Li	1.3～2.6	0.48	0.11～1.1
^{210}Po – Be	10.87	4.2	6.2～8.1
^{210}Po – B	6.4	3.0	1.3～2.1
^{210}Po – C	7.5		0.01～0.011
^{210}Po – ^{18}O	4.3	2.3	3

续表

中子源	中子能量/MeV		中子产额/
	最大	平均	(10^4 n · GBq^{-1} · s)
^{210}Po – F	2.8	1.4	0.4 ~ 1.2
^{210}Po – Mg			0.14
^{210}Po – Na	4.45		0.11 ~ 0.15

5. α 放射性同位素与靶物质组合形式

由于 α 粒子的射程很短，因此在制备放射性源芯时，应尽可能使 α 放射体与靶物结合密实。中子源芯的制备方法有粉末混合压片法、高温挥发法、合金法和陶瓷法。

1）粉末混合压片法

大多数 ^{241}Am – Be、^{238}Pu – Be、^{244}Cm – Be 中子源都是用粉末混合压片法制备源芯的。镅、钚、锔的氧化物都是稳定化合物，将放射性同位素的氧化物粉末与铍粉混合压片制成源芯。粉末颗粒应在 0.056 mm（300 目）左右。

2）高温挥发法

高温挥发法主要用于制备 ^{210}Po – Be 中子源芯。将表面沉积有 ^{210}Po 的铜粉或金片和铍粉一起密封在不锈钢壳中，加热到 1 000 ℃ 左右，^{210}Po 汽化，扩散到整个源壳内。

3）合金法和陶瓷法

镅和钚与铍在 1 500 ℃ 以上高温下形成合金。最稳定的合金组成为 MBe$_{13}$。由于这种源芯的铍量少于厚靶量，所以中子产额是厚靶的 64%。

BeO 与 AmO$_2$、PuO$_2$、Cm$_2$O$_3$ 混合体在 1 600 ~ 1 700 ℃ 下形成陶瓷体源芯，其稳定性好，但中子产额仅为厚铍靶的 50%。

6. 包壳

目前工业用中子源多是双层不锈钢包壳，氩弧焊密封。

选用中子源包壳材料时应考虑到源芯物质不与其作用，而且能耐使用环境的化学腐蚀。不锈钢材料可以满足这些要求。对医用中子源，有时用贵金属材料做源包壳。

大多数中子源源壳设计成圆柱形，便于焊接，并且耐内压和外压力强。

对于（α,n）中子源，必须考虑源内产生的气体的压力对源壳的影响。源内气体的来源有：源内水分或可分解出气体物质，在 α 粒子作用下产生气体。

另外α放射性衰变生成氦气。370 GBq ^{228}Th 和0.5 g铍制成用于反应堆启动的中子源产生氦气量见表8.3。铍在堆内快中子作用下发生（n,2n）和（n,α）反应也产生氦气。在设计中子源壳时，应考虑积累的氦气的储存空间。

表8.3　370 GBq ^{228}Th 和0.5 g铍制成用于反应堆启动的中子源产生氦气量
（$1×10^{13}$ n/cm^2·s 堆内辐照时氦气生产量）

时间/a	氦气产生量/mL		
	α衰变	（n, 2n）反应	（n, α）反应
1	1.8	0.42	0.05
2	2.96	0.84	0.10
5	4.88	2.10	0.25
10	5.63	4.20	0.50

不锈钢壳中子源一般都是用氩弧焊焊封，也可用等离子弧焊或电子束焊封。某些（α,n）中子源的特性见表8.4。

表8.4　某些（α,n）中子源的特性

中子源	半衰期	α粒子数	主要α粒子能量/MeV	中子产额（10^4n·GBq^{-1}·s）
^{210}Pb－Be	22.3 a	1	4.5~5	6.2
^{210}Po－Be	138.4 d	1	4.2	6.8
^{226}Ra－Be	1 600 a	5	3.9~4.7	35
^{227}Ac－Be	21.8 a	5	4~4.7	54
^{228}Th－Be	1.91 a	5		54
^{232}U－Be	68.9 a	6		60
^{238}Pu－Be	87.7 a	1	5	6.0
^{239}Pu－Be	24 110 a	1	4.5~5	4.1
^{241}Am－Be	432.2 a	1	5	6.0
^{242}Cm－Be	162.8 d	1		8.1
^{244}Cm－Be	18.10 a	1		6.8

8.2.2　钋210－铍中子源

^{210}Po半衰期为138.4 d，是^{226}Ra衰变体系最后一个α放射性同位素，现在^{210}Po的生成主要由反应堆辐照铋靶获取，也可通过铅铋冷却快堆提取冷却剂中的^{210}Po。^{210}Po的制备方法包括湿法分离、高温化学萃取分离、高温蒸馏分

离等。^{210}Po 具有较高的比活度（167 TBq/g），由 ^{210}Po – Be 制备的中子源具有几何尺寸小、中子强度高等特点，可以作为启动中子源用于压水堆的启动。

1. ^{210}Po – Be 中子源设计

1）投料量

中子发射率是中子源的关键参数，由要求的中子发射率，根据保守的中子产额数据计算出所需的 ^{210}Po 活度；由于 ^{210}Po 比活度为 167 TBq/g，^{210}Po – Be 中子源铍粉远远过量，铍粉量可以按照活性区填充量估算，此时 ^{210}Po – Be 中子源（α，n）反应达到厚靶的效果，提高中子产额。

2）源壳

源壳材料选择时要考虑相容性好、耐温、耐压、耐腐蚀等要求。源壳的强度应满足密封放射源性能分级试验。

一般中子源源壳分内壳和外壳两种。内壳为活性区，填充 ^{210}Po – Be 源芯，内壳设计时要对内压进行估算，由 Be 粉理论密度和实际填充密度计算出 Be 粉实际占用体积和空隙体积，估算气体体积和温度的变化导致空隙体积压力的变化，内壳要保证在使用条件下密封。外壳为保护壳，应满足密封放射源性能分级试验，保证工作环境下中子源的安全。

2. ^{210}Po – Be 中子源制备

^{210}Po – Be 中子源的制备方法不同于其他（α，n）中子源。这是由于钋具有特殊性质，一是钋可以自沉积在铍金属表面，二是金属钋在高温下易挥发。^{210}Po – Be 中子源制备包括湿法和干法两种。

（1）湿法制备：在稀 HNO_3 溶液中 Po^{4+} 很容易通过电化学交换沉积（自镀）在铍金属表面，将铍粉加入 ^{210}Po(NO$_3$)$_4$ 溶液中，充分搅拌自镀，将完成自镀后的铍粉过滤，待铍粉干燥后封在源壳内。利用这种湿法制备的中子源产额高。但在实际制备过程中，沉积有大量 ^{210}Po 的铍粉易溶在 HNO_3 中，此法适合制备较弱的中子源。利用 ^{210}Po 放射性溶液通过铍粉柱的办法，铍与放射性溶液接触时间短，可减少 α 辐射的影响。苏联早期用此法制备 ^{210}Po – Be 中子源，中子产额为 6×10^4 n/(GBq·s)。

（2）干法制备：利用金属钋易挥发的特点。金属钋的熔点是 254 ℃，金属钋的沸点是 962 ℃，它的蒸气压随温度升高增加很快。在 438 ~ 745 ℃，温度与蒸气压关系是

$$\lg p = \frac{-5\,377.8 \pm 6.7}{T} + 7.234\,5 \pm 0.006\,5 \tag{8.12}$$

国外曾报道大批量生产^{210}Po – Be 中子源的流程。将^{210}Po 自镀在铜粉上，然后将沉积有^{210}Po 的铜粉与铍粉混合，根据对中子源强度的要求称取 Po – Be 混合物，封在源壳中，加高温（约 1 000 ℃）使^{210}Po 挥发到铍粉间隙，降温时大量的^{210}Po 沉积在铍粉金属表面。

国内的^{210}Po – Be 中子源制备方法是把沉积有^{210}Po 的金箔先用铝箔包起来，放入装有铍粉的不锈钢壳中用氩弧焊焊封好，放到充氩气的炉中加热到 1 000 ℃，高温下铝箔灰化，^{210}Po 挥发到铍粉上。

3. ^{210}Po – Be 中子源检验

制备的^{210}Po – Be 中子源要进行中子发射率检定、放射源分级试验、源壳表面沾污检查、泄漏检查。

4. 应用

目前^{210}Po – Be 中子源主要用于核反应堆备用启动。

8.2.3 氡 222 – 铍中子源

在有氡气发生装置的实验室中，可以很容易地制备^{222}Rn – Be 中子源。在安瓿瓶中装入铍粉，连接在氡气发生装置上，安瓿瓶抽空后充入氡气，氡气分布在铍粉间隙中，将安瓿瓶封好后，即可制备成^{222}Rn – Be 中子源。新制成的^{222}Rn – Be 中子源，中子发射率低，1 h 后中子发射率达到最大值，而后按^{222}Rn 半衰期（3.8 d）衰减。

8.2.4 镭 226 – 铍中子源

1. 镭 226 – 铍中子源

镭^{226} – 铍中子源是利用天然^{226}Ra 的 α 放射性，以^{9}Be 做靶物质制成的中子源。由于它半衰期很长，中子强度几乎不随时间变化，所以常被用来做标准中子源，缺点是有很强的 γ 辐射。

^{226}Ra 是^{238}U 放射性衰变系的子体，是从铀矿中提取的。人工生产放射性同位素出现以前，^{226}Ra 和它的子体同位素是制备放射源的主要放射性同位素。图 8.1 为^{226}Ra 的衰变图。

在^{226}Ra 衰变子体同位素中，^{222}Rn、^{218}Po、^{214}Po 都是半衰期比较短的 α 放射性同位素。如果不计算上述子体同位素的贡献，则^{226}Ra 制备的中子源，其中子发射率只有放射性平衡时的 5.2%。经过 25 d 后^{226}Ra 和上述子体同位素基

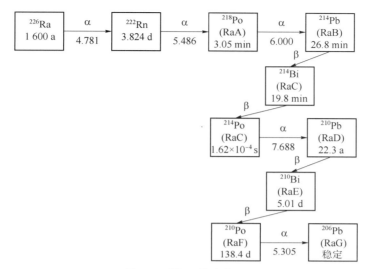

图 8.1 ^{226}Ra 的衰变图

本达到放射性平衡（接近 99%），这时的中子发射率是最终放射性平衡时的 91%。^{214}Po(RaD) 衰变生成的 ^{210}Bi(RaE)、再衰变生成的 ^{210}Po(RaF) 都是 α 放射性同位素。由于 ^{210}Pb(RaD) 的半衰期长（22 a），^{210}Pb α 粒子对中子源中子发射率的贡献，要经很长时间才能充分表现出来。所以用 ^{226}Ra 制成的中子源在很长时间里中子发射率每年增加约 0.2%，直到 ^{226}Ra 和 ^{210}Pb 达到放射性平衡，而后以 ^{226}Ra 的半衰期衰减。

镭 ^{226}－铍中子源，实际是指 ^{226}Ra 和它的子体同位素达到平衡时所发射的全部 α 粒子与铍靶作用的结果。^{226}Ra 的子代比它本身发射出更高能量的 α 粒子，因此它们能产生更多的中子。1 Bq ^{226}Ra 的 α 粒子发射率不是 1α/s，而是 5α/s。表 8.5 为 ^{226}Ra 和其子体同位素对中子源中子发射率的贡献。

表 8.5 ^{226}Ra 和其子体同位素对子源中子发射率的贡献

同位素	α粒子能量/MeV	半衰期	中子发射率的贡献	
			n/10^4α	%
^{226}Ra	4.791	1 600 a	50	5.2
^{222}Rn	5.486	3.824 d	82	11.1
^{218}Po	6.003	3.05 min	114	18.1
^{214}Po	7.688	1.62×10^{-4} s	220	56.5
^{210}Po	5.305	138.4 d	67	9.1

^{226}Ra – Be 源的制备:^{226}Ra – Be 源多数做成圆柱形,源制备过程中,镭和铍混合的比例对中子产额有一定影响。根据经验,镭和铍的重量以 1∶5 较为合适,制源时首先要将镭和铍均匀混合,通常先将镭的化合物 $RaBr_2$ 溶于水中,将 200 目(0.074 mm)左右的金属铍粉加入溶液中,并加入适量酒精减小表面张力,有助于金属粉浸湿,搅拌均匀后,将溶液蒸发干,在蒸发时也要不断搅拌、使之不结块。必须使混合物完全干燥,因为水分子在强辐射下会分解,所以即使源内少量水分存在也会逐渐形成很大压力,造成外壳破裂。为避免 $RaBr_2$ 吸水,制源是在干燥环境下进行的。混合物加压后封在金属源壳中。

^{226}Ra 半衰期长,可作为标准中子源用。^{226}Ra – Be 源既能发射中子也能发射强 γ 射线,需要用中子、γ 混合辐射时,用 ^{226}Ra – Be 源较为方便。但由于 ^{226}Ra 价格高,这种中子源已经不太使用。

2. 辐照后的 ^{226}Ra – Be 中子源

由于 ^{226}Ra 在反应堆辐照后可以生成 ^{227}Ac 和 ^{228}Th,因此 ^{226}Ra – Be 中子源经反应堆辐照后源中就存在 ^{226}Ra、^{227}Ac 和 ^{228}Th 3 个母体同位素及一系列 α 放射性子体同位素。^{226}Ra 中子俘获截面高,^{227}Ac 和 ^{228}Th 活度相对较高,所以将 ^{226}Ra – Be 中子源在反应堆辐照,可以得到中子发射率较高的中子源。

制备方法为:将 $RaCO_3$ 与铍粉混合,镭和铍的重量为 1∶12,把混合好的源芯封在不锈钢内壳和铝外壳中,送入反应堆辐照,反应堆中子注量率为 $2 \sim 6 \times 10^{14} n/cm^2 \cdot s$,辐照 700~1 800 h 后从反应堆中取出中子源,除掉铝外壳,再封存在新外壳中。经辐照的 ^{226}Ra – Be 中子源实际上变成了 ^{226}Ra – Be、^{227}Ac – Be 和 ^{228}Th – Be 中子源的混合体,中子发射率提高近 100 倍。这种源的主要缺点是 γ 剂量大,有一部分 γ 剂量是由不锈钢壳辐照生成的 ^{60}Co 造成。

8.2.5 锕 227 – 铍中子源

^{227}Ac 是 β 放射性同位素,有 5 个 α 放射性子体同位素,可用于制备小体积高中子发射率中子源。^{227}Ac 在自然界存量很少,1 t 铀中只有 0.15 mg,可以通过辐照 ^{226}Ra 生产 ^{227}Ac。图 8.2 为反应堆辐照 ^{226}Ra 生产 ^{227}Ac 和 ^{228}Th。

用 ^{227}Ac 制备中子源的主要优点是:新分离的 ^{227}Ac 起始时 α 射线强度低,中子发射率低,降低了制备中子源时对中子的防护要求。随着发射 α 粒子子体同位素的累积,制备好的中子源中子发射率逐渐增加,一般 2~3 个月才能达到最高。表 8.6 为 ^{227}Ac 放射性子体同位素和中子产额。

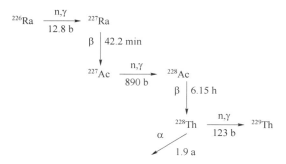

图 8.2 反应堆辐照 ^{226}Ra 生产 ^{227}Ac 和 ^{228}Th

表 8.6 ^{227}Ac 放射性子体同位素和中子产额

同位素	半衰期	α粒子能量/MeV	中子产额/$(n \cdot 10^6 \alpha^{-1})$
^{227}Th	18.72 d	6.038,5.977,5.756,5.708	105
^{223}Ra	11.44 d	5.747,5.716,5.606,5.54	95
^{219}Rn	3.96 s	6.819,6.553,6.425	156
^{215}Po	1.78×10^{-8} s	7.38	196
^{211}Bi	2.14 min	6.623,6.278	143

^{227}Ac – Be 中子源的制备：将硝酸锕溶液倒入水 – 酒精混合液中形成 Ac(OH)$_3$ 胶体，向此胶体液中加进铍粉，混合物蒸干后研磨、压片、装入源壳中，放上一有小孔的不锈钢塞子，然后在惰性气氛中在 900 ℃ 下恒温几小时，除气并使 Ac(OH)$_3$ 转化为 Ac$_2$O$_3$，最后焊封在不锈钢壳中。当 ^{227}Ac 和子体同位素达到放射性平衡时，^{227}Ac – Be 源的最大中子产额约为 700 n/$10^6 \alpha$。制备中子源的中子发射率是计算值的 85%。

8.2.6 钍 228 – 铍中子源

堆照 ^{226}Ra 可以生产 ^{227}Ac 和 ^{228}Th，^{228}Th 的放射性活度比 ^{227}Ac 高，^{228}Th 有 6 个子体同位素发射 α 粒子。通过对 ^{227}Ac 和 ^{228}Th 两种同位素性质的比较可以发现，^{228}Th 更适合制备小体积高中子发射率的中子源。^{228}Th 半衰期为 1.91 a，完全可以满足一般使用要求，特别是可用于反应堆启动。用新分离的 ^{228}Th 制备中子源，由于 ^{228}Th 还没有与其子体同位素达到放射性平衡，中子发射率相对较低，容易进行防护。

^{228}Th – Be 中子源的制备：^{228}Th 与铍粉混合可采用湿法和干法。湿法混合与 ^{227}Ac – Be 中子源的制备方法类似。干法混合是先制备 ^{228}ThO$_2$，然后与铍粉机械混合，混合均匀后压制成一定机械强度的活性片，将压制后的活性片放置在不锈钢壳中，焊封后即可制成中子源。

^{228}Th – Be 中子源可作为启动中子源用于反应堆启动，启动中子源的中子发射率一般为 $10^8 \sim 10^9$ n/s，堆芯内可用于放置中子源的空间小，因此，只能选用较短半衰期的 α 放射性同位素制备的中子源或 ^{252}Cf 裂变中子源。适合制备反应堆启动中子源的 α 放射性有 ^{210}Po、^{242}Cm 和 ^{228}Th。

有一种 ^{228}Th – Be 启动中子源，源壳的结构设计考虑源内压和外压等因素的影响，内部填充为 ^{228}Th 2 220 GBq、铍粉 2.35 g，中子发射率为 1.2×10^9 n/s，数据见表 8.7。

表 8.7 ^{228}Th – Be 中子源数据

项目	数据
活性区尺寸	φ3.4×236 mm（约 2.14 cm^3）
放射性用量	2 187 GBq ^{228}Th（72 mg）
铍粉量	2.35 g
源芯密度	1.1 g/cm^3
中子发射率	1.2×10^9 n/s

8.2.7 钚 238 – 铍中子源

^{238}Pu 半衰期为 87.7 a，与 ^{239}Pu 相比，适合制备多种用途的中子源。^{238}Pu 可以通过堆照 ^{237}Np 生成，核反应为

$$^{237}\text{Np}(n,\gamma)^{238}\text{Np} \longrightarrow {}^{238}\text{Pu}$$

产物除了 ^{238}Pu 外，还有 ^{236}Pu；也可通过 ^{242}Cm 衰变得到纯的 ^{238}Pu。

1. ^{238}Pu – Be 中子源设计

1）投料量

由要求的中子发射率，根据保守的中子产额数据计算出所需的 ^{238}Pu 活度以及质量，按照 ^{238}Pu – Be 质量 1:5 ~ 1:7 计算铍粉质量。

2）源壳

源壳材料选择时要考虑相容性好、耐温、耐压、耐腐蚀等要求。源壳的强

度应满足密封源性能分级试验。中子源源壳包括内壳和外壳，内壳为活性区，填充 ^{238}Pu – Be 源芯，内壳设计时要对内压进行估算，由 Pu、Be 理论密度和实际填充密度计算空隙体积，估算气体体积和温度的变化导致空隙体积压力的变化。外壳为保护壳，应满足密封源性能分级试验，保证工作环境下中子源的安全。

2. ^{238}Pu – Be 中子源制备方法

1）干法制备

采用混合压片法（干法）制备中子源，将 ^{238}PuO$_2$ 研磨后与 Be 粉混合，在线监测中子剂量，待中子发射稳定后停止混合，用冷压法将混合后的 ^{238}PuO$_2$ – Be 压制成 ^{238}PuO$_2$ – Be 源芯，将源芯放置在内壳中焊封，制成 ^{238}PuO$_2$ – Be 中子源。

2）湿法制备

采用溶解混合压片法（湿法）制备中子源，将 ^{238}Pu 溶液与 Be 均匀混合，混合物压片后烧结成型，将烧结的源芯放置在内壳中焊缝，制成 ^{238}Pu – Be 中子源。

3）合金法制备

Pu 与 Be 在高温条件下会形成合金，Pu – Be 合金最稳定和密度最高的形式是 PuBe$_{13}$。其密度为 4.36 g/cm^3，熔点为 1 950 ℃。合金法制备包括卤素化合物制备、氧化物制备、金属直接制备等。

卤素化合物制备：在真空中用铍还原 Pu 的卤化物，可得到合金，化学反应式如下：

$$2PuF_3 + xBe \longrightarrow 2PuBe_{13} + (x - 29)Be + 3BeF_2$$

生成的氟化铍在加热过程中被蒸馏除去。经验证明，在过量铍存在条件下，PuBe$_{13}$ 合金可在 1 125 ℃时生成。

氧化物制备：金属铍可直接还原氧化钚制备合金，化学反应式如下：

$$PuO_2 + xBe \longrightarrow PuBe_{13} + (x - 15)Be + 2BeO_2$$

由于 PuO$_2$ 比 PuF$_3$ 容易得到，反应的温度较低。在 850 ℃就开始反应，而且生成的氧化铍不必除去，因此一般制备 PuBe$_{13}$ 合金多用 PuO$_2$ 做原料。中子源的制备是用稍过量的细铍粉（0.074 mm，200 目），Be 与 Pu 的原子为20∶1。PuO$_2$ 与铍粉均匀混合后，加压、灼烧，生成的 PuBe$_{13}$ 微粒弥散在铍中。灼烧温度不宜过高，高温可能形成大颗粒的 PuBe$_{13}$，导致中子发射率下降。一般控制温度在 1 450 ℃左右；在 1 250 ℃左右灼烧，中子发射率最高。

金属直接制备：在情性气氛中，使铍和钚两种金属共熔，制成 PuBe$_{13}$ 合金。在温度达到 1 150 ℃时发生剧烈反应,温度自行升到 1 400 ℃,当加热到 2 000 ℃时可得到硬而脆的 $PuBe_{13}$ 合金。

3. $^{238}Pu-Be$ 中子源检验

制备的 $^{238}Pu-Be$ 中子源要进行中子发射率检定、放射源分级试验、源壳表面沾污检查、泄漏检查等。

4. 应用

$^{238}Pu-Be$ 中子源主要用于石油测井,中子发射率范围为 $1\times10^4 \sim 1\times10^6$ n/s。

8.2.8 钚239 – 铍中子源

^{239}Pu 的半衰期为 24 110 a,比活度低(2.27 GBq/g),所以用 ^{239}Pu 不可能制备高强度中子源。在没有更合适的 α 放射性同位素时,可以用它制成 $^{239}Pu-Be$ 合金中子源。

Pu – Be 合金最稳定和密度最高的形式是 $PuBe_{13}$。其密度为 4.36 g/cm³,熔点为 1 950 ℃。$^{239}PuBe_{13}$ 合金的中子产额可用式(8.13)计算:

$$\frac{n}{n_{max}} = \frac{N_{Be}S_{Be}}{N_{Be}S_{Be}+N_{Pu}S_{Pu}} \tag{8.13}$$

式(8.13)中,$\frac{n}{n_{max}}$ 是 $^{239}PuBe_{13}$ 的中子产额同 ^{239}Pu α 粒子与铍厚靶作用的最大中子产额之比,S_{Be} 和 S_{Pu} 分别是铍和钚原子阻止本领。

将 $S_{Be}=0.63$、$S_{Pu}=4.6$ 代入式(8.13),计算得到

$$\frac{n}{n_{max}} = \frac{13\times0.63}{13\times0.63+1\times4.6} = \frac{8.2}{12.8} = 0.64$$

即 $PuBe_{13}$ 合金的中子产额是最大中子产额的 64%。

$^{239}PuBe_{13}$ 合金中子源制备方法有三种,与 $^{238}PuBe_{13}$ 合金中子源制备方法相同。

(1)由卤素化合物制备。在真空中用铍还原锕系元素的卤化物,可得到合金,化学反应式如下:

$$2PuF_3 + xBe \longrightarrow 2PuBe_{13} + (x-29)Be + 3BeF_2$$

生成的氟化铍在加热过程中被蒸馏除去。

经验证明,在过量铍存在的条件下,$PuBe_{13}$ 合金可在 1 125 ℃时生成,这种合金生成条件同样适用于 $AmBe_{13}$ 的制备。

(2)由氧化物制备。金属铍可直接还原氧化钚制备合金,化学反应式如下:

$$PuO_2 + xBe \longrightarrow PuBe_{13} + (x-15)Be + 2BeO_2$$

由于 PuO_2 比 PuF_3 容易得到，反应的温度较低。在 850 ℃ 就开始反应，而且生成的氧化铍不必除去，因此一般制备 $PuBe_{13}$ 合金多用 PuO_2 做原料。中子源的制备是用稍过量的细铍粉（0.074 mm，200 目），Be 与 Pu 的原子为20:1。PuO_2 与铍粉均匀混合后，加压、灼烧，生成的 $PuBe_{13}$ 微粒弥散在铍中。灼烧温度不宜过高，高温可能形成大颗粒的 $PuBe_{13}$，导致中子发射率下降。一般控制温度在 1 450 ℃ 左右；在 1 250 ℃ 左右灼烧，中子发射率最高。

（3）金属直接制备。在惰性气氛中，使铍和钚两种金属共熔，制成 $PuBe_{13}$ 合金。在温度达到 1 150 ℃ 时发生剧烈反应，温度自行升到 1 400 ℃，当加热到 2 000 ℃ 时可得到硬而脆的 $PuBe_{13}$ 合金，密度为 3.7 g/cm³。$^{239}PuBe_{13}$ 合金中子源的制备是把金属钚块与金属铍块组合在一起，在惰性气氛中封在金属壳中，加热烧成 PuBe 合金源。形成的合金是不规整的。由于合金的密度大于两种起始原料总的密度之和，因此合金源壳中有大的空腔。

以上三种方法制备的 $^{239}Pu-Be$ 源芯，不是纯的 $PuBe_{13}$ 合金。通常铍的用量超过化学计量值，即生成的 $PuBe_{13}$ 是分散在铍中，另外生成的氧化铍或氟化铍夹杂在合金中，所以得到的是一种复杂体系的烧结物。

8.2.9　镅241 – 铍中子源

$^{241}Am-Be$ 中子源是目前应用最广泛的放射性同位素中子源。它是利用 ^{241}Am 衰变时发射的 α 粒子和铍发生（α，n）核反应而获得中子。^{241}Am 具有较长的半衰期（432.2 a）；核衰变时所伴随的 γ 射线的能量低（$E \approx 60$ KeV）。^{241}Am 是从核燃料后处理过程中提取的，产量大，价格相对便宜，因此 $^{241}Am-Be$ 中子源具有使用期限长、防护简单、中子发射稳定、价格适中等优点。$^{241}Am-Be$ 中子源已取代 $^{226}Ra-Be$ 和 $^{210}Po-Be$ 中子源在很多方面的应用。

制备 $^{241}Am-Be$ 中子源源芯有三种主要方法：AmO_2 与铍粉混合压片；AmO_2 与 BeO 混合体高温烧成陶瓷体和制备镅–铍合金。大多数 $^{241}Am-Be$ 源都用第一种方法制备，后两种方法用于制备特种中子源。

1. 混合压片法

把 AmO_2 粉末与铍粉均匀混合，而后压制成具有一定机械强度的金属片制备成源芯，把压制后的源芯放置在内壳中并焊接，再将内壳放置在外壳中用氩弧焊焊接制成中子源。AmO_2 和金属铍粉末的颗粒在 0.074 ~ 0.056 mm（200 ~ 300 目）。大颗粒的 AmO_2 粉末将严重影响中子产额。

AmO_2 和金属铍粉混合物要压制成具有一定机械强度的活性片，便于以后的操作，并且制成的中子源中子发射率稳定。对于 Be:AmO$_2$ = 12:1（重量比）的情况，松散密度为 0.6 g/cm^3。加 5 880 MPa（6 t/cm^2）压力，压成的片密度是 1.5 g/cm^3，中子发射率增加 10%。

要用足够多的铍粉才能获得更高的中子产额，但随着铍粉用量增加，压制的活性片密度会降低，源芯的体积会增大。利用中子发射率（N），源芯密度（ρ）与铍和氧化镅用量比（R）之间的关系可以计算出某一中子发射率的源芯体积。假定中子发射率为 10^6 n/s，那么中子源的源芯体积 $V = \dfrac{10^6(1+R)}{2.7N\rho}$ cm^3，对于不同中子发射率的源，其活性区体积可按比例计算出来。

用混合压片法制备的中子源，中子产额最高可达 $5.4 \sim 6.7 \times 10^4$ n/GBq·s，有时可能低到只有最高产额的一半。影响中子产额的主要原因是 α 放射体颗粒的大小。^{241}Am α 粒子在 AmO$_2$ 中最大射程约为 20 μm，而所用的 AmO$_2$ 颗粒直径约为 50 μm（300 目左右），因此有相当一部分 α 粒子不能穿透 AmO$_2$ 颗粒，或者在通过颗粒时能量已经减弱很多，实际作用于铍靶的 α 粒子的数量和能量都降低了，相应的中子产额也就降低了。

为了提高中子产额，应该用更小颗粒 AmO$_2$ 与铍粉混合均匀。为此，可以把 AmO$_2$ – Be 混合物在小型的研磨装置上研磨。在研磨过程中，粉末变细，混合物变均匀，中子输出率提高。

湿法混合也是可取的。一种方法是在弱 HNO$_3$（pH = 2）中把 AmNO$_3$ 与 0.047 mm（350 目）的铍粉混合蒸干，加热到 500 ℃，除去 NH$_4$NO$_3$ 并转化为 AmO$_2$，然后加压成片。另一种方法是在硝酸镅溶液中加进铍粉，在搅拌中加入草酸，使新形成的草酸镅沉淀与铍粉混合在一起。沉淀物经过滤洗涤、干燥，在 600 ~ 800 ℃ 下使草酸镅转化为氧化镅。得到的 AmO$_2$ – Be 粉末经研磨混合后，加压成活性片。用这种方法得到的源芯，AmO$_2$ – Be 混合均匀，有利于提高中子发射率。

AmO$_2$ + Be 混合物压片一般用氩弧焊焊封在双层不锈钢壳中，国产强 ^{241}Am – Be 中子源还加了第三层不锈钢包壳，用等离子焊封。每一层焊封都经检漏和电抛光去污处理。

图 8.3 为国产 ^{241}Am – Be 中子源结构

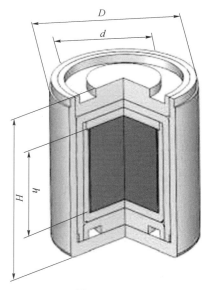

图 8.3　国产 ^{241}Am – Be 中子源结构图

图。表 8.8 为国产 ^{241}Am–Be 中子源的规格。

表 8.8　国产 ^{241}Am–Be 中子源的规格

产品代码	规格型号	外形尺寸/mm	活性区尺寸/mm	名义活度/μCi	安全等级
NABJ	CSU	$\Phi 43 \times 200$	$\Phi 24 \times 90$	18 000	C66646
NABJ	5700	$\Phi 26.5 \times 134$	$\Phi 19.5 \times 70$	18 000	C66646
NABJK	刻度源	$\Phi 16 \times 19$	$\Phi 10 \times 10$	500	C43323
NABJK	冰块	$\Phi 16 \times 19$	$\Phi 10 \times 10$	400	C43323
NABJK	中子检查源	$\Phi 16 \times 19$	$\Phi 10 \times 10$	75	C43323

混合压片法制备的中子源不适宜长期在高温下使用。高于 600 ℃，铍可能会损坏不锈钢源壳，铁可能在 α 辐射作用下氧化。另外用这种方法制备的源芯是不牢固的，一旦源壳破裂，AmO_2 粉末可能散落到周围环境中造成污染事故。在某些特殊环境下使用的源，源芯要制成陶瓷体。

2. 陶瓷法

AmO_2 与 BeO 高温烧结成陶瓷体做源芯，稳定性好，即使源壳破坏，也不会对环境造成严重污染。

按质量 10:1 称取 BeO 和 AmO_2 粉末，混合后在 1 600～1 700 ℃下灼烧 6 h 可得到密度和硬度都很高、稳定性好的陶瓷体烧结物。一个 370 MBq $^{241}AmO_2 \cdot$ BeO 活性块在 50 ℃水中浸泡 8 h，浸出量少于 18.5 Bq。这种工艺也可用于制备 Pu–Be、Cm–Be、Th–Be 中子源。

$AmO_2 \cdot$ BeO 陶瓷体中子源的主要缺点是中子产额低，约为 3×10^4 n/GBq·s。但是烧结物的密度高（2.6 g/cm^3），比混合压片约高一倍，所以单位体积活性块的中子产额相近。由于 ^{18}O 的（α，n）反应截面较大，若用 Be$^{18}O_2$ 做靶，中子产额将提高。

3. Am–Be 合金法

铀、钚、镅均可与铍在高温下形成合金，其组成是 MBe_{13}。Am–Be 合金中子源具有熔点高（近 2 000 ℃）、密度大（约 4 g/cm^3）、单位体积中子发射率高的特点。

制备 Am–Be 合金是以 AmO_2 和铍片做原料。称取一定量的 AmO_2 和 Be（AmO_2 与 Be 用量的原子为 1:20），放在氧化铍坩埚中，在电阻炉中加热。控制电炉升温速度 80 ℃/min，并用中子测量仪观察中子发射率的变化。在铍熔点附近（1 277 ℃），中子发射率开始增高，在1 500 ℃以上，中子发射率不再增加。AmO_2 和 Be 混合物在1 500 ℃下保持5 min。合金经 X 射线衍射分析，其结构类似 MBe_{13}。中子发射率测量值略低于计算值，这可能是合金分布不均匀所致。

8.2.10　锔242 – 铍中子源

^{242}Cm 半衰期为162.8 d，比活度高（1.22×10^5 GBq/g），发射的 α 粒子能量高（$E_α = 6.1$ MeV），适合制备体积小、强度高的中子源。^{242}Cm 是通过在反应堆中辐照 ^{241}Am 生成的。

^{241}Am 靶（n,γ）反应截面高、发热量大、产生气体多，因此对锔靶的制备、靶筒设计和堆照条件均提出特殊要求。通常是把锔粉弥散在镍粉中，封在专门设计的合金钢靶筒中。400 mg $^{241}AmO_2$ 粉末（弥散在8.6 g 镍粉末中）在中子注量率 10^{14} n/cm²·s 的反应堆中辐照3周，可以得到5 550 GBq 的 ^{242}Cm。辐照后的靶物先用化学方法除去大量的镍，然后用离子交换法把 Am 和 Cm 与 Pu 及裂变产物分开，最后进行 Am、Cm 分离。

1. ^{242}Cm – Be 中子源制备

^{242}Cm 与铍粉常用的混合方法有湿法和干法两种。

（1）湿法混合，向 $^{242}Cm(NO_3)_3$ 溶液中加进铍粉，再加入 NH_4OH 使 ^{242}Cm 以 $Cm(OH)_3$ 形式沉淀出来，同时和铍粉混合在一起。干燥后，加热使 $Cm(OH)_3$ 转化为 Cm_2O_3 并除去 NH_4NO_3，将混合物压片或直接装入源壳，经氩弧焊焊封即成中子源。

（2）干法混合，大量生产 ^{242}Cm – Be 中子源采用干法机械混合。$^{242}Cm_2O_3$ 与铍粉混合办法与 AmO_2 和铍粉混合工艺类似。

2. 应用

^{242}Cm – Be 中子源可制备成中子发射率大于 10^9 n/s 的中子源，用于反应堆启动、活化分析等。

8.2.11　镅241 – 锔242 – 铍中子源

由反应堆辐照 ^{241}Am 生成较短半衰期的 α 放射体 ^{242}Cm。37 GBq ^{241}Am 短期辐照后可得到大于 3.7×10^3 GBq 的 ^{242}Cm。如果把制好的 ^{241}Am – Be 中子源送入堆内辐照，在放射源内就有两种 α 放射体：^{241}Am 和 ^{242}Cm，刚辐照完的放射源 ^{242}Cm 的活度值比 ^{241}Am 高两个数量级，使放射源的中子发射率提高到 $10^9 \sim$

10^{11} n/s,, 扩大了中子源的应用范围。

^{241}Am – ^{242}Cm – Be 中子源（ABC 中子源）的不足之处是使用期短，中子发射率按 ^{242}Cm 的半衰期（$T_{1/2}$ = 162.8 d）衰减。另外生成大量裂变产物以及源壳材料被活化都增加了源的 γ 照射量率。

8.2.12 锔244 – 铍中子源

^{244}Cm 半衰期是 18.10 a，比活度为 3 078 GBq/g，是制备中子源较理想的 α 放射性同位素。^{244}Cm – Be 中子源体积较小，可满足多种使用要求。目前已用 ^{244}Cm 制备了强度达 10^9 n/s 的中子源。每立方厘米活性区中子发射率可达 10^9 n/s 以上。

^{244}Cm 主要由动力堆核燃料后处理提取，随着动力堆的发展，^{244}Cm 的产量将会增加，预计其价格将低于 ^{238}Pu。生产 ^{244}Cm 的核反应是

$$^{243}\text{Am}(n,\gamma)^{244}\text{Am} \longrightarrow ^{244}\text{Cm}$$

^{244}Cm – Be 中子源源芯可用干法混合压片，其工艺类似 AmO$_2$ 和铍粉混合压片法，也可用湿法混合，其工艺类似 ^{242}Cm – Be 源芯制备过程。

8.2.13 其他靶元素（α,n）反应中子源

铍是用得最多的靶元素。在某些情况下，需要特殊能谱中子源，可用硼、氟、锂等轻元素做靶。它们的中子产额比用铍靶低。

1. 硼靶中子源

天然硼是由 ^{10}B（19.8%）和 ^{11}B（80.2%）组成的，在 α 粒子的轰击下，通过下列反应产生中子：

$$^{10}\text{B} + \alpha \longrightarrow ^{13}\text{N} + n + 1.07 \text{ MeV}$$
$$^{11}\text{B} + \alpha \longrightarrow ^{14}\text{N} + n + 0.158 \text{ MeV}$$

硼靶中子源的制备是将放射性物质粉末与硼粉混合。为制作方便，将放射性物质的粉末与硼粉混合在四氯化碳石蜡液中，蒸干加压成型后，再加热到 500 ℃ 去除石蜡。AmO$_2$ – B 中子源的中子产额为 1.35×10^4 n/(GBq·s)。

2. 氟靶中子源

天然氟只有氟 19 一种同位素。α 粒子与 ^{19}F 作用释放中子的反应为

$$^{19}\text{F} + \alpha \longrightarrow ^{22}\text{Na} + n - 1.93 \text{ MeV}$$

通常以 CaF 和 NaF 粉末做靶与 α 放射性氧化物混合制备中子源。对于

^{210}Po – F 中子源，可将镀有 ^{210}Po 的托片和 LiF 粉末封在不锈钢壳中，加热使 ^{210}Po 挥发到靶物上。

3. 锂靶中子源

天然锂中有 92.7% 是 ^{7}Li，在 α 粒子的轰击下，通过下列反应产生中子：

$$^7\text{Li} + \alpha \longrightarrow {}^{10}\text{B} + n$$

^{241}AmO$_2$ – ^{7}LiH 中子源的制备，是把两种粉末按一定比例均匀混合后，封在金属壳中。^{210}Po – Li 中子源的制备有两种方法，一种是把镀有 ^{210}Po 的托片封在盛有锂的源壳中，加热到锂的熔点；另一种是把镀有 ^{210}Po 的托片和 LiH 封在不锈钢壳中，加热使 ^{210}Po 挥发到 LiH 靶物上。锂靶中子源是一种低能中子源。

4. 模拟裂变中子源

α 放射性同位素与锂、硼、氟、铍等靶物组成的（α，n）中子源中子能谱是不同的。把这些元素按一定比例组成混合靶，用混合靶组成中子源可以得到模拟 ^{235}U 裂变中子能谱或其他特殊中子能谱。由于可供选择的靶物有限，中子谱不可能变化太大。

靶物的组成要根据对于中子谱的要求，通过计算和实验来确定。常用的靶物都是稳定化合物，如 LiF、NaBF$_4$、NaBeF$_4$ 等。实际制备的混合靶中子源的能谱、峰位、平均能量均比计算值低，应根据实测结果来确定靶物的组成。表 8.9 为典型的模拟 ^{235}U 裂变中子源的靶物成分。

表 8.9 典型的模拟 ^{235}U 裂变中子源的靶物成分　　　　单位：%

靶元素	Li	Na	B	F	Be
含量	5.05	16.90	7.93	69.42	0.70
中子贡献	1.95	1.98	20.10	69.30	6.67

另外中子能谱还和制备工艺有关，靶物和放射性同位素混合均匀的，其能谱接近计算值。

混合靶中子源的中子产额可按式（8.14）计算：

$$Y_{i,m} = \frac{f_i M_i^{-1/2} Y_{i,p}}{\sum_i f_i M_i^{-1/2}} \tag{8.14}$$

式（8.14）中，$Y_{i,p}$——纯靶元素 i 的中子产额；$Y_{i,m}$——在混合中靶元素 i 的中子产额；f_i——在混合靶中元素 i 的重量百分数；M_i——元素 i 的摩尔质量。

^{241}Am 模拟裂变中子源是用干法混合，即按比例称取 LiF、NaBF$_4$、NaBeF$_4$

粉末与α放射体氧化物（如 AmO_2）均匀混合，压制成密实的活性块，封在不锈钢壳中。

对于 ^{210}Po 的模拟裂变中子源可用挥发法和湿法来制备。挥发法是把选定的靶物（高温下不易分解的）与镀有 ^{210}Po 的托片一起封在不锈钢壳中，加热使 ^{210}Po 挥发到靶物上。湿法混合是把 ^{210}Po 连同选定的靶物一起溶到 HF 中，减压蒸发成固体，研磨后加压装到不锈钢壳中，用氩弧焊密封。湿法混合制备的源，中子产额高，能谱重现性好。

8.2.14 开关中子源

中子输出具有开关特性的中子源称作"开关中子源"，或者称作"可变输出中子源""可变强度中子发生器"。这类中子源主要用于中子剂量仪表刻度及物理实验。开关中子源所用靶物多是金属铍片，α放射性同位素有 ^{226}Ra、^{210}Po、^{242}Cm、^{238}Pu 和 ^{241}Am。

开关中子源的基本原理是采用一种特殊的机构，使α放射源和铍靶能贴近和分离，以实现中子输出的"开启"和"关闭"。依据开关机构的不同，开关中子源大致可分为四类。

（1）旋转式。利用操纵轮带动盒内、外磁铁同步转动，或用类似可变电容器的转动方式来改变α放射源和铍靶之间的径向位置。

（2）插入式。利用控制杠，改变α放射源和铍靶之间的纵向位置。

（3）隔离式。在α放射源和铍靶之间嵌入可移动的屏蔽物，使它能沿着径向或轴向改变位置。

（4）充气式。氡气是短寿命放射性同位素，由母体镭衰变产生。它本身是惰性气体，不易吸附在周围介质中，使用时充氡气到铍粉靶物中。用后短期放置，大部分放射性物质很快衰变（见 $^{222}Rn-Be$ 中子源）。图8.4 为我国研制的 $^{210}Po-Be$ 开关中子源示意图。

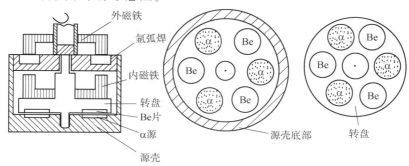

图 8.4 我国研制的 $^{210}Po-Be$ 开关中子源示意图

^{210}Po α 放射源是用电镀法制备的平板源,铍靶是同 α 放射源一样规格的片。α 放射源与铍靶片各 6 个,都封在密封壳中,分装在两个托盘上,源与靶是间隔放置。利用步进电机和源盒内、外磁铁的转动机构来改变源壳底部(不动的)向上安放的靶片和 α 放射源,使之与转盘向下安放的靶片和 α 源对准或错开,从而达到中子输出的开启、半闭或全闭。

开关中子源的中子产额,约为一般中子源的 10%。在关闭位置的中子发射率比开启时低两个数量级。

8.2.15 异形中子源

通常用的中子源呈圆柱状,某些工作需用特殊结构的中子源,如环状、线状、针状和球状中子源等。

1. 环状中子源

这是为适应中子测水分而设计的一种中子源。制备这种源的主要困难是如何把 ^{241}Am–Be 活性物质放到源壳内和焊封。可以把放射性物质通过一种特殊漏斗倒入环形壳中,而后加压固定,还可以把放射性粉末预先压制成型再装入源壳内。环形源的源壳壁薄,焊封比较困难。

2. 线状中子源

这是一种细长的圆柱状源,用于测量容器中含氢材料和体内中子治疗。源芯放射性活度分布均匀,不均匀度一般不超过 10%。线状中子源用旋转拉延技术制备。把 AmO_2 和 Be 粉末装到铝管内并密封,在拉延机上拉伸成线状,剪切后再封在不锈钢壳中。对于 ^{252}Cf 中子源,则可以直接将镀有 ^{252}Cf 的丝或 Cf_2O_3–Pb 金属陶瓷棒装在源壳中做成线状中子源。

3. 针状中子源

这是一种体内治疗用中子源。由于源的有效容积很小,约 0.008 5 cm^3,若装料密度为 1.8 g/cm^3,则只能装 10 mg,所以这种源只能用短半衰期的 ^{242}Cm 和 ^{210}Po 制备源芯,或者采用 ^{252}Cf 制备源芯。

现在体内植入用的中子源主要是 ^{252}Cf 源,它的制备方式是将镀有 ^{252}Cf 的金属丝封在针状壳中。

4. 球形中子源

这是为适应物理实验的需要而制备的一种中子源,这种源的优点是源向

4π 方向发射的中子分布均匀，不受源芯和包壳影响。还有一种球形中子源结构，源壳呈圆球形，以便和使用装置配合，源芯不一定是球形的。

8.2.16 中子 – γ 组合放射源

测量湿度需用中子源，测量密度则需用 γ 放射源。为了满足同时测量湿度、密度的要求，将两种源合在一起做成中子 – γ 组合放射源。图 8.5 为中子 – γ 组合放射源结构图。中子源为 ^{241}Am – Be 源，中子发射率为 1.1×10^5 n/s，γ 放射源是 296 MBq（8 mCi）的 ^{137}Cs γ 放射源。两放射源封在一个不锈钢壳中。

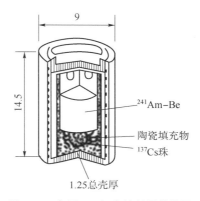

图 8.5　中子 – γ 组合放射源结构图

8.3　(γ, n) 中子源

(γ, n) 中子源又称光中子源。它是由可发射高能 γ 射线的同位素与 Be 或 D_2O 靶以某种形式组合成的。

(γ, n) 反应都是吸热反应，反应能等于核内中子结合能。在稳定的原子核内，中子结合能最小的是 ^{9}Be(1.666 MeV) 和 D(2.226 MeV)，其他核的中子结合能大约为 5 MeV 或更高。光致反应的阈值等于粒子在核中的结合能。放射性同位素所发射的 γ 射线能量很少有超过 3 MeV 的，用于制备 (γ, n) 中子源的 γ 放射性同位素较少（表 8.10）。

γ 射线穿透力很强。制备 (γ, n) 中子源通常是把放射性同位素装到一个小的容器中，外面用 Be 或 D_2O 包围起来。

表 8.10 用于制备（γ,n）中子源的放射性同位素

同位素	半衰期	大于 ^{9}Be 阈值的 γ 射线能量/MeV	生成方式
^{24}Na	15 h	2.753	^{23}Na(n,γ)
^{48}V	16 d	2.240	^{48}Ti(n,γ)
^{56}Co	77.3 d	1.771,2.015,2.598,3.202,3.53,3.273	^{56}Fe(p,n)
^{72}Ga	14.1 h	1.861,2.019,2.202,2.490,2.507	^{71}Ga(n,γ)
^{88}Y	108.1 d	1.836,2.734	^{88}Sr(p,n)
^{140}La	40.27 h	2.522,1.965	U(n,f)
^{156}Eu	15.17 d	1.937,1.965,2.026,2.097,2.181,2.186,2.205	^{154}Sm(n,γ) ^{155}Sm(β) ^{155}Eu(n,γ)
^{164}Tb	5.4 d	1.845,2.014	
^{124}Sb	60.2 d	1.691,2.091	^{123}Sb(n,γ)
^{106}Ag^m	8.91 d	1.83	^{107}Ag(p,pn)
^{119}Te^m	4.7 d	2.089	^{121}Sb(p,3n)
^{205}Bi	15.31 d	1.764,1.862,1.904	^{206}Pb(p,2n)
^{206}Bi	6.24 d	1.718,1.878	^{206}Pb(p,n)
^{226}Ra	1 602 a	1.764,2.204,2.434	天然铀子体
^{228}Th	1.91 a	2.614	^{226}Ra(n,γ)

8.3.1 光中子源的中子发射率

光中子源的中子发射率与 γ 放射源的活度 $I_γ$、光激中子的有效截面 $σ_{γ,n}$，靶物的厚度 R 以及 γ 射线在靶物中的吸收系数 $μ$ 有关。

对于发射单能 γ 射线的 γ 放射源，当其 γ 射线通过均匀靶物时，在距 γ 放射源 R 的地方，单位体积的中子发射率为

$$b = I_γ \frac{Nσ_{γ,n}}{4πR^2} e^{-μR} \qquad (8.15)$$

式（8.15）中，$I_γ$——γ 源每秒钟在 4π 立体角方向发射的光子数；N——在单位体积内靶物质核数目。

在无限大的靶物体内所形成的中子总数为

$$B = \int_0^∞ 4πR^2 b dR = I_γ \frac{Nσ_{γ,n}}{μ} \qquad (8.16)$$

即光激中子源的最大产额决定于靶核的（γ,n）反应的吸收系数 $Nσ_{γ,n}$ 与总吸收系数 $μ$ 之比。显然，当 γ 射线通过较小尺寸的靶物时，中子发射率比较低。

所以一般（γ,n）中子源有一个较厚的靶套。对于一个半径为 R 的圆球形靶，产生中子的数目为

$$B = I_\gamma \frac{N\sigma_{\gamma,n}}{\mu}(1 - e^{-\mu R}) \qquad (8.17)$$

通常光中子源中子发射率的计算是根据标准中子产额。标准中子产额是指用 37 GBq 的 γ 放射源在 1 cm 距离处对于 1g 靶（如铍或氘）反应每秒所产生的中子数。

$$B = 4\pi I\rho RY \qquad (8.18)$$

式（8.18）中，Y——标准中子产额。近似中子产额可以根据表 8.11 的标准中子子产额乘一个系数得到，如对铍此系数是 $23R$，对重水是 $3R$，R 是靶厚（单位 cm）。

表 8.11 某些（γ,n）中子源标准产额

同位素	半衰期	铍靶		氘靶	
		平均中子能量 /MeV	标准中子产额 /(10^3n·GBq^{-1}·s^{-1})	平均中子能量 /MeV	标准中子产额 /(10^3n·GBq^{-1}·s^{-1})
^{24}Na	15 h	0.83 0.80	3.5 2.9	0.22	7.2 5.8
^{72}Ga	14.1 h	0.27	1.4	0.13	1.6
^{88}Y	108.1 d	0.158	2.7	0.27	0.08
^{124}Sb	60.4 d	0.22 0.035 0.024	1.4 5.1 4.1		
^{140}La	40.27 h	0.62	0.07	0.13 0.15	0.2 0.12
^{226}Ra	1 602 a	0.67	0.8 1.2	0.12	0.027 0.17

8.3.2 中子通量

光中子源的中子能量按式（8.19）计算：

$$E_n = \frac{A-1}{A}(E_\gamma - |Q|) \qquad (8.19)$$

式（8.19）中，A——靶核的质量数；E_γ——入射γ射线能量（MeV），Q——反应能（MeV）。精确的中子能谱应考虑中子发射方向与入射γ射线的夹角 θ：

$$E_n = \frac{A-1}{A}(E_\gamma - |Q|) \pm \sqrt{\frac{2(A-1)(E-|Q|)}{931 A^3}} E\cos\theta \quad (8.20)$$

由式（8.20）可见，即使以单能的γ射线轰击靶核，（γ,n）反应放出的中子能量也不是单能的，它们的最大能量宽度为

$$\Delta E = 2E\sqrt{\frac{2(A-1)(E-|Q|)}{931 A^3}} \quad (8.21)$$

例如对于 ^{24}Na – D 源，E_γ = 2.753 MeV，Q = -2.225 MeV，则 E_n = 264 ± 33 keV。

实际上，光中子源的中子能量分散度很小。根据计算，氘靶中子源的相对中子分散度为 ±14%，而铍靶只有 ±1.5%。由于铍和 D_2O 都是良好的中子慢化剂，厚靶光中子源能谱比薄靶分散度大，中子平均能量降低。

8.3.3　用于制备（γ,n）中子源的放射性同位素

表 8.10 列出了一部分γ射线能量大于 1.666 MeV 的同位素，它们可和铍、D_2O 组成光中子源。表中所列的同位素多数是加速器生产的，它们的产量少、成本高。堆照同位素 ^{124}Sb，半衰期适合，^{124}Sb – Be 中子源目前是主要的光中子源。

8.3.4　用于制备（γ,n）中子源的靶物

铍和氘均可用作（γ,n）中子源的靶。它们的（γ,n）反应阈值不同，对于 ^{9}Be 是 1.665 MeV，对于 D 是 2.226 MeV，反应生成的中子能量也不相同（表 8.11）。对于 D 靶，在γ射线能量大于反应阈值，（γ,n）反应截面随γ射线能量增加呈线性增长；而对于铍靶，则比较复杂，在 1.7 MeV 和 3 MeV 左右有高峰。

8.3.5　（γ,n）中子源的制备工艺

常用的（γ,n）中子源有球形和圆形两种。靶物（铍或 D_2O）的厚度根据需要而定。如果需要中子能谱分散度小、体积小的中子源，靶物量可少些。如果要求中子发射率高，应相应增加靶物的厚度或密度。靶容器留有一个孔，可把放射性物质放到中心位置，然后盖上用靶材料做的塞子，即做成中子源。

用反应堆生产用以制备（γ,n）中子源的放射性同位素，是把靶物封在钛

壳、铝壳或石英瓶中，外加铝壳，辐照后再用钛或铝壳封好即可使用。加速器生产的同位素需经简单的封装或化学处理后再封装。

有些（γ,n）中子源的γ放射源和靶物是可以分开的，使用时组合在一起，在储存和运输时，把γ放射源和靶物分开，以减小辐射剂量。由反应堆照射生产的源芯，如果强度低了，可以把γ源送入堆内再照射。

8.3.6 锑124-铍中子源的制备

具有工业应用意义的（γ,n）中子源主要是 ^{124}Sb–Be 中子源。

^{124}Sb 由反应堆照射锑靶而获得。天然锑中 ^{123}Sb 丰度为 42.75%，热中子俘获截面 4.28×10^{-24} cm^2。在 1×10^{14} n/cm$^2 \cdot$s 热中子通量下，照射 28 d 可生成 ^{124}Sb 251.6 GBq/g。

^{124}Sb–Be 中子源结构简单，容易制造。一种最简单的制备方法是在反应堆中辐照用钛做包壳的金属锑靶，辐照生成的 ^{124}Sb 放入铍套中。不需要中子时，把 ^{124}Sb 从铍套中取出即可。另一种方法是把锑和铍压在一起，以钛做包壳，在反应堆内照射，这样可得到一种较紧凑的中子源。现在已经能够制备高强度 ^{124}Sb–Be 中子源（1×10^{10} n/s）。

^{124}Sb–Be 中子源所发射的中子，能量低（$E_n = 24$ keV），容易慢化，适用于中子照相、活化分析和一些中子物理研究工作。

^{124}Sb–Be 中子源的 ^{124}Sb 放射源可从铍靶中取出单独运输和储存。比如一个中子发射率为 10^{10} n/s 的普通同位素中子源需要用 30 t 的运输容器，而同样强度的 ^{124}Sb–Be 中子源则只需 150 kg 的运输容器。

8.4 自发裂变中子源

8.4.1 自发裂变中子源特点

自发裂变同位素的一个原子核在发生自发裂变过程中释放出 2~4 个中子，利用这种特性制备了自发裂变中子源。表 8.12 为某些重核自发裂变同位素数据。^{235}U、^{238}U、^{236}Pu、^{238}Pu、^{239}Pu、^{240}Pu、^{242}Pu、^{241}Am 等同位素的自发裂变中子产额很低，不适合制备自发裂变中子源。^{244}Cm 的自发裂变中子产额相当高，在计算 ^{244}Cm–Be 源中子产额时，应考虑自发裂变中子的贡献，它约占 5%。

表 8.12　某些重核自发裂变同位素数据

同位素	自发裂变半衰期	有效半衰期	自发裂变活度 /(Bq·g^{-1}·s^{-1})	一次裂变释放的平均中子数	产额 /(n·s^{-1}·g^{-1})
^{235}U	1.9×10^{17} a	7.1×10^{8} a	2.94×10^{-4}	2.5	7.43×10^{-4}
^{238}U	8.2×10^{15} a	4.51×10^{9} a	8.55×10^{-3}	2.1~2.3	1.8×10^{-2}
^{236}Pu	3.5×10^{9} a	2.85 a	1.61×10^{4}	2.2~2.3	3.55×10^{4}
^{238}Pu	4.9×10^{10} a	87.7 a	1.13×10^{3}	2.33	2.64×10^{3}
^{239}Pu	5.5×10^{15} a	2.44×10^{4} a	1.01×10^{-2}	2.28	2.30×10^{-2}
^{240}Pu	1.40×10^{11} a	6.58×10^{3} a	3.94×10^{2}	2.12	8.34×10^{2}
^{242}Pu	$\sim 7 \times 10^{10}$ a	3.79×10^{5} a	$\sim 7.82 \times 10^{2}$	2.18~2.3	1.80×10^{3}
^{241}Am	9×10^{13} a	4.32×10^{2} a	2.75×10^{-1}	3.14	8.64×10^{-1}
^{242}Cm	7.2×10^{6} a	163.5 d	7.59×10^{5}	2.49~2.65	1.8×10^{7}
^{244}Cm	1.31×10^{7} a	18.10 a	4.15×10^{5}	2.81	1.17×10^{7}
^{249}Bk	1.87×10^{9} a	314 d	8.88×10^{4}	3.72	3.30×10^{5}
^{246}Cf	2.1×10^{3} a	35.7 h	2.57×10^{10}	2.92	7.50×10^{10}
^{252}Cf	85.5 a	2.646 a	6.17×10^{11}	3.74	2.35×10^{12}
^{254}Fm	246 d	3.24 h	8.25×10^{13}	4.05	3.34×10^{14}

^{252}Cf 是 α 放射性同位素，α 衰变半衰期为 2.638 a，自发裂变半衰期为 85.5 a，分支比 3.1%，自发裂变中子产额为 2.35×10^{12} n/s·g。^{252}Cf 的有效半衰期（包括 α 衰变和自发裂变）是 2.646 a。

^{252}Cf 自发裂变中子以瞬发中子为主，并包括少量的缓发中子。通过测量证明 ^{252}Cf 每一个核裂变事件的瞬发中子平均数为 $v_p = 3.737 \pm 0.008$。

对于一个 ^{252}Cf 自发裂变中子源，如果知道单位时间裂变数 N_f 和每次核裂变发出的中子平均数 v_p，那么就可知道中子发射率 I_n：

$$I_n = N_f v_p \tag{8.22}$$

由于 N_f 等于自发裂变衰变常数 λ_{sf} 与源中自发裂变核数目（N_0）的乘积，那么式（8.22）可写作

$$I_n = N_f v_p = \lambda_{sf} N_0 v_p \tag{8.23}$$

对于 ^{252}Cf 裂变中子谱已进行多种方法的测量。表 8.13 为 ^{252}Cf 自发裂变中子能量及产额。

^{252}Cf 的 γ 放射性是由三部分组成的：α 衰变过程产生的 γ 射线、裂变的瞬发 γ 射线和裂变产物放出的 γ 射线。通过计算可得，在空气中 1g ^{252}Cf 在 1 m 远处的中子剂量率为 22 Sv/h（2.2×10^{3} rem/h），γ 照射量率为 16 Gy/h（1.6×10^{2} rad/h）。

表 8.13 ^{252}Cf 自发裂变中子能量及产额

能量 /MeV	产额 /(n·s^{-1}·g)	能量 /MeV	产额 /(n·s^{-1}·g)	能量 /MeV	产额 /(n·s^{-1}·g)
0.3~0.4	9.4×10^{10}	2.4~2.6	1.0×10^{11}	5.2~5.6	3.1×10^{10}
0.4~0.6	1.9×10^{11}	2.6~2.8	8×10^{10}	5.6~6.0	2.3×10^{10}
0.6~0.8	2.0×10^{11}	2.8~3.0	6.8×10^{10}	6.0~6.4	1.8×10^{10}
0.8~1.0	1.7×10^{11}	3.0~3.2	6.2×10^{10}	6.4~6.8	1.3×10^{10}
1.0~1.2	1.8×10^{11}	3.2~3.4	6.1×10^{10}	6.8~7.2	9.3×10^{9}
1.2~1.4	1.7×10^{11}	3.4~3.6	5.9×10^{10}	7.2~7.6	6.9×10^{9}
1.4~1.6	1.5×10^{11}	3.6~3.8	4.6×10^{10}	7.6~8.0	5.8×10^{9}
1.6~1.8	1.4×10^{11}	3.8~4.0	5.0×10^{10}	8.0~8.8	6.2×10^{9}
1.8~2.0	1.2×10^{11}	4.0~4.4	6.4×10^{10}	8.8~9.6	1.8×10^{9}
2.0~2.2	1.1×10^{11}	4.4~4.8	5.4×10^{10}	9.6~10.4	1.9×10^{9}
2.2~2.4	1.0×10^{11}	4.8~5.2	3.9×10^{10}	10.4~11.2	1.3×10^{9}

8.4.2 锎 252 的生产

^{252}Cf 的生产方法有三种：利用加速器制备 ^{252}Cf；利用地下热核爆炸制备 ^{252}Cf；利用核反应堆照射超铀元素靶，通过连续俘获中子和 β 衰变，生产 ^{252}Cf。

在中子通量大于 1×10^{15} n/cm^2·s 的反应堆内辐照超铀元素靶 ^{239}Pu、^{242}Pu、^{241}Am、^{243}Am、^{244}Cm 等可以生产 ^{252}Cf，^{252}Cf 的生成是超铀靶核发生多次中子俘获和 β$^-$ 衰变的结果。

在堆照生产 ^{252}Cf 的过程中，由于靶核的中子反应截面非常大，不但有明显的自屏蔽作用，而且还会释放很多热量。通常是把靶物做成陶瓷微球，弥散在铝、镁、石墨等稀释剂中，或者做成 PuAl、AmAl、CmAl 合金靶，这样可改善靶子的导热性和减弱中子自屏蔽作用，并且便于辐照后的化学处理。

辐照后靶物的化学处理是采用通常的 Purex 流程，最后用高压离子交换法分离提取 ^{252}Cf。

^{252}Cf 的同位素丰度和辐照后存放时间有关。在反应堆中生产 ^{252}Cf 的同时还产生锎的其他同位素，由于它们的半衰期不同，因此在不同存放时间，其同位素组分的比例是不同的。新生产的锎的同位素组分是：^{249}Cf（1.05%），^{250}Cf（9.69%），^{251}Cf（2.73%），^{252}Cf（86.43%），^{253}Cf（0.045%），^{254}Cf（0.019%）。

^{252}Cf 的化学纯度与化学分离方法、所用试剂、包装材料以及存放时间有

关。制备中子源所要求的^{252}Cf 的化学纯度，主要根据中子源的强度大小、源壳的容积大小而定。^{252}Cf 的比活度高，可允许有一定量的化学杂质存在。实际制源时还要加载体物，但不能允许有机物存在，有机物的辐射分解会影响中子源的性能。

8.4.3 锎 252 中子源的制备工艺

金属锎在空气中不稳定，易氧化生成 Cf_2O_3。氧化锎的热稳定性很好，它的熔点是 2 300 ℃，所以 ^{252}Cf 源中的锎都是以氧化物形式存在的。^{252}Cf 源芯的制备方法要根据中子源的强度、使用要求和实验室条件而选定。一般制备 ^{252}Cf 源芯的方法有如下几种：电镀法、共沉淀法、无机吸附剂吸附法、含氧酸盐高温转化氧化物法、离子交换吸附－灼烧－冷压法及粉末冶金法。

1. 电镀法

锎不能以金属形式从水溶液中电沉积在阴极表面，可以化合物的形式从乙醇等弱极性有机溶剂中电沉积在阴极表面，但沉积量少，总沉积量一般不超过 500 μg/cm^2，而且沉积物不稳定，遇水易溶。锎也可从盐酸、硝酸、甲酸、草酸和铵盐的水溶液中电沉积在阴极上。沉积物不是金属，而是氢氧化物。阴极电极反应为

$$6H_2O + 6e^- \longrightarrow 3H_2 + 6OH^-$$
$$2Cf^{+3} + 6OH^- \longrightarrow 2Cf(OH)_3$$
$$2Cf^{3+} + 6H_2O + 6e^- \longrightarrow 2Cf(OH)_3 + 3H_2 \uparrow$$

无论是从有机溶剂中还是从水溶液中电沉积出的锎的化合物都不能在阴极表面牢固地附着，必须灼烧成氧化物。

2. 共沉淀法

在含 ^{252}Cf 的溶液中加入一定量非放射性载体 Fe^{3+} 离子，混合均匀后，再加进氢氧化铵，这时 Cf^{3+} 与 Fe^{3+} 离子以氢氧化物形式共沉淀。沉淀物经过滤、干燥后，在 800 ℃ 下灼烧使氢氧化物变成氧化物，制成源芯。

3. 无机吸附剂吸附法

将每毫升含有 1 mg ^{252}Cf 的酸性溶液通过氧化铝多孔陶瓷体，吸附有 ^{252}Cf 的陶瓷体经乙醇洗涤后，在 100 ℃ 下干燥，即成源芯。还有一种方法是把冻石（一种滑石）浸在 ^{252}Cf 溶液（pH = 2）中，经过一定时间后取出，干燥后在

700 ℃下灼烧成源芯。

4. 含氧酸盐高温转化氧化物法

用微量注射器把已标定好的^{252}Cf硝酸盐分装到源的内壳中,而后在80 ℃加热1 h,溶液蒸干后,再加热到400~450 ℃,恒温1 h,使硝酸锎完全转化为氧化物。最后,把该内壳封在外壳中。

5. 离子交换吸附–灼烧–冷压法

把一个多孔的金属滤片紧压在带有许多小孔的铝筒底部,在铝筒内装有阳离子交换树脂,在树脂上铺一定厚度的铝粉,把一定量^{252}Cf稀硝酸料液加入该铝筒中,让树脂定量地吸附^{252}Cf;树脂经稀硝酸和无水乙醇洗涤、干燥后,在空气中加热到450 ℃,恒温3 h,形成含氧酸锎;冷却后,把铝筒连同里面的放射性物质、铝粉一起加压27.4 MPa,得到一定形状的锎坯块,用于进一步制源。

6. 粉末冶金法

粉末冶金法制备^{252}Cf源的主要过程包括三部分:制备^{252}Cf$_2$O$_3$–Pd金属陶瓷体、粉末冶金制备^{252}Cf坯块、封在金属套中轧制成有金属包层的丝状^{252}Cf源芯。

1)制备^{252}Cf$_2$O$_3$–Pd金属陶瓷体

利用纯^{252}Cf$_2$O$_3$不易做成强中子源,比较合适的源芯体是^{252}Cf$_2$O$_3$与稳定性和延展性都较好而且中子俘获截面小的金属,如金属钯,组合成金属陶瓷体。金属钯的熔点是1 552 ℃,在制备金属陶瓷体时,不会形成大的金属熔块。

有一种制备金属陶瓷体的简单方法:把粉末状的Cf$_2$O$_3$与载体Th$_2$O$_3$按2%浓度弥散在金属钯粉中,然后高温灼烧成金属陶瓷体。

钯粉与^{252}Cf$_2$O$_3$混合物可通过湿法化学来获得。向^{252}Cf(NO$_3$)$_2$和载体物Tb(NO$_3$)$_2$的0.1 mol/L NHNO$_3$溶液加入过量草酸溶液,搅拌,形成^{252}Cf和铽的草酸盐沉淀。然后加85%的水合肼,并使溶液由酸性变为碱性(pH = 10),再按2 mg ^{252}Cf加进1 g钯的比例,加入钯的四氨络合物[Pd(NH3)$_4$(NO$_3$)$_2$]溶液,二价钯在水合肼的作用下还原成金属钯沉积在草酸锎(铽)沉淀物表面。将表面沉积有金属钯的草酸锎(铽)沉淀物过滤、洗涤,除去残存的草酸和水合肼,然后在氩气气流下加热到220 ℃左右,恒温8~16 h,使沉淀物干燥,再慢加热(15 ℃/min)到450~500 ℃,保持30 min(在96% Ar和4% H$_2$中)。这时草酸锎(铽)按下式分解,形成氧化锎、氧化铽:

$$M_x(C_2O_4)_y \cdot zH_2O \longrightarrow M_xO_y + yCO\uparrow + yCO_2\uparrow + zH_2O\uparrow$$

氧化物在冷却到 200 ℃ 左右时，通入纯氩气保护，避免钯粉上吸附氢。高温时用氩 – 氢混合气体是为了避免钯被氧化。

2）粉末冶金制备 ^{252}Cf 坯块

把氧化锎与钯混合的粉状物放到模具中加 103 MPa 压力，压制成坯块。其密度为理论密度的 50%。

把坯块放在预先铺上钯粉的刚玉瓷板上，在流速为 28 L/h 的氢（4%）– 氩（96%）气流中缓慢升温至 1 000 ℃，改在纯氩气气流中加热至 1 300 ℃，保持 2 h 以上，然后慢慢冷却至 200 ℃ 进行辊轧加工。

3）轧制

把上述坯块放在轧丝机上轧制成 1 mm × 1 mm 的方形截面丝材。轧制过程中，金属陶瓷丝材要在 800 ℃ 氩气流中退火 10 min，消除丝材内部的应力。

轧制出的 ^{252}Cf$_2$O$_3$ – Pd 金属陶瓷丝材，含 ^{252}Cf 量大，而且裸露在外面，容易氧化脱皮，因此裸丝表面还需覆盖金属保护层。把 ^{252}Cf$_2$O$_3$ – Pd 丝按需要截取一定长度封在预先制好的钯管中，钯管的壁厚度是根据放射性丝扩展的倍数而定；把封装有 ^{252}Cf$_2$O$_3$ – Pd 的钯管放到轧丝机上轧制成所需规格的 ^{252}Cf 丝状源芯。轧制过程中仍需加热进行退火处理。

^{252}Cf 金属陶瓷丝源中 ^{252}Cf 的分布均匀度用 γ 射线自显影技术测定。还可以用测量中子计数率的方法检查 ^{252}Cf 源的均匀性，测量精度在 ±3%。

^{252}Cf$_2$O$_3$ – Pd 金属陶瓷丝的物理、化学性能较好。这种 ^{252}Cf 源芯综合了金属钯和氧化锎的化学、物理性能，在空气中，常温下是稳定的，在 400 ~ 800 ℃ 下，金属陶瓷表面发生浅层氧化；当温度高于 800 ℃ 时，原来生成的氧化钯又开始分解还原成金属钯。其在稀酸中不易发生腐蚀，但在有强氧化剂存在时，腐蚀比较明显。金属陶瓷体内的氧化锎和金属钯在 1 300 ℃ 以下不发生化学反应。

在 ^{252}Cf$_2$O$_3$ – Pd 金属陶瓷体中，钯的含量很高，约为 99%，氧化锎均匀地弥散在钯金属中。它的熔点接近纯钯的熔点（T_{Pd} = 1 552 ℃）。氧化锎的挥发性很弱，在 1 000 ℃ 以下是微乎其微，在 1 200 ℃ 下，蒸气压约为 133 pPa。

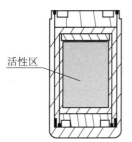

图 8.6 国产 ^{252}Cf 中子源结构图

活性区

制备的源芯要根据需要加工成各种规格，并封在金属外壳中。图 8.6 为国产 ^{252}Cf 中子源结构图，表 8.14 为 ^{252}Cf 中子源的规格。

表 8.14　^{252}Cf 中子源的规格

产品代码	名称	外形尺寸/mm	名义活度/GBq
CFAAM300YG	中子刀治疗源	$\varphi 3 \times 10$	11.10
CFABM075GG	工业在线分析源	$\varphi 7 \times 15$	2.775
CFACM000GG	核电站反应堆中子启动源	按设计要求	按设计要求

^{252}Cf 中子源与其他同位素中子源相比，具有体积小和发热量小的特点，因而可做成强源，满足多种使用要求。表 8.15 为不同种类同位素中子源的参数比较（源强归一为 5×10^{10} n/s）。

表 8.15　不同种类同位素中子源的参数比较（源强归一为 5×10^{10} n/s）

中子源	同位素半衰期	γ 剂量率/(Gy·h^{-1}·m^{-1})	生成热量/W	源芯体积/cm^3
^{124}Sb – Be	60.2 d	4.5×10^2	20	200
^{210}Po – Be	138.4 d	2×10^{-2}	640	2
^{238}Pu – Be	87.7 a	0.4×10^{-2}	550	350
^{241}Am – Be	432 a	2.5×10^{-2}	750	2.2×10^4
^{242}Cm – Be	162.5 d	0.3×10^{-2}	600	2
^{244}Cm – Be	18.1 a	0.2×10^{-2}	600	70
^{252}Cf	2.65 a	2.9×10^{-2}	0.8	<1

表 8.15 中所列体积并没有考虑 α 衰变产生的氦气体量。对于一个 5×10^{10} n/s ^{242}Cm – Be 中子源，生成氦气体量为 470 cm^3，而同样强度的 ^{252}Cf 中子源仅产生 2 cm^3 氦气。由于产生热量大，一个 5×10^{10} n/s ^{242}Cm – Be 中子源，为使温度控制在安全水平，要用导热好的金属材料，加大源壳体积。

8.4.4　锎 252 次临界中子倍增装置

有了 ^{252}Cf 中子源以后，很快就研制成功由 ^{252}Cf 中子源激励的裂变次临界中子倍增系统，这样使同位素中子源的中子通量提高 10～100 倍，提高了中子源的工作能力、扩大了其应用范围。这种装置比反应堆和加速器便宜，可代替反应堆和加速器做很多工作。

8.4.5　次临界中子倍增装置工作原理

热中子能有效地诱发易裂变物质发生裂变反应，每次裂变放出约 2.5 个中子。当裂变物质的量低于临界质量，在次临界条件下这 2.5 个中子只能诱发低

放射源制备及应用技术

于 1.0 次核裂变,即有效增殖系数 $k_{eff} < 1$。因此在核燃料中的中子诱发裂变链式反应不能自行持续下去,中子通量的放大倍数(一般用 M 表示)也是有限的,从几十到几百。

次临界中子倍增装置主要是由中子源、中子慢化剂、核燃料(高浓缩铀 235、钚 239 等易裂变材料)、反射层(金属铍、石墨、水等)以及附属装置等组成。

由中子源发射出的快中子通过中子慢化剂后变成热中子,引起核燃料发生裂变,反应层有效地阻止中子泄漏。图 8.7 描述了中子在次临界装置中的倍增过程。

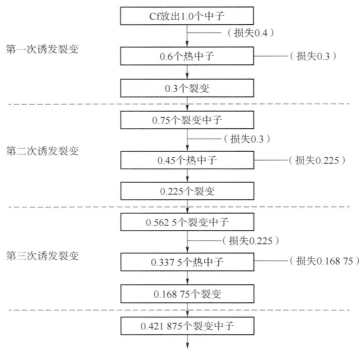

图 8.7　在 $k_{eff} = 0.75$ 的次临界中子倍增器内 ^{252}Cf 中子的倍增过程

从图 8.7 中可以看到,每个中子在诱发裂变的诸循环中,产生的中子数目是恒定的,当 $k_{eff} = 0.75$ 时,每个中子经过一个裂变循环只产生 0.75 个中子。在这个次临界中子倍增系统中,假定 ^{252}Cf 源的中子输出率为 1,每个中子在下一循环产生的中子数为 k,那么在第一循环产生的中子数目是 I_0;第二循环产生的中子数目是 $I_0 k$;如第三循环产生的中子数目 $I_0 k^2$,以此类推。所以,在这个装置中,历次循环产生的中子总数为

$$I = I_0 + I_0 k + I_0 k^2 + I_0 k^3 \cdots = I_0(1 + k + k^2 + k^3 + \cdots)$$
$$= I_0 \left(\frac{1}{1-k} \right) \tag{8.24}$$

当 k 接近 1 时，次临界装置中的中子总输出率急剧倍增。目前设计 ^{252}Cf 次临界倍增装置的最大有效倍增系数达到 $k_{eff} = 0.999$。

装量产生的中子有一部分被吸收掉或者从装置泄漏掉，这种关系可用式（8.25）表示：

$$\frac{I_0 \Delta}{1-k} = \sigma_n \Phi \tag{8.25}$$

式（8.25）中，σ_n——在介质内中子吸收截面；Δ——不泄漏概率；Φ——中子通量。

$$\Phi = \frac{I_0 \Delta}{\sigma_n (1-k)} = M I_0 \tag{8.26}$$

式（8.26）中，M 是装置的中子通量放大倍数。

8.4.6 锎 252 次临界中子倍增装置

目前研究设计和正在使用的中子倍增装置大多数用 ^{252}Cf 中子源做激励源。已设计的装置结构各不相同，^{252}Cf 源的质量从小于 1 mg 到上百毫克。图 8.8 为一种 ^{252}Cf 激励的次临界中子倍增装置的典型结构示意图。其设计特性和参数见表 8.16。

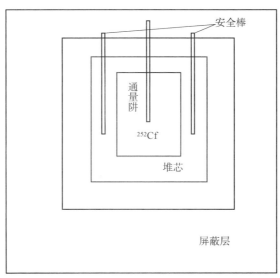

图 8.8 一种 ^{252}Cf 激励的次临界中子倍增装置的典型结构示意图

表8.16 ^{252}Cf 次临界中子倍增器设计特性和参数

装置特性	参数
^{252}Cf 中子源	1 mg
^{235}U 装料量	1 500 g
铀的浓缩度	^{235}U 93.4%
燃料形式	有金属包壳的片状燃料
中子慢化剂	聚乙烯
最大 k_{eff}	0.990
每增加 20 g ^{235}U，k_{eff} 增加	0.004
控制棒	包铝的镉
热中子通量	3×10^8 n/(cm²·s)
快中子通量	6×10^8 n/(cm²·s)
热中子通量放大倍数	30
等效 ^{252}Cf 中子源大小	30 mg
防护容器表面处的剂量率	2.58×10^{-3} C/(kg·h)
裂变功率水平	3.8 W

随着 k 值的增大，即随 $(1-k)$ 值的减小，中子通量的增长相对变慢。这主要是由于铀的中子吸收截面 σ_n 很大，大量的中子被吸收，妨碍了系统内中子通量 φ 的增大。式（8.19）清楚地表达了这种关系。为了降低中子在核燃料中的吸收和形成高中子通量区，次临界中子倍增装置通常设计成将由高效率中子慢化剂（如聚乙烯、D_2O 或 H_2O）制成的圆柱体源放置在慢化剂中间。在该圆柱体周围是燃料与中子慢化剂，再外面是用金属铍或石墨等材料制成的中子反射层。当装置运行时，来自燃料区由 ^{252}Cf 的中子诱发核裂变产生的大量裂变中子，它们边慢化边从四面八方汇向装置中间的纯慢化剂区，形成一个高中子通量区。在该区内，中子通量大致按 $1/(1-k)$ 关系增长。实验证明，设计合理的高通量区中心中子通量往往比常规的次临界装置高 5~10 倍之多。这就为需要高中子通量的各种实际应用提供了方便。

次临界倍增装置不同于一个简单 ^{252}Cf 放射源，它有控制系统，并有几十吨重。它使源的中子输出率提高了上百倍，接近微型反应堆中子通量，是很有前途的高中子输出率中子源。

（杨红伟）

第 9 章
同位素光源

9.1 同位素光源的原理及特点

和其他电光源相比，同位素光源无须外接电源、光强稳定、无须维护，是黑暗条件下的小视野指示或照明的优良光源，特别适合长期无人值守或不易通电的地方，具有良好的应用前景。其特性主要取决于两个基本要素：同位素射线源和发光基体的种类。

早期的同位素光源是利用 ^{226}Ra 与发光基体混合制成的，但由于 ^{226}Ra 的毒性较大，长期接触会给生产者和使用者都带来一定的辐射危害，且 α 粒子的电离作用强，其子体 β 射线、γ 射线在激发发光基体发光的同时，发光基质性能受损较大，随着时间的推移逐渐失去了发光能力，引起了发光体的灰化。因此，2002 年，国际原子能机构（IAEA）对同位素光源及光源装置所应用的放射性同位素做出了规定。现在一般多用毒性小、易防护、价格便宜的 β 放射源，如 ^{3}H、^{85}Kr、^{147}Pm 等，表 9.1 为同位素光源常用的放射性同位素。

表 9.1 同位素光源常用的放射性同位素

辐射特性	放射性同位素		
	^{3}H	^{147}Pm	^{85}Kr
$T_{1/2}/a$	12.34	2.7	10.76
辐射类型	β^-	β^-，弱 γ	β^-（99.563%），γ
E_{av}/keV	5.7	62	250.7

续表

辐射特性	放射性同位素		
	^{3}H	^{147}Pm	^{85}Kr
E_{max}/keV	18.6	224	687.4
$P_{sp}/(\mu W \cdot Ci^{-1})$	34	367	1 484
辐射危害组	D	C	D

表 9.1 中的辐射危害组是俄罗斯根据卫生标准来表征同位素造成的辐射危害,把放射性同位素分为 4 个辐射危害组:A、B、C 和 D,其中 A 组危险性最高,D 组危险性最低。

不难看出,同位素光源使用的放射性同位素,一般需要满足如下条件:①具有足够的能量,但能量不能太高以致对发光基体的结构造成破坏;②具有较好的安全性,即生物半衰期较短和化学毒性较低;③具有较长的物理半衰期。

目前国际上同位素光源最常用的放射性同位素是氚。氚作为同位素光源常用的放射性同位素中最具有优势的同位素,其优势在于:氚是纯 β 发射,最大能量为 18.6 keV,衰变的产物为稳定的核素 ^{3}He,半衰期为 12.34 a,满足长寿命光源的要求;同时,氚的生物毒性小,且生物半衰期短,不会构成对人的外照射危害,满足了安全性的要求;更重要的是,氚的价格较低,目前氚进口的价格仅几百元每居里。而其他同位素存在各自的缺陷,如 ^{147}Pm 半衰期较短、^{85}Kr 有 γ 射线、^{90}Sr 生物毒性大。但有利也有弊,由于氚的能量较低,若想获得高亮度的同位素光源,则需要加载大量的氚,而氚又极易渗透材料,这就带来了相应的技术难度和防氚泄漏保护等问题。

同位素光源的另一基本要素就是发光基体材料。辐致发光材料种类很多,其中常见的发光材料大致可以分为固态和气态两大类,而固态的以无机荧光粉为主。表 9.2 为常用的发光基体材料。

表 9.2 常用的发光基体材料

形态		种类	λ_{max}/nm	波长范围
气态	稀有气体	Ar_2^*	126	紫外光(10~380 nm)
		Kr_2^*	146	
		Xe_2^*	172	
		ArF^*	193	
		KrF^*	248	
		$XeCl^*$	308	

续表

形态	种类		λ_{max}/nm	波长范围
固态	荧光粉	ZnS:Cu	525	绿
		YAG:Ce	535	黄绿
		(ZnS,Cd)S:Ag	560	黄绿
		$Y_2O_3:Eu^{3+}$	611	红
		ZnS:Ag+(Zn,Cd)S:Cu,Al	450+560	白

（表中可见光波长范围：380~780 nm）

9.2 同位素光源的分类与表征参数

通常，我们依据放射性同位素的种类对同位素光源进行分类，有氚光源、氪光源、钷光源、锶光源等；可依据放射性同位素的形态进行分类，有气态同位素光源、固态同位素光源；也可依据同位素光源的特性描述进行分类，如气态氚光源、固态氚光源、氚发光粉等。面对不同类型的同位素光源，通常主要采用以下几个参数对其性能进行表征描述。

9.2.1 光通量与辐通量

光通量和辐通量作为两个不同的概念，两者之间有相似点和紧密的联系，亦有不同的地方。光通量概念是在辐通量概念的基础上建立、发展起来的，但光通量是包含主客观双重因素的物理量。

辐通量是一个辐射度学中的纯客观物理量，它具有功率的量纲，常用单位是瓦特（W），指光源在单位时间内通过某一面积向周围空间辐射的总功率的度量，用 Φ_e 表示。概括而言，就是单位时间内由该光源面积实际传送出的所有波长的光能量的积分。

辐通量虽然是一个反映光辐射强弱程度的客观物理量，但它并不能完整反映出由光能量所引起的人眼主观感觉，也即视觉强度。人的眼睛对于不同波长具有不同敏感度，不同波长的数值不相同的辐通量也可能会引起相同的视觉强度，而辐通量相等的不同波长的光却不能引起相同的视觉强度。因此，常用明视觉的光谱光视效率 $V(\lambda)$ 表示人眼对光的敏感程度与波长变化的关系。实验表明，在同等辐通量的情况下，频率为 540×10^{12} Hz 的单色辐射（空气中波长为 555 nm 的绿光）对人眼造成的光刺激强度最大，光感最强，取其相对刺激强度为1，这种波长的单色光1 W的辐通量等于683流明（lm），其余波长的光谱光视效率均小于1。图9.1为不同波长的可见光对应的不同颜色；表9.3为人眼对不同波长光的光谱光视效率。

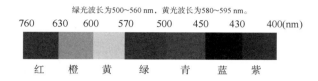

图9.1 不同波长的可见光对应的不同颜色（书后附彩插）

表9.3 人眼对不同波长光的光谱光视效率

颜色	λ/nm	V/λ	颜色	λ/nm	V/λ	颜色	λ/nm	V/λ
紫	360	0.000 00	绿	510	0.503 00	红	660	0.061 00
	370	0.000 01		520	0.710 00		670	0.032 00
	380	0.000 04		530	0.862 00		680	0.017 00
	390	0.000 12		540	0.954 00		690	0.008 21
	400	0.000 40		550	0.994 95		700	0.004 10
	410	0.001 21		560	0.995 00		710	0.002 09
蓝	420	0.004 00	黄	570	0.952 00		720	0.001 05
	430	0.011 60		580	0.870 00		730	0.000 52
	440	0.023 00		590	0.757 00		740	0.000 25
	450	0.038 00		600	0.631 00		750	0.000 12
青	460	0.060 00	橙	610	0.503 00		760	0.000 06
	470	0.090 98		620	0.381 00		770	0.000 03
	480	0.139 02		630	0.265 00		780	0.000 01
	490	0.208 02	红	640	0.175 00		796	0
绿	500	0.323 00		650	0.107 00			

因此，不难看出，和辐通量不同，光通量是一个光度学概念，是一个把辐通量与人眼的视觉特性联系起来评价的主观物理量，反映光对人眼所激起的明亮程度，用 Φ_v 表示，单位为 lm。发出很高辐通量的光，人眼看起来不一定很亮。相应地，若用光通量来衡量光源的效率，称为流明效率，单位为 lm/W。

9.2.2 发光强度

发光强度简称为光强，从光的本性来看，把光看成电磁波场，则需要一个物理量来表示光源给定方向上单位立体角内光通量，这个物理量就是光强，国际单位为坎德拉（cd），通常用 I 表示。当光源辐射是均匀时，则光强可表示为

$$I = \frac{\mathrm{d}\Phi_v}{\mathrm{d}\Omega} \tag{9.1}$$

式（9.1）中，Φ_v——光通量，lm；Ω——立体角，sr。发光强度为 1 cd 的点光源在单位立体角内发出的光通量为 1 lm，即 1 cd = 1 lm/sr。1979 年，第十六届国际计量大会规定了 1 cd 是发出 540×10^{12} Hz 频率的单色光在给定方向上的发光强度，该方向上的辐射通量则为 1/683 W/sr。

9.2.3　光亮度

同位素光源最重要的直接表征参数就是光亮度，即光源在垂直光传输方向的平面上的正投影单位表面积在单位立体角内发出光通量，反映同位素光源的明亮程度，本书中用符号 B 表示，国际单位为坎德拉/平方米（cd/m²）。

根据定义，光亮度的物理表达式可以表示为

$$B = \frac{I}{\mathrm{d}s\cos\theta} = \frac{\mathrm{d}\Phi_v}{\mathrm{d}\Omega \cdot \mathrm{d}s\cos\theta} \tag{9.2}$$

式（9.2）中，θ——给定方向与单位面积元 ds 法线方向的夹角。这样，光亮度和光通量、发光强度、照度等的关系可以用图 9.2 表示。

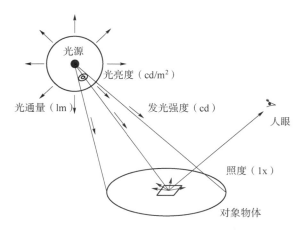

图 9.2　光度学各物理量关系简图

9.2.4　辐光转换效率

为了对不同设计类型的同位素光源的性能进行比较，还需要计算同位素光

源的辐光转换效率。辐光转换效率指的是从放射性同位素的衰变能到光能的转换比，用 η_L 表示。

$$\eta_L = \frac{\Phi_e}{P} \tag{9.3}$$

式（9.3）中，Φ_e——同位素光源的辐通量，W；P——同位素光源里的放射性物质的辐射功率；对于纯 β 衰变，则辐射功率可以通过放射性活度 A 和 β 粒子的平均能量计算得到。

可以近似认为同位素光源各表面发出的光的光亮度是相同的，也即同位素光源是一个余弦辐射体，如图 9.3 所示。

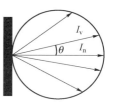

图 9.3　余弦辐射体

则有

$$B_v = \frac{I_v}{\mathrm{d}s \cdot \cos\theta} = \frac{I_n \cdot \cos\theta}{\mathrm{d}s \cdot \cos\theta} = \frac{I_n}{\mathrm{d}s} = 常数 \tag{9.4}$$

在球坐标系中，任意球面的极小面积为

$$\mathrm{d}s = r\sin\theta\mathrm{d}\varphi \cdot r\mathrm{d}\theta = r^2(\sin\theta\mathrm{d}\theta\mathrm{d}\varphi) \tag{9.5}$$

这样，我们可以得到极小立体角为

$$\mathrm{d}\Omega = \frac{\mathrm{d}s}{r^2} = \sin\theta\mathrm{d}\theta\mathrm{d}\varphi \tag{9.6}$$

在孔径角为 U 的立体角范围内，如图 9.4 所示，同位素光源发出的光通量则为

$$\mathrm{d}\Phi_v = \int_{\varphi=0}^{\varphi=2\pi} \int_{\theta=0}^{\theta=U} B \cdot \mathrm{d}s\cos\theta \cdot \mathrm{d}\Omega \tag{9.7}$$

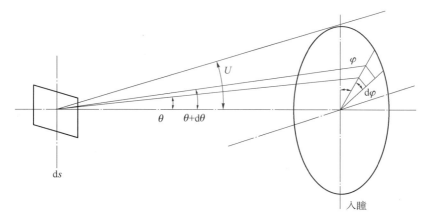

图 9.4　孔径角 U 内的参数示意图

由式（9.6）和式（9.7），化简得到

$$\mathrm{d}\Phi_v = \pi B \mathrm{d}s \cdot \sin^2 U \tag{9.8}$$

当 $U = \pi/2$ 时，则有

$$\mathrm{d}\Phi_v = \pi B \mathrm{d}s = \pi I_n \tag{9.9}$$

即单位面积的余弦辐射体所发出的光通量为它在法线方向上、单位立体角内发出光强度的 π 倍。相应地，同位素光源的总光通量可以表示为

$$\Phi_v = \pi \cdot B \cdot S \tag{9.10}$$

式（9.10）中，S——同位素光源的发光表面积，m^2。根据辐通量和光通量的定义，辐通量与光通量之间的关系可以用式（9.11）表示：

$$\Phi_e = \frac{\Phi_v}{K_m Z_c} \tag{9.11}$$

式（9.11）中，K_m——峰值波长 555 nm 处明视觉光谱光视效率对应的辐通量，$K_m = 683$ lm/W。根据定义，修正因子 Z_c 定义为

$$Z_c = \frac{\int_{380}^{780} V(\lambda) \cdot b(\lambda) \mathrm{d}\lambda}{\int_0^{\infty} b(\lambda) \mathrm{d}\lambda} \tag{9.12}$$

$V(\lambda)$——明视觉光谱光视效率函数；$b(\lambda)$——测量发射光谱时得到的辐射通量的光谱谱线密度，units/nm。

最终，由式（9.3）、式（9.10）、式（9.13），可以得到辐光转换效率的计算公式为

$$\eta_L = \frac{\Phi_e}{P} = \frac{\pi B S}{K_m Z_c \cdot A \varepsilon_{av}} \tag{9.13}$$

式（9.13）中，B——亮度，cd/m^2；S——同位素光源的发光表面积，m^2；A——放射性同位素的活度，Bq；ε_{av}——β 粒子的平均能量，1 eV = 1.6 × 10^{-19} J。

9.2.5 光输出

同位素的光输出参数类似于流明效率，指的是单位活度的放射性物质所得到的光通量，用 ζ 表示，单位为 lm/Ci。计算公式可表示为

$$\zeta = \frac{\Phi_v}{A} = \frac{\pi B S}{A} \tag{9.14}$$

9.3 气态氚光源

同位素光源中最广泛使用的是气态氚光源（gas-filled tritium-based radioluminescent light sources，RLSs-T），是通过把氚气密封在内壁涂覆有发光层的密封玻璃管中制备而成，如图9.5所示，和固态氚光源不同的是，这里氚是以气态的形式存在。

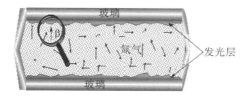

图9.5 气态氚光源原理示意图

根据需求的不同，气态氚光源有多种形状和尺寸可供选择。例如，设计为直管形的气态氚光源直径可以从 0.5 mm 到 15 mm，长度可以从 0.3 mm 到 200 mm 不等。根据介绍，瑞士 MB-Microtec 公司还可以做到最小直径为 0.15 mm 的气态氚光源。图9.6 为不同形状的气态氚光源系列产品。

图9.6 不同形状的气态氚光源系列产品

9.3.1 制备工艺

根据相关的制备工艺,把气态氚光源技术全流程分为设计、制备、检验三方面,相应的技术流程如图9.7所示。

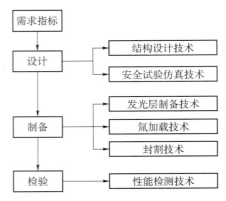

图9.7 气态氚光源技术全流程

在设计之前,需要明确气态氚光源的需求指标,再根据指标要求进行总体设计。需求指标包括气态氚光源的形状、尺寸、亮度、安全性等相关参数。

气态氚光源总体设计要在相关标准及相关文件的框架下进行,并要遵循安全优先的原则。在该原则下,总体设计可分为结构设计技术与安全试验仿真技术两方面。

制备技术细分为发光层制备技术、氚加载技术和封割技术。其中,封割技术是指将内充氚气的密封长玻璃管从充气系统连接处封割分离,以及将充气玻璃管分割成长度合适的氚光源的过程,此过程需要在分割的同时对端口进行密封,以防止氚气从玻璃管内向外环境泄漏。

检验检测是指对制备得到的气态氚光源的性能测试,包括亮度测试、色品测试、寿命测试、泄漏率测试、安全性测试等,以确保产品质量和使用安全性符合相关标准及安全文件。

1. 设计

气态氚光源的设计包括玻璃载体材料选择、载体的抗压设计、泄漏率设计及结构安全性仿真等内容,需较全面考虑气态氚光源的特性和使用环境要求。

1) 玻璃载体材料选择

玻璃载体材料作为气态氚光源的使用载体,提供密封氚气所需的空间以及荧光层附着介质,通常选用的是具有超高透光率的玻璃材料,还要有良好的化学稳定性、热稳定性、机械强度、较低的氚渗透率等,除此之外,还需满足装备气态氚光源的器件或系统的使用环境及便于加工等要求。表 9.4 为两种不同玻璃材料的氚渗透率。

表 9.4　两种不同玻璃材料的氚渗透率 [mol/(m·s·MPa)]

含硼玻璃	温度/K	287	343	478	637	681	765
	退火后	3.12×10^{-17}	1.18×10^{-17}	1.29×10^{-17}	3.92×10^{-18}	5.12×10^{-18}	8.30×10^{-16}
石英玻璃	温度/K	296	388	452	487	575	637
	退火后	3.99×10^{-15}	4.02×10^{-14}	1.79×10^{-13}	7.47×10^{-13}	2.21×10^{-12}	3.28×10^{-12}

2) 载体的抗压设计

玻璃载体的外形设计中,抗压设计是一个重要的考虑因素。首先,在气态氚光源的玻璃载体内,伴随着氚的衰变,由双原子分子衰变成单原子的氦气,玻璃管内分子数会不停地增加,根据气态方程可知腔内气压也会增加,并随着气态氚光源使用时间的延长,其内部压力会不断升高;其次,制备完气态氚光源后,要经过外压、冲击等一系列性能检测,若载体结构的安全性达不到要求,则存在一定的安全隐患,容易导致气态氚光源的破裂。

要想对载体进行抗压设计,须明确气态氚光源玻璃管的压力值变化。假设内部初始充入氚气压力为 P_0,经过时间 t 年后,其内氚气分压为 P_T,氦气分压为 P_{He},混合气体的总压力为 P_{tot}。根据气态方程,在气态氚光源玻璃管内部体积 V、温度 T 不变的情况下,可得到

$$\frac{P_t}{P_0} = \frac{N_t}{N_0} \quad (9.15)$$

式(9.15)中,N_0——初始气体分子数,N_T——经过时间 t 后剩余氚气的分子数。N_T 可表示为

$$N_T = N_0 \exp(-\lambda t) = N_0 \exp\left(-\frac{0.69t}{T_{1/2}}\right) \quad (9.16)$$

这样,抗压得到 P_T、P_{He} 与 P_0 的关系为

$$P_T = P_0 \exp\left(-\frac{0.69t}{T_{1/2}}\right) \quad (9.17)$$

$$P_{He} = 2(P_0 - P_T) = 2P_0\left[1 - \exp\left(-\frac{0.69t}{T_{1/2}}\right)\right] \quad (9.18)$$

根据式（9.17）和式（9.18），气态氚光源的玻璃载体内部气体总压力 P_{tot} 与初始压力随时间的变化关系为

$$P_{tot} = P_t + P_{He} = P_0 \left[2 - \exp\left(-\frac{0.69t}{T_{1/2}}\right) \right] \quad (9.19)$$

在设计压力值下，载体的抗压设计主要是设计载体的壁厚，使其能满足指标要求所需的机械强度，并保留一定的设计余量。载体的管壁上任意点将产生两个方向的应力：一是封头两端所产生的轴向拉应力，用 σ_{mr} 表示；二是玻璃管均匀向外膨胀（或向内塌缩），在圆周切线方向所产生的切线应力，用 $\sigma_{\theta r}$ 表示。如图 9.8 所示。载体管壁为二向应力状态，且各受力面应力均匀分布。

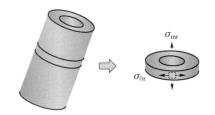

图 9.8　载体管壁应力分析

由力平衡可得

$$\sigma_{mr} = \frac{PD_r}{4\delta_r} \quad (9.20)$$

式（9.20）中，σ_{mr}——轴向拉应力，MPa；P——设计内压，MPa；D_r——内径，mm；δ_r——载体管壁厚，mm；由微体平衡方程，可以得到轴向拉应力和切线应力为

$$\frac{\sigma_{mr}}{\infty} + \frac{\sigma_{\theta r}}{D_r/2} = \frac{P}{\delta_r} \quad (9.21)$$

$$\sigma_{\theta r} = \frac{PD_r}{2\delta_r} \quad (9.22)$$

在设计温度下，氚光源玻璃载体管壁最大应力（轴向拉应力和切线应力）应小于选用玻璃材料的许用应力。

3）泄漏率设计

由于氚是属于放射性气体，几乎所有材料对氚都是可渗透的，考虑到使用的安全性，因此玻璃载体材料厚度需要满足氚的泄漏量安全。

氚会首先吸附于玻璃载体表面，然后通过表面迁移到次表层的微缝之中，

逐渐渗透进玻璃载体的内部，最后在外表面脱附出来，如图 9.9 所示。假设玻璃厚度为 δ_r，表面一侧氚压强为 P_1，另一侧氚压强为 P_2。

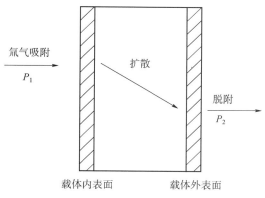

图 9.9　氚扩散与渗透模型

氚在一种材料中的渗透通量，定义为单位时间、单位面积上通过给定材料厚度的氚量，用 q 表示。当氚通过材料的渗透速率达到平衡时，q 可以表示为

$$q = \frac{\Psi(P_1^n - P_2^n)}{\delta_r} \tag{9.23}$$

式（9.23）中：Ψ——渗透率；n——由氚在材料中扩散时存在形态确定的常数，以原子形态扩散时 $n = 1/2$，以分子形态扩散时 $n = 1$，对玻璃材料而言，在温度低于 150 ℃ 时，$n = 1$。渗透率 Ψ 是氚穿透其包容物快慢的一种度量，它与温度的关系为

$$\Psi = \Psi_0 \exp(-H/RT) \tag{9.24}$$

式（9.24）中：Ψ_0——由材料确定的常数，H——氚渗透活化能，J/mol。

4）结构安全性仿真

气态氚光源在正常使用前，要满足一定的安全性试验，包括外压、温度、冲击、振动、浸没的分级试验。这些试验要求，在设计时需要进行全面考虑，可利用有限元分析方法对设计结构进行分级试验的仿真模拟，以验证结构安全性。图 9.10 为一种气态氚光源热冲击仿真分析结果。仿真过程为气态氚光源自高温环境取出后缓慢降温，然后进入低温环境，提取传热分析结果中样品温度随时间变化、应力分布情况及应力随时间变化关系。

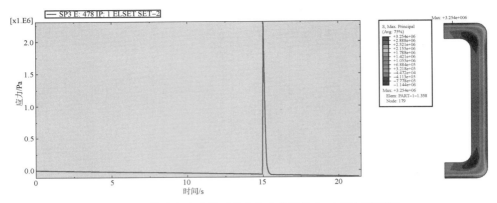

图9.10 热冲击应力随时间变化曲线及分布（书后附彩插）

2. 制备

气态氚光源的制备过程包括玻璃载体的成型与处理、发光层的制备、充氚工艺、封割工艺。

1）玻璃载体的成型与处理

根据设计结果，需要制备满足设计要求的合适的玻璃样品，图9.11为气态氚光源玻璃载体的成型与处理，需要把玻璃载体加热软化后，滚制成合适的厚度。

图9.11 气态氚光源玻璃载体的成型与处理（MB – microtec）

2）发光层的制备

发光层的制备是在玻璃载体内壁涂覆荧光粉，常用的有静电涂覆法、水涂覆法、干粉法以及沉积法等。

（1）静电涂覆法是依靠直流高压电形成的静电场作用，荧光粉料在电晕层中捕获大量的电子，使其带有电荷，荧光粉微粒在电场力的作用下沉积在极性相反的样品表面以形成均匀的涂层，最后对涂层进行热处理，使涂层与玻璃牢固地结合在一起。采用较多的是粉料带电喷涂方式，即涂覆前喷枪和玻璃样品分别与静电高压电源的负极、正极（地端）连接，当喷枪向上运动深入玻璃样品中时，放电针与玻璃样品就形成了电晕放电，从喷枪出来的荧光粉与空间负离子碰撞而带有负电荷，在电场作用下向玻璃样品运动并吸附在玻璃样品内壁上。由于玻璃是一种良好的电绝缘体，其电阻率随着温度的变化而迅速变化；为了使吸附带电荧光粉的电荷迅速导走，不妨碍后续荧光粉的吸附，要求玻璃样品电阻率不能太大，因此在进行静电涂覆的时候需要对玻璃样品进行加热，如图 9.12 所示，影响静电涂覆效果的因素有静电高压值、粉粒电阻率、玻璃样品电阻率和喷枪形状等。

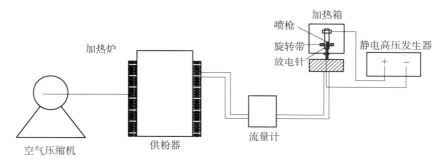

图 9.12　静电涂覆示意图

（2）水涂覆法。水涂覆法是用可溶于水的黏结剂与荧光粉配制成悬浮浆料，涂覆在玻璃载体内壁，再经过表面热处理，使暂时性黏结剂汽化，最后在玻璃内表面附着一层荧光层。其通常由荧光粉、表面活性剂、黏结剂、分散剂和固化剂这几部分组成。

水涂覆的过程实际是在荧光粉料和玻璃两相表面建立吸附的过程。根据胶接理论，极性不同的两相接触面之间表面张力大，不易发生吸附。由表面自由焓判据公式 $dG = \rho dA$（其中 G 表示表面自由焓，ρ 表示表面张力，A 表示接触面积）可知，接触面积越小，表面自由焓就越低，体系就越稳定。分散到液体中的固体微粒会呈现自动凝聚的趋势，呈现该趋势的原因是固体微粒为了减小与液体的接触面积，从而使体系变得稳定，但这种自动凝聚的趋势对形成荧光层是不利的，所以为了减小两相接触之间的张力，使吸附和分散变得容易，需在溶液中加入一定量的表面活性剂。表面活性剂分子一端为亲水的极性基团，另一端为憎水的非极性基团，它可以在极性不同的两相之间通过分子间的作用力降低其界面张力，从而达到吸附的目的，同时它在溶液中可以起到润湿、乳化和增溶的作用。表面活性剂按离子类型可以分为离子型和非离子型，其中离子型包括阴离子表面活性剂、阳离子表面活性剂和两性表面活性剂。

水涂覆法对黏结剂的要求是能溶于水、对玻璃有一定的黏附性、在高温条件下能完全分解、不留下残渣、灰分越低越好，否则灰分残留多会造成光通量的下降。分解温度也绝对不能超过玻璃的软化温度，否则会造成玻璃载体的形变。常用的黏结剂有羧甲基纤维素铵（ACMC）、聚丙烯酸铵（PAA）、聚甲基丙烯酸铵（APMAA）和聚环氧乙烷（PEO）四种。羧甲基纤维素铵是20世纪70年代末80年代初广泛使用的一种黏结剂，该黏结剂要在650℃才基本分解完毕，烧结温度高于丁酯涂覆工艺的烧结温度。聚丙烯酸铵黏结剂的稳定性较差，但灰分较低，制备的荧光层的光通量略高于羧甲基纤维素铵。聚甲基丙烯酸铵是离子型高分子聚合物，它会与氧化钇荧光粉相互作用，容易导致氧化钇荧光粉附聚。

水涂覆法所用的分散剂是一种在分子内同时具有亲油性和亲水性两种相反性质的界面活性剂，可分散那些难以溶解于液体的无机有机染料的固体颗粒，同时也能防止固体颗粒的沉降和凝聚，形成稳定悬浮液所需的药剂。其一般分为无机分散剂和有机分散剂两大类，也可分为阴离子型、阳离子型、两性型和高分子型。它可以减少完成分散过程所需的时间和能量，稳定所分散的荧光粉分散体，改性荧光粉粒子表面性质，调整荧光粉粒子的运动性。常采用阴离子水性分散剂聚丙烯酸铵（Dispex），阴离子吸附在荧光粉粒子的表面，使整个粒子带负电，粒子间相互排斥，从而使荧光粉粒子不易沉淀。

固化剂是水涂覆法所不可缺少的成分之一。黏结剂在热处理后大部分分解了，而涂层和玻璃载体壁需要永久性的黏结，即固化剂。通常添加以高纯、超微大小的氧化铝，使发光层平整、光滑，同时使荧光粉颗粒之间、荧光粉颗粒和玻璃载体之间的黏附加强。

水涂覆法适用于直管形气态氪光源发光层的制备，经过相关处理后，涂层均匀、牢固，涂覆效果如图9.13所示。

图9.13 水涂覆效果图

（3）干粉法。顾名思义，干粉法是把荧光粉以干粉的形式进行涂覆。其流程是：先对玻璃载体内表面进行预处理，预处理液通常使用的是磷酸与丙酮等的混合液，且混合液中丙酮所占的比例较大，这样使混合液具有较好的流动性。预处理会在玻璃管内壁形成 binder，容易附着荧光粉。接着通过加热使分散的荧光粉颗粒流动通过玻璃管，凝聚黏合，多余的荧光粉颗粒在经过振动后被气流带走，最后进行热固化处理，提高荧光涂层的牢固性。图 9.14 为瑞士 MB - microtec 公司进行干粉法制备气态氚光源荧光涂层。

图 9.14　干粉法
(a)荧光粉原料；(b)预处理；(c)涂覆效果示意

（4）沉积法。沉积法适用于平面型的气态氚光源发光层的制备。其原料组成为荧光粉、固化剂、聚环氧乙烯和去离子水，通过充分混合搅拌制成。水作为溶剂，有极性但不具有黏度；PEO 为暂时性黏结剂，溶于水后具有一定的黏度，且在高温下会氧化分解，残留较少；固化剂一般采用玻璃粉，其能使荧光粉和玻璃基体较好地黏合，且牢固性较好、不溶于水，以利于涂层的再处理，但由于玻璃粉与荧光粉的收缩率不一样，过多含量的玻璃粉会导致荧光层发生收缩，且添加量越大，玻璃化收缩越严重，如图 9.15 所示。其制备过程为：在充分搅拌的基础上，涂覆原料在一定时间内会处于悬浮状态，溶于水的 PEO 使荧光粉和玻璃粉固化剂因搅拌及布朗运动均匀分散在溶液中，室温下在平面玻璃腔内沉积 24 h 以上，析出上层清液，通过干燥和热处理后，再按同样的步骤进行另一端平面的沉积，最后可在玻璃腔内壁制备得到干燥、牢固性好的荧光涂层。

图 9.15　不同固化剂含量的涂覆效果（书后附彩插）

3）充氚工艺

充氚的过程是将氚气充填进含荧光涂层的密封玻璃管内。氚气的化学性质与氢气相似，它的比活度约为 9 700 Ci/g，气态氚的密度可估算为 $d = 2.68 \times 10^{-4}$ g/cm³，因此在实验室中，充填气态氚，通常是从氚化铀中解吸，解吸需要在 200 ℃以上。在低于 200 ℃的情况下，氚被吸附在铀中，在 20 ℃时铀吸附后氚的残余压力约为 0.13 Pa，对应于氚的平衡浓度为 3.5×10^{-6} Ci/cm³。图 9.16 展示了一个典型的铀床装置，用以储存氚化物，作为充氚工艺的氚气来源。充氚过程包括氚的纯化、热释氚气、回收。

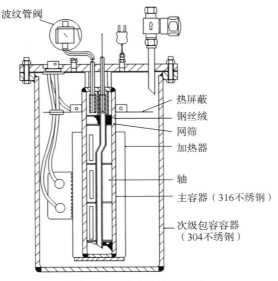

图 9.16　铀床结构示意图

4）封割工艺

封割技术作为气态氚光源制备流程最后关键一环，需要对内含一定氚气压力的涂层玻璃管实现分割与同步密封。此过程的核心在于分割与密封的同步性，不能产生漏点，以防止氚气往管外的环境泄漏，因此，封割的效果决定了气态氚光源的成品与质量。目前而言，适用于气态氚光源封割工艺的有火焰封割法与激光封割法。

火焰封割法是最传统的封割方法，使用的是气体火焰燃烧器，见图 9.17（MB - microtec），其优点是设备简单，但火焰封割的氚光源重复性差且尾尖较长，后期的使用存在安全隐患；另外在火焰封割气态氚光源玻璃管过程中，可能导致少量的氚气燃烧而变成氚水蒸气，对操作人员造成较大的辐射危害和易释放进入环境中造成污染；更重要的是，火焰封割由于封割截面相对较大，无法实现对于毫米尺寸长度的毛细气态氪光源的封割。

图 9.17　火焰封割法

激光封割法是利用激光的高能量密度来加热氪光源玻璃管，在相应的激光功率密度下，激光束的能量被玻璃管吸收，引起激光作用点周围玻璃材料的温度急剧上升，达到熔融点后，玻璃管封割点开始软化，随着激光束和玻璃管的相对运动，在离心力、内外压差和热应力等多因素共同作用下，从而完成对充氪玻璃管的封割。激光封割法适用于密封直径小于 6 mm 的玻璃管，也可实现对于密封长度为毫米尺寸的毛细气态氪光源的封割。

激光束在载体玻璃管表面的轮廓和光斑尺寸，是激光封割法的很重要的影响因素。因为不同的激光光斑，其激光功率密度不同，导致熔化的玻璃体积也不同，而只有足够需要熔化的体积，才能可以在载体玻璃的端面上通过适当的方式，确保在没有放射性气体泄漏的情况下完全密封两侧。通常认为，激光束具有高斯分布，激光在传输过程中，经过单透镜后，由于衍射效应，激光束的光束腰位置和束腰半径会发生变化，导致激光束在单透镜后的某位置点具有有限的直径尺寸，也即光束腰，因此，单透镜焦点附近以及光束腰附近的光斑形状和大小，是应用激光封割气态氪光源的重要参数，具体如图 9.18 所示。

入射高斯光束和出射高斯光束的几何关系：根据入射前的束腰位置 z 和束腰半径 w_0，求出出射高斯激光束在透镜上的光束截面半径 w 和波面半径 R：

$$w = w_0 \cdot \left[1 + \left(\frac{\lambda z}{\pi w_0^2}\right)^2\right]^{1/2} \tag{9.25}$$

$$R = z \cdot \left[1 + \left(\frac{\pi w_0^2}{\lambda z}\right)^2\right] \tag{9.26}$$

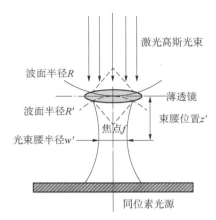

图 9.18 激光高斯透镜变换参数示意图

根据光学原理，透镜的作用就是改变光波波阵面的曲率半径，为了简化计算，假设薄透镜足够薄，致使入射激光束的入射高度和出射高度不变，于是有

$$1/R - 1/R' = 1/f \quad (9.27)$$

这样可以得到出射光束的束腰位置 z' 和束腰半径 w' 为

$$w' = w = \frac{w'^2}{1 + \left(\frac{\pi w'^2}{\lambda R'}\right)^2} \quad (9.28)$$

$$z' = \frac{R}{1 + \left(\frac{\lambda R'^2}{\pi R w'^2}\right)^2} \quad (9.29)$$

式中，λ——激光的波长；R——光波波阵面的曲率半径。

激光能量分布模型：激光原理表明，基模高斯光束沿着传播方向 z 轴上的场分布可以表述为

$$\varphi(x,y,z) = \frac{C}{w(z)} \exp\left(-\frac{x^2+y^2}{w^2(z)} - i\left[k\left(z + \frac{x^2+y^2}{2\rho} - \arctan\frac{z}{f}\right)\right]\right) \quad (9.30)$$

式 (9.30) 中，C——常数因子；$k = 2\pi/\lambda$，λ——激光波长；ρ——传播轴线上 z 点处等相位面的曲率半径，$\rho(z) = z + f^2/z$；f——高斯光束的共焦参数，$f = w_0^2/\lambda$；$w(z)$——传播轴线上 z 点处等相位面上的光斑半径，$w(z) = w_0(1 + z/f)^{1/2}$；$w_0$——高斯光束的光束腰半径。转变为二维高斯分布的概率密度函数，可表示为

$$\varphi(x) = \frac{1}{(2\pi)^{d/2} |\Sigma \delta|^{1/2}} \exp\left[-\frac{1}{2}(X-u)^\top \Sigma \delta^{-1}(X-u)\right] \quad (9.31)$$

式 (9.31) 中，d——变量维度，对于二维高斯分布，$d = 2$；u——各位变量的

均值；$\sum\delta$——协方差矩阵，表示二维变量之间的相关度。这样，可以得到激光光斑的仿真结果，如图 9.19 所示。经过多年的发展，目前国外气态氪光源封割的主流方法均是激光封割法，图 9.20 为利用激光束封割气态氪光源示意图（MB – microtec）。

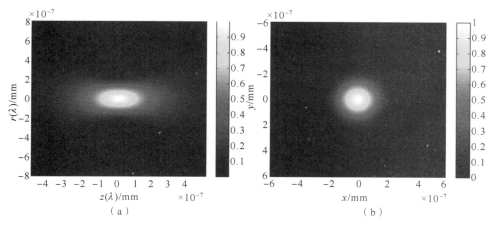

图 9.19　激光光斑仿真结果

(a) 焦点附近三维光场分布；(b) 光腰附近三维光场分布

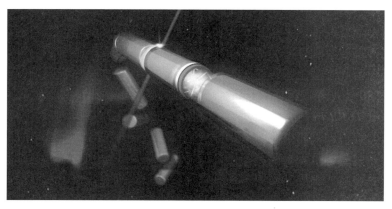

图 9.20　激光封割法

在国内，中国原子能科学研究院对激光封割技术进行了详细研究，提出了两种激光方案：多点激光静态封割技术和激光动态封割技术。

多点激光静态封割技术是采用多束激光或分光镜将一束激光束分成多束激光，经反光镜聚焦于封割气态同位素光源的玻璃圆周上，玻璃管及激光束均为相对静止状态，使用编程语言，通过接口通信方式完成对激光参数的自动控制。此技术的核心为激光光束的能量分配和聚集，以及封割时充氪玻璃管的状态。

激光动态封割技术是直接采用激光束聚焦于封割气态同位素光源的玻璃圆周上，同时，玻璃管及激光束均为相对运动状态，为了防止在运动时夹持的玻璃管载体产生扭矩破裂，需采用同步电机进行夹持旋转。此方案的主要工作量为激光光束的参数与同步夹持电机的耦合时的技术参数。气态氪光源激光封割如装置图9.21所示，封割得到的气态氪光源样品如图9.22所示。

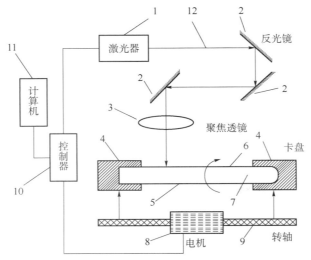

图 9.21　气态氪光源激光封割装置

1—CO_2激光器；2—反光镜；3—聚焦透镜；4—卡盘；5—密封玻璃管；6—荧光涂层；
7—氪气；8—电机；9—转轴；10—控制器；11—计算机；12—激光束

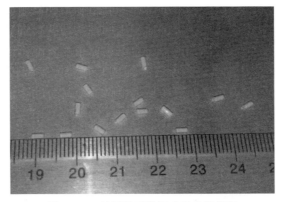

图 9.22　封割得到的气态氪光源样品

9.3.2 气态氚光源性能表征

气态氚光源的亮度通常用光度计测量，寿命可通过亮度衰减测量推算，辐射通量的相对光谱密度可用各种标准光谱测量仪器测量，效率可计算，泄漏率用液闪测量。表 9.5 为不同类型气态氚光源的发光性能参数。

表 9.5 不同类型气态氚光源的发光性能参数

发光颜色	荧光粉种类		亮度/ $(cd \cdot m^{-2})$	辐通量 S_e/ $(\mu W \cdot cm^{-2})$	转换效率 $\eta_{\beta-L}$
	型号规格	化学成分			
蓝	RST-450	ZnS:Cl	0.18	0.36	0.10
绿	FK-106z	ZnS:Cu	0.42	0.35	0.097
黄	RST-580	(Zn,Cd)S:Cu,Cl	0.51	0.33	0.092
红	RST-612	Y_2O_3:Eu	0.17	0.18	0.05
白	RST-6500	ZnS:Cl+(Zn,Cd)S:Cu,Cl	0.37	0.32	0.089

从表 9.5 可以看到，用于发红光的氧化钇基荧光粉的转换效率 $\eta_{\beta-L}$ 较低，只有约为 5%；硫化锌基荧光粉的转换效率较高，有 9%～10%。对应的发射光谱如图 9.23 所示。

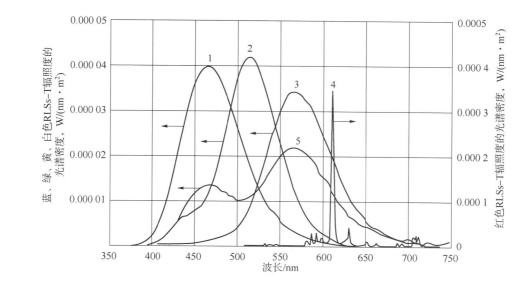

图 9.23 气态氚光源（RLSs-T）的光谱
1—蓝色；2—绿色；3—黄色；4—红色；5—白色

以下列出的是参考一些标准中的气态氚光源的性能参数，并计算得到它们的辐光转换效率及光输出。

在俄罗斯的气态氚光源技术规格中，圆柱形气态氚光源的外径为 9 mm，长度为 120 mm（Φ9 mm×120 mm）具有以下特性：亮度不低于 0.7 cd/m²，充氚活度不大于 13.5 Ci，发光表面积为 21.5 cm²，绿色发光，Z_c = 0.64。计算得到 η_L = 0.025，光输出 ζ = 0.000 37 lm/Ci。

在英国气态氚光源的军标中，圆柱形气态氚光源的外径为 6.25 mm，长度为 51 mm（Φ6.25 mm×51 mm）具有以下特性：亮度大于 1.88 cd/m²，充氚活度小于 3.8 Ci，发光表面积为 5.65 cm²，绿色发光，Z_c = 0.64。计算得到 η_L = 0.059，光输出 ζ = 0.000 87 lm/Ci。同样在该英国军标中，圆柱形气态氚光源的外径为 3.5 mm，长度为 51 mm（Φ3.5 mm×51 mm）具有以下特性：亮度大于 0.377 cd/m²，充氚活度小于 0.25 Ci，发光表面积为 2.86 cm²，绿色发光，Z_c = 0.64。计算得到 η_L = 0.091，光输出 ζ = 0.001 3 lm/Ci。

在 Mb - Microtec 的气态氚光源产品规格说明中，圆柱形气态氚光源的外径为 6.0 mm，长度为 20 mm（Φ6.0 mm×20 mm）具有以下特性：光通量 275 μcd，充氚活度小于 1.48 Ci，绿色发光，Z_c = 0.64。计算得到 η_L = 0.039，光输出 ζ = 0.000 57 lm/Ci。

在国内，中国原子能科学研究院与光明仪器厂在 80 年代曾联合成功研制了一种直形气态氚光源，在解决了荧光物质涂层的均匀性和牢固性的基础上，主要研究了表面亮度与荧光物质的粒径、涂层厚度、氚气压力、玻璃管直径等物理参数之间的关系，在最佳条件下制作成的气态氚光源表面亮度可至 3 cd/m² 以上。

9.3.3 亮度的影响因素

影响气态氚光源亮度的因素主要来源于三方面：①荧光层，包括荧光粉基体类型、晶形、表面形貌、掺杂元素的种类、掺杂元素的浓度、荧光层厚度等因素；②氚气，包括氚气压力、比活度等因素；③玻璃载体，包括玻璃的材料和外形尺寸等。

A. Korin、M. Civon 等人通过相关实验研究，对圆柱形气态氚光源的影响因素进行经验总结，得到了气态氚光源亮度影响因素的经验公式：

$$I = bD_i^{-1/3}[1 - e^{(-pD_i/a)}] \tag{9.32}$$

式（9.32）中，I——光电倍增管电离，A，正比于气态氚光源的亮度；p——充氚压力，Pa；D_i——圆柱玻璃管的内径，mm；a 和 b——拟合参数，a 只与氚压有关，b 只与荧光层相关参数有关。得到的相关实验结论如下：随着氚气压力的增大，气态氚光源的亮度也增大；气态氚光源亮度随着玻璃管内径的增大而呈线性增大;对于同一粒径的荧光粉,其涂层厚度存在最优值,且该值不随压强变化;粒径越大,相应的涂层厚度最优值越小;荧光粉粒径越小,相同压力下,气态氚光源的亮度越大。

因此,在一个气态氚光源的外形尺寸、荧光材料种类与粒径等已经确定的前提下,影响它亮度的因素主要是气体的自吸收效应和荧光层的自屏蔽效应。

在气态氚光源内,氚气衰变产生的 β 粒子在气体内部与其余气体分子(包括氚和氦)相互碰撞,能量逐渐损失,甚至不能到达荧光层,无法激发荧光层发光,称为气体的 β 粒子能量自吸收,它影响 β 粒子到达荧光层时所能具有的能量。

以纯氚气为例进行 Monte-Carlo 模拟,根据发光原理以及为了便于计算,将过程近似为:用电子在放射性气体中的输运代替氚气衰变的 β 粒子的输运过程,β 粒子在荧光层的反散射、能谱响应、光子输出比等自吸收影响为一确定值,与气体的压强和光源载体的几何尺寸无关;在此条件下,光源的光强正比于到达荧光层的所有 β 粒子能量之和。单位时间到达荧光层的 β 粒子能量之和 $E_t(\text{eV/s})$ 的表达式为

$$E_t = A_t \cdot E_1 \tag{9.33}$$

$$A_t = 2\pi\lambda N_A \frac{p}{RT} H R_1^2 \tag{9.34}$$

$$E_1 = \frac{\sum_1^{N_s} E_{\text{impact}}}{N_s} \tag{9.35}$$

式中,A_t——放射性气体活度,Bq;E_1——每个粒子对荧光层的能量贡献均值,eV;λ——衰变常量,s^{-1};N_A——阿伏伽德罗常数;R——摩尔气体常数,J/(mol·K);p——放射性气体压强,Pa;T——气体温度,K;H 和 R_1——管状放射性光源的内高和内半径,m。N_s——模拟的总粒子数;E_{impact}——β 粒子到达荧光涂层时的能量,eV。根据式(9.33)和式(9.35)计算得到柱状氚气($\Phi 60$ mm)表面出射功率,如图 9.24 所示。

氚气的表面总出射功率随着气压的升高而增大,但增大得越来越缓慢。这说明虽然随着氚气压的升高,总活度 A_t 增加,但同时气体的 β 能量自吸收效应越来越显著,使式中的 E_1 减小,这两者相互竞争,因此导致了氚气的总出射功率增幅逐渐变小。总出射功率的变化,反映光源的光亮度的变化;当柱状氚气的 β 粒子作用于一定厚度、特定的荧光物质时,光亮度与总出射功率呈正比关系;总出射功率越大,光源的光亮度越大;当总出射功率的增幅逐渐变小时,光源光亮度的增幅也相应变小。

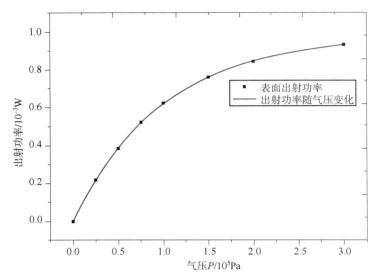

图 9.24　圆柱形放射性气体总出射功率与气压的关系

到达荧光层的 β 能量，经过能量弛豫和无辐射复合等过程后损失一部分，才能到达激发中心转换为光子，产生的光子在一定厚度的荧光层内被吸收、折射、反射等损耗，最后只有一部分输出，这过程称为荧光层的自屏蔽，它影响了荧光层的辐射能 - 光能转换效率。当厚度达到一定程度的时候，氪的 β 粒子能量已完全沉积，也即意味着，在这个厚度范围内，当氪气活度一定时，光源的亮度是随着厚度的增加而增大；当厚度超过这个范围后，再增加厚度也无助于光亮度的提高，反而荧光层的自屏蔽效应会越来越强，甚至导致亮度的下降。

环境因素，如温度等也会对亮度产生一定的影响，但由于氪的放射性是不受环境条件，如温度、压力等影响的，所以环境因素对亮度的影响，归根到底，是对荧光粉本身性质的影响。

值得一提的是，还有研究者发现，通过向氪中添加惰性气体（例如氙气），可以减少吸收从氪转移到荧光体的能量所造成的损失，也即减少了氪气的自吸收。在混合气体中，几乎所有的氪 β 衰变能量都会被氙原子吸收，在 β 粒子的激发下，氙气产生 λ_{max} = 172 nm 的光子，这种光子几乎不会在气体中自吸收而到达荧光体表面，并会激发荧光体的发光。

为了比较填充氪和氪 - 氙混合气在球形氪光源内表面的比功率，Mikhal 等人制备了含有 10% vol 氪的氪 - 氙混合气，最后测得辐光转换效率 η_{L-Xe} 约为 0.1。图 9.25 为球形氪光源表面辐射通量与直径的关系。

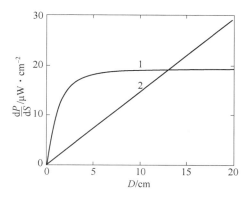

图 9.25　球形氖光源表面辐射通量与直径的关系

（曲线 1 为纯氖气；曲线 2 为氖 – 氙混合气）

图 9.25 描述的曲线显示，表面辐射通量 dP_{VUV}/dS 随着直径 D 的增加而线性增加。对于 $D > 13$ cm，氖 – 氙混合气激发的辐射通量超过了纯填充氖气的球形光源。

9.3.4　基于微球的体积气态氚光源

气态氚光源还有一种方式就是基于微球的体积气态氚光源。顾名思义，它是由内部含有气态氚和发光基质颗粒的微球构成，微球与氚之间没有被连接固定，氚气围绕在这些微球粒子的四面八方，通过 β 激发使之发光。

它和基于涂层的气态氚光源相比，最大的不同就是发光基质是由一个个非常微小的球体（microspheres）组成，氚气和每一个微小的球体形成一个微光源。它和基于气凝胶的体积氚光源也有所不同，最大的差异就是基于气凝胶的体积氚光源是氚以非气态形式（固态氚化物或氚水）加载到气凝胶上，而它是以气态的形式围绕着整个体积的发光微球。

制造流程：氚气流将玻璃微球"吹入"坩埚底部漏斗与熔融玻璃、毛细管之间形成的环形空间，毛细管是用以输送氚气和发光体颗粒的混合物。当氚气被输送到毛细管时，将荧光粉颗粒从荧光粉室中拉出，将内部含有气态氚和发光基质颗粒的微球与玻璃熔融体分离并固化，形成混合物。玻璃微球的尺寸和壁厚，以及其内部的氚压力，可以通过改变熔融玻璃上的氚气压力和流量来调节。

R. E. Ellefson、Rivenburg 等人分别制备得到硫化锌基的微球体积气态氚光源。结晶硫化锌的密度为 4 g/cm³，堆积密度约为 2 g/cm³。颗粒之间的空隙充满气态氚，因此每个荧光粉颗粒都被氚包围。

根据 Ellefson 等人的说法，在 25 个大气压的氚压力下，内径约为 3 mm[1/8 in(1 in = 2.54 cm)，完全充满荧光粉]的微球体积气态氚光源的亮度，将超过荧光粉涂层表面气态氚光源的亮度。在相同压力下，内径约为 3 mm(1/8 in)，微球体积气态氚光源的亮度约为 6.8 cd/m²（约 2 fL），管中氚的负载活性为每单位长度 2.3 Ci，每单位长度的照明表面积为 0.94 cm²。这种氚光源（绿色荧光粉，$Z_c = 0.64$）的能量转换效率为 0.059。这些自发光微球的形式可根据需求用于制成合适的发光图案。

（李思杰）

9.4 固态氚光源

固态氚光源是相对于气态氚光源而言的，这里定义为氚以非气态的形式（固态氚化物或氚水）来加载到发光基质上。固态氚光源的常见类型有基于气凝胶的体积氚光源、基于有机化合物的氚发光粉等。

9.4.1 基于气凝胶的体积氚光源

氚光源的另一个概念就是体积氚光源（tritium - based volumetric light sources），是将荧光体颗粒均匀分散在整个气凝胶体积中，放射性气体包裹着每个荧光体颗粒。氚作为能量来源，与气凝胶基质结合的加载形式有三种：气凝胶吸收氚化水蒸气，将氚化有机物质掺入气凝胶的孔中，以及氚与来自气凝胶表面的 –OH 基团发生同位素交换。下面将逐一介绍其制备工艺。

1. 荧光粉 – 基体混合体的基本制备工艺

荧光粉 – 基体混合体的制备一般是以物理掺杂的方式，把荧光粉和透明的气凝胶基体均匀混合，成型干燥后制备成气凝胶混合体，也即发光体，光从发光体中向外发射。发光体的制备路线如图 9.26 所示。

气凝胶通常用 SiO_2 气凝胶，这是具有网络结构的多孔、轻质、高比表面积的纳米材料，SiO_2 气凝胶的多孔结构导致其具有较强的瑞利散射效应，从而具有很好的光学透明性，可以用作对光透过率要求较高的材料，其基本性能见表 9.6。

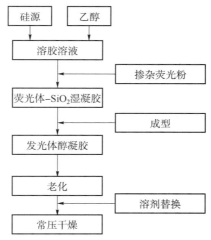

图 9.26 发光体的制备路线

表 9.6 SiO$_2$ 气凝胶的基本性能

性能	数值	备注
表观密度	0.003～0.35	最常见密度为 0.1
内部表面积	600～1 000	—
固相含量	0.13%～15%	通常 5%（95% 孔隙）
平均孔径	20 nm	由 BET 方法测定
初始粒径	2～10 nm	由电子显微镜测定
折射率	1.0～1.08	—
热膨胀系数	2.0～4.0($\times 10^{-6}$/K)	采用超声方法
介电常数	1.1	采用密度为 0.1 测定

SiO_2 气凝胶的制备一般包括凝胶制备、凝胶陈化处理和凝胶干燥这三个基本过程。现阶段所有的气凝胶制备工艺都包括这三个基本过程，所以研究开发的重点是放在每个基本过程中各项工艺参数的确定和最优化上，以制备出性能优异的 SiO_2 气凝胶。除此之外，也可以增加改善气凝胶结构性能的新程序，如对气凝胶进行热处理等，以进一步降低其密度和提升其性能。

1）溶胶-凝胶工艺

一般溶胶-凝胶工艺是以无机盐或金属醇盐为前驱体，与溶剂混合均匀，液相下发生水解缩聚反应，在溶液中形成无色透明的溶胶体，溶胶经过陈化后，颗粒之间逐渐缩合，形成三维空间网状结构，最后，网络孔隙中充满失去流动性的溶剂形成凝胶。凝胶干燥后，便可得到分子结构材料。

这里以水玻璃为先驱体，来展现溶胶－凝胶的具体制备过程。首先，水玻璃与水的混合液经过离子交换之后，失去了 Na^+，水玻璃形成硅酸，此时结构中存在大量硅羟基，接着硅羟基通过缩合生成硅氧硅键形成二聚体：

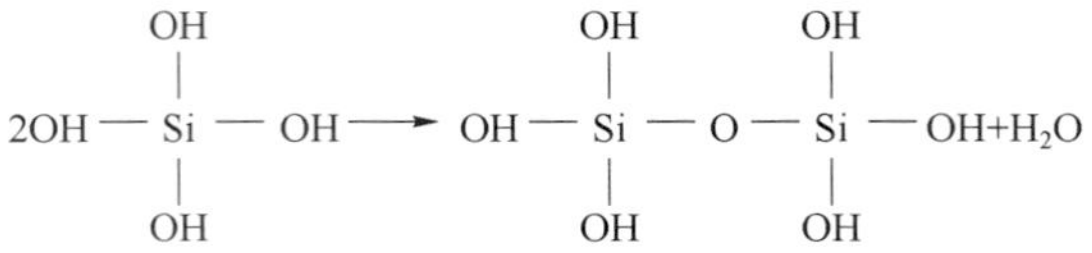

$$2OH-Si(OH)_2-OH \longrightarrow OH-Si(OH)_2-O-Si(OH)_2-OH + H_2O$$

从结构式可以看出，二聚体缩聚的硅原子上仍然带有 1～3 个羟基，通过不断的 -OH 缩聚反应，从而形成多聚体，再进一步通过交联形成三维网络结构，缩聚过程如图 9.27 所示。

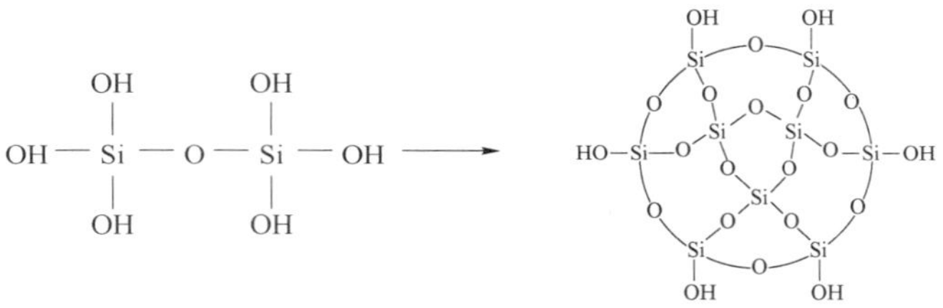

图 9.27 硅前驱体的缩聚过程

溶胶－凝胶工艺过程决定了所制备凝胶的空间网络结构，因此，该过程是气凝胶制备工艺中的重要步骤，其过程参数必然对所制备 SiO_2 气凝胶的结构性能产生重大影响，主要影响因素有先驱体、催化剂、催化工艺参数等。

2）先驱体

采用不同的先驱体，则发生水解和缩聚的反应特征不同，所形成的凝胶网络结构不同，导致所制备气凝胶的性能也有差异。目前用来制备 SiO_2 气凝胶的硅源有水玻璃、正硅酸乙酯（TEOS）、硅溶胶、多聚硅氧烷、正硅酸甲酯（TMOS）等。Wagh 通过比较不同的先驱体 TMOS、TEOS 和多聚乙氧基二硅氧烷（PEDS）所制备气凝胶的性能发现，与 TEOS 基 SiO_2 气凝胶相比，以 TMOS 和 PEDS 为硅源所制备的气凝胶比表面积较大、孔径大小分布较窄且颗粒粒径较小。Venkateswara 等人在常压下分别以 TMOS、TEOS 和水玻璃为硅源制备出 SiO_2 气凝胶，并以 TMOS 为硅源、三甲基氯硅烷（TMCS）为表面改性剂或水玻璃为硅源、六甲基二硅氮烷（HMDS）为表面改性剂，制备出低密度气凝胶，密度大小值在 0.14~0.3 g/cm³。

3）催化剂

凝胶制备过程中所用到的催化剂分为两类：酸性催化剂（包括 HCl、HF、HNO_3、H_2SO_4、酒石酸、甲酸、乙酸、草酸等）和碱性催化剂（包括氨水、一乙醇胺、二乙醇胺、三乙醇胺、NaOH 等）。

对酸性催化剂而言，酸的种类和浓度不仅影响凝胶反应，而且影响凝胶结构的形成，进而影响所制备 SiO_2 气凝胶的结构性能。Popea 以 TEOS 为先驱体、乙醇为溶剂，研究了六种酸性催化剂对凝胶时间及溶胶 pH 值的影响，结果发现，在相同浓度下，凝胶时间为 HF < CH_3COOH < HCl < HNO_3 < H_2SO_4；对 pH 值则为 HCl、HNO_3 < H_2SO_4 < HF < CH_3COOH。

对碱性催化剂而言，一般使用较多的是氨水（$NH_3 \cdot H_2O$），同样，$NH_3 \cdot H_2O$ 的浓度会对凝胶时间及气凝胶的结构性能产生重要影响。此外，也有一些针对其他碱性催化剂的研究，如 NaOH、乙醇胺等。不同乙醇胺催化作用强弱顺序为：一乙醇胺 > 二乙醇胺 > 三乙醇胺。从规律上来看，强碱催化所制备的气凝胶强度高、孔隙较大、成块性好，但透明性稍差；而弱碱催化所制备的气凝胶透明性好、孔隙比较均匀，但强度稍弱。

4）一步法与两步法催化工艺

当选择了合适的催化剂后，则需考虑催化工艺的适用性。溶胶-凝胶催化工艺可分为一步酸（碱）催化和酸碱两步催化两种方法，简称一步法和两步法。

一步法是指将硅源、水及其他溶剂按一定的配比混合，然后加入催化剂，使体系先发生水解反应，然后再缩聚形成凝胶。一步法分为一步酸催化和一步碱催化两种方法，在一步酸催化中又可分为单一酸催化和混合酸催化，采用不同的催化方法对气凝胶的结构性能会产生重大影响。一般来说，酸性催化剂只能使前驱体部分水解，而且不利于缩聚反应的进行，凝胶产物通常为链状的或无规则岛状的。而碱性催化剂同时促进水解和缩聚反应，在溶胶中很容易形成颗粒堆积的网络结构，但是大量硅酸沉淀的生产会造成凝胶结构的致密化。所以，目前普遍采用的是酸碱两步催化法制备 SiO_2 气凝胶。

酸碱两步催化是指将硅源、水及其他溶剂按配比混合，与一步法不同，两步法则需先用酸将溶液调节到一定 pH 值，使硅源在酸性条件下充分水解，得到缩合硅的先驱体，然后加入碱性催化剂，加速缩聚反应，在碱性溶剂中生成凝胶。两步法促进了水解缩聚反应速率，比一步酸催化所需的凝胶时间更短，同时可避免硅酸沉淀的不良情况发生。

概括而言，对比两种催化公司最终所得气凝胶的结构性能，一步酸催化所制备气凝胶孔径较大，但强度较低，一步碱催化所制备气凝胶强度高、孔隙率低，但透明性较差；而酸碱两步催化在很大程度上克服了前两种方法的不足，所制备的气凝胶不仅光学性能好、孔径小、密度低，而且可在气凝胶中掺入其他组分形成复合气凝胶，进一步提升气凝胶的结构性能。

5）溶剂交换-表面改性

在制备气凝胶的干燥过程中，毛细管力是导致凝胶收缩坍塌的主要原因，其大小由凝胶网络中液体的表面张力决定。因此在干燥工艺之前，必须采用表面张力较小的溶剂来替换掉凝胶网络中表面张力较大的液体溶剂。常用溶剂的表面张力见表9.7。

表9.7 常用溶剂的表面张力

溶剂	表面张力（$\times 10^{-3}$N/m）	溶剂	表面张力（$\times 10^{-3}$N/m）
水	72.88	甲醇	22.6
丙酮	23.7	乙醇	22.8
甲苯	28.53	异丙醇	21.7
正己烷	18.4	正庚烷	19.75

干燥工艺不同，所选替换的溶剂亦不同。在超临界干燥制备气凝胶时，一般采用溶解度较高的有机溶剂（如乙醇）置换出凝胶孔隙中表面张力较大的水。而在常压干燥制备气凝胶时，经过老化的凝胶内部孔隙中充斥着大量水、醇及老化剂的水解物，由于这部分溶剂的表面张力较大，干燥时会产生较大的毛细管力，导致气凝胶干燥时易开裂、收缩。一般采用表面张力较小的正庚烷、正己烷来置换凝胶孔隙的溶剂，从而使干燥时的毛细管力减小。A. V. Rao 等人对采用甲苯、正己烷和正庚烷对溶剂置换进行了比较研究，结果表明，以正己烷、正庚烷作为凝胶的干燥溶剂，可得到密度较低的气凝胶。

不经疏水改性所制备的 SiO_2 气凝胶表面含有大量亲水的羟基，在潮湿环境下使用会吸收大量的水，最终导致气凝胶结构的变化和性能的衰减。因此必须对气凝胶进行表面改性，在气凝胶表面枝接具有疏水性能的有机基团，使

SiO$_2$ 气凝胶由亲水性变为疏水性，从而能在潮湿环境中最大程度保持其原有的结构性能。另外一个必须进行改性的原因是，经溶胶-凝胶法制得湿凝胶表面含有数量众多的羟基，常压干燥时相邻羟基之间会发生缩聚反应，使凝胶干燥时的收缩增大，结构坍塌；而将羟基转变为疏水性的有机基团，会抑制干燥时脱水缩合反应的发生，同时增大凝胶骨架与干燥溶剂的接触角、降低毛细管力，将气凝胶的收缩破碎概率降到最低。由此可见，无论从提高疏水性能来说还是从防止收缩来说，都需要对凝胶进行表面改性。

目前已有研究的表面改性剂有二甲基二氯硅烷、三乙氧基硅烷、三甲基氯硅烷、六甲基二硅氧烷（HMDSO）、六甲基二硅氮烷等。其中，使用最普遍的表面改性剂为三甲基氯硅烷；三甲基氯硅烷与凝胶表面的羟基反应，凝胶表面枝接上烷基基团，从而使气凝胶表面具有疏水性。其反应式为

$$-Si-O-H + Cl-Si-(CH_3)_3 \longrightarrow -Si-O-Si-(CH_3)_3 + HCl$$

Lawrence 等采用甲基卤硅烷（如二甲基二氯硅烷、三甲基氯硅烷等）对凝胶进行表面改性，制备出疏水 SiO$_2$ 气凝胶的接触角达到 124°。Yokogawa 等人以 TMOS 为硅源、HMDZ 为改性剂，采用超临界干燥制备了疏水二氧化硅气凝胶，其密度为 40~70 kg/m^3。A. V. Rao 等人分别用正硅酸乙酯和正硅酸甲酯为硅源制备 SiO$_2$ 气凝胶，采用 TMCS 疏水改性，以正己烷为干燥介质，常压下干燥得到疏水 SiO$_2$ 气凝胶；结果表明：以正硅酸乙酯为硅源的疏水 SiO$_2$ 气凝胶密度为 430~560 kg/m^3、比表面积为 987 m^2/g，均大于以正硅酸甲酯为硅源的 SiO$_2$ 气凝胶的 310~330 kg/m^3 和 677 m^2/g。

通常，对气凝胶进行疏水改性有后处理法、共前驱体法。由水玻璃为硅源制备气凝胶，表面改性处理只能通过后处理法进行。而对于醇盐为硅源来说，后处理法、共前驱体法均可采用，在胶体凝胶前，将改性剂加入硅溶胶对其进行烷基化改性。这种方法的优点是可以实现快速改性，改性效果均一性好，并且工艺简单。

6）凝胶的干燥

凝胶的干燥工艺最重要的是从凝胶内除去液体溶剂的同时，仍保持凝胶中的"珍珠链"微观网络结构，因为凝胶中 SiO$_2$ 纳米粒子间微弱的连接作用容易被凝胶中溶剂的表面张力和纳米孔隙产生的毛细管压力破坏，从而造成凝胶干燥过程中纳米孔塌陷、骨架过度收缩，生成高密度的干凝胶，如图 9.28 所示。

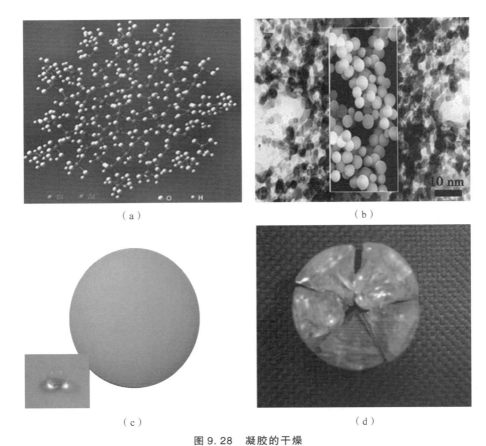

图 9.28 凝胶的干燥

(a) SiO_2 气凝胶"珍珠链"结构模型；(b) SiO_2 气凝胶透射电镜照片；
(c) 表面改性处理后常压干燥 SiO_2 气凝胶块体；(d) SiO_2 干凝胶

凝胶的干燥过程是空气取代凝胶网络孔隙中溶剂的过程，在干燥过程中，溶剂蒸发所产生的毛细管力容易造成凝胶的收缩、开裂，难以得到完整、性能优异的气凝胶；因此，如何在干燥过程能最大限度地保持凝胶结构的完整性，这对获得高性能气凝胶具有重要作用。

目前凝胶的干燥方法研究较多的主要有超临界干燥、常压干燥和冷冻干燥三种。

超临界干燥，是指将经过老化处理的凝胶置于高压釜中，釜中充满干燥介质，然后升温加压使之达到干燥介质的临界点，气液界面消失，也就不存在表面张力；当达到规定的干燥时间时，从凝胶孔隙中释放出干燥介质，就可以避免或减少干燥工艺过程中由于表面张力的存在而导致的凝胶体积收缩和开裂，从而获得变形小、结构完整的气凝胶。超临界干燥必须选择合适的溶剂作为干燥介质，目前常用的干燥介质主要有乙醇和 CO_2 两种。乙醇的临界点为 243.1 ℃、6.38 MPa，所以把乙醇作为干燥介质又称为高温超临界干燥。而 CO_2 的临界点为 31 ℃、7.38 MPa，其做超临界干燥介质称为低温超临界干燥。与乙醇相比，采用 CO_2 作为干燥介质的优点是温度和压力大大下降，安全性高并且便宜，但是由于需要对凝胶孔隙内溶剂进行置换，所以干燥时间较长。此外也有针对丙酮作为干燥介质的研究，丙酮的临界点为 235.5 ℃、4.7 MPa，有毒、易燃，属于易制毒管制化学溶剂，因此优势并不明显。采用不同的干燥介质，则必须选择与之相对应的最佳温度、压力及干燥速率，以获得性能优异的气凝胶。总体来说，超临界干燥在高压釜中进行，有一定的危险性，并且设备昂贵、操作复杂，如图 9.29 所示。

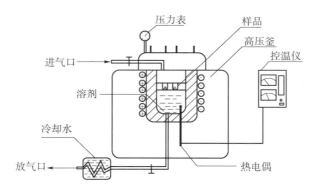

图 9.29　超临界干燥装置示意图

常压干燥前，需要对凝胶进行前处理，以减小毛细管力，前处理方法通常包括老化增强凝胶骨架、硅烷偶联剂表面改性和低表面张力溶剂替换凝胶孔洞内高表面张力溶剂，从而实现常压下去除纳米孔洞中的溶剂，同时避免纳米孔塌陷的目的。相对于超临界干燥和冷冻干燥，常压干燥条件更加温和，是实现连续化、规模化生产经济型的 SiO_2 气凝胶的主要研究和发展方向之一。

常压干燥的关键问题是如何防止在干燥过程中发生的收缩、变形以及破裂等不良现象。目前，常压干燥制备 SiO_2 气凝胶通常采用的方法有：增强凝胶网络的骨架强度、增大凝胶内的孔洞并使之均匀，置换溶剂和进行表面修饰以减小凝胶干燥时受到的毛细管力等方法。在常压干燥设备方面，目前常压干燥制备气凝胶在将凝胶陈化之后，多采用烘箱干燥，如真空干燥箱、电热鼓风干燥箱等，但存在干燥区域温度分布不均、目标产物易发生开裂等缺点。因此，近来也探索了采用其他干燥设备进行干燥，如微波干燥等。对这几种干燥设备进行对比，结果表明，微波干燥能够快速地制备性质较好的气凝胶，缩短了干燥时间，减少了粉体之间的团聚，制备的气凝胶性质明显优于真空干燥和电热鼓风干燥。

还有一种特殊的干燥方法是冷冻干燥。其方法是将凝胶孔隙中的溶剂冷冻为固态，通过升华的方法除去，得到气凝胶。其缺点是在冷冻过程中体积膨胀会破坏凝胶网络结构，因此只能得到粉末状气凝胶，并且干燥时间长。

2. 氚与气凝胶基质结合加载

氚与气凝胶基质结合的加载形式有三种：气凝胶吸收氚化水蒸气，将氚化有机物质掺入气凝胶的孔中，以及氚与来自气凝胶表面的 – OH 基团发生同位素交换。

1）氚化水蒸气

由于 SiO_2 气凝胶具有大约 600 m^2/g 的较大的比表面积，很容易从气氛中吸水。水分子通过氢键作用，被物理吸附在 SiO_2 气凝胶材料内，这个属性曾被利用来制备固态体积氚光源。Ellefson 等人就对氚水（T_2O）加载方式进行了两组对比实验。

第一组实验：几个小尺寸的荧光粉 – 气凝胶混合体（荧光粉掺杂比例为 0.5 g（ZnS）/cm³），最大直径为 3 mm，先把系统抽真空排气，然后不断通入新鲜的氚水蒸气。4 h 后，光输出从 0 增加到 2.3 foot – Lambert（英尺朗伯，1 foot – Lambert = 3.426 cd/m²）。19 h 后，样本的亮度达到 4.6 ft – Lambert，但这时有观察到样本发生约 30% 的收缩，超过这个时间后，没有观察到进一步的收缩。持续跟踪观察 20 d，样本的亮度在与氚水蒸气的持续交换中是非常稳定的，当氚水蒸气的供应被停止后，样本的亮度下降到 2 fL 以下；但当重新开放氚水蒸气的供应时，样本在 8 h 内恢复亮度；在第 20 d，把氚水蒸气从样本中通过低温泵冷却回收，回收后剩余压力小于 50 millitorr，样本亮度降到 0.3 ft – Lambert。

第二组实验：制备 4 个气凝胶立方体，每个立方体的边长为 6 mm，其中 3 个立方体分别具有 0.5、0.75、1.0 g/cm³ 的 ZnS 荧光粉掺杂量，另一个为空白样品（即不掺杂荧光粉）。将这 4 个气凝胶立方体放进密封的真空室内抽真空，然后打开充进氚水蒸气并观察 28 d。在 20 h 内，样品的亮度达到 1.8 foot –

Lambert，在接下来的 3 d 中，样品亮度下降到该值的 30%，但在第 12 d 恢复。在第 18 d，即使样品和氚水蒸气供应之间的阀门关闭，样品亮度仍然基本上不受干扰。掺杂比例为 0.5 g（ZnS）/cm³ 和 0.75 g（ZnS）/cm³ 的样品亮度在整个实验过程中保持相同，但掺杂比例为 1.0 g（ZnS）/cm³ 的样品亮度通常比其余的低 10%~30%。到第 18 d，观察到吸附了氚水蒸气的空白气凝胶样品变暗。第 27 d，回收氚水蒸气，样品亮度减少到 0.2 foot - Lambert。回收时进一步升温至 400 ℃，保温 5 h，这时所有的荧光均发射熄灭，加载荧光体的样品颜色由正常颜色黄色变成灰色，并且掺杂比例为 0.5 g（ZnS）/cm³ 的样品出现大约 10% 的收缩。这两组实验结果如图 9.30 所示。

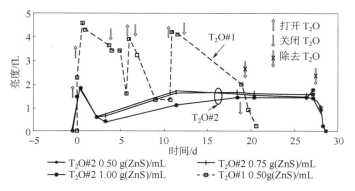

图 9.30　氚水蒸气实验结果

2）氚化有机物

氚化有机物的制备通常是在催化剂的作用下，将氚原子加到不饱和有机物的碳碳双键或碳碳三键上。有机物在辐照下通常是不稳定的，因此如何选择耐辐照的有机物成为制备氚化有机物的一大挑战。国内外研究者用于制备氚化有机物的芳香族化合物有苯乙烯、DEB [1，4 - 双（苯基乙炔基）苯] 等。T. J. Shepodd 等人以 Pd/C 作为催化剂，使 DEB 分子中的两个碳碳三键与 H_2 或 T_2 发生反应，反应式为

$$R\text{—}C\equiv C\text{—}R\text{—}C\equiv C\text{—}R + 4H_2 \xrightarrow{Pd/C} R\text{—}CH_2\text{—}CH_2\text{—}R\text{—}CH_2\text{—}CH_2\text{—}R$$

式中，R 为苯基，DEB 与催化剂 Pd/C 的混合物能在室温下快速与 H、D 和 T 发生反应，能接受 4 个氢同位素分子变成 DEB - T_8，并且在较长时间内保持很好的稳定性，DEB 的氚化率可达 95%，并对可见光透明。Ellefson 等人就对氚化有机物的加载方式进行了实验：将 DEB - T_8 添加到掺杂有 ZnS 的气凝胶中，

最初的亮度较高,达到了 1.2 foot-Lambert,但很快发光亮度就下降到最大值的 40%,接着按半衰期为 10~20 d 的亮度衰减缓慢下降。Ellefson 等人认为,快速的亮度衰减是因为 DEB-T_8 在气凝胶基质中的结晶,从而减少了光子的产生。实验结果如图 9.31 所示。22 d 后,亮度衰减到仅剩 0.3 foot-Lambert。

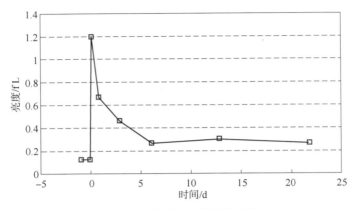

图 9.31　氚化有机物实验结果

3）氚同位素交换

氚气与气凝胶发生 β 催化交换反应：

$$T_2 + -OH \rightarrow HT + -OT$$

$$T_2 + -C_2H_5 \rightarrow HT + -C_2H_{5-x}T_x$$

β 催化交换反应向右驱动,直到固体中的 T/H 比例与尾气中的 T/H 比例达到平衡,交换率 α 可表示为

$$\alpha = \frac{[T/H]_{solid}}{[T/H]_{gas}} = 5 \text{ 或 } 6$$

实现同位素平衡的速率受到交换反应本身 HT 产物通过气凝胶的孔隙而扩散出去的速率和 T_2 扩散到孔中的速率的限制。

Ellefson 等人将直径为 1/2″、长为 5/8″ 的 ZnS/气凝胶样品装入直径为 5/8″ 的玻璃-金属密封管中,并附有金属阀,用 1~1.3 个大气压的 T_2 气压加压。每管有 5 个样品,每个样品都用不锈钢圆盘与相邻样品进行光学分离。实验结果如图 9.32 所示,为氚化气凝胶样品通过同位素交换加载氚大约 200 d 的变化过程。

Ellefson 等人制作的基于氚同位素交换的气凝胶体积氚光源,编号为 WA-1 和 MD-3B 样品的特征参数见表 9.8。

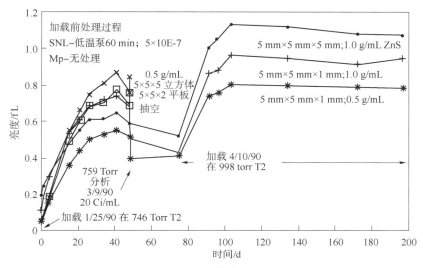

图 9.32　氚同位素交换实验结果

表 9.8　氚光源特征参数

编号	WA-1	MD-3B
直径/cm	1.27	1.27
长度/cm	1.59	1.59
亮度/(cd·m^{-2})	1.1	3.1
氚加载量/(Ci·cm^{-3})	8.4	20

通过式（9.13）和式（9.14）计算它们的能量转换效率和光输出分别为：表面积 $S=8.87$ cm^2，体积 $V=2.01$ cm^3，$Z_c=0.64$（绿光 λ_{max} 为 520 nm），则 WA-1 样品：$\eta_L=0.012$，$\zeta=1.7\times10^{-4}$ lm/Ci；MD-3B 样品：$\eta_L=0.014$，$\zeta=2.1\times10^{-4}$ lm/Ci。

9.4.2　基于有机化合物的氚发光粉

基于有机化合物的氚光源，最主要的应用形式为氚发光粉，是利用氚化有机化合物在无机荧光材料粉末颗粒的表面形成包膜而使其发光。按有机化合物的不同，其可以分为基于氚化聚苯乙烯的氚发光粉、基于 DEB 的氚发光粉等类型。

1. 基于氚化聚苯乙烯的氚发光粉

利用氚和苯乙炔制取氚化苯乙烯单体，然后在一定的温度下使其聚合得到氚化聚苯乙烯。接着将氚化聚苯乙烯均匀包裹在无机发光材料固体颗粒上，在其外表面形成一层很薄的膜，也即包膜，最后进行筛分，目的是消除在包膜过程中形成的结团。其制备工艺过程如图9.33所示。

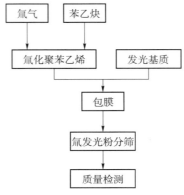

图 9.33 氚发光粉制备流程

1) 氚化苯乙烯的制备

氚化聚苯乙烯是有机化合物中具有较好耐辐照性能的一种物质，为了制备氚化聚苯乙烯，需将氚与苯乙炔进行加成反应，得到氚化苯乙烯，再聚合，得到氚化聚苯乙烯。主要反应如下：

$$\text{C}_6\text{H}_5-\text{C}\equiv\text{C}-\text{H} + \text{T}_2 \xrightarrow{\text{催化剂}} \text{C}_6\text{H}_5-\underset{\text{T}}{\text{C}}=\underset{\text{T}}{\text{C}}-\text{H}$$

$$\text{C}_6\text{H}_5-\underset{\text{T}}{\text{C}}=\underset{\text{T}}{\text{C}}-\text{H} + \text{T}_2 \xrightarrow{\text{催化剂}} \text{C}_6\text{H}_5-\underset{\text{T}}{\overset{\text{T}}{\text{C}}}-\underset{\text{T}}{\overset{\text{T}}{\text{C}}}-\text{H}$$

由上述反应式可以看出，如果氚量足够，则反应会继续进行，氚化苯乙烯又会继续被加成，生成氚化苯乙烷；因此，在反应物中，苯乙炔、苯乙烯和苯乙烷三种成分同时存在，苯乙烯是合成的目标产物，苯乙烷是一种阻聚剂，它的存在不利于苯乙烯进行聚合反应，而且在进一步加热聚合和包膜后容易挥发，不但降低氚的利用率，还能使氚发光粉的亮度衰减速率加快。

根据制备氚化苯乙烯的数量计算出氚的理论用量和实际需求量，原料氚气经过计量后，加入反应釜中，同已预先加入的定量的苯乙炔、催化剂一起进行加成反应,在不断的搅拌下,使反应速度加快;最后待反应结束后,将反应釜中生成的氚化苯乙烯进行聚合。

2)氚化苯乙烯的聚合

由氚与苯乙炔加成制备得到的氚化苯乙烯单体是不稳定的,在环境条件的改变下,如温度、压力等,氚化苯乙烯单体很容易挥发,而且其加载的氚也可通过同位素交换造成氚的损失,因此,需要对氚化苯乙烯进行聚合反应,聚合后,氚可以相对稳定地存在于聚合物的分子团中。

氚化苯乙烯的聚合反应是在真空状态下,将反应釜加热到一定温度,恒温保持一段时间,待聚合物呈黏稠状即可停止加热。为了提高聚合的质量,必须降低苯乙炔在苯乙烯中的含量。可在聚合反应开始之前,向待聚合物中加入适量的苯乙烯,以降低苯乙炔的相对含量,使聚合量增高。聚合过程的化学反应如下:

$$m\mathrm{C_6H_5C_2T_2H} + n\mathrm{C_6H_5C_2H_3} \longrightarrow (\mathrm{C_6H_5C_2T_2H \cdot C_6H_5C_2H_3})_{m+n}$$

3)包膜与筛分

包膜是将氚化聚苯乙烯均匀地包裹在无机发光材料上,在其表面形成一层薄薄的有机膜。可用于氚发光粉制备的无机发光材料包括硫化物、氟化物、氧化物等。氚化聚苯乙烯在常温下是软质塑性的,不能直接用于发光材料的包膜,因此,需要用适量的有机溶剂将其完全溶解,再将含有氚化聚苯乙烯的有机溶液与无机发光材料混合,待溶剂挥发后,包膜过程便完成了。最后对包膜后的氚发光粉进行干燥和筛分,筛分的目的在于使氚发光粉松散、粒度均匀。

4)氚发光粉质量的影响因素

根据其制备流程,影响氚发光粉质量的因素主要有氚的加入量、氚化苯乙烯的聚合程度、包膜质量等。

(1)氚的加入量:欲控制反应产物中苯乙烷的生成量和苯乙炔的剩余量,关键是氚的加入量。若增大氚的加入量,则使苯乙烷含量提高,但苯乙烷在聚合时不形成聚合物,会造成氚的损失;若减少氚的加入量,则未反应的苯乙炔的含量又会增加,苯乙炔又是阻聚剂,会影响到氚化聚苯乙烯的聚合效果。

(2)氚化苯乙烯的聚合程度:将直接影响氚发光粉的稳定性,一般认为,聚合程度越高,氚在聚合物中越不容易逃逸出来,其发光粉的亮度衰减速率就越小,发光效果稳定性也越好。

(3)包膜质量:在发光粉颗粒表面形成的氚化聚苯乙烯薄膜越完全,均匀性越好,固体颗粒的团聚越少,干燥得越好,则其发光效果越好。此外,发光粉的粒度、发光粉的松散情况、原材料的耐辐照性等也是影响氚发光粉质量的因素。

按照此流程制备的基于聚苯乙烯的氚发光粉，文献提供了其作为涂层的性能数据，见表 9.9。可通过式（9.13）计算得到其氚发光粉涂层的能量转换效率为 $\eta_L = 0.023$。

表 9.9　氚发光粉涂层性能

性能类型	参数
氚发光粉粒径/μm	5~20
氚比活度/(Ci·g^{-1})	<0.5
比亮度/(μcd·g^{-1})	2.5~50
涂层最优厚度/mm	0.2
自发光涂料用量/(g·cm^{-2})	0.05

值得一提的是，不同的文献作者制备得到的基于聚苯乙烯的氚发光粉性能数据是不一样的，每单位活度的光输出从 8.5 mcd/(m^2·Ci) 到 340 mcd/(m^2·Ci) 不等，亮度为 1 cd/m^2，基于聚苯乙烯的氚发光粉亮度以大约每年 10% 的速率下降，是氚 β 衰变的两倍。我国国内也有研究者在纯苯乙烯溶液中通入气态氚，制得氚化聚苯乙烯，并包膜到发光基质表面，制得氚发光粉，所得产品亮度为 4~8 μcd/cm^2。

2. 基于 DEB 的氚发光粉

基于 DEB 的氚发光粉是在 20 世纪 80 年代后期发展起来的。正如前面所言，DEB 具有氚化率高、并且在较长时间内保持很好的稳定性、对可见光透明等优点，C. L. Renschler 等人以及相关文献的作者均建议，可以用 DEB 作为氚的载体。

J. T. Gill 等人利用氚化 DEB 与无机荧光粉制成氚化 DEB 包膜的氚发光粉，然后再把氚发光粉制作成涂层。在涂层厚度约为 0.5 mm 时，亮度为 1.4 cd/m^2；在厚度约为 3 mm 时，亮度增加到 3.4 cd/m^2。但是基于 DEB 的氚发光粉的亮度随着时间很快衰减，在 20 d 以后，亮度就下降得只剩下 0.24 cd/m^2，他们分析认为，亮度衰减是因为辐射作用下有机物的老化变色。

3. 其他氚发光粉

和聚苯乙烯不同的是，Mullins 等人尝试制备了基于聚乙烯的氚发光粉，比活度为 600 Ci/g，初始亮度为 64 mcd/m^2，但亮度在 100 d 以内就衰减了一半，具有这种初始特性的自发光涂层薄膜在这段时间内，由黄色变为深棕色，从发光亮度来看，基于聚乙烯的氚发光粉的效果并不如基于聚苯乙烯的氚发光粉。

C. L. Renschler 等人还曾采用耐辐照的硅氧烷聚合物，将其氚化后与无机荧光粉相结合，最后进行包膜处理，产物初始亮度大于 3.4 cd/m^2，但随着时间的推移，亮度衰减较快，他们分析认为这是由氚化硅氧烷的挥发和辐照老化变色导致的。

9.4.3 其他类型的固态氚光源

1. 基于沸石的氚光源

为了规避气态氚光源的主要限制，也即为了降低气体的自吸收，研究建议将 β 放射源和发光中心结合在同一物质中。为确保这种"接近结合"，一种有可能实现的方式就是使用沸石。一方面，稀土荧光材料用作发光中心的金属离子可以通过离子交换进入沸石晶格内，如图 9.34 所示；另一方面，水分子，特别是氚化水，可以吸附在沸石材料的孔隙中。当稀土元素的离子暴露于氚 β 粒子中发光时，氚 β 粒子在介质中的自吸收能量最小。

R. L. Clough 等人和 J. T. Gill 等人制备了载有氚化水蒸气的含有稀土元素离子的沸石：分别把 4A 型沸石（$Na_2O：Al_2O_3：2SiO_2$）和 13X 型沸石（$Na_2O：Al_2O_3：2.5SiO_2$）保持在稀土元素的硝酸盐溶液中，目的是将钠离子与铈、铽和其他稀土元素进行离子交换；接着将沸石在 400 ℃下进行真空干燥；最后将含有沸石的玻璃安瓿瓶与含有氚化水的安瓿瓶相连，把沸石当作吸收氚化水蒸气的"海绵"。为了加速水蒸气的吸附，将沸石样品冷却至 77 K 并保持 2 min，然后再加热至室温。

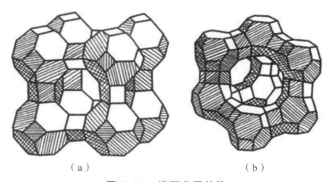

图 9.34 沸石分子结构
(a) A 型沸石；(b) X、Y 型沸石

他们制得 52 mg 的 Eu：X 沸石样品含有 36 Ci 氚，并在窄光谱发射 λ_{max} = 620 nm 的红光，亮度为 1.7 cd/m²。制得 53 mg Tb：X 沸石样品含 36 Ci 氚，并在窄光谱发射 λ_{max} = 550 nm 的黄绿色光，亮度为 2.6 cd/m²。

将沸石的体积密度 d 设为 0.7 g/cm³，则质量 m = 53 mg 的氚化沸石样品的发光表面 S 估计为

$$S = 4\pi \left(\sqrt[3]{\frac{3m}{4\pi d}}\right)^2 = 0.86 \text{ cm}^2$$

由式（9.13）和式（9.14）可以计算

$$\eta_L(\text{Eu}:X) = \frac{\pi BS}{K_m Z_c \cdot A\varepsilon_{av}} = 0.013\ 6 \times 1.7 \times \frac{0.86}{36 \times 0.381} = 0.001\ 4$$

$$\zeta(\text{Eu}:X) = 1.2 \times 10^{-5} \text{ lm/Ci}$$

以及

$$\eta_L(\text{Tb}:X) = \frac{\pi BS}{K_m Z_c \cdot A\varepsilon_{av}} = 0.013\ 6 \times 2.6 \times \frac{0.86}{36 \times 0.995} = 0.000\ 85$$

$$\zeta(\text{Tb}:X) = 1.9 \times 10^{-5} \text{ lm/Ci}$$

他们所引用的实验并没有及时表征这种氚光源的稳定性。他们只提到包含沸石组合物的聚合物薄膜（聚甲基丙烯酸甲酯、聚苯乙烯丁二烯）具有低初始亮度，并迅速下降（聚甲基丙烯酸甲酯为 2 d 内，聚苯乙烯丁二烯在 7 d 内），他们分析认为这是由于氚 β 辐射引起的聚合物变暗。可以假设，尽管沸石（作为氧化物系统）具有相当高的耐辐射性，但由于氚化水的自辐解和其降解产物的解吸，它的亮度会迅速下降。

2. 基于氚钛靶的氚光源

金属氚化物对氚光源的适用性已在许多文献中讨论过。考虑各种金属氚化物的特性（如 β 粒子出射功率、工作层厚度等），基于氚钛靶的氚光源通常由平面金属氚化薄膜加上平面荧光层的组合构成，此外，还可以设计为其他方式，如图 9.35 所示。

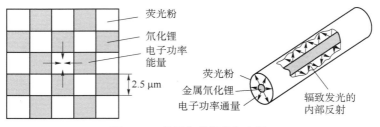

图 9.35　基于氚钛靶的氚光源

该金属氚化物的实验使用了硫化锌基荧光体。整体设计采用氚化钛薄膜与半透明的荧光层相结合的方式。实验得到的亮度从 0.09 cd/m² 到 0.22 cd/m² 不等。J. A. Tompkins 等人采用 0.4~1 μm 的钛膜吸氚，形成氚化钛作为氚载体，氚化钛薄膜与硫化锌涂层间距 0.25 μm。实验结果表示，最优的氚化钛层厚度为 1 μm，单位面积活度为 0.437 Ci/cm²，但是金属的 β 能量自吸收严重，所以发光效率并不高。由式（9.13）和式（9.14）可以计算其能量转换效率和光输出（绿光，$Z_c = 0.64$，$\lambda_{max} = 520$ nm）为

$$\eta_L = \frac{\pi B S}{K_m Z_c \cdot A \varepsilon_{av}} = 0.011$$

$$\zeta = 1.6 \times 10^{-4} \text{lm/Ci}$$

9.4.4 各种氚光源的对比

为了比较氚光源（气态和固态）的各种特性，包括能量转换效率和长期稳定性等，把各种类型的氚光源性能对比总结在表 9.10 中。

表格 9.10 中的数据表明，氚放射性衰变的 β 粒子能量以气态形式存在时最有效地转换为光能，如气态氚光源、ZnS 基微球的体积气态氚光源等都达到较高的辐光转换效率。而固态氚光源单位体积的氚加载量比气态的加载量更高，如利用氚化气凝胶的氚光源，其加载量能到 150 Ci/cm³，发光性能表现也较好。

（李雪）

表 9.10 各类型氚光源性能对比

氚光源类型	亮度 /(cd·m⁻²)	加载量	亮度衰减半周期≈	能量转换效率	光输出 /(mlm·Ci⁻¹)
气态 T_2 – ZnS, ϕ9 mm × 120 mm, $P_T = 0.8$ atm	≥0.7	<13.5 Ci	$0.5 T_{1/2}$	0.025	0.37
气态 T_2 – ZnS, ϕ6.25 mm × 51 mm, $P_T = 2.5$ atm	1.88	3.8 Ci	$0.5 T_{1/2}$	0.059	0.87
气态 T_2 – ZnS, ϕ3.5 mm × 51 mm, $P_T = 0.8$ atm	0.377	0.25 Ci	$0.5 T_{1/2}$	0.091	1.3
气态 T_2 – ZnS, ϕ6 mm × 20 mm, $P_T = 2.5$ atm	275 μcd	1.48 Ci	$0.5 T_{1/2}$	0.039	0.57
TiT₂ – ZnS, TiT₂ 厚度 1 μm	0.22	0.437 Ci/cm²	—	0.011	0.16
Eu:X:T₂O	1.7	36 Ci	—	0.0014	0.012
Tb:X:T₂O	2.6	36 Ci	—	0.00085	0.019

续表

氚光源类型	亮度 /(cd·m^{-2})	加载量	亮度衰减半周期≈	能量转换效率	光输出 /(mlm·Ci^{-1})
气凝胶-ZnS-T$_2$ 同位素交换	1.1	16.9 Ci	$T_{1/2}$	0.012	0.17
气凝胶-ZnS-T$_2$ 同位素交换	3.1	40.2 Ci	$T_{1/2}$	0.014	0.21
ZnS 基微球的体积气态氚光源 ($P_{tritium}=25$ atm)	6.8	2.3 Ci/cm	—	0.059	0.87
氚发光粉 (氚化聚苯乙烯-ZnS)	≤50 μcd/g	0.5 Ci/g	0.5$T_{1/2}$	0.023	0.34

9.5 氪光源

氪 85 没有很强的 γ 射线组分，且分支比只有 0.434%，是一种较好的 β 辐射源，同时半衰期为 10.7 d，又是惰性气体，是用于同位素光源较好的候选同位素。表 9.1 已经列出 ^{85}Kr 和 ^{3}H、^{147}Pm 的大概特性，那么表 9.11 列出其作为光源时的特性比较。

表 9.11 几种同位素的特性比较

特性	^{85}Kr	^{3}H	^{147}Pm
常用物理形态	气态	气态	固态
毒性	低	低	中
最大亮度/(cd·m^{-2})	41.1	8.6	8.6
产生 1 cd/m^2 绿光所需放射性活度/Bq	1.08×10^7	5.40×10^8	2.16×10^7

从表 9.1 和表 9.11 可以看出，氪光源最重要的优点在于它的 β 平均能量较大，致使同等条件下它的发光能力比氚的强，^{85}Kr 又是惰性气体，即使破裂，气体也不会与任何物质化合，但它最显著的缺点在它的总辐射谱中有硬 γ 组分，尽管 γ 辐射仅占 0.424%，但 γ 能量也是必须要考虑防护的要素。

氪光源的制备技术和氚光源类似，也有几种方式，一种是将发光基体材料涂覆在玻璃管体的内壁，玻璃体的形状是根据应用需要而定，再充入放射性的 ^{85}Kr 气体封口即可完成，具体过程不再详述。这种技术制备的氪光源亮度与充入的放射性物质的活度的关系见表 9.12。

表 9.12　活度与亮度的关系

同位素光源类型	氪光源（ϕ21 mm，h = 24 mm）							
活度/GBq	10.36	11.10	12.95	18.87	28.86	29.23	29.6	33.3	37.0
亮度/(cd·m^{-2})	3.3	3.3	3.5	5.2	8.2	8.6	10.5	11.7	11.9

氪光源的另一种设计方式就是以柱状的 ^{85}Kr 放射源为源芯，四周填充荧光层或是稀有气体，通过 ^{85}Kr 放射源发出的 β 粒子激发荧光层或稀有气体发光。氪光源的设计图如 9.36 所示。

图 9.36　氪光源的设计图

图 9.36 中的圆柱形源芯里密封的为 ^{85}Kr 气体，所用的密封材料为薄薄的一层钛管，^{85}Kr 的 β 粒子透过管壁发射到管周围，并在周围的准分子稀有气体原子中耗散能量，前驱稀有气体吸收耗散的能量后能有效地产生光子。这样做的好处是能在钛管内允许加载大量的 ^{85}Kr，而且通过对 β 电子的限制，减少外部辐射屏蔽。

为了使 ^{85}Kr 的 β 粒子能更好地与前驱气体发生碰撞，在圆柱源芯的两端加上强磁场，高能 β 电子被磁力限制在前驱气体的轨迹上，从而延长 β 粒子在前驱气体中的运动路径，如图 9.37 所示。表 9.13 为计算得到的真空中 ^{85}Kr 的 β 粒子电子路径半径和速度。

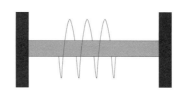

图 9.37　磁场下 ^{85}Kr 的 β 粒子运动示意图

表9.13 计算得到的真空中^{85}Kr的β粒子电子路径半径和速度

	能量/keV	速度/%C	洛伦兹因子γ	速度/(m·s^{-1})	0.2T轨迹半径/mm
^{85}Kr	251(ave)	74.29	1.49	2.22E8	6.31
	687(max)	90.51	2.35	2.71E8	7.69

不同的前驱气体的激发能量及发射波长不同，可以根据实际需要选择不同的前驱气体，表9.14列出不同前驱气体的激发特性。

表9.14 前驱气体和激发能

激发态（准分子发射极）	光子能量/eV	波长/nm	前驱气体
Ar2*	9.84	126	Ar
Kr2*	8.49	146	Kr
Xe2*	7.21	172	Xe
ArF*	6.42	193	Ar，NF3
KrF*	5.01	248	Kr，NF3
XeCl*	4.03	308	Xe，HCl
XeF*	3.53	351	Xe，NF3

^{85}Kr的β电子与前驱气体原子相互作用的数量可以β能量输入到光子能量输出的能量平衡G来估算：

$$G = \frac{K_e}{E_{ph}} \tag{9.35}$$

式(9.35)中，K_e——以J/β为单位的β粒子动能；E_{ph}——激发光子能量。表9.15为基于能量平衡的每个β电子激发的光子数。

表9.15 基于^{85}Kr平均β衰变能的G比率

准分子发射极	光子能量/eV	电离能/eV	平均能量	G/(β keV·光子能量$^{-1}$)	G/(β keV·电离能$^{-1}$)
Ar2*	9.84	12.1	Kr-85@251 keV	2.6E4	2.1E4
Kr2*	8.49	13.9		2.9E4	1.8E4
Xe2*	7.21	15.7		3.5E4	1.6E4

9.6 其他同位素光源

9.6.1 钷光源

钷光源（^{147}Pm 光源）是以荧光高纯无定型 ZnS 粉末为基质，采用高温转相、扩散以及合成工艺，制得了^{147}Pm 激发的 ZnS：Cu，Cl 永久发光粉。

制备流程：按设计化学剂量分别称取一级纯 NaCl、KCl、NH$_4$Cl、BaCl$_2$、MgCl$_2$ 和 CuCl$_2$，用高纯去离子水配制成溶液，均匀地掺入荧光纯无定型 ZnS 粉末中，并进行烘干、磨细、研匀、装入石英管内，1 220 ℃下高温灼烧1.5 h。冷却后在紫外光灯下选出合格样品，充分漂洗后烘干、粉碎、过筛、即得六方结构的 ZnS：Cu，Cl 晶体。在此晶体基质上包覆 SiO$_2$ 和 Na$_2$SiO$_3$，再将 ^{147}Pm$_2$O$_3$ 均匀地涂覆在晶体基质上即制得^{147}Pm 激发的 ZnS：Cu，Cl 永久发光粉。

9.6.2 锶光源

锶光源（^{90}Sr 光源）较多的是^{90}Sr 放射源和闪烁玻璃体（发光透明陶瓷）配合使用，如图 9.38 所示。

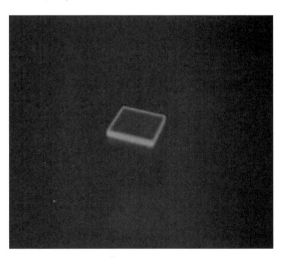

图 9.38　^{90}Sr 激发发光陶瓷光源

一般的闪烁玻璃体的光学性能虽然好，但暴露于^{90}Sr 放射源的电离辐射下，闪烁玻璃体会由于形成色心（color center）而变暗。实验发现，通过掺杂二氧化铈（CeO_2）可以显著提高闪烁玻璃体的辐射稳定性。如添加2%重量比的二氧化铈会显著降低闪烁玻璃体的降解速度，因为铈很容易改变其价态。Ce^{4+}离子有一个价电子，很容易与辐射形成的自由电子发生反应：

$$Ce^{4+} + e^- \rightarrow Ce^{3+}$$

这防止了闪烁玻璃体的色心形成，三价铈又与空穴反应，防止形成基于空穴的着色中心。闪烁玻璃体的另一个优点是它们可以通过射频磁控管溅射形成平面波导，这对于制造多层波导/同位素源的配置非常有用。

9.7 同位素光源的应用

英美等发达国家对于同位素光源的研究起步较早，应用程度高。从历史上看，早在第一次世界大战时期，^{226}Ra与ZnS混合物就用于战斗机仪表标识。20世纪50年代中期，由于^{226}Ra和^{90}Sr光源被禁，^{3}H和^{147}Pm光源逐渐开始应用，美国的阿波罗登月舱中就使用了125个^{147}Pm同位素光源作为照明工具。到了20世纪70年代中期，氚光源成为主流，广泛应用于各种装备中。

同位素光源可作为良好的夜间显示器件，具有电光源所不具有的优点：亮度稳定、寿命长、免维护、全天候适用等，能广泛应用于海陆空三军武器装备的仪器和仪表，各种飞机、军舰、坦克的驾驶室和仪表舱，控制台的仪器刻度、指针等，如图9.39所示，夜间显示仪表数据柔和清晰，一目了然，还可以为炮兵的观察、测地、指挥器材的分划镜盒水准器等提供夜间显示；美军的一份试验报告提出，今后全部炮兵仪器的夜间显示照明全部要采用同位素光源装置；美国M198式榴弹炮的全部瞄准镜均采用氚光源作为刻度显示，不但可以免除原来电照明灯具的导线、电源等配件，结构简单，而且氚光源在全天候下几乎不受环境因素影响，可靠性高，能极大提高夜间操作和瞄准射击的精度。在法国，军队各种迫击炮的观瞄器材也均采用氚光源发光装置，夜间操作十分方便。

同位素光源可以作为枪支的夜间瞄准指示器，这是最为常见且用量大的应用。如Glock17手枪，每一支枪的瞄具共有前后3根短氚光源组件，每根氚光源组件由氚光源、缓冲层、铝保护壳、防刮蓝宝石水晶抗反射镀层这几部分组成，具体如图9.40、图9.41所示。

 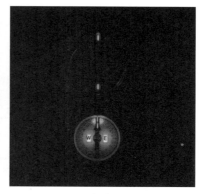

（a） （b）

图 9.39 同位素光源的数据显示应用

（a）直升机仪表盘显示；（b）夜间指南针

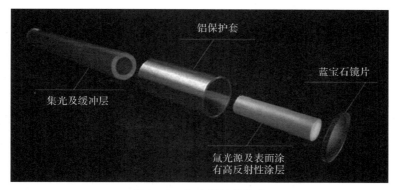

图 9.40 氚光源组件构成

图 9.41 手枪氚光源瞄具

放射源制备及应用技术

步枪使用氚光源作为瞄准标识，其瞄准具叫氚光瞄准具，它由准星、标尺和氚光标识器组成，如图 9.42 所示。此种氚光源的可视距离并不远，因此并不会担心被敌方发现亮点而暴露自己的位置。

图 9.42 步枪氚光瞄准具

比利时的赫斯特公司为了解决武器在拂晓和黄昏时段的瞄准问题，研制了 FNTR3 式氚光瞄准具。该瞄准具能显著提高士兵在微光条件下的作战效果，射击时，士兵能容易地识别武器上的表尺和准星，因而能迅速、准确地瞄准目标。英国世界瞄准具有限公司生产的系列瞄准具，如固体玻璃光学准直瞄准具，放大率为 1×，便于快速捕获目标，瞄准标记是一个圆环，可调整亮度，环形标记由内部氚光源照明。如 LC–14–46 就是英国世界瞄准具有限公司生产的系列瞄准具的一款，是一种可归零的手枪瞄准具，也适用于 M60 式机枪；LC–7–40 系列瞄具是为 AR15/M16 式步枪设计的，质量小于 4 g，适合装在 AK 系列、FN–FAL 等；HC–10–62 式瞄准具主要是供英国新式 SA80（L85）步枪使用；HC–18–80 式瞄准具是为 FNP90 式冲锋枪设计的；LC–40–100 式瞄准具是环形瞄准具系列中体积最大的，可作为 BAe 防空炮的备用瞄准具，也可以装在口径 1.27 cm（0.50 in）勃朗宁 M2HB 机枪上。

同位素光源作为优良的夜间显示光源，还可以制作成手表的夜间显示标志，安装在每个数字位置以及相应的指针上，作为黑暗环境下的发光显示，如图 9.43 所示。

图 9.43　氚光源手表

另外，在各种人防工事、地下掩蔽体等地方安装同位素光源标志，不需要维护保养即可长期提供微弱显示照明，适用于长期无人值守或者通电不易的地域，如图 9.44 所示。

图 9.44　地下掩蔽体等的氚光源指示牌和门柄

除此之外，现代化战争是需要诸军兵种联合作战，参战部队需要经常利用黑夜环境掩护开展作战行动，为了保证夜间行动的密切协同，必须明确划分各部队的活动地段，标明各军种行军道路以及相互识别标志。例如工程兵在为进攻部队排除障碍时，要在交叉路、埋雷区等特殊环境设置夜间发光标志或路牌，为后续部队指引前进的路线；装甲机械化部队在夜间行动时，各种车辆的尾部或突出部分，要用发光标志显示，以免在复杂环境失去联系或追尾撞车；坦克在夜间涉水潜渡时，通气管的末端需涂发光标志，以便于控制车体姿态和深度等；空军采用氚光源来标识战斗机的空中加油吊臂、紧急弹射手柄和直升机的阶梯等。

同位素光源还有一种特殊的应用就是可制作成辐光伏同位素电池，简单

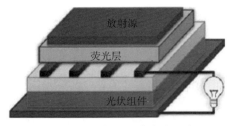

图 9.45　辐光伏同位素电池示意图

而言就是辐射能转变为光能后，再通过二次转换成电能，如图 9.45 所示，光通过半导体 pn 结的光生伏特效应，被光伏组件收集，转变成电子－空穴对，在半导体器件内建电场的作用下实现分离，最后与负载形成回路以输出电流。

辐光伏同位素电池的一大优势就是其对半导体的辐射损伤几乎没有，可作为一种输出功率在纳瓦至毫瓦量级的电源，提供一种集能量获取与电能转化、能量存储与传输与一体的自主集成电源，可广泛应用于微机电系统和无线传感器网络节点等系统中，作为低功耗集成电路（Integrated Circuic，IC）和微机电系统等的电源供给。如装备于恶劣环境下工作的 GPS（全球定位系统）单元、无线装置、便携式可穿戴设备、芯片级导航系统、侦查系统等，提高我国在各种恶劣环境下的能源补给能力和作战能力。辐光伏同位素电池最早出现是在 1957 年，美国制备了第一枚辐光伏同位素电池，被称为 Elgin－Kidde 原子电池，Elgin－Kidde 原子电池是以 ^{147}Pm 源和 CdS 发光材料的混合物作为同位素光源，并通过 Si 半导体收集荧光来发电，如图 9.46 所示。

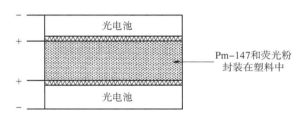

图 9.46　Elgin－Kidde 原子电池

目前同位素光源在多个领域均有广泛的应用，但仍存在辐光转换效率不高的核心问题，这致使装备应用的同位素光源虽已能满足一些低亮度的应用需求，但是亮度和能量利用率不高，性能未能得到最大的发挥。如此，若想提高同位素光源的亮度以满足在特殊条件下的应用需求，人们不得不增加放射性核素的用量以提高光源的亮度。然而单个同位素光源装置中含有高活度的放射性同位素，一方面会增加制备同位素光源的技术难度，降低经济效益；另一方面放射性同位素活度的增加会使同位素光源存在安全隐患。因此，在未来如何能进一步提高同位素光源的亮度和辐光转换效率，延长同位素光源的使用寿命，是今后同位素光源技术的研究方向。

（李思杰）

第 10 章
同位素热源

10.1 放射性同位素热源

放射性同位素热源（radioisotope heat source，RHU），简称"同位素热源"，是一种将放射性同位素自发衰变产出热量收集起来的装置，可以直接作为设备保温的热量来源，也可通过转换装置（换能装置），把热能转变为电能，为特种装备提供电能和热能。在空间领域应用较多的同位素热源主要有两种，一种是轻小同位素热源，主要是为了保温；另外一种是通用同位素热源（general purpose heat source，GPHS），主要用途是为探测器载荷提供电能。同位素热源可以分为 α、β 和 γ 三种类型，其中使用较多的为 α 型同位素热源。采用多层具有不同功能的包壳结构保障热源的安全，避免人员和环境遭受放射性物质的影响。常用的同位素热源有钚238、锶90、钋210同位素热源等几种，同位素热源最重要的用途是为温差型同位素电源（radioisotope thermoelectric generator，RTG）提供热量。

10.1.1 同位素热源的原理及结构

1. 基本原理

放射性同位素衰变过程中会发射带电粒子和 γ 辐射形成的射线，当带电粒子与其周围物质相互作用时，带电粒子被物质阻止或吸收，粒子的动能转变为热能，使物质温度升高，从而向周围释放热能形成热源。这种直接利用同位素衰变产生热量的装置被称为 RHU。同位素热源利用的不是射线本身，而是射线动能量，更确切地说利用的是核衰变能。

放射性同位素处于不稳定状态，会自发地蜕变为另外的同位素，衰变形式如下：

$$A(母体) \rightarrow B(子体) + C(粒子或射线)$$

发射 α 粒子（氦原子核，带两个单位正电荷）的衰变为 α 衰变；放出电子（负电子或正电子）时为 β 衰变；放射性原子核在经历了 α 衰变和 β 衰变之后形成的子核常处于激发态，从激发态到基态或从高激发态到低激发态的衰变，主要通过发射 γ 射线的方式进行。

此衰变反应伴随有质量损失（反应物质量和减去产物质量和），根据质能方程可知，损失的质量产生的能量由子体同位素和粒子（或射线）以动能形式携带。子体同位素和粒子（或射线）与周围原子发生相互碰撞，最终被阻止和吸收，它们携带的动能转化为热能，这就是 RHU 产生热量的基本原理。

2. 基本结构

图 10.1 为典型同位素热源的结构示意图。

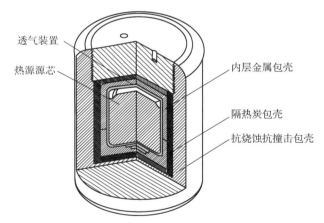

图 10.1　典型同位素热源的结构示意图

从图 10.1 可知，同位素热源主要由源芯、包壳、透气装置三部分组成，包壳包括金属包壳、隔热炭包壳以及抗撞击抗烧蚀包壳。不同的包壳承载不同的功能，确保热源具有抗冲击、耐温、耐腐蚀等性能，能在正常工作过程或意外事故等情况下满足热源的放射性安全要求。

10.1.2 同位素的选择

为了保证热源可在极端条件下长期可靠地工作，热源的放射性同位素的选择应遵循以下原则。

1. 半衰期足够长

放射性同位素半衰期过短，在热源应用中没有实际价值；半衰期较短的放射性同位素可用于执行短期任务，如 ^{210}Po，一般不选取半衰期小于 100 d 的同位素作为同位素热源的燃料。为了保证热源可长期地提供热量，多使用半衰期为几十年的放射性同位素，如 ^{238}Pu、^{90}Sr 等。半衰期过长的放射性同位素也不适用于同位素热源，这是由于同位素的半衰期与功率密度呈反比关系，半衰期越长，比活度越低，功率密度越低，应用较为困难。

放射性同位素的半衰期同样影响同位素电源的寿命。对于短半衰期同位素，同位素电源的使用寿命主要决定于同位素；而当同位素的半衰期大于电源使用期限很多时，同位素的半衰期对同位素电源的寿命影响不大，影响电源使用寿命主要因素是换能器或其他装置。

2. 辐射易屏蔽，防护简单

同位素热源属于密封放射源，这类放射源的安全防护主要是外照射防护。采用 α 放射性同位素做燃料的较低功率的同位素热源或 RTG，由于 γ 辐射和中子的本底小，在一般情况下依靠电源本身的屏蔽层便可达到安全标准，无须加装额外的辐射屏蔽层，仅需考虑 α 同位素衰变产生氦气如何释放的问题。对于以 β 或 γ 放射性同位素为燃料的热源或电源来说，必须加装足够的辐射屏蔽防护才能保证附近仪器的正常工作和工作人员的安全。图 10.2 是几种放射性同位素燃料的同位素热源所需的铅屏蔽层厚度。

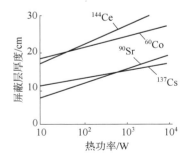

图 10.2 几种放射性同位素燃料的同位素热源所需的铅屏蔽层厚度

（离源 1m 处的剂量率减弱至 1×10^{-4} Gy/h）

可见，随着热源热功率的增大，热源所需的屏蔽层变厚；相同功率条件下，不同同位素热源所需的铅屏蔽层厚度各不相同，需根据同位素种类和功率水平进行计算分析。

在空间探测任务中，由于火箭的装载空间和荷载的限制，对同位素热源与电源的体积和重量有严格的要求。用于空间探测的同位素热/电源多采用α放射性同位素做燃料，如空间探测任务中通常使用的钚238同位素热/电源等。采用β或γ放射性同位素做燃料的同位素热/电源多用于陆地对体积和重量限制较小的领域，如陆地、海洋中通常使用的锶90同位素热/电源等。

3. 稳定的理化性质

制成的同位素热源源芯应具有耐高温、耐辐射、抗腐蚀、不溶解于水及弱酸弱碱溶液、不易挥发、化学稳定性好等特点，要与内层金属包壳不发生反应，特别是在高温条件下不与内层金属包壳发生反应，以保证密封的可靠性。同位素热源源芯要具有较好的导热性。就这一点而言，金属陶瓷体优于一般陶瓷体。此外，源芯还要易于成型制备。

4. 燃料体的功率密度高

功率密度是指单位体积燃料所能提供的热瓦数。为得到高功率密度的同位素热源源芯，就要用比功率（W/g）高的放射性同位素。短半衰期同位素比活度高，即比功率高。但从实用角度看，短半衰期的同位素不适于实际应用，要选择半衰期适中的同位素做燃料。另外影响功率密度的因素还有燃料的化学组成形式，要选择金属氧化物或放射性燃料同位素含量高、物理化学性能良好的其他化学形式，如对于锶90常用$SrTiO_3$、SrF_2为原料，如镉、钚、铈等用其氧化物做原料，钴60热源则是以金属钴做燃料。

5. 价格便宜，易于生产

放射性物质的生产是很复杂、很困难的，它们的价格一般较高，而制备同位素热源需用大量放射性物质，所以选择制备同位素热源的放射性物质，必须考虑其经济性。

可见，用于同位素热源的放射性同位素要综合考虑半衰期长、易屏蔽、化学性质稳定、功率密度高及价格低廉等因素，综合考虑上述要求，研究人员筛选出十余种可实际用于同位素热/电源的放射性同位素，表10.1具体列出这些放射性同位素燃料的特性。

表 10.1　部分可用于同位素电源的放射性同位素燃料特性

放射性同位素	射线种类	半衰期 /a	化学形式	比功率 /($W \cdot g^{-1}$)	功率密度 /($W \cdot cm^{-3}$)	屏蔽要求	生产方式	价格
^{90}Sr	β	28.5	$SrTiO_3$	0.223	0.825	稍重	裂变	低
^{137}Cs	β,γ	30	CsCl	0.12	0.468	重	裂变	低
^{144}Ce	β,γ	0.78	CeO_2	0.284	1.874	重	裂变	低
^{147}Pm	β	2.6	Pm_2O_3	2.03~6.6	13.398~43.56	轻	裂变	低
^{60}Co	β,γ	5.26	金属	5.54	48	重	堆照	低
^{210}Po	α	0.38	GdPo	144.8	77.2	轻	堆照	低
^{238}Pu	α	87.7	PuO_2	0.45	4.58	轻	堆照	高
^{241}Cm	α,n	0.45	Cm_2O_3	90	397	轻	堆照	中
	α,n	18.1	Cm_2O_3	2.35	27.66	中等	堆照	高

10.1.3　同位素热源类型

根据放射性同位素放出的射线不同,可以将其分为 α 热源、β 热源、γ 热源 3 类。

1. α 热源

α 热源的最大特点是无须厚重辐射屏蔽,作为空间应用尤为合适。α 热源的功率密度均较高,尤其是 ^{210}Po 和 ^{242}Cm,但两者使用寿命较短,仅用于短期的空间发射任务;相对而言,^{238}Pu 和 ^{244}Cm 虽然功率密度较低,但使用寿命较长,可用于执行长期空间探测任务。

1969 年 7 月 20 日,"阿波罗 – 11 号"的宇航员实现了人类首次登月的梦想,并在月球上安置了"早期月面科学试验站",内装 2 台 15 W ^{238}Pu 热源,专供地震仪加热使用。图 10.3 为阿波罗 – 14 号使用的 SNAP – RTG,内装 ^{238}Pu 热源;苏联在 1970 年和 1973 年先后发射了两台月球车,内装 ^{210}Po 热源作为月面考察用仪器恒温控制。

2. β 热源

β 热源燃料大多从裂变产物中提取,其优点是来源丰富、价格相对 α 同位素便宜。但其缺点是辐射屏蔽很厚。最常用的 β 热源有 ^{90}Sr、^{137}Cs 和 ^{147}Pm 等。其中 ^{90}Sr 热源由于半衰期较长、热功率适中、钛酸锶燃料理化特性稳定、成本较低等特点,因此在无人值守的陆地设备和海洋监测上应用最为普遍。通常大

第 10 章 同位素热源

图 10.3　阿波罗 – 14 号使用的 SNAP – RTG（内装 ^{238}Pu 热源）

多将其进一步制成同位素电源加以利用。为了减少 ^{90}Sr 及其子体 ^{90}Y 的 β 粒子所产生的韧致辐射，需用铅、钨或贫铀屏蔽，图 10.4 为苏联 ^{90}Sr 同位素电源（内装 ^{90}Sr 热源）。

图 10.4　苏联 ^{90}Sr 同位素电源（内装 ^{90}Sr 热源）

3. γ 热源

^{60}Co 主要用作辐射源，由于它的 γ 射线能量很高（1.173 MeV 和 1.333 MeV），屏蔽体要求很重，因此很少用作热源。20 世纪 70 年代以后，一些国家认为 ^{60}Co 很多特性使其用作热源和电源有较大的潜力：它的生产过程简单、价格较

低、半衰期较长（5.27 a），放射性比活度又较高（25.9 TBq/g），制成的热源结构比较紧凑。对于动力堆较多的国家来说，生产 ^{60}Co 热源是合适的。

美国萨凡那河实验室在 1972 年曾制成 ^{60}Co 能源示范装置，设计功率为 30 kW。同一时期，加拿大也制成了 4 台 ^{60}Co 能源装置（MAPLE-1A、1B、2C、2A）分别用于实验原型、闪光导航灯、北极气象观察站和北方电信中继。法国也制成了电功率为 400 W 的 ^{60}Co 能源装置。由于需求和技术等原因，目前我国 γ 热源的研制工作尚未开展。

10.1.4　同位素热源的包壳

在同位素热源中，包壳的作用是既要保证强放射性物质在正常应用过程中和任何意外事故情况下（包括运输、发射等过程中发生的火灾，气动过热，高速撞击，超压冲击等意外事故）不发生泄漏，又要保证能把热源产生的热量有效地传递到热源表面。单一材料或单层防护包壳难以在承载热源热功能的同时保护包壳内同位素的安全，因此热源的包壳采用多层包壳结构，每层包壳承载不同的功能。大体上可把热源的包壳分为三类：抗热冲击作用、机械作用和化学作用热源包壳。根据同位素种类和使用条件，内层金属包壳一般选取的包壳材料有铂铑合金、Hastelley C 合金、镍基不锈钢合金等几种；外层壳一般选取机械强度高，抗氧化和抗腐蚀能力强的包壳材料。

图 10.5 为美国初始热功率为 1 W 的典型钚 238 同位素热源（light wight radioisotope heater units，LWRHU）的结构组成。

图 10.5　美国初始热功率为 1 W 的典型钚 238 同位素热源的结构组成

该热源采用钚238氧化物（$^{238}PuO_2$陶瓷源芯）为原料，从内到外依次为铂铑合金制成的内层金属包壳、低密度碳粘接碳纤维（low density carbon bonded carbon fiber，CBCF）材料制成的隔热层包壳以及由3D FWPF（fine weave pierced fabric）碳-碳编制复合材料制成的抗烧蚀撞击层包壳。这些包壳分别承载不同的安全功能，在设计上充分考虑了各种可能意外情况下的热源的安全性和可靠性。

美国另外一种典型的同位素热源为通用同位素热源，该热源功率较大，是空间任务温差型同位素电源的热量来源，主要用于为空间任务载荷提供电能，其结构组成如图10.6所示。

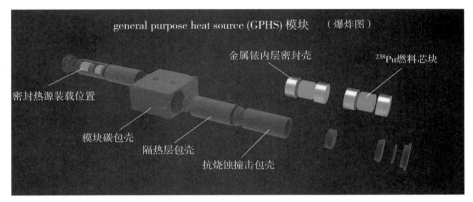

图10.6　美国典型钚238 GPHS 结构组成

可以看出，与钚238 LWRHU类似，GPHS从外到内由模块碳包壳抗烧蚀撞击包壳、隔热层包壳、金属铱内层包壳及^{238}Pu燃料芯块构成。其中，抗烧蚀撞击包壳可以抵抗高温烧蚀和高速冲击，隔热层包壳能够在超高温环境下阻止热量短时间传入同位素热源内部；金属铱内层包壳将高温钚238放射性陶瓷芯块密封在其内部与环境隔离。

10.1.5　阻钚透氦装置

由于空间探测任务对其载荷体积和重量的严格限制，不需要厚重屏蔽的α类同位素热源成为空间探测领域热源的首选。然而，由于α类同位素热源会持续释放氦气，密封的包壳内部压力会不断增大，这就可能会给承压程度有限的包壳造成破裂的风险。目前，解决该包壳内部承压问题的方式主要有两种，一是包壳内预留储气空间，这种方法仅需要考虑不断产生的氦气使包壳内压力增大的问题；另一种方法较为复杂，难度也较高，主要是在包壳上加装透氦阻钚装置，在保证放射性原料不发生泄漏的同时，能把产生的氦气释放到包壳外，确保包壳不因内压过大而损坏。与加装透氦阻钚装置相比，包壳预留储气空间会增加同位素热源质量和体积，不利于减重减容，降低电源的比功率，同时也影响热源的安全性能。空间应用的 α 类同位素热源多采用透氦阻钚装置确保包壳安全。鉴于此，透氦阻钚装置成为 α 类同位素热源的关键部件之一。美国 GPHS 中使用的透氦阻钚装置（cup vent set，CVS，图 10.7）是以金属铱粉末为原料，采用粉末冶金的方法制备而成。该透氦阻钚装置厚度约为 0.41 mm，直径约为 Φ9.6 mm；从剖面图可以看出，该透氦阻钚装置内部孔隙的孔型、孔径、走向不一致，气孔相互连通，孔隙结构复杂，气孔均匀分布在整个透氦阻钚内部，整体上是由金属颗粒和孔隙组成的 3D 多孔结构。根据多孔材料过滤机理可以判断，当制备的透氦阻钚装置透气率在某一特定范围时，该装置能够有效地实现"透氦"和"阻钚"的功能。

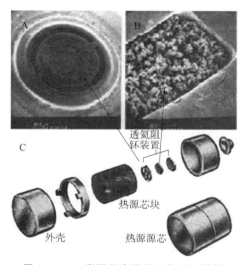

图 10.7　α 类同位素热源透氦阻钚装置

|10.2　同位素热源的制备|

可应用于同位素热源的同位素种类有很多，研究人员根据同位素的特点以及对热源的应用需求，主要开发了钚238、锶90、钋210 等几种同位素热源，以下将对几种常用的同位素热源的放射性原料制备、燃料形式以及封装条件进行阐述。

10.2.1 钚 238 同位素热源的制备

1. 同位素制备

原料是掣肘钚 238 同位素热/电源技术发展的关键问题,也是支撑钚 238 同位素热源/电源技术发展的基础。钚 238 原料生产难度较大,主要采用反应堆堆照镎 237 的方法制备,图 10.8 为钚 238 原料生产流程图。从图中可知,首先从反应堆乏燃料中提取镎 237,然后将镎 237 制备成辐照靶件,再将镎 237 靶件入反应堆辐照,通过化学方法多次分离后得到钚 238 原料。受限于反应堆辐照条件的限制,钚 238 原料产量很低,价格昂贵。

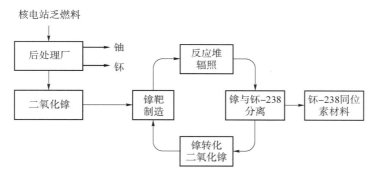

图 10.8 钚 238 原料生产流程图

美国在 19 世纪五六十年代便建立了钚 238 原料的规模化生产能力,充足的原料供应支撑了美国空间探测的众多任务并促进同位素热源及 RTG 技术的发展;尽管在 20 世纪 80 年代起一度停止生产,但在 2013 年为了满足空间探测任务的需求并摆脱俄罗斯的限制,美国重建了规模化钚 238 原料的生产能力,为美国空间同位素电源技术的发展奠定基础。

从上述流程可以看出,^{238}Pu 同位素是在反应堆中用中子辐照^{237}Np($T_{1/2}$ = 2.20 ×10^6 a)靶而产生的,其反应过程为

$$^{237}\text{Np} \xrightarrow{(n,\gamma)} {}^{237}\text{Np} \xrightarrow{\beta} {}^{238}\text{Pu}(T_{1/2} = 87.75 \text{ a})$$

在辐照过程中视反应堆的运行条件,除可产生^{238}Pu 外,还可产生少量钚的其他同位素,如^{236}Pu,其产生过程是

$$^{237}\text{Np} \xrightarrow{(\gamma,n)} {}^{236}\text{Np} \xrightarrow{\beta} {}^{236}\text{Pu}(T_{1/2} = 2.85 \text{ a})$$

$$^{237}\text{Np} \xrightarrow{(n,2n)} {}^{236}\text{Np} \xrightarrow{\beta} {}^{236}\text{Pu}(T_{1/2} = 2.85 \text{ a})$$

^{236}Pu 是一个最后以稳定的同位素 ^{208}Pb 结尾的长衰变链的母体。

$$^{236}\text{Pu} \xrightarrow[2.85\text{ a}]{\alpha} {}^{232}\text{U} \xrightarrow[74\text{ a}]{\alpha} {}^{228}\text{Th} \xrightarrow[1.9\text{ a}]{\alpha} {}^{224}\text{Ra} \xrightarrow[3.64\text{ a}]{\alpha} {}^{220}\text{Rn} \xrightarrow[51.5\text{ s}]{\alpha}$$

$$^{216}\text{Po} \xrightarrow[0.16\text{ s}]{\alpha} {}^{212}\text{Pb} \xrightarrow[10.64\text{ h}]{\beta} {}^{212}\text{Bi} \xrightarrow[60.6\text{ min}]{\alpha} {}^{208}\text{Tl} \xrightarrow[3\text{ min}]{\beta} {}^{208}\text{Pb}$$

$$\xrightarrow[60.6\text{ min}]{\beta\,(66\%)} {}^{210}\text{Pb} \xrightarrow{\alpha\ 0.3\ \mu\text{s}}$$

在这个衰变链中,11 个核衰变里有 10 个伴随放出 γ 射线。所以尽管在 ^{238}Pu 原料中钚 236 含量是很低的,但其 γ 射线辐射的贡献却不可忽视,特别是当 ^{238}Pu 电源在医学上做心脏起搏器电源用时,更不可忽略。工业级和医学级 ^{238}Pu 燃料的同位素组成是不同的,见表 10.2。

表 10.2 工业级和医学级钚燃料的同位素丰度 单位:%

钚的同位素	丰度	
	工业级	医学级
236	1×10^{-4}	$< 3 \times 10^{-6}$
238	80.0	90.4
239	16.3	9.0
240	3.0	0.6
241	0.6	0.03
242	0.01	< 0.01

2. 燃料形式

钚 238 同位素热源燃料形式有金属、氧化物和金属陶瓷体等几类。热源的燃料形式应具有化学稳定性好、机械强度大、功率密度高、热导率高,以及在高温下不与内层金属包壳发生化学作用等特点。

^{238}Pu 的金属形式具有最高的热功率密度和最低的辐射水平,但是熔点低,相变复杂。研究发现,电源的燃料形式为金属时只能在运行温度低于 400 ℃ 的情况下工作。金属钚在空气中易氧化、自燃。

^{238}Pu 与某些高熔点金属做成合金,可提高燃料的使用温度。添加含 2%(原子)锆的钚 – 锆合金,热功率密度介于金属与氧化物之间,可用于工作温度为 650 ℃ 的钚 238 同位素电源。添加 3%(原子)镓的钚 – 镓合金可用于温度不超过 540 ℃ 的热源。法国研制的心脏起搏器,其电源是用钚 – 钛合金燃

料。此外，钚238同位素电源还可用钚-铂合金做燃料。需要说明的是，为了使燃料有高的功率密度，要尽可能少加入其他金属。

目前金属^{239}Pu的制备方法——弹还原和电解精炼都可用于金属^{238}Pu的制备。弹还原法制备的^{238}Pu纯度不高，需进行电解精炼，用熔融盐电解，电解质是NaCl-KCl熔融盐，在MgO-Y$_2$O$_3$坩埚中，740 ℃下电解。

把电解精炼得到的^{238}Pu金属与适量其他金属一起放在钽坩埚中熔融，生成合金。

^{238}Pu与氮和碳形成的^{238}PuN和^{238}PuC化合物具有熔点高、热功率大的优点，但它们有吸湿性，所以尚未被广泛采用。

^{238}PuO$_2$是钚238同位素电源最常用的一种燃料形式。它具有熔点高，在高温下和水中都很稳定等理化特性。氧元素化学计量低的^{238}PuO$_{2-x}$氧分压比^{238}PuO$_2$低，改善了燃料与包壳材料适应性。由于钚238自发裂变产生的α射线与周围^{17}O、^{18}O同位素相互作用发生（α,n）反应，产生大量中子，因此，为了降低中子发射率，最好选用^{238}Pu^{16}O$_2$燃料作为钚238同位素电源的燃料。此外，由于^{238}PuO$_2$在高温时具有稳定的化学性质，因此热源运行温度高于650 ℃时只能采用^{238}PuO$_2$的燃料形式。

^{238}PuO$_2$燃料芯块的原料为^{238}PuO$_2$粉体，其形貌构成一般有两种，一种为微球形式（直径为50~250 μm），另一种为直径达毫米级的小球。这是为了保证原料具有一定的粒径级配，有利于粉体的冷压成型。^{238}PuO$_2$微球是用溶胶-凝胶法生产的，图10.9为美国橡树岭国家实验室制备^{238}Pu溶胶的流程图。

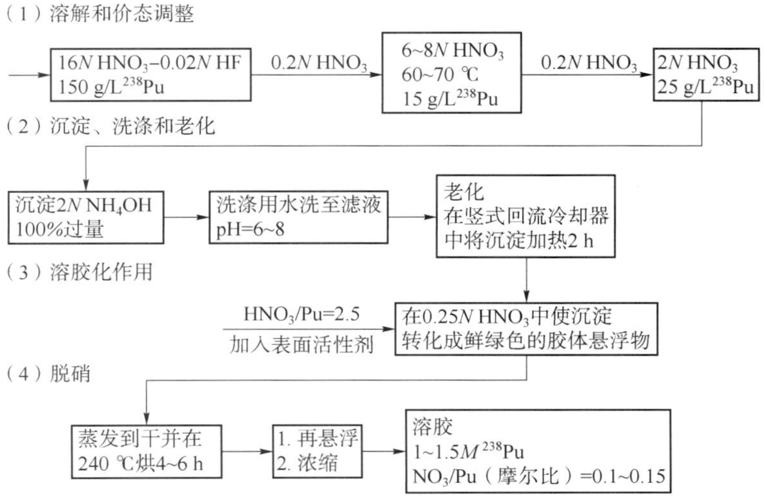

图10.9 美国橡树岭国家实验室制备^{238}Pu溶胶的流程图

用转化注射泵将溶胶注入溶胶干燥柱中，先在 160 ℃ 的蒸汽中干燥凝胶，然后在空气中，于 1 200 ℃ 下干燥和灼烧成微球，微球具有 97% 理论密度，其抗碎强度为 1 000 g。将这种微球按每 25 mL 水浸入 0.1 g 微球的比例在水中浸泡 4 h，结果滤液的 α 放射性活度为 3×10^2 Bq/mL。

^{238}PuO$_2$ – Mo 金属陶瓷体燃料是美国早期钚 238 同位素热源和 RTG 的主要燃料形式。其与 ^{238}Pu 金属及其合金燃料形式相比，尽管具有较高的熔点，但其热导率较低，影响了其在钚 238 同位素热源/RTG 中的使用。研究人员发现，在其表面镀上一层高熔点、高热导率的金属，如钨、钼、铑等，可使该金属陶瓷体燃料既有高熔点，又有高的热导率。

^{238}PuO$_2$ – Mo 金属陶瓷体的制备方法有两种。

一种是用氢还原 MoCl$_5$，在 ^{238}PuO$_2$ 陶瓷体表面沉积一层金属钼，反应式为 MoCl$_5$ + 2.5H$_2$ = Mo + 5HCl。为了得到理想的镀层，必须控制氯化物与氢的体积比、体系的压力和待镀材料的温度。温度一般控制在 800 ℃，气流压力低于 2.67 kPa。化学蒸汽沉积法通常会发生三种类型的结合，即扩散结合、渗透结合和机械结合。如果希望以扩散结合为主，则待涂敷的靶子（PuO$_2$ 陶瓷体）的温度要足够高，以便镀层往靶子内部扩散。具有延展性的金属在各种基体面上形成的镀层都很牢固。

另一种制备 PuO$_2$ – Mo 金属陶瓷体的方法是粉末混合加压加热法。制备方法是，将粒度小于 105 μm 的 82%（重量）^{238}PuO$_2$ 粉末与 18%（重量）钼的混合物在 1 650 ℃ 和 101 MPa 压力下热压 15 min。

两种方法相比，前一种方法制备的 PuO$_2$ – Mo 金属陶瓷体质量要比后一种好。实际生产采用前一种方法，用氢还原 MoCl$_5$ 对 PuO$_2$ 镀 Mo，设备是用蒙乃尔合金制成的流化床。

表 10.3 为 ^{238}Pu 同位素的各种燃料形式的有关特性。表 10.4 为美国 SNAP（推进核辅助系统计划）中 ^{238}Pu 的几种燃料形式和应用状况。

表 10.3 ^{238}Pu 同位素的各种燃料形式的有关特性

特性 \ 燃料形式	^{238}Pu 金属	^{238}Pu – 20Zr 合金	^{238}PuO$_2$	^{238}PuN	^{238}PuC	^{238}Pu – Mo
单位功率活度 /(GBq·W^{-1})	110	110	110	110	110	110
比功率/(W·g^{-1})	0.461	0.42	0.406	0.435	0.439	0.41
密度/(g·cm^{-3})	15 – 16	14.0	9.7	14.23 ~ 14.25	13.6	
理论密度 /(g·cm^{-3})	16.5 (500 ℃)	15.7(Pu – 1.0Ga, 500 ℃)	11.3 (500 ℃)	14.0 (500 ℃)		

续表

特性 \ 燃料形式	^{238}Pu 金属	^{238}Pu – 20Zr 合金	^{238}PuO$_2$	^{238}PuN	^{238}PuC	^{238}Pu – Mo
热功率密度 /(W·cm^{-3})	7.13	5.92	4.63	6.20	5.97	
熔点/℃	575 – 615	700	2 280	2 627	1 654	
热导率/ (418 W·m^{-1}·℃)	0.009 8 (25 ℃)	—	0.006 5 (700 ℃)	0.036 (180 ℃)	0.023 (200 ℃)	
中子发射率 /(s^{-1}·g^{-1})	10^3	—	10^4	10^4	10^3	
金属包壳材料	Ta – 10 W 合金	钽金属	Haynes 25 合金	—	—	
允许的最高运行温度/℃	400	650	1 500	—	—	

表 10.4 美国 SNAP 中 ^{238}Pu 的几种燃料形式和应用状况

燃料形式	应用状况
Pu 金属或合金	SNAP – 3B, SNAP – 9A, SNAP – 15A, SaMAP – 15C, SNAP – 19C, 心脏起搏器
^{238}PuO$_2$ 微球	SNAP – 19B, SNAP – 27, 维持生命计划Ⅱ, 阿波罗月面加热器
^{238}PuO$_2$ 碎瓷块	心脏起搏器, 毫瓦级电源(混有钇粉)
^{238}PuO$_2$ – Mo 金属陶瓷	"先驱者""子午仪"和"海盗"等火箭及卫星上的电源
纯 ^{238}PuO$_2$ 球	百瓦级计划, 维持生命计划 I

3. 封装

^{238}Pu 热源的包壳通常是三层结构,内层金属密封包壳直接和燃料接触,所用的材料是不易和燃料发生化学反应的 Pt – 30Rh 合金或 Ir 金属包壳,同时内层金属包壳能保证热源在受到冲击、化学腐蚀和内外压力冲击的情况下不至于破损,造成放射性物质泄漏。内层包壳金属材料的选择基于三点考虑:必须具有高熔点温度、抗氧化性和在高速冲击下具有延展性。20 世纪 70 年代,研究人员发现 Pt – 30Rh 合金具有极佳的延展性、极强的抗氧化性,这使 Pt – 30Rh 合金成为同位素热源最理想的内层包壳材料。在高温下,Pt – 30Rh 合金的抗氧化性比其他候选材料高 4~7 个数量级。内壳金属包壳一般采用惰性气

体保护电弧焊（如氩弧焊）或电子束焊。标准状态下，2~3 kg ^{238}Pu 燃料做的热源在 5 年内可产生 8 L 氦气，因此，内层包壳设计时要留有一定空间或者在内层金属包壳加装透氦阻钚安全装置。

金属包壳外依次包裹着隔热层和抗烧蚀撞击层包壳。其中，隔热层包壳由 CBCF 复合材料构成，其功能为减少外部热冲击对内层金属包壳的作用，使内层金属包壳免受与不可预测事故相关的极高温度的影响；抗烧蚀撞击层包壳由 3D FWPF 编织材料构成，采用螺纹及无机胶封装，其功能为使同位素热源在高温条件下具有一定的强度，能承受一定速度的撞击。可见，采用具有不同功能的包壳能确保同位素热源在从发射失败到处置阶段的所有可能的事故条件下均不发生放射性物质的泄漏。

10.2.2 锶 90 同位素热源的制备

锶 90 是一种非常丰富的裂变产物，是最早从乏燃料中提取的五种长半衰期同位素之一，可以从反应堆乏燃料中大量提取。锶 90 同位素的以下几个特点使其应用于放射性同位素热/电源时具有独特的优势，可以在军、民等领域大量装备。

（1）经济性：在对反应堆产出的乏燃料的处理过程中可以得到大量的锶 90 放射性同位素，其因此具有较强的价格优势。

（2）长时效：半衰期为 28.6 a，可以为装备提供稳定的能量供应，使用寿命 5~10 a，且服役期间不需要维护。

（3）稳定性：通常使用的锶 90 放射性同位素化合物钛酸锶（^{90}SrTiO$_3$）具有较高的熔点和良好的机械强度，在水环境中几乎不发生溶解，表面热稳定性和辐射稳定性良好。

（4）衰变能量相对较大：其衰变能为 0.546 MeV，当以 ^{90}SrTiO$_3$ 化合物形式时其比功率 0.233 W/g。

值得注意的是，由于锶 90 同位素会释放很强的 γ 辐射，应用中加装厚重的辐射屏蔽，增加了热源的体积和重量，不利于空间领域的应用，因此锶 90 RTG 的热源被美、苏（俄）两国大量应用于地理位置偏远或环境条件恶劣的地区，同时也在海中（包括水面和深海）大量应用。

美国自 20 世纪五六十年代开展锶 90 同位素热源的研究工作，研制出的锶 90 同位素热源首先被应用于锶 90 RTG 中。1970—1990 年间，美国海军对锶 90 同位素的总需求达到 648.57 MCi，生产了大量锶 90 RTG 应用于极地圈区域及海面、海底侦测装备中。苏联在这一时期也生产了超过 1 000 枚锶 90 同位素热源用于锶 90 RTG。图 10.10 为一种典型地面 ^{90}Sr 热源结构示意图。

第 10 章 同位素热源

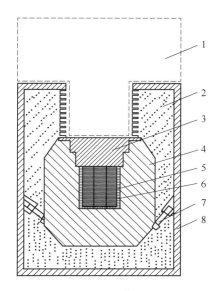

图 10.10 一种典型地面 ^{90}Sr 热源结构示意图

1—换能器；2—绝热材料；3—热导塞（兼屏蔽）；4—辐射屏蔽层；
5—内层金属包壳；6—燃料；7—热源和屏蔽的支持体；8—外壳

1. 同位素制备

20 世纪六七十年代间，美国汉福特主要从事裂变产物的分离与提纯。橡树岭实验室所用锶 90 多为汉福特分离提纯，图 10.11 为裂变产物中 SrF_2 初步提取示意图。

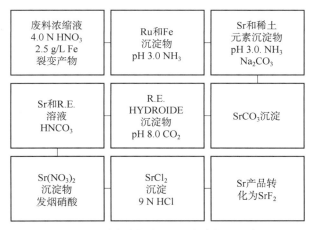

图 10.11 裂变产物中 SeF_2 初步提取示意图

可见经过一系列化学提纯，得到锶90同位素原料初步提取物SrF_2，得到的粗产物还需要进一步处理。经过初步提纯后，得到的锶90产物纯度极低，需进一步提纯。较常用的$PbSO_4$提纯法提取的裂变产物及产物产率见图10.12与表10.5。

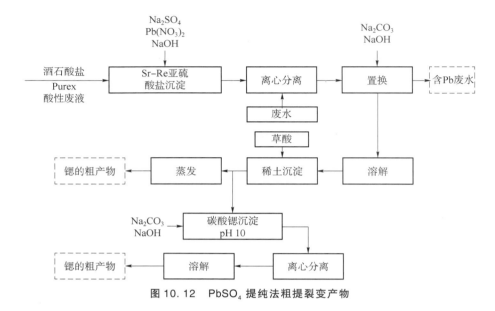

图10.12 $PbSO_4$提纯法粗提裂变产物

表10.5 锶90粗产物组分

成分	mol/L	浓度	
		g/L	Ci/L
Sr	0.003 6	0.32	25.6
Ca	0.002 5	0.1	
Ba	0.000 36	0.05	
Fe	0.143	8.00	
Pb	0.027	5.6	
Na	0.425	10	
95Zr–5Nb			70
^{144}Ce			750

将粗产物进行二次提纯，再采用溶解萃取法萃取锶90同位素，即可得到锶90同位素热源所需的放射性同位素燃料。

2. 燃料形式

用于源芯制备的锶90化合物形式多样，可采取$SrTiO_3$、SrF_2、SrO、Sr、

Sr_2TiO_4 等。主要择取标准为比功率、热稳定性、海水溶解度。其中 $SrTiO_3$、SrO 应用较为理想，二者热稳定性均良好。$SrTiO_3$ 海水溶解度低，比功率为 $0.7 \sim 0.9$ W/cm³，熔点 1 910 ℃。SrO 海水溶解度中等，比功率为 1.6 W/cm³，熔点 2 430 ℃。相较于 SrO，$SrTiO_3$ 更易于处理与存储，但其去污较为困难。SrF_2 的密度为 4.24 g/cm³，熔点 1 473 ℃，沸点 2 489 ℃，微溶于水。

20 世纪六七十年代间，美国橡树岭实验室曾以 $SrTiO_3$、SrO 为源芯，制备大量锶-90 同位素电源。$SrTiO_3$ 是将 HNO_3 和 TiO_2 添加 $^{90}Sr(NO_3)_2$ 溶液反应过滤后得到的，是锶-90 同位素电源的主要燃料（表 10.6）。橡树岭实验室对于 $SrTiO_3$ 主要采取冷压制备，原因在于 $SrTiO_3$ 的热敏较高，热压易碎裂，成功率不高。$SrTiO_3$ 冷压制备时其直径与高度为 2∶1 以上。冷压时，如果直径小于 1 cm，单方向冷压即可；直径大于 1 cm，双向冷压，每次持续 5 min。压力范围在 34.475 ~ 68.95 MPa。烧结时，烧结炉以 100 ℃/h 升温，至 1 400 ℃，保温 8 h 后以 100 ℃/h 降温至 400 ℃ 以下。采取以上方法得到的源芯实际密度 5.05 g/cm³（理论密度 5.11 g/cm³）。以橡树岭实验室的实验经验，热压时密度控制在 4.0 g/cm³ 以下时源芯不易碎裂。另外可采取铂制内衬解决碎裂问题，但铂价格昂贵，后采用镍垫也可。每次热压过程中进行预压，也可有效解决源芯碎裂问题。表 10.6 为 ^{90}Sr 热源燃料的主要特征。

橡树岭实验室对于 SrO 主要采取热压的方式进行源芯制备。主要原因在于 SrO 极易与空气的水分反应生成 $Sr(OH)_2$，影响烧结后源芯的质量，因此冷压不易。橡树岭实验室采用 SrO 空气中 1 200 ℃ 煅烧 4 h，而后不锈钢冷压，压力 30 ~ 100 psi。所得源芯实际密度 4.0 g/cm³（理论密度 4.5 ~ 5.1 g/cm³）。采用热压法，在压力 1 800 psi 下，1 375 ℃ 保温 2 h，直径与高度为 1∶1（直径 2 cm，高 2 cm），所得源芯实际密度 4.75 ~ 4.81 g/cm³。热压时采取氩气气氛或真空，内衬采取钼进行保护，使 SrO 不与水分反应。已证实，1 500 ℃ 时，SrO 也不与石墨反应。此外，SrO 粉末需要在真空中 1 200 ℃ 加热一段时间，以保证除掉可能存在的 $Sr(OH)_2$ 和 $SrCO_3$，否则 750 ~ 850 ℃ 时烧结硬度就完成，得到的燃料块密度不超过 4.4 g/cm³。

20 世纪七十年代末以后，美国太平洋西北实验室开始从事 500 W 锶 90 放射性同位素电源的研究，以 SrF_2 为源芯进行了锶 90 放射性同位素电源的制备。SrF_2 源芯在 1 100 ℃ 进行热压，压力 2 000 psi，保温保压时间为 15 min，可得到相对密度 93% 的源芯（理论密度 4.24 g/cm³，热压气氛为氩气，考虑采用真空环境或可达更高密度）。

表 10.6　^{90}Sr（SrTiO$_3$）热源燃料主要特性

同位素组成	^{90}Sr(55.0%)，^{88}Sr(43.9%)稳定，^{86}Sr(1.1%)
半衰期	^{90}Sr 28.6 a；^{90}Y 64.2 h
衰变和辐射性质	^{90}Sr $\xrightarrow{\beta}$ ^{90}Y $\xrightarrow{\beta}$ ^{90}Zr(稳定) ^{90}Sr，β，0.546 MeV(100%)； ^{90}Y，β，2.284 MeV(100%)
比活度	1.22 TBq/g(SrTiO$_3$) 1.36 TBq/g(SrTiO$_3$)(26.5% ^{90}Sr) 1.3 TBq/g(平均的 SrTiO$_3$)(24.5% ^{90}Sr)
比功率	0.223 W/g SrTiO$_3$(^{90}Sr 6.772 W)、 0.247 W/g 纯 SrTiO$_3$(26.5% ^{90}Sr) 0.235 W/g 平均的 SrTiO$_3$(24.5% ^{90}Sr)
热能	5.37 TBq/W
密度	理论值 5 g/cm^3，测定值平均 3.2~4.2 g/cm^3；SrTiO$_3$
热导率	对非放射性 SrTiO$_3$，在室温时，按密度大小在 5.53~7.24 W/(cm·K)之间变动
熔点	2 040 ℃（相变在 1 440 ℃和 1 640 ℃之间）
机械强度	良好
热和辐射稳定性	在两年内，样品表面热稳定性和辐射稳定性均良好
浸出率	非放射性 SrTiO$_3$；在海水中为 1 μg/cm^2·d；以冷却 18 个月的裂变产物 SrTiO$_3$ 压成圆片试验，约 1 mg/cm^2·d
内层金属包壳相容性	常用内层金属包壳材料如不锈钢和 Hastelloy C 均适用

3. 封装

锶 90 同位素电源的封装方式与钚 238 同位素电源的封装方式类似，均采用多层包壳确保其在长期使用及意外事故下的安全。与常用于空间的钚 238 同位素电源不同，锶 90 同位素电源一般用于地球的极地或海洋环境中，因此不必考虑热源在再入过程中的安全性；同时，考虑到锶 90 同位素电源燃料与内层金属包壳的相容性，锶 90 同位素电源一般采用不锈钢或 Hastelloy C 为内层金属包壳，封装方式主要采用激光焊接或氩弧焊。

10.2.3 钋 210 同位素热源的制备

1. 同位素制备

^{210}Po 是一种短半衰期 α 放射性同位素,伴有少量 γ 射线,容易生产,价格便宜。α 射线的能量是 5.304 51 MeV;γ 射线的能量为 0.804 MeV,发射概率很小(约 0.001 2%),半衰期为 138.38 d。

大量生产钋 210 同位素的途径是人工制取。可采用反应堆堆照氧化铋靶材批量化制备钋 210 同位素材料,反应过程为

$$^{209}\text{Bi}(n,\gamma)^{210}\text{Bi} \xrightarrow{\beta^-} {}^{210}\text{Po}$$

此法可获得克级钋 210。照射产生的钋 210 分散在大量氧化铋中并混有由于靶材料不纯而产生的银 110 同质异能素、锑 124 等放射性杂质。将氧化铋靶溶解后,加入铋、银或铜等金属,使钋 210 自沉积在这些金属上从而实现初次分离,然后再用酸溶解沉积物并用电解法将钋 210 沉积在阴极上而得到纯化。此外,离子交换法、萃取法、蒸馏法也可用于分离纯化钋 210。由于钋 210 极易扩散到空气中,操作时需要在密闭的工作箱中进行。

值得注意的是,第四代核能系统铅铋反应堆采用铅铋合金作为冷却剂,在铅铋堆运行过程中,^{209}Bi 受中子辐照后生成^{210}Bi,^{210}Bi 随后发生 β$^-$衰变生成^{210}Po,通过提取铅铋冷却剂中的^{210}Po,可得到大量用于制备同位素热源^{210}Po 原料。

2. 燃料形式

^{210}Po 同位素热源的燃料形式有金属钋和钋与金属(特别是稀土金属)组成的金属化合物两类。

金属钋的熔点是 254 ℃,沸点是 962 ℃。金属燃料形式的^{210}Po 热源不适宜在高温下运行。^{210}Po 的比活度高,37 TBq 的^{210}Po 只有 0.22 g,因此在^{210}Po 燃料制备时,可以将钋金属弥散在高熔点的金属粉中的方式制备金属钋 210 燃料。我国第一个同位素热源的燃料形式是将钋 210 沉积在银粉中,再弥散在大量的银粉中。在此过程中钋可和银形成金属间化合物。

由于钋的金属化合物具有较高的热稳定性和化学稳定性,同位素热源一般采用钋的金属化合物作为原料,如钋与钆金属形成的钋化钆金属化合物。此外,由于^{210}Po 比活度高、比热功率高,为便于操作和不使热量集聚在一点,一般是把钋化钆弥散在钽粉中,其比例为 1:10 到 1:50。钽的熔点为 2 996 ℃,热稳定性、化学稳定性和耐辐射性能都很好。

钋能和很多金属,特别是稀土金属,形成高熔点稳定化合物。这些化合物的熔点值见表 10.7。在这些化合物中钋化钆已用于同位素热源的制备。

表 10.7　钋和稀土金属化合物的熔点　　　　　　　　　单位：℃

金属	金属的熔点	金属的沸点	化合物	化合物的熔点	
Sc	1 539	2 730	ScPo	2 184	—
Y	1 509	2 927	YPo	>1 700	1 700
La	920	3 370	LaPo	>1 620	1 457
Ce	795	3 470	CePo	1 540	1 430
Pr	935	3 127	PrPo	1 442	1 253
Nd	1 024	3 027	NdPo	1 460	1 423
Sm	1 072	1 900	SmPo	1 495	1 474
Eu	826	1 439	EuPo	1 670	1 488
Gd	1 312	3 000	GdPo	1 635	1 675
Tb	1 356	2 800	TbPo	>1 370	2 000
Dy	1 407	2 600	DyPo	2 335	2 048
Ho	1 461	2 600	HoPo	>1 460	1 760
Er	1 497	2 900	ErPo	>1 435	2 081
Tm	1 545	1 727	TmPo	>2 040	2 200
Yb	824	1 427	YbPo	>2 400	1 212
Lu	1 652	3 327	LuPo	1 898	1 898
Pm	1 027	—	PmPo	1 660	—

由于金属钋的熔点低、易挥发，钋金属化合物是在密封真空容器中（~10^{-3} Pa）于高温下合成的（图 10.13）。

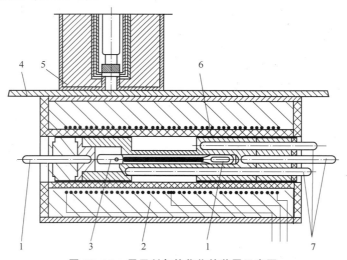

图 10.13　用于制备钋化物的装置示意图
1—装钋的安瓿瓶；2—加热器；3—盛金属的瓶；4—玻璃套；
5—γ 闪烁计数器；6—支架；7—热电偶

在该反应器中，当温度不太高时，熔融的钋通过扩散渗透到另一种金属中；而在高温时钋被汽化，这样钋处于气相，而另一种金属则是固态，发生气-固两相反应。

在合成钋金属化合物的实验中，钋用量为几个 TBq。具体过程为：先将钋和另一种金属均放置在石英细管中（图 10.13）。该管分成几段，抽真空后焊封起来；再将放置钋的那一段加热到 350～400 ℃，而放置另一金属的那一段加热温度稍高些，这样冷却的钋不会在这里凝结；最后把放置另一金属的区域加热，直到汽化的钋与金属发生反应，生成合金或钋化金属类型的化合物。

利用 γ 闪烁探测器连续观测 ^{210}Po 的分布和浓集位置，对实验后的样品进行量热测量。钋和金属的反应速度与金属原料的形貌密切相关，在多数情况下汽化的钋与粉末状金属间的反应进行得很快，而且比较完全；如果用金属片或金属块，则因表面积小，反应进行得很慢。这里需要指出的是，一定要用没有表面氧化膜的金属。

关于钋与稀土金属化合物的化学组成，在不同的资料中，由于实验条件不同，得到的结果不同，可能的化学形式是 Po$_3$（RE）$_2$ 或 Po（RE）。根据反应物反应前后量的变化，对生成物进一步分析，结果趋向于生成 Po（RE）。表 10.8 和表 10.9 列出了生成钋的这些金属化合物的条件。

表 10.8 生成组成为 Po（RE）$_2$ 的条件

稀土元素	反应物量		钋与稀土摩尔比	反应持续时间/h	参加反应的钋量/%
	稀土/mg	^{210}Po/GBq			
Y	0.8	525	1.66	3.75	90
La	2.6	1 048	1.54	3	90
Ce	2.0	783	1.57	5.5	80
Pr	4.8	1 858	1.9	1	90
Nd	2.3	908	1.58	7	80
Sm	5.4	1 951	1.53	1.5	90
Eu	4.9	1 746	1.54	10.5	80
Gd	4，6	1 594	1.54	1.5	95
Tb	3.2	1 118	1.55	10	50
Dy	4.3	1 456	1.55	3	20
Ho	6.1	2 044	1.57	5.5	20
Tm	3.3	1 083	1.56	5	80
Yb	4.1	1 305	1.55	7	80
Lu	3.7	1 155	1.54	2.75	90

表 10.9　生成组成为 Po（RE）的条件

稀土元素	反应温度 /℃	含量/% Po 实验值	含量/% Po 理论值	含量/% RE 实验值	含量/% RE 理论值	反应持续时间 /h
Y	1 000	70.9	70.26	29.1	29.74	2
La	600	60.2	60.19	39.8	39.81	2
Ce	600	61.8	59.98	38.2	40.02	2
Pr	600	63.4	59.84	36.6	40.16	1
Nd	600	60.5	59.28	39.5	40.72	1
Sm	600	55.0	58.28	45.0	41.72	2
Eu	800	52.7	58.02	47.3	41.98	0.75
Gd	600	58.9	57.18	41.1	42.82	1
Tb	700	52.0	56.92	48.0	43.08	1
Dy	800	56.8	56.38	43.2	43.62	1
Ho	700	50.5	56.01	49.5	43.99	0.75
Er	700	48.0	55.66	52.0	44.34	1
Tm	800	57.6	55.42	42.4	44.58	1
Yb	800	50	54.82	50.0	45.18	1
Lu	1 000	55	54.55	45.0	45.45	2

钋除和稀土元素形成金属化合物外，还可和周期表中的多数其他元素形成化合物，表 10.10 中列出生成这些钋金属化合物的反应温度和停止反应的温度条件。表 10.11 列出钋金属化合物开始分解的温度。

表 10.10　钋和其他金属发生反应的温度条件

金属	开始反应温度/℃ 金属	开始反应温度/℃ 钋	钋蒸汽压/Pa	持续反应时间/h
Be	600	575	933	7
Mg	450	425	40	5
Co	550	525	400	0.7
Sr	500	500	133	24
Ba	525	525	400	5.0
Zn	550	535	400	5.0
Cd	550	550	533	16
Mn	350 ~ 450	350	5.3	2
Sb	340	340	4	很长
Pr	400 ~ 500	400	24	很长
Cd	500 ~ 600	450	84	1.5

表 10.11 钋金属化合物的挥发性

金属	化合物	开始温度/℃		蒸汽压 /(Pa·℃$^{-1}$)	注
		组成化合物挥发	化合物分解		
Cu	组成未定	400	559	13.3/440	化合物稳定
Be	BePo	600	600	13.3/>600	
Mg	MgPo	450	500	13.3/>500	—
Ca	CaPo	550	600	13.3/>600	—
Sr	SrPo	500	650	13.3/>650	—
Ba	BaPo	525	650	13.3/>650	—
Zn	ZnPo	350	400	13.3/500	
Cd	CdPo	525	500	13.3/500	
Hg	HgPo	200	360	13.3/900	
Pb	PbPo	350	600	13.3/700	
Ni	NiPo	300-600	500	13.3/500	—
Mg	MgPo	350-450	650	—	挥发
In	组成未定	340-400	690	—	解离
Mn	组成未定	350-450	660	—	
Sb	组成未定	≥340	340	—	合金
Ge	组成未定	940	—	—	合金
Pt	组成未定	400-500	>1050	—	化合物稳定
Gd	组成未定	560-600	>1050	—	化合物稳定
Hf	组成未定	480-600	700	13.3/800	—
Pm	PmPo	—	1000-1600		
Pt	PtPo	450-600	—		

按热稳定性可把钋金属化合物大致分为两组：一组是稳定到 700 ℃，另一组是在 1 100～1 300 ℃下仍然稳定（稳定的界限是蒸汽压不超过 13.3 Pa），见表 10.11。前一组的热稳定性差，但是一般易合成，而且有些在空气中仍然是稳定的，如 Ap－Po 金属化合物。

图 10.14 为我国制造的第一个钋 210 同位素热源剖面图，可以看出，该热

源也采用多层包壳结构封装放射性同位素材料，保证钋210放射性同位素在正常工况和意外事故情况下不发生泄漏。

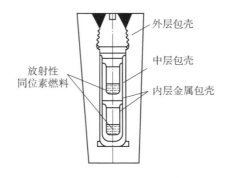

图10.14 我国制造的第一个钋210同位素热源剖面图

10.3 同位素热源的应用

目前同位素热源的作用主要有两种：一是为低温条件下工作的设备保温；二是为温差型同位素电源提供热量来源。其中，为温差型同位素电源提供热量来源是同位素热源最重要的用途。

美国将钚238同位素热源作为加热器独立使用的任务共有6个。1969年发射的"阿波罗11号"月球探测器中，钚238同位素热源首次作为加热器独立使用，初始热功率15 W；针对空间探测极端环境中探测器及设备保温的需求，美国专门开发了为探测器及设备保温的钚238同位素热源，初始热功率1 W，并充分考虑了同位素热源的安全性和可靠性。1989年发射的伽利略（Galileo）木星探测器中，装配了120个钚238同位素热源；1996年"火星探路者"火星车上装备有157个，1997年的土星探测器卡西尼（Cassini）安装了117个，2003年发射的"勇气号"和"机遇号"火星车分别安装了8个为电子暖箱加热的钚-238同位素热源。除上述用于设备保温的任务外，美国用于空间探测任务的钚-238同位素热源均被用作同位素电源的热量来源，这些钚238同位素热/电源保障了美国自20世纪五六十年代以来历次的空间探测任务。

10.4 同位素电源

10.4.1 同位素电源的优势

同位素电源是利用放射性同位素衰变产生的粒子及能量进行发电的装置，通常用在普通电池无法正常胜任的工作环境，如极寒、海底、空间探测等，具有普通电池无法比拟的优势，主要包括：①极高电容量，在其使用期内可以达到数兆瓦时；②超长寿命，可以使用数十年；③稳定可靠，寿期内无须维护；④环境耐受性高，几乎不受环境压力温度等因素影响；⑤适用范围广，可用于空间探测、深海供能、医疗健康等领域。表10.12为各类电源的性能比较。可以明显看出，温差型同位素电源使用寿命最长，可用于任务周期较长的深空探测任务中。

表 10.12　各类电源的性能比较

性能 种类	比容量/ (Wh·kg^{-1})	比功率/ (W·kg^{-1})	使用寿命	功率范围 /W	价格	可得性	主要应用 范围
干电池	<100	大	<数天	<10^2	便宜	易	短期任务
蓄电池	<100	大	数月	<10^2	便宜	易	短期任务
锂离子电池	约10^2	大	数月~数年	<10^2	一般	较易	短期任务
燃料电池	约10^3	约10^2	1~3个月	约10^3	一般	较易	较长期任务
太阳能电池	约10^4~10^5	约10^2	数月~数年	<500	较贵	较易	有充足阳光处，较长期任务
温差型同位素电源	约10^4~10^5	<10	数月~数十年	<500	取决于放射性同位素		外层空间、月面、星际考察、阵底及医学上各种任务

表10.13对比了几种常用于空间任务的电源。其中，大多数空间任务采用太阳能电池+锂离子蓄电池的电源系统提供电能，但是对于深空探测任务来说，由于探测任务远离太阳或处于阴影区，光照严重不足且环境温度过低，太阳能电源使用受限的同时，锂离子蓄电池性能也大幅度下降，影响探测任务的正常进行。与之相对的是，空间核电源（放射性同位素电源、空间堆电源）则不受阳光的影响，可以为深空探测任务提供长期稳定的电能；空间堆电源可

提供千瓦以上的电功率，但由于实际应用中其工作寿命较短，不适用于执行长期的空间任务。

表 10.13 空间探测领域电源系统对比

电源形式	优势	不足	适用范围
锂离子蓄电池	高效储能，长期使用	不能单独执行长期空间探测任务	短期任务（一个月内）或与太阳能电源联用执行长期任务
GaAs 太阳能电池	利用阳光，功率范围宽	易受环境条件（光照、辐照、温度）影响	可用于木星以内具有一定光照条件的空间探测
钚 238 同位素电源	不受环境影响、寿命长、可靠性高	功率较小（1 kW 以下）	长期（10 年以上）深空探测任务
空间堆电源	输出功率大，功率可调	技术难度大、成熟度不高	针对大功率空间探测装备应用

10.4.2 同位素电源类型

同位素电源是采用某种能量转换机制将同位素衰变时产生的能量转化为电能的装置。按照能量转换方式，其可以分为基于热电转换和射线与物质作用转换两类。第一类是将同位素衰变过程中产生的热量转化为电能的同位素电源，此类电源又分为静态电源（以 RTG 为代表）和动态电源［以斯特林转换型同位素电源（stirling radioisotope generator，SRG）为代表］两种；第二类是将同位素衰变过程中产生的射线粒子（α、β、γ）所携带的能量直接或间接转换为电能的同位素电源，以辐射伏特效应同位素电源（radiation volt isotope batteries，RVIB）为代表。第一类同位素电源又可分为静态的温差电型、热光伏型、碱金属型、热离子型、热机转换型同位素电源以及动态的斯特林转换型同位素电源。第二类可分为直接充电型、接触势转换型、辐射伏特转换型、电子电磁辐射转换型、荧光伏特转换型等几种同位素电源。表 10.14 为同位素衰变发电的不同转换机制，从表中可以看出，各种能量转换技术的效率、技术成熟程度及应用领域均有所不同，可根据需求特点进行选择。

迄今为止，利用热电转换机制把放射性同位素的衰变热转换成电能的同位素电源占绝对的优势，在过去的四五十年里被广泛应用于各种军事装置和深空探测装置之中，能为军事装置和各种空间探测、海洋探测等设备仪器提供长期、稳定的电源保障。

表 10.14　同位素衰变发电的不同转换机制

分类	能量转换机制	射线类型	功率范围	转换效率	发展状态	应用领域
热电转换	热光伏特效应	β	10 W ~ 1 kW	≈15%	试制原型	
	温差电型	α、β	1 W ~ 1 kW	<7%	工程化应用	航天、深海、极地等
	热离子发射	β	1 W ~ 200 kW	≈15%	试制原型	工业发电、火箭二级发动机
	热机转换型	α、β	100 W ~ 200 kW		试制原型	很少利用
	斯特林转换型	α、β	100 W ~ 200 kW	< 20%	试制原型	很少利用
射线粒子直接或间接转换	直接充电型	α、β	< 10 μW	<1%	试制原型	高压电源
	接触势转换型	β	< 1 μW	<1%	模拟装置	
	辐射伏特效应	β	1 μW ~ 5 W	≈17%	系列样品	心脏起搏器、航天、深海等
	电子电磁辐射	β	1 mW ~ 1 kW			
	荧光伏特效应	β	< 1 mW	<1%	试制原型	很少利用

10.4.3　温差型同位素电源原理

图 10.15 为钚 238 同位素电源的基本结构示意图，其主要由钚 238 同位素热源、温差电换能器和电源外壳三部分构成。钚 238 同位素热源是将放射性同位素钚 238 衰变过程中释放的能量以热量形式收集起来的装置，是钚 238 同位素电源的能量之源。温差电换能器由半导体温差电材料制成，可将衰变热能转换成电能，是将热能转换成电能的核心部件；电源外壳（包括散热装置）将 RHU、温差电换能器及相应固支结构包裹固定在其内部，同时将大部分热量释放出去。

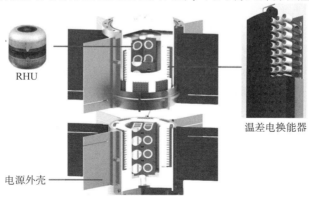

图 10.15　钚 238 同位素电源的基本结构示意图

从图 10.15、图 10.16 可知，当衰变热从钚 238 同位素热源表面向外部传导时，一部分衰变热流经温差电元件，在其热/冷端形成温度差，基于热电材料的 Seebeck 效应，热能直接转换为电能：当热电换能器热电元件热/冷端存在温度差时，n 型热电材料的自由电子从热端扩散到冷端，冷端积累电子而带负电，热端带正电，同时 p 型半导体"空穴"由热端扩散到冷端，冷端带正电而热端带负电，热电换能器热电元件两端产生电位差，在外接电路形成回路

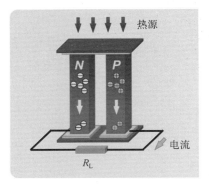

图 10.16　热电换能器热电元件的发电原理示意图

从而将热能转换为电能。同时，另一部分未被转换成电能的衰变热通过 RTG 外壳及散热装置以废热和辐射传热的形式向外界释放，可用于仪器设备的保温。

10.4.4　热电转换材料及元件

热电材料按照使用温度可划分为低温（<300 ℃）、中温（300~600 ℃）、高温（>600 ℃）热电材料几类。其中，低温热电材料以 Bi_2Te_3 基热电材料为代表，在温差发电和半导体制冷方面均有应用；中温热电材料主要有 PbTe 基热电材料、$CoSb_3$ 基方钴矿材料、half heusler 合金等几类；高温热电材料主要有 SiGe、$CrSi_2d$ 等。其中，公认的性能最好、空间探测领域应用最广的热电材料有 Bi_2Te_3、PbTe、SiGe 几种。

热电材料的性能直接决定热电发电器件的热电转换效率，衡量热电材料热电转换性能的指标 zT 表示为

$$zT = \frac{S^2 \sigma T}{\kappa} \tag{10.1}$$

式（10.1）中，S、σ、κ 分别为 Seebeck 系数、电导率和热导率。根据 Seebeck 效应，热电材料两端出现的温度梯度 ΔT 为

$$\Delta T = T_h - T_c \tag{10.2}$$

对于具有恒定热电特性的理想热电发电器件，假定热电臂与周围环境的热交换为零，且不考虑器件界面之间电阻和热阻的情况下，其最大热功率转换效率 η_{max} 和输出功率密度 ω_{max} 可分别表示为

$$\eta_{max} = \frac{T_h - T_c}{T_h} \cdot \frac{\sqrt{1+\overline{ZT}} - 1}{\sqrt{1+\overline{ZT}} + \frac{T_c}{T_h}} \tag{10.3}$$

$$\omega_{max} = \frac{(T_h - T_c)^2}{4L} \alpha^2 \sigma \tag{10.4}$$

其中，$\bar{T} = \dfrac{T_h + T_c}{2}$。

根据温差电元件输出功率公式

$$P = [S_{NP}^2 \cdot (T_h - T_c) R_{in}]/(R_{in} + R_{out})^2 \qquad (10.5)$$

可知，热电转换元件的性能除受到热电材料性能的影响外，还与热电单臂（N或P）的尺寸和形状、热/冷端的温度差以及内阻和负载电阻几个因素密切相关。

式（10.5）中 P——温差电元件的输出功率；S_{NP}——温差电元件热电单臂（N或P）的横截面面积；R_{in}——温差电元件内阻；R_{out}——负载电阻。

图10.17为典型温差电换能器元件及其连接处断面的局部微观结构图。

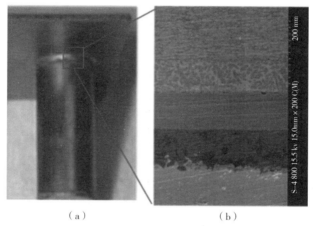

(a)　　　　　　　　(b)

图10.17　典型温差电换能器元件及其连接处断面局部微观结构图
（a）典型温差电换能器元件；（b）断面局部微观结构图

从图10.17可见，电极与热电材料之间采用多层界面连接，连接界面的质量决定温差电元件内阻和应用可靠性。为保证温差电器件的转换效率及可靠性，在温差电元件制备过程中要充分考虑电极材料、焊料（过渡层材料）以及热电材料的热导率、电导率和热膨胀率等性质，并对多层连接界面的强度、热阻、电阻、物理化学稳定性等性质进行分析和评价，因此温差电元件的制备技术是直接影响温差电换能器性能的关键技术。美国早期的RTG中采用中温PbTe、PbTe/TAGS体系热电材料，该温差电元件采用一步热压烧结法、扩散焊等方式将Fe电极与热电材料连接，过渡层为SnTe、PbTe–Fe等材料；高温Si–Ge体系温差电元件的电极材料主要是$MoSi_2$、W等，连接方式包括扩散焊、等离子烧结等。

温差电换能器是由若干个温差电元件以串联或并联的形式连接构成的，如图10.18所示。

放射源制备及应用技术

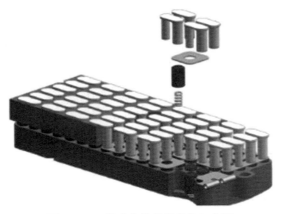

图 10.18　温差电换能器结构示意图

温差电换能器集成技术要求温差电元件具有平行度高（<30 μm）、尺寸和性能一致性高、与冷端接触电阻低等特点，可通过低漏热结构优化、使用轻质高强支撑结构、加装隔热材料等措施来提升温差电换能器的性能。

然而，目前实现工程应用的温差电换能器转换效率较低（整机效率<8%），限制了热电转换技术的推广应用。因此，提高温差电换能器元件的转换效率成为研究人员的重要研究方向。目前，研究人员多采用串联的方式将不同温度区间的热电材料连接起来，从而提高热电转换模块的转换效率。

10.4.5　典型同位素电源的工程应用

1. 钚 238 同位素电源

由于 ^{238}Pu 是 α 放射性同位素，在使用过程中无须厚重的辐射屏蔽结构；同时，由于其半衰期长达 28.7 a，因此钚 238 同位素电源具有工作寿命长、体积小、质量轻的明显优势。迄今为止，空间探测任务中所使用的同位素电源几乎都是温差型钚-238 同位素电源。

早在 20 世纪六七十年代，美国在 SNAP 中组织研制了一系列应用于空间探测任务的钚 238 同位素电源。截至 2021 年，美国在其 27 次空间探测任务中使用了 47 个钚 238 同位素电源，其中较为典型的有：

1961 年，SNAP-3B 型钚 238 同位素电源被成功应用于"子午仪-4A"（Transit-4A）近地轨道导航卫星，这是美国首次将钚 238 同位素电源应用于空间探测领域。该钚 238 同位素电源使用钚 238 金属为源芯，电功率约 2.7 W，转换效率不足 4%，服役时间长达 15 a。1963 年 12 月发射的"子午仪-5BN-2"（Transit-5BN-2）导航卫星首次将同位素电源作为其主电源，其初始电功率为 26.8 W，服役时间超过 6 年。1969 年 4 月的"雨云"气象卫星使用的 SNAP-19B 同位素电源是首个有一定空间安全性的同位素电源，初始功率 28.2 W，运行时间超过 2.5 年。

20 世纪 70 年代后期，由于探测任务的需要，钚 238 同位素电源的电功率达到百瓦以上。1976 年发射的"林肯-8"通信卫星首次使用百瓦级（multi-hundred watts, MHW）同位素电源（MHW-RTG），其初始电功率约 150 W，采用 ^{238}PuO$_2$ 陶瓷源芯和 Si-Ge 体系温差电换能器，转换效率达到 6.5%，服役寿命超过 30 年；MHW-RTG 也被应用于"林肯-8""林肯-9"通信卫星，"旅行者1""旅行者2号"探测器。其中，"旅行者2号"于 2018 年 12 月 10 日飞离太阳风层，进入第二个星际空间，装备的钚 238 同位素电源服役时间超过 41 年。

到了 20 世纪 80 年代，美国钚 238 同位素电源开始向集成化和模块化方向发展，开发出可根据任务需求进行灵活组装的通用同位素热源模块电源，其结构图如图 10.19 所示。

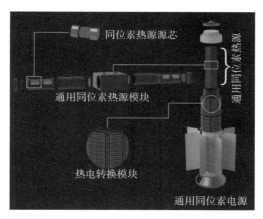

图 10.19　GPHS 和 GPHS-RTG 结构图

GPHS-RTG 首次应用于 1989 年发射的"伽利略号"木星探测器，并在之后的"尤利西斯""卡西尼"等探测器得到应用；该 RTG 电功率超过 280 W，采用 ^{238}PuO$_2$ 陶瓷源芯和 Si-Ge 体系温差电换能器，转换效率达到 6.7%。2003 年 9 月 21 日，"伽利略号"木星探测器以每秒 50 km 的速度坠落在木星大气层，结束它长达 14 年的任务，其装备的 GPHS-RTG 使用寿命超过 14 年。

为提升钚 238 同位素电源空间应用安全性并降低研制成本，美国研发出多任务型同位素电源（multi-mission-RTG，MMRTG）；它的同位素热源和换能器均采用更标准、更灵活的模块化设计，能在空间环境中长期安全工作；2011年，其首次被应用于"好奇号"火星探测器中，包括 8 个 GPHS 模块和 16 个温差电模块，初期电功率为 125 W，设计寿命 14 年以上，转换效率 6.3%。

21 世纪以来，针对同位素电源能量转换效率过低的问题，美国率先开展了先进温差型同位素电源和先进斯特林同位素电源的研发工作；其中先进温差型同位素电源是通过开发先进温差电材料来提高同位素电源的能量利用率,目标效率为 8%~10%;先进斯特林同位素电源计划通过采用动态斯特林转换技术实现转换效率超过 20%的目标。此外,美国还进行了大量热光电同位素电源的研制工作,该电源利用光伏效应将热源释放的红外辐射转换为电能,目标效率为 15%以上。

基于任务对长工作寿命电源系统的需求,俄罗斯在 1996 年发射的"火星 96"火星探测器中采用 4 个钚 238 同位素电源,但由于任务失败未在轨运行。

2. 锶 90 同位素电源

在与钚 238 同位素电源研发的同一时期,20 世纪 50 年代开始,美国就不断地投入人力和物力,对锶 90 同位素电源进行相关的研究和开发。经过数十年的发展,锶 90 同位素电源在美国陆军、海军、空军等军事任务中大量使用,同时也应用于气象观测、通信等民用领域。

1961 年,美国原子能委员会委托马丁·玛丽埃塔公司开发以放射性同位素锶 90 为燃料的同位素电源,其功率要求为 5 W 和 30 W,主要应用在环境条件恶劣的地区以满足美国海岸警卫队和美国海军的需求,为美国海岸警卫队的灯浮标、灯塔和美国海军的气象站、船型气象站提供能源供应。其中,SNAP 7C 系统于 1961 年 10 月 23 日被安装在罗德岛戴维斯维尔站。

马丁·玛丽埃塔公司分别于 1963 年的 3 月、6 月完成 SNAP 7B 和 SNAP 7D 30 W 级锶-90 同位素电源的制备和安装工作。SNAP 7D 和 SNAP 7B 锶 90 同位素电源以稳定的陶瓷化合物钛酸锶($^{90}SrTiO_3$)为原料,热电转换效率约为 5%,设计使用年限为 10 年,分别应用于海军漂浮式气象站和海岸警卫队自动灯塔。

1967 年,美国原子能委员会对锶 90 同位素电源提出新的要求,要求锶 90 燃料芯块在直径为 4 in 时能提供 1 200 W 的热功率。为了满足这个要求,橡树岭国家实验室和美国联合碳化物公司对锶 90 同位素电源所应用的同位素锶 90 原料(SrO、Sr_2TiO_4、$SrTiO_3$)进行了深入的研究,目标是在无辐照损伤和积累的衰变条件下得到锶燃料的热导性能数据并制定出放射性燃料的测试制度。

1971 年 5 月,美国橡树岭国家实验室 Roberta Shor 等人研究了锶 90 各种化合物的热力学性能。研究表明,^{90}SrO 可由 ^{90}SrO 在 1 250 ℃煅烧 24 h 得到;当温度约为 550 ℃时,^{90}SrO 会与空气中的水和二氧化碳发生反应生成 $^{90}SrCO_3$;$^{90}SrTiO_3$ 熔融温度约为 2 040 ℃,综合性能最佳,可作为锶 90 同位素电源的原料。此外,当放射性同位素原料的熔融温度低于 1 200 ℃时,由于冷压烧结样品密度低,热压烧结样品尺寸控制困难,熔融铸造法为最佳的成型方法;而当放射性同位素原料为 $^{90}SrTiO_3$ 时,热压烧结成型工艺则成了可靠的源芯制备策略。表 10.15 为 20 世纪 60—70 年代美国锶 90 同位素电源的应用情况。

表 10.15 20 世纪 60—70 年代美国锶 90 同位素电源的应用情况

名称	活度/kCi	功率/W		安装时间	用户	用途	安装地点
		热功率	电功率				
Sentry	17.5	110	5	1961 年	气象局	气象站	Axel – Heiberg 岛
SNAP 7A	41	250	10	1962 年	海岸警卫队	浮标灯	马里兰州柯蒂斯湾
SNAP 7B	220	1 400	60	1964 年	海岸警卫队	灯塔	马里兰州 巴尔的摩
SNAP 7C	41	250	10	1962 年	海军	气象站	南极大陆
SNAP 7D	225	1 400	60	1964 年	海军	驳船气象站	墨西哥湾
SNAP 7E	30	180	7.5	1964 年	海军	声呐信标	佛罗里达州附近海底
SNAP 7F	225	1 400	60	1965 年	菲律宾石油和原子能委员会	浮标警报控制站	墨西哥湾
URIPS(PI – 1002)	7	45	1	1966 年	海军	深海	加利福尼亚州怀尼米港
S(PI – 1001A)	7	45	1	1967 年	海军	深海	加利福尼亚州怀尼米港
NUMEC(2)	30	200	7	1966 年	以色列	水下或水面	太平洋 Anacapa 岛附近
U1 – 1001	7	45	1	1967 年	AGN – BIM	大地测量基准点	加利福尼亚州怀尼米港
NUMEC100 MA (2) milli TRACS	2.7	2.2	0.1	1967 年	海军	深海	巴哈马
NUMEC TRACS – 25 A	118	440	20	1968 年	海军	海啸预警系统	加利福尼亚州怀尼米港
RIPPLE Ⅲ	4.6		0.7	1967 年	海军	水下测试	
RIPPLE Ⅳ	15	100	2		海军	海底电缆增音机	
MW – 3000A	20		2.5	1967 年	海军	深海	
SNAP 21（共制造了 5 台）	40	200	10	1969 年	海军	水下	加利福尼亚圣克利门蒂门外海

续表

名称	活度/kCi	功率/W 热功率	功率/W 电功率	安装时间	用户	用途	安装地点
LCG 25A	110	70	25	1966 年	海军	海洋仪器	阿拉斯加 Fairway Rock
LCG 25B	110	70	25	1967 年	海军	海洋仪器	加利福尼亚州怀尼米港
SNAP 23	200	1200	60	1969 年	海军	地面	
Sentinel 25E 11#	106 每台	700	25	1969 年 6 月	海军	海洋数据基站	
Sentinel 25E 12#	106 每台	700	25	1969 年 6 月	海军	海洋数据基站	
Sentinel 25E 13#	106 每台	700	25	1969 年 6 月	海军	海洋数据基站	
Sentinel 25D 8#	106 每台	700	25	1969 年 6 月	海军	1 000 ft 深水下浮标	
Sentinel 25D 9#	106 每台	700	25	1969 年 6 月	海军	1 000 ft 深水下浮标	
Sentinel 25D 10#	106 每台	700	25	1969 年 6 月	海军	1 000 ft 深水下浮标	
LCG 25C1	110	740	25		NASA	信号记录和定位系统	波多黎各水下浮标
P1-1003	8	53	1.219 68	1970 年	海军	深海	加利福尼亚州怀尼米港
P1-1004	8	53	1.219 68	1970 年	海军	深海	加利福尼亚州怀尼米港
P1-1005	8	53	1.219 68	1970 年	海军	深海	加利福尼亚州怀尼米港
P1-1006	8	53	1.219 68	1970 年	海军	深海	加利福尼亚州怀尼米港

1977年1月—1980年1月，美国能源部计划并实施了锶90同位素电源发展计划及将其应用于地面雷达系统的计划。该计划采用非放射性SrF_2作为原料，模拟放射性废液封装贮存设施生产的放射性材料SrF_2作为燃料的相关性能。研究发现，当烧结温度为850~860 ℃时，在SrF_2内部会出现部分熔融（不超过1%）；经热压烧结后其密度可达理论密度的99%。从经济性、寿命、可操作性等方面考虑，美国联邦航空管理局于1977年9月为阿拉斯加州克拉克湖的航空辅助系统提供5个锶-90同位素电源。

1983年4月，美国特利丹能源系统公司为美国能源部设计功率为500 W的锶90同位素电源，其目标是给美国国防部预警雷达系统和C3I系统（计算机集成的指挥、控制、通信和情报指挥自动化系统）提供能源供应。该系统利用放射性废液封装贮存设施生产的SrF_2作为燃料，填装进9个阵列化排列的囊状壳之后置入钨金属-生物壳中，其热电转换效率达到8%。

1986年，美国海军海洋系统中心H. V. Weiss教授在关于深海中锶90同位素电源相关研究报告中提到，从1970年到1977年的几年间，先后有6个锶90同位素电源被安放在最深达10 000~16 000 ft，1 ft = 30.48 cm的深海之中，这些同位素电源被用作海底测量基准点的声呐转发器。

1986年8月，美国橡树岭国家实验室同位素制备中心以多源芯组合的方法制备出3个热功率为2 500 W的锶90同位素电源，并将这些热源制成电功率为500 W的同位素电源。该项目的设计工作由特利丹能源系统公司和橡树岭国家实验室共同承担，与橡树岭国家实验室之前的设计相类似。选用SrF_2作为锶90同位素电源的源芯材料，所制备的锶90源芯均采用双层哈氏合金（Haynes-25）壳包裹，外层金属壳为哈斯特洛伊耐蚀镍基合金（Hastelloy-s），项目中所使用的锶90同位素的总剂量达到112万Ci。

1992年8—9月，美国空军在阿拉斯加州的燃烧山脉［北极圈以北60 mi（1 mi = 1.609 km）］布置了一个核试验监测站，这个监控站由10个锶90同位素电源提供能源，每个电池装有的锶90同位素的量在1.2~3.9 lb（1 lb = 453.59 g）之间。随后，美国空军军方对该监控站的能源供应方式进行了详细评估，在这样严酷的条件下监测站所使用的同位素电源是最安全、最可靠、最经济的能源供应设备，其中的大部分锶90同位素电源能持续供能到2018年。

除美国之外，俄罗斯、英国等国的研究人员在锶90同位素电源方面也有相关应用研究。俄罗斯北极圈偏远的沿海地区，布置着许多锶90同位素电源，这些同位素电源为灯塔、气象站等侦测设备供能。到2004年底，就有超过100个锶90同位素电源布置在摩尔曼斯克和阿汉格尔斯克地区，而摩尔曼斯克地区正与芬兰、挪威边境接壤。

2007年5月，W. J. Standring等人在《辐射防护学报》杂志上对俄罗斯境内的锶90同位素电源的应用和存在问题进行评估。报告显示，截至2007年仍然有760个锶90电池在俄罗斯境内正常运行，其中大约有57个锶90电池仍布置在摩尔曼斯克、阿尔汉格尔斯克及涅涅茨人地区（表10.16）。

表10.16 俄罗斯锶90同位素电源的部分参数

名称	安装时间	热功率/W	重量/kg	备注
Efir – MA	1976年	720	1 250	输出电源35 V
IEU – 1	1976年	2 200	2 500	输出电源24 V
IEU – 2	1977年	580	600	
Beta – M	1978年	230	560	内装一个锶90同位素电源
Gong	1983年	315	600	
Gorn	1985年	1 100	1 050	
IEU – 2M	1985年	690	600	
Senostav	1989年	1 870	1 250	
IEU – 1M	1990年	2 200	2(3)×1 050	输出电源28 V

3. 钋210同位素电源

由于^{210}Po容易生产、价格便宜，因此美国早期同位素电源的模型实验采用^{210}Po放射性同位素为燃料，如1954年美国研制成功的钋210同位素电源，功率分别为0.018、0.094、0.14 W。与美国同期开展同位素电源研制工作的苏联，同样也采用^{210}Po放射性同位素为燃料。我国在1971年制成一台以^{210}Po热源为能量来源的温差型同位素电源，使用了约3.7×10^{13} Bq的^{210}Po同位素。表10.17列出了美、苏和中国早期研制的钋210放射性同位素电源的数据。

表10.17 各国制备^{210}Po同位素电源的数据

国别	年代	电源名称	^{210}Po装量/TBq	热功率/W	起始电功率/W	转换效率	电源重量/kg
美国	1954年	1号	2.11	1.8	18×10^{-3}	0.1	0.034
		2号	5.40	4.65	9.4×10^{-3}	0.2	0.031
		3号	35.56	29.3	0.14	0.5	—
	1954年		81.40	71	—	0.25	—
	.1958年	SNAP – 3B1	55.32	48	2.4	5.0	2.3
	1959年	SNAP – 3B2	64.31	55.6	2.5	4.5	1.8
	1960年	SNAP – 3B4	80.55	69.6	4.0	6.75	1.8
	1965—1969年	SNAP – 29		100			183
苏联	1958年	5号	—	320	10.15	3.18	3.1
		6号	—	320	9.65	3.02	2.8
		7号	284.90	244	5.8	2.36	2.8
中国	1971年	东风1号	39.59	34			

10.5 同位素热/电源的应用展望

基于同位素热/电源长寿命、高可靠性的明显优势，可以在空间探测、水下导航、医疗健康等方面广泛应用。

在空间探测任务中，同位素热/电源除要满足功率、寿命、体积、重量指标外，还要能够经受正常使用工况及意外事故下所有严酷条件的考验，确保在任何条件下同位素原料不发生泄漏。目前，以钚238热/电源为代表的同位素电源已成功应用于地球卫星、月球探测（包括月背探测）及外层星系的探测任务，成为功率在数百瓦以下空间电源的理想选择。

在地球极地、高寒、荒漠、深海、远海等地区使用时，要保证在不进行维护的条件下能持续工作10年以上甚至持续工作数十年。地面上有许多终年积雪冻冰的高山地区、遥远荒凉的孤岛、荒无人烟的沙漠，还有南极、北极等需要建立气象站和导航站。如果用其他电源，更换和维修是极其困难的。若用核电源，可以建成自动气象站或自动导航站，实现自动记录和自动控制，常年无须更换和维修电源。在特种军事装备领域，如监听敌方关键区域、重要水道水下军事装备活动的水下监听电源，它的全天候工作时间可长达十几年，而且可以长期不用人去看管和维修。

医学应用的同位素电源具有微型化、寿命长、工作稳定、可靠性高、安全性高等特点。美国早在20世纪70年代就将微型温差型钚238同位素电源应用于心脏起搏器，这种电源体积小（约10 cm^3）、重量轻（<200 g），可以为起搏器提供长期（>10年）的电能，避免多次手术更换电源引起的感染风险；如换用产生同样功率的化学电源，要保证同样的使用寿命，其重量几乎与成人的体重一样。

此外，研究人员也积极拓展同位素热源/电源的应用范围，并开展了相关的研究，如在智能装备领域。尽管同位素热/电源在民用领域还存在一些技术、成本和安全等方面的问题，但可以期待的是，随着这些问题得到有效解决，同位素电源将有更广阔的应用空间。

（牛厂磊）

第 11 章
放射源质量控制方法

放射源的质量主要包括源的辐射强度和密封性能。每一个放射源都要进行辐射强度测量，如有必要还需进行能谱测量。密封放射源应满足国际标准和国家标准所规定的各类密封放射源的耐温度、压力、撞击、振动和穿刺等项要求。这些检验是在源设计试制时进行的。对于产品源，除进行强度、能谱测量外，还要逐个进行表面污染和泄漏检查，从源表面擦下的放射性污染量和泄漏量要符合 GB 4075—2009 规定要求。

保证放射性产品在应用中适用、有效和安全的各种质量管理措施。20 世纪以来，质量管理经历了质量检验、统计质量控制和全面质量管理三个发展阶段。全面质量管理是美国质量管理专家 J. M. 朱兰等于 20 世纪 60 年代提出来的，其特点是实行全过程、全员和全面地灵活运用各种科学方法的综合性质量管理。

放射性产品的质量控制包括：原材料的质量控制，设计、试制过程的质量控制，生产过程和辅助过程的质量控制，产品的质量检验，包装的质量控制，储存、运输的质量控制，以及使用过程的质量管理等方面。以密封放射源的生产为例，其管理流程如图 11.1 所示。

1. 原材料的质量控制

原材料的质量控制主要内容是保证规格的完整性、对纯度的严格要求、对原材料一致性的严格控制以及资料记录的完善性等。

2. 设计、试制过程的质量控制

设计、试制过程的质量控制任务是保证满足使用要求和取得较高的生产效率及良好的经济效果。其主要内容包括：调查研究，提出先进合理的新产品方

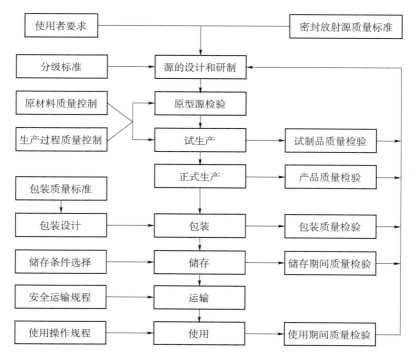

图 11.1 放射源质量管理流程

案,进行设计审查和工艺验证,组织新产品试制、试验和鉴定,加强产品设计的经济分析,保证技术文件的质量,严格标准化审查,遵守设计试制过程的工作程序,组织设计与生产的紧密衔接。

3. 生产过程的质量控制

生产过程的质量控制是质量控制的中心环节,是在工艺流程固定的前提下保证和提高产品质量的关键。主要内容如下。

(1) 严格贯彻执行工艺规程,提高工艺加工质量,全面掌握生产过程的质量保证能力。

(2) 组织文明生产。

(3) 掌握生产过程的质量动态。

(4) 严格管理不合格品。

(5) 组织好技术检验。

(6) 加强工序质量控制。

产品的质量检验既是鉴定某一产品是否符合标准,又是判断生产工序是否正常进行的依据。

密封放射源的检验：按已确定的生产工序制作原型源（样品源），并对原型源进行严格检验，包括温度、外压、冲击、振动和穿刺检验。以保持源的完整性和不产生泄漏为判定合格的共同标准。密封放射源产品的常规检验，主要是检查表面有无污染和源是否泄漏。如果从源表面清洗下来的放射性量小于 200 Bq，当视为无污染。源是否泄漏则是以泄漏出来的放射性量或泄漏率来判断。

标准放射源的检验：主要是检验活度测量的准确性和产品稳定性。常规产品的稳定性则从测量值是否有变化来检查。标准放射源检验的最重要项目是用不确定度表示的活度值的准确性，这一检验不仅须经专业计量部门复核，甚至还须进行国内、国际比对，以确定测量准确性的水平。

4. 包装、运输和储存的质量控制

产品的包装、运输、储存、销售、使用等环节对产品的适用性都可能产生影响。进行适当的质量管理和控制，即可将上述影响降至最低限度。

（1）包装：放射性产品的包装分为内包装和外包装。内包装是指直接盛放放射性物质的容器，如密封放射源的包壳等。内包装的设计要做到保证内容物不泄漏，而且对内容物在物理和化学性质上是相容的。外包装是为运输而设计的，用以保护产品免受运输环境的影响（如防止温度引起产品变质，避免振动、撞击等造成产品损坏）和屏蔽产品的射线（如用铸铁、铅等材料制作外包装容器来运输、储存一些活度较大而射线穿透力较强的产品，使表面照射量率降到安全水平）。外包装的封闭构件应牢靠，以防止产品掉出。内、外包装上都要设置各种标志，以便识别。

（2）运输：要求对运输过程中的冲击、振动或其他可能出现的运输损伤进行模拟试验，总结运输中的经验和教训，加以改进。此外，要特别强调，需根据国际原子能机构关于放射性物质运输的规定和国家有关规定，制定安全运输规程，并严格执行。

（3）储存：为了了解和控制放射性产品储存期间质量的下降，要求开展储存期内质量的研究，选择最适宜的储存条件加以实施。还要确定产品储存寿命，建立储存时间限度标准。

11.1 放射性活度

放射性活度（radioactive activity）是处于特定能态的一定量放射性核素在单位时间间隔内发生自发核跃迁数的期望值。

$$A = \frac{dN}{dt} \tag{11.1}$$

式（11.1）中，A——放射性活度；dN——dt 时间内发生衰变的原子核数的期望值。

放射性活度的国际制（SI）单位为 s^{-1}，其专用名称为贝克勒尔，简称贝克，符号为 Bq，1 Bq = 1 个衰变/s；常用单位是居里（Ci），1 Ci = 3.7×10^{10} Bq。单位物质体积的放射性活度称体积活度（放射性浓度），单位为贝克/立方米（Bq/m^3）或贝克/升（Bq/L）。单位物质质量的放射性活度称质量活度（比活度），单位为贝克/千克（Bq/kg）。单位物体表面的放射性活度称表面活度，单位为贝克/平方米（Bq/m^2）或贝克/平方厘米（Bq/cm^2），用于物体表面放射性污染监测。

11.2 常用核辐射探测器

核辐射探测装置主要由辐射探测器和电子学仪器组成，核辐射探测器是其基础。核辐射探测器是一种能量转换仪器，它可以将辐射能量通过其与工作介质的相互作用转换为电信号，然后利用电子学仪器记录和分析。常用的核辐射探测器主要分为三大类：①气体探测器，利用射线或粒子束在气体介质中的电离效应探测核辐射；②闪烁体探测器，利用射线或粒子束在闪烁体中的发光效应探测核辐射；③半导体探测器，利用射线或粒子束在半导体介质中产生电子和空穴对在电场中漂移来探测核辐射。

11.2.1 气体探测器

气体探测器是早期应用最为广泛的核辐射探测器，20 世纪 50 年代后，随着闪烁体和半导体探测器的发展，其使用逐渐减少，但在重粒子物理、辐射剂量学、辐射计量学等领域和工业上仍广泛使用。

气体探测器是以气体为探测介质的探测器总称。此类型探测器主要有盖格-米勒（GM）计数器、正比计数器、电离室，此三种气体探测器均可以用于发射 α、β、γ 射线的放射源活度测量。气体探测器主要由正负电极和电极间气体构成，如图 11.2 所示。

在电极上施加一定的电位差，当辐射穿过工作气体时与气体分子相互作用，使气体分子电离而形成电子-离子对，在电场的作用下，电子和离子分别

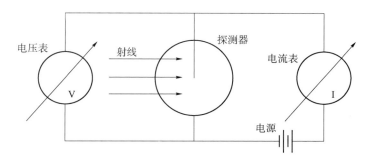

图 11.2　气体探测器结构示意图

向正极和负极移动，到达电极并被收集，从而引起电路中电压或电流的变化，最后通过电子学仪器将这些变化记录下来。气体探测器具有制作简单、性能可靠、成本低廉、使用方便等优点。

气体探测器工作时均是在电极间施加电压 V，当辐射进入工作气体时产生大量的电子 – 离子对，在电场作用下电子 – 离子对向两极移动形成电流 I。气体探测器的电极间电压 V 与电离电流 I 的关系如图 11.3 所示。

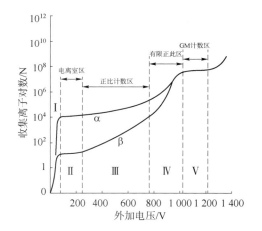

图 11.3　气体探测器电压与电流关系

当电压 V 较低时，场强较弱，离子速率小，一些离子在到达电极前复合，电离电荷不能全部被收集，此时工作区域为复合区，即图 11.3 中 Ⅰ 区；当电压逐渐提高，场强增大，离子复合概率很低，电离电荷基本全部被电极收集，此时气体探测器工作在饱和区，即电离室区（Ⅱ）；当电压 V 再进一步提高，这时的电场强度足以使被加速电子进一步引起电离，离子对数将增至原电离的 $10 \sim 10^4$ 倍，此种现象称为气体放大，倍增系数称为放大系数，它随电压而增大，此时电流正比于原电离电荷数，因此称为正比计数区（Ⅲ）；电压继续增大时由于气体放大系数过大，空间离子密集，抵消了部分场强，使气体放大系数相对减小，称为空间电荷效应，这时气体放大系数不是恒定的，而与原电离有关，因此Ⅳ区域称为有限正比区。电压继续增加，进入图11.3中Ⅴ区域，此时离子对数倍增更加剧烈，电流迅速增大形成自激放电，此时电流不再与原电离有关，原电离只起点火作用，该区域称为GM计数区。当电压继续升高，工作区气体进入连续放电，并有光产生，流光室、火花室等探测器均是基于这一特性研制。

1. 电离室

电离室是工作在图11.3中气体电离饱和区域（Ⅱ）的气体探测器。电离室有两种类型，一种是记录单个辐射粒子的脉冲电离室，主要用于测量重带电粒子的能量和强度；另一种是记录大量辐射粒子平均效应的电流电离室和累计效应的电离室，主要用于测量X、γ、β和中子的强度或通量、剂量或剂量率。

脉冲电离室和电流电离室结构基本相同，主要均是由处于不同电位的电极组成。电离室电极大多为平行板和圆柱形。电离室基本结构如图11.4所示。

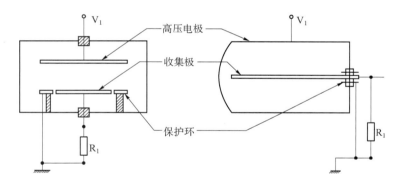

图11.4 电离室基本结构

电极间充入一定压强的气体，并密封在一容器中。当辐射粒子穿过电极间气体时，电离产生的电子和离子在电场作用下向相反方向运动并到达电极而被收集。电离室在工作电压下，几乎收集灵敏体积内形成的所有离子。电离室测量放射源按其对放射源的张角可以分为2π、4π结构。

电流电离室常用的工作气体有纯惰性气体、氮气和空气等，考虑能量响应情况，可以使用适当比例的混合气体。脉冲电离室，工作气体一般是在惰性气体中添加少量多原子分子气体的混合气体，如Ar（90%）+ CH_4（10%）。用于测量中子的电离室,根据中子能量大小一般充入 BF_3、CH_4、H_2 和 ^3He 等气体。电离室内的气压约 $10^4 \sim 10^6$ Pa,在高气压条件下,离子复合概率增大,需要对气体处理以清除负电性杂质。

电离室是所有气体探测器中最简单的。电离室正常工作是利用电场收集在气体中直接电离所产生的全部电荷,与其他探测器一样,电离室能够以电流方式或脉冲方式工作,最常见的应用中,电离室是作为直流器件以电流方式运用的。

对于脉冲电离室,在电离室的灵敏体积内,入射粒子导致的电离产生大量电子和正离子,在电场作用下向相反方向漂移分别到达正负电极。由于电子和正离子的运动,它们在两个电极上的感应电荷也随之变化。此时若高压电极保持恒定电位,则收集电极的电位将随着电子和正离子的漂移而变化,这种变化始于电子-离子对产生,终于电子-离子对被全部收集,所需时间约 10^{-3} s。因此,相应于一个入射粒子的电离,在收集电极上出现一个短暂的电压或电流脉冲。

电离室可以看作一个电流源,如图 11.5 所示,输出电流 $I_c(t)$ 等于流过 R、C 的电流之和,即

$$I_c(t) = \frac{V_c(t)}{R} + C\frac{dV_c(t)}{dt} \tag{11.2}$$

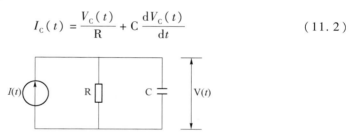

图 11.5 脉冲电离室原理图

$t = 0$ 时,$I_c(0) = 0$,$V_c(0) = 0$,则方程的解为

$$V_c(t) = \frac{e^{-t/RC}}{C}\int_0^t I_c(t) e^{-t/RC} \tag{11.3}$$

这是电压脉冲的一般表示式。式中 R、C 称为电路的时间常数,其大小直接影响脉冲输出和波形。

脉冲电离室所记录的粒子数目不能太大,否则输出脉冲将重叠,甚至无法分辨。因此在大量入射粒子条件下,只能由平均电流或累计总电荷来测量射线强度,这就是电流电离室和累计电离室。

当存在电场时,离子和自由电子所呈现的正电荷和负电荷的漂移形成电流。一定体积的气体受稳定辐照时,电子-离子对的产生率是恒定的。电离室

正常工作时，复合可以忽略，并能够有效地收集几乎所有的电荷，从而产生的稳定电流则是对电子－离子对产生率的准确度量。电流电离室的基本原理就是测量这种电流。

图 11.6 展示了电离室的基本原理，将一定体积的气体密封在可用外加电压产生电场的空间内，辐射穿过极板间气体产生大量电子－离子对，达到平衡后，外电路中的电流就等于电极上收集到的电离电流，因此在外电路中接入灵敏电流表即可测量电离电流。电离室在同一确定辐射下，电离电流不随电压的变化而变化，如图 11.7（a）所示，即电离室的电离电流是饱和电流：

$$I_C = e \int n \mathrm{d}\tau = eN \tag{11.4}$$

其中：e——电子电荷；N——电子－离子对数。

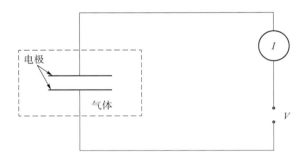

图 11.6　电流电离室原理图

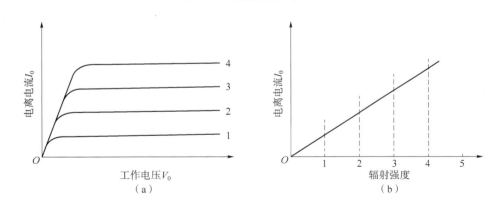

图 11.7　电流电离室工作特性
（a）电离电流与工作电压的关系；（b）电离电流与辐射强度的关系

对于电离室探测器，其饱和电流随着辐射强度的增大而线性增大，如图 11.7（b）所示。实际应用中常常以电离室额定工作电压下保持线性关系的最大输出电流来表示电离室的线性范围。

2. 正比计数器

气体探测器工作于正比计数区时，在电子－离子对漂移到电极过程中将出现气体放大现象，于是在收集电极上感生的脉冲幅度将是原电离感生脉冲幅度的 M 倍，即

$$V = -\frac{MNe}{C_0} \tag{11.5}$$

式（11.5）中，常数 M——气体放大系数；N——原电离离子对数；C_0——电极间电容；e——单位电荷；负号——负极性脉冲。在这种工作状态下的气体探测器为正比计数器，其结构如图 11.8 所示。

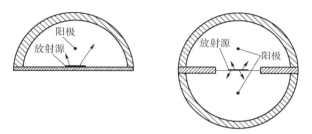

图 11.8　正比计数器结构示意图
（左）2π 结构；（右）4π 结构

正比计数器的优点是脉冲幅度大、灵敏度高、脉冲幅度几乎与原电离的地点无关，可以用于 α、低能 β 或 γ、X 射线能谱和计数测量。

正比计数器的主要缺点是脉冲幅度随工作电压变化较大，且容易受外来电磁干扰，因此对电源的稳定度有较高的要求（$\leqslant 0.1\%$）。

3. GM 计数器

1928 年德国物理学家盖革（H. W. Geiger）和米勒（E. W. Muller）发明的气体探测器，称为盖革计数器。盖革计数器是利用射线穿过灵敏体积内气体时使气体被电离，产生电子－离子对。释放出的自由电子在电场作用下加速，向正电极漂移，在正极附近快速运动，并与其他气体分子相互作用，从而导致其他气体分子被电离。多次新的次级电离使正极附近在极短的时间内释放出大量的电子，即雪崩，形成自激放电，电流急剧增大，此时电流强度与原电离无关，原电离只起到点火的作用。通过电子学仪器测量、分析、记录每一个通过的粒子（α、β、γ）引起的电流/电压变化，实现辐射强度的测量。

GM 计数器的基本结构与正比计数器相似，其外形一般设计为圆柱玻璃外

壁，内衬一层导电薄膜作为阴极。GM 计数器一般有钟罩形和圆柱形。GM 计数器工作时，在计数管电极上施加恒定的电位差，一般在几百伏至几千伏。

按充气性质，GM 计数器可分为两大类。一类是充纯单原子或双原子分子气体，如惰性气体或氢气、氮气等，称为非自熄计数器，这类计数器使用上不方便，已经很少采用。另一类是充单原子与多原子分子的混合气体或纯多原子分子气体，称为自烊熄计数器。

在辐射强度不变的放射源辐照下，GM 计数器的计数率随着工作电压的变化而变化，如图 11.9 所示，称为坪曲线。从图 11.9 中可见，当工作电压超过起始电压 V_0 时，计数率由零迅速增大；工作电压继续升高时，计数率仅略随电压增大，并存在一个明显的坪区；工作电压再继续升高，计数率又急剧增大，这是因为计数管失去烊熄作用，产生连续放电。坪曲线是衡量 GM 计数器性能的重要标志，在使用计数器之前必须测量它，确定工作电压。

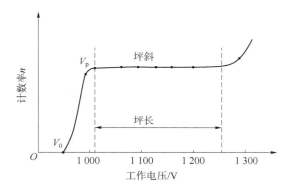

图 11.9　GM 计数器工作特性

GM 计数器在射线探测中具有以下优点。

（1）灵敏度高：不论何种类型的射线，如果能在计数器的灵敏区内产生一对离子，便可能引起放电而被记录。

（2）脉冲幅度大：输出脉冲幅度可达几伏甚至几十伏，不必经过放大器便可以触动记录电路。

（3）稳定性高：不受外界电磁干扰，而且对电路的稳定性要求不高，一般好于 1% 即可。

（4）计数器的大小和几何形状可按探测粒子类型和测量的要求在较大范围变动。

（5）使用方便、成本低廉、制作工艺要求和仪器电路均简单，整个系统可以做得轻巧灵便、适于携带。

GM 计数器的主要缺点如下。
(1) 不能鉴别粒子的类型和能量。
(2) 分辨时间长，约 10^2 μs，不能进行快速计数。
(3) 正常工作的温度范围小。
(4) 有乱真计数。

11.2.2 闪烁体探测器

核辐射与某些透明介质相互作用，使其电离、激发而发射荧光，闪烁体探测器就是利用这一原理工作。

闪烁探测器是用于各种核辐射探测和能谱测量的重要方法之一，由闪烁体、光电倍增管和相应的电子仪器三个主要部分组成，如图 11.10 所示。

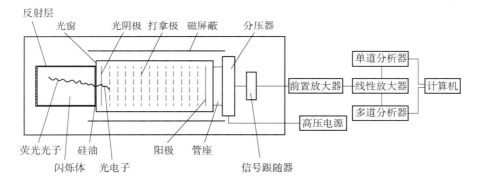

图 11.10 闪烁体探测器基本组成

当射线进入闪烁体时，使闪烁体分子电离或激发，退激时发射出光子，一般光谱范围从紫外光到可见光，并且光子向 4π 方向发射。在闪烁体周围制备或包覆反射层（其中一面透光），这样能使光子集中向光电倍增管方向传播。光电倍增管是一种电真空器件，由光阴极、若干打拿极和一个阳极组成。光阴极前有一个玻璃或石英制成的窗，整个器件外壳为玻璃，各电极由针脚引出。通过高压电源和分压电阻使阳极、各个打拿极、阴极间建立从高到低的电位分布。闪烁光子入射到光阴极上时，由于光电效应会产生光电子，这些光电子受极间电场加速和聚焦，打在第一打拿极上，产生 3~6 个二次电子，这些二次电子在以后各个打拿极上又发生同样的倍增过程，直到最后在阳极上可接收到 10^4~10^9 个电子，大量电子会在阳极负载上建立起电信号，通过电子学仪器进行测量。

1. 闪烁体种类

常用于辐射探测器的闪烁体及性质见表 11.1，闪烁体按化学性质可分为两大类。

表 11.1 常用于辐射探测器的闪烁体及性质

材料	最强发射波长/nm	发光衰减时间	折射率	密度/(g·cm^{-3})	β 和 γ 闪烁效率/%	
					相对 NaI(Tl)	相对蒽
NaI(Tl)	410	0.23 μs	1.85	3.67	100	230
CsI(Tl)	565	1.0 μs	1.79	4.51	85	
ZnS(Ag)	450	0.2 μs	2.4	4.09	130	
^{6}Li(Eu)	~480	1.4 μs	1.95	4.08	35	
Li 玻璃	395.9	75 ns	1.53	2.5	10	
BGO	480	0.3 μs	2.15	7.13	7~14	
BaF$_2$	310	0.6 ns	1.56	4.89	5~16	
CWO	~500	5 μs	2.3	7.9	38	
蒽	447	30 ns	1.62	1.25	43	100
芘	410	4.5 ns	1.63	1.16		50~60
液体闪烁体	420	2.4~4.0 ns	1.52	0.9		20~80
塑料闪烁体	~480	1.3~3.3 ns	1.60	1.05		45~68

一类是无机晶体闪烁体。通常是含有少量杂质（激活剂）的无机盐晶体，常用的有：碘化钠（铊激活）单晶体，即 NaI(Tl)；碘化铯（铊激活）单晶体，即 CsI(Tl)；硫化锌（银激活），即 ZnS(Ag)；溴化澜（铈激活）等。另一种是玻璃体，如铈激活锂玻璃 LiO$_2$·2SiO$_2$(Ce)。此外还有不掺杂的纯晶体，如锗酸铋（BGO）、钨酸镉（CWO）和氟化钡（BaF$_2$）等。

另一类是有机闪烁体。它们都是环碳氢化合物，又分为三种。

（1）有机晶体闪烁体，如蒽、芘、对联三苯等有机晶体。

（2）有机液体闪烁体，在有机液体溶剂（如甲苯、二甲苯）中溶入有机闪烁剂。

（3）塑料闪烁体。

2. 闪烁体的选择

在实际使用中，选择闪烁体时主要考虑以下几个方面。

（1）所选闪烁体的种类和尺寸应适用于所探测射线种类、强度及能量，也就是说使用所选择的闪烁体在测量一种射线时能够排除其他射线的干扰。一般测量 α 射线辐射强度时用 ZnS(Ag) 闪烁体或 CsI(Tl) 晶体；测量 β 射线和中子时用有机闪烁体，大都用塑料闪烁体或液体有机闪烁体；测量 γ 射线用 NaI(Tl) 或 CsI(Tl) 晶体，对低能 X 射线或高能 γ 射线则可用 BGO。

（2）闪烁体的发射光谱应尽可能好地与所用光电倍增管的光谱响应配合，以获得高的光电子产额。

（3）闪烁体对所测粒子的阻止本领较大，使入射粒子在闪烁体中损耗较多的能量。

（4）闪烁体的发光效率足够高，有较好的透明度和较小折射率以使闪烁体发射的光子尽量被收集到光电倍增管的光阴极上。

（5）在做时间分辨计数或短寿命放射性活度测量中，应选取发光衰减时间短及能量转换效率高的闪烁体。

（6）作为能谱测量时，要考虑发光效率对能量响应的线性范围。

11.2.3　半导体探测器

以半导体作为探测介质，利用射线在其中产生电子－空穴对以实现对核辐射的探测，这一类型的探测器统称为半导体探测器。半导体探测器实际上是一种工作在反向偏压的 PN 结，其工作原理类似于气体电离室。当射线进入半导体探测器耗尽层时，损失能量产生大量的电子－空穴对，在外加电场的作用下，分别向两极漂移，引起两极上感应电荷的变化，在测量电路中产生脉冲电信号。输出信号的大小与进入探测器耗尽层射线损失的能量成正比。

PN 结是半导体探测器的基础。一个 PN 结形成需要一定的技术，常用的有扩散法、表面位垒、离子注入三种工艺技术。扩散法是在 P 型半导体上扩散磷形成 PN 结，这是最早的半导体探测器制作工艺，现在已经很少使用。表面位垒是在半导体上镀上一层金属，由于两种材料中费米能级差异，半导体中能带结构变化而形成 PN 结。面垒探测器自 20 世纪 60 年代开始发展，是 α 粒子及重带电粒子能谱测量常用的探测器。面垒探测器具有本底低、分辨率高、探测效率高、性能稳定等优点，但是它也具有抗辐射本领差、存在温度效应、表面沾污不易清洗等缺点。离子注入是利用加速器将掺杂离子束轰击进入半导体表面，从而形成 PN 结，现在已经在 α 粒子和重离子能谱测量中得到了广泛的应用，这类探测器具有性能稳定、分辨率高（一般小于 15 keV）、可以水洗等优点。

半导体探测器主要有以下优点。

（1）电离辐射在半导体介质中产生一对电子－空穴对平均所需能量大约为在空气中产生一对离子对所需能量的 1/10，即同样能量的带电粒子在半导体中产生的离子对数要比在空气中产生的约多一个数量级，因而电荷数相对统计涨落也就小得多，所以半导体探测器的能量分辨率很高。

（2）带电粒子在半导体中形成的电离密度要比在一个大气压的空气中形成的高，大约为 3 个数量级，所以当测量高能电子或 γ 射线时半导体探测器的尺寸要比气体探测器小得多，因而可以制成高空间分辨率和快时间响应的探测器。

（3）测量电离辐射的能量时，线性范围宽。

硅面垒型和离子注入型电离辐射探测器现在是最常用的半导体探测器。它们主要用于测量带电粒子的能谱，其具有能量分辨率高、本底低、时间响应快等特点。谱仪系统组成如图 11.11 所示。

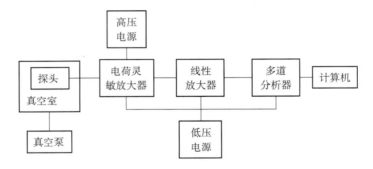

图 11.11　谱仪系统组成

对于短射程的 α 粒子或其他重带电粒子，使用金硅面垒和 PIPS 探测器具有很好的效果，然而对于探测 β 射线和 γ 射线，硅探测器的灵敏区太薄。因此自 20 世纪 60 年代开始使用 Si(Li) 或 Ge(Li) 用于 β 射线和 γ 射线的探测，直到 20 世纪七八十年代被高纯锗（HPGe）探测器所取代。

高纯锗探测器有平面型和同轴型结构。平面型高纯锗探测器的灵敏区的厚度一般为 5～10 mm，主要用于测量中、高能带电粒子和能量小于 600 keV 的 X 射线与低能 γ 射线。对于高能 γ 射线，平面型 HPGe 探测器的灵敏区厚度一般不够，因此将高纯锗探测器做成同轴型大体积，提高对高能 γ 射线的测量效率。高纯锗探测器工作原理和结构与其他 PN 结半导体探测器没有任何本质区别，但是高纯锗探测器必须在液氮温度下工作，并且一般工作在全耗尽条件下。虽然高纯锗探测器必须在液氮温度下工作，但是可以在室温下保存，不过一般还是尽量在液氮温度下保存，以维持其性能。

11.3 测量方法

目前已知的放射性核素有 2 000 多种，比较重要的核素约 250 多种，每种放射性核素有它独特的衰变方式，因此放射性活度测量标准或测量方法也是多种多样的，没有一种测量方法能够测量所有放射性核素的活度，某种测量方法和设备一般只适用于一定的衰变方式和活度范围。

放射性活度的测量有相对测量方法（间接测量）和绝对测量方法（直接测量）两种。相对测量方法比较多，可按照活度大小、核素种类、测量准确度等要求选择合适的方法和设备；相对测量方法必须使用经过国际、国家或其他有资质的计量机构定值的放射源或标准装置进行比较，测量准确度较差。绝对测量是一种不借助于其他放射性活度标准样品或装置进行比较，而直接对测量中的误差因素进行校正以得到放射源或物质放射性活度的过程，测量准确度较高；根据核素种类、射线类型等选择测量方法和设备，对测量条件、源制备技术等均有很高的要求；由绝对测量方法测定的放射源可以作为标准源或参考源。相对测量和绝对测量的具体测量方法很多，表 11.2 中列出了几种常用的放射性活度测量方法。

表 11.2 放射性活度测量常用方法

名称	测量方法	用途
小立体角法	绝对测量	α、β、γ 核素
$2\pi/4\pi$ 计数法	绝对测量	α、β、γ 核素
$4\pi\alpha/\beta - \gamma$（反）符合计数法	绝对测量	β、EC 核素
液闪计数法	绝对测量	α、β 核素
γ 谱仪	相对测量	γ
电离室	相对测量	α、β、γ
量热法	绝对测量	α、β、γ

相对测量方法又分为直接比较法和间接比较法。直接比较法是将已知活度的标准样品和待测样品在同一测量装置和相同的测量条件下进行测量，然后对

两者进行比较，并通过简单计算得到未知样品的活度。

设标准样品活度为 A，测量值为 n，未知样品的活度为 A'，测量值为 n'。由于各种校正因子相同，所以可不予以考虑，因此

$$A' = A \frac{n'}{n} \tag{11.6}$$

相对测量的间接比较法，是用已知活度的标准样品，对测量装置做效率刻度，只要在相同条件下测量未知样品，就可得到未知样品的活度。

$$A' = \frac{n'}{\eta} \tag{11.7}$$

式（11.7）中，$\eta = \frac{n}{A}$——探测效率，它是射线能量、测量条件（如源对探测器所张立体角）、制源条件（如自吸收）等因素的函数。

间接比较法中，一个更为有效的方法是通过一组已知活度的不同能量或不同其他条件的标准源，对测量装置进行效率刻度，求得一组与能量或其他条件相对应的效率值，再通过对该组数据进行多项式拟合，得出效率函数或效率曲线。在测量条件一致的情况下，根据该函数或曲线，便可通过测量值得到待测核素的活度。

按照 ICRU – 12 号报告的规定，标准源的总不确定度加上间接测量的不确定度，为间接测量的总不确定度。

从间接测量原理可以看出，各种射线的测量装置，原则上都可以用于间接测量，如电离室、流气正比计数器、GM 计数器、液体闪烁计数器、井型 γ 电离室、NaI(Tl) 闪烁计数器/谱仪和高纯锗半导体谱仪等。

原则上，可以使用任何一种辐射探测系统和标准源测量放射性样品的活度。标准源和溶液是由国家和国际标准计量机构制作提供。绝对测量方法可以在没有标准/参考物质的条件下测定放射性核素样品的活度。放射性活度的绝对测量方法大致可以分为三类：第一类称作直接计数方法，这是在已知测量的几何条件、探测效率、散射本底、源的自吸收等因素的条件下，对辐射进行的测量。第二类是符合法，这是在无须精确知道几何因子、效率、散射等条件下，对辐射进行的测量。第三类是量热法，这是通过测量放射性核素的衰变热功率，从而对辐射进行的测量。

直接射线计数方法，包括立体角法、$2\pi/4\pi$ 计数法、内部气体计数法、液闪计数法，这些方法具有相对简单的过程并且每种方法都有独特的应用范围；测量不确定度偏大，准确度受限。符合测量方法是研究核衰变、核反应过程中在时间、方向上相互关联的事件的一种方法，目前为止此方法仍是准确度最高的一种方法。

11.3.1 计数法

1. 小立体角法

1）原理

假设放射源各向同性地发射出粒子，而测量仪器的效率是已知的，则通过记录一定立体角内的粒子计数率便能推算出源的活度。

图 11.12 为小立体角法测量放射源活度的装置示意图。在一个密封长管子的两端分别放置探测器和放射源，靠近源的一侧内壁有一阻挡环，阻挡环采用原子序数低的元素制成。为了达到接近点源的几何安排，源和探测器间距要远一点，管子长度一般为几十厘米，管子可以抽真空以避免空气的吸收和散射。由准直器孔径的大小确定了探测器对源所张立体角。探测器可以选用闪烁体探测器、半导体探测器、气体探测器。

假设源的放射性活度为 A，每衰变放出一个粒子，测得的计数率为 n，本底计数率为 n_b，则净计数率为

$$n_0 = n - n_b = \frac{\Omega}{4\pi} A \tag{11.8}$$

式（11.8）中，Ω 为探测器对源所张立体角，其大小可以通过几何关系计算得到。在球坐标中，立体角计算示意图如图 11.13 所示。

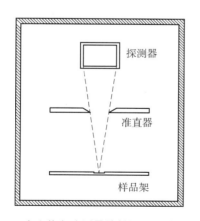

图 11.12　小立体角法测量放射源活度的装置示意图

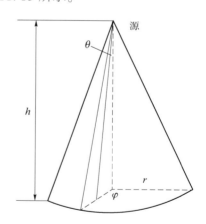

图 11.13　立体角计算示意图

立体角为

$$\Omega = \int_0^a \sin\theta \, d\theta \int_0^{2\pi} d\varphi \tag{11.9}$$

式（11.9）中，a 为 θ 的最大值，对于点源

$$\cos a = \frac{h}{\sqrt{h^2 + r^2}} \tag{11.10}$$

式（11.10）中，h——源到探测器的垂直距离；r——探测器半径，代入并积分可得

$$\Omega = 2\pi \left(1 - \frac{h}{\sqrt{h^2 + r^2}}\right) \tag{11.11}$$

定义相对立体角几何因子

$$f_g = \frac{1}{2}\left(1 - \frac{h}{\sqrt{h^2 + r^2}}\right) \tag{11.12}$$

在实际测量中，放射源不可能是点源，总有一定的面积。放射源为均匀平面源，如图 11.14 所示，且其半径 R_1 与到探测器距离 h 相比不能忽略时，放射源不能被视为点源。此时探测器对放射源所张立体角可以用投影法计算。R_1 为放射源半径，R_2 为探测器半径，当面源沿（θ,φ）投影在探测器平面上，只有其投影与探测器圆面重叠部分的粒子才能被探测器记录。此时几何因子为

$$f_g = \frac{1}{\pi R_1^2} \iint \frac{S(\theta,\varphi)}{4\pi} \sin\theta \mathrm{d}\theta \mathrm{d}\varphi \tag{11.13}$$

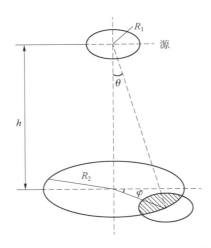

图 11.14　圆形源和探测器的相对位置

计算放射源活度时必须对测量得到的计数率 n 进行分辨时间修正。设测量系统分辨时间为 τ，测量计数率为 n，则真正进入探测器的粒子数为

$$n' = \frac{n}{1 - n\tau} \tag{11.14}$$

定义分辨时间修正因子

$$f_\tau = \frac{n}{n'} = 1 - n\tau \quad (11.15)$$

因此，放射源活度

$$A = \frac{n - n_b}{f_g f_\tau} \quad (11.16)$$

小立体角法测放射源活度要求将待测样品做成薄而均匀的源，活性区的直径也不能太大，这样才能满足点源的近似及忽略自吸收的影响。射线被源物质自吸收将使计数率和能谱都有改变。

2）α放射源活度测量

对于α放射源，α粒子在空气中的射程很小，因此密封管内需要抽真空，以避免空气的吸收和散射，源在衬托膜上的散射可以忽略。薄α放射源可以直接使用以上关系式计算其活度；对于厚α放射源，必须考虑自吸收。为此需要知道α粒子在薄膜中的射程等参数，这是很难测量准确的。因此，厚α放射源一般采用相对测量方法，其活度为

$$A = \frac{n}{n_1} A_1 \quad (11.17)$$

其中：n 和 n_1——待测样品和标准样品的计数率；A_1——标准样品的活度。

小立体角法测量α放射源活度的准确度很高，然而对待测样品制备要求严苛，对厚度、均匀性和活性区尺寸都有很高的要求。

3）β放射源活度测量

对于小立体角法测量β放射源活度，原理与测α放射源活度时一样。装置也与测α放射源活度时基本相同，一个相对大空间的铅室减少宇宙射线和周围环境辐射引起的本底，铅室内壁衬以铝或塑料板以减少韧致辐射导致测量准确度降低。定义小立体角装置的总探测效率 ε 为

$$\varepsilon = \frac{n_0}{A} = \frac{n - n_b}{A} \quad (11.18)$$

其中：n——样品测量的计数率；n_b——本底计数率；n_0——净计数率；A——放射源活度。

当探测效率已知时，测定计数率 n 及本底计数率 n_b 便可以计算放射源的活度。

在β放射源测量中存在一些问题：①β粒子的能谱是连续的，能量为 $0 \sim E_{max}$。能量低的β粒子进入探测器前容易被吸收，即使进入探测器，在探测器中产生的信号幅度也很小，很可能淹没在噪声中而被甄别掉。因此，测量得到

的计数率比实际的偏低。②β 粒子质量很小，在测量中容易被散射，从而导致测量的计数率与真正的活度有差异，为此需要修正。

2. $2\pi\alpha(\beta)$ 计数法

在放射性活度测量中，使用流气式 $2\pi\alpha(\beta)$ 正比计数器测量平面 α、β 放射源具有合理的精确度，图 11.15 为其结构示意图。

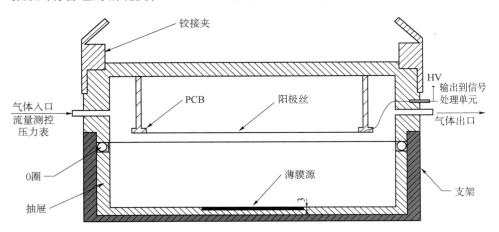

图 11.15 流气式 $2\pi\alpha(\beta)$ 正比计数器结构示意图

放射性活度

$$n_0 = 2n \frac{1}{(1-a)(a-b)} \tag{11.19}$$

式中：n——计数率；a——自吸收修正参数；b——背散射修正参数。

背散射修正参数 b，对于 α 放射源可以忽略，而 β 放射源则需要考虑修正。放射源自吸收参数

$$a = -\frac{d}{2R} \tag{11.20}$$

式中：R——射程；d——表观密度。

$$d = \frac{\sqrt{\Gamma_{obs} - \Gamma_i}}{s} \tag{11.21}$$

Γ_{obs}、Γ_i——观察到的和本真半高宽；s——特定能量的粒子在源材料中的能损。

3. $4\pi\beta$ 计数法

$4\pi\beta$ 计数法一般使用 4π 流气式正比计数器，是一种经典的绝对测量方法，其结构示意图如图 11.16。

图 11.16 $4\pi\beta$ 计数器

测量得到的计数率,并通过本底、自吸收、支撑膜吸收和系统死时间等修正可以计算放射源活度:

$$n_0 = n \times \frac{1}{1-a_f} \times \frac{1}{1-a_s} \tag{11.22}$$

式中,a_f——源支撑膜吸收修正;a_s——放射源自吸收修正。

4. 液闪计数法

$4\pi\alpha(\beta)$ 计数法测量 α、β 放射源活度时,α、β 粒子的探测效率受到计数器死角、源自吸收、承托膜吸收等影响,对低能 β 射线尤为严重。符合法虽然可以不考虑放射源效率问题,却受到衰变方式的限制——衰变核素必须是 β-γ、α-γ、γ-γ 等级联衰变类型。因此对于一些低能纯 β 放射性核素的活度测量必须寻找新的方法,以避免源自吸收、反散射等影响。

液体闪烁法是 20 世纪 50 年代开始发展起来的一种具有灵敏度高、效率高、操作简单等优点的方法。液体闪烁计数器是依据液体闪烁法开发的测量装置,可以用于测量发射 α、β、γ、中子的放射性核素的活度。液闪测量是利用闪烁液作为能量转换介质将射线能量转换为可探测的光而实现放射性测量的一种技术,属于闪烁探测技术的一种。液闪测量对低能、射程短的射线具有较高的探测效率,对于 ^{3}H 探测效率可达 70%,对于 ^{14}C 探测效率可达 96%。液闪测量技术可用于 α、β、γ 射线和契仑科夫辐射、生物发光、化学发光灯方面的测量。液闪计数器不仅可以用于核素 ^{3}H 和 ^{14}C 的测量,还可用于 ^{32}P、^{33}P、^{35}P、^{35}S、^{36}Cl、^{45}Ca、^{55}Fe、^{65}Zn、^{86}Rb、^{90}Sr、^{90}Y、^{203}Hg 等放射性核素的测量。

液体闪烁计数器组成如图 11.17 所示。

在一个避光的铅屏蔽探室内,前置放大器和光电倍增管组成探测器,在其前端放置的是装有样品和闪烁液的透明容器或专用小瓶。闪烁液是主要由溶剂

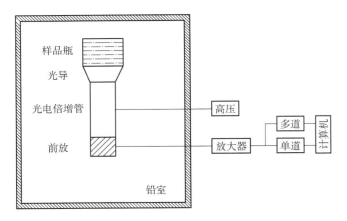

图 11.17　液体闪烁计数器组成

和闪烁剂成分组成的混合溶液。射线能量大部分被溶剂吸收，溶剂分子从激发态回到基态时释放出能量传递给闪烁剂，闪烁剂从激发态回到基态时释放出光子。光子在光电倍增管的光阴极上产生光电子，经放大和信号处理并输出。

溶剂占闪烁液大部分，其作为闪烁剂和样品之间的介质，具有能量吸收和转换的作用。对溶剂的一般要求如下。

（1）能充分溶解闪烁剂及其他被溶物。

（2）辐射能量转换效率高。

（3）在均相中要求溶解样品能力高，非均相中不溶解样品。

（4）不易挥发。

（5）对闪烁剂发射的光子透明度高。

（6）冰点低。

（7）价格便宜且对人无毒。

闪烁剂是闪烁液中的发光物质，是闪烁液的重要成分，其功能是吸收溶剂转换后的辐射能为闪烁光。对闪烁体的要求是：能很好地溶解于溶剂中；能有效地参与能量的传递；发射光谱不能与吸收光谱重叠，应与光电倍增管的光谱响应匹配；发光衰减时间要短。

液体闪烁计数时，放射性样品是浸没在闪烁液内，若样品与闪烁液相容，混合溶液为均相溶液，此时可以视为 4π 计数；若样品与闪烁液不相容，样品与闪烁液属于两相体系，此时不能视为 4π 计数，必须进行一定的修正。

液闪三双符合比（TDCR）方法是一种放射性活度绝对测量方法。液闪 TDCR 装置是基于同一平面上互成 120°夹角的 3 个光电倍增管符合测量低水平 α/β 放射性活度的装置，其结构和原理几何模型示于图 11.18。

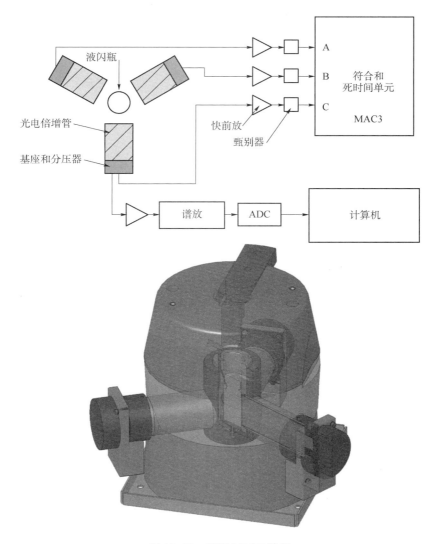

图 11.18 液闪 TDCR 装置

该装置采用三双符合比的方法,直接求解系统的探测效率,进而求出待测样品的活度值,不需要使用标准源对仪器进行效率刻度,相比其他基于两管符合相对测量的传统液闪装置,可以实现样品活度的绝对测量,并具有更高的探测效率和精度。

TDCR 方法的基本原理为假设液闪源发出的光子被探测到的概率服从泊松分布 $p(EQ(E)/\lambda)$,3 个光电倍增管的放置是对称的,则每个光电倍增管的探测效率为

$$\varepsilon = \int_0^{E_{\max}} S(E)(1 - e^{-EQ(E)/3\lambda}) dE \quad (11.23)$$

式（11.23）中，$E_{\max}$——粒子最大能量；$S(E)$——归一化的 β 能谱，可由费米理论计算得出；$Q(E)$——Birk 电离淬灭函数；λ——自由参数，为光阴极每产生一个光电子所需的有效能量，其值与闪烁液、光电倍增管和光路几何有关。Birk 电离淬灭函数 $Q(E)$ 用于计算闪烁液发出光子数与入射粒子能量关系为

$$Q(E) = \frac{1}{E}\int_0^E \frac{dE}{1 + k_B(dE/dx)} \quad (11.24)$$

式（11.24）中，k_B 为 Birk 因子，是仅与闪烁液有关的常数，一般在 $0.007 \sim 0.015 \text{ cm/MeV}$ 之间；dE/dx 为闪烁液的电子阻止本领，可以用 Bethe – Bloch 公式计算得到。对于给定的闪烁液，k_B 和 λ 为未知参数。

液闪 TDCR 活度测量装置中 3 个光电倍增管（A、B、C）的三管符合（ABC）计数率 N_t，两管符合（AB、BC、CA）计数率 N_{AB}、N_{BC}、N_{CA}，总的两管（AB + BC + CA）计数率 N_D，3 个光电倍增管的自由参数 λ_A、λ_B、λ_C，则三重符合效率 ε_t 和两重符合效率 ε_{XY}（XY 表示 AB、BC、CA）分别为

$$\varepsilon_t = \int_0^{E_{\max}} S(E)(1 - e^{-EQ(E)/3\lambda_A})(1 - e^{-EQ(E)/3\lambda_B})(1 - e^{-EQ(E)/3\lambda_C}) dE$$

$$(11.25)$$

$$\varepsilon_{XY} = \int_0^{E_{\max}} S(E)(1 - e^{-EQ(E)/3\lambda_X})(1 - e^{-EQ(E)/3\lambda_Y}) dE \quad (11.26)$$

对于同一平面 3 个完全相同的光电倍增管，每个的探测效率应该相同，即

$$\varepsilon_A = \varepsilon_B = \varepsilon_C = \varepsilon$$
$$\lambda_A = \lambda_B = \lambda_C = \lambda$$

因此两管和三管的探测效率分别可写为

$$\varepsilon_d = \int_0^{E_{\max}} S(E)(1 - e^{-EQ(E)/3\lambda})^2 dE \quad (11.27)$$

$$\varepsilon_t = \int_0^{E_{\max}} S(E)(1 - e^{-EQ(E)/3\lambda})^3 dE \quad (11.28)$$

设 A_0 为放射源的活度，则两管符合计数率和三管符合计数率分别为

$$N_d = A_0 \varepsilon_d$$
$$N_t = A_0 \varepsilon_t$$

因此三管 – 两管探测效率比

$$\frac{N_t}{N_d} = \frac{N_t/A_0}{N_d/A_0} = \frac{\varepsilon_T}{\varepsilon_D} \quad (11.29)$$

从式（11.29）可以发现，可以通过测量三管和两管的符合计数率来确定探测器的效率。三管符合和两管符合的效率分别为

$$\varepsilon_T = \int_0^{E_{\max}} S(E)(1-e^{-EQ(E)/3\lambda})^3 dE \quad (11.30)$$

$$\varepsilon_D = \int_0^{E_{\max}} S(E)[3(1-e^{-EQ(E)/3\lambda})^2 - 2(1-e^{-EQ(E)/3\lambda})^3] dE \quad (11.31)$$

因此三双符合比

$$\text{TDCR} = \frac{N_T}{N_D} = \frac{\varepsilon_T}{\varepsilon_D} = \frac{\int_0^{E_{\max}} S(E)(1-e^{-EQ(E)/3\lambda})^3 dE}{\int_0^{E_{\max}} S(E)[3(1-e^{-EQ(E)/3\lambda})^2 - 2(1-e^{-EQ(E)/3\lambda})^3] dE}$$

$$(11.32)$$

从而可以计算放射性活度

$$A_0 = \frac{N_T}{\varepsilon_T} = \frac{N_T}{\text{TDCR}} \quad (11.33)$$

另外，近年来通过契仑科夫辐射进行放射源活度测量的方法得到了快速的发展和应用。带电粒子在透明介质中的速度高于光在该介质中的速度，介电分子电极化后返回基态释放电磁辐射，该电磁辐射即契仑科夫辐射。对于在水溶液中的 β 衰变核素，其 β 能量不小于 262 keV，最好是 β 射线最大能量超过 1 MeV。液闪计数器测量契仑科夫辐射不需要闪烁液，可以在任何介质（酸或碱）中，因此不存在化学淬灭。

由于契仑科夫辐射探测效率和强 γ 射线存在的影响，只有低 γ 强度的高能 β 衰变核素才能比较好地被测量，因此仅有少量高能 β 衰变核素用该方法进行测试，如 ^{90}Sr/^{90}Y 等。

^{90}Sr/^{90}Y 利用三双符合的 Hidex 300SL 液闪计数器测量过程如下。

对样品进行放化分离纯化处理，并将所得溶液 8 mL 转移到 20 mL 液闪测量专用塑料瓶内，不加闪烁液；放入液闪计数器样品架中，使用 readymade 参数文件，直接对 ^{90}Y 测试；读取测量的计数率 $N/60$ 和 TDCR 值。

计算测量 ^{90}Y 效率 $\eta_{^{90}Y} = 0.6886 \times \text{TDCR} + 0.1678$。

计算 ^{90}Y 的活度 $A_{^{90}Y} = \dfrac{N - N_0}{\text{TDCR} \times 60}$（Bq）。

加入 12 mL 液闪液到样品中，并放入液闪计数器中进行测量；记录 ^{90}Sr + ^{90}Y 的总计数率 $N'/60$ 和 TDCR 值，计算 ^{90}Sr + ^{90}Y 总活度 $A' = \dfrac{N' - N_0'}{\text{TDCR} \times 60}$（Bq），计算 ^{90}Sr 活度 $A_{^{90}Sr} = A' - A_{^{90}Y}$（Bq）。

从以上过程可以看出，TDCR - Cerenkov 和 LSC 测量可以在样品制备后立即进行，不需要等待 ^{90}Sr 和 ^{90}Y 衰变平衡后再进行；不需要标准样品；不需要低活度样品对 TDCR 值进行修正，而直接采用本底修正；探测限依赖于样品制备方法。

11.3.2 符合法

符合事件是指两个或两个以上同时发生的事件。如 ^{137}Cs 衰变时接连放射 β 射线和 γ 射线，如图 11.19 所示，则 β 和 γ 便是一对符合事件。这一对 β、γ 射线如果分别进入两个探测器将两个探测器输出的脉冲通过符合电路处理后便可以输出一个符合脉冲。如果一个射线先后穿过两个探测器，则两个探测器输出脉冲来自同一个射线的先后两次作用过程，这也被视为同一个事件，通过符合电路输出一个符合脉冲。符合法就是利用符合电路来甄选符合事件的方法。

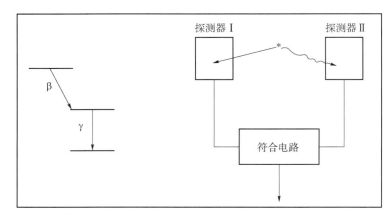

图 11.19 符合事件示意图

实际上，任何符合电路都有确定的符合分辨时间 τ，其长短与输入脉冲宽度有关。如图 11.20 所示。

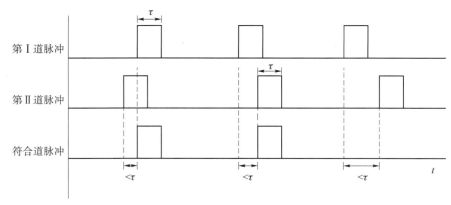

图 11.20 符合脉冲示意图

当两个脉冲的时间间隔小于 τ 时，一部分脉冲将重叠成大幅度脉冲并触发脉冲信号滤波成形电路输出一个符合脉冲；反之，则没有符合脉冲输出。符合事件实际上是相继发生时间间隔短于符合分辨时间的事件。

符合事件具有相关性，其中一个事件和另一个事件存在因果关系，称为真符合。若两个原子核同时衰变，其中一个原子核发射出的β射线与另一个原子核发射的γ射线分别被两个探测器记录，这两个事件不存在相关性，但是在符合电路处理后仍然输出一个符合脉冲，这个脉冲不是一个真符合事件。这种不具有相关性的事件间的符合称为偶然符合。

有许多核素，衰变时往往伴随有级联辐射，这时可以采用符合法测量活度。该方法避免了 $2\pi/4\pi$ 计数法中放射源自吸收的修正问题，是目前放射源活度测量准确度最高的方法。$4\pi\beta-\gamma$ 符合测量装置示意图如图 11.21 所示，β 探测器可以使用 4π 流气式正比计数器，γ 探测器可以使用 NaI（Tl）探测器，铅室屏蔽环境辐射减小本底。

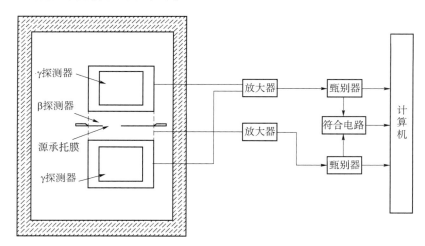

图 11.21　$4\pi\beta-\gamma$ 符合测量装置示意图

在符合测量中，β 道、γ 道、符合道的计数率分别为 $n_{\beta 0}$、$n_{\gamma 0}$、n_{c0}，若探测器对放射源各点的探测效率相等，则放射源的活度

$$A_0 = \frac{n_{\beta 0} n_{\gamma 0}}{n_{c0}} \tag{11.34}$$

从式（11.34）可见，放射源活度只与 3 个道的计数率有关。但使用符合法测量放射源的活度也需要进行一些修正，原因如下。

（1）无论 β 道还是 γ 道均有本底计数。

（2）符合电路存在一定的分辨时间，不相关的 β 道和 γ 道的脉冲产生偶然符合计数。

（3）当所测量放射源的核素衰变过程中有内转换过程时，内转换电子使

得 β 道计数增加。

（4）β 道探测器对 γ 射线灵敏，可引起 β 道计数增加。

（5）每一道均存在死时间。

因此，实际测量时，需要对上述各项进行修正。考虑本底、分辨时间、死时间、内转换系数以及各种效率因子修正后，所测放射源活度为

$$A_0 = \frac{(n_\beta - n_{\beta b})(n_\gamma - n_{\gamma b})[1 - \tau_R(n_\beta + n_\gamma)]}{(n_c - 2\tau_R n_\beta n_\gamma)(1 - n_{c0} t_D)} \times \left[1 + \frac{1 - \varepsilon_\beta}{\varepsilon_\beta} \times \frac{1}{1 + \alpha}\left(\varepsilon_{\beta\gamma} - \frac{\varepsilon_0}{\varepsilon_\gamma} + \alpha\varepsilon_{ce}\right)\right]^{-1}$$

（11.35）

式（11.35）中，n_β、n_γ、n_c——β 道、γ 道、符合道的实测计数率；$n_{\beta b}$、$n_{\gamma b}$——β 道、γ 道的本底计数率；τ_R——符合电路分辨时间；t_D——探测器死时间（假设 β 道、γ 道的死时间相等）；ε_β——β 探测器对放射源发射 β 射线的探测效率；ε_γ——γ 探测器对放射源发射 γ 射线的探测效率；$\varepsilon_{\beta\gamma}$——β 探测器对放射源发射 γ 射线的探测效率；$\varepsilon_{ce}$——β 探测器对放射源发射内转换电子的探测效率；$\varepsilon_c$——发生 e-γ、γ-γ 符合计数时，符合计数效率；$\alpha = \dfrac{P_{ce}}{P_\gamma}$——内转换系数，$P_{ce}$ 和 P_γ——发射内转换电子和发射光子的相对跃迁概率。

从式（11.35）可知，要减小修正值，提高准确度，必须使分辨时间和死时间尽可能短；采用良好的屏蔽以减小本底，同时提高 β 探测效率使之接近 1，此时可以简化为简单形式。

前面讨论的是简单 β-γ 级联衰变情况，对于复杂衰变纲图的情况，如图 11.22，需要考虑分支比。假设 β 衰变有 m 个分支，分支比为 P_k：

$$\sum_{k=1}^{m} P_k = 1 \qquad (11.36)$$

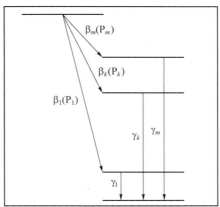

图 11.22　β-γ 级联衰变纲图

每个 β 分支都伴随着瞬发 γ。设 β 探测器对 k 分支 β 的探测效率为 $\varepsilon_{\beta k}$，对 k 分支 γ 效率为 $\varepsilon_{\beta \gamma k}$，对相应的第 k 分支 γ 的内转换电子探测效率为 ε_{cek}；$\varepsilon_{\gamma k}$ 为 γ 探测器对第 k 分支 γ 的探测效率，α_k 为相应的内转换系数，那么在 β 道、γ 道和符合道得到的计数率分别为

$$n_\beta = A_0 \sum_{k=1}^{m} P_k \left[\varepsilon_{\beta k} + (1 - \varepsilon_{\beta k}) \left(\frac{\alpha \varepsilon_{ce} + \varepsilon_{\beta k}}{1 + \alpha_k} \right) \right] \quad (11.37)$$

$$n_\gamma = A_0 \sum_{k=1}^{m} P_k \varepsilon_{\gamma k} \left(\frac{1}{1 + \alpha_k} \right) \quad (11.38)$$

$$n_c = A_0 \sum_{k=1}^{m} P_k \left(\frac{1}{1 + \alpha_k} \right) [\varepsilon_{\beta k} \varepsilon_{\gamma k} + (1 - \varepsilon_{\beta k}) \varepsilon_{ck}] \quad (11.39)$$

其中：ε_{ck}——当第 k 分支 β 射线未被 β 探测器记录时，符合道的计数概率。

在衰变纲图中出现多分支情况时，很难用 3 个道的计数率 n_β、n_γ、n_c 的简单关系式来计算放射源活度 A_0，并且实验上也难以精确测定每个分支比相应射线的效率，因此需要考虑其他的修正方法，这里不再详述。

符合法不仅可以通过 β-γ 符合的方法来测量 β 衰变核素制备放射源的活度，采用不同的探测器后亦可以用 α-γ、γ-γ、甚至 X-γ 符合方法测量放射源活度，其原理相同。

11.4　中子发射率测量

11.4.1　探测原理

中子探测是放射性测量的一个重要方面。中子呈电中性，直接探测比较困难，可间接地通过探测中子与原子核相互作用产生的次级粒子达到探测目的。

中子与物质的相互作用有产生带电粒子的核反应、核反冲、核裂变、活化等，根据这些过程相应地发展了测量中子的方法：核反冲法、核反应法、核裂变法和核活化法。

不同中子能量的探测原理和探测器结构差别很大。中子能量的分区有很多种，一般粗略地可以分为慢中子（<1 keV）、快中子（>1 keV）。

在慢中子能区，能量为 0.0253 eV 的中子称为热中子，其在室温下与周围

介质原子、分子处于热平衡状态；比热中子能量更低的中子称为冷中子，比热中子能量高的还有超热中子、超镉中子、共振中子等。

在快中子能区，一般分为低能区（1~300 keV）、中能区（0.1~20 MeV）和高能区（>20 MeV）。

1. 核反冲法

中子与原子核发生弹性碰撞时，中子的运动方向发生改变，能量有一定的减小，中子减少的能量传递给原子核，使其以一定的速度运动，这个原子核被称为反冲核。反冲核一般为具有一定电荷的带电粒子（如质子、氚核等），可以被探测器记录，从而实现对中子的测量，这种方法称为核反冲法。核反冲法主要用于快中子的测量。

由动量、能量守恒定律可以得出，反冲核的质量越小，获得的能量就越大。所以，在反冲法中通常选用含氢比例较高的塑料闪烁体作为探测介质，此时的反冲核就是质子。氢的中子弹性散射截面如图 11.23 所示，从图中可以发现，入射中子能量较低时，弹性散射截面较大。

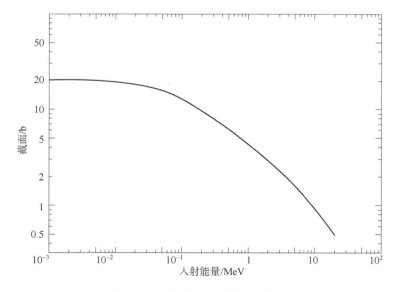

图 11.23 氢的中子弹性散射截面

对于确定的靶核，原子数密度 ρ、薄靶厚度 D 和靶核的弹性散射截面 σ_s 均为常数，则单位面积、单位时间内的反冲核数目可以表示为

$$N_p = \varphi \cdot \sigma_s \cdot N_s = \varphi \cdot \sigma_s \cdot D \cdot \rho \qquad (11.40)$$

其中：φ——中子通量密度；N_s——单位面积靶核数。

因此通过反冲核数 N_p 便可以计算出中子通量密度 φ。

另外对于发生散射后反冲质子的能量和出射方向，由能量守恒和动量守恒定律可以得出

$$E_p = E \cdot (\cos \theta)^2 \tag{11.41}$$

其中：E——中子入射能量；θ——反冲质子的出射角。

当 $\theta = 0$ 时，入射中子与质子发生正碰，反冲核获得的能量最大 $E_p = E$；当出射角在 $\pm 10°$ 范围，反冲质子能量在 $0.97E \sim E$ 之间，能量变化很小，因此测量沿入射中子束方向张角 $\pm 10°$ 范围的反冲质子能量，则可以粗略地得到入射中子的能量大小。

2. 核反应法

中子不带电，与物质中原子核之间不发生库仑相互作用，因此很容易进入原子核发生核反应。选择某种能产生带电粒子的核反应，记录带电粒子引起的电离现象实现对中子的测量。这种方法主要应用于慢中子强度测量，在个别情况下可用于快中子能谱测量。目前应用最多的是以下三种核反应。

$n + {}^{10}B \rightarrow \alpha + {}^{7}Li + 2.792$ MeV　　　$\sigma_0 = 383\ 7 \pm 9$ b

$n + {}^{6}Li \rightarrow \alpha + {}^{3}T + 4.786$ MeV　　　$\sigma_0 = 940 \pm 4$ b

$n + {}^{3}He \rightarrow p + {}^{3}T + 0.765$ MeV　　　$\sigma_0 = 533\ 3 \pm 8$ b

其中：2.792、4.786、0.765 MeV——3 个核反应释放的能量，σ_0——热中子截面。中子和其他原子核发生核反应的截面一般为都为几靶甚至更小，以上 3 个核反应截面都很大，所以常采用这三种核反应来探测中子。

不同能量中子与 ${}^{10}B$、${}^{6}Li$、${}^{3}He$ 的核反应截面关系如图 11.24 所示。

这三种靶核在实际应用中各有优缺点。其中 ${}^{10}B(n,\alpha)$ 反应目前应用得最广泛，主要原因是硼材料比较容易获取；气态可选择硼 BF_3 气体，固态可以选择氧化硼或碳化硼。天然 ${}^{10}B$ 的丰度为 19.8%，为了提高探测效率，在制造中子探测器时常采用浓缩硼（${}^{10}B$ 含量 96% 以上），而浓缩硼的获得并不十分困难，所以目前利用这种核反应的中子探测器占很大比例。基于 ${}^{10}B(n,\alpha)$ 反应原理的中子探测器有三氟化硼正比计数管、含硼电离室和载硼闪烁计数器等。

${}^{6}Li(n,\alpha)$ 反应是三种反应中放出的能量最大的，因此在三种核反应中具有最好的 n/γ 信号抑制比，从而容易将中子产生的信号与 γ 本底区分开来。该方法的缺点是 Li 没有适合的气体化合物，使用时只能采用固体；另外，天然锂中 ${}^{6}Li$ 的含量只有 7.5%，以天然锂作为探测器效率较低，通常都采用高浓

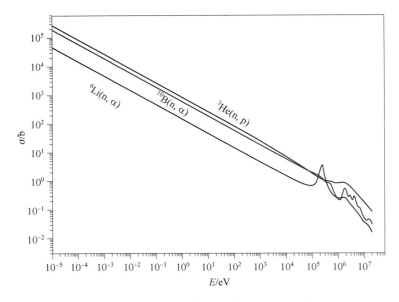

图 11.24　不同能量中子与 ^{10}B、^{6}Li、^{3}He 的核反应截面关系

缩的氟化锂（一般 ^{6}Li 含量 96% 以上），这样的探测器价格昂贵。基于 ^{6}LiF/ZnS 闪烁体和波移光纤结构的热中子探测器近年来被广泛研究，中国散裂中子源上的高通量粉末衍射仪即采用该类型的探测器。

^{3}He(n, p) 反应的优点是反应截面在 3 个反应中是最大的。其缺点是反应放出的能量最小，探测器不容易去除 γ 本底；并且，天然的 ^{3}He 同位素丰度非常低，大约仅为 1.34×10^{-4}%，其余为 ^{4}He，所以 ^{3}He 的获取十分困难，而且价格非常昂贵。制备 ^{3}He 的方法有两种，一种是依靠同位素分离技术将 ^{3}He 从天然氦气中分离出来；另一种是通过氚衰变产生 ^{3}He。这两种方法经济性都很差，因此现在许多实验室和公司均在研发新型的中子探测器以取代 ^{3}He 中子探测器。目前使用的 ^{3}He 中子探测器主是要是 ^{3}He 正比计数管。中国散裂中子源小角散射谱仪主探测器由 120 根 8 mm 位置灵敏型 ^{3}He 管组成阵列构成，主探测器是小角散射谱仪的关键设备。

3. 核裂变法

中子与重核作用可以发生裂变，核裂变法就是通过记录重核裂变碎片来探测中子的方法。对于热中子、慢中子，一般选用 ^{235}U、^{239}Pu、^{233}U 做裂变材料。它们的热中子裂变截面见表 11.3。

表 11.3　几种裂变材料的热中子裂变截面

核	σ_f/b
^{233}U	530.3 ± 12
^{235}U	582.6 ± 11
^{239}Pu	748.1 ± 20

图 11.25 为 ^{235}U、^{239}Pu、^{233}U 的裂变截面与入射中子能量的关系。

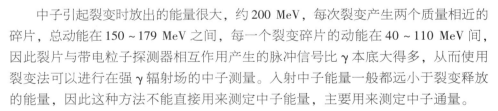

图 11.25　^{235}U、^{239}Pu、^{233}U 裂变截面与入射中子能量的关系

中子引起裂变时放出的能量很大，约 200 MeV，每次裂变产生两个质量相近的碎片，总动能在 150~179 MeV 之间，每一个裂变碎片的动能在 40~110 MeV 间，因此裂片与带电粒子探测器相互作用产生的脉冲信号比 γ 本底大得多，从而使用裂变法可以进行在强 γ 辐射场的中子测量。入射中子能量一般都远小于裂变释放的能量，因此这种方法不能直接用来测定中子能量，主要用来测定中子通量。

许多裂变核具有 α 放射性，因此以裂变核为探测介质的探测器因衰变产生的 α 粒子的作用而存在自发信号，但是 α 粒子能量比裂变碎片的能量小得多，从而产生的脉冲信号也小得多，很容易通过测量电路消除掉这部分信号。

另外，对于许多重核都是在入射中子能量大于某个阈值后才能发生核裂变，因此可以利用不同裂变阈值的元素来判断中子的能量，做成阈探测器。表 11.4 列出了常用的裂变阈探测器材料及性质。

表 11.4　几种裂变材料的性质

裂变材料	半衰期 /a	阈能 /MeV	热中子裂变截面 /$\times 10^{-24}$ cm²	3 MeV 时的截面 /$\times 10^{-24}$ cm²
^{232}Th	1.40×10^{10}	1.3	<200	190
^{231}Pa	3.276×10^{4}	0.5	1×10^{4}	1.1×10^{3}
^{234}U	2.455×10^{5}	0.4	<600	1.5×10^{3}
^{236}U	2.342×10^{7}	0.8	—	850
^{238}U	4.468×10^{9}	1.5	<500	550
^{237}Np	2.144×10^{6}	0.4	1.9×10^{4}	1.5×10^{3}

4. 活化法

中子和原子核相互作用时，辐射俘获是主要的作用过程。中子很容易进入原子核形成一个处于激发态的复合核，复合核通过发射一个或者几个光子迅速退激回到基态。这种俘获中子放出γ辐射的过程称为"辐射俘获"，用（n,γ）表示。如：^{115}In 做激活材料，它受中子辐照时发生如下反应：

$$n + {}^{115}\text{In} \rightarrow {}^{116}\text{In}^{*} \rightarrow {}^{116}\text{In} + \gamma$$

新生成的核素一般都是不稳定的，上式中生成的 ^{116}In 就是 β 放射性的，衰变方式如下：

$$^{116}\text{In} \rightarrow {}^{116}\text{Sn} + \gamma$$

这种现象称为"活化"或"激活"，所产生的放射性称为"感生放射性"。测量经过中子辐照后样品的放射性，即可知道中子的强度，这就是活化法。

综上所述，中子探测的四种基本原理，就是中子与原子核相互作用的四种基本作用过程。目前广泛使用的各种中子探测器基本上都是基于以上四种原理开发的。表 11.5 对四种中子探测方法进行了一个定性比较。

表 11.5　常用中子探测方法

方法	中子与核的作用	材料（辐射体）	截面/$\times 10^{-24}$ cm²	用途
核反冲法	(n,n)	H	~1 000	快中子能量
核反应法	(n,α),(n,p)	^{10}B、^{6}Li、^{3}He	~1	热、慢中子通量密度
核裂变法	(n,f)	^{235}U、^{239}Pu 等	~500	热、慢中子通量密度
		阈能 ^{238}U	~1	快中子能量
活化法	(n,γ)	In、Au、Dy 等	热中子~100 共振中子~1 000 快中子	中子通量密度

在不同的中子能区，这些作用过程的截面相差很大，所以对不同能区的中子要采用不同的探测方法和探测器。由于中子与核的作用截面一般都不大，所以中子探测效率，特别是快中子的探测效率较低。与 α、β、γ 射线探测器相比，中子探测器的探测效率偏低、过程复杂、测量精度偏差。

探测中子时，大多数情况下，中子辐射场总是伴随着 γ 辐射存在，而中子探测器一般对 γ 射线亦有一定的响应，因此在探测中子时常常需要对中子和 γ 射线产生的信号进行甄别。

11.4.2　常用中子探测器

根据中子探测原理可知，中子探测是探测中子与核相互作用产生的次级粒子（α、β、γ、p、裂片等）。而中子探测器一般就是在探测器内添加能与中子发生相互作用的物质而构成的，常用中子探测器见表 11.6。

表 11.6　常用中子探测器

类型	中子探测器	原理及探测对象
气体探测器	硼电离室、BF_3 正比计数器、^3He 正比计数管	核反应法，慢中子
	^{235}U 裂变室	核裂变法，慢中子
	含氢正比计数器	核反冲法，快中子
	^{238}U 裂变室	核裂变法，快中子
半导体探测器	^6LiF 夹心半导体	核反应法，慢中子
	^{235}U 膜半导体	核裂变法，慢中子
	有机膜半导体	核反冲法，快中子
	^{238}U 膜半导体	核裂变法，快中子
闪烁体探测器	^6Li 闪烁体、含^{10}B ZnS(Ag)、含^6Li ZnS(Ag)	核反应法，快中子
	塑料闪烁体、蒽、萘	核反冲法，快中子
热释光探测器	^6LiF 热释光	核反应法，慢中子
径迹探测器	含^{10}B 乳胶液	核反应法，慢中子
自给能探测器	^{103}Rh 探测器，^{51}V 探测器	核活化法，慢中子

中子探测器种类繁多，其性能、特点和使用范围各有不同。通常可以按照如下方法对中子探测器进行分类。

（1）按照探测中子能谱，中子探测器可以分成慢中子探测器、中能中子探测器和快中子探测器等。

（2）按照探测原理，中子探测器可以分为核反应中子探测器、核反冲中子探测器、核裂变中子探测器和核激活中子探测器等。

（3）按照探测器介质，中子探测器可以分为气体探测器、半导体探测器、闪烁体探测器和自激能探测器等。

（4）按照使用目的，中子探测器可以分为堆芯中子探测器、位置灵敏中子探测器、低本底中子探测器。

在中子探测器使用中，需要对使用探测器的原理、所探测中子的能量、所处辐射场情况等因素进行综合考虑，选择合适的探测器及工作状态。衡量中子探测器性能的指标主要有探测效率、时间分辨率、能量分辨率、幅度分辨率、n-γ甄别等。

1. 气体探测器

1）^{10}B 探测器

三氟化硼正比计数管是一种常用的热中子、慢中子探测器。它的结构基本上和测量 γ 射线所用的盖革-米勒计数管一样，管内充入 BF_3 气体。BF_3 气体既作为将中子转换为次级带电粒子的靶物质，也作为正比气体。在工作电压下，典型的气体放大倍数为 100~500 倍。热中子通过 $^{10}B(n,\alpha)^7Li$ 反应在计数管内产生离子对，再通过气体放大而输出电信号。这种计数管测量热中子、慢中子的探测效率都相当高，若在计数管外覆盖一层石蜡或聚乙烯等慢化剂，亦可以用于快中子探测。

BF_3 气体具有微弱的负电特性，管内充入气压不能太高。^{10}B 富集度 95% 以上的 BF_3 气体正比计数管的探测效率一般也只有 10% 左右。BF_3 气体正比计数管在使用时，中子与 ^{10}B 原子核发生核反应，^{10}B 核数目逐渐减少，同时 BF_3 气体也会分解，这些因素导致计数管效率降低和分辨率变差。

BF_3 气体的化学性质非常活泼，与有机物质和大多数金属都能发生反应，因此计数管的外壳总是选用高纯度的稳定金属或玻璃，中心丝电极用钨制成，使用玻璃或陶瓷与外壳绝缘。

BF_3 气体正比计数管是前些年使用最广泛的热中子探测器。但是由于 BF_3 气体对环境的潜在危害，目前国际上已趋于不再使用；另外 BF_3 气体也不是一种特别好的正比工作气体。近年来，针对 BF_3 气体正比计数管的不足研制了一种在正比计数管内壁涂硼膜的计数管。尽管涂硼正比计数管在长时间计数稳定性以及 γ 甄别方面要比 BF_3 气体正比计数管的性能差一点，但是从环保、价格和密封技术等方面考虑，涂硼正比计数管取代 BF_3 气体正比计数管是一种趋势。

2) ^{3}He 探测器

^{3}He(n,p)^{3}H 反应的截面比 ^{10}B 更大，是探测慢中子最理想的反应之一。但是 ^{3}He 是惰性气体，常温常压下没有固态的氦或化合物。

^{3}He 气体正比计数管的结构与盖革 – 米勒计数管、BF$_3$ 气体计数管相同，在一个玻璃管内充入高纯 ^{3}He 气体作为反应气体靶和工作气体，中心一根电极丝作为阳极，管壳内壁为另一个电极负极，如图 11.26 所示。

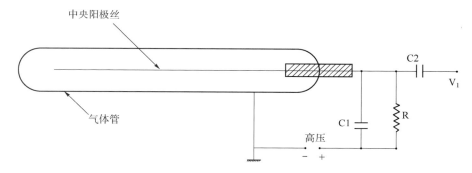

图 11.26　^{3}He 气体正比计数管结构示意图

^{3}He 气体正比计数管的优势是反应截面很大，在高气压下可以获得很高的探测效率，在要求高探测效率的测量中具有明显的优势。其缺点是 ^{3}He 气体价格昂贵而导致 ^{3}He 气体正比计数管价格高昂，另外密封技术难度大。与所有气体正比计数管一样，^{3}He 气体的纯度影响计数管的性能。导致计数管失效的原因主要有空气渗入和气体负电性聚集。

2. 闪烁探测器

20 世纪 50 年代以前中子探测大多使用气体探测器，如 BF$_3$ 和 ^{3}He 气体计数管，随着闪烁技术的发展，探测中子也都采用闪烁探测器。中子闪烁探测器的主要优点是效率高、时间响应快。目前中子测量常用的仍然主要是闪烁体探测器。

能量大于 1 keV 的中子称为快中子，闪烁探测器在快中子探测方面的应用极为广泛，主要用于快中子能谱测量、中子注量的测量、辐射剂量的测量等。

1) 硫化锌中子屏

对于快中子，硫化锌中子屏由 ZnS(Ag) 粉与有机玻璃粉均匀混合，然后热压成圆柱形。其作用原理是快中子在有机玻璃中产生的反冲质子使 ZnS(Ag) 发光。这种闪烁体呈乳白色，光透明度不高，所以不能做得很厚，一般厚度不超过 7 mm。为了提高效率，把透明的有机玻璃圆筒嵌入 ZnS(Ag) 加有机玻璃粉的闪烁体中，这样闪烁体中发出的部分光可经有机玻璃光导透出，从而提高探测效率。其可以用于测量能量大于 500 keV 的快中子。

对于慢中子，硫化锌中子屏由 ZnS(Ag)、甘油和硼酸混合，压制并密封在有机玻璃盖的铝盒内。中子通过 $^{10}B(n,\alpha)^{7}Li$ 反应产生的 α 和 ^{7}Li 使 ZnS(Ag) 发光。由于 ^{10}B 的慢中子、热中子截面较大，所以这种中子屏对热中子和慢中子的效率很高。

2）锂玻璃闪烁体

锂玻璃闪烁体是铈激活的锂玻璃，成分为 $LiO_2 \cdot 2SiO_2(Ce)$，含有 6.04% 的锂，其中 ^{6}Li 的丰度为 90% 以上。它是利用 $^{6}Li(n,\alpha)T$ 反应产生的 T 和 α 使闪烁体发光。这种类型的闪烁体适用于能量从 0.025 3 eV 到几百 keV 范围内的中子。对热中子探测效率极高，4 mm 厚的闪烁体，热中子探测效率约为 100%。

锂玻璃闪烁体的特点是耐酸、耐化学腐蚀、耐潮湿、耐高低温，因此适合在恶劣环境中使用。

3）有机闪烁体

有机闪烁体都是碳氢化合物，含有大量氢原子。所以都可以用于快中子测量。快中子轰击在氢核上，通过 n-p 弹性散射产生反冲质子，反冲质子引起闪烁体产生荧光。

有机闪烁体的一个重要特征是发光衰减时间短，因此可用于高强度中子通量测量。在飞行时间法测量中子能谱中，有机闪烁体是最好的探测器。另外，有机闪烁体探测器 n-γ 甄别能力较强，可用于较强 γ 辐射场条件下的中子测量。

常用的有机闪烁体有液体闪烁体、塑料闪烁体和蒽晶体。近年来，开展了有机凝胶闪烁体探测器的研发工作，其性能与常用的有机闪烁体性能相当。

3. 半导体探测器

20 世纪 60 年代以来，半导体探测器发展迅速，相应地也产生了用于探测中子的半导体中子探测器。其原理主要是中子与某种辐射体通过核反应、质子反冲或裂变产生重带电粒子，然后通过半导体探测器而记录。

半导体探测器的特点是体积小、响应快、对 γ 射线不灵敏等，因此可以在较强 γ 本底下工作。

将两个半导体面对面地靠近，中间放置一层含 ^{6}Li（如 ^{6}LiF）的薄膜，中子在薄膜中发生 $^{6}Li(n,\alpha)T$ 反应产生 α 和 T，被两个半导体探测所记录，从而实现中子的能量和强度的测量。

在半导体探测器的探测窗上沉积一层 ^{235}U、^{238}U 或其他可裂变元素,可以测量这些裂变核由不同能量中子引起裂变产生碎片的能量分布和质量分布情况。

在半导体探测器前放置聚乙烯有机膜,可以用反冲法测量快中子的能量和通量。

11.4.3 中子发射率测量

同位素中子源用于中子测井、活化分析、中子照相、反应堆启动等。同位素中子源的一个重要参数是中子源强度,即同位素中子源的中子发射率,其大小对同位素中子源的使用、运输等有重要影响。

令中子束单位体积内的中子数为 n,称为中子密度,若中子速度为 v(cm/s),则单位时间内在垂直于中子束方向单位面积上将有 nv 个中子通过,中子密度 n 和速度 v 的乘积 nv 称为中子通量密度 ϕ。

对于同位素中子源,如果作用物体或测量距离较远,中子源可以看作是点源,从中子源发射出来的中子都必然通过 $4\pi r^2$ 的球面,一般认为同位素中子源发射出中子都是各向同性的,所以物体表面的中子通量密度

$$\varphi = \frac{Q}{4\pi r^2} \tag{11.42}$$

其中:Q——中子源的强度,即中子源每秒发射出的中子总数。

中子通量密度是不具有方向性的,某点的中子通量密度相当于单位时间内不同方向中子到达该点的总和。中子和物质发生相互作用的数目与中子通量密度成正比,因此中子是否和物质发生作用与中子从哪个方向入射无关。中子通量密度的测量方法很多,归纳起来有如下三种基本方法:标准截面法、伴随事件法、长计数器法。

(1)标准截面法:由于中子不带电,不能直接测量,而中子与原子核反应可能产生带电粒子,对带电粒子进行绝对测量是比较容易的。因此通过测量带电粒子强度,而精确知道反应截面,从而可以测量出中子的通量密度。以 H(n,n)H 弹性散射截面为标准,通过测量反冲质子通量密度来测定快中子通量密度,这是广泛采用的"氢反冲法";一些元素俘获中子后变成放射性核,如 ^{197}Au(n,γ)^{198}Au 和 ^{55}Mn(n,γ)^{56}Mn,由于反应截面已知,测量 ^{198}Au、^{56}Mn 的放射性强度就可以确定中子的通量密度,这是热中子测量最常用的方法;利用中子和 ^{6}Li 和 ^{10}B 反应产生的带电粒子间接地测量中子的通量密度。

(2)伴随事件法:在 T(d,n)^{4}He、D(d,n)^{3}He 和 T(p,n)^{3}He 等核反应中,

每产生一个中子必然伴随产生一个重带电粒子^{4}He 或^{3}He，因此进行简单的^{4}He 或^{3}He 的绝对通量密度测量，可以确定出射中子的绝对通量密度。另外在某些情况下，可以通过反应产物放射性活度的测量来测定中子源发射的中子数。伴随事件法常用于加速器中子源，测量精度可以达到 2%。

（3）长计数器法：长中子计数器是在一定的中子能量范围内，中子探测器效率恒定，不随中子能量变化的一种中子探测装置。目前较好的长计数器，其效率平坦区可以从 0.025 eV 热中子延伸到 14 MeV 的快中子。这种方法比其他测量方法的效率高，使用方便。因此只需对长计数器的效率进行刻度，就可以用来测量从热中子到 14 MeV 快中子能量范围的中子通量密度。

放射性同位素中子源在科研、医疗、工农业生产方面具有广泛应用。中子源强度的测量方法有锰浴法、金箔活化法、水池法和伴随粒子法等，其中硫酸锰浴法应用最多。

锰浴法是目前绝对测量中子源发射率（中子源强度）最广泛、精度最高的方法之一。锰浴法测量中子源强度，实际上是基本方法中的标准截面法。锰浴法是将待测中子源放置在体积很大的含锰元素的水溶液（如 $MnSO_4$）中，中子在水中充分慢化后被溶液中的 ^{55}Mn 俘获，变成放射性核素 ^{56}Mn，通过测量 ^{56}Mn 的放射性活度就可以计算出中子源强度。

锰浴法测量装置主要由锰池、测量池、NaI 探测器及电子学测量系统组成，如图 11.27 所示。

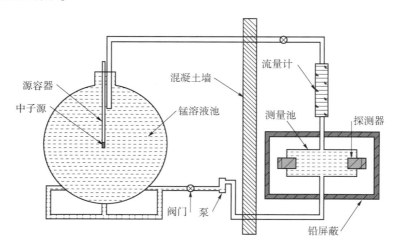

图 11.27 锰浴法装置结构示意图

锰池为直径 1 m、厚 4 mm 的球形不锈钢容器，锰池中充满 $MnSO_4$ 水溶液，测量池约 4 L，硫酸锰溶液在锰池、测量池以一定的流速连续循环。

中子源放置在装满硫酸锰水溶液的锰池中心，中子源发射出的中子与溶液中的各种核素碰撞、慢化，然后被俘获。溶液中的 ^{55}Mn 吸收热中子后生成放射性核素 ^{56}Mn，然后 ^{56}Mn 衰变成 ^{56}Fe，同时放出 β 射线和 γ 射线，即

$$n + ^{55}Mn \xrightarrow{(n,\gamma)} {}^{56}Mn \xrightarrow{\beta^-} {}^{56}Fe + \beta^- + \gamma$$

^{56}Mn 的半衰期为 2.578 5 h。当放置足够长时间后，即比 ^{56}Mn 的半衰期长很多时，锰池中的放射性将达到长期平衡，于是单位时间内由中子活化形成的 ^{56}Mn 核数等于容器中 ^{56}Mn 总的衰变数。若中子源发射的中子均被 ^{55}Mn 俘获，测量 ^{56}Mn 发射的 γ 射线，可以确定中子源的发射率，即强度，于是得到溶液中全部 $MnSO_4$ 溶液放射性活度 A 和中子源强度 Q 的关系为

$$Q = A$$

假设测量系统的探测器效率为 ε，探测器测量的 γ 射线计数率 n，则

$$Q = \frac{n}{\varepsilon}$$

其中：

$$\varepsilon = \frac{n'}{A}$$

通过测量已知活度 A 的 ^{56}Mn 溶液的计数率 n' 进行锰浴法测量系统效率刻度。

为了得到准确的中子源强度，要考虑一些必要修正，中子源强度 Q 的计算公式为

$$Q = \frac{n}{f\varepsilon(1-L-O-S)} \tag{11.43}$$

其中：n——中子源引起的 ^{56}Mn 饱和活化计数率；f——溶液中的锰所俘获的热中子份额；L——锰池边界泄漏的中子份额。O——氧、硫、氢等吸收中子份额；S——源的自吸收修正。

中子源发射出的中子有一部分泄漏到锰池容器外面，造成中子损失。这项修正与容器尺寸和中子能量有关，对大多数中子源来说，直径 1 m 左右的容器尺寸基本可以确保中子不泄漏。用效率经校准的长计数器紧贴锰池表面，在 4 个不同位置测得挡镉与不挡镉的计数率，然后根据其效率计算出泄漏的中子份额。源中子经 $MnSO_4$ 溶液慢化和吸收，其能谱与泄漏中子能谱有较大差异，虽长计数器的探测效率在较宽能区内较平滑，但仍给泄漏修正带来较大误差。目前尚无较好的探测器可代替长计数器测量中子泄漏

的份额。

中子源发出的快中子经溶液慢化转变为热中子，有部分热中子被反射回源容器和中子源而被吸收，从而降低中子源强度测量结果的精度。

利用锰浴法可对中子源进行绝对测量，仪器经测定后可以作为标准源或参考源对其他中子源进行相对测量。不同类型的中子源也可以相互比较，所得结果和源的结构无关。该方法的缺点是测量时间长，一般约 2~3 天；灵敏度较低，10^4/s 以下中子源利用锰浴法测量困难。

11.5 量热法测量

量热法测量放射性材料的质量或活度是通过测量核素放射性衰变产生的热功率，从而计算放射性材料的活度或质量。在核材料非破坏分析技术中，量热法常作为检验其他非破坏检测结果可靠性的标准，也是钚或氚原料的最主要非破坏性测量的方法。在乏燃料处理中，国际上也使用量热的非破坏性检测手段对乏燃料中 α 衰变核素的活度进行确定，并且量热法是国际原子能机构推荐的主要非破坏性检测方法之一。

量热法作为测量核材料热功率的一种非破坏性测量方法，在所有非破坏性测量中具有最高的精度和准确度。量热仪的功率刻度可以溯源到国家计量机构认证的电标准。热功率测量结果完全不依赖材料和结构，可以用于任何材料形式和结构。量热仪可以测量从数十微瓦到千瓦、不同尺寸的核材料物质或含有放射性物质的材料。

11.5.1 放射性核素的热功率

量热法是一种定量测量含钚或氚样品的可靠常规方法。含钚样品中一般都含有 ^{241}Am，在量热分析中亦需要考虑。所有钚同位素、镅 241 和氚核素的衰变类型、比功率、半衰期和相应的不确定度等参数见表 11.7，从表中可见，^{241}Pu 和氚是由于 β 衰变产生的热能，而表中其他核素的热主要是来自核素的 α 衰变。每种核素有不同的衰变纲图，从而具有各自特定的衰变能量，如一个 ^{240}Pu 核衰变产生一个 ^{236}U 核并发射一个 α 粒子，释放 5.15 MeV 的能量。对于含有单一核素样品，用于量热法测量功率值转换成材料质量的一个参数称为质量比功率 P；若样品含有多种放射性同位素，则热功率转换为质量的因子称为有效比功率 P_{eff}。

表 11.7 部分放射性核素衰变性质

同位素	衰变类型	比功率/$(mW \cdot g^{-1})$	标准偏差/%	半衰期/a	标准偏差/%
^{238}Pu	α	567.57	0.05	87.74	0.05
^{239}Pu	α	1.928 8	0.02	24 119	0.11
^{240}Pu	α	7.082 4	0.03	6 564	0.17
^{241}Pu	β	3.412	0.06	14.348	0.15
^{242}Pu	α	0.115 9	0.22	376 300	0.24
^{241}Am	α	114.4	0.37	433.6	0.32
^{3}H	β	324	0.14	12.323 2	0.017

放射性核素 α 衰变产生的总能量是 α 粒子的动能和子体反冲能量之和。α 粒子和子体在材料中的射程很短,因此,实际上 α 衰变释放的能量以热能的形式释放到样品材料内部。若衰变子体没有直接到达基态,而是需要以 γ 射线或内转换电子的形式释放少量的能量以到达基态。低能 γ 射线或电子被样品材料吸收,少量较高能量 γ 射线逃逸出样品而损失能量,表 11.8 列出了钚、铀和 ^{241}Am 的光子能量百分数和自发裂变能量百分数等参数。表中最大损失能量比例是假设自发裂变能量的 20% 通过中子和光子逃逸而完全损失,这个假设是较高地计算了光子损失;^{241}Am 和 ^{235}U 显示相对大的能量损失分数,这是由于光子能量分数相对较高。

表 11.8 部分核素热损比例

同位素	比功率/$(mW \cdot g^{-1})$	光子能量分数/%	SF 分支比/%	SF 能量分数/%	最大能损/%
^{238}Pu	567.57	3.1E−02	1.8E−07	6.6E−06	3.1E−02
^{239}Pu	1.928 8	1.3E−03	3.0E−10	1.1E−08	1.3E−03
^{240}Pu	7.082 4	5.4E−04	5.8E−06	2.2E−04	5.8E−04
^{241}Pu	3.412	2.5E−02	2.4E−14	8.7E−10	2.5E−02
^{242}Pu	0.115 9	2.8E−02	5.5E−04	2.2E−02	3.2E−02
^{241}Am	114.4	0.509	4.3E−10	1.5E−08	5.1E−01
^{233}U	2.81E−01	2.6E−02	6.0E−11	2.4E−09	2.6E−02

续表

同位素	比功率/ (mW·g^{-1})	光子能量分数 /%	SF 分支比 /%	SF 能量分数 /%	最大能损 /%
^{234}U	1.80E−01	2.3E−03	1.6E−09	6.8E−08	2.3E−03
^{235}U	6.00E−05	3.33	7.0E−09	3.0E−07	3.3E+00
^{236}U	1.75E−03	3.3E−02	9.4E−08	4.1E−06	3.3E−02
^{238}U	8.51E−06	3.0E−02	5.5E−05	2.6E−03	3.1E−02

另外，热损失还可能是由于(α,n)反应产生的中子逃逸，但是这些损失完全可以忽略。如^{241}Am 10^6 α 粒子由于^{9}Be(α,n)产生 70 个中子，假设这些中子完全逃逸，损失的能量仅占 α 衰变能量的 0.007%。

表 11.8 中比功率是单位质量的单一核素衰变发射离化辐射的功率。通过核素衰变参数，如半衰期，比功率可以用方程（11.44）计算。

$$P_{sp} = \frac{2\,119.3}{T_{1/2} \times M} \times Q \qquad (11.44)$$

其中：Q——放射性核素的总衰变能，对于 β 衰变核素为平均能量；$T_{1/2}$——放射性同位素的半衰期，a；M——放射性核素的原子质量，g。

^{241}Pu 和 ^{3}H 为 β 衰变放射性同位素在物质中的能量损耗情况，β 衰变核素比 α 衰变核素更复杂。对于 β 衰变，总的衰变能包括 β 射线能量、中微子和子体激发态和反冲能量。对于 ^{241}Pu 和 ^{3}H 核素，由于 β 射线速度减小而发射韧致辐射导致的能量损失可以忽略；中微子不被材料和量热仪吸收，因此其能量不能以热的形式被量热仪测量，但是中微子质量极小，能量可以忽略。因此，β 射线的动能几乎完全被材料吸收而转换为热。β 衰变核素衰变产生的热功率为活度和 β 射线平均能量（约最大能量的 1/3）的乘积。

放射性核素的比功率可以通过测量一已知质量 m 含某核素 i 的物质释放的总热功率 W 来计算。

$$P_i = \frac{W}{m} \qquad (11.45)$$

除氚以外，大部分的样品不止含有单一放射性核素，而是含有多种同位素或多种放射性元素。在计算这些样品质量的时候，需要知道这些样品物质的有效比功率 P_{eff}。最常见的包含多种放射性元素的样品实例是钚和镅的混合物，由于 ^{241}Pu 衰变成 ^{241}Am，因此 ^{241}Am 几乎在所有的钚样品中出现。

材料的有效比功率可以由式（11.45）计算：

$$P_{eff} = \sum_i R_i \times P_i \qquad (11.46)$$

其中：R_i——材料中第 i 种核素的丰度，一般是质量百分比；i——包含材料中所有产生热的放射性核素；P_i——材料中第 i 种核素的比功率，W/g。

因此待测样品的质量可以由式（11.47）计算：

$$m = \frac{W}{P_{\text{eff}}} \tag{11.47}$$

11.5.2 量热法原理

量热仪的工作原理是基于被测样品的热效应，核衰变（α、β）或裂变能量转换为自身材料或包覆材料的热能并通过热传递给量热仪的样品室，样品室温度升高，通过测量样品室的温度变化可得到其输出的热功率。量热装置如图 11.28 所示，图中 R_{th} 是样品室与散热器之间隔热层的热阻，T_{en} 是散热器温度，T_{h} 为样品室温度。

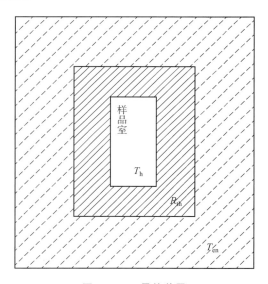

图 11.28　量热装置

根据传热学原理，样品的热能通过隔热层传递到散热器，最后释放到环境中。当放射性同位素物质置于量热仪样品室中，样品由于核素衰变释放热量。样品室外围是隔热层，隔热层外面是恒温水浴，样品室与水浴之间形成热流通道。测量时，样品室升温后与恒温水浴有一个热传递过程，在热流通道两端形成温差。该过程样品室与散热器之间温差随时间变化为

$$\Delta T(t) = T_{\text{h}} - T_{\text{c}} = \frac{W}{k}(1 - e^{-\frac{t}{\tau}}) \tag{11.48}$$

式（11.48）中：T_{h}、T_{c}——样品室温度和冷端温度；W——热源热功率；

C——样品室热容；k——量热杯与冷端之间的有效导热系数；t——时间。

当 $t \to \infty$，达到稳态时，量热杯的温度不再变化，量热装置达到热平衡。当其他条件不变时，ΔT 正比于热功率 W，即热源热功率

$$W = \frac{\Delta T}{R_{\text{th}}} = \frac{\Delta T}{d/(kA)} = f \times \Delta T \qquad (11.49)$$

其中：d——隔热层厚度；k——隔热层的导热率；A——隔热层的面积。

$$f = \frac{1}{R_{\text{th}}} = \frac{1}{d/(kA)} \qquad (11.50)$$

从式（11.50）可以看出，一个量热仪的隔热层热阻是固定的，即系数 f 为一个常数。系数 f 可以通过利用一个已知功率的标准放射性热源或电加热热源确定。

通过电功率或标准放射性热源校准，可以确定刻度系数 f。实际测量时，通过测量温差 ΔT 即可得到热源功率。一般是通过测量传感器的电压来测定温差 ΔT，温差与电压成正比，从而待测样品的热功率传感器输出的电压成正比。

根据量热仪测量得到发热功率 W，然后根据源项的有效比功率 P_{eff} 可以计算放射性核素的质量 m，即

$$m = \frac{W}{P_{\text{eff}}} \qquad (11.51)$$

$$P_{\text{eff}} = \sum_i R_i P_i \qquad (11.52)$$

$$P_i = \frac{2\,119.3}{T_{1/2} M_i} \times Q_i \qquad (11.53)$$

其中：Q_i——i 核素衰变能，MeV；R_i——i 核素百分含量；P_i——i 核素的比功率，W/g；$T_{1/2}$——i 核素的半衰期，a；M_i——核素 i 的原子质量，g。

另外也可以根据量热仪测量得到发热功率，然后根据源项的有效比功率 P'_{eff} 计算放射性核素的活度 A，即

$$A = \frac{W}{P'_{\text{eff}}} \qquad (11.54)$$

$$P'_{\text{eff}} = \sum_i R'_i P'_i \qquad (11.55)$$

$$P'_i = 0.005\,92 \times Q_i \qquad (11.56)$$

其中：Q_i——i 核素衰变能，MeV；R_i——i 核素的活度百分比；P'_i——i 核素的比功率，W/Ci。

11.5.3 量热仪类型

所有的热流量热计均由四个部分组成：样品室、隔热层、温度传感器、散

热器。这四个组成部件和相关硬件的组合关系导致热流型量热仪的不同类型。放射性材料由于衰变连续产生的热功率一般为一常数,由于衰变和子体的影响有一定的变化,但是时间一般很长。因此,大部分用于放射性材料测量的量热仪均设计为具有恒温外壳的热流量热仪。量热仪的设计依赖于尺寸、被测样品功率、测量准确度等参数。常见的热流量热仪有恒温水浴型、恒温空气型、恒温差杆型。

热流量热仪的结构设计以利于产生的热通过温度传感元件—恒定的热阻—恒温散热器的热流路径。当被测样品放入测量室,在热阻两端建立一随时间变化的温度梯度,直至温度梯度恒定而达到平衡状态,该过程可由式(11.57)表示

$$\frac{dQ}{dt} = \frac{T_h - T_{env}}{R_{Th}} = \frac{\Delta T}{R_{Th}} \quad (11.57)$$

式(11.57)中:Q——热量;R_{Th}——热阻;T_h——量热仪内部温度;T_{env}——外部环境温度。在平衡时,dQ/dt是一个常数,ΔT一般是通过电压测量且正比于被测样品功率大小。被测电压或输出功率的大小变化用于测量并表示被测样品的热功率大小。

不同类型的量热系统具有许多相同的属性。

(1) 样品测量室:将含有放射性同位素的样品放入样品室,核素衰变产生的热能通过样品室将热能传递出去而形成热流,热流通过温度传感器。

(2) 内部加热器:量热仪内部的腔室壁或基底上安装电加热元件,提供热功率。在伺服运行模式下用于维持量热仪输出恒定功率,在无源模式下用于模拟被测样品产生功率。

(3) 温度波动屏蔽:隔热层或伺服控制的加热/冷却器用于屏蔽测量腔室与外部环境的温度变化波动而导致的对热功率测量结果的影响。隔热端塞插入量热仪,放置在腔室顶端;一些隔热层被永久地安装在量热仪中。

(4) 样品容器:被测样品一般被放置在一个特定的容器中,以便于放入或取出量热仪。容器的外表面与测量腔室的内壁之间的间隙很小,以提高导热率。同时,该容器也可以防止放射性物质污染量热仪。

(5) 温度传感器:用于测量量热仪的测量腔室与散热器之间的温度差。目前,在惠斯通电桥配置型中常用的温度传感器是高纯金属镍丝,其他常用的传感器有热电偶、热电堆,现在较少使用热电阻链作为量热仪的温度传感器。

(6) 散热器:大部分的量热仪使用水浴作为散热,也有空气或导体材料作为散热,利用热电冷却/加热器或电阻加热器维持散热器在一常温状态。被测样品释放的热使温度升高,以散热器的温度为参考,测量温度升高大小,从而测量样品功率。

（7）电子学元件：采用灵敏、稳定的电子学元件确保量热仪的测量准确度，主要包括：①高精度电压表，测量温度传感器产生的电压信号变化，分辨率好于百万分之一；②稳定电源，为电阻传感器或加热器提供稳定的电流。

（8）热标准：精密电阻器，电阻值溯源到国家计量机构，用于刻度电压表，以准确测定提供到量热仪中加热器的电功率。若有放射性同位素标准热源，量热仪电压表不需要刻度，也不需要精密电阻。

（9）伺服电源控制：对于运行在伺服模式下的量热仪，数字—模拟控制单元用于控制为加热电阻提供的功率以维持热阻两端恒定温差。

（10）数据获取系统：基于计算机的量热仪数据获取系统，该系统能够以一定频率读取电压或电阻信号，并且可以做相关的计算和报告出平衡条件下被测样品的功率值；可以以图形和数值数据显示系统测量功率和温度。

各种类型的热流量热仪被设计用于测量放射性材料。以下介绍四种主要的热流量热仪：①水浴型量热仪；②固态量热仪；③常温空气浴量热仪；④温差杆量热仪。等温空气浴型和恒温差杆在伺服模式运行，水浴型和固态型量热仪能够以伺服模式和被动模式运行。

1. 水浴型量热仪

图 11.29 所示为一个双腔室水浴型量热仪基本结构和主要构成元件。

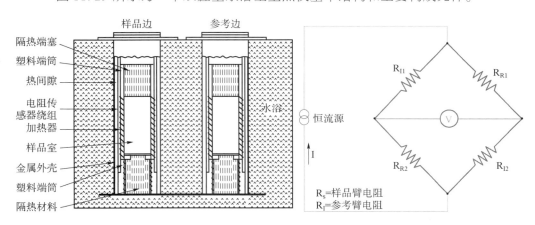

图 11.29　双室水浴型量热结构及电路

测量腔室内部是可移除的样品容器，样品容器的外壁与腔室内壁紧密贴合而提供良好的热接触，样品容器亦能够防止潜在的放射性污染。内部加热器的锰铜电阻丝缠绕在腔室的外壁，两段镍丝缠绕在加热器外面作为惠斯通电桥的两臂。样品腔室与水浴之间的隔热层热阻和参考腔室与水浴之间的隔热层热阻是相同的。隔热层热阻减小水浴温度波动的影响。量热仪的灵敏度直接正比于隔热层的热阻。隔热层的材料一般是 0.3 cm 以上的空气间隙或 1 cm 以上的环氧树脂。隔热层越厚，给定热功率样品条件的测量腔室温度上升越高。样品/参考腔室顶部和底部是绝热材料，从而使热快速地通过传感器元件。最外面是不锈钢壳，在水浴中能够维持内部干燥。不锈钢外面是一大的水浴，通过压缩机、电阻加热、热电冷却单元等一种或多种方式控制并维持水浴在一恒定参考温度，对系统进行散热。若测量低功率样品或精度测量要求高，水浴温度稳定性应控制在好于 ±0.001 ℃。

双腔室电桥和梯度电桥是两种广泛应用的水浴量热仪结构，这两种结构均采用惠斯通电桥电路测量热流。参考边和样品边分别为电桥的两臂，采用高纯金属镍丝缠绕。电阻随着温度线性变化，变换率约 +0.6%/℃。由于放射性核素衰变热的作用使样品边温度升高，从而导致电桥在样品边的电阻增大，而参考边的电阻恒定不变，因此电桥的平衡被破坏，电桥的电压变化与温度变化成正比。

量热仪通过数据总线通信方式与电子学仪器和计算机连接。所有的电子学设备采用标准、商业化产品。7.5 数字电压表用于测量电桥电压变化，6.5 数字电压表用于测量水浴温度、桥电流和室温。

双腔室水浴型量热仪的优点是：①最好地克服了热效应影响；②电桥电压最低标准偏差；③最低的探测限；④最高的精度和准确度；⑤长期稳定。

2. 固态量热仪

固态量热仪是采用热电堆作为热流传感器，如图 11.30 所示。

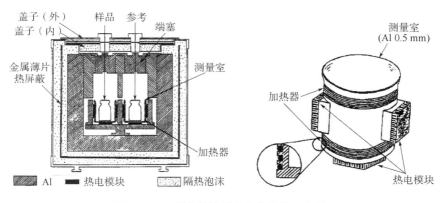

图 11.30　固态热流型量热仪结构示意图

热电堆包含大量的热电偶对，并通过导线连接。在热电堆两端形成一定的温差，从而产生电压输出，并且该输出电压大小与温差成正比。

固态量热仪中热电堆作为热流探测传感器，在测量中不存在传感器自加热情况，能够更加准确地测量低功率样品。

热电堆热流传感器与惠斯通电桥传感器比较，其优点是：①成本低；②大量商业可用；③任意大小和形状；④被动信号；⑤机械应力不敏感；⑥固有噪声低；⑦基线稳定。

3. 常温空气浴量热仪

常温空气浴量热仪由3个由特定热传递介质隔开的同心圆筒构成，每个圆筒表面安装温度传感器，如图11.31所示。

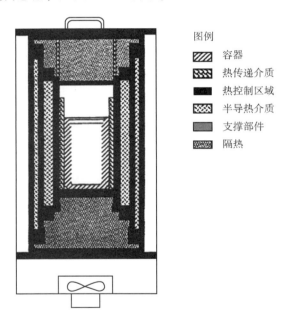

图11.31　空气等温型量热仪结构示意图

镍丝或热电阻链可以作为温度传感器。圆筒最外面被控制温度的空气包围，温度通过传统的惠斯通电桥电路或直接电阻测量而得到。每个圆筒上缠绕加热丝，其温度通过电源提供的功率进行控制，从内到外圆筒之间的温差恒定，通过电源功率的变化测定样品的发热功率。

4. 温差杆量热仪

温差杆量热仪结构如图11.32所示，主要由样品腔室、隔热、热流通道杆构成。

该类型量热仪只能运行在伺服模式。热流通道一般是高导热率的固态杆，该固态杆连接样品腔室和热沉并且通过调节加热器功率保持恒定温差。

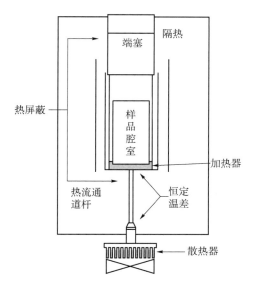

图 11.32 温差杆量热仪结构

11.5.4 量热仪运行模式

1. 被动模式

量热仪的基本操作模式为被动模式（或称无源模式），热仅仅来源于被测样品，如图 11.33 所示。

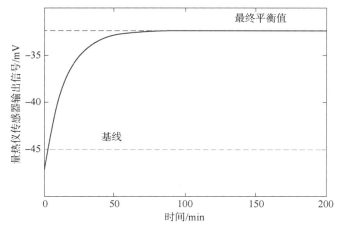

图 11.33 被动运行量热仪测量信号随时间变化

被动模式量热仪首先测量基线，即在无测量样品时量热计平衡后传感器输出 BP_0；放入被测样品，测量平衡时的传感器输出 BP_s，因此被测样品功率为

$$W_i = \frac{BP_s - BP_0}{S} \tag{11.58}$$

S 为量热仪的灵敏度。S 可以通过已知功率输出的热标准 W_{std}、量热仪传感器输出值 BP_{std} 和平均基线值 $BP_{0(av)}$ 进行计算

$$S = \frac{BP_{std} - BP_{0(av)}}{W_{std}} \tag{11.59}$$

2. 伺服模式

在伺服模式下，量热仪通过内部伺服控制加热和输出信号反馈维持一个恒定温度，如图 11.34 所示。

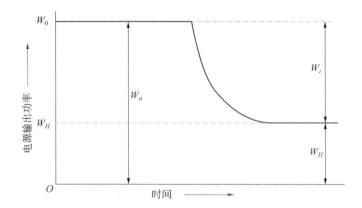

图 11.34　伺服运行量热仪测量信号随时间变化

在测量前，估计测量样品的大概功率，通过内部加热器对样品腔室加热，该加热功率一般调节到比预计被测样品高 10%～15%，达到平衡后测量该基准功率 W_0；然后将被测样品放入样品腔室，因为在伺服模式下，量热仪维持一个恒定温度，因此在有被测样品条件下，加热器功率逐渐减小直至维持常数温差，测量此时的加热器功率 W_H，从而得到被测样品的功率

$$W_i = W_0 - W_H$$

比较被动模式和伺服模式的量热仪原理可知，被动模式是从环境温度条件下，通过被测样品的发热在量热仪中建立热平衡，从而达到测量其功率的目的；而伺服模式下是通过加热器维持恒定温度，测量前加热器已经加热至略微高于被测样品估计值，因此测量时间比被动模式测量会短很多。

11.5.5　量热法测量的优缺点

量热法测定与其他非破坏测量技术和化学分析相比，具有几个独特的优点。

（1）量热仪测量，完全与材料和基体类型无关；没有自吸收情况。

（2）没有物理标准要求。

（3）热功率测量可以溯源到国家计量系统的电标准，用电标准直接刻度量热仪或刻度二次钚热源标准。

（4）量热法测量能够用于制作二次标准，以便用于中子和γ射线测量系统。

（5）测量样品产生的热时，量热仪的响应与样品在测试腔内的位置无关。

（6）同位素组分一定，有效比功率不变，因此，相同材料组分，但材料形式不同，其比功率仍然相同。

（7）量热法非常精确，几乎没有偏差；偏差在刻度设备的时候可以定量确定。

（8）仅仅需要考虑核临界安全和测试腔体积限制测量材料的量。

（9）氚和 ^{241}Am 测量最精确的方法。

（10）对于许多氚化合物的物理形态，量热法是唯一实际可用的测量技术。

局限性：

（1）量热法分析与核材料在样品中的分布无关，但是对于不均匀同位素分布情况，精度降低，因为有效比功率不确定。

（2）量热法测量的时间一般比其他非破坏性测量技术要长，典型的测量时间是 1~8 h。

（3）基材不改变材料的热输出，但是常常是测量时间长短的决定性因素。

（4）量热法测量不能区分放射性核素衰变产生的热与其他方式产生的热，如相变、化学反应。

11.6　亮度测量

亮度是放射性同位素光源的重要特性之一，光源表面的亮度与其表面状况、发光特性的均匀性、观察方向等有关，测量的往往是一个小发光面积内亮度的平均值。亮度测量可以采用目视法和客观法。

11.6.1 目视法测量亮度

所有目视法的光度测量都是以亮度比较作为基础。目视法测量亮度的原理也是其他光度量目视测量的依据。亮度目视测量系统示意图如图 11.35 所示。

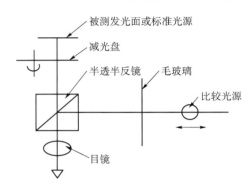

图 11.35 亮度目视测量系统示意图

测量时，使被测亮度 L_c 与比较亮度 L_v 各自照亮光度计的一半视场，调节减光盘开口，观察光度计两个半视场的亮度，直到相等为止。然后用已知标准亮度 L_s 代替被测亮度 L_c，按照同样的方法建立起两半视场的光度平衡。最后根据前后两次减光盘的开口 φ_c 和 φ_s 计算出待测光源亮度：

$$L_c = \frac{\varphi_s}{\varphi_c} L_s \tag{11.60}$$

待测亮度源和已知标准亮度源应有较小的表面积，并要求这两个小面源相等。所测得的亮度 L_c 是被测面积内亮度的平均值。

11.6.2 客观法测量亮度

1. 经测量照度确定发光面的亮度

一种采用照度计测量发光面亮度的简单方法如图 11.36 所示。

在发光面前加一透光面积为 A 的限制光阑，光阑面垂直于观测方向。限制光阑与照度计光度头之间放置多个光阑屏蔽杂散光，提高测量亮度的精确度。光阑开口的大小和位置应使从照度计光度头接收面仅仅能看到需要测量的那部分发光面。发光面经光阑透光孔发出半辐射，在 S 处用照度计测得照度值为 E。若光阑孔径比光阑与被测面间距离 l 小得多，则根据照度的定义可得发光面面积 A 内的亮度平均值

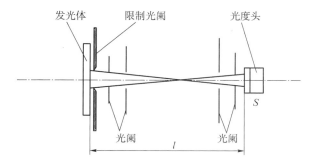

图 11.36　照度计测量发光面亮度示意图

$$L = \frac{E \cdot l^2}{A}$$

当光源为带状（或线状）时，光阑的作用主要是限制发光体的高度，亮度为

$$L = \frac{E \cdot l^2}{hd} \qquad (11.61)$$

式中：h——光阑高度；d——发光体的宽度。

在许多实际测量中，把一固定光阑直接和光源接触是困难的，如测量灯丝或熔炼中金属的亮度，因此一般使用一透镜将待测光源成像，由测量光源像的照度确定光源的亮度。

图 11.37 为利用透镜测量光源亮度的示意图，图中发光面 S 上某小面积 dS 通过透镜在光度计的光度头接收面 B 上成像。光学系统限制光阑 K 面积为 A，与发光面 S 之间距离为 l_0，与光度头接收面 B 的距离为 l。距离 l_0 和 l 比发光面和光度头的线度大得多，从而可以将发光面 S 和透镜视为点光源。光学系统的透射比为 τ，根据照度计测量得到的照度 E 可以计算出发光面的亮度为

$$L = \frac{E \cdot l^2}{\tau A} \qquad (11.62)$$

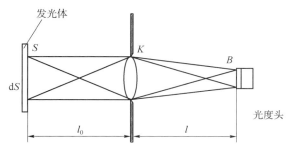

图 11.37　利用透镜成像测量光源亮度的示意图

对于各向同性的漫反射面的亮度测量，假设漫反射比为 ρ，则根据照度计测量的照度 E 可以计算其亮度

$$L = \frac{\rho \cdot E}{\pi} \tag{11.63}$$

对于各向同性的漫透射面的亮度测量，假设漫透射比为 τ，则根据照度计测量的照度 E 可以计算其亮度

$$L = \frac{\tau \cdot E}{\pi} \tag{11.64}$$

2. 用亮度计进行亮度测量

常用的亮度计用一个光学系统把待测光源表面成像在放置光辐射探测器的平面上。图 11.38 为一种亮度计量结构示意图。

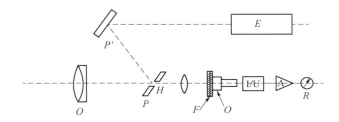

图 11.38　亮度计测量结构示意图

物镜将待测目标成像在带孔反射板 P 上，被测部分的像光束通过小孔 H 经滤光片到达探测器，对应于目标亮度光束产生的电信号经 I/U 转换和放大器放大后由仪表显示出来。反射镜 P' 和目镜系统 E 的作用是观察和对准被测目标。

小孔 H 的直径 d 决定测量视场（检测角）的大小。如果用 f 表示物镜的焦距，α 表示对应于覆盖小孔大小的被测目标的物镜处的张角，则

$$d = f \times \tan \alpha$$

用亮度计测量发光对象时，特别需要注意的一个问题是距离效应及其校正。因为亮度计是通过像面照度来表征物体亮度的，所以它要求像面照度正比于发光面亮度，而不随物体距离的不同而变化。因此只要用一个已知亮度的物体对亮度计标定后，即可用来测量其他待测物体的亮度。实际的测量中，像面照度不总是严格满足以上要求。

设待测光面的亮度为 L，物镜透射比 τ，假设光传输中无损失，则像面照度为

$$E = \frac{\tau \cdot A \cdot L}{l^2} \tag{11.65}$$

其中：A——物镜的面积；l——物镜到像平面的距离。

对于孔径 D 的物镜，其面积

$$A = \frac{\pi \cdot D^2}{4}$$

又由透镜成像的物距 l_0 与像距的关系

$$\frac{1}{f} = \frac{1}{l_0} + \frac{1}{l}$$

可得

$$\frac{1}{l^2} = \frac{1}{f^2}\left(1 - \frac{f}{l_0}\right)^2$$

因此，亮度计小孔 H 处的照度为

$$E = \frac{\tau \cdot \pi}{4} \times L \times \left(\frac{D}{f}\right)^2 \left(1 - \frac{f}{l_0}\right)^2 \tag{11.66}$$

从式（11.66）可知，当物镜一定后，像面照度不但与物体亮度 L 成正比，而且随物距 l_0 按 $\left(1 - \frac{f}{l_0}\right)^2$ 变化，只有当 $f \ll l_0$ 时，这种变化效应才能被忽略。减小这种距离效应，一般需要对此进行有效的校正。

若亮度计中所配的不止单一模拟 $V(\lambda)$ 滤光片，而同时还配置了模拟 $\bar{x}(\lambda)$、$\bar{z}(\lambda)$ 的滤光片，这样仪器定标后既能测量物体亮度，又能测量物体颜色，这种亮度计称为彩色亮度计。

（马俊平）

11.7 污染、泄漏测量

国际标准化组织的 ISO/TR 4826—1979 和国家标准 GB/T 15849—1995 提供了一些检漏方法，可用于原型源检验或产品检验。任何一种检漏方法都不可能适用于所有的放射源，使用时应按照放射源的特点选择合适的方法。

密封放射源的泄漏检验方法主要分为放射性检验方法和非放射性检验方法。根据控制类型和密封源的类型，至少使用一种检验方法进行检验。检验方法的选择见表 11.9。对于含有放射性核素的密封源的生产，可以按照各种密封源的设计和工艺从表 11.9 中选择最合适的泄漏检验方法。当密封放射源从生产厂供货之后，每隔一段时间就需要进行检验，以检查这些密封源是否有泄漏。检验的周期随着密封源的类型、设计和工作环境的不同而变化。

表 11.9 密封放射源泄漏检测方法

源的类型	生产源使用的检验		确定源的分级使用检验	
	首选	次选	首选	次选
A 含放射性物质的密封源 A1 单层薄窗源 　　如烟雾探测器 A2 低活度标准源 　　如封装在塑料中的源	浸泡	擦拭	浸泡	擦拭
A3 计量，射线照相和近距离射线治疗用的单层或双层密封源（^{3}H 和 ^{226}Ra 除外）	浸泡 氦检验	鼓泡	浸泡 氦检验	鼓泡
A4 单层或双层密封镭 226 和其他气体源	射气检验	浸泡	射气检验	浸泡
A5 远距离治疗用的双层密封源和高活度的辐照源	氦检验	浸泡 擦拭	浸泡 氦检验	鼓泡
B　A3、A4 和 A5 型的模拟密封源			浸泡 氦检验	鼓泡
C　假密封源			氦检验	鼓泡

11.7.1 放射性检验方法

1. 浸泡检验

1) 热液体浸泡检验

将密封源浸泡在既不腐蚀源表面材料，又能在这种检验条件下有效地去除泄漏出来的所有痕量放射性物质的液体中（这类液体由蒸馏水、稀的洗涤剂溶液或螯合剂、5% 左右的微酸（碱）性溶液组成）。将液体加热到 50 ± 5 ℃，使源在该温度下浸泡 4 h 以上。取出密封源，并测量液体的放射性活度。也可以使用超声清洗法，密封源在 70 ± 5 ℃ 的液体中，浸泡 30 min 左右。

2) 沸腾液浸泡检验

将密封源浸泡在既不腐蚀源表面材料，又能在这种检验条件下有效地去除泄漏出来的所有痕量放射性物质的液体中，煮沸 10 min 后冷却，然后用新鲜浸泡液清洗密封源。再把密封源浸泡在一份新鲜浸泡液中，煮沸 10 min 后取出密封源，并测量液体的放射性活度。

3) 液体闪烁液浸泡检验

室温下，将密封源浸泡在不腐蚀源表面材料的液体闪烁液内至少 3 h。避光存放，以防光致发光。取出密封源，并用液闪计数法测量液体的放射性活度。

4）浸泡检验方法

将密封源浸泡在 20±5 ℃的既不腐蚀源表面材料，又能在这种检验条件下有效地去除泄漏出来的所有痕量放射性物质的液体中 24 h，取出密封源，并测量液体的放射性活度。

浸泡检验方法的判定检验合格准则：如果测得放射性活度不超过 200 Bq，则判定源是密封的。

2. 射气检验

1）射气检验——吸收法（适用于镭 266 密封源等）

将密封源放置在一个小气密容器中，容器内放一些合适的吸收剂，如活性炭、棉花或聚乙烯，放置 3 h 以上。然后迅速取出密封源并关闭容器，立刻测量吸收剂上的放射性活度。

2）液体闪烁浸泡射气检验法（适用于镭 266 密封源等）

室温下，将密封源浸泡在不腐蚀源表面材料的液体闪烁液内至少 3 h。避光存放，以防光致发光。取出密封源，并用液闪计数法测量液体的放射性活度。

3）射气检验方法（适用于氪 85 密封源）

将密封源在减压条件下放置 24 h。用塑料闪烁计数法测量密封小室中氪 85 的含量。7 d 以后重复进行该检验。

射气检验方法判定检验合格的准则：完成"射气检验——吸收法"和"液体闪烁体浸泡射气检验法"后，如果 12 h 收集的氡的活度不超过 200 Bq 时，判定源是密封的。完成"射气检验方法（适用于氪 85 密封源）"后，如果测得的放射性活度不超过 4 kBq/24 h，判定源是密封的。

3. 擦拭检验

如果在进行机械或加热的原型检验之后使用擦拭检验检查密封性，必须在检验之前首先清洗（去污）被检查的密封源。

当用擦拭检验作为制造阶段进行泄漏检验的手段时，必须在检验之前首先清洗密封源，并存放观察 7 d。

擦拭检验一般情况下不应作为泄漏检验方法，只有对某些特殊类型的源（如薄窗源）进行定期检查，且在没有其他更合适的检验方法的情况下才使用擦拭检验法。

1）湿式擦拭检验

用滤纸或其他合适的高吸湿性材料作成擦帚，将其用不腐蚀源外壳材料的液体湿润,而且在这种检验条件下使用的液体必须能有效地去除源表面沾有的任何放射性物质。用擦帚彻底地擦拭密封源的所有外表面,并测量擦帚的放射性活度。

2)干式擦拭检验

对不适于使用湿擦帚的场所,如高活度的钴 60 源的检查或某些源的定期检查,可以使用干式擦拭检验。为了进行这种检验,先用干滤纸擦帚彻底擦拭密封源的所有外表面,再测量擦帚的放射性活度。擦拭检验方法的合格判定准则:如果测得的放射性活度不超过 200 Bq,则判定源是密封的。

11.7.2 非放射性检验方法

1. 氦质谱仪泄漏检验

1)氦检验

把内部充氦气的密封源放置于合适的真空室内,随即用氦质谱仪抽真空,根据泄漏检验设备厂家的推荐方法,估算实际的氦泄漏率。充入密封源内的工业级氦的浓度必须大于 5%。利用估算的指示氦泄漏率除以自由空间内氦浓度,就得到实际标准氦泄漏率。

2)氦加压检验

把密封源放入加压室内,用氦气清除室内的空气。将气室加压到规定的氦气压力,并维持该压力到规定的时间。将气室泄压,用干燥氦气冲洗或用挥发的氟代烃液体清洗密封源,将源转移到合适的真空室内,测量氦气泄漏率。

指示氦泄漏率 Q 与实际标准氦泄漏率 L 关系:

$$Q = \frac{L^2 Pt}{P_0^2 V} \tag{11.67}$$

其中:Q——指示氦泄漏率,Pa·m³·s⁻¹;L——在 $10^{-2} \sim 1$ μPa·m³·s⁻¹ 范围内的实际标准泄漏率,μPa·m³·s⁻¹($L \leqslant 1.7\sqrt{QV/Pt}$);$P_0$——标准大气压,Pa,$P_0 = 1.01325 \times 10^5$ Pa;P——氦气压力,Pa;t——加压时间,s;V——源内自由空间,m³。

检验合格标准:当完成检验后,如果对不可浸出的内容物实际标准氦泄漏率低于 1 μPa·m³·s⁻¹,而对于可浸出的或气态内容物实际标准氦泄漏率低于 10^{-2} μPa·m³·s⁻¹,则判定源是密封的。

2. 鼓泡泄漏检验

鼓泡泄漏检验依靠增加内压,然后气体从内部空隙渗漏出来,在液体浴中形成一些可见的气泡。对某种特定的漏孔而言，鼓泡率随着液体表面张力的降低而增加。

1）真空鼓泡检验

用一适当大小透明的真空室，放入乙二醇、异丙醇、矿物油（或硅油）或含有润湿剂的水等对源壳材料没有腐蚀作用的液体作为泄漏检验用液体。将真空室抽气至少 1 min，以除去液体内空气。恢复到常压，将密封源完全浸没在液体中，源顶端至液面距离有 5 cm 以上。抽真空至室内绝对压力在 15~25 kPa，观察 1 min 以上。如果没有气泡从源表面逸出，则源可视为不漏。

2）热液体鼓泡法

用一水浴放入蒸馏水，预先加热至 90~95 ℃（如用甘油代替蒸馏水，可加热至 120~150 ℃）。将密封源从室温状态放入水浴中，源的顶端至液面距离应有 5 cm 以上。观察 1 min 以上，如果没有气泡从源表面逸出，则源视为不漏。

3）气体加压鼓泡检验

将密封源放入合适的耐压室内，其室内空间要大于 2 倍源的体积和 5 倍源内空间体积。向耐压室充入氦气，压力在 1 MPa 以上维持 15 min。迅速泄压并取出源，立即浸泡在乙二醇、异丙醇、丙酮或含有润湿剂的水中，使源顶端在液面下至少 5 cm。观察 1 min 以上，如果没有气泡从源表面逸出，则源视为不漏。

4）液氮鼓泡检验

将密封源完全浸泡在液氮中约 5 min，然后立即转移到检验液体（一般使用甲醇）内，观察 1 min 以上，如果没有气泡从源表面逸出，则源视为不漏。

3. 水加压检验

首先在天平上准确称量密封源的质量，再用水进行试验性加压检验，擦干密封源后用同一台天平准确称量源的质量。如果增加的质量小于 50 μg，密封源的内容物是不可浸出的，从而判定源是密封的。

以上密封放射源的泄漏检验方法中，不同检验方法应用条件和环境不同，并且它们的探测阈值和限值不同，见表 11.10。

表 11.10 不同检验方法的探测阈值和限值

检验方法	探测阈值	限值	
		不可浸出内容物	可浸出内容物或气体内容物
	活度 Bq	kBq	
热液体浸泡检验	1~10	0.2	0.2
沸腾液体浸泡检验	1~10	0.2	0.2

续表

检验方法	探测阈值	限值	
		不可浸出内容物	可浸出内容物或气体内容物
液体闪烁液浸泡检验	1~10	0.2	0.2
射气检验	0.4~4	–	0.2(^{222}Rn/12 h)
液体闪烁射气检验	0.004~0.4	–	0.2(^{222}Rn/12 h)
湿式擦拭检验	1~10	0.2	0.2
干式擦拭检验	1~10	0.2	0.2
	标准氦泄漏率/$(\mu Pa \cdot m^3 \cdot s^{-1})^{-1}$		
氦检验	10^{-4}~10^{-2}	1	10^{-2}
氦加压检验	1~10^{-2}	1	10^{-2}
真空鼓泡检验	1	1	
热液体鼓泡检验			
气体加压鼓泡检验			
液氮鼓泡检验	~10^{-2}	1	10^{-2}
水加压检验	水的质量/μg		
	10	50	

(平杰红)

11.8 原型源试验

11.8.1 密封源的质量标准

我国已制定了密封放射源的分级标准 GB 4075—2009，它与国际标准化组织建议、已为大多数国家所接受的 ISO 2919—1999 等效。

GB 4075—2009 按照密封放射源的各种典型使用方式，规定了放射源的分级和质量控制方法，可作为生产单位在研制密封放射源时必须遵守的基本标准，也可作为使用单位按照其工作条件选择合适的放射源的技术依据。

GB 4075—2009 按照各种典型使用环境，规定了不同的质量标准。一般地说，这些指标只是对应于各项使用的最低要求。另外，标准还规定了在严峻环境下所应考虑的因素。

GB 4075—2009 列出密封放射源的质量检验标准、密封放射源典型使用对质量的要求（表11.11）。

表 11.11 密封放射源质量检验标准

检验内容	1	2	3	4	5	6	X
温度	免检	−40 ℃（20 min），+80 ℃（1 h）	−40 ℃（20 min），+180 ℃（1 h）	−40 ℃（20 min），+400 ℃（1 h）及 20～400 ℃的热冲击	−40 ℃（20 min），+600 ℃（1 h）及 600 ℃至 2 ℃的热冲击	−40 ℃（20 min），+800 ℃（1 h）及 20～800 ℃的热冲击	特殊检验
外压	免检	由绝对压力 25 kPa 至大气压	由绝对压力 25 kPa 至 2 MPa	由绝对压力 25 kPa 至 7 MPa	由绝对压力 25 kPa 至 70 MPa	由绝对压力 25 kPa 至 170 MPa	特殊检验
冲击	免检	50 g，下落距离 1 m 或等值冲击能	200 g，下落距离 1 m 或等值冲击能	2 kg，下落距离 1 m 或等值冲击能	5 kg，下落距离 1 m 或等值冲击能	20 kg，下落距离 1 m 或等值冲击能	特殊检验
振动	免检	在 49 m·s^{-1}（5 g）*条件下 25～500 Hz 试验 3 次，每次 10 min	在 49 m/s^2（5 g）*条件下 25～50 Hz 峰与峰之间振幅为 0.635 mm 时，50～90 Hz 和在 98 m/s^2（10 g）*条件下 90～500 Hz，每次试验 3 次，均试验 10 min	在峰与峰之间振幅为 1.5 mm 时 25～80 Hz 和在 196 m/s^2（20 g）*，条件下 80～2 000 Hz，以上均试验 3 次，每次 10 min	不需要	不需要	特殊检验
穿刺	免检	锤重 1 g，下落距离 1 m 或等值冲击能	锤重 10 g，下落距离 1 m 或等值冲击能	锤重 50 g，下落距离 1 m 或等值冲击能	锤重 300 g，下落距离 1 m 或等值冲击能	锤重 1 kg，下落距离 1 m 或等值冲击能	专门检验

* 最大加速度振幅

密封放射源的分级用 1 个字母和 5 个阿拉伯数字表示。起始用一个字母 C 或 E，C 的意思是指放射源内放射性核素的活度不超过 GB 4075—2009（表 11.14）规定的限额，E 则表示超过限额。以下数字依次为：

第一个数字表示温度特性的等级。

第二个数字表示外压特性的等级。

第三个数字表示冲击特性的等级。

第四个数字表示振动特性的等级。

第五个数字表示穿刺特性的等级。

分级原则：密封放射源的分级是根据以下几个因素确定的。

（1）所使用核素的放射性毒性（表 11.12）。

（2）典型使用的分类（表 11.13）。

（3）放射性活度限值（表 11.14）。

放射性核素的毒性分类根据 ICRP（国际放射防护委员会）第 5 号出版物。此外还包括了核素 ^{125}I、^{67}Ga、^{87}Y 和 ^{111}In。括号内组别为欧洲原子能共同体指导书 84/466 及 84/467 推荐的类别。

这里按照四个放射性核素毒性组，规定的密封源活度限值见表 11.13，活度低于该规定限值的，对具体用途和设计不要求进行单独评价。密封源的活度超过规定值时，应对具体用途和设计作进一步评价。为了便于分级，生产时应根据上表考虑密封源的活度水平。

（4）对火灾、爆炸和腐蚀的考虑。

生产和使用单位应考虑密封放射源（或连装置）在遇到火灾、爆炸和腐蚀环境的损坏可能性及其后果。由以下各种因素确定是否需要做进一步的检验。

①密封源中放射性物质逸出后可能产生的后果。

②放射性核素的活度和毒性。

③放射性物质的物理和化学状态及其几何形状。

④使用时周围环境和防护情况。

表 11.12　放射性核素的毒性分组

A 组:高毒			（第 1 组:极毒）	
^{210}Pb	^{210}Po	^{223}Ra	^{226}Ra	^{226}Ra
^{227}Ac	^{227}Th	^{228}Th	^{230}Th	^{231}Pa
^{230}U	^{232}U	^{233}U	^{234}U	^{237}Np
^{238}Pu	^{239}Pu	^{240}Pu	^{241}Pu	^{242}Pu
^{241}Am	^{243}Am	^{242}Cm	^{243}Cm	^{244}Cm
^{245}Cm	^{246}Cm	^{249}Cf	^{250}Cf	^{252}Cf

续表

B 组:中毒				
B1 分组			**(第 2 组:高毒)**	
^{22}Na(3)	^{36}Cl(3)	^{45}Ca(3)	^{46}Sc(3)	^{54}Mn(3)
^{60}Co(3)	^{89}Sr	^{90}Sr	^{91}Y	^{95}Zr(3)
^{106}Ru	^{110m}Ag	^{115m}Cd	^{114m}In	^{124}Sb(3)
^{125}Sb(3)	^{127m}Te(3)	^{129m}Te(3)	^{131}I	^{133}I(3)
^{207}Bi	^{137}Cs(3)	^{211}At	^{140}Ba(3)	^{240}Tl(3)
^{210}Bi	^{152}Eu	^{129}It(3)	^{212}Pb	^{170}Tm(3)
^{249}Bk	^{154}Eu	^{160}Tb(3)	^{56}Co(3)	^{236}U
^{125}I	^{181}Hf(3)	^{228}Ac	^{126}I	^{234}Ra
^{234}Th(3)	^{124}I	^{230}Pa	^{182}Ta(3)	^{134}Cs
^{144}Ce				
B2 分组			**(第 3 组:中毒)**	
^{105}Ag	^{64}Cu(4)	^{43}K	^{143}Pr	^{97}Tc(4)
^{111}Ag	^{185}Dy(4)	^{85m}Kr(4)	^{191}Pt	^{97m}Tc
^{41}Ar	^{166}Dy	^{87}Kr	^{193}Pt(4)	^{99}Tc(4)
^{73}As	^{169}Er	^{140}La	^{197}Pt	^{125m}Te
^{74}As	^{171}Er	^{177}Lu	^{86}Rb	^{127}Te(4)
^{76}As	^{152m1}Eu	^{52}Mn	^{183}Re	^{129}Te(4)
^{77}As	^{155}Eu(2)	^{56}Mn(4)	^{186}Re	^{131m}Te
^{196}Au	^{18}F(4)	^{99}Mo	^{188}Re	^{132}Te
^{198}Au	^{52}Fe	^{24}Na	^{105}Rh	^{231}Th
^{199}Au	^{55}Fe	^{93m}Nb	^{220}Rn(4)	^{200}Tl
^{131}Ba	^{59}Fe	^{95}Nb	^{222}Rn	^{201}Tl(4)
^{7}Be(4)	^{67}Ga	^{147}Nd	^{97}Ru	^{202}Tl
^{206}Bi	^{72}Ga	^{149}Nd(4)	^{103}Ru	^{171}Tm
^{212}Bi	^{153}Gd	^{63}Ni	^{105}Ru	^{48}V
^{82}Br	^{159}Gd	^{65}Ni(4)	^{35}S(4)	^{181}W(4)
^{14}C	^{197}Hg	^{239}Np	^{122}Sb	^{185}W
^{47}Ca	^{197m}Hg	^{185}Os	^{47}Sc	^{187}W
^{109}Cd	^{166}Ho	^{193}Os	^{75}Se	^{87}Y
^{141}Ce	^{130}I	^{32}P	^{31}Si(4)	^{90}Y
^{143}Ce	^{132}I	^{233}Pa	^{151}Sm(2)	^{92}Y
^{38}Cl(4)	^{134}I(4)	^{203}Pb	^{153}Sm	^{93}Y

续表

B2 分组			（第 3 组：中毒）	
^{57}Co	^{135}I	^{103}Pd	^{113}Sn	^{175}Yb
^{58}Co	^{115m}In(4)	^{109}Pd	^{125}Sn	^{65}Zn
^{51}Cr(4)	^{190}Ir	^{147}Pm	^{85}Sr	^{69m}Zn
^{131}Cs(4)	^{194}Ir	^{149}Pm	^{91}Sr	^{97}Zr
^{136}Cs	^{42}K	^{142}Pr	^{96}Tc	
C 组：低毒			（第 4 组：低毒）	
^{3}H	^{37}Ar	^{58m}Co	^{59}Ni	^{69}Zn
^{71}Ge	^{85}Kr	^{85m}Sr	^{87}Rb	^{91m}Y
^{93}Zr	^{97}Nb	^{96m}Tc	^{99m}Tc	^{103m}Rh
^{113}In	^{115}In	^{129}I	^{131}Xe	^{133}Xe
^{134m}Cs	^{135}Cs	^{147}Sm	^{187}Re	^{191m}Os
^{193m}Pt	^{197m}Pt	^{232}Th	Th – Nat	^{235}U
^{238}U	U – Nat			

表 11.13　密封放射源典型使用对质量的要求

密封放射源的便用方式		密封源级别（由检验确定）				
		温度	外压	冲击	振动	穿刺
工业射线照相	密封源	4	3	5	1	5
	装置中的源	4	3	3	1	3
医用	医疗射线照相	3	2	3	1	2
	γ 射线远距离治疗	5	3	5	2	4
	近距离治疗[a]	5	3	2	1	1
	表面敷贴器[b]	4	3	3	1	2
γ 仪表（中高能）	无防护源	4	3	3	3	3
	装量中的源	4	3	2	3	2
β 仪表、低能 γ 仪表或 X 射线荧光分析[b]		3	3	2	2	2
油田测井		5	6	5	2	2
便携式湿度和密度计（包括手提或车载）		4	3	3	3	3
一般中子源应用（不包括反应堆启动）		4	3	3	2	3
仪器刻度源，活度大于 1 MBq		2	2	2	1	2
γ 辐照源	I 类[b]	4	3	3	2	3
	II、III 和 IV 类[c]	5	3	4	2	4

续表

密封放射源的使用方式		密封源级别（由检验确定）				
		温度	外压	冲击	振动	穿刺
离子发生器	色谱	3	2	2	1	1
	静电消除器	2	2	2	2	2
	感烟探测器[b]	3	2	2	2	2

[a] 这种类型的源在使用时可能会严重变形，生产者和使用者应商定附加的或专门的检验程序。

[b] 不包括充气源。

[c] 可以用装置中源或源组件做检验。

表 11.14　放射性核素的活度限值

毒性组	活度限值/10^{12} Bq	
	可浸出的	不可浸出的
A	0.01	0.1
B1	1	10
B2	10	100
C	20	200

注：1. 可浸出的：依据 GB 15849—1995 中 5.1.1 规定，将源芯浸在 50 ℃100 mL 静水中 4 h，水中的放射性活度高于总活度 0.01%。

2. 不可浸出的：依据 GB 15849—1995 中 5.1.1 规定，将源芯浸在 50 ℃100 mL 静水中 4 h，水中的放射性活度低于总活度 0.01%。

11.8.2　放射源的安全质量检验方法

在放射源的研制过程，要根据 11.8.1 小节提到的放射源的安全质量标准对放射源进行温度、压力、冲击、振动、穿刺等特性试验。

进行上述试验并不需要使用产品源，而是用原型源、假密封源或模拟源做原型检验。所用的源包壳的结构和材料与密封放射源产品完全相同，但是活性区采用与源芯的机械、物理和化学性质尽可能接近的材料，并且所含放射性物质仅为示踪量。试验后观察源包壳的密封性能。如果源有几层包壳，只要其中一层保持密封就认为是合格的。一种型号的源至少要试验两个。

GB 4075—2009 规定了密封放射源的检验方法，如果有其他方法，在证明其效果不低于本章要求后，也可采用。除温度检验外都应在常温下进行。

经过试验后的样品，先目检变化情况，然后进行检漏，检出放射性核素泄漏量小于 185 Bq 为合格。

1. 温度检验

加热或冷却装置中检验区域的体积至少应为被检样品的 5 倍。所有检验必须在大气中进行。被检样品在最高温度至少要保持 1 h，在最低温度至少保持 20 min。低温试验时，样品应在 45 min 内从室温降至检验温度。高温试验时，样品应在不长于表 11.15 中所列的时间内从室温升温至检验温度。

表 11.15　温度检验时的升温速度

检验温度/℃	最大时间限值/min
80	5
180	10
400	25
600	40
800	70

当检验中规定有热冲击检验时，可以利用温度检验时的样品，也可另用新的样品。热冲击时，应将样品加热到规定温度至少保持 15 min，然后在 15 s 内将样品投入不高于 20 ℃ 的水中，水量应大于样品体积的 20 倍。如果采用流动的水，水流量至少达到 1 min 有 10 倍样品体积。

2. 外压检验

所用的加压装置，其能力至少为检验所需压力的 110%，减压装置的能力至少能达到 20 kPa。加压和减压可以放在不同的小室中进行。将源置于检验用的压力釜中，将压力降至 25 kPa（绝对气压），保持 5 min，然后恢复至大气压力，并立即加压至规定的压力，保持 5 min，降回到常压。此操作重复两次。

3. 冲击检验

所用钢锤上部安装有固定装置，下部是一个直径为 (25 ± 1) mm 的平底冲击面，边角倒圆，半径为 (3.0 ± 0.3) mm。钢锤的重心应在冲击面圆形中轴线上，中轴线穿过固定装置的固定点。每个等级检验钢锤质量见表 11.11。

钢砧的质量至少为钢锤的 10 倍。安装牢固，使其在冲击时不产生位移，且其表面为一个大的平面，足以承载整个密封源。

将样品放置在砧上，使其最薄弱面朝上。钢锤质量按检验等级定。提起钢锤使其底平面至样品上面距离为 1 m，然后自由跌落直接冲击到样品。

4. 振动检验

将样品紧固在振动装置的平台上。在整个试验过程中,样品应与平台连成一体,样品的轴向应与振动轴向一致。如果样品不止一个轴向,则每个轴向均需试验。检验时按照规定的条件以匀速的扫描方式将频率从最小调至最大,再回调至最小。对 2 级或 3 级试验,此过程所用时间不少于 10 min,对 4 级试验则不少于 30 min,如果发现共振频率,则在此频率下连续试验 30 min,以上操作对每个样品必须完整地进行三个循环。

5. 穿刺检验

所用钢锤上部为圆柱形钢块,下部固定有冲杆。锤重按标准确定。冲杆的规格为:硬度:HRC50~60,杆高度:6 mm,杆直径:3 mm,底表面为半球形,冲杆的中心线、重心及固定点应在一条垂直线上。

样品放在钢砧上,钢锤提升至离样品 1 m 处上方,然后自由落下直接冲击在样品上。检验时样品的薄弱面应向上。如果不止一个薄弱面,每个薄弱面均应试验。

对有些专用放射源还要规定特殊检验项目,如 ^{90}Sr 敷贴器,在医院使用时经常用醋酸、酒精和其他清洗消毒剂处理,因此需要做抗这类消毒剂的专项试验。

11.8.3 加速试验

加速试验是把放射源放在强化加速破坏进程的条件下进行试验,然后把试验的结果外推引申到使用条件。

引起密封源壳破坏的因素很多,如振动、温度、湿度、压力、冲击、穿刺等,但通常是一种因素起主导作用,其他因素起加速破坏过程的作用。根据这些考虑,可以逐项进行加速试验,并把试验结果以一定的数学模式表示。可以把试验的结果和放射源的一些基本性能参数输入计算机,在新的放射源设计制造时,就可由计算机给出设计参数和源性能指数。

随着计算机技术和一些数学计算方法的不断发展,在一定基本实验数据基础上,对放射源的加速试验可以通过计算机模拟仿真来实现,不必要每一项都通过较长时间的试验来检验设计,以减少设计和研制过程的时间。如振动、温度、压力、冲击等可以通过有限元方法进行模拟,材料在放射性辐照条件下的微观变化可以通过蒙特卡洛、第一原理、分子动力学等方法进行计算,综合各种计算机模拟仿真结果对放射源设计进行分析评价,从而确定设计放射源的使用年限。计算机技术和数学计算方法对放射源的研制和质量控制方面具有极大的促进作用。

(马俊平)

第 12 章
放射源应用技术

12.1 射线分析应用技术

射线分析应用技术是利用放射源发射的射线,通过与物质间的交互作用来分析物质的结构、组织和成分的技术,包括 γ 射线探伤、X 射线分析、中子分析技术等。

12.1.1 γ 射线探伤

1. γ 射线探伤工作原理

γ 射线通过物体,其强度因吸收和散射而减弱,减弱程度与射线所通过物体的厚度(d)、密度(ρ)有关,也和射线的能量有关。利用射线通过物体时强度的变化可以进行射线探伤。射线探伤系统包括发射射线的放射源、被测物品及探测器。其工作示意图如图 12.1 所示。

射线通过被检件的正常部位后,其强度 I 为

$$I = I_0 e^{-\mu_m d \rho} \tag{12.1}$$

式(12.1)中:I_0——无被测件时,探测器测量到的射线强度;ρ 和 d——被测件的密度和厚度;μ_m——材料对所用能量 γ 射线的质量衰减系数。射线通过被检件的缺陷部位后,其强度为

$$I_1 = I_0 e^{-\mu_m (d-d')\rho - \mu'_m d' \rho'} \tag{12.2}$$

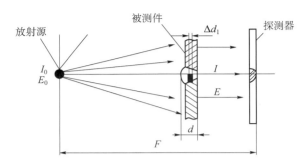

图 12.1 γ 射线探伤工作示意图

式（12.2）中：ρ' 和 d' ——缺陷部位的密度和厚度；μ'_m ——填充缺陷的某种材料对射线的质量衰减系数。I_1 和 I 之比为

$$\frac{I_1}{I} = \frac{e^{-\mu_m(d-d')\rho - \mu'_m d'\rho'}}{e^{-\mu_m d\rho}} \tag{12.3}$$

由于填充缺陷的物质常是空气，$\rho'\mu'_m$ 值比 $\rho\mu_m$ 小很多，式（12.3）近似地等于

$$\frac{I_1}{I} = e^{-\mu_m d'\rho} \tag{12.4}$$

因此透过强度主要受到材料厚度变化的影响。同理，如果射线透过物体的密度不均匀，则透过射线强度的变化就反映出物体的密度变化。

一般工业探伤用的放射源都是 γ 放射源，主要是 ^{60}Co、^{192}Ir、^{137}Cs，其中以 ^{192}Ir 用得最多。表 12.1 列出可用于 γ 射线照相的放射源。

表 12.1 辐射探伤用放射源的特性

放射源	半衰期	γ 能量 /MeV	最佳厚度		
			钢 /mm	轻金属合金 /mm	其他材料/ (g·cm^{-3})
^{60}Co	5.26 a	1.17	50~150	150~450	40~120
		1.33			
^{137}Cs	30 a	0.66	30~100	150~300	40~80
^{192}Ir	74 a	0.205~0.612	12.5~62.5	40~190	10~50

2. γ 射线探伤的应用

1）γ 射线源的选择

γ 射线照相用的放射源要用点源，才能使所得图像的阴影周围的半阴影小到可以忽略不计。放射源活度一般是 $10^{10} \sim 10^{12}$ Bq，活性区一般为 $\phi 2$ mm × 2 mm，$\phi 4$ mm × 4 mm。

放射源到感光胶片的距离近，可缩短曝光时间或者减小放射源的活度。但是距离过近，被检物体的各部分的放大将不均匀。通常是控制放射源到感光胶片间的距离最少是被检物最大厚度的 6 倍，并且不小于放射源直径的 100 倍。

从图 12.2 可知，若要显示出物体的缺陷 δ 必须满足

$$L < \frac{d\delta}{s} \tag{12.5}$$

这里，d——放射源到感光胶片的距离；δ——缺陷大小；s——放射源的尺寸；L——从缺陷到感光胶片的距离。放射源、被检物体和感光胶片应摆在一条直线上。

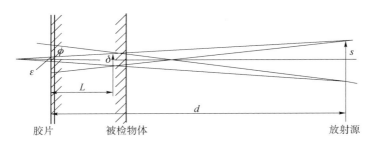

图 12.2　放射源尺寸与被检物体和胶片距离间关系

2）胶片选择

C. T. 纳扎罗夫提出一经验公式，用此式可以找出任何能量的 γ 射线穿透不同厚度钢板时，获得最大灵敏度照片的条件。

$$\Delta d_{\min} = \frac{0.005(2+T)}{\mu} \tag{12.6}$$

式（12.6）中，$\Delta d_{\min}$——材料内部缺陷的最小尺寸，cm；$\mu = \exp\left(\frac{-E^{0.8}}{1.35}\right)$——由射线能量决定的减弱系数，常数 0.8 和 1.35 是分别根据射线能量和被检物质的原子序数而选定的，常数 0.005 和 2 是根据底片黑度密度和聚焦距离而选用的；T——金属的厚度，cm。

3）曝光量选择

底片的曝光量等于照射时间与放射性活度的乘积。对于源活度已定的 γ 相机，通过调整曝光时间来获得足够的曝光量。图 12.3 是不同厚度的钢板所需的曝光量。不同标号的感光胶片，感光速度不同，快速感光胶片不易显示微小的差别，慢速感光胶片可显示很小的缺陷。在实际工作中要根据所用放射源的

活度、胶片类型、聚焦距离、被检材料的厚度等综合考虑，并经实验确定曝光时间。

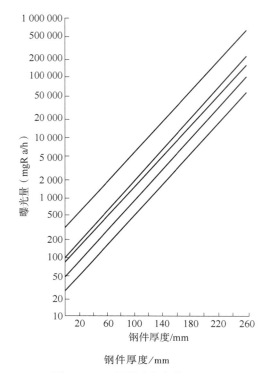

图 12.3　不同厚度钢板的曝光量

注：放射源与底片距离由上至下依次为：100 cm；60 cm；50 cm；40 cm；30 cm。

12.1.2　X 射线分析

X 射线分析是利用 X 射线与物质间的交互作用来分析物质的结构、组织和成分的一种材料物理试验。X 射线是波长在 0.01~50 nm 范围内的电磁辐射，与所有粒子相同，也具有波粒二象性。X 射线衍射分析 X 射线的波长与物质微观结构中原子、分子间距离相当，可被晶体衍射，可以判断晶体的结构。

1. X 射线荧光分析

X 射线荧光分析是用低能光子激发样品元素发射特征 X 射线，而对样品中的元素进行定性和定量分析。微量元素分析限可达 10^{-3}%。

低能 γ 和 X 射线与物质作用的主要过程是光电效应和康普顿散射。光电效应主要发生在原子的 K 壳层和 L 壳层。当原子的内层电子受低能光子的作用脱离原轨道（即发生电离和激发）时，立即由外层电子来填补空位，并释放量子化的 X 射线或俄歇电子。这一过程是瞬时完成的，一般为 $10^{-14} \sim 10^{-12}$ s，我们把在这一过程中产生的 X 射线称作 X 射线荧光。通过分析元素原子所发射的 X 射线荧光的能量和强度来确定元素及其含量的分析技术，称作 X 射线荧光分析。

常用于 X 射线荧光分析的光子源有 X 光机和同位素低能光子源。X 光机可提供较强的光子束流。采用放射源做光子源的 X 射线荧光分析仪，称作"放射性同位素 X 射线荧光分析仪"，这种仪器体积小、重量轻、便于携带，可在野外现场使用，也可安装在生产设备上进行生产过程的在线分析，分析速度快，一般在 1 min 内就可得到结果，可分析元素的范围广，可对元素周期表中绝大多数元素进行分析。它不仅可以进行常量元素和高含量元素的定量分析，而且也能进行低含量元素或微量元素（ppm 含量）的半定量或定量分析。同位素 X 射线荧光分析的应用领域很广，如地质矿样分析、冶炼厂材料分析、涂层厚度测量，以及环保和生物样品分析，历史文物和弹痕鉴定等。

同位素 X 射线荧光分析仪的主要部件包括放射源、滤光片、探测器、电子线路（放大器、脉冲幅度分析器、计数电路和图像显示装置等），图 12.4 为典型同位素 X 射线荧光分析原理示意图。

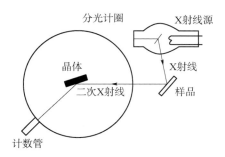

图 12.4　典型同位素 X 射线荧光分析原理示意图

在进行 X 射线荧光分析时，首要的是选择光子能量合适的放射源，其光子能量最好略高于待分析元素的吸收限能量，以保证对分析元素激发特征 X 射线的效率和干扰辐射少。低能光子源包括两类：一类是初级低能光子源，另一类是 β 粒子激发的韧致辐射源。前一类源的光子能谱较简单，但有些核素可能有高能 γ 辐射；而韧致辐射源发射的是连续能谱的 X 射线，这类源用于 X 射线荧光分析不如前一类源好。还可利用这些源与适当的靶物做成组合源。

表 12.2　用于 X 射线荧光分析的低能光子源的特性

核素	半衰期	衰变类型，能量(MeV)，分支比(%)	光子能量	可被激发的元素原子序数
^{3}H/Tl	12.34 a	β - 0.0186(100%)	Tl - KX 4.6~4.9 轫致辐射	13~21(K系)37~52(L系)
^{3}H/Zr	12.34 a	β - 0.0186(100%)	Zr - LX 2	12~30(K系)37~71(L系)
^{36}S/Ba	84.4 d	β - C.167(100%)	Ba - KX 32.2 轫致辐射	35~53(K系)82~92(L系)
^{55}Fe	2.72 a	EC(100%)	Mn - KX 5.9~6.9(~28%)	13~24(K系)40~58(L系)
^{57}Co	271.5 d	EC(100%)	Fe - KX 6~7(~55%) γ 14(9.4%) 122(85.2%) 136(11.1%)	64~92(K系)
^{75}Se	119.8 d	BC(100%)	γ 66(1.1%) 97(2.9%) 121(15.7%) 136(54%) 265(56.9%) 280(18.5%) 308(1.25%) 401(11.7%)	73~92(K系)
^{35}Kr/C	10.73 a	β - 0.15(0、43%) 0.672(99.57%)	γ 514(0.48%) 轫致辐射	50~92(K系)
^{90}Sr - ^{90}Y（靶物 Al、Pb、U 等）	28.5 a	β - 0.546(100%) 2.274(99.98%)	靶物特征 X 辐射 轫致辐射	50~92(K系)
^{99}Mo	3.5×10^2 a	EC(100%)	No - KX 17~19	20-35(K系) 45-81(L系)
^{100}Cd	453 d	EC(100%)	Ag - KX22-25 (67.7%) γ 88(3.6%)	22-42(K系) 74~92(L系)
^{138}Sn^m	293.1 d	IT	Sn - KX25-29 (~28%) 724(16.3%)	22-42(K系) 72~92(L系)
^{126}I	50 d	EC(100%)	Te - KX 27-32(~138%) γ 35(7%)	26~48(K系) 74-92(L系)

续表

核素	半衰期	衰变类型,能量(MeV),分支比(%)	光子能量	可被激发的元素原子序数
^{138}Ce	137.6 d	EC(100%)	L-KX34, γ166(80%)	74-92(K系)
^{146}Sm	340 d	EC(100%)	Pm-KX39, γ61(13%)	74-92(K系)
^{109}Pm+靶物	2.623 a	β^-0.225(100%)	PmKX39 韧致辐射 靶物特征X辐射 Eu-KX	38~56(K系)
^{151}Gd	241.6 d	EC(100%)	Eu-KX 41~48(~110%) γ70(2.6%) 97(30%) 108(20%)	25-56(K系)
^{163}Eu	4.53 a	β^-0.225(100%) 0.16(32%) 0.19(10%) 0.25(15%)	Gd-KX43 γ61(24%) 87(72%) 100(30%)	40-83(K系)

选择低能光子源,除考虑其光子能量外,还要注意其使用期限,最好用半衰期为几年或更长的核素制成的放射源。另外在选择放射源时还要注意放射源的活度、制备质量以及价格和是否容易得到等因素。

目前在 X 射线荧光分析中,应用最多的放射源是 ^{56}Fe、^{238}Pu 和 ^{241}Am 三种,其次是 ^{3}H/Zr 源和 ^{108}Cd、^{57}Co 源等。

2. X 射线衍射分析

X 射线衍射分析是建立在 X 射线与晶体物质相遇时能发生衍射现象的基础上的一种分析方法。应用这种方法可进行物相定性分析和定量分析、宏观和微观应力分析。图 12.5 为 X 射线衍射分析原理图。

除了上述常用的一些 X 射线衍射分析方法外,还有点阵常数测定、结构测定、单晶定向等分析方法,在研究热处理、相变、加工形变等对金属材料组织和性能的影响方面具有重要的作用。

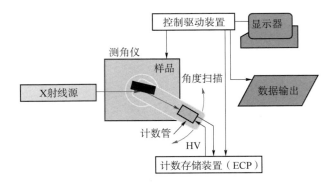

图 12.5　X 射线衍射分析原理图

12.1.3　中子分析技术

1. 中子活化分析

自然界中很多元素在中子辐照下都可以被活化，生成放射性核素。由同位素中子源发射的中子被样品中的元素吸收产生（n,γ）反应，发射 γ 辐射（瞬发的和缓发的）。通过分析生成的放射性核素的半衰期和它发射的 γ 射线的能量及其强度，鉴定出样品中的待测元素及其含量。

生成核的放射性活度由式（12.7）决定：

$$I = \frac{N_A W F}{M} \sigma \Phi (1 - e^{-\lambda T}) e^{-\lambda t} \tag{12.7}$$

这里：N_A——阿伏伽德罗常数；W——样品中待测元素的量；F——待测元素中所活化的同位素的丰度；M——该同位素的摩尔质量；σ——该同位素的中子活化截面；Φ——中子通量，是放射性核素衰变常数；T——样品照射时间；t——样品冷却时间（即停止辐射到测量的间隔时间）。

式（12.7）中，如果 N_A、M、F、σ、Φ、λ、T、t 是已知的，那么通过测量放射性活度，就可确定待测元素在样品中的含量 W，在实际分析中一般不用绝对分析法，因为式中所引用的有些参数在实验条件下变化可以很大，影响最后结果的准确度，而且方法比较复杂，所以在活化分析中常用相对分析法。相对分析法就是将一已知量的标准样品和待分析样品在相同条件下进行照射和测量，然后根据比例式

$$\frac{I_S}{W_S} = \frac{I_X}{W_X}$$

求出分析样品中待测元素的含量 W_X。W_S 是标准样品中待分析元素的含量；I_S

和 I_x 分别是所测的标准样品和待分析样品中待测核素的活度值。

核素俘获中子后,形成的复合核立即发射 γ 射线,利用其中较强的、在 γ 谱中易分辨的射线束标志特定的核素,这种称作瞬发中子活化分析技术。还可以对只发射 β 射线核素的材料如 H、B、^{14}N、^{31}P、^{32}S、^{55}Fe、^{58}Ni 等进行分析。

活化分析的优点是灵敏度高、分析速度快,可同时对样品中的多种元素进行分析。同位素中子源只能提供低强度的中子束流,一般是 $10^8 g^{-1} \cdot s^{-1}$,因此同位素中子源只能用于某些具有高中子活化截面的元素的活化分析。同位素中子源体积小、简单,可用于现场分析。

可用于活化分析的同位素中子源有 ^{252}Cf、各种(α,n)中子源和 ^{124}Sb – Be 光中子源。^{252}Cf 自发裂变中子源是一种较理想的同位素中子源。用 5 mg ^{252}Cf 源的中子活化分析装置测定 70 种元素的检测极限量。(检测极限量定义为:在热中子通量密度为 10^8 cm^{-2} · s^{-1} 条件下照射样品,使欲测元素的放射性达到饱和或者最多照射 30 d 能产生 1 000 dpm(衰变/min)的活化放射性产物所需要的被检元素限量),现把结果列于表 12.3。

表 12.3 5 mg ^{252}Cf 中子活化分析各种元素的灵敏度(计算值)

检测限量	元素
0.04 ~ 0.09 μg	Eu, Dy
0.4 ~ 0.9 μg	Ho, Lu, Ir, Au
1.0 ~ 3.0 μg	Se, V, Mn, Co, Rh, Ag, Sm, Th, Yb, Re
4.9 ~ 9.0 μg	Cu, As, Br, Sb, I, La, Pr, Tb, W
0.01 ~ 0.03 mg	Na, Ag, Ga, Y, Nb, Pd, Er, Ta, Hg, U
0.04 ~ 0.09 mg	Al, Cl, Cr, Se, Rb, In, Cs, Gd, Hf, Os
0.1 ~ 0.3 mg	K, Zn, Ge, Mo, Ru, Cd, Ba, Ce, Nd
0.4 ~ 0.9 mg	Pt, Ni, Kr, Te, Xe
1.0 ~ 3.0 mg	Mg, Sr, Ti, Tl
4.0 ~ 9.0 mg	Ca, Zr, Sn
10 ~ 30 mg	Fe, Sr
> 30 mg	Pb, S

^{124}Sb – Be 中子源的中子能量低(24 keV),容易慢化为热中子,37 TBq 的 ^{124}Sb – Be 中子源可成为热中子通量密度 0.5×10^8 m^{-2} · s^{-1} 的热中子源。利用这种中子源,可对大多数元素进行活化分析,甚至可生产少量短半衰期放射性核素。

同位素中子源中子活化分析的重要应用是中子活化测井。在大多数情况下是把矿石从钻孔中取出分析，如果需在现场分析就可用同位素中子源进行活化分析。在钻孔中用中子源活化某些高中子吸收截面的核素，如 ^{27}Al、^{53}Cu、^{55}Cu、^{55}Mn 等，从而测定矿藏。

用这种方法分析的灵敏度比 X 射线荧光分析的高，而且干扰因素少。表 12.4 列出用 $10^7\ \text{s}^{-1}$ 强度的 ^{210}Po–Be 中子源时矿样中各元素的最低检出限。

表 12.4 利用 ^{210}Po–Be 源（$10^7\ \text{s}^{-1}$）进行中子活化分析时矿样中各元素的最低检出限

元素	活化反应	半衰期	最低探测浓度/%	典型矿样
Mn	^{65}Mn(n,γ)^{66}Mn	2.56 min	10^{-3}	锰矿石,尾矿,多金属
Al	^{27}Al(n,γ)^{28}Al	2.3 min	0.5~3	矿物
Si	^{28}Si(n,γ)^{29}Si	2.3 min	0.2	硅铝酸盐,尾矿,铝矾土
V	^{51}V(n,γ)^{52}V	3.9 min	$n \times 10^{-2}$	钢矾土
Cu	^{35}Cu(n,γ)^{36}Cu	5.15 min	$n \times 10^{-1}$	钛镁矿石
F	^{19}F(n,γ)^{20}F	11.5 min	5~10	铜矿石
Co	^{59}Co(n,γ)^{60}Co	10.3 min	$n \times 10^{-2}$	氯石
Fe	^{50}Fe(n,γ)^{51}Fe		2	钴矿物
Fe	（分析非弹性散射 γ 辐射）		2	铁矿石
C	（分析非弹性散射 γ 辐射）		0.2	铁矿石

用不同能谱的中子源可进行选择活化分析。^{252}Cf 中子源可以活化铝，但不能活化硅（^{28}Si(n,p) 反应阈值是 3.85 MeV），而 ^{210}Po–Be 中子源可以活化这两种元素。

2. 中子照相

中子和 γ 射线一样有很强的穿透物质的能力。中子通过物质强度减弱的公式和 γ 射线的相似：

$$I = I_0 e^{-(\mu/\rho)\rho x} \tag{12.8}$$

但式（12.8）中的衰减系数 μ 值和中子与物质作用的截面有关：

$$\mu = N\sigma_T = N(\sigma_a + \sigma_s) \tag{12.9}$$

这里 N 是每立方厘米吸收物质的原子数，σ_T 是总截面。它等于吸收截面 σ_a 和散射截面 σ_s 之和。

物质对所通过的中子束减弱程度的大小，不决定于物质的密度，而主要决定于核素的性质。中子在通过含氢、硼、锂等的材料时很快被减弱，但容易透过某些重金属材料。利用中子透过物质的这种特殊性能，进行中子照相检查产品质量，可弥补 γ 射线照相的某些不足。

中子照相一般是指热中子照相。进行中子照相应备有中子源、中子慢化装置、中子束流准直器、中子转换屏和像探测器，如图 12.6 所示。

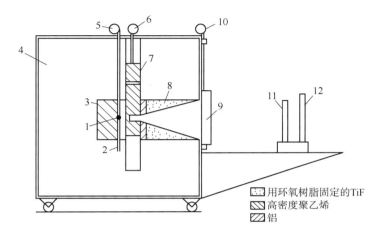

图 12.6　^{252}Cf 源照相装置示意图（5 mg ^{252}Cf）

1—放射源；2—调正源位和源储存管；3—慢化剂；4—屏蔽体；
5—源驱动装置；6—出口的驱动装置；7—慢化剂塞；8—准直器；
9—中子快门；10—快门驱动装置；11—照相物体；12—探测部分

同位素中子源发射的快中子，要经过慢化，慢化因子（即快中子转化为热中子后，中子减弱系数）一般为 200～500，中子照相的热中子束需经准直。准直器的长度 L 和孔直径 D 的比值 L/D 为准直器的重要指标。L/D 越大，准直束散开得越小，照相的分辨率就比较高，但中子束的损失也较多。经准直的热中子通量要降低到 1/1 000，这样快中子束流经慢化和准直后的热中子束流，其强度已减弱到 $1/10^5$ 以下。

所以热中子照相用的同位素中子源的强度应在 $10^5 \sim 10^{10}$ s^{-1}，常用的中子源是 ^{252}Cf 裂变中子源，^{242}Cm–Be、^{244}Cm–Be、^{241}Am–Be 或 ^{124}Sb–Be 中子源。

利用 ^{252}Cf 源做成一个小型次临界倍增装置，可提高中子强度 10～100 倍。这样，利用 1～5 mg 的 ^{252}Cf 就可完成需由加速器才能实现的中子照相，但比加速器简单、可靠、便宜。

利用同位素中子源进行热中子照相，要体现出小型、简单、移动方便等特点。表 12.5 为可用于热中子照相的同位素中子源。

表 12.5 可用于热中子照相的同位素中子源

中子源	半衰期	对于 10^8 s^{-1} 源所需体积 /cm^3	平均中子能力 /MeV	慢化因子	1 m 处 10^3 s^{-1} 源 γ 剂量	
					γ 能量	剂量率(2.58×10^{-4} C/kg·h)
^{124}Sb – Be	60 d	2(至少)	0.024	10,45	1.69	80,不能直接曝光
^{224}Ra – Be	1 602 a	100	4~6	200,500	0.61~2.4	6,可直接曝光
^{226}Ra – ^{227}Ac – ^{241}Am – Be	1.91 a	~1	4~6	200,500	2.6(最大)	3,可直接曝光
^{226}Th – Be	433 a	100	4~6	200,500	0.06	<00.1,可直接曝光
^{241}Am – ^{242}Cm – Be	162.5 d	~1	4~6	200,500	0.06	<00.1,可直接曝光
^{242}Cm – Be	18.1 a	4	4~6	200,500	0.043	很小,可直接曝光
^{238}PU – Be	87.8 a	19	4~6	200,500	0.099	很小,可直接曝光
^{252}Cf	2.65 a	<0.05	2	100	0.5~1	0.007,可直接曝光

用一般的 X 光胶片直接探测中子的效率是很低的,要将胶片与转换屏一起使用。转换屏的作用在于使中子与它相互作用后放出 α、β 或 γ 辐射,使胶片曝光。转换物质可分为两类:一类是锂、硼、镉和轧等,俘获热中子后放射瞬时辐射;另一类是铟、镝和银等,俘获热中子后形成具有一定半衰期的放射性核素。在进行中子照相时,可把 X 光胶片与转换屏一起放在照相中子束中曝光。这种直接曝光法的照相速度快,缺点是照相胶片同时记录掺杂在中子束内的 γ 辐射以及由中子诱发的照相设备材料中和周围其他物质所发射 γ 辐射。间接曝光法是以可生成短寿命放射性核素的物质做转换屏,转换屏经中子照射后再放进暗盒中使照相胶片曝光。这种方法可排除直接曝光法中存在的 γ 射线的干扰,但速度慢,要用强度较高的中子源。

中子照相有以下优点。

(1) 中子可以透过较厚的金属层,中子照相可检查厚金属层材料的内部结构和金属包壳中轻质材料的情况,如检查子弹内装药情况、铁壳引信内部情况。但中子不易透过轻元素材料。

(2) 中子对相近原子序数的物质,甚至一个元素的不同的同位素,穿透力相差较大,利用这一点,可以清晰地得到不同物质(原子序数相近)的内部分布情况，甚至不同的同位素的分布情况也能得出。

（3）中子照相对于来自放射源、被检物件和周围环境的其他类辐射不敏感。因此，中子照相可对放射性产品进行无损检验。

目前中子照相技术的应用范围已十分广泛：在农业上用于研究植物根系生长发育状况、研究土壤中水分含量分布情况；在航空工业中用于发动机涡轮叶片产品质量检查；在军火工业中用于火药装料检查；在核工业中用于核燃料成品质量检查等。

12.2 射线检测应用技术

12.2.1 α射线检测

放射性核素衰变时发射的α粒子与物质相互作用时，可使气体电离，激发轻元素发射特征辐射和发生（α,n）反应。α射线检测可以分为两类：一类是利用α粒子的电离效应，可制备的仪表有离子感烟探测器、气体密度计、电离式压强计、气体湿度计和气体流速计等；另一类是利用α粒子的透射原理，可制备测厚仪、气流湿度计、露点计、温度计等。放射性核素仪表所用的放射源主要有 ^{210}Po、^{238}Pu、^{241}Am 等，源活度 $0.37\sim 37$ MBq。

1. α粒子电离效应检测

它是利用电离室作为探测器，输出信号是电离电流。影响电离电流大小的因素很多，除与电极间的距离和电极间的有效面积有关外，还取决于外加电压，核辐射的种类、活度及粒子入射方向，电离室中所充气体的温度、压强及成分等。电离式仪表工作的一些基本关系式为

$$I = \frac{U}{R}, I_0 = \frac{U_0}{R_0} \tag{12.10}$$

$$I_\infty = eh \cdot SN_0 \tag{12.11}$$

式（12.10）中，U——电离室两极板间的外加电压；I——其电离电流；I_∞——饱和电离电流，即在两极板间电压足够高、正负离子的复合现象完全消除时的电离电流；R_0 和 I_0——电离室在伏安特性曲线的线性区域工作时的内阻和电离电流，e——电子电荷；h 和 s——电离室两个极间的距离和极板的面积；N_0——α粒子在单位时间单位体积中所生成的离子对数。电离电流和电极间距

离的关系为

$$I_0 \propto \frac{1}{h} \quad (当\ h < L\ 时)$$

$$I_\infty \propto h \quad (当\ h < L\ 时)$$

L——α 粒子射程。

1) 电离式气体密度或压强计

在饱和区域，$h < L$ 的条件下，当气体成分不变而密度（压强）变化时，电离室内生成的离子对数及电离电流也将发生相应的变化，如图 12.7 所示。

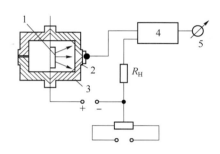

图 12.7　α 电离式隔膜压强计

1—涂有放射性物质的弹性隔膜，作为一个电极；
2—另一电极；3—室壁；4—放大器；5—显示仪表

通过测量电离电流，就可确定气体的密度，或者在温度不变的情况下，确定气体的压强。这种压强计测量范围是 $1.33E^{-3} \sim 133$ mPa。

2) 电离式气体混杂物浓度计

当电离由两极间电压 U 不变时，离子的复合系数与气体成分几乎无关，为常数，但是正负离子迁移率的大小则与气体成分有关。当气体中有混杂物时，正负离子的迁移率将不同于纯气体时的迁移率。这时电离电流的变化取决于混合物的介电常数。由于氨、硫蒸汽、醇类蒸汽的介电常数比空气的介电常数大很多，因此可以利用电离电流的变化很灵敏地检查出空气中这些混杂物的浓度。

3) 电离式气体湿度计

空气中水蒸气（湿度）的多少会影响电离电流。图 12.8 为 α 电离式气体湿度计示意图。

4) 同位素甲烷测量报警装置

由于甲烷比空气电离电位低，在同样条件下可产生较多的电离离子，该装置有两个电离室，一个电离室送入已除去甲烷的气流，另一个电离室进入待测气流。在正常的情况下，即空气中甲烷含量低于危险值时，两电离室处于平衡

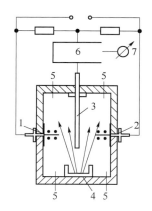

图 12.8 α 电离式气体温度计示意图

1、2、3—电极（1 和 3 组成一个电离室，2 和 3 组组成另一个电离室）；
4—α 或 β 放射源；5—被测气体；6—放大器；7—显示仪表

工作状态。如果甲烷含量大于危险值，则两电离室工作状态不平衡，由此可估计甲烷含量。测量范围 0～100%。如以甲烷浓度的某一值为控制指数，超过指数装置报警。每个电离室安装一个约 100 kBq 的 α 放射源。

同样的仪器还可用于测量密闭仓中 CO_2 和 O_2 含量，因 CO_2 比 O_2 易电离，CO_2 含量高则电离电流高。

5）电离真空压力计

α 粒子引起电离产生的离子数量与介质气体压力有关。用 α 放射源代替一般离子测量计的加热灯丝，其优点是：①没有烧毁灯丝的问题；②气体与灯丝间不产生化学反应；③放射性电离源工作稳定，而用灯丝则受电源影响。放射源一般用长半衰期核素 ^{241}Am、^{238}Pu α 放射源或 ^{63}Ni β 放射源。放射性电离真空压力计可测范围是 0.65～6.5 Pa，准确度为 ±3%。

6）气体流量测量

把 α 放射源和电离室探测器都放在待测气流中，一种设计是把放射源和探测器都放在管道的同一位置，当气体流速较低时，所产生的电离离子大多数被电离室收集到，流速加大，相当一部分离子不能被电离室收集。另一种设计是把 α 放射源放置在电离室的上流处，当气体流速低时电离离子在到达电离室前可能复合了，随着流速的增加，电离室的电离电流将增加。

2. α 粒子透射测量

放射源发射的 α 粒子的能量几乎相等，在物质中的射程也几乎一致。α 粒子透射式仪表可用于测量薄膜厚度。空气等效法又称剩余射程法。设能量为 E

的 α 粒子在密度为 ρ_0 的空气中的射程为 R_0，当在 α 粒子束的通道上插入厚度为 Δx、密度为 ρ 的薄膜时，由于 α 粒子在该薄膜中损失一部分能量，剩余射程缩短为 R_1。图 12.9 为 α 粒子射程曲线（$N - R$ 曲线），其中 R 是探测器口到放射源 S 的距离，N 是探测器所接收到的 α 粒子数，曲线 A 和 B 分别是射线通过膜和不通过膜的情况。由 α 粒子在膜和等效空气层 ΔR 中损失的能量相等，从而可得到薄膜的厚度

$$d = \rho \Delta x = \frac{\rho_0}{S_m} \Delta R \tag{12.12}$$

式（12.12）中，S_m——薄膜的相对质量阻止本领，可以从手册中查到或者用半经验公式来计算：

$$S_m = \frac{A_a \sqrt{z} - 0.389 \sqrt{E_a}}{A \sqrt{z_a} - 0.389 \sqrt{E_a}} \cdot \left(1 + 0.013 \frac{z - 3z_a}{z}\right) \tag{12.13}$$

式（12.13）中，z 和 A——元素的原子序数和摩尔质量；z_a 和 A_a——空气的等效原子序数和摩尔质量，分别为 7.26 和 14.55；E_e——α 粒子能量，MeV。

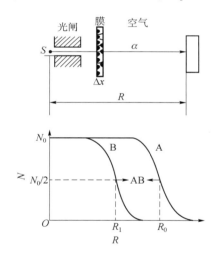

图 12.9　α 粒子的 N - R 曲线

α 透射测厚仪可用于绝对测量无衬底薄膜厚度，可测范围从每平方厘米几微克到几毫克。ΔR 的测量精度达到 0.005 mm。

测量误差为 ±2%，当不知组分时，测量误差为 ±8%。

气体相对湿度测量也可应用 α 透射式仪表。它是根据 α 粒子通过吸湿和不吸湿的薄膜时能量的变化测相对湿度。装置是由一个 ^{241}Am α 放射源、金硅面叠探测器、装在排风扇翼片上的一个磺化的交联聚苯乙烯吸湿膜和一个同样的

但不吸湿的膜组成,转动电机,两个膜在放射源和探测器间交替出现,可连续测量出空气中湿度的变化。

12.2.2　β射线检测

1. β射线反散射测厚

β粒子的散射作用与β粒子能量、散射体的厚度、密度及其原子序数有关。随着散射体厚度的增大,β粒子反散射的概率增加,但是,因厚度增大被吸收的部分也增加。因此反散射辐射强度的增加趋势随着散射体厚度的增大而减缓,最后达到饱和值,相应于饱和反散射辐射强度的散射体厚度值称作饱和厚度值,这种趋势可以用公式来表示:

$$I = I_s(1 - e^{-Kd}) \tag{12.14}$$

式(12.14)中,I_s——在饱和厚度时反散射辐射强度;K——决定于辐射能量的常数,它可由经验公式来确定:

$$K = \frac{40}{\sqrt{E_{max}^3}} \text{ cm}^2/\text{g} \tag{12.15}$$

β射线的反散射饱和厚度值d_s还可以用经验公式来确定:

$$d_s = \frac{\sqrt{E_{max}}}{10\rho} \tag{12.16}$$

式(12.16)中,E_{max}——β粒子最大能量,MeV;ρ——散射体的密度,g/cm³。

饱和厚度值大约是给定能谱β粒子在散射体中半厚度值的2倍,是最大射程的1/3。

β粒子反散射辐射强度I与散射体原子序数z之间的关系,可近似地表示为

$$I \cong kz^{2/3} \tag{12.17}$$

β反散射技术的重要用途是测量覆盖层厚度,测量的灵敏度与两种材料——基体与覆盖层材料的原子序数之差成比例,它们之间的差越大,越灵敏。

假如在一个原子序数为z_1、厚度为d_1的材料表面加覆盖层,覆盖层材料的原子序数为z_2、厚度为d_2,如果$d_1 > d_2$,则由覆盖层厚度决定的β射线反散射强度I可用式(12.18)表示:

$$I = I_a - (I_a - I_0)e^{-\rho_2 d_2} \tag{12.18}$$

式(12.18)中,I_a——当覆盖层为饱和厚度β射线反散射强度,即饱和反散射辐射强度;I_0——覆盖层厚度为零时反散射辐射强度;ρ_2——覆盖层材料的密度。

当覆盖材料的原子序数高于基体材料时，反散射辐射强度随覆盖层厚度的增加而增加，直至饱和值；如果覆盖材料的原子序数低于基体材料，则反散射辐射强度逐渐减弱，直到反散射辐射完全决定于覆盖材料，如图 12.10 所示。

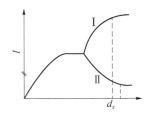

图 12.10　β射线反散射强度与覆盖层厚度的关系

从式（12.18）可知，如果覆盖层的厚度是已知的，则可确定覆盖层的密度。

利用 β 反散射测量覆盖层厚度，一般是用相对测量法。如果要测某种材料上的盖层厚度，应先做标准样（同样的基体材料，同样的覆盖材料，但厚度不同的系列样品）测出不同覆盖层厚度时的反散射辐射强度划出刻度曲线。原始的办法是根据仪表的读数，从曲线中查出覆盖层的厚度。现代 β 反散射仪带有微处理机，把不同基体和覆盖层的标准数据贮存在微机中，测量的结果即可显示覆盖层厚度。对仪表的工作性能，经常用标准样进行检查。

β 反散射测厚用的放射源，可以根据所测材料厚度，选用下列从低能到高能的粒子放射源：如 ^{14}C、^{147}Pm、^{204}Tl、$^{210}Po - ^{210}Bi$、$^{90}Sr - ^{90}Y$、$^{106}Ru - ^{106}Rh$。

所用放射源的活度则根据源到散射体、散射体到探测器距离、探测器的效率、仪表响应时间、测量误差等因素并通过实验选定。放射源活度大，有利于提高测量结果的准确性，所以尽可能选用活度大的源。但是 β 反散射用源应是点源，源体积小，减少对反散射辐射的遮挡。实际所用点源活度一般为 37 MBq 左右。

β 反散射技术主要用在以下几方面。

（1）在金属板材上所加的纸、橡胶、塑料层的厚度。

（2）在各种织物塑料、橡胶和纸等材料上所加薄层材料的厚度。

（3）在纸、塑料、橡胶板生产中控制厚度，仪表安装在金属滚筒处，以金属滚筒作为基体材料。

（4）在镀锡、镀锌金属板材生产过程中，控制镀层厚度。

（5）印刷电路板生产中控制金、锡、铝-锡合金、钢以及绝缘涂层和镀层的厚度。

（6）精密电子器件和计算机器件的金、银、钯、铑、锡、铅-锡合金层的厚度测量和控制。

（7）汽车工业上所用铝质汽缸上的锦和铬镀层，活塞上锌和铅层以及各种机械设备所用滚珠轴壳内的合金层和各种机械工具上碳化钛及氮化钛坚硬镀层的厚度控制。

（8）各种生活用品和装饰品镀层控制，如珠宝镀金和银餐具、眼镜架、表壳、表带镀金或仿金材料。

2. β射线透射测厚

β射线通过吸收体将被吸收，其被吸收而减弱的程度与吸收体的厚度及密度有关，图12.11显示了几种β放射源的β射线在通过吸收体时被吸收减弱的情况。

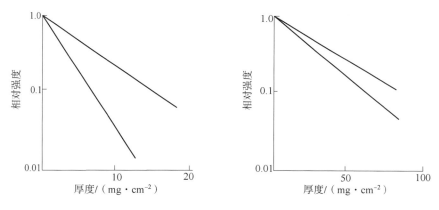

图12.11 β射线通过物质后被减弱情况

β射线通过厚度为 d 的吸收体后，其辐射强度从 I_0 变为 I_d，以式（12.19）来表示：

$$I_d = I_0 e^{-\mu d} \tag{12.19}$$

如果以质量衰减系数 μ_m 代替线衰减系数 μ，式（12.19）改为

$$I_d = I_0 e^{-\mu_m \rho d} \tag{12.20}$$

或者

$$\rho d = \frac{1}{\mu_m} \ln \frac{I_0}{I_d} \tag{12.21}$$

对于密度已知的材料，利用式（12.21）可确定该物体的厚度，或者当材料的厚度为已知时，可确定该材料的密度。

对于 β 射线，μ_m 值可用经验公式来表示：

$$\mu_m = 22 E_{max}^{-4/3} \quad (12.22)$$

常用单位面积质量（mg/cm² 或 g/cm²）来表示厚度：

$$d(\text{mg/cm}^2) = d(\text{cm}) \times \rho(\text{mg/cm}^3)$$

不同能量的 β 粒子穿透物体的能力是不同的（图 12.12），所以要根据待测材料的厚度范围来选择合适能量的放射源。

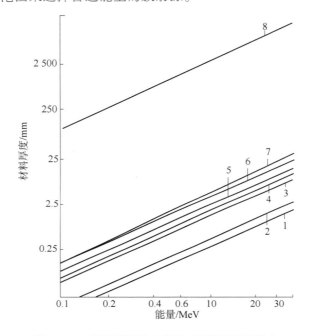

图 12.12　不同能量的 β 粒子对材料的穿透能力

表 12.6 和图 12.13 列出几种主要 β 测厚源的工作范围。

表 12.6　几种主要 β 测厚源的特性

放射源	铝中半厚度 /(mg·cm⁻²)	最大射程 /(mg·cm⁻²)	可测范围		
			Al/mm	Fe/mm	其他材料 /(mg·cm⁻²)
¹⁴C	2.5	~30			2~10
¹⁴⁷Pm	4.5	50	0.004~0.12	0.001~0.04	6~18
⁸⁶Kr, ²⁰⁴Tl	25	280	0.04~0.8	0.08~0.25	20~100
⁹⁰Sr-⁹⁰Y	120	1 100	0.3~3	0.1~1	100~600
¹⁰⁶Ru-¹⁰⁶Rn	200	1 600	0.6~4.5	0.2-1.5	200~1 000

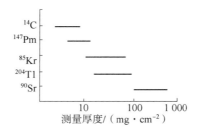

图 12.13　β 测厚源的工作范围

在选择 β 测厚源时，可参考半厚度值，即 β 射线在吸收体中强度减弱一半时吸收体的厚度。如果知道 β 粒子的最大射程，它在这种材料中半厚度值约为最大射程的 1/7。

根据仪表类型探测效率和测量时间及对测量精度的要求等条件来选定放射源的活度。工业测厚用放射源的活度一般是 3.7 GBq 左右，有时活度可达 37 GBq。

β 辐射测厚仪在我国造纸行业中应用较多，取得了较好的经济效果。利用同位素测厚仪可实现自动控制厚度、提高产品质量、节约原料、提高生产效率。

12.2.3　γ 射线测量

1. γ 射线测量厚度

γ 射线通过吸收体后其强度的减弱与吸收体材料的厚度有关。

其关系式为

$$d = \frac{1}{\mu_m \rho} \ln \frac{I_0}{I} \tag{12.23}$$

当材料的密度 ρ 已知时，便可确定该材料的厚度 d；或者相反，当材料的厚度为已知时，则可确定该材料的密度。

γ 厚度计由 γ 放射源、探测器和相应的电子设备组成，将由 γ 厚度计所得信号送入生产过程控制机，可实现生产过程自动化。图 12.14 为 γ 厚度计控制轧制钢板生产示意图。

γ 厚度计所用的放射源主要有高能 γ 源 ^{60}Co、中能 γ 源 ^{137}Cs 和低能 γ 源 ^{241}Am，这些放射源的 γ 射线通过钢板的半厚度值分别为 16 mm、12 mm 和 0.1 mm。所以 ^{60}Co 和 ^{137}Cs γ 源可用于较厚钢板等材料的测厚和生产过程控制，而 ^{241}Am γ 源可用于木板、塑料板和铝合金板的测厚和生产过程控制。

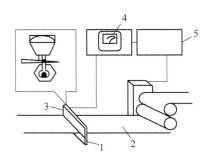

图 12.14　γ 厚度计控制轧制钢板生产示意图
1—放射源；2—被测件；3—探测器；4—显示仪表；5—控制系统

厚度计对于钢板的测量范围是 0.064~125 mm，常用的范围是 0.5~50 mm。对于其他材料的测量范围可用式（12.24）换算

$$d = \frac{\rho_0 d_0}{\rho} \qquad (12.24)$$

式（12.24）中，ρ_0 和 d_0——钢板的密度和厚度；ρ 和 d——被测材料的密度和厚度。γ 厚度计可用于热轧钢板生产过程的厚度控制。用 37 GBq ^{137}Cs γ 源厚度计，测量范围是 8~40 mm 钢板。测厚精度，对于 10 mm 以下小于 0.1 mm；10~30 mm 为 0.1 mm；30~40 mm 为 0.3 mm。图 12.15 为圆管壁厚度测量工作示意图。

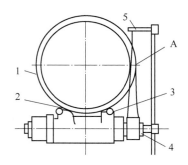

图 12.15　圆管壁厚度测量工作示意图

被检查的管子 1 借助滚轮 2 和滚轮 3 可绕本身轴线旋转，从放射源 4 发射的 γ 射线沿直线穿透圆管壁 A 段金属后到探测器 5。利用这种仪器可检查圆管的加工质量和腐蚀情况。

圆管和板材对 γ 射线的散射程度是不一样的，圆管有利于射线的散射，所以同样厚度的板材比管材对射线的吸收大。表 12.7 为 ^{60}Co γ 射线在不同介质中的实测吸收系数。

表 12.7　^{60}Coγ 射线在不同介质中的实测吸收系数
（放射源活度：测管子，100 MBq；测板材，150 MBq）

吸收材料	钢板	钢管	矿渣棉	膏状物
吸收系数（0 m^{-1}）	0.42	0.37	0.016	0.068

假定有一钢管内盛有稀浆液（膏状物），管外加保温材料矿渣棉。我们计算一下进行总厚度测量需多大活度的放射源。

假设：计数率：$n = 3\,000$ cpm；放射源到探测器距离 $R = 80$ cm；GM 计数管探测效率为 6×10^{-3}，计数管直径 $d = 2$ cm，计数管阴极长度 $L = 10$ cm；圆管的最大壁厚：$x = 14.2 - 10 = 4.2$ cm，衰减系数：$v = 0.37$ cm^{-1}，用 ^{60}Co 放射源，^{60}Co 每次衰变发射两个光子，$g = 2$，在这样的条件下所需 ^{60}Co 放射源的活度至少为 A：

$$A = \frac{n 4 \pi R^2}{60 \varepsilon d L e^{-\mu x} g} = 78.7 \text{ MBq}$$

如果管内充满某种物质，管外有厚的涂层，则应考虑它们对射线的吸收，要增加放射源的活度。

根据计算选择合适活度的 ^{60}Co γ 源，用比较法测定圆管的壁厚。先测出通过未知壁厚管子的辐射强度 I，然后测出去掉管子时的辐射强度 I_0，或者测量通过已知壁厚管子的辐射强度 I_3。通过 I_2 与 I_0 或 I_3 相比较就可求出管壁厚度 z 值。

（1）射线通过充满某种物质的管子后的强度 I_x 为

$$I_x = I_0 e^{-\mu_1' x - \mu_2'(D - x)} \tag{12.25}$$

式中：μ_1'——管壁材料的 γ 射线衰减系数，cm^{-1}；D——管子外径，cm；μ_2'——管子内填充物的 γ 射线衰减系数，cm^{-1}；x——管壁总厚度，cm；$(D - x)$——射线穿过方向上圆管内径，cm。

所以

$$x = \frac{\ln I_0 - \ln I_x - \mu_2' D}{\mu_1' - \mu_2'} \text{ cm} \tag{12.26}$$

（2）测量通过已知壁厚的管子的辐射强度 I_3，求 I_x：

$$I_x = I_3 e^{-(\mu_1' - \mu_2') x_1} \tag{12.27}$$

式中：x_1 为已知的管壁总厚度和未知的管壁总厚度的差值：

$$x_1 = \frac{\ln I_3 - \ln I_x}{\mu_1' - \mu_2'} \tag{12.28}$$

x_1 值可以是正值也可能是负值,这要看总厚度中哪一个(已知厚度或未知厚度)更大些。

如果管内是空气,那么 $\mu'_2 \approx 0$

$$x_1 = \frac{\ln I_3 - \ln I_x}{\mu'_1} \quad (12.29)$$

利用这种技术测圆管壁厚准确度可好于 ±5%。

2. γ射线测量密度

γ射线穿过被测物质后,其强度的变化与物质的密度有关。有

$$\rho = \frac{1}{d\mu_m} \ln \frac{I_0}{I} \quad (12.30)$$

实践证明,由 ^{137}Cs 和 ^{60}Co 所发射的 γ 射线通过原子序数为 2~30 的材料时,其质量衰减系数 μ_m 是一常数。如果被测物质中的化学成分中有原子序数大于 30 的元素,但含量很小;或者虽含量较大,但变化不大,仍可将 μ_m 视为常数。

γ 密度计是由放在可闭锁的屏蔽容器中的点源、探测系统和夹紧固定装置组成的(图 12.16)。

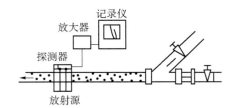

图 12.16 γ 密度计工作示意图

γ 密度计可用于:
(1)测量酸、碱、盐和有机物质如糖浆、淀粉、石油等的密度。
(2)控制化学过程,如合成材料的聚合等。
(3)测量溶液中的固体物质的含量,如矿石、沙子黏土、铝矾土和煤等。
(4)测量物体毛重和气体密度。

利用 γ 密度计可连续监测输油管中密度的变化。利用 11.1 GBq 的 ^{137}Cs γ 源密度计可测出油管中密度 1% 的变化。

在测量管道中液体密度的变化时,管壁的密度和厚度是不变的,唯一的变量是液体的密度。但在计算所需放射源的活度时,要考虑管壁总厚度对射线的吸收。

3. γ射线反散射测厚度、密度

康普顿散射是中等能量光子和物质相互作用的主要过程,散射光子能量表示为

$$E = \frac{0.511 E_{ent}}{E_{ent}(1-\cos\theta) + 0.511} \tag{12.31}$$

式(12.31)中,E——散射光子能量,MeV;E_{ent}——入射光子能量,MeV;θ——入射和散射光子间夹角。

从式(12.31)可知,当 $\theta \approx \pi$ 时,入射和散射光子能量差别最大,反散射光子能量分散度小,所以在实际应用时多选择 θ 接近180°的散射条件。

散射辐射的强度与散射体的厚度、密度及原子序数有关,也与夹角 θ 有关。随着散射体原子序数的增加,散射辐射的强度也将增加。但是,散射辐射因光电效应在散射体中的吸收与原子序数的四次方成比例,因此对低原子序数材料,它的作用是很弱的,散射辐射将随 z 值增大而增强,当 $z \approx 30$ 时,散射强度将具有最大值,而后 z 值再增大,光电吸收将变得显著而不可忽略,散射强度将下降。

散射辐射强度与散射体厚度(或密度)间的关系是比较复杂的。假定有一材料对某种能量光子的康普顿散射吸收系数是 μ_{con},总吸收系数是 μ_1,并且 $\mu_{con} \simeq \mu$,由散射体深度为 X 的 dx 层所散射出 γ 辐射强度为 dI_s/dx:

$$\frac{dI_s}{dx} = \mu_{con} I_0 e^{-\mu_1 X} \tag{12.32}$$

式(12.32)中,I_0——入射到散射体的初始辐射强度。

因为散射辐射在散射体中的吸收,只有一部分被 dx 层所散射的辐射 dI' 可离开散射体的表面。假设 $\theta = \pi$

$$\frac{dI'}{dx} = \frac{dI}{dx} e^{-\mu_1' z} \simeq \mu_{con} I_0 e^{-(\mu_1 + \mu_1')x} \tag{12.33}$$

式(12.33)中,μ_1'——散射辐射在吸收体中的吸收系数。

在 $0 \sim d$ 区间将关系式对 x 积分,便可求出厚度为 d 的材料的散射辐射强度。

$$I' = \int_0^d \mu_{con} I_0 e^{-(\mu_1 - \mu_1')z} dx = \frac{\mu_{con}}{\mu_1 + \mu_1'}[1 - e^{-(\mu_1 + \mu_1')d}] \tag{12.34}$$

从式(12.34)可看出,随着散射体厚度的增加,散射辐射增强;起初这种辐射强度的增加是很快的,而后逐渐达到饱和。饱和厚度值为 d_{sat}:

$$d_{sat} = \frac{2 \sim 4}{\mu_1 + \mu_1'} \tag{12.35}$$

为使散射辐射强度的增加与厚度变化呈线性关系,应选择被检材料的厚度值小于饱和厚度值,一般选定为

$$d_{\max} = \frac{d_{\text{sat}}}{2} \tag{12.36}$$

4. γ反散射测厚

对于轻合金材料,玻璃、塑料、橡胶以及其他重量大于 500 mg/cm 的材料,用 β 放射源测厚已不适用,用 γ 透射技术测厚,灵敏度低,这时用 γ 反散射技术比较合适(表 12.8)。

表 12.8 γ 反散射仪用放射源及其应用范围

散射源	测量对象	材料厚度/mm	误差/mm
^{241}Am(3.7 GBq)	玻璃	1~10	±0.03
	塑料	1~30	±0.06
^{137}Cs(1.85 GBq)	玻璃	>20	±0.1

γ 反散射技术用在轻质材料较厚涂层的测量也是成功的,特别是用于大铸铁冷凝水箱石墨化层的测量。

5. 煤炭灰分测量

煤炭灰分含量是煤炭重要质量指标,煤炭灰分是指煤炭中所含不能燃烧成分,如铁、钙等氧化物。用 γ 反散射仪测量煤炭灰分效果好。常用的放射源有 ^{241}Am、^{238}Pu、^{109}Cd、^{3}H/zr 低能光子源。用 1.1 GBq ^{238}Pu 和 3.7 GBq ^{241}Am 放射源可测灰分范围为 2%~45%,测量误差为 0.5%~2%。目前已有多种核技术用于煤炭灰分测量,其中比较成功的就是 γ 反散射技术(见表 12.9)。

6. 水中泥沙含量测定

河水和水库水中泥沙含量的测量是治水工作的重要内容。常用 γ 透射法和反射法测泥沙量。高浓度含沙量计是用 ^{137}Cs γ 源(7.8 BGq)或 ^{241}Am γ 源(37 GBq),探测下限为 7 kg/m^3。低浓度含沙量计是由 ^{241}Am 或 ^{238}Pu 低能光子源和正比计数器组成的,探测下限为 0.6 kg/m^3(相对偏差为 ±10%)、1.3 kg/m^3(相对偏差 ±5%)、2.5 kg/m^3(<±5%)。仪器最大可测含沙量为 250 kg/m^3。

第12章 放射源应用技术

表12.9 各种辐射方法测煤炭中灰分

方法	β反散射	低于7.11 keV 能量电磁辐射		高于7.11 keV 能量电磁辐射		中子方法
		透射式	反射式	透射式	反射式	
探测器	电离室	闪烁探测器	闪烁探测器	闪烁探测器	闪烁探测器 正比计数器	闪烁探测器
放射源	$^{90}Sr-^{90}Y$	$^{55}Fe(5.9\ keV)$	$^{60}Co\ K\alpha$ $(6.9\ keV)$	^{241}Am 或 ^{147}Pm 韧致辐射	^{109}Cd、^{241}Am $^{3}H/Zr$、^{238}Pu	加速器中子源 $(14\ keV)$
最大颗粒	0.2 mm	0.3 mm	0.3 mm	1 mm(10 keV) 1 cm(20 keV)	2 cm(60 keV)	2 cm
灰分范围	至100%	至100%	至30%	至100%	2%~45%	—
标准偏差 (%灰分)	取决于灰分组成的稳定度	0.5% (5%~35%)2% (50%~100%)	0.1%~1.5%	0.5%~3%	0.5%~2%	—
测量时间	10 s~1 min	2 min	2 min	2 min	1 min	—
优点	简单、坚固、便宜	对Fe不灵敏, 比反散射灵敏	对Fe不灵敏	比散射灵敏、简单	可消除Fe浓度变化的影响,对水分、体密度变化不灵敏	可用于cm级颗粒
缺点	对灰分中铁含量灵敏,颗粒必须小于0.2 mm	对S、Cl、Ca灵敏,颗粒必须小于0.3 mm		对样品的单位面积质量、组成、水分灵敏		设备大而贵
其他情况	仅用在煤的组分相对稳定、设备已商品化的条件下					方法还在研究中

12.2.4　中子检测

中子测井的原理是：含氢物质中的氢原子核最容易将快中子减速成为热中子，热中子很容易被岩石中的原子核俘获，放射出 γ 射线（即瞬发 γ 射线）或生成的放射性核素放射出 γ 射线。

1. 中子源在石油天然气测井中的应用

石油和天然气是含氢丰富的物质，可以用中子测井技术进行地下勘探。地下蕴藏的石油、天然气绝大部分积聚在岩石的孔隙中。中子测井与其他测井技术配合，可用来判定地质构造，了解矿床厚度、岩层的孔隙度、渗透性和碳氧化合物的含量等。由于中子和 γ 射线的穿透力强、受干扰因素少，因此它是较为适宜的测井手段。

中子测井仪是由中子源、屏蔽体和 γ 或中子探测器组成。屏蔽体放置在探测器和中子源之间，防止中子源的初始辐射进入探测器。常用的探测器是 NaI 闪烁探测器，常用的中子源有 ^{241}Am – Be、^{238}Pu – Be、^{239}Pu – Be 中子源和 ^{252}Cf 自发裂变中子源。图 12.17 为油田中子源测井示意图。

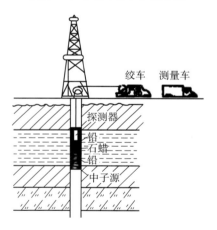

图 12.17　油田中子源测井示意图

测井仪所用的 ^{241}Am – Be 源的强度一般为 185 ~ 740 GBq。用强度大的中子源测量速度快、准确度高。利用中子 – γ 测井技术时，中子源到探测器的距离一般为 60 cm 左右。中子源的快中子在含氢丰富的地层中，如在含石油、天然气、水多的岩层中，慢化速度高于其他类岩层，慢化的中子易被岩层中的原子核俘获，并放出能量为 6 MeV 左右的 γ 射线。产生中子俘获和诱发 γ 射线的地点就在中子源附近，γ 射线要通过较厚的岩层才能进入 γ 射线探测器，所以探

测器测到的 γ 射线计数率就低。相反，在不含氢或含氢少的地层中如硬石膏、质密石灰岩、白云岩、胶结密集砂岩等，测得的 γ 射线强度就较高。这样我们沿井孔记录中子俘获诱发 γ 射线的强度变化，可鉴别岩层中含氢量的多少，判定岩层的孔隙度和渗透性，区分岩性。

图 12.18 为中子 – γ 测井曲线。由图可以看出，相应于黏土的计数率最低，致密的石灰岩的计数率最高，泥质灰岩和砂岩的计数率居中。这主要是因为黏土中含有大量水分，而致密石灰岩中含氢量极少的缘故。图 12.19 中自然 γ 计数率主要来自岩层中的 ^{10}K，泥土中含钾量多，所以 γ 计数率高。

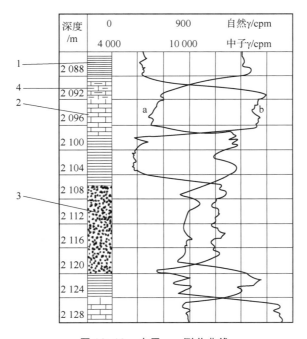

图 12.18　中子 – γ 测井曲线
a—自然 γ 计数率；b—中子 γ 计数率；
1—黏土；2—石灰岩；3—砂岩；4—泥质灰岩

中子活化测井法是通过测定岩层中氢以外其他组成元素，直接鉴定井下地层的岩性。它在很大程度上弥补了中子 – γ 测井的不足，它的缺点是测井周期长。

氯测井法是目前应用较多的一种，是用中子活化地层中的元素氯，用 γ 探测器记录活化产物 ^{38}Cl 的衰变 γ 射线和中子俘获诱发 γ 射线。一般情况下，氯化物是地下水中的主要盐类。氯原子俘获热中子的截面高（表 12.10），氯原子俘获热中子后发射能量为 7.4 MeV、7.8 MeV 和 8.6 MeV 的瞬发 γ 辐射，调正探测仪表在这一能范围灵数的工作点，就可大致确定氯元素的含量。如果氯化钠的含量大于 150 g/L，这种方法是比较灵敏的，还可以选择测定 ^{38}Cl 的 γ 辐射，这可提高分析的灵敏度。根据对活化氯的测定，可确定是油层还是水层。

表 12.10　水和油饱和的岩层中一些主要元素的热中子俘获截面

元素	H	O	Si	Al	Fe	Na	Cl	C
截面（10^{-28} m²）	0.32	0.001	0.1	0.22	0.24	0.48	32	0.004

中子 - γ 测井受井的条件影响较大，井内流体套管、水泥环和井径等对测量都有很大影响，要通过实验进行校正。采用补偿型中子测井仪可弥补这方面的不足。在井眼中同时安装两个距中子源不同距离的中子探测器（三氟化硼计数管或锂玻璃探测器），这两个探测器的计数率比值取决于岩层中的含氢量。

2. 中子测水分

准确快速地了解土壤中的水分和变化情况对于农业、林业、畜牧业是至关重要的；在工业生产中需及时了解材料的含水量；在公路、铁路和水坝等建筑工程中需要知道地基的水层和密实情况，所以水分测量是十分重要的。

通常用"烘干称重法"来确定分析样品中的水分。这种方法有很多缺点，第一是慢，分析一个样品一般要用一个小时；第二，取样时破坏了材料的结构和土壤中水分的分布；第三，样品要烘干，某些化工材料因加温可能分解变质，而不能采用这种方法。

中子测水分是一种先进的技术，有很多优点：测量速度快；不需要专门取样分析，可在现场连续测量，可测出水分的动态变化。中子水分计可用于生产过程的自动检测和控制。

中子测水分是基于快中子在通过物质时，与原子核相碰撞能量减弱的速度不同。

当快中子与原子核发生弹性散射时，散射后的中子的动能决定于散射前的中子能量、散射核的原子量及散射角，散射后的中子平均动能 $\overline{E}_2$ 为

$$\overline{E}_2 = \frac{A^2 + 1}{(A + 1)^2} E_1 \quad (12.37)$$

式（12.37）中，E_1——散射前的中子动能；A——散射核的原子量。

中子在一次碰撞前后的动能之比的对数平均值叫作平均对数能降：

$$\zeta = \ln \frac{E_1}{E_2} = 1 - \frac{(A-1)^2}{2A} \ln \frac{A+1}{A-1} \qquad (12.38)$$

表 12.11 列出了几种物质的 ζ 值和中子由 2 MeV 减速到 0.025 eV 的平均碰撞次数。

表 12.11 几种物质的 ζ 值和中子由 2 MeV 减速到 0.025 eV 的平均碰撞次数

物质名称	氢	钾	铍	炭	氧	铀
平均对数能降 ζ	1.000	0.268	0.209	0.158	0.120	0.008 38
中子的平均碰撞次数	18	67	86	114	150	2 172

从表 12.10 所列数据可见，轻原子核对中子的减速起主要作用，特别是氢，它和中子的质量几乎相等，中子和氢核每碰撞一次，大约要损失其一半动能，所以氢是快中子的最佳减速剂。水是由两个氢原子和一个氧原子组成的，所以水与土壤中其他组分相比是优良的快中子减速剂。土壤或材料中含水分多，对中子的慢化就快，因此可根据材料对中子的慢化程度来确定材料中的水分。图 12.19 表示不同水分时，热中子密度分布。

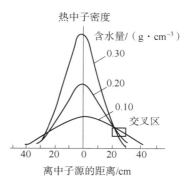

图 12.19 热中子密度分布

通常用中子指数来表示快中子在通过某些材料时的性能变化。在表 12.12 中列出了土壤和矿石中某些元素或化合物的中子指数。

表 12.12 某些物质中子指数

元素化合物	密度/(g·cm⁻³)	有效截面(靶)散射	有效截面(靶)俘获	慢化径迹/cm	散射平均自由行程/cm	热中子平均自由行程/cm	热中子平均存在时间/10⁻⁴ s	扩散距离/cm
H	0.089 8*	45	0.3	—	—	—	—	—
C	1.8	4.8	0.05	—	2.5	2 710	123	47.5
O	1.429	4.1	0.02	—	—	—	—	—
Na	0.9	3.5	0.5	—	11.7	82	3.7	17.9
Mg	1.7	3.6	0.4	—	6.5	58.5	2.7	11.2
Al	2.7	1.5	0.2	—	11	75	3.4	16.6
Sr	2.4	1.7	0.2	—	11.3	120	5.4	21.2

续表

元素化合物	密度/(g·cm^{-3})	有效截面(靶)散射	俘获	慢化径迹/cm	散射平均自由行程/cm	热中子平均自由行程/cm	热中子平均存在时间/10^{-4} s	扩散距离/cm
P	1.8	10.4	0.3	—	2.8	98	4.4	0.6
S	2	1.5	0.5	—	17.6	63	2.4	17.6
Cl	—	10	33	—	—	—	—	—
K	0.8	1.5	3.8	—	52	20.4	0.9	19
Ca	1.8	9.5	0.5	—	4.5	85	3.9	11.3
Mn	7.2	2.4	12.8	—	5.2	0.95	0.04	1.3
$CaSO_4$	3	27.4	1	27	2.7	74	3.4	8.2
H_2O	1	94	0.62	7.7	0.3	48	2.2	2.3
$2H_3O$	2.3	215.4	2.26	11	0.57	55	2.5	3.2
Fe_2O_3	5.1	34.3	4.8	34	1.5	10.7	0.5	2.3
Fe	7.9	11	2.4	—	1.1	4.0	0.2	1.3
$CaCO_3$	2.7	26.6	0.5	35	2.3	119	5.4	9.5
SiO_2	2.6	9.9	0.16	37	3.8	2.3	10.6	17
Al_2O_2	4	15.3	0.44	—	2.7	95.5	4.3	9.3

中子水分计有固定式和可携式两种。从中子源、被测物和探测器的几何布置，其可分为透射式和散射式两种。根据所测辐射，其可分为测超热中子的快中子——超热中子法、测慢中子的快中子——慢中子法、测俘获中子诱发 γ 的 γ 法，或者以上几种方法的结合，如测慢中子和俘获快中子诱发 γ 慢中子和快中子—— γ 法，并已研制了相应的仪器。

中子水分计所用的中子源有点源和环状源两类。环状源的中空部分用来放置探测器。源和探测器组合在一起，多数情况是用点源。^{241}Am – Be 源的强度一般不超过 3.7 GBq。

中子水分计所用的探测器，对于测 γ 辐射用 NaI(TI) 闪烁探测器，对于中子现在多用锂玻璃或者 BF_3 计数管、氦 3 计数管等。

中子水分计的体积不宜大、重量不能过重，所以要尽可能用低强度的中子源，但仍需有必要的防护。对于中子最好的防护材料是掺 3% ~ 5% 硼的聚乙烯，它可以使中子慢化并被吸收，同时它还可起到反射屏的作用，提高中子的利用率。对于 γ 辐射要用钨合金或贫化铀做屏蔽体，特别是在源和探测器间要

加这种屏蔽 γ 的材料。一般可携式中子水分计总重量在 10 kg 左右。

12.3 辐射效应应用技术

各种物质分子结构中化学键能一般仅几个电子伏，而放射性同位素发出的射线能量水平高达几千电子伏，甚至上百万电子伏。这就意味着物质中的分子在射线作用下，微观结构将遭受到严重影响，导致原子的价电子能量升至高能态水平（激发），或使价电子从原子中逸出（电离），宏观上表现为物质化学结构的改变，导致物质发生各种物理、化学和生物效应。这些效应构成了放射性同位素辐射在工业、农业和医学等领域中应用的基础。

物质出现上述效应与物质吸收射线能量的多少（剂量）有关，不同的剂量水平可能引出不同的物理、化学与生物效应。例如剂量为 0.01~10 Gy 的射线，作用于生物细胞，可能使其发生突变，抑制生长，甚至失去增殖能力，从而实现植物突变育种、控制昆虫的繁衍（昆虫不育），以及用于杀死人体癌细胞。剂量增至 $10^2 \sim 10^5$ Gy，则可抑制块根植物发芽，杀灭虫害与细菌，保藏食品，还有可能改变有机高分子结构，导致材料性质的改变（表 12.13）。

表 12.13 物质在 γ 射线作用下不同剂量的辐射效应与应用范围

剂量水平/Gy	$10^{-2} \sim 10^1$	$10^1 \sim 10^2$	$10^2 \sim 10^3$	$10^3 \sim 10^4$	$10^4 \sim 10^5$
辐射效应与应用范围	癌症放射治疗、植物突变育种、昆虫不育	抑制块茎植物发芽、杀死害虫	食品与农产品保藏、文物保存、商品养护、木材-塑料复合材料的合成	饮用水杀菌、废水处理、缓释药物（长效药物）制备、生物活性物质固定化、灭菌饲料加工、一次性医疗用品灭菌消毒、污泥处理高分子功能膜制备	聚烯烃热收缩材料交联、电线电缆绝缘层材料交联、聚四氟乙烯降解

实践表明，电离辐射技术在多个领域的应用有着自身的特点和优势，在某些方面难以用其他技术所取代。经过数十年的研究和开发，很多成果已实际应用在工业、农业和医学等领域，有些甚至成为高新技术产业化的内容，为改造传统产业，促进国民经济的繁荣和发展，保护环境，提高人民的生活质量做出了有益的贡献。

12.3.1 工业应用——辐射加工

电离辐射技术应用于工业领域最成功的例子就是 γ 射线的辐射加工。这种加工方式不同于常规加工的特点如下。

（1） γ 射线引发反应的过程是活性粒子生成的过程。这种过程与温度无关，因而辐射加工可在常温下，甚至低温下进行，有利于热敏材料加工。

（2） γ 射线具有很大的穿透性，可实现固相物质的反应与改性。

（3）物质的化学反应速度和产品质量可通过照射剂量率进行有效控制，因而操作简便易行。

（4）辐射加工无须在加工体系内加入催化剂和其他添加剂（如消毒剂等）就能满足工艺要求，因而产品纯净、无化学残留。

（5）加工过程高效快速，产率产量高。

（6）运行人员与生产线分离，有利于改善劳动条件。

（7）低能耗，无公害或少公害，有利于环保，实现资源高效利用。

由于辐射加工上述特点，因而这种加工方式在实现传统产业的技术改造，特别是在改善高分子材料的品质和性能或合成新型产品方面显示出强劲的技术活力。辐射加工（包括加速器的电子束加工），主要产品和服务项目包括：电线电缆交联绝缘层，发泡聚乙烯，热收缩管材与板材制品，木材－塑料复合材料，电池隔膜，建筑材料（石膏板、屋瓦、木材等）、钢板、软磁盘、高级纸张的表面涂装加工处理，表面活性剂，聚四氟乙烯降解产品，高分子絮凝剂，强力吸水剂，交联轮胎橡胶，文物保护，医疗用品消毒灭菌，辐照食品等（表 12.14）。其中放射性同位素辐照技术最有优势的项目是医疗用品的消毒灭菌、辐照聚合（共聚）、食品辐照等。

表 12.14 辐射加工的应用（产品与服务范围）

加工技术	应用范围
辐射交联	热收缩聚乙烯制品（管、带、膜）、泡沫塑料、电线电缆耐温绝缘层、汽车轮胎橡胶预硫化、超级耐高温碳化硅陶瓷纤维、天然橡胶乳液硫化
辐射聚合（共聚）	长寿命电池隔膜、纤维状高效吸收材料（气味过滤材料）、强力吸水剂、高分子絮凝剂
辐射降解	固体润滑材料（聚四氟乙烯降解树脂）
表面涂层固化	钢板表面涂覆布、摩托车部件表面涂装、建筑材料处理（石膏板、屋瓦、木材等）、涂层固化、印刷业（包装纸、纸盒、书籍封皮、胶版印刷）的应用 层压制品加工（软磁盘）、印刷线路基板、不干胶带、木塑制品（建材、文物保护）的应用

续表

加工技术	应用范围
消毒灭菌	注射器、手术缝线、人工脏器、实验动物饲料的消毒灭菌
食品辐照	后熟保鲜（水果、蔬菜）、杀虫灭菌（粮食、肉类、香料）
废气处理	火力发电站烟道气脱硫脱氧、城市焚烧炉烟气处理
着色加工	装饰品增值（珍珠、水晶、黄玉、玻璃等着色）

工业辐射源辐照技术应用于工业并取得工程化乃至产业化的效果的必备条件是：

（1）放射性同位素辐射装置；

（2）辐射工艺，包括物料的化学配方；

（3）过程控制与工序配置；

（4）技术经济分析。

其中放射性同位素辐照装置是实现工业应用的基础设施。辐射装置一般由辐射源、受照物品传输系统、安全系统（包括联锁、屏蔽等）、控制系统、照射室、源贮存室及其他辅助设施（如通风、仓库等）组成。其核心部分是辐射源与受照物品传输系统。

在辐射加工中用作辐射源的放射性核素主要有 ^{60}Co 与 ^{137}Cs。

目前 ^{60}Co 是使用最广泛的放射性同位素 γ 辐射源。^{60}Co 半衰期为 5.27 a，每年活度下降 12.6%，其 γ 射线的能量为 1.17 MeV 与 1.33 MeV。^{60}Co 的理论比活度可达 41.81 TBq/g（1 130 Ci/g）。目前工业用 ^{60}Co 辐射源比活度一般为 1.85 TBq/g ~ 3.7 GBq/g（50 ~ 100 Ci/g）。

^{60}Co 的 γ 射线虽具有极强的穿透性，然而 3.7×10^4 TBq（100 万 Ci）^{60}Co 所有 γ 射线所释放的功率仅为 14.8 kW，较之加速器的电子束小很多。

^{60}Co 辐射源的优势在于，辐照装置运行技术难度小，操作维修方便，不像电子加速器需专门备有技术人员维护和管理（表 12.15）。因而 ^{60}Co 辐照装置对于加工处理大体积、包装笨重的货品是很方便的（图 12.20），并且也适于小剂量持续辐照的场合。

^{137}Cs 是另一种可用作辐射加工的辐射源。^{137}Cs γ 射线能量较低，易于防护，可做成移动式的辐射装置。然而在同样功率下所需的 ^{137}Cs 的活度为 ^{60}Co 的 4 倍。目前自高放射性废物中分离 ^{137}Cs，按功率计算成本仍然较高。值得指出的是，^{137}Cs 的化学形态一般难于处理。如铯金属是易燃的，而大多数盐类都极容易溶于水。^{137}Cs 由于自吸收导致内热很高，辐射源元件放入水池中可能发生严重污染，因此高活度的 ^{137}Cs 辐照装置目前尚难推广。

表 12.15　^{60}Co 辐射源与电子加速器的性能比较

性能	^{60}Co 辐射源	电子加速器
能量	1.17 + 1.13 MeV	0.2 ~ 10 MeV
功率	15 kW/3.7 × 10^4 TBq	1.5 ~ 500 kW/台
剂量率	低（10 kGy/h）	高（10 kGy/s）
穿透深度	高（在水中 43 cm）	低（在水中约 0.35 cm）
能量利用率	低（≈40%）	10% ~ 90%
生产率	低	源强度可保持恒定不变
辐射源强度稳定性	辐射源强度随时间逐渐衰减，需定期补充（每年 12.6%）	源强度可保持恒定不变
辐射安全性	γ射线连续放射，废源、废物废水需处理	可根据情况启闭，停机后无放射性，辐射安全性好
操作维修	操作维修方便，技术难度小	技术难度大，需具有专门知识的工作人员运行维修

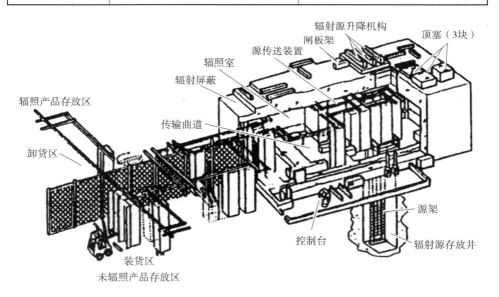

图 12.20　^{60}Co 工业辐射照置示意图

12.3.2　医疗用品灭菌消毒

医疗用品灭菌消毒过程，在原理上通常是采用一种或数种物理、化学或机械手段去破坏、杀灭和（或）清除医疗用品上的生物病原体，而对医疗用品本身并不造成损坏,达到卫生安全使用要求,预防疾病,避免交叉感染,以维护人体健康。目前常用的灭菌消毒方法有:①加热法;②化学法;③过滤法;④辐射法。其中加热法包括湿法加热(如高压蒸气)和干法加热(如烘箱处理)两种;化学法是使用具有杀灭细菌微生物能力的化学药品,如环氧乙烷(ETO)、甲醛等进行灭菌的。

辐射方法是近年来兴起的一种新型灭菌消毒工艺,目前在世界经济发达国家已突破技术、经济与心理障碍取得成功而形成产业。据预测,这种消毒灭菌方法将逐步取代常规的化学消毒方法,原因在于发现化学法所采用的消毒剂(环氧乙烷)具有强力致癌效应,而从医疗用品中去除这种化学残留物将大大提高产品成本,从而丧失市场的竞争能力。医疗用品辐射灭菌消毒的工作原理十分简单,就是利用放射性同位素 ^{60}Co 与 ^{137}Cs 的 γ 射线作用于微生物内部的 DNA(脱氧核糖核酸)、RNA(核糖核酸)或蛋白质等有机分子,使其发生化学键断裂、分子交联或碱基序列改变,从而使细菌、病毒、微生物死亡以取得杀灭病原微生物的效果。辐照灭菌方法快速、高效,2020 年以来,在对抗新冠肺炎疫情中发挥了巨大作用。

辐射灭菌消毒的医疗用品种类很多,包括金属制品、塑料制品,以及一次性使用的高分子材料医疗用品等共计上千种,如一次性使用的皮下注射器,注射针头,各种医疗用针,外科手术刀,骨锉,钻头,骨水泥,子宫避孕环,产科用具,输精管切除用具,黑塞尔式脐带夹,各种采血输血与输液用具,天然或合成手术缝合线,胶布,纱布,绷带,医用脱脂棉,卫生纸,罩衣,帽子,妇女卫生用品,儿童保健用品等。另外,某些生物组织与生物制剂,如心脏瓣膜、血管,神经末梢、角膜、骨骼、硬脑膜、腱、皮肤与血液衍生物、以及中西成药与化妆品也都可采用辐射消毒灭菌。"一次性使用"是第二次世界大战后出现的一种概念,即消毒灭菌医疗用品使用一次就予以丢弃,这样可大大减少人群中交叉感染的机会,从而降低发病率。

医疗用品辐射灭菌消毒较之常规的加热过程与化学过程有如下特点。

(1)冷消毒。辐射消毒不需加热,可在常温下灭菌,医疗用品受 γ 射线辐照 25 kGy,其温度仅增加几度(水中约为 6℃),因而特别适合一些热敏材料制作的医疗用品(如一次性使用的高分子材料注射器)、乳酸制品、生物制品、化妆品与药物等的灭菌消毒。

(2)消毒灭菌彻底。γ 射线穿透力强,杀菌全面彻底、是一种高效灭菌手段,甚至可杀灭密封包装内部医疗用品的病原微生物。辐射剂量为 1 ~

10 kGy，可使活的细菌、霉菌、真菌的数量减低到百万分之一；剂量再增高一倍，可使冷冻干燥的活细菌、真菌的数量减少到百万分之一；辐射剂量达到 10~40 kGy，可使病毒的数量减少到百万分之一；密封包装的医疗用品经辐射消毒后若不再次污染，其货架寿命几乎是无限的，因而特别适用于野外救护、流行病区与战备的需要。

（3）无污染。医疗器械经辐射消毒后无化学残留，消毒过程也不造成大气污染，因而有利于保护环境质量和工作人员的身体健康，同时对最终用户（患者）提供了可靠的卫生安全保障。

（4）工艺简便快速。辐射灭菌速度快，不存在热量对流和气体扩散问题，可连续作业，有利于实现工业规模的高效生产。辐射消毒过程稳定可靠，辐射源可根据要求安排生产，一旦物品包装、排布位置、传递方式与速度确定后，辐照时间就是唯一的控制参数。这一点与加热消毒及环氧乙烷消毒需对温度、湿度、真空度、压力、时间、浓度、包装和其综合因素进行"综合控制"相比，工艺异常简易，操作十分方便。因此辐射消毒技术从这层意义上讲具有"低技术"的特点，有利于在发展中国家与边远落后地区推广普及。

（5）节约能源，处理费用较低。辐射灭菌的能源消耗与加热法和化学法之比约 1:40~1:200。

γ 射线灭菌的过程就是不断给予被灭菌产品一定的辐射能量的过程，在这个过程中主要控制的一个参数即灭菌剂量或辐照时间。同时，灭菌的效果还与产品的初始污染菌数、辐照剂量率、环境温湿度、产品中吸收剂量的均匀度等参数有关。其中，吸收剂量率与产品到源中心的距离平方成反比，剂量的均匀度与产品的密度和产品箱体的大小有关。此外，温湿度与细胞对辐射的耐受性有关，较高的温湿度有利于辐射灭菌。

在辐照灭菌工艺中，使产品微生物含量达到卫生标准所需要的最低辐射剂量称为产品的灭菌剂量。辐照灭菌的对象一般为产品上的菌落总数或某个特定菌种如大肠杆菌、霉菌、沙门氏菌等。医疗用品的灭菌要求杀灭产品上的所有微生物，因此灭菌对象仅为产品的初始污染菌（菌落总数），一般采用国际标准 ISO 11137—2 中的方法设定其灭菌剂量。当前，我国医疗产品辐照灭菌的国家标准为 GB 18280—2015 医疗器械辐照灭菌 - 辐射。

2021 年，在对抗新冠肺炎疫情过程中，中核集团率先组织国内相关单位共同开展冷链食品新冠病毒防控辐照消毒技术攻关，开展了系列辐照灭活工艺实验，实验结果表明较低的辐射吸收剂量就可以达到灭活效果，且对食品安全不构成影响，根据该研究初步结果，辐照技术有望用于进口食品新冠病毒消杀的工业化应用，为打赢后疫情防控战持续提供技术支撑。

12.3.3 有机高分子材料改性

电离辐射强烈的化学效应可导致有机分子的聚合，接枝共聚、高分子化合物的交联与降解等。这些特有的辐射化学效应为传统制造行业的工艺改进，以及保证材料品质满足使用要求提供了可能性。有机高分子聚合物在 γ 射线的作用下可使大分子之间发生化学键搭桥形成三维网状结构（辐射交联），或使聚合物"嫁接"上另一种聚合物，形成聚合物"合金"，从而显著改善材料的使用特性，甚至赋予材料一些新性能。

当前通过 γ 射线处理浸渍有机单体的木材可得到木（材）– 塑（料）复合材料。这种新型复合材料硬度高（比原木材高 2~4 倍），耐磨性好，吸湿性小，尺寸稳定，加工后表面光滑，可保持木材的天然纹理和色泽，并且还具有良好的防火消烟性能，因而特别适合诸如宾馆，机场、剧场、商店，舞厅等一类公共场所用作地板、栏杆与扶手。此外，这种复合材料还可用于制造枪托、弓、高尔夫球棒和高级家具等，类似的技术推而广之，可利用水泥、玻璃、石膏粉、金属氧化物、煤炭，矿渣，以及珊瑚等原料制成各种水泥 – 塑料，玻璃 – 塑料，粉末体 – 塑料等复合材料，其中粉末体 – 塑料复合材料俗称"塑木"，具有良好的加工性能，极类似于木材。这类复合材料不仅改善了原有材料的性能，同时由于可采用劣质木材代替优质木材或直接利用废物，从而有利于环境保护。

在聚合物薄膜上通过辐射接枝各种水溶性单体，可制成具有特殊选择功能的薄膜，其中电池隔膜的制造就是一种成功的例证。目前这一技术正扩展到生物医学功能材料，生物功能物质（如酶、药物，激素、维生素、叶绿素、病毒、细胞、微生物等）的固定化，以及亲水聚合物凝胶（水凝胶）等材料的开发上。

聚烯烃材料的辐射交联一般都由加速器的电子束承担，主要原因在于 γ 射线辐照的剂量率远低于电子束。然而一些异形材料（如热收缩异形管套与薄壁电线电缆）的加工有时也求助于 γ 射线辐照。热收缩材料在加热时具有收缩性能，可紧密包覆在物体表面，故能起到绝缘、防潮、密封、保护和接续作用，广泛用于电力与通信工程等领域。这种材料的热收缩性能是聚乙烯在辐射作用下交联产生的"形状记忆效应"引起的。

12.3.4　放射性同位素光源

当放射性同位素发出的射线作用于发光基体（又称磷光物质）的原子（或分子）时，会引起电离或激发，当处于激发态或电离的原子（或分子）重新回到基态或复合时会产生荧光。利用射线的这一特征可制成"永久发光粉"。这种用射线激发的发光粉与普通光源激发的"暂时发光粉"相比发光时间较长，但是也有一定的寿命。随着放射性同位素的衰变和发光基体材料的分解，亮度会逐渐减弱。通常其使用年限为几年至十几年。

考虑到发光光源的使用寿命、辐射屏蔽和安全防护等问题，早期发光粉曾用 ^{226}Ra 与发光基体混合制成，以后逐渐被毒性小、易防护和价格低的 β 发射体，如 ^{3}H、^{85}Kr 和 ^{147}Pm 等所取代。α 粒子由于电离作用太强，发光基体材料容易分解，致使亮度下降较快，现已很少采用。

就发光基体材料而言，硫化锌型性能最佳，发光效率高，稳定性好，使用期也长。发光颜色随添加的金属离子不同而改变。如硫化锌/铜发出绿色光；硫化锌/银发出蓝色光；硫化锌/锰发出橙色光。放射性自发光光源主要分为两类，即粉状光源和气体光源。

1. 粉状光源

放射性物质和磷光物质均以粉末状形式混合（黏结剂根据需要与否加入）。目前最常用的有 ^{147}Pm 发光粉和 ^{3}H 发光粉。

1）^{147}Pm 发光粉

^{147}Pm 属纯 β 发射体，物理半衰期为 2.62 a，生物半衰期仅 45 d。由于 β 射线能量较低（0.224 MeV），防护比较容易（试验表明：0.1 g/cm^2 的任何物质即可把大部分 β 射线吸收），因此，透过 0.5~1 mm 的仪表盘玻璃的辐射能均在允许标准之下，用 ^{147}Pm（Pm$_2$O$_3$）做激发光源，采用硫化锌/铜发光基体材料制成的发光粉是一种黄绿色粉末（粒度在 20 μm 以下），在黑暗处发出黄绿色光辉（波长为 510~520 nm），具有很好的抗光辐射分解的性能，发光十分稳定，且不受外界条件影响。

2）^{3}H 发光粉

^{3}H 也是 β 发射体：β 粒子能量很低（0.018 6 MeV），半衰期较长（12.3 a），因此最大优点是使用寿命长。^{3}H 发光粉通常由氚化苯乙烯与 ZnS/Cu 粉末混合制成。选择合适的工艺条件和催化剂，使合成的氚化苯乙烯含更多的氚原子。

氚的利用率越高，制成的发光粉发光效果越好。除氚化苯乙烯外，还可制成其他含氚原子比例大、稳定性好的氚化物。

2. 气体光源

气体光源又称原子灯，目前用得最广的是 ^{3}H（氚）灯和 ^{85}Kr（氪）灯。

1）^{3}H 灯

若将发光基体材料涂在玻璃灯泡内壁，抽成真空后充入放射性气体氚，经封接后即可制成氚灯。氚灯的亮度与充入的氚量和所涂发光粉的厚度及面积有关。氚灯使用温度为 $-60 \sim +70$ ℃。

2）^{85}Kr 灯

^{85}Kr 是一种惰性放射性气体，它也是 β 发射体（β 粒子最大能量为 0.687 MeV），伴生的 γ 射线只有 0.4%，只要略加防护就不会对人体造成危害。特别是 ^{85}Kr 半衰期较长（10.75 a），又是从核裂变气体中回收的一种副产品，价格较便宜，因而可制成比较理想的原子灯。氪灯的制造过程类似于氚灯，使用温度在 $-50 \sim +50$ ℃。

3）同位素光源的应用

β 射线激发的粉状光源属于一种微光源，特别适用于夜视条件下的照明。由于具有很好的隐蔽效果，其可用于某些特殊用途，如用在飞机、潜艇、坦克等仪器仪表盘上，也可涂在枪、炮等武器的瞄准器上，还可作为高速公路、消防、放射性安全及禁令等标志。此外，目前其还大量用于时钟和手表的面盘和指针上。

原子灯由于不需要外部电源就能自动发光，使用寿命又较长，不用维修，且可在恶劣环境下正常工作，因而特别适用于易燃易爆仓库、地下矿井、坑道的照明和安全标志，以及公路、铁路、航海、航空的信号灯等。

（唐显）

12.3.5 食品保藏

自古以来，人类就采用了各种方式贮藏和保存农产品、水产品、畜产品和其他各类食品，其中包括干燥、腌制、烟熏、发酵、泡制、罐装、冷藏、糖渍以及化学防腐剂的应用等。现代社会更是依靠"冷链"（冷库、冷藏运输、冷藏货架、家庭冰箱）作为食品保藏的常规手段。然而值得注意的是，食品的冷藏降温除消耗巨大的能源外，对细菌微生物只是起到暂时抑制繁殖的作用，并未杀灭，因此肉类与家禽中的沙门氏菌污染仍然是冷藏食品的一大危害。农产品（包括水产品）由于受到微生物，特别是致病菌与寄生虫的污染，已成为当前人类食源性疾病的主要根源。然而采用射线对食品进行加工处理，有可能为消除这一危害做出贡献，成为食品保藏的一种切实可行的选择。

食品的辐射保藏原理是基于放射性同位素发出的射线（γ射线）对食品进行照射而引起一系列化学或生物化学反应，达到抑制农产品发芽，推迟水果后熟，杀灭食品中的害虫、细菌和各种微生物，以及延长食品货架期的目的。

目前食品辐照保藏技术根据不同的目的要求已在广泛的辐射剂量范围内开展了多种多样的应用（表12.16），并逐渐为广大消费者所接受。

表12.16　食品辐照的应用范围

分类	目的	剂量/kGy	产品
低剂量 （到 1 kGy）	1. 抑制发芽 2. 杀灭昆虫和寄生虫 3. 延缓生理过程	0.05～0.15 0.15～0.20 0.40～1.0	马铃薯、洋葱、大蒜； 鱼干和肉干、鲜猪肉等； 新鲜水果和蔬菜
中等剂量 （1～10 kGy）	1. 延长货架期 2. 去除腐败微生物与病原微生物 3. 改善食品的工艺性质	1.5～3.0 2.0～5.0 2.0～7.0	海鲜、草莓等； 海鲜、冷冻水产品，未加工与冷冻的家禽与肉等； 葡萄（增加葡萄汁产额）、脱水蔬菜（缩短烹调时间）等
高剂量 （10～50 kGy）	1. 商业灭菌消毒（结合温热环境） 2. 消除某些食品添加剂和调味品中的污染	0～20	香料、酶制品、天然植物胶等

食品的辐射保藏技术较之现行的常规食品加工技术具有如下一些特点。

（1）冷加工。食品辐照是在常温下进行，属于"冷加工"。因而这种加工方式可以保持食品原有的色、香、味和新鲜度。即使是冷冻食品也能进行辐照处理。例如对冻猪肉进行辐照，可杀灭其中的旋毛虫之类的寄生虫。

（2）节省能量。由于食品辐照是一种冷加工处理，因而在能耗上远远低于其他的食品加工方法，有利于节能。

（3）适用性广。食品经射线在不同的剂量条件下照射；可以取得不同的处理效果。例如，食品保鲜、延长货架寿命，推迟水果后熟，减少腐烂损失，控制虫害，抑制发芽，有效地杀灭致病菌和腐败菌以及改善食品质量等。任何一种现有的食品处理方法看来都没有这样广泛的适用性。

（4）易于实现生产规模化。食品辐照操作简便、效率高，适于大规模连续作业，易于实现工业化。

（5）电离辐射穿透能力强。γ射线穿透能力强，不但能杀死食品表面的微生物和害虫，而且还能杀死食品内部的微生物和害虫。食品辐照提供了食品包装后再进行处理的方便程序，这样就可能消除在食品生产和制备过程中严重的交叉污染问题。

这里应当特别指出的是，可通过辐照控制微生物引起的食品腐败与食源性疾病的传播。由此，食品辐照根据杀菌的程度而具有三个档次。

（1）辐射选择性减菌，俗称部分杀菌，即对食品中的腐败微生物进行某种程度的控制，以保证食品的鲜活度，延长货架期。

（2）辐射针对性杀菌，完全杀灭食品中特定的病原微生物（如沙门氏菌），以确保食品卫生质量，预防食源性疾病传播。

（3）辐射灭菌，即完全彻底灭菌，杀灭食品中存在的所有微生物（除病毒外），以防止任何微生物引起的腐败和毒素。这种辐照食品是一种绝对灭菌的食品，包括杀灭对辐射耐受力极强如芽孢一类的病原体。

绝对无菌食品为提供某种特殊消费群体的需要创造了条件，如为器官移植病人、大面积烧伤患者以及宇航员等提供难以引发病原感染的食品。

总之，食品的辐射保藏丰富和完善了人类传统的食品加工与保藏技术，有助于减少食品损耗，防止食源性疾病的传播，并有利于食品进出口检疫，从而促进国际食品贸易的开展，为提高人类的生活质量与建立"绿色食品工程"做出贡献。

12.3.6　放射性静电消除

静电是工业生产与日常生活常见的自然现象。静电的积累有时干扰工作人员的正常活动（电击），限制常规设备的运行速度，导致生产效率下降、产品质量得不到保证；有时静电甚至可能引起危害（如火灾和爆炸），造成人员伤亡和财产损失。为此，消除静电的干扰和危害在一些特定的场合显得十分必要和迫切。

放射性静电消除就是利用放射性同位素在衰变时发射的带电粒子（主要为α、β粒子）与空气相互作用产生的物理效应，使空气分子电离，从而达到消除静电的目的。

放射性静电消除器主要由放射源、不锈钢托架与金属保护网组成，结构十分简单（图 12.21），放射源主要采用 ^{210}Po、^{238}Pu、^{239}Pu 和 ^{241}Am 等发射 α 粒子的核素，也可采用如 ^{204}Tl、^{147}Pm、^{90}Sr－^{90}Y、^{85}Kr 与 ^{3}H 一类发射 β 粒子的核素。为有效消除静电，α 放射性静电消除器的安装位置一般应靠近带有静电物体的表面。静电消除器中的 α 粒子电离空气产生正负离子时，形成高密度的离子氛围。此时，带有静电的物体与静电消除器之间的电场将使离子云分布发生变化。最后的结果是，带有静电的物体受到空气中电荷相反离子的中和而消除静电。

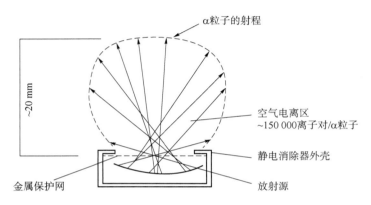

图 12.21　放射性静电消除器

放射性静电消除器有条形、环形、盒式与离子风等各类产品。条形静电消除器主要用于纺织、造纸、印刷、橡胶、塑料、胶片等行业，以消除平面材料中的静电。对于塑料管生产与粉状物（如味精、洗衣粉与火药等）操作则宜采用环形静电消除器。有些工艺过程或运行装置由于难于靠近，可采用离子风消除静电。离子风放射性静电消除器，就是将电离的空气借助压缩空气或鼓风机吹送到距离较远的带有静电的原材料或产品表面，可取得静电消除与除尘的双重效果。

12.3.7　农业应用技术

1. 农作物的突变育种

农作物优良品种选育与推广，是实现农业可持续发展战略的重要一环，有助于提高农作物的产量、改进品质、增强抗逆性等，以满足人类对农产品日益增长的需求，农作物新品种的常规选育一般多采用传统的系列选育与杂交选育。然而随着核技术与分子生物学的发展，采用电离辐射（γ 射线、中子等）诱使农作物遗传物质发生改变，可导致植物性状的突发变异，然后通过适当的选择和培育，稳定这一遗传突变的特性，最终达到改良作物品种或创造出新品种的目的。这种先进的人工诱变技术称为辐射育种。

在辐射育种中，电离辐射直接或间接作用于生物细胞的遗传物质。这种作用是极为深刻的，导致基因中脱氧核糖核酸结构的变化，出现染色体断裂、重排、畸变（如缺失、重复、易位、倒位等），宏观上显示出生物体的变异。辐射育种的原理不仅可用于农作物品种的改良，而且还可以诱发桑蚕、牲畜、观赏植物及微生物品种的变异，从而丰富和扩大农业育种的内容。

辐射育种较之于其他传统的育种方法，特别是杂交育种，有以下特点。

（1）提高突变率与扩大变异谱。辐射育种的突变率显著高于自然界中发生的自然突变率，一般为几百倍或几千倍，理想的甚至达到10万倍。此外，辐射育种还能扩大变异谱，拓宽突变范围，创造出具有全新植物性状、自然界不存在的突变体，从而丰富种质资源库。

（2）打断性状的紧密连锁，实现基因重排。在杂交育种中，同一亲本的两个性状（如抗病、籽粒小）会同时出现于杂交后代的同一个体中，表现为性状联系的紧密连锁，这种连锁给杂交育种带来很大障碍。高能射线可使同时反映两个性状紧密排列的两个基因发生断裂，实现基因重排，从而打断性状间的紧密连锁，取得既抗病又大粒的高产植株。

（3）变异稳定快，育种年限短。辐射育种改良植物品种的个别性状年限短，选育推广速度快。一般杂交育种要经过7～10代才能稳定变异，需6～7年才能育成一个品种。而辐射育种所选出的优良变异植株，一般在3～4代即可稳定，可在3～4年育成一个新品种。

（4）改变作物育性，促成远缘杂交。高能射线可改变作物的育性，有助于雄性不育的应用。高能射线还能促使原来不育的作物恢复可育性，为寻找和配制雄性不育系统的恢复提供了新途径。此外，高能射线可克服植物远缘杂交亲本间的不亲合性，促进受精结实，达到创造新的优良品种的目的。

（5）增强品种抗逆性，提高作物品质。辐射育种在短期内保持某一品种的优良特性的同时，还可进一步克服作物的内在弱点，如高秆转变为矮秆（抗倒伏）、迟熟变为早熟、改善抗病能力、提高蛋白质比重和其他品质：

应当指出的是，我国辐射育种的成果在世界上占有重要地位。无论是育成品种还是推广面积，均居世界前列，我国自20世纪60年代中期第一批辐射诱变作物品种问世，至1998年，已在40多种作物上育成了531个优良突变品种。取得可观的经济效益，投入、产出比十分诱人。目前改良品种正由水稻、小麦、玉米、棉花4大类作物逐步向经济价值较高的蔬菜、水果、观赏植物扩展，我国辐射育种的实践与成果为我国农业，特别是农作物产量的持续增长做出可贵的贡献。

为了进一步扩大与深化辐射育种的成果，今后这一技术的总发展趋势是，诱变对象日趋广泛，可供育种的材料多样化；育种目标转向稀有突变的诱发（品质和抗病能力）；重视突变体的再利用，丰富植物种质资源；同时深入开展基础研究，为定向育种扩大基因突变提供理论依据。特别值得提到的是，一些措施的综合运用，如使用化学诱变剂，引入植物激素等一类生理活性物质，结合离体组织培养，甚至加上物理诱变因素——宇宙射线与微重力（航天育种）有可能进一步提高辐射育种的效率，并加速育种进程。

2. 防治虫害

在国民经济发展中，虫害常对农业、林业和牧业造成相当严重的危害。为此，曾经采用过多种防治手段。例如，从原始的人工捕杀到现代的化学、物理与生物防治，特别是高效化学杀虫剂的使用一度取得过显著的经济效益，然而也给农业生态带来新的问题（农药化学残留、害虫抗性增加、天敌死亡等）。

电离辐射用于防治虫害，在于其生物效应在高剂量时可直接杀死害虫，或在适当剂量时导致昆虫生殖细胞受到损害，丧失延续后代的能力（遗传不育），从而使害虫不能完成世代交替，达到防治目的。辐射防治害虫，特别是昆虫辐射不育技术是一种"以虫治虫"的生物防治方法，对人类的生态环境不产生消极影响。辐射不育与传统的生物防治法不同，它不是借助天敌或抑制物（如细菌微生物、病毒、抗生素等），而是利用害虫本能具有延续种族的特性来取得消灭害虫的效果。

辐射不育技术须人工大量饲养设定的防治对象（某种害虫），并在该种昆虫某一虫态通过一定剂量的 γ 射线处理，使其既保持正常生命活动和寻找配偶的能力，而在交配后却又不能繁衍后代，即处于一种不育的状态。这些害虫在危害严重的地区多次大量释放，导致自然种群数量不断减少，最后在该地区被完全消灭。

昆虫辐射不育技术在世界发达国家已进入实用化阶段，研究防治的害虫对象超过 100 种（包括一些属于卫生领域的昆虫，如蚊子等），其中 30 多种正在进行中间试验或已实地应用于大面积消灭害虫。国际原子能机构已将害虫辐射不育技术作为援助项目，向发展中国家推广应用，以根除一些造成严重危害的有害昆虫。为了有效地运用辐射不育防治害虫，必须对防治对象的生态、分布与迁移、繁殖行为、交配能力、生活习性等情况进行全面的了解，以确立不育昆虫的照射虫态、照射剂量、饲养与释放方法以及效果评价等。就当前情况而言，辐射不育在灭绝双翅目昆虫成功的事例较多（如螺旋蝇、地中海果蝇、采采蝇等），这是因为双翅目昆虫具有生活能力强、不需很高的剂量即可诱发不育、食性相对专一、操作简便、易于大量饲养等有利因素。

辐射不育相对于其他害虫防治技术具有如下特点。

（1）无环境污染，有利于生态平衡。辐射不育是一种生物防治方法，无化学残毒，对农作物与生态环境完全没有影响，并且不危害人畜、野生动物、害虫天敌和有益昆虫，是一种十分安全卫生的防治方法。

（2）专一性强，目标明确。只防治一种特定的昆虫，对其他昆虫不会造成伤害。

（3）防治持久而彻底。辐射不育可在大面积范围内灭绝一种害虫。如果不再从其他地区迁入这种害虫，就可长期保持农作物（以及畜、林）免遭侵害。

（4）特殊效果。对自然隐蔽性强（有钻蛀习性）的害虫、已产生抗药性的害虫，或一般防治有困难的害虫，采用辐射不育可以取得特殊效果。

（5）经济效益显著。由于防治效果持久，而且具有可能达到灭绝根除害虫的目的，因而受益具有长期性。例如螺旋蝇的防治与根绝，辐射不育的技术效益与成本之比可达到 50:1。

（6）一次性投资高。昆虫辐射不育需要人工饲养大量昆虫，并进行大田或野外释放。饲养过程中的人力，物资与装备（饲料、辐射源等）花费以及释放的运输设备、人员投入都很大，然而从长期取得的效果权衡，启动资金的大投入是有价值的。

辐射不育技术并不是辐射防治虫害的全部内容，电离辐射还可以直接杀灭害虫，以控制虫害对食品、中草药、商贮物品（如贵重兽皮衣物、各类雕刻工艺品、精制竹制品、羽制美术品、文物典籍等）的侵蚀，从而实现商品的辐射保藏和养护。

12.3.8 医学应用技术

电离辐射与物质相互作用的生物学效应，为放射性同位素在医学治疗中的应用开辟了广阔的前景。事实上，放射性同位素目前在临床上已成为一种有效手段，用于治愈疾病或控制症状。

放射性同位素治疗疾病一般采用两种方法，即密封源治疗与开放源治疗。密封源治疗，就是将放射性同位素封闭在包壳或覆盖层内，通过射线辐照病变组织（外照射）实现疾病治疗。开放源治疗是将放射性同位素制成药物直接引入人体，选择性地聚集在体内病变部位，通过内照射使病变组织受到抑制或破坏，起到治疗疾病的作用。

这种采用放射性对疾病进行治疗的技术，给患者带来的利益远远超过射线可能产生的危害，因而其正当性与合理性是不言而喻的。为了保证患者放射治疗的有效性，应充分考虑整个治疗的最优化，即保证病变组织受到定量的照射，又要使正常组织所受照射减少到"可以合理达到的尽可能低的水平"。

1. 远距离 γ 射线治疗

远距离 γ 射线治疗是采用放射性同位素密封放射源的 γ 射线对深部癌肿施行的治疗。将密封放射源（^{60}Co 或 ^{137}Cs）装在治疗机内，活度为 111~444 TBq（3~12 kCi），使射线束集中照射病变部位。

2. γ 刀治疗

γ 刀治疗机实际上是一种采用多个密封放射源，经过精心排布对病灶具有治疗效果的辐照装置。该装置虽然不动刀、不见血，无创伤，但可取得与外科手术开刀同样的效果，因而俗称"γ 刀"。

γ 刀治疗机的外观示于图 12.22，其中关键设备是准直器头盔与辐射装置。200 多个 ^{60}Co 密封放射源（数量视机种不同而异）在一半球面上排列分布成 5 行，各路 γ 射线通过准直孔呈细束汇集到焦点。当焦点剂量达到一定强度时，可一次性毁损病灶（如颅内肿瘤细胞），而对周边正常组织没有损伤，并取得满意的治疗效果，在治疗时患者病灶部位置于准直器头盔中心点，开启屏蔽门，滑动床推移病人，保证准直器头盔与辐射装置准直器两者对中。这时病人便处于定时定点辐照治疗状态。

目前 γ 刀治疗机多用于颅脑疾病治疗，如脑血管畸形、小良性肿瘤、转移性恶性肿瘤、功能性疾病等，而外科手术在治疗颅内深部肿瘤时由于开刀切口创伤较深，精确度较差，易于伤害面部神经，疗效并不理想。

3. 近距离放射治疗技术

近距离放射治疗是把密封源紧贴或靠近病变部位进行外照射治疗。这种治疗分为腔内治疗、间质治疗和浅表治疗。

1）腔内治疗

专门制作的密封放射源可以插植入体腔内（如子宫、鼻咽、食道、胆管、膀胱、尿道、直肠与阴道等）病灶，实现近距离外照射以取得针对性治疗效果。这一治疗方式对治疗子宫颈癌的效果特别显著。常用的放射源有 ^{226}Ra、

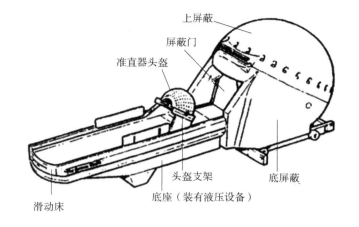

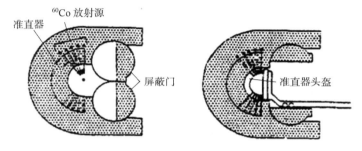

图 12.22　γ 刀治疗机外观与内部照射结构示意图

^{60}Co、^{137}Cs 与 ^{192}Ir 等源。近年来，临床上采用"后装"技术，使腔内放射治疗更为安全可靠。这种远距离控制的后装放射治疗机是将治疗头（或称施用器）先行定位于病灶，然后再把密封源（球粒状）送入治疗头，定时近距离照射，集中杀伤癌细胞。医务人员在准备工作（定位）完成后进入控制室而不受照射，患者在治疗室内自动按程序接受治疗，程序完成后，密封源退回贮存室。整个过程自动或手动控制，运行井然有序，因而对患者治疗与医务人员准确操作都取得了良好效果。

2）间质治疗

根据治疗的需要，密封源可以制成不同的形状，如细棒状、针状或哑铃状与颗粒状（称为种子源），按照所设计的几何布置直接插植在人体癌瘤部位，使靶区受到均匀的辐射剂量，或施用在肿瘤的表面。间质插植既可以是暂时性的，也可以是永久性的。暂时性插植治疗通常使用 ^{60}Co 或 ^{137}Cs 硬针直接插植肿瘤组织内，也可使用可任意弯曲的 ^{182}Ta 或 ^{192}Ir 金属丝，或通过顶设空心塑料管插植。永久性插植一般多用半衰期较短的密封"种子源"，如粒状 ^{198}Au 或 ^{125}I

源植入组织中。当前间质治疗主要用于口腔肿瘤，同时也用于乳房、胰腺、肛门、直肠、膀胱、前列腺、肾、脑、肺等软组织的癌症治疗。

在腔内治疗与间质治疗中，^{226}Ra 是早期使用的唯一核素，现已很少使用。主要原因在于 ^{226}Ra 毒性大，衰变产物为放射性气体 ^{222}Rn，易泄漏，存在一定的潜在危险性。^{192}Ir 密封源，其 γ 射线能量较低，易于屏蔽，在治疗应用中日益普遍。值得注意的是，新近开发的 ^{252}Cf 密封放射源具有腔内治疗与间质治疗的应用潜力。^{252}Cf 自发裂变发射中子的这一特性为杀伤耐辐射癌细胞的近距离治疗提供了新的可能性。

3）浅表治疗

为了治疗浅表恶性疾患（例如皮肤癌与眼科恶性肿瘤），采用各种形状的 β 密封源——敷贴器最为合适。常用的放射性同位素是 ^{32}P 与 ^{90}Sr/^{90}Y。^{32}P 由于半衰期较短，故磷 32 敷贴器一般都是临时制作。^{90}Sr 皮肤敷贴器一般制成圆形、正方形或长方形，活度为 185~1 850 MBq。眼科敷贴器制成凹球面，活性区在球面、环状或偏离球面的中心处；有的敷贴器正反两面都可发射 β 射线。鼻咽部敷贴器是探针状，^{90}Sr 的活度可达 3.7 GBq。治疗视网膜母细胞瘤和黑色素瘤常用 ^{60}Co 眼科敷贴器，因为这些肿瘤的生长部位较深，需用能量较高的 γ 射线照射。

12.4 衰变能利用技术

放射性核素射线能量的利用是放射性同位素应用的一个重要领域。放射性同位素在衰变时放出的射线作用于物质时，其能量可以转换成热能、电能或光能。其中热能也可通过某种换能机构进一步转换成电能。

放射性同位素电源又称核电源，是利用各种能量转换方式将同位素衰变释放的能量转变成电能的装置。除热转换型（如温差型同位素电源）外，还有多种非热转换型同位素电源。非热转换型同位素电源是将放射性同位素放射出来的高速带电粒子的动能直接转变成电能，或利用射线使物质产生电离的次级效应而转变成电能的装置，非热转换型同位素电源又分为初级核电源、次级核电源和三级核电源三种。

静态换能同位素电源的最大特点是无转动部件。其中热电型较为成熟，已经实用化，而热离子型（其原理类似真空二极管）由于制造难度大，至今未投入实际应用。

动态换能同位素电源是一种间接热电转换型电源，即先将热能转换为机械能，再由机械能转换为电能的一种循环动力系统。在这类发电装置中研究较多的有布雷顿循环、兰金循环和斯特林循环，它们之间的区别在于：布雷顿循环利用的载热物质是惰性气体（通常是 Ar），经加热后推动涡轮机，再带动发电机发电；兰金循环的载热物质一般为液态金属（如汞或碱金属）或有机物质，经同位素热源加热液态物质，使其变为蒸汽推动涡轮机发电；斯特林循环虽然也采用气体做工作流体，但不通过旋转式的涡轮机，而采用往复式的可逆发电机发电。采用这类换能器可将能量转换效率提高至 20%~40%。

为了提高同位素电源的热电转换效率，美国在使用和改进同位素温差发电器的同时，于 1988 年开始进行动态同位素发电系统（DIPS）工程单元的设计和论证，该计划将通用同位素热源和封闭的布雷顿循环（CBC）能量转换体系相结合（图 12.23）可提供一种高比功率（7~9 W/kg）、小面积（1.8~2.7 m^2/kW）、长寿命（10 a）和可靠性好的发电体系。该体系仍利用 ^{238}Pu 做热源、加热布雷顿循环体系中的氦–氙工作流体，提供的功率范围为 5~10 kW，热电转换效率可达 26.2%，能为众多的和潜在的空间应用服务。

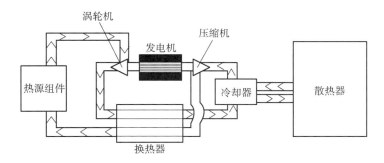

图 12.23　同位素动态发电系统结构示意图

同位素电源的研制开始于 20 世纪 50 年代中期，美国曾制定了 SNAP。之后，苏联、英国、法国、联邦德国、加拿大和我国相继投入了研制工作。近半个世纪以来，静态温差型同位素电源在空间、海洋和陆地获得了广泛应用。

（张海旭）

第 13 章
放射源的辐射防护

第 13 章 放射源的辐射防护

13.1 放射源制备中的辐射防护

放射源或射线装置在体外对人体造成的辐射称为外照射，具有外照射意义的电离辐射主要有 X 射线、γ 射线、β 射线和中子射线。相对于外照射而言，进入人体内的放射性同位素对人体产生的照射称为内照射。通常对于 X 和 γ 射线来说，因穿透能力强，内照射与外照射危害差别不大。而对 α 射线和 β 射线，其穿透能力弱，电离能力强，在人体内危害大，因此内照射主要针对发射 α 射线或 β 射线的放射性物质。在放射源制备过程中，需要考虑如何有效地防护外照射和内照射，以保证工作人员的安全。

将放射性物质严密封闭于容器中的操作，称为封闭型操作；放射性物质有可能扩散到环境中的操作称为开放型操作。封闭型操作中的防护问题主要是外照射防护；开放型操作中的防护问题主要是防止摄入造成的内照射防护，同时也常伴有外照射防护问题。

在辐射防护中常用粒子注量、注量率、照射量、照射量率来描述辐射场特性，用吸收剂量、吸收剂量率、剂量当量和当量剂量率来评价生物组织（物质）吸收电离辐射能大小、引起或可能引起的生物效应状况。

辐射防护中常用于屏蔽计算、剂量评估和环境放射性水平检测的物理量是剂量当量。一般来说，某一吸收剂量产生的生物效应与射线的种类、能量及照射条件有关。即使受相同数量的吸收剂量照射，因射线种类和照射条件不同，其所致的生物效应无论其严重程度还是发生概率都是不同的。为了统一表示各种射线对机体的危害程度，采用了剂量当量的概念，使加权修正后的吸收剂量能更好地与辐射所引起的有害效应联系起来。其在组织内关注点的剂量当量计算公式为

$$H = DQN \tag{13.1}$$

式（13.1）中；H——剂量当量，Sv；D——吸收剂量，Gy；N——所有其他修正系数乘积，ICRP 指定 $N=1$；Q——品质因数，品质因数与照射类型、射线种类的关系见表 13.1。

表 13.1　品质因数与照射类型、射线种类的关系

照射类型	射线种类	品质因数
外照射	X、γ、电子	1
	热中子及能量小于 0.005 MeV 的中能中子	3
	中能中子（0.02 MeV）	5
	中能中子（0.1 MeV）	8
	快中子（0.5~10 MeV）	10
	重反冲核	20
内照射	β^-、β^+、γ、e^-、X	1
	α	10
	裂变过程中的碎片、α 发射过程中的反冲核	20

13.1.1　外照射

1. 外照射防护基本方法

1）时间防护

时间防护是以减少工作人员受照射的时间为手段的一种防护方法。在一定照射条件下，受照射的总剂量与受照时间成正比，照射时间越长，受照剂量就越大。因此在满足工作需要的条件下，应尽量缩短受照时间。

2）距离防护

外照射剂量直接与距离辐射源的距离相关。对于一个点源来讲，照射剂量与该点离源的距离平方成反比。这就是说，距离增加一倍，照射剂量则将降为原来的 1/4。在非点状源时，照射剂量虽然不再与距离成简单的平方反比，但也总是随着距离的增加而减小。

3）屏蔽防护

屏蔽防护是在辐射源和工作人员之间设置由一种或数种能减弱射线的材料构成的物体，从而使穿透屏蔽物入射到工作人员的射线减少，以达到降低工作人员所受剂量的目的。屏蔽防护中的主要技术问题是屏蔽材料的选择、屏蔽体厚度的计算和屏蔽体结构的确定。

2. 辐射剂量

1）γ 源的辐射剂量

放射性物质产生的辐射场，其强度的空间分布与辐射源的几何形状和尺寸有关。在辐射源的几何尺寸比从辐射源到我们要测定剂量的点的距离小得多的情况下，计算该点的辐射场强度时可以把辐射源近似看成是点状的。从误差的观点来考虑，在计算距辐射源的距离比源的线度大 5 倍以上处的辐射场的照射量率时，把辐射源当作点源来处理带来的误差小于 5%。在实际工作中，用得最多的辐射源也是点源，其在空气中的辐射场强度分布是最容易计算的。

假设某一点状源活度为 Q，距离点状源 R 处的 γ 剂量率计算公式如下：

$$P_\gamma = \frac{Q\Gamma}{R^2} \tag{13.2}$$

式（13.2）中，P_γ——距离源 R 处的 γ 剂量率，Gy/h；Q——点源活度，Bq；Γ——源相应放射性同位素的 Γ 常数，$Gy·m^2/(h·Bq)$；R——距离点源的距离，m。

2）中子源的辐射剂量

在机体组织中，大量存在氢、氧和碳等元素，中子与这些物质的原子核相互作用时形成次级粒子。机体组织在受到中子照射后，接受的剂量主要是由于组织吸收了这些次级粒子能量的结果。在计算中子剂量时，必须知道中子注量、中子能谱、组织成分以及反应截面等数据。当满足带电粒子平衡条件下，吸收剂量与比释动能近似相等，可以将比释动能的计算代替吸收剂量的计算。

对于单能中子来说

$$K = \Phi(\mu_k/\rho)E \tag{13.3}$$

式（13.3）中，E——中子能量；μ_k/ρ——该物质对中子的质量能量转移系数；Φ——单能中子注量。

对于有谱分布的中子来说

$$K = \int \frac{d\Phi(E)}{dE}(\mu_k/\rho)EdE \tag{13.4}$$

积分号内的函数表示中子能量在 E 到 $E+dE$ 之间的比释动能，$\dfrac{d\Phi(E)}{dE}$ 是所研究那一点的能谱。

从式（13.3）和式（13.4）可以看出，质能转移系数 μ_k/ρ 是一个重要的参量，它可以写为

$$\mu_k/\rho = \left(\frac{1}{E}\right)\sum_L N_L \sum_J \varepsilon_{LJ}(E)\sigma_{LJ}(E) \tag{13.5}$$

式（13.5）中，角标 L 和 J——原子核的种类和核反应的类型；N_L——第 L 种原子核在该体积元内所占的百分数重量；ε——截面为 $\sigma_{LJ}(E)$ 的一次碰撞中转移带电粒子动能的平均值。

对于同位素中子源，可以使用中子平均能量及其剂量换算因子粗略估算剂量。距各向同性单能点源的中子注量率计算公式为

$$\varphi = \frac{A}{4\pi R^2} \tag{13.6}$$

式（13.6）中，φ——中子注量率，n/m²·s；A——中子源强度，n/s；R——源到被测点距离，m。

中子的剂量当量率计算公式为：

$$\dot{H} = \varphi d_H \tag{13.7}$$

式（13.7）中，$\dot{H}$——剂量当量，Sv/s；d_H——剂量换算因子，Sv/n·m²，见表13.2。各种中子源的种类和特性见表13.3。

表13.2 不同中子能量的计量换算因子

中子能量 /MeV	剂量换算因子 d_H $\times 10^{-15}$ (Sv/n·m²)	有效品质因数 $\overline{Q}$
2.5×10^{-8}	1.068	2.3
1×10^{-7}	1.157	2
1×10^{-6}	1.263	2
1×10^{-5}	1.208	2
1×10^{-4}	1.157	2
1×10^{-3}	1.029	2
1×10^{-1}	0.992	2
5×10^{-1}	5.787	7.4
1	19.84	11
2	32.68	10.6
5	40.65	7.8
10	40.85	6.8
20	42.74	6.0
50	45.54	5.0

表 13.3　各种中子源的种类和特性

同位素中子源 中子平均能量 /MeV	剂量换算因子 d_H $\times 10^{-15}$ $(Sv/n \cdot m^2)$	有效品 质因数 $\overline{Q}$	半衰期	中子产额/ $(n \cdot s^{-1} \cdot Ci)^{-1}$	特点 γ射线强度 mR/h · m · Ci 1)
钋 – 铍源 $\overline{E}=4.2$	35.5	7.5	138.4 d	2.5×10^6	γ 本底低, <0.27
镭 – 铍源 $\overline{E}=3.9$	34.5	7.3	1 622 y	15×10^6	γ 本底很强, 2.16×10^2
锢 – 铍源 $\overline{E}=4.5$	39.5	7.4	462 y	3.2×10^6	γ 本底低, 2.4
钚 – 铍源 $\overline{E}=4.5$	35.5	7.5	24 400 y	1.6×10^6	γ 本底低, <3.1
锎 – 252 源 $\overline{E}=2.35$ （裂变谱）	33.21	9.15	2.659 a 有效半衰期	2.34×10^{12} （每克）	较强 γ 本底, 2.5×10^2

3）β 放射源的辐射剂量

β 射线为连续谱，在物质中的衰减近似服从指数衰减规律，至今尚无满意的理论公式来计算 β 放射源的剂量，常用洛文格（Lovinger）提出的经验公式。对于 β 点源，当 β 射线能量为 0.167~2.24 MeV 时，有如下公式。

$$D = \frac{KA}{(vr)^2}\left\{C\left[1 - \frac{vr}{C}e^{1-\frac{vr}{C}}\right] + vre^{1-vr}\right\} \qquad (13.8)$$

当 $\frac{vr}{C} \geq (\approx) 1$ 时，$\left[1 - \frac{vr}{C}e^{1-\frac{vr}{C}}\right] = 0$

式中，D——距点源 r（g/cm²）处吸收介质的 β 剂量率，mGy/h；A——β 点源的放射性活度，Bq；C——与 β 最大能量有关的参数；V——β 射线的表观吸收系数，cm²/g；K——归一化系数，mGy/h · Bq。

$$K = 4.59 \times 10^{-5} \rho^2 v^3 \overline{E_\beta} \alpha = \frac{4.59 \times 10^{-5} \rho^2 v^3 \overline{E_\beta}}{3C^2 - e(C^2 - 1)} \frac{mGy}{h} \cdot Bq$$

其中：ρ——吸收介质的密度，g/cm²；α——常数。

当吸收介质为空气时：

$$C = 3.11 e^{-0.55 E_{max}} \qquad (13.9)$$

$$v = \frac{16.0}{(E_{\beta_{max}} - 3.06)^{1.40}}\left(2 - \frac{\overline{E_\beta}}{E^*}\right) \qquad (13.10)$$

当吸收介质为软组织时：

$$\begin{aligned} C &= 2, 0.15 < E_{\beta_{max}} < 0.5 \\ C &= 1.5, 0.5 < E_{\beta_{max}} < 1.5 \\ C &= 1, 1.5 < E_{\beta_{max}} \leq 5 \end{aligned} \qquad (13.11)$$

其中：$E_{\beta_{max}}$——β 射线的最大能量，MeV；$\overline{E_\beta}$——β 射线的平均能量，MeV；$\overline{E^*}$——假定 β 转变为容许跃迁时，理论计算的 β 谱平均能量，MeV。

对于 ^{90}Sr，$\dfrac{\overline{E_\beta}}{\overline{E_\beta^*}}=1.17$；对于 ^{210}Bi，$\dfrac{\overline{E_\beta}}{\overline{E_\beta^*}}=0.77$；对于其他核素，$\dfrac{\overline{E_\beta}}{\overline{E_\beta^*}}=1$。

表 13.4 常用 β 核素的一些物理性质

核素名称	半衰期（$T_{1/2}$）	比活度 /(Bq·g^{-1})	$E_{\beta_{max}}$ /MeV	$\overline{E_\beta}$ /MeV
^{3}H	12.35 a	3.57×10^{14}	0.018	0.005
^{14}C	5 730 a	1.65×10^{11}	0.158	0.049
^{32}P	14.28 d	1.06×10^{16}	1.709	0.694
^{35}S	87.4 d	1.58×10^{15}	0.167	0.048
^{40}K	1.28×10^9 a	2.60×10^5	1.322	0.541
^{45}Ca	164 d	6.55×10^{14}	0.254	0.076
^{60}Co	164 d	4.18×10^{13}	1.478	0.094
^{86}Rb	5.272 a	3.00×10^{15}	1.777	0.622
^{90}Sr	28.5 a	5.14×10^{12}	0.544	0.200
^{90}Y	64.1 h	2.01×10^{16}	2.245	0.931
^{85}Kr	10.73 a	1.45×10^{13}	0.672	0.249
^{95}Zr	64 d	7.96×10^{14}	1.130	0.115
^{95}Nb	35.1 d	1.45×10^{15}	0.930	0.046
^{131}I	8.06 d	4.59×10^{15}	0.810	0.180
^{137}Cs	30.1 a	3.20×10^{12}	1.167	1.195
^{140}Ba	12.79 d	2.70×10^{15}	1.010	0.282
^{147}Pm	2.623 a	3.43×10^{13}	0.225	0.062
^{152}Eu	13 a	6.70×10^{12}	1.840	0.288
^{170}Tm	129 d	2.20×10^{14}	0.967	0.315
^{185}W	75 d	3.48×10^{14}	0.427	0.124
^{198}Au	2.696 d	9.03×10^{15}	1.371	0.315
^{204}Tl	3.78 a	1.71×10^{13}	0.765	0.267
^{210}Pb	138.38 d	1.66×10^{14}	0.061	0.005
^{210}Bi	5.013 d	4.59×10^{15}	1.161	0.390
^{239}Np	2.346 d	8.58×10^{15}	0.723	0.135
^{241}Pu	14.89 a	3.66×10^{12}	0.021	0.005
^{242}Am	16.07 h	—	0.630	0.188
^{248}Bk	16 h	—	0.650	0.194
^{253}Cf	17.6 d	—	0.270	0.03

3. 辐射屏蔽

射线的类型和能量不同，所用的屏蔽材料的性质及厚度也不相同。对于带电粒子，用不太厚的屏蔽材料就可以完全阻止，其厚度取决于粒子的能量；对于不带电的 X 射线和 γ 射线，使用屏蔽材料只能进一步减弱其辐射场强度，而不是像对 α 射线和 β 射线那样完全阻止。中子也是不带电粒子，要先使快中子经过散射，不断损失能量，逐渐变成慢中子以后才能被屏蔽材料吸收。下面我们分别介绍屏蔽各种射线所需各类材料厚度的计算方法。

1）γ 射线屏蔽

γ 射线在物质中被吸收的特点，是服从于指数减弱规律的。不论用多厚的材料也不能完全屏蔽住 γ 射线，但可以通过理论计算和实验，找到一个合适的屏蔽体厚度，使 γ 射线的强度减弱到能够接受的水平。

经常碰到的 γ 放射源，发射的 γ 射线是宽束的，射线通过吸收体时，有多次散射过程，计算时需引用剂量累积因子 B，B 值与射线能量 E_γ、吸收体的原子序数 Z 及厚度 d 有关。

$$X = X_0 e^{-\mu d} B(E_\gamma, d, Z) \qquad (13.12)$$

对于窄束 γ 射线，$B = 1$，对于宽束 γ 射线，$B > 1$。累积因子 B 可用伯杰公式得到精确的数据。表 13.5 列出伯杰公式计算各向同性点源、无限介质照射量累积因子的参数值其公式如下：

$$B = 1 + a\mu R e^{b\mu R} \qquad (13.13)$$

式（13.13）中，a、b——与 E_γ 有关的常数；μ——线减弱系数，cm^{-1}；R——屏蔽层厚度，cm。

表 13.5　伯杰公式计算各向同性点源、无限介质照射量累积因子的参数值

材料	E_γ/MeV	a	b	材料	E_γ/MeV	a	b
水	0.255	2.288 7	0.203 5				
	0.5	1.438 6	0.177 2		0.5	0.921 4	0.069 8
	1.0	1.104 6	0.090 7		1.0	0.835 9	0.061 9
	2.0	0.822 9	0.034 6		2.0	0.697 6	0.034 2
	3.0	0.691 3	0.010 5	铁	3.0	0.537 8	0.034 6
	4.0	0.580 1	0.002 4		4.0	0.439 0	0.033 7
	6.0	0.463 3	−0.010 9		6.0	0.329 4	0.043 0
	8.0	0.381 9	−0.017 4		8.0	0.256 4	0.046 3
	10.0	0.329 8	−0.020 8		10.0	0.188 2	0.058 1
铝	0.5	1.287 4	0.112 1		0.5	0.555 2	−0.010 9
	1.0	0.988 6	0.075 1		1.0	0.623 7	0.023 3
	2.0	0.741 7	0.041 0		2.0	0.553 1	0.031 6
	3.0	0.634 5	0.019 7	锡	3.0	0.440 5	0.045 7
	4.0	0.527 3	0.011 3		4.0	0.360 1	0.058 3
	6.0	0.416 5	0.007 2		6.0	0.237 2	0.092 0
	8.0	0.336 3	0.006 0		8.0	0.168 5	0.112 0
	10.0	0.273 9	0.007 2		10.0	0.122 0	0.122 7

续表

材料	E_γ/MeV	a	b	材料	E_γ/MeV	a	b
钨	0.5	0.282 8	-0.060 9	铅	0.5	0.242 5	-0.069 6
	1.0	0.435 8	-0.019 8		1.0	0.370 1	-0.032 6
	2.0	0.423 3	0.002 6		2.0	0.383 6	-0.000 7
	3.0	0.346 0	0.033 8		3.0	0.319 3	0.028 3
	4.0	0.271 1	0.066 5		4.0	0.252 0	0.056 2
	6.0	0.175 1	0.109 2		5.11	0.198 2	0.085 4
	8.0	0.123 2	0.126 1		6.0	0.160 3	0.106 0
	10.0	0.095 4	0.131 7		8.0	0.118 1	0.120 0
					10.0	0.091 5	0.126 4
铀	0.5	0.174 0	-0.077 4				
	1.0	0.311 3	-0.049 2				
	2.0	0.328 4	-0.012 1				
	3.0	0.279 6	0.022 0				
	4.0	0.227 5	0.047 1				
	6.0	0.146 5	0.094 4				
	8.0	0.106 4	0.113 2				
	10.0	0.078 1	0.124 4				

一定能量的 γ 射线要达到可接受的照射量或吸收剂量使用屏蔽材料时，屏蔽层厚度常用减弱倍数法求得。减弱倍数公式如下。

$$K = \frac{X_0}{X} = \frac{e^{\mu R}}{B} \quad (13.14)$$

式（13.14）中，K——照射量的减弱倍数；X_0、X——γ 射线无屏蔽和加屏蔽材料时同一位置的照射量。

线减弱系数是入射光子在物质中穿行单位距离时，平均发生总的相互作用的概率。在实际工作中由于它和屏蔽材料的密度 ρ 有关，而 ρ 与屏蔽材料的物理状态（如温度、压力等）有关，为了消除密度变化而带来的误差，常采用质量衰减系数 μ/ρ。表 13.6 列出了若干材料的质量衰减系数，表中讨论的是单一元素组成的屏蔽物质，对于屏蔽材料是混合物的，其质量衰减系数用式（13.15）计算。

$$\frac{\mu}{\rho} = \left(\frac{\mu}{\rho}\right)_1 w_1 + \left(\frac{\mu}{\rho}\right)_2 w_2 + \cdots + \left(\frac{\mu}{\rho}\right)_i w_i \quad (13.15)$$

式（13.15）中，$w_1, w_2, \cdots, w_i$ 分别为组成元素的重量百分比。

对于化合物，由于分子中原子之间的化学结合能非常小，也可以把化合物作为混合物来处理。

表 13.6 不同能量的 γ 射线在若干材料中的质量衰减系数 (μ/ρ)   单位:cm²/g

材料	0.1	0.15	0.2	0.3	0.4	0.5	0.6	0.8	1.0	1.25	1.5	2	3	4	5	6	8	10
H	0.295	0.265	0.243	0.212	0.189	0.173	0.160	0.140	0.126	0.113	0.103	0.0876	0.0691	0.0579	0.0502	0.0446	0.0371	0.0321
Be	0.132	0.119	0.109	0.0945	0.0847	0.0773	0.0715	0.0628	0.0565	0.0504	0.0459	0.0394	0.0313	0.0269	0.0234	0.0211	0.0180	0.0161
C	0.149	0.134	0.122	0.106	0.0950	0.0870	0.0805	0.0707	0.0636	0.0568	0.0517	0.0444	0.0356	0.0307	0.0270	0.0245	0.0213	0.0194
N	0.150	0.134	0.123	0.105	0.0950	0.0869	0.0805	0.0707	0.0636	0.0568	0.0517	0.0445	0.0357	0.0306	0.0273	0.0245	0.0218	0.0200
O	0.151	0.134	0.123	0.107	0.0953	0.0873	0.0805	0.0708	0.0638	0.0568	0.0515	0.0445	0.0359	0.0309	0.0279	0.0249	0.0224	0.0200
Na	0.151	0.130	0.118	0.102	0.0912	0.0833	0.0770	0.0676	0.0608	0.0546	0.0497	0.0427	0.0348	0.0303	0.0274	0.0254	0.0229	0.0215
Mg	0.160	0.135	0.122	0.106	0.0940	0.0860	0.0795	0.0699	0.0629	0.0560	0.0510	0.0442	0.0360	0.0315	0.0286	0.0266	0.0243	0.0228
Al	0.161	0.134	0.120	0.103	0.0922	0.0840	0.0777	0.0683	0.0614	0.0548	0.0500	0.0432	0.0353	0.0310	0.0280	0.0264	0.0241	0.0229
Si	0.172	0.139	0.125	0.107	0.0954	0.0864	0.0802	0.0706	0.0636	0.0567	0.0517	0.0447	0.0367	0.0323	0.0296	0.0277	0.0254	0.0243
P	0.174	0.137	0.122	0.104	0.0928	0.0846	0.0786	0.0685	0.0615	0.0551	0.0502	0.0436	0.0358	0.0318	0.0291	0.0273	0.0253	0.0242
S	0.188	0.144	0.127	0.108	0.0954	0.0874	0.0806	0.0707	0.0635	0.0568	0.0518	0.0448	0.0371	0.0321	0.0302	0.0284	0.0264	0.0255
Ar	0.188	0.135	0.117	0.0977	0.0867	0.0790	0.0730	0.0638	0.0578	0.0512	0.0464	0.0407	0.0338	0.0301	0.0279	0.0266	0.0247	0.0241
K	0.215	0.149	0.127	0.106	0.0936	0.0852	0.0786	0.0688	0.0618	0.0552	0.0505	0.0438	0.0365	0.0327	0.0305	0.0289	0.0274	0.0267
Ca	0.238	0.158	0.132	0.109	0.0966	0.0879	0.0809	0.0708	0.0638	0.0566	0.0517	0.0451	0.0376	0.0336	0.0316	0.0302	0.0285	0.0280
Fe	0.344	0.183	0.138	0.106	0.0919	0.0829	0.0762	0.0664	0.0597	0.0531	0.0485	0.0424	0.0361	0.0330	0.0313	0.0304	0.0295	0.0294
Cu	0.427	0.206	0.147	0.108	0.0916	0.0821	0.0751	0.0654	0.0584	0.0521	0.0476	0.0418	0.0357	0.0330	0.0316	0.0309	0.0303	0.0305
Mo	1.03	0.389	0.225	0.130	0.0998	0.0851	0.0761	0.0641	0.0575	0.0510	0.0467	0.0414	0.0364	0.0345	0.0340	0.0344	0.0349	0.0359
Sn	1.58	0.563	0.303	0.153	0.109	0.0886	0.0776	0.0647	0.0561	0.0501	0.0459	0.0408	0.0367	0.0355	0.0355	0.0358	0.0368	0.0383
I	1.83	0.648	0.339	0.165	0.144	0.0913	0.0792	0.0653	0.0572	0.0502	0.0460	0.0409	0.0370	0.0360	0.0360	0.0365	0.0375	0.0394
W	4.21	1.44	0.708	0.293	0.174	0.125	0.101	0.0763	0.0640	0.0544	0.0492	0.0432	0.0405	0.0402	0.0409	0.0418	0.0438	0.0465

续表

材料	γ射线能量/Mev																	
	0.1	0.15	0.2	0.3	0.4	0.5	0.6	0.8	1.0	1.25	1.5	2	3	4	5	6	8	10
Pt	4.75	1.64	0.795	0.324	0.191	0.135	0.107	0.080 0	0.065 9	0.055 4	0.050 1	0.044 5	0.041 4	0.041 1	0.041 8	0.042 7	0.044 8	0.047 7
Tl	5.16	1.80	0.866	0.346	0.204	0.143	0.112	0.082 4	0.067 5	0.056 3	0.050 8	0.045 2	0.042 0	0.041 6	0.042 3	0.043 3	0.045 4	0.048 4
Pb	5.29	1.84	0.896	0.356	0.208	0.145	0.114	0.083 6	0.068 4	0.056 9	0.051 2	0.045 7	0.042 1	0.042 0	0.042 6	0.043 6	0.045 9	0.048 9
U	10.60	2.42	1.17	0.452	0.259	0.176	0.136	0.095 2	0.075 7	0.061 5	0.054 8	0.048 4	0.044 4	0.044 5	0.044 6	0.045 5	0.047 9	0.051 1
空气	0.151	0.134	0.123	0.106	0.095 3	0.086 8	0.080 4	0.070 6	0.065 5	0.056 7	0.051 7	0.044 5	0.035 7	0.030 7	0.027 4	0.025 0	0.022 0	0.020 2
NaI	1.57	0.568	0.305	0.155	0.111	0.090 1	0.078 9	0.065 7	0.057 7	0.050 8	0.046 5	0.041 2	0.036 7	0.035 1	0.034 7	0.034 7	0.035 4	0.036 6
H$_2$O	0.167	0.149	0.136	0.118	0.106	0.096 6	0.089 6	0.078 6	0.070 6	0.063 0	0.057 3	0.049 3	0.039 6	0.033 9	0.030 1	0.027 5	0.024 0	0.021 9
混凝土	0.168	0.139	0.124	0.107	0.095 4	0.087 0	0.080 4	0.070 6	0.063 5	0.056 7	0.051 7	0.044 5	0.036 3	0.031 7	0.028 7	0.026 8	0.024 3	0.022 9
组织	0.163	0.144	0.132	0.115	0.100	0.093 6	0.086 7	0.076 1	0.068 3	0.060 0	0.055 6	0.047 8	0.038 4	0.032 9	0.029 2	0.026 7	0.023 0	0.021 2

2) α、β 粒子的屏蔽

α 粒子在物质中运动时的比电离（单位射程上的能量损失）是很高的，因此在任何物质中的射程都很短。如一个 5 MeV 的 α 粒子的射程，在空气中大约是 3.5 cm，在普通纸张中约是 40 μm，而在铝材料中只有 23 μm，可见用一层很薄的材料就可以将它完全阻止住。但由于 α 粒子通常是由某些重核元素如铀、钋、镭等发出的，其 α 衰变过程中通常会伴随着 γ 射线，还有很小概率的自发裂变而发射出中子射线。且一般操作的放射性同位素不可能是无载体的纯同位素，还含有其他同位素，这些同位素均会贡献一定的辐射。因此，α 放射源生产中除重点关注 α 气溶胶的防护，其伴生的 γ 射线和中子射线的辐射防护也是不容忽视的，在屏蔽设计或使用过程中需加以考虑。

对于 β 粒子，它在吸收体内损失能量的过程与 α 粒子大体上一样。但有两点不同。其一是比电离小，因而在物质中的穿透能力比 α 粒子强；其二是要产生轫致辐射。那么，对带 β 射线的屏蔽防护可以分为两步来考虑，第一步考虑对 β 粒子的屏蔽，第二步考虑对轫致辐射的屏蔽。

β 粒子在水、聚乙烯和有机玻璃（密度大约为 1 g/cm³ 的吸附材料）中的射程可以用以下经验公式来计算：

$$d = E/2 \tag{13.16}$$

式 (13.16) 中，d——穿透距离，cm；E——β 粒子的最大能量，MeV。

对于铝，经常使用如下经验公式：

$$R_{\beta_{max}} = 0.542 E_{\beta_{max}} - 0.133 \quad (0.8 < E_{\beta_{max}} < 3) \tag{13.17}$$

$$R_{\beta_{max}} = 0.407 E_{\beta_{max}}^{1.38} \quad (0.15 < E_{\beta_{max}} < 0.8) \tag{13.18}$$

当 $E_{\beta_{max}} < 0.15$ MeV 时，能被不到 30 cm 的空气所吸收，不需要屏蔽。

式中，$R_{\beta_{max}}$——β 射线在铝中的最大射程，g/cm²，见表 13.7；$E_{\beta_{max}}$——β 射线的最大能量，MeV。

表 13.7　不同能量 β 射线在物质中的最大射程

β 粒子的最大能量 E_β /MeV	铝		组织或水	空气
	$R_{\beta_{max}}$ /(mg·cm⁻²)	$R_{\beta_{max}}$ /mm	$R_{\beta_{max}}$ /cm	$R_{\beta_{max}}$ /cm
0.01	0.16	0.0006	0.0002	0.13
0.02	0.7	0.0026	0.0008	0.52
0.03	1.5	0.056	0.0018	1.12
0.04	2.6	0.096	0.003	1.94

续表

β粒子的最大能量 E_β /MeV	铝 $R_{\beta_{max}}$ /(mg·cm^{-2})	铝 $R_{\beta_{max}}$ /mm	组织或水 $R_{\beta_{max}}$ /cm	空气 $R_{\beta_{max}}$ /cm
0.05	3.9	0.014 4	0.004 5	2.94
0.07	7.1	0.026 3	0.008 3	5.29
0.08	9.3	0.034 4	0.010 9	6.93
0.09	11	0.040 7	0.012 9	8.20
0.1	14	0.05	0.015 8	10.1
0.2	42	0.155	0.049 1	31.3
0.3	76	0.281	0.088 9	56.7
0.4	115	0.426	0.136	85.7
0.5	160	0.593	0.187	119
0.6	220	0.778	0.246	157
0.7	250	0.926	0.292	186
0.8	310	1.15	0.363	231
0.9	350	1.30	0.41	261
1.0	410	1.52	0.48	306
1.25	540	2.02	0.632	406
1.50	670	2.47	0.78	494
1.75	800	3.01	0.95	610
2.0	950	3.51	1.11	710
2.5	1 220	4.52	1.43	910
3.0	1 500	5.50	1.74	1 100
3.5	1 750	6.48	2.04	1 300
4.0	2 000	7.46	2.36	1 500
4.5	2 280	8.44	2.67	1 700
5.0	2 540	9.42	2.98	1 900
6	3 080	11.4	3.6	2 300
7	3 600	13.3	4.22	2 700
8	4 140	15.3	4.84	3 100

续表

β粒子的最大能量 E_β /MeV	铝 $R_{\beta_{max}}$ /(mg·cm^{-2})	铝 $R_{\beta_{max}}$ /mm	组织或水 $R_{\beta_{max}}$ /cm	空气 $R_{\beta_{max}}$ /cm
9	4 650	17.3	5.46	3 500
10	5 200	19.2	6.08	3 900
12	6 250	23.2	7.32	4 700
14	7 300	27.1	8.56	5 400
16	8 400	31.0	9.8	6 200
18	9 550	35.0	11	7 000
20	10 500	39.0	12.3	7 800

根据表 13.7，β 射线能量可直接查出在相应材料中的 $R_{\beta_{max}}$，若选用其他材料，其最大射程可使用式（13.19）得出：

$$(R_{\beta_{max}})_a = (R_{\beta_{max}})_b \frac{\left(\frac{Z}{M_A}\right)_b}{\left(\frac{Z}{M_A}\right)_a} (\rho_b/\rho_a) \tag{13.19}$$

式（13.19）中，$(R_{\beta_{max}})_a$——β 射线在所求材料 a 中的射程，cm；$(R_{\beta_{max}})_b$——β 射线在材料 b 中的射程，cm；$\left(\frac{Z}{M_A}\right)_b$——材料 a 原子序数与其原子量之比；$\left(\frac{Z}{M_A}\right)_b$——材料 b 原子序数与其原子量之比；ρ_a/ρ_b——材料 a、b 的密度，g/cm^3。

一些常用防护材料的密度见表 13.8。

表 13.8 一些常用防护材料的密度　　单位：g/cm^3

防护材料	密度	防护材料	密度	防护材料	密度
铝	2.7	铁（钢）	7.1~7.9	铜	8.9
混凝土	2.2~2.35	皮肤	0.85~1	铅	11.34
纸	0.7~1.1	骨	1.8~2.1	玻璃	2.4~2.6
空气	0.001 293	有机玻璃	1.18	石墨	2.3
石英	2.21	橡皮	0.91~0.93	硬橡皮	1.8
塑料	1.4	硅	2.3	铅玻璃	4.77

相同能量的 β 粒子在重材料中的最大射程要比在轻材料中的短；然而，当高能量的 β 粒子穿过原子核附近的正电场时，受到原子核库伦场的吸引作用，运动轨迹发生改变而转换的韧致辐射份额与 β 粒子的动能和穿越物质的原子序数呈正比关系，其关系式如下：

$$F = 3.3 \times 10^{-4} Z E_{\beta_{max}} \tag{13.20}$$

式（13.20）中，F——转换为韧致辐射能的份额；Z——穿过物质的原子序数；$E_{\beta_{max}}$——β 粒子的最大能量，MeV。

可见，当 β 粒子能量一定时，屏蔽 β 粒子过程中所产生的韧致辐射，会随着吸收体原子序数的增加而增强。因此，在屏蔽设计上，为了尽量减少电子、β 粒子在吸收过程中产生的韧致辐射，第一层用于阻止带电粒子的屏蔽材料不能选用重材料，最好选用诸如铝、有机玻璃、混凝土一类的轻物质。第二层则可以选用高原子序数的物质以减弱韧致辐射的强度。

韧致辐射屏蔽可以使用简单估算法，得到的结果是偏安全的，足以满足辐射防护需要。估算法使用公式如下。

韧致辐射光子注量率公式：

$$\Phi = \frac{A}{4\pi R^2} F e^{-\mu R_1} \tag{13.21}$$

式（13.21）中，A——β 放射源的活度，Bq；F——β 射线被第一屏蔽层吸收时产生韧致辐射的份额；μ——β 射线在空气中的线减弱系数，cm^{-1}；R——源到关注点的距离，cm；R_1——源到第一屏蔽层的距离，cm。

μ 的计算公式如下（此公式适用空气、肌肉组织、水和塑料等组织等效材料）：

$$\mu = \frac{20}{E_{\beta_{max}}^{1.54} \rho} \tag{13.23}$$

式（13.22）中，$E_{\beta_{max}}$——β 射线最大能量，MeV（为计算方便 $E_{\beta_{max}} \approx 3\overline{E}_\beta$）；$\rho$——物质的密度，$g/cm^3$。

韧致辐射的平均能量约等于 $\overline{E}_\beta$，忽略 β 射线与空气和源本身相互作用产生的韧致辐射，其产生的吸收剂量率 $\dot{D} = \Phi \left(\frac{\mu_{en}}{\rho}\right) E_R$（Gy/s、$E_R$ 为射线能量，单位为焦耳，1 MeV = 1.6×10^{-13} J），将前述公式代入整理后：

$$\dot{D} = 4.59 \times 10^{-8} AZ \left(\frac{\mu_{en}}{\rho}\right)_a \left(\frac{\overline{E}_\beta}{R}\right)^2 e^{-\mu R_1} \tag{13.23}$$

式（13.23）中，$\dot{D}$——β 射线被第一屏蔽层吸收后产生的韧致辐射，在距离源 R 处的空气中产生的吸收剂量率，mGy/h；A——β 放射源的活度，Bq；Z——第一屏蔽层材料的原子序数；$\overline{E}_\beta$——β 射线的平均能量，MeV；R——源到关注点的距离，cm；R_1——β 放射源到第一屏蔽层空气层的厚度，cm；$\left(\dfrac{\mu_{en}}{\rho}\right)_a$——能量等于 $\overline{E}_\beta$ 的 γ 光子在空气中的质能吸收系数，cm^2/g，见表 13.9。

表 13.9　质能吸收系数（μ_{en}/ρ）

光子能量 /MeV	空气 /(m²·kg⁻¹)	水 /(m²·kg⁻¹)	骨骼 /(m²·kg⁻¹)	肌肉组织 /(m²·kg⁻¹)
0.010	0.464 8	0.483 9	1.90	0.496
0.015	—	—	0.589	0.136
0.020	0.052 66	0.033 64	0.251	0.054 4
0.030	0.001 504	0.015 19	0.074 3	0.001 54
0.040	0.006 705	0.006 800	0.030 5	0.006 77
0.050	0.004 038	0.004 153	0.015 8	0.004 09
0.060	0.003 008	0.003 151	0.009 79	0.003 12
0.080	0.002 394	0.002 582	0.005 20	0.002 55
0.10	0.002 319	0.002 539	0.003 86	0.002 52
0.15	0.002 494	0.002 762	0.003 04	0.002 76
0.20	0.002 672	0.002 967	0.003 02	0.002 97
0.30	0.002 872	0.003 192	0.003 11	0.003 17
0.40	0.002 949	0.003 279	0.003 16	0.003 17
0.50	0.002 966	0.003 298	0.003 16	0.003 27
0.60	0.002 952	0.003 284	0.003 15	0.003 26
0.80	0.002 882	0.003 205	0.003 06	0.003 18
1.0	0.002 787	0.003 100	0.002 97	0.003 08
1.5	0.002 545	0.002 831	0.002 70	0.002 81
2.0	0.002 342	0.002 604	0.002 48	0.002 57
3.0	0.002 055	0.002 279	0.002 19	0.002 25
4.0	0.001 868	0.002 064	0.001 99	0.002 03
5.0	0.001 739	0.001 951	0.001 86	0.001 88
6.0	0.001 646	0.001 805	0.001 78	0.001 78
8.0	0.001 522	0.001 658	0.001 65	0.001 63
10.0	0.001 445	0.001 565	0.001 59	0.001 54

值得吸收剂量率 $\dot D$ 出以后，用类似于求 γ 射线屏蔽厚度的方法（减弱倍数法或半厚度法）可得到屏蔽韧致辐射所需的厚度（考虑两倍安全系数）。

3）中子的屏蔽

中子源生产中几乎都是快中子，在屏蔽层中主要通过弹性散射和非弹性散射损失能量，最后被物质吸收。非弹性散射会放出 γ 射线。因此，中子的屏蔽一般较为复杂，除考虑快中子的减弱过程和吸收过程外，还要考虑 γ 射线。低原子序数材料是理想的中子减速剂，如含氢丰富的水、混凝土、石蜡、聚乙烯、聚丙烯、聚苯乙烯等。快中子在这类材料中的平均自由程一般为几十厘米。多数情况下，吸收材料捕获中子后所放出的 γ 射线能量均在 6 MeV 左右。这种情况需另加 γ 屏蔽。表 13.10 为一些材料（n、γ）反应释放的 γ 能量数据，使用含氢材料可有效降低所释放的 γ 射线能量。

表 13.10 （n,γ）反应产生释放的 γ 能量　　　　单位：MeV

元素	H	Be	C	Na	Al	Fe	Cl	^{206}Pb	^{207}Pb
光子能量	2.2	6.8	4.9	6.3	7.7	7.6	7.5	6.7	7.4

使用单一材料不能得到满意的防护效果。减速剂和吸收剂组合是较合适的屏蔽选择。如用含 2% 硼酸的水溶液或含 2% 硼砂的石蜡。锂和硼是很好的吸收剂，它们的热中子吸收截面大，而且放出 γ 射线能量低。锂俘获中子后释放的 γ 射线很少，可以忽略。硼俘获中子后释放 0.5 MeV 的 γ 射线，也容易被吸收。

分出截面法是估算中子屏蔽层厚度可以采用的方法之一，使用式（13.24）进行计算：

$$\dot{D}(R) = \frac{S}{4\pi R^2} f_{DH}(R) \mathrm{e}^{-\sum_{i=1}^{N}\frac{N_i}{M_i}\rho_i \sigma_{Ri} R} \quad (13.24)$$

为使参考点上的中子注量率降低到 φ_L（m^{-2}·s^{-1}）所需的屏蔽层厚度，需要

$$\varphi_L = \phi_0 B_n q \mathrm{e}^{\Sigma_R d} \leqslant \phi_L \quad (13.25)$$

所以，屏蔽层厚度为

$$d = \frac{1}{\Sigma_R} = \ln\left(\frac{A_y B_n q}{4\pi r^2 \phi_L}\right) \quad (13.26)$$

式（13.26）中，d——屏蔽层厚度，cm；Σ_R：屏蔽材料的宏观分出截面，cm^{-1}；A——中子源的放射性活度，Bq；y——中子源的产额，Bq^{-1}·s^{-1}；B_n——中子累积因子；q——居留因子；r——参考点与源的距离。

在实际应用中，对于一般的同位素中子源、中子发生器可采用下列步骤对屏蔽层厚度进行估算。

各种核反应中子源发射的中子对氢的平均微观分出截面近似取 $\sigma_R = 1$ b。

$$\dot{H} = \frac{1.3 \times 10^{-7}}{4\pi R^2} S \times f \quad (13.27)$$

式（13.27）中，$\dot{H}$——剂量当量率，mSv/h；S——源的中子发射率，n/s；R——与源的距离，m；f——在屏蔽材料中的中子减弱因子（表 13.11）；1.3×10^{-7}——中子注量率–剂量当量转换因子，即 1 n/m^2·s 相当于 1.3×10^{-7} mSv/h。

表 13.11　一些常见屏蔽材料中的中子减弱因子

材料	f
水	$0.892e^{-0.129t} + 0.108e^{-0.091t}$
混凝土	$e^{-0.083t}$
钢	$e^{-0.063t}$
铅	$e^{-0.042t}$

注：t 为屏蔽层厚度，单位 cm。

在进行屏蔽估算时，如果屏蔽材料中氢原子数的含量占 40% 以上，则该屏蔽材料的减弱因子为在水中的减弱因子 f 的 e 指数上，乘以此材料每单位体积中所含氢原子数与每单位体积水中所含氢原子数之比，一些屏蔽材料中的含氢量见表 13.12。

表 13.12　一些屏蔽材料中的含氢量

材料	化学组成	含氢原子数/(原子·cm^{-3})
水	H_2O	6.7×10^{22}
石蜡	$(-CH_2-)_n$	8.15×10^{22}
聚乙烯	$(-CH_2-CH_2-)_n$	8.3×10^{22}
聚氯乙烯	$(-CH_2CHCl)_n$	4.1×10^{22}
有机玻璃	$(C_4H_8O_2)_n$	5.7×10^{22}
石膏	$CaSO_4 \cdot 2H_2O$	3.25×10^{22}
高岭土	$Al_2O_3 \cdot 2SiO_2 \cdot 2H_2O$	2.42×10^{22}

除分出截面法，中子屏蔽厚度还可以用半值层法进行计算。

如果已知屏蔽材料对一定能量的中子的半值层 d，则离此点状中子源 R 远处的中子通量率 φ_n 为

$$\varphi_n = \frac{A}{4\pi R^2} \times B \times \frac{1}{2^{\frac{x}{d}}} \text{ 中子} \cdot s^{-1} \cdot cm^{-2} \qquad (13.28)$$

式（13.28）中，A——中子源强度，中子/s；B——积累因子，如不考虑散射中子的影响，可取 $B=1$；X——屏蔽体厚度。

4. 工作场所控制

辐射工作场所划分为控制区和监督区以便辐射防护管理和职业照射控制。在控制区和监督区边界设置实体隔离设施，控制区需采取合适的防护手段和屏蔽措施。实践中，区域剂量率根据可接受的年潜在照射剂量和工作人员在该区域的停留时间决定，停留时间是工作人员全部工作时间的一部分，也称为停留

因子，例如，停留因子为0.2，意味着工作人员在特定区域工作时间占总时间的1/5，相当于一年工作时间是400 h（假定一年50周，每周40 h），各分区剂量率见表13.13。各分区剂量率限值不限于单一设定方式，依据工作场所情况，也可把剂量率小于2.5 μSv/h的场所统一设定为监督区，大于该值区域设为控制区，并根据辐射水平设置控制区子区，实行不同的管理措施。

表13.13 各分区剂量率

分区	平均剂量率/(μSv·h^{-1})
控制区	>15
监督区	2.5~15
非限制区	<2.5

注：假定停留因子为0.2。

13.1.2 内照射

1. 放射性同位素毒性分组

在开放型操作中，为了简化对各种放射性同位素的管理，将放射性同位素分为4组。这是根据放射性同位素在工作场所中的最大容许浓度划分的。

放射性同位素在工作场所空气中的最大容许浓度，一般以放射性浓度（Ci/L）表示，也可以以质量浓度，习惯上也常叫重量浓度（μg/L）表示。质量浓度可由放射性浓度除以物质的比放射性得到。

从事开放型放射性物质操作时，对人体造成辐射危险的主要途径是吸入。在同一场合操作活度相同的放射性同位素时，人员吸入放射性活度的多少，主要决定于放射性同位素的比活度。操作中提出的防护要求必须与以质量表示的工作场所空气中的最大容许浓度有关，即对质量浓度越低的，防护条件越严格。但是，就同等放射性活度的放射性同位素进入人体后的相对危害性而言，各放射性同位素又是不同的，它主要与以放射性浓度表示的空气中的最大容许浓度有关，即最大容许浓度越低的同位素，一般危害性也越大。在进行毒性分组时，是综合上述两种表示法所包含的含义。

一些常用放射性同位素的毒性分组如下：

Ⅰ. 极毒组

^{210}Po，^{226}Ra，^{237}Np，^{238}Pu，^{239}Pu，^{241}Am。

Ⅱ. 高毒组

^{60}Co，^{90}Sr，^{131}I，^{232}Th，天然钍，^{28}U，天然铀。

Ⅲ. 中毒组

^{24}Na, ^{32}P, ^{45}Ca, ^{46}Sc, ^{55}Fe, ^{59}Fe, ^{65}Zn, ^{75}Se, ^{90}Y, ^{95}Zr, ^{95}Nb, ^{99}Mo, ^{103}Ru, ^{110m}Ag, ^{113}Sn, ^{134}Cs, ^{134}Cs, ^{137}Ba, ^{175}Yb, ^{185}W, ^{198}Au, ^{203}Hg, ^{204}Tl, ^{220}Rn。

Ⅳ. 低毒组

^{3}H, ^{14}C, ^{51}Cr, ^{64}Cu, ^{85}Kr, ^{87}Rb, ^{99m}Tc, ^{99}TC, ^{103m}Rh, ^{131}I。

2. 工作场所控制

在防护条件相同的情况下，操作量大的，工作场所和环境污染的可能性也相应增加和严重。为使在操作量较大时也能确保安全，对操作量不同的场所，在辐射防护设施上必须有所差别。为了便于对实验室的辐射防护设施按操作量的大小提出相应的要求，将开放型放射性物质工作场所（实验室、车间）分为甲、乙、丙三级。各级工作场所允许的日最大操作量见表13.14。

表 13.14　开放型放射性物质工作场所日最大操作量

放射性同位素毒性组别	日最大操作量/mCi(3.7×10^7 Bq)		
	甲	乙	丙
极毒组（Ⅰ）	>10	$5 \times 10^{-2} \sim 10$	$10^{-4} \sim 5 \times 10^{-2}$
高毒组（Ⅱ）	>10^2	$5 \times 10^{-1} \sim 10^2$	$10^{-3} \sim 5 \times 10^{-2}$
中毒组（Ⅲ）	>10^3	$5 \sim 10^3$	$10^{-2} \sim 5$
低毒组（Ⅳ）	>10^4	$50 \sim 10^4$	$10^{-1} \sim 50$

日最大操作量是指一个工作日中操作放射性物质最多的时刻所具有的量，因为操作量最大的时刻危险性也最大，所以各项防护条件应该以此量为出发点，即满足该时刻的要求。

甲级工作场所放射性物质的操作应在热室、屏蔽工作箱或手套箱内进行；乙级工作场所放射性物质的操作应在屏蔽工作箱或手套箱内进行；丙级工作场所放射性物质的操作应在手套箱、通风柜中进行。箱室上装配的手套应定期进行表面污染监测和检漏，及时更换。手套应具有良好的柔软性能和机械强度、易与手套环密封贴切、气体渗透。

操作中造成内照射危险的可能程度（主要指造成的空气污染和表面污染的范围大小和严重程度），也与操作放射性物质的方式有很大关系。例如，干式操作要比湿式操作容易发生污染。为此，对其他类型操作，各级实验室中每日允许操作的放射性物质数量，应根据操作的性质乘以表13.15中的系数加以修正得到。

表 13.15 操作性质修正系数

操作性质	修正系数
贮存	100
简单的湿式操作	10
普通的化学操作	1
有溅出危险的复杂的湿式操作和简单的干式操作	0.1
干式操作和发尘操作	0.01

工作台或通风柜内操作时，放射性物质是直接敞开在实验室的空气中的，最易形成工作场所放射性气溶胶污染。这种条件下操作高毒放射性物质的日最大容许操作量，一般规定为：

丙级实验室　　　　　100 μCi（3.7×10^6 Bq）；
甲、乙级实验室　　　1 000 μCi（3.7×10^7 Bq）。

在手套箱或密闭容器内操作时，可以认为放射性物质与实验室空气基本隔绝。但实际上，一般的手套箱只能保证实验室空气中的放射性浓度比手套箱内的低 3 个数量级左右。因此，也必须对在手套箱或密闭容器内的操作量做出限制。一般对每个手套箱内的高毒组物质的日最大操作量规定为：

丙级实验室　　　　　1 MCi（3.7×10^7 Bq）
乙级实验室　　　　　100 MCi（3.7×10^9 Bq）
甲级实验室　　　　　100 Ci（3.7×10^{12} Bq）

对甲、乙级实验室房间内操作高毒组放射性物质时总的日最大操作量分别规定为 1 000 Ci（3.7×10^{13} Bq）和 1 Ci（3.7×10^{10} Bq）。

为有效防止和减少放射性液体泄漏和放射性气体及气溶胶的逸出，放射性操作箱室的密封条件根据其工作特性一般定为 3 级及以上密封等级（表 13.16）。密封箱室验收前在 1 000 Pa 的压差下测量泄漏率；使用期间密封箱室在正常的箱室工作压差（一般为 250 Pa 左右）下测量泄漏率。

表 13.16 密封箱室小时泄漏率的分级

级别	小时泄漏率，$/(T_t \cdot h^{-1})$	示　例
1[1]	$\leqslant 5 \times 10$	具有受控惰性气氛的密封箱室
2[1]	$< 2.5 \times 10$	具有受控惰性气氛或长期具有有害气氛的密封箱室
3	$< 10^{-2}$	长期具有有害气氛的密封箱室
4	$< 10^{-1}$	可能产生有害气氛的密封箱室

1) 对于要采用 1 级和 2 级密封箱室的具体情形，所要求的密封性的级别必须由设计者、用户和审管部门决定。通常，当要求较高的气体纯度时，由于技术原因要采用 1 级密封箱室。（EJ/T 1096—1999《密封箱室密封性分级及其检验方法》）

场所通风的气流应从放射性污染可能性小的方向流向污染可能性大的方向，各区之间保持一定的压差，相邻两区之间应保持 50 Pa 的压差，工作箱、室的负压为 200~300 Pa（换气次数一般为 20~30 次/h）。设置人流与物流单独通道，不同区域通行需经过卫生出入口或卫生闸门。配置进、排风过滤系统，进风可用粗过滤器过滤，排风则需使用 2 级及以上高效过滤器过滤，使气载流出物满足审批限值，并做到可合理达到尽量低的水平。同时，排风过滤器两端需设置取样口用于过滤效率的监测。

考虑到操作过程中可能出现密封性破坏、负压失效，导致放射性物质溢出的情况，应密切关注箱室负压状态及手套密封性，并在工作场所设置气溶胶取样监测系统或在线连续监测系统。尤其是涉及超铀元素的操作，应尽可能地配置可排除氡钍子体干扰、具有谱甄别能力、可快速反应的在线气溶胶检测仪。

3. 个人防护

个人防护用品主要有工作服（包括工作帽）、工作鞋、手套、口罩及特殊防护用品等。特殊防护用品在处理事故或检修情况下使用。

放射性工作人员的工作服，一般采用棉织品做成。合成纤维织品易发静电，容易吸附空气中的放射性微尘而不宜采用。丙级实验室水平的操作，大体上用白大褂（包括工作帽）即可；乙级实验室水平的操作，宜采用上、下身联合工作服；甲级实验室水平的操作，应将个人衣服（包括袜子）全部更换成工作服；高辐射风险区域（外照剂量率较高，空气污染和表面污染水平较高）需加配纸衣、气衣、过滤式或隔绝式面罩、头罩等防护装备。进入开放型放射性工作场所时，都应有专用鞋（相邻的放射性工作场所有时也要配备各自的专用鞋）。

一般情况下，医用乳胶手套和塑料手套都能满足操作放射性物质的要求。尺寸型号要选择合适，太大时会使操作不方便。手套在穿戴前应仔细检查，破裂或有小孔的不能使用。脱下手套时应将污染面翻向里，要特别注意不要污染手和手套的内层（清洁面）。污染手套的放射性物质，一般能及时清洗掉。但当经仔细清洗后污染程度仍超过控制水平时，手套就不能继续再用。手套的清洗，一般应戴在手上进行，不宜脱下来洗。

正确地使用防护口罩，是减少工作人员摄入放射性物质的重要手段。由于放射性气溶胶粒子的直径多数极小，普通口罩对放射性气溶胶的过滤作用是很不明显的。目前常用于放射性工作场所的口罩，都是以超细合成纤维（直径 1.5 μm 或 2.5 μm 左右）为过滤材料做成的。这些口罩的特点是，过滤材料本身的过滤效率很高（大部分在 99.9% 以上），但戴得不好（与脸面接触不严密）时，侧漏很严重。用医用胶布来黏合花瓣型口罩与脸面的接触处，对减少侧漏有很大帮助。

个人防护用品要经常清洗和更换。经清洗后放射性物质污染仍超过控制水平的防护用品，就不能再用。清洗过没有明显放射性物质污染的个人防护用品的洗涤水，一般可以直接排入本单位的工业下水道；有明显污染的个人防护用品，应在专门地方清洗，洗涤水要根据具体情况做妥善处理。口罩上的过滤材料，在经水清洗后会明显降低对放射性气溶胶的过滤效率，故清洗后不宜再用。

一切放射性工作用的实验室，都应明确规定在放射性工作场所使用过的工作服、鞋和手套等防护用品的存放地点。未经防护人员测量并同意，绝对不准将个人防护用品穿戴出放射性工作场所或移至非放射性区使用。

放射性工作人员的个人卫生主要有两方面：一是离开工作场所时，应仔细进行污染测量并洗手。在甲、乙级工作场所操作的人员，工作完毕应进行淋浴。二是放射性工作场所内严禁进食、饮水、吸烟和存放食物等。

人员发生污染时，衣物可采取剪切或清洗方法去除和减少污染。皮肤污染不能使用有机剂（乙醚、氯仿、三氯乙烯），不能用促进皮肤吸收的酸碱溶液、角质溶解剂和热水。皮肤一般用水就可有效去污，不易去除的需配置合适的去污剂。常用去污剂配置方法如下。

（1）EDTA 溶液：10 g EDTA – Na_4（乙二胺四乙酸四钠盐络合物）溶于 100 mL 蒸馏水。

（2）高锰酸钾溶液：6.5 g 高锰酸钾溶于 100 mL 蒸馏水。

（3）亚硫酸氢钠溶液：4.5 g 亚硫酸氢钠溶于 100 mL 蒸馏水。

（4）复合络合剂：5 g EDTA – Na_4、5 g 十二烷基磺酸钠、35 g 无水碳酸钠、5 g 淀粉和 1 000 mL 蒸馏水。

（5）DTPA 溶液：7.5 g DTPA（二乙撑三胺五乙酸，络合物）溶于 100 mL 蒸馏水，pH = 3。

（6）5% 次氯酸钠溶液、EDTA 肥皂去污（稍沾水，起泡后软刷刷洗，大量水冲洗，反复 2~3 次，每次 2~3 min）。

上述方法不能去净时，先使用 EDTA – Na_4 溶液刷洗 2~3 min，再大量水冲，或用高锰酸钾粉末倒在用水浸湿的皮肤上，或将手浸泡高锰酸钾溶液中刷洗 2 min，然后清水冲洗。擦干后再用 4.5% 亚硫氢酸钠脱去皮肤颜色，最后用肥皂水洗刷，此方法只能重复 2~3 次。

^{131}I 和 ^{125}I 去污：先用 5% 的硫代硫酸钠或 5% 的亚硫酸钠洗涤，再用 10% 碘化钾或碘化钠为载体帮助去污。^{32}P 污染先用 5%~10% 的磷酸氢钠（NaH_2PO_4）洗涤，再用 5% 的柠檬酸洗涤。

（张海旭）

13.2 放射源使用

根据放射源的射线种类和能量等特性,放射源一般用于辐照装置、工业探伤、医疗照射、仪器仪表和其他工业应用。使用时应严格遵守国家发布的相关法律法规及条例,避免辐射事故的发生。时间、距离和屏蔽是应当始终牢记的最高准则。辐射防护最优化(As Low As Reasonably Achievable,ALARA)原则应作为剂量管理的指导原则。操作人员使用放射源时,用时间和测量剂量率计算出人员受照剂量,同时,可利用远程操作设备以增加距离的方法控制受照剂量。

人员需掌握放射源的辐射防护基本知识,独立操作人员必须是经过专业培训且经考试合格的。熟悉所使用放射源辐射特性、强度、结构以及场所的剂量场强度分布情况。在控制区明显位置设置放射性警示标志标识,避免人员误入。强放射源场所需设置安全联锁、声光报警、监视监测等装置。熟悉屏蔽材料的结构,了解屏蔽材料对射线的剂量减弱因子,屏蔽材料的厚度尺寸做到合理可到达足够厚。定期检查放射源泄漏或破损情况,特别是对可能放出气体或气溶胶的放射源,怀疑破损时应立即检查,发现破损未查明原因和采取防范措施前不能继续使用。任何情况下都不得用手直接接触放射源,采用机械夹具和其他设备操作要避免损害放射源包壳。

13.2.1 医用放射源

医用 γ 射线远距离治疗设备,装有活度大于 37 TBq 的放射源,对其设计和使用必须实行严格的放射防护监督管理。这类机器除了在辐射输出量上有严格标准外,在安全防护方面也应有泄漏射线和放射性污染控制。后装放射治疗设备的安全防护要求也大体相同。这两类治疗的治疗室都要求有足够的防护屏蔽,要由专业人员设计,治疗室必须与控制室分开设置。治疗室入口必须采用迷路设计,设置门机联锁并在治疗室门上设有声、光报警。治疗室内应设置使放射源返回贮源器的应急开关与放射源监测器。治疗室还应有良好的通风,一般每小时换气 3~4 次。

开放型放射性同位素用于医学领域时,除了要注意外照射的防护,更要注意内照射的防护,使用的放射性同位素敷贴治疗器必须具有生产厂家或制造者的说明书及检验合格证书,安全分级应符合 GB 4075—2009 的要求,超过使用期限或表面污染超过标准或疑有泄漏者应送回制作单位经检修后再确定能否继续使用。放射性同位素的半衰期在一年以上的废弃敷贴器应在实验室内封存或送交生产厂家处理。治疗室内治疗患者座位之间应保持1.2 m的距离或设置适当材料与厚度的防护屏蔽，治疗室内应配有β污染检查等监测仪器。

13.2.2　油田测井放射源

我国放射性同位素应用在油田测井的技术起始于20世纪60年代，目前我国不同类型的石油测井企业都已使用该技术。油田测井使用放射性同位素不仅有工作场所和运输中的辐射防护安全问题，而且也有环境保护问题。

在我国油（气）田测井的现场操作时，须在剂量当量率为2.5 μSv/h处设置设警告标志，防止无关人员进入安全控制区，减少工作人员和公众的照射，也防止放射源丢失。贮存或运载放射源的罐桶应便于搬运与源的取出和放入，而且必须能锁。同时，油田还应建立结构合理、屏蔽性能好、取存方便、地理位置适当的放射源库。源密封性应定期检查。

对于测井放射性同位素的开放型操作，应建立乙级或丙级工作场所的实验室，它应尽可能设置在单独建筑物内，有单独的出入口，要进行分区管理，地面、墙壁、门窗及内部设备的结构力求简单，开瓶分装室内必须设通风柜或工作箱，其排气应设过滤装置，室内要进行换气，应设专用的放射性废液和固体废物的收集容器和贮存设施。所有放射性同位素和示踪剂都必须盛放于严密封盖的内容器内。对开瓶、分装、配制、蒸发、烘干溶液或产生气体和气溶胶的操作应在通风柜或操作箱内进行。释放放射性示踪剂应采用井下释放方式，采用井口释放时，应先将示踪剂封装于易在井内破碎或裂解的容器或包装内，一次性投入井口。操作强γ源时，应注意外照射防护。

13.2.3　γ辐照装置用源

γ辐照装置用源的辐射危害主要表现为两种形式，其一是正常运行中的照射，其二是事故情况下的潜在照射。前者只是工作人员受到的职业照射，它的受照水平通常也只在较低的范围内。后者在装置正常运行的情况下不表现出危害，只在事故情况下显现，而且的确可能存在，所以被称为"潜在照射"。γ辐照装置上的潜在照射还有别于核设施上事故时可能对环境形成的潜在照射。γ辐照装置上受害者主要是装置上的工作人员，而且显现得很迅速，可能危害人的生命。

对潜在照射的防护原则，一是减少其发生概率，二是减轻其后果。由上面辐射水平的计算可以看出，辐照源工作状态时，辐照室内的辐射水平是相当高的，即使是装源仅4×10^{14} Bq(1×10^4 Ci)的辐照室，工作人员在离其1 m处停留几分钟即可受到致命的照射。所以对建设单位和运行单位来说，这种事件是绝对不允许发生的。

预防潜在照射的发生应是运行辐射防护体系的一部分，在 γ 辐照装置运行中应放在首位。虽然事故的发生往往不是一个程序的失败（失效、失误），但是必须立足于保持所有与安全有关的各个系统的可靠性和操作程序的可靠性。这就提出了一个要求，即要有一整套确保安全系统始终处于良好运行状态和操作程序无误的措施。

1. 辐照室防护要求

1）选址与屏蔽

在确定辐照装置地址时，必须提出环境影响分析报告。辐照室一般不宜设在人口密度较大的居民区。各种类型的辐照装置一般包括以下组成部分：放射源、源的贮存和远距离操作系统、辐照室、安全保护系统、观察系统、通风系统、辐照材料传送系统和其他辅助系统。辐照室屏蔽墙必须采取有效的屏蔽设计和施工，以保证各区内的工作人员和公众受照剂量不超过各自的限值。并注意薄弱环节，防止局部射线泄漏。为了达到限制有关区域的辐射水平，并避免浪费，辐照室不同位置的屏蔽厚度均须专门计算设计。

辐照室的入口一般建成迷道形式以减弱直射和散射辐射，必要时还要用轻型防护门屏蔽散射光子。迷道的具体形式和墙壁厚度要根据具体情况计算确定。

2）源的贮存与操作

源的贮存分干法和湿法两种。大、中型辐照装置几乎都采用湿法贮存，即用水做屏蔽材料，停止辐照期间将源贮存在水池或水井中。一些中小型辐照装置有时采用干法贮存，用铅、铸铁或贫铀制成防护容器，将源放在容器内或混凝土干井中。少数辐照装置也把样品放到防护容器或水井内照射，但通常都在屏蔽室内照射。

贮源水井是辐照装置的重要安全设施，倒源、装源、换源等工作均在水下进行。因此，水位的深度既要保证最大贮源量时井上人员的安全，又要保证水下操作时即使源高于正常贮存位置，源上方仍有足够厚度的水屏蔽层。

3）贮源井水的要求

井水污染后若不及时净化，升降源时溅起的水珠可能污染井台附近地面和其他物品。松散污染在通风气流搅动下，部分放射性物质能转移到空气中去，形成内照射。

4）对水井的要求

尽管源包壳意外破损的可能性很小，为了保护环境，水井应能防漏、防渗并有液位监测。若地下水资源丰富，水井应有检漏措施。井壁应光滑，便于去污。井底要能承受源运输容器的压力。小型辐照室井壁用上釉瓷砖，井底用水磨石一般可满足要求。大中型辐照室用的水井可用不锈钢覆面。安装建造过程中，应对接缝处进行探伤测定，保证焊接质量。

5）井水的排放

坚持经常监测，可以较早地发现包壳微破损的源，这时对井水的污染一般不会严重。若超过国家规定的排放限值，不能单靠稀释的方法排放，必须经过净化处理，以免污染环境。井内清出的泥沙等应做放射性废物处置。

6）臭氧等有害气体的清除

空气在射线的辐射下产生 O_3、NO、NO_2 等其他氮氧化合物。它们都是有毒有害气体，其中以臭氧的危害最大。臭氧在工作场所的空气中的容许浓度为 0.3 mg/m。因此，辐照室应连续排风，防止空气中的有害物质积累。在满足对臭氧的排风要求后，既能满足对氮氧化物的通风要求，也能满足污染井水可能形成的放射性气溶胶的排放要求，和对贮存在井内的源引起的水分解并放出氢气的排放，以及辐照物在辐照过程中产生的刺激性气体、易燃易爆或其他有害气体的排放要求。

纯水每吸收 100 eV 的辐射能量可产生 0.45 个氢分子。若辐照室的体积不大于 100 m^3，井下贮源量为 37 pBq（100 万 Ci），在密闭不通风的情况下，积累的氢气浓度可在几天内超过其爆炸下限（9.1%）。因此这种辐照装置在辐照停止期间应适当通风。

7）耐辐照问题

在强辐射场中使用的各种材料和电子、电工产品，必须有一定的耐辐照性能。经强辐照后，橡胶和塑料可能失去弹性，抗拉强度降低，绝缘性能显著下降。电子和电工产品易受辐照损伤而不起作用，润滑油可能失效。因此设计强辐照室时，应尽量把那些不耐辐照或者需要经常维修的设备（电动机、空气压缩机等）布置在屏蔽层后面，辐照室内用的器材应优先使用耐辐照性能的产品。为了降低辐照剂量、延长使用期限，应尽可能布置在远离辐照区。在强辐射场内，由于材料、元件性能下降或寿命缩短，容易引起故障，所以要定期检查更换。

2. 安全联锁措施

辐照室的主要潜在危险是 γ 射线的急性外照射，其危险程度随装置的增加而增大。例如距 11 pBq（30 Ci）的 ^{60}Co 源 1 m 处的照射量率为 2.8×10^{-2} C/kg·s（即 110 R/s），人被照射几秒钟即可导致死亡。为此，凡是涉及辐照场的各种操作、观察和运输应尽量远距离进行，并且要配备可靠的安全保护系统，加强辐射剂量监测。安全联锁措施是针对防止潜在辐射的显现而设置的。安全联锁措施主要有故障显示、辐照室入口管制和防止人员误留在受照系统及运行前严格检查验收等。

防止人员误留在辐照室内受照的主要措施有完备的升源条件和应急降源措施。为此，一般来说必须具备严格的升源条件后（视不同装置而定），在控制台上操作升源按钮才可升源。

13.2.4 γ探伤源

γ探伤中存在常规运行中的辐射和潜在辐射危害。常规运行中的辐射主要来自：①放射源处在探伤机贮存位置时，工作人员在探伤室工作，或在做探伤准备，或结束探伤后整理现场中受到照射；②运输装有放射源的探伤机时受到照射；③源离开贮存位置而转移到探伤位置进行探伤时受到照射。

潜在照射主要来自事故（事件）情况下的照射。最常见的是放射源没有回到贮存位置，工作人员不知晓情况发生，源在事故状态使工作人员受到照射；第二种受照过程是将没有回到贮存位置的源设法处置到贮存位置时受到照射；第三种表现形式是放射源破损或源本身的放射性物质污染了探伤机或其他探伤设备或场所；第四种表现形式是放射源丢失，它可以在运输或贮存中发生。这时受照人员不一定是职工。

1. 工作场所要求

γ射线探伤工作场所，从辐射防护角度出发，主要是屏蔽和安全装置。探伤现场作业时需划分控制区和监督区。根据放射源种类和强度计算划定空气比释动能为 15 μGy/h 的位置设置放射性警告标志，最后通过实际检测结果确定最终控制区边界。根据剂量与距离平方反比的关系，可计算出边界空气比释动能为 2.5 μGy/h 的监督区范围。

固定式探伤的操作间必须与探伤室分开，防护墙外 5 cm 处比释动能率应小于 2.5 μGy/h。为了排除臭氧，探伤室通风换气次数应不低于 3 次/h。探伤室人员出入口应设置固定的电离辐射警告标志和工作状态指示灯。配备的便携式辐射监测报警仪与防护门钥匙、探伤装置安全钥匙串接在一起。

移动式探伤操作员与探伤源之间应有足够距离，否则需使用临时屏蔽。工作结束后必须用辐射监测仪表确认放射源收回容器后，才能携带探伤装置离开现场，整个工作过程需签字记录。

2. 探伤源使用要求

工业探伤源常用 ^{60}Co、^{137}Cs、^{192}Ir、^{170}Tm 等放射源。根据源器的可移动性分

为 P 类手提式、M 类移动式、F 类固定式三类。探伤源使用 3~5 个半衰期后就要更换，更换需采用远距离抓取机和支撑装置，单次换源操作人员受照剂量不应超过 0.5 mSv。放射源密封性检测周期不超过 6 个月，其储存容器非工作状态时的安全防护需满足最大装载量时不超过表 13.17 中的数值。

表 13.17 源容器周围空气比释动能率控制值

探伤机类型	源容器周围空气比释动能率/(mGy·h^{-1})		
	容器外表面	距容器外表面 5 cm 处	距容器外表面 100 cm 处
P	2	0.5	0.02
M	2	1	0.05
F	2	1	0.10

13.2.5 仪器仪表放射源

仪器仪表放射源一般为较薄保护层覆盖的 α、β 放射源，其粒子发射窗非常容易被划伤破损，从而造成放射性泄漏污染，使用中应避免尖状锋利物触碰发射窗。尽可能选用低能低活度的放射源，其质量满足相应放射源要求，源位置设备表面应有明显的放射性标志。仪器仪表放射源固定夹具需经振动测试，防止放射源在使用过程中脱落。放射源放置部位需远离人员操作位且不得与设备运行部件摩擦。操作人员需具备经考核合格的相应资质。

13.3 贮存及运输

13.3.1 放射源的贮存

放射源不需要立即使用或出于任何原因从设备移除后都应保存在储存库的专用容器中。容器的屏蔽防护一定要满足防护要求例如选用贫铀作为屏蔽材料时，为减弱和吸收 β 辐射、降低铀的磨损污染，容器最外层要使用足够厚度和足够强度的非放射性物质，罐体内衬也需使用非放射性材料，避免放射源与贫铀直接接触。

装有高比度放射性物质溶液的玻璃容器在贮存时必须放在金属或塑料的容器内，该容器的大小要足以容纳全部保存的液体，那么一旦玻璃容器因机械作用、辐射作用或其他原因破损，溶液不会逸出而造成污染。

气态和有可能产生气体或气溶胶的放射性物质在贮存时，必须用金属等密闭容器盛装，然后放在通风柜或工作箱内。容器在使用前必须经过充气法或负压法做泄漏检查。

湿法储存放射源需使用更易于去污的去离子水，不能使用含盐量高的普通自来水。普通水易结水垢，水垢沉积会影响屏蔽用视窗通透性，储存用工作装置平顺运行，且其中的氯离子和硫酸根离子会对放射源不锈钢包壳有腐蚀作用。

贮存场所应采用耐久材料，建造坚固，并配置通风过滤系统和辐射防护监测仪表用以确认辐射安全。场所应选在不会有高温或水浸，并且人员不经常接近的地方。场所中的贮存容器不得与爆炸物、可燃物和腐蚀物就近或一起存放，储存场所任何停留区域的年剂量符合 ALARA 原则，并低于公众成员的年剂量限值。场所应当贴有明显的放射性警示标志标识，其尺寸、字体、颜色应符合国家标准要求。放射源根据其种类和活度集中或单独存放在带有放射性标志和源信息标签的保险柜或屏蔽容器中，独立铅封或上锁。

放射源丢失、误拿、误倒或混淆，都会造成辐射事故或环境污染事故，有时甚至会发生人身伤亡的严重后果。因此，使用（包括生产、应用和研究）放射性物质的单位，必须设有专人负责领用、登记、保管和运输等方面管理工作，建立健全账目和管理制度，定期检查，做到收支清楚、账物相符。领用放射性物质，必须得到领导和安全防护部门的批准，并在本单位办理登记手续。单位之间相互转让时，应在一方办理注销，另一方办理领用接收手续。放射性物质贮存处，应有"辐射—危险"标志，以免将放射性物质误做一般物质处理，或有人随意接近。

13.3.2　放射源的运输

放射源从一个地方运输到另一个地方时，会涉及剂量控制和污染控制两个方面的辐射安全问题。为有效解决这两个问题，要求被运输的放射性物质必须存放在合格的运输容器中，同时托运时要办理托运承运手续，承运者按正确的运输方式运输。

合格的运输容器，就是该容器要符合相应的标准。我国颁布的《放射性物质安全运输规程》把运输容器按所能装纳的放射性物质活度水平的大小，分为 A 类容器和 B 类容器。A 类容器所能装纳的特殊形式放射性物质和非特殊形式放射性物质的放射性活度限量 A_1 和 A_2 值。超过 A_1 或 A_2 值的放射性物质运输时必须装入 B 型容器中。必须指出，所有运输容器都必须专门设计并制造，并经专业机构用喷水试验、自由下落试验、堆积试验和贯穿试验来证实它们能经受正常运输条件，用力学试验、热学试验和水浸没试验来证实它们能经受事故运输条件。所有的容器在接受规定的试验后，仍应满足下列要求：①放射性内容物不会泄漏和弥散；②由于屏蔽完好性的损坏所致的货包表面辐射水平的增加不超过 20%。

放射性同位素应用中大量使用的运输容器是 A 类容器,但工业辐照、工业探伤和放射治疗用放射源的运输容器一般均是 B 类容器。

为了保证运输中的安全,所有货包的设计和装运方案,均应由设计和发货单位提出申请,有关部门批准后方可加工、制造和托运。承运单位验明批准证书后方可装运。发货人除按规定提交有关证件、办理托运手续和接受检查外,还应提交由当地卫生行政部门认可的核查单位及核查人员盖章或签名的"放射性物质货包表面污染及辐射水平检查证明书"。

承运部门在装运时,必须检查每件货包或集装箱是否在要求部位贴有相应的标志或标牌。经常承运放射性物质的部门,应设立专门仓库或货位,并设有明显的放射性标志,严格管理手续,做好保卫工作,确保安全。与放射性物质运输有关的单位,必须根据具体情况采取措施,做好辐射防护监测工作,其监测内容一般包括对人员、交通运输工具、货包、工作场所的表面污染监测及环境中辐射水平、个人剂量和空气污染监测等。工作人员也应接受辐射防护的教育与培训,经考试取得合格后,才能进行操作,从业期间还要接受定期培训。遇到发生事故时,在场人员应尽量采取措施,防止事故蔓延扩大。发现货包破损时,应由辐射防护人员进行测量。当内容物泄漏而造成污染或环境辐射水平升高时,应立即划定区域并做出标记,尽快进行处理。遇有燃烧、爆炸或可能危及放射性货包的事件时,应迅速将货包移至安全位置,并设专人看管。

13.4 放射源分类

根据国务院第 449 号令《放射性同位素与射线装置安全和防护条例》规定,放射源分类方法如下。

13.4.1 放射源分类原则

参照国际原子能机构的有关规定,按照放射源对人体健康和环境的潜在危害程度,从高到低将放射源分为 Ⅰ、Ⅱ、Ⅲ、Ⅳ、Ⅴ类,Ⅴ类源的下限活度值为该种同位素的豁免活度。

(1) Ⅰ 类放射源为极高危险源。没有防护情况下,接触这类源几分钟到 1 h 就可致人死亡。

(2) Ⅱ 类放射源为高危险源。没有防护情况下,接触这类源几小时至几天可致人死亡。

（3）Ⅲ类放射源为危险源。没有防护情况下，接触这类源几小时就可对人造成永久性损伤，接触几天至几周也可致人死亡。

（4）Ⅳ类放射源为低危险源。基本不会对人造成永久性损伤，但对长时间、近距离接触这些放射源的人可能造成可恢复的临时性损伤。

（5）Ⅴ类放射源为极低危险源。不会对人造成永久性损伤。

13.4.2 放射源分类表

常用不同同位素的 64 种放射源按表 13.18 进行分类。

表 13.18 放射源分类表　　　　　　　单位：Bq

同位素名称	Ⅰ 类源	Ⅱ 类源	Ⅲ 类源	Ⅳ 类源	Ⅴ 类源
^{241}Am	$\geqslant 6\times 10^{13}$	$\geqslant 6\times 10^{11}$	$\geqslant 6\times 10^{10}$	$\geqslant 6\times 10^{8}$	$\geqslant 1\times 10^{4}$
^{241}Am/Be	$\geqslant 6\times 10^{13}$	$\geqslant 6\times 10^{11}$	$\geqslant 6\times 10^{10}$	$\geqslant 6\times 10^{8}$	$\geqslant 1\times 10^{4}$
^{198}Au	$\geqslant 2\times 10^{14}$	$\geqslant 2\times 10^{12}$	$\geqslant 2\times 10^{11}$	$\geqslant 2\times 10^{9}$	$\geqslant 1\times 10^{6}$
^{133}Ba	$\geqslant 2\times 10^{14}$	$\geqslant 2\times 10^{12}$	$\geqslant 2\times 10^{11}$	$\geqslant 2\times 10^{9}$	$\geqslant 1\times 10^{6}$
^{14}C	$\geqslant 5\times 10^{16}$	$\geqslant 5\times 10^{14}$	$\geqslant 5\times 10^{13}$	$\geqslant 5\times 10^{11}$	$\geqslant 1\times 10^{7}$
^{109}Cd	$\geqslant 2\times 10^{16}$	$\geqslant 2\times 10^{14}$	$\geqslant 2\times 10^{13}$	$\geqslant 2\times 10^{11}$	$\geqslant 1\times 10^{6}$
^{141}Ce	$\geqslant 1\times 10^{15}$	$\geqslant 1\times 10^{13}$	$\geqslant 1\times 10^{12}$	$\geqslant 1\times 10^{10}$	$\geqslant 1\times 10^{7}$
^{144}Ce	$\geqslant 9\times 10^{14}$	$\geqslant 9\times 10^{12}$	$\geqslant 9\times 10^{11}$	$\geqslant 9\times 10^{9}$	$\geqslant 1\times 10^{5}$
^{252}Cf	$\geqslant 2\times 10^{13}$	$\geqslant 2\times 10^{11}$	$\geqslant 2\times 10^{10}$	$\geqslant 2\times 10^{8}$	$\geqslant 1\times 10^{4}$
^{36}Cl	$\geqslant 2\times 10^{16}$	$\geqslant 2\times 10^{14}$	$\geqslant 2\times 10^{13}$	$\geqslant 2\times 10^{11}$	$\geqslant 1\times 10^{6}$
^{242}Cm	$\geqslant 4\times 10^{13}$	$\geqslant 4\times 10^{11}$	$\geqslant 4\times 10^{10}$	$\geqslant 4\times 10^{8}$	$\geqslant 1\times 10^{5}$
^{244}Cm	$\geqslant 5\times 10^{13}$	$\geqslant 5\times 10^{11}$	$\geqslant 5\times 10^{10}$	$\geqslant 5\times 10^{8}$	$\geqslant 1\times 10^{4}$
^{57}Co	$\geqslant 7\times 10^{14}$	$\geqslant 7\times 10^{12}$	$\geqslant 7\times 10^{11}$	$\geqslant 7\times 10^{9}$	$\geqslant 1\times 10^{6}$
^{60}Co	$\geqslant 3\times 10^{13}$	$\geqslant 3\times 10^{11}$	$\geqslant 3\times 10^{10}$	$\geqslant 3\times 10^{8}$	$\geqslant 1\times 10^{5}$
^{51}Cr	$\geqslant 2\times 10^{15}$	$\geqslant 2\times 10^{13}$	$\geqslant 2\times 10^{12}$	$\geqslant 2\times 10^{10}$	$\geqslant 1\times 10^{7}$
^{134}Cs	$\geqslant 4\times 10^{13}$	$\geqslant 4\times 10^{11}$	$\geqslant 4\times 10^{10}$	$\geqslant 4\times 10^{8}$	$\geqslant 1\times 10^{4}$
^{137}Cs	$\geqslant 1\times 10^{14}$	$\geqslant 1\times 10^{12}$	$\geqslant 1\times 10^{11}$	$\geqslant 1\times 10^{9}$	$\geqslant 1\times 10^{4}$
^{152}Eu	$\geqslant 6\times 10^{13}$	$\geqslant 6\times 10^{11}$	$\geqslant 6\times 10^{10}$	$\geqslant 6\times 10^{8}$	$\geqslant 1\times 10^{6}$
^{154}Eu	$\geqslant 6\times 10^{13}$	$\geqslant 6\times 10^{11}$	$\geqslant 6\times 10^{10}$	$\geqslant 6\times 10^{8}$	$\geqslant 1\times 10^{6}$
^{55}Fe	$\geqslant 8\times 10^{17}$	$\geqslant 8\times 10^{15}$	$\geqslant 8\times 10^{14}$	$\geqslant 8\times 10^{12}$	$\geqslant 1\times 10^{6}$
^{153}Gd	$\geqslant 1\times 10^{15}$	$\geqslant 1\times 10^{13}$	$\geqslant 1\times 10^{12}$	$\geqslant 1\times 10^{10}$	$\geqslant 1\times 10^{7}$
^{68}Ge	$\geqslant 7\times 10^{14}$	$\geqslant 7\times 10^{12}$	$\geqslant 7\times 10^{11}$	$\geqslant 7\times 10^{9}$	$\geqslant 1\times 10^{5}$
^{3}H	$\geqslant 2\times 10^{18}$	$\geqslant 2\times 10^{16}$	$\geqslant 2\times 10^{15}$	$\geqslant 2\times 10^{13}$	$\geqslant 1\times 10^{9}$
^{203}Hg	$\geqslant 3\times 10^{14}$	$\geqslant 3\times 10^{12}$	$\geqslant 3\times 10^{11}$	$\geqslant 3\times 10^{9}$	$\geqslant 1\times 10^{5}$
^{125}I	$\geqslant 2\times 10^{14}$	$\geqslant 2\times 10^{12}$	$\geqslant 2\times 10^{11}$	$\geqslant 2\times 10^{9}$	$\geqslant 1\times 10^{6}$
^{131}I	$\geqslant 2\times 10^{14}$	$\geqslant 2\times 10^{12}$	$\geqslant 2\times 10^{11}$	$\geqslant 2\times 10^{9}$	$\geqslant 1\times 10^{6}$

续表

同位素名称	I 类源	II 类源	III 类源	IV 类源	V 类源
^{192}Ir	$\geq 8 \times 10^{13}$	$\geq 8 \times 10^{11}$	$\geq 8 \times 10^{10}$	$\geq 8 \times 10^{8}$	$\geq 1 \times 10^{4}$
^{85}Kr	$\geq 3 \times 10^{16}$	$\geq 3 \times 10^{14}$	$\geq 3 \times 10^{13}$	$\geq 3 \times 10^{11}$	$\geq 1 \times 10^{4}$
^{99}Mo	$\geq 3 \times 10^{14}$	$\geq 3 \times 10^{12}$	$\geq 3 \times 10^{11}$	$\geq 3 \times 10^{9}$	$\geq 1 \times 10^{6}$
^{95}Nb	$\geq 9 \times 10^{13}$	$\geq 9 \times 10^{11}$	$\geq 9 \times 10^{10}$	$\geq 9 \times 10^{8}$	$\geq 1 \times 10^{6}$
^{63}Ni	$\geq 6 \times 10^{16}$	$\geq 6 \times 10^{14}$	$\geq 6 \times 10^{13}$	$\geq 6 \times 10^{11}$	$\geq 1 \times 10^{8}$
^{237}Np（^{233}Pa）	$\geq 7 \times 10^{13}$	$\geq 7 \times 10^{11}$	$\geq 7 \times 10^{10}$	$\geq 7 \times 10^{8}$	$\geq 1 \times 10^{3}$
^{32}P	$\geq 1 \times 10^{16}$	$\geq 1 \times 10^{14}$	$\geq 1 \times 10^{13}$	$\geq 1 \times 10^{11}$	$\geq 1 \times 10^{5}$
^{103}Pd	$\geq 9 \times 10^{16}$	$\geq 9 \times 10^{14}$	$\geq 9 \times 10^{13}$	$\geq 9 \times 10^{11}$	$\geq 1 \times 10^{8}$
^{147}Pm	$\geq 4 \times 10^{16}$	$\geq 4 \times 10^{14}$	$\geq 4 \times 10^{13}$	$\geq 4 \times 10^{11}$	$\geq 1 \times 10^{7}$
^{210}Po	$\geq 6 \times 10^{13}$	$\geq 6 \times 10^{11}$	$\geq 6 \times 10^{10}$	$\geq 6 \times 10^{8}$	$\geq 1 \times 10^{4}$
^{238}Pu	$\geq 6 \times 10^{13}$	$\geq 6 \times 10^{11}$	$\geq 6 \times 10^{10}$	$\geq 6 \times 10^{8}$	$\geq 1 \times 10^{4}$
^{239}Pu/Be	$\geq 6 \times 10^{13}$	$\geq 6 \times 10^{11}$	$\geq 6 \times 10^{10}$	$\geq 6 \times 10^{8}$	$\geq 1 \times 10^{4}$
^{239}Pu	$\geq 6 \times 10^{13}$	$\geq 6 \times 10^{11}$	$\geq 6 \times 10^{10}$	$\geq 6 \times 10^{8}$	$\geq 1 \times 10^{4}$
^{240}Pu	$\geq 6 \times 10^{13}$	$\geq 6 \times 10^{11}$	$\geq 6 \times 10^{10}$	$\geq 6 \times 10^{8}$	$\geq 1 \times 10^{3}$
^{242}Pu	$\geq 7 \times 10^{13}$	$\geq 7 \times 10^{11}$	$\geq 7 \times 10^{10}$	$\geq 7 \times 10^{8}$	$\geq 1 \times 10^{4}$
^{226}Ra	$\geq 4 \times 10^{13}$	$\geq 4 \times 10^{11}$	$\geq 4 \times 10^{10}$	$\geq 4 \times 10^{8}$	$\geq 1 \times 10^{4}$
^{188}Re	$\geq 1 \times 10^{15}$	$\geq 1 \times 10^{13}$	$\geq 1 \times 10^{12}$	$\geq 1 \times 10^{10}$	$\geq 1 \times 10^{5}$
^{103}Ru（Rh-103m）	$\geq 1 \times 10^{14}$	$\geq 1 \times 10^{12}$	$\geq 1 \times 10^{11}$	$\geq 1 \times 10^{9}$	$\geq 1 \times 10^{6}$
^{106}Ru ^{106}Rh	$\geq 3 \times 10^{14}$	$\geq 3 \times 10^{12}$	$\geq 3 \times 10^{11}$	$\geq 3 \times 10^{9}$	$\geq 1 \times 10^{5}$
^{35}S	$\geq 6 \times 10^{16}$	$\geq 6 \times 10^{14}$	$\geq 6 \times 10^{13}$	$\geq 6 \times 10^{11}$	$\geq 1 \times 10^{8}$
^{75}Se	$\geq 2 \times 10^{14}$	$\geq 2 \times 10^{12}$	$\geq 2 \times 10^{11}$	$\geq 2 \times 10^{9}$	$\geq 1 \times 10^{6}$
^{89}Sr	$\geq 2 \times 10^{16}$	$\geq 2 \times 10^{14}$	$\geq 2 \times 10^{13}$	$\geq 2 \times 10^{11}$	$\geq 1 \times 10^{6}$
^{90}Sr ^{90}Y	$\geq 1 \times 10^{15}$	$\geq 1 \times 10^{13}$	$\geq 1 \times 10^{12}$	$\geq 1 \times 10^{10}$	$\geq 1 \times 10^{4}$
^{99m}Tc	$\geq 7 \times 10^{14}$	$\geq 7 \times 10^{12}$	$\geq 7 \times 10^{11}$	$\geq 7 \times 10^{9}$	$\geq 1 \times 10^{7}$
^{132}Te ^{132}I	$\geq 3 \times 10^{13}$	$\geq 3 \times 10^{11}$	$\geq 3 \times 10^{10}$	$\geq 3 \times 10^{8}$	$\geq 1 \times 10^{7}$
^{230}Th	$\geq 7 \times 10^{13}$	$\geq 7 \times 10^{11}$	$\geq 7 \times 10^{10}$	$\geq 7 \times 10^{8}$	$\geq 1 \times 10^{4}$
^{204}Tl	$\geq 2 \times 10^{16}$	$\geq 2 \times 10^{14}$	$\geq 2 \times 10^{13}$	$\geq 2 \times 10^{11}$	$\geq 1 \times 10^{4}$
^{170}Tm	$\geq 2 \times 10^{16}$	$\geq 2 \times 10^{14}$	$\geq 2 \times 10^{13}$	$\geq 2 \times 10^{11}$	$\geq 1 \times 10^{6}$
^{90}Y	$\geq 5 \times 10^{15}$	$\geq 5 \times 10^{13}$	$\geq 5 \times 10^{12}$	$\geq 5 \times 10^{10}$	$\geq 1 \times 10^{5}$
^{91}Y	$\geq 8 \times 10^{15}$	$\geq 8 \times 10^{13}$	$\geq 8 \times 10^{12}$	$\geq 8 \times 10^{10}$	$\geq 1 \times 10^{6}$

续表

同位素名称	I 类源	II 类源	III 类源	IV 类源	V 类源
^{169}Yb	$\geqslant 3 \times 10^{14}$	$\geqslant 3 \times 10^{12}$	$\geqslant 3 \times 10^{11}$	$\geqslant 3 \times 10^{9}$	$\geqslant 1 \times 10^{7}$
^{65}Zn	$\geqslant 1 \times 10^{14}$	$\geqslant 1 \times 10^{12}$	$\geqslant 1 \times 10^{11}$	$\geqslant 1 \times 10^{9}$	$\geqslant 1 \times 10^{6}$
^{95}Zr	$\geqslant 4 \times 10^{13}$	$\geqslant 4 \times 10^{11}$	$\geqslant 4 \times 10^{10}$	$\geqslant 4 \times 10^{8}$	$\geqslant 1 \times 10^{6}$

注：1. Am-241 用于固定式烟雾报警器时的豁免值为 1×10^{5} Bq。

2. 同位素份额不明的混合源，按其危险度最大的同位素分类，其总活度视为该同位素的活度。

13.4.3 非密封源分类

上述放射源分类原则对非密封源适用。

非密封源工作场所按放射性同位素日等效最大操作量分为甲、乙、丙三级，具体分级标准见《电离辐射防护与辐射源安全标准》（GB 18871—2002）。

甲级非密封源工作场所的安全管理参照 I 类放射源。

乙级和丙级非密封源工作场所的安全管理参照 II、III 类放射源。

放射性同位素性组别修正因子见表 13.19，操作方式与放射源状态修正因子见表 13.20。

表 13.19　放射性同位素毒性组别修正因子

毒性组别	毒性组别修正因子
极毒	10
高毒	1
中毒	0.1
低毒	0.01

表 13.20　操作方式与放射源状态修正因子

操作方式	放射源状态			
	表面污染水平较低的固体	液体、溶液、悬浮液	表面有污染的固体	气体、蒸汽、粉末、压力很高的液体、固体
源的贮存	1 000	100	10	1
很简单的操作	100	10	1	0.1
简单操作	10	1	0.1	0.01
特别危险的操作	1	0.1	0.01	0.001

同位素毒性分组见 GB 18871—2002 附录 D 内容。

各向同性点源 γ 射线减弱倍数 K 所需的水厚度、混凝土厚度、铁厚度、铅厚度和 NZF，铅玻璃厚度见表 13.21～表 13.25。

表 13.21 各向同性点源 γ 射线减弱倍数 K 所需的水厚度（cm），水的密度为 $\rho = 1\ g/cm^2$

K \ Er (Mev)	0.25	0.5	0.662	1.0	1.25	1.5	1.75	2.0	2.5	3.0	4.0	5.0	6.0	8.0	10.0
1.5	22.7	20.2	19.3	19.0	19.2	19.6	20.1	20.4	21.0	21.8	23.5	23.9	24.5	25.6	26.2
2.0	27.7	26.9	26.7	27.5	28.3	29.3	30.3	31.0	32.4	34.0	36.5	38.4	39.8	42.1	43.6
5.0	40.8	43.6	45.3	49.0	51.7	54.9	57.0	59.3	63.3	67.3	74.2	79.5	83.8	90.7	95.4
8.0	46.8	51.1	53.6	58.7	62.3	65.8	69.3	72.3	77.6	82.9	92.0	99.2	105.0	114.2	120.8
10	49.5	54.5	57.3	63.1	67.1	71.7	74.9	78.2	84.2	90.1	100.2	108.2	114.8	125.2	132.6
20	57.5	64.6	68.5	76.3	81.6	86.8	91.8	96.2	104.1	111.9	125.1	135.8	144.7	158.8	168.9
30	62.1	70.4	74.9	83.8	89.8	95.7	101.3	106.4	115.4	124.2	139.4	151.6	161.8	178.1	189.8
40	65.2	74.3	79.3	89.0	95.5	101.9	108.0	113.5	123.3	132.9	149.3	162.7	173.8	191.6	204.5
50	67.7	77.4	82.7	92.9	99.9	106.7	113.2	119.0	129.4	139.7	157.0	171.2	183.1	202.1	215.9
60	69.6	79.8	85.4	96.2	103.5	110.6	117.3	123.4	134.4	145.0	163.3	178.8	190.7	210.6	225.1
80	72.7	83.7	89.7	101.2	109.0	116.6	123.9	130.4	142.1	153.5	173.1	189.5	202.5	224.0	239.7
1.0×10^2	75.0	86.7	93.0	105.1	113.3	121.3	128.9	135.7	148.1	160.0	180.6	197.5	211.6	234.3	250.9
2.0×10^2	82.2	95.7	103.2	117.0	126.5	135.6	144.3	152.2	166.4	180.1	203.9	223.4	239.8	266.1	285.6
5.0×10^2	91.5	107.5	116.5	132.5	143.6	154.2	164.4	173.6	190.3	206.3	234.2	257.8	276.6	307.8	330.9
1.0×10^3	98.5	116.2	125.7	144.0	156.1	168.5	179.3	189.6	208.1	225.9	256.9	282.5	304.2	339.0	365.0
2.0×10^3	105.3	124.8	135.3	155.3	168.8	181.8	194.2	205.4	225.8	245.3	279.4	307.6	331.5	370.0	398.8
5.0×10^3	114.2	136.0	147.8	170.2	185.3	199.7	213.6	226.1	248.9	270.7	308.9	340.6	367.5	410.8	443.3
1.0×10^4	120.8	144.4	157.4	181.3	197.6	213.2	228.1	241.7	266.3	289.9	331.1	365.3	394.5	441.4	467.7
2.0×10^4	127.4	152.7	166.5	192.4	209.9	226.6	242.6	257.2	283.6	308.9	353.7	390.0	421.4	472.0	510.1
5.0×10^4	136.0	163.6	178.3	206.9	225.9	244.6	261.6	277.5	306.3	333.9	382.2	422.4	456.7	512.7	554.0
1.0×10^5	142.5	171.8	187.8	217.8	238.0	257.4	275.9	292.7	323.4	352.7	404.0	446.9	483.4	542.4	587.1
2.0×10^5	149.0	180.0	196.8	228.6	250.0	270.5	290.1	307.9	340.4	371.4	425.8	471.3	510.0	572.6	620.1
5.0×10^5	157.3	190.7	208.8	242.9	265.8	287.8	308.8	328.0	362.8	396.1	454.5	503.4	545.0	612.5	663.7
1.0×10^6		198.7	217.7	253.6	277.7	300.8	322.9	343.0	379.6	414.7	476.2	527.6	571.5	642.5	696.5
2.0×10^6		206.7	226.7	264.2	289.6	313.7	336.9	358.1	396.5	433.8	497.8	551.8	597.9	672.6	729.4
5.0×10^6			238.4	278.2	305.2	330.8	355.4	377.9	418.6	457.6	526.2	583.6	632.7	712.2	772.6
1.0×10^7			247.3		317.0	343.7	369.3	392.9	435.3	476.6	547.7	607.7	659.0	742.4	805.3
2.0×10^7			256.4		328.8	356.4			452.0	494.4	569.1	631.7	685.2	771.9	837.9
5.0×10^7			267.8		344.4	373.3				518.6	597.4	663.3	719.7	811.3	880.9

表 13.22　各向同性点源 γ 射线减弱倍数 K 所需的混凝土厚度（cm），混凝土的密度为 $\rho = 2.35 \text{ g/cm}^2$

K \ Er(Mev)	0.25	0.5	0.662	1.0	1.25	1.5	1.75	2.0	2.5	3.0	4.0	5.0	6.0	8.0	10.0
1.5	7.7	8.2	8.3	8.6	8.8	9.1	9.4	9.6	9.8	10.2	10.6	10.8	10.9	11.0	11.0
2.0	10.0	11.3	11.7	12.6	13.2	13.8	14.3	14.7	15.4	16.1	17.0	17.6	17.9	18.3	18.4
5.0	16.0	19.3	20.6	23.1	24.7	26.1	27.5	28.7	30.6	32.5	35.3	37.1	38.5	40.2	41.0
8.0	18.7	22.9	24.7	27.0	29.9	31.9	33.6	35.2	37.8	40.2	43.9	46.5	48.4	50.9	52.1
10	20.0	24.6	26.5	30.1	32.3	34.5	36.4	38.1	41.0	43.7	47.9	50.8	53.0	56.0	57.4
20	23.8	29.5	32.1	36.7	39.6	42.4	44.9	47.1	51.0	54.5	60.1	64.1	67.1	71.2	73.4
30	25.9	32.4	35.2	40.4	43.7	46.8	49.7	52.2	56.6	60.6	67.0	71.6	75.2	80.0	82.6
40	27.5	34.3	37.4	43.0	46.6	50.0	53.1	55.8	60.6	64.9	71.9	77.0	80.9	86.2	89.1
50	28.6	35.8	39.1	45.0	48.8	52.4	55.6	58.6	63.6	68.2	75.6	81.1	85.2	91.0	94.2
60	29.5	37.9	40.5	46.6	50.6	54.3	57.7	60.8	66.1	70.9	78.7	84.4	88.8	94.9	98.3
80	31.0	39.0	42.6	49.2	53.4	57.3	61.0	64.3	69.9	75.1	83.4	89.6	94.4	101.0	104.7
1.0×10^2	32.1	40.4	44.3	51.1	55.6	59.7	63.5	67.0	72.9	78.4	87.1	93.6	98.7	105.7	109.7
2.0×10^2	35.6	44.9	49.3	57.1	62.2	66.9	71.3	75.2	82.0	88.3	98.5	106.0	111.9	120.2	125.0
5.0×10^2	40.1	50.8	55.8	64.9	70.8	76.2	81.4	85.9	93.9	101.3	113.2	122.2	129.3	139.2	145.1
1.0×10^3	43.4	55.1	60.7	70.7	77.1	83.2	88.9	93.9	102.8	111.0	124.3	134.3	142.2	153.5	160.2
2.0×10^3	46.7	59.4	65.5	76.4	83.5	90.1	96.3	101.9	111.6	120.6	135.2	146.3	155.1	167.6	175.2
5.0×10^3	51.0	65.0	71.7	83.8	91.7	99.1	106.0	112.2	123.2	133.2	149.6	162.1	172.0	186.2	194.9
1.0×10^4	54.2	69.2	76.4	89.4	97.9	105.9	113.3	120.0	131.8	142.6	160.4	174.0	184.7	200.2	209.7
2.0×10^4	57.4	73.3	81.1	95.0	104.1	112.6	120.6	127.8	140.4	152.0	171.1	185.8	197.4	214.1	224.5
5.0×10^4	61.6	78.8	87.2	102.3	112.2	121.4	130.1	138.0	151.7	164.4	185.3	201.3	214.0	232.5	243.9
1.0×10^5	64.8	82.9	91.8	107.8	118.3	128.1	137.3	145.6	160.3	173.7	195.9	213.0	226.6	246.3	258.6
2.0×10^5	67.9	86.9	96.3	113.2	124.3	134.7	144.4	153.2	168.7	183.0	206.5	224.6	239.1	260.1	273.2
5.0×10^5	72.0	92.3	102.3	120.4	132.3	143.4	153.8	163.3	179.9	195.2	220.5	239.9	255.5	278.2	292.4
1.0×10^6	75.1	96.3	106.8	125.8	138.2	149.9	160.9	170.8	188.3	204.4	231.0	251.5	268.0	291.9	307.0
2.0×10^6	78.2	100.3	111.3	131.1	144.2	156.4	167.9	178.3	196.7	213.5	241.5	263.1	280.4	305.6	321.5
5.0×10^6			117.2	138.2	152.1	165.0	177.2	188.3	207.7	225.6	255.3	278.3	296.7	323.6	340.6
1.0×10^7					158.0	171.5	184.2	195.7	216.1	234.8	265.8	289.8	309.1	337.2	355.1
2.0×10^7					163.9				224.4	243.8	276.2	301.2	321.4	350.8	369.5
5.0×10^7					171.7									368.6	388.5

表 13.23　各向同性点源 γ 射线线减弱倍数 K 所需的铁厚度（cm），铁的密度为 $\rho = 7.8 \text{ g/cm}^2$

E_r (Mev) \ K	0.25	0.5	0.662	1.0	1.25	1.5	1.75	2.5	3.0	4.0	5.0	6.0	8.0	10.0
1.5	1.20	1.84	2.00	2.23	2.36	2.47	2.55	2.63	2.66	2.62	2.55	2.45	2.30	2.16
2.0	1.73	2.66	2.94	3.36	3.60	3.80	3.96	4.20	4.29	4.31	4.24	4.12	3.90	3.58
5.0	3.16	4.86	5.46	6.41	6.96	7.44	7.84	8.60	8.29	9.23	9.28	9.17	8.85	8.46
8.0	3.84	5.89	6.64	7.82	8.52	9.13	9.66	10.7	11.1	11.6	11.7	11.7	11.3	10.9
10	4.15	6.36	7.18	8.47	9.24	9.91	10.5	11.6	12.1	12.7	12.9	12.8	12.5	12.0
20	5.09	7.79	8.80	10.4	11.4	12.3	13.0	14.5	15.2	16.0	16.4	16.4	16.1	15.5
30	5.63	8.59	9.72	11.5	12.6	13.6	14.4	16.2	17.0	18.0	18.4	18.4	18.1	17.6
40	6.01	9.16	10.4	12.3	13.5	14.5	15.4	17.3	18.2	19.3	19.8	19.7	19.6	19.0
50	6.30	9.59	10.9	12.9	14.1	15.2	16.2	18.2	19.2	20.3	20.9	21.0	20.7	20.2
60	6.54	9.94	11.3	13.4	14.7	15.8	16.8	18.9	19.9	21.2	21.7	21.9	21.6	21.1
80	6.91	10.5	11.9	14.1	15.5	16.7	17.8	20.1	21.1	22.5	23.1	23.3	23.1	22.5
1.0×10^2	7.20	10.9	12.4	14.7	16.2	17.4	18.6	20.9	22.1	23.5	24.2	24.4	24.2	23.6
2.0×10^2	8.08	12.2	13.8	16.5	18.1	19.6	20.9	23.6	24.9	26.6	27.5	27.8	27.6	27.4
5.0×10^2	9.21	13.9	15.8	18.8	20.7	22.4	23.9	27.1	28.6	30.7	31.7	32.2	32.2	31.6
1.0×10^3	10.1	15.1	17.2	20.5	22.6	24.5	26.1	29.7	31.4	33.7	34.9	35.5	35.5	34.9
2.0×10^3	10.9	16.4	18.6	22.2	24.5	26.5	28.3	32.3	34.2	36.7	38.1	38.7	38.9	38.3
5.0×10^3	12.0	18.0	20.4	24.5	27.0	29.2	31.2	35.6	37.8	40.7	42.3	43.0	43.3	42.8
1.0×10^4	12.9	19.2	21.8	26.1	28.8	31.2	33.4	38.2	40.5	43.6	45.4	46.2	46.6	46.1
2.0×10^4	13.7	20.4	23.2	27.8	30.7	33.6	35.6	40.7	43.2	46.6	48.5	49.5	49.9	49.4
5.0×10^4	14.8	22.0	25.0	30.0	33.1	35.9	38.4	44.0	46.7	50.4	52.6	53.7	54.3	53.8
1.0×10^5	15.6	23.2	26.3	31.6	34.9	37.9	40.5	46.5	49.4	53.6	55.7	56.9	57.6	57.1
2.0×10^5	16.4	24.4	27.7	33.2	36.7	39.9	42.7	48.9	52.0	56.3	58.7	60.0	60.8	60.4
5.0×10^5	17.5	25.9	29.5	35.4	39.1	42.5	45.5	52.2	55.5	60.1	62.8	64.2	65.1	64.7
1.0×10^6	18.3	27.1	30.8	37.0	40.9	44.4	47.6	54.7	58.2	63.0	65.8	67.3	68.4	68.0
2.0×10^6	19.1	28.3	32.1	38.6	42.7	46.4	49.7	57.1	60.8	65.8	68.8	70.5	71.6	71.3
5.0×10^6	20.1	29.8	33.9	40.7	45.1	48.9	52.5	60.3	64.2	69.6	72.8	74.6	75.9	75.6
1.0×10^7	20.9	31.0	35.2	42.3	46.8	50.9	54.5	62.8	66.8	72.5	75.9	77.7	79.1	78.8
2.0×10^7	21.7	32.1	36.5	43.9	48.6	52.8	56.6	65.2	69.4	75.3	78.9	80.8	82.3	82.1
5.0×10^7	22.8	33.7	38.2	46.0	50.9	55.4	59.4	68.4	72.8	79.1	82.8	84.9	86.5	86.3

表 13.24 各向同性点源 γ 射线减弱倍数 K 所需的铅厚度 (cm)，铅的密度为 $\rho=11.34 \text{ g/cm}^2$

E_r (Mev) \ K	0.25	0.5	0.662	1.0	1.25	1.5	1.75	2.0	2.5	3.0	4.0	5.0	6.0	8.0	10.0
1.5	0.07	0.30	0.47	0.79	0.97	1.11	1.20	1.23	1.25	1.23	1.15	1.06	1.00	0.89	0.82
2.0	0.11	0.50	0.78	1.28	1.58	1.80	1.96	2.03	2.07	2.06	1.95	1.81	1.70	1.53	1.40
5.0	0.26	1.10	1.68	2.74	3.36	3.84	4.19	4.38	4.54	4.58	4.42	4.16	3.94	3.56	3.28
8.0	0.33	1.40	2.13	3.45	4.22	4.83	5.27	5.52	5.76	5.82	5.66	5.35	5.08	4.61	4.25
10	0.37	1.54	2.34	3.78	4.62	5.29	5.78	6.05	6.32	6.40	6.25	5.92	5.63	5.11	4.71
20	0.48	1.97	2.98	4.80	5.86	6.70	7.32	7.68	8.06	8.19	8.04	7.66	7.31	6.67	6.16
30	0.54	2.22	3.35	5.38	6.56	7.51	8.21	8.61	9.05	9.22	9.08	8.67	8.29	7.58	7.01
40	0.59	2.40	3.61	5.79	7.06	8.08	8.83	9.28	9.76	9.94	9.81	9.39	8.99	8.23	7.62
50	0.62	2.54	3.81	6.11	7.45	8.51	9.31	9.78	10.3	10.5	10.4	9.95	9.53	8.73	8.09
60	0.65	2.65	3.98	6.37	7.76	8.87	9.71	10.2	10.7	11.0	10.8	10.4	9.97	9.15	8.48
80	0.69	2.82	4.23	6.77	8.25	9.43	10.3	10.9	11.4	11.7	11.6	11.1	10.7	9.81	9.09
1.0×10^2	0.73	2.96	4.43	7.09	8.63	9.87	10.8	11.4	12.0	12.2	12.1	11.7	11.2	10.3	9.56
2.0×10^2	0.83	3.38	5.05	8.06	9.81	11.2	12.3	12.9	13.6	13.9	13.9	13.4	12.9	11.9	11.1
5.0×10^2	0.98	3.93	5.86	9.33	11.3	13.0	14.2	14.9	15.8	16.2	16.1	15.6	15.1	14.0	13.1
1.0×10^3	1.08	4.34	6.48	10.3	12.5	14.3	15.6	16.4	17.4	17.8	17.9	17.3	16.8	15.6	14.6
2.0×10^3	1.19	4.75	7.08	11.2	13.6	15.6	17.0	17.9	19.0	19.6	19.6	19.0	18.4	17.2	16.1
5.0×10^3	1.33	5.30	7.88	12.5	15.1	17.3	18.9	19.9	21.1	21.7	21.8	21.2	20.6	19.3	18.2
1.0×10^4	1.44	5.71	8.49	13.4	16.3	18.6	20.3	21.4	22.7	23.3	23.5	22.9	22.3	20.9	19.7
2.0×10^4	1.54	6.12	9.09	14.3	17.4	19.8	21.7	22.9	24.3	25.0	25.1	24.6	23.9	22.5	21.3
5.0×10^4	1.68	6.66	9.88	15.6	18.9	21.5	23.6	24.8	26.3	27.1	27.3	26.8	26.1	24.7	23.4
1.0×10^5	1.79	7.07	10.5	16.5	20.0	22.8	25.0	26.3	27.9	28.7	29.0	28.4	27.7	26.3	25.0
2.0×10^5	1.89	7.48	11.1	17.4	21.1	24.1	26.3	27.8	29.5	30.3	30.8	30.1	29.4	27.9	26.5
5.0×10^5	2.03	8.01	11.9	18.7	22.6	25.7	28.2	29.7	31.5	32.5	32.8	32.3	31.6	30.0	28.6
1.0×10^6	2.14	8.42	12.5	19.6	23.7	27.0	29.6	31.2	33.1	34.1	34.5	33.9	33.2	31.6	30.2
2.0×10^6	2.24	8.83	13.1	20.5	24.8	28.3	30.9	32.6	34.6	35.7	36.1	35.5	34.8	33.3	31.8
5.0×10^6	2.38	9.37	13.8	21.7	26.3	29.9	32.7	34.5	36.7	37.8	38.3	37.7	37.0	35.4	34.0
1.0×10^7	2.49	9.77	14.4	22.6	27.4	31.2	34.1	36.0	38.2	39.4	39.9	39.3	38.6	37.0	35.6
2.0×10^7	2.60	10.2	15.0	23.6	28.5	32.4	35.5	37.4	39.7	40.9	41.5	41.0	40.2	38.6	37.2
5.0×10^7	2.73	10.7	15.8	24.8	30.0	34.1	37.3	39.3	41.7	43.0	43.7	43.1	42.4	40.7	39.3

表 13.25　各向同性点源 γ 射线减弱倍数 K 所需的 NZF_1 铅玻璃厚度（cm），铅玻璃的密度为 $\rho = 3.86 \text{ g/cm}^2$

K \ E_r(Mev)	0.5	0.662	1.0	1.25	1.5	2.0	2.5	3.0
1.5	1.39	1.96	2.85	3.33	3.70	4.13	4.29	4.38
2.0	2.24	3.11	4.51	5.26	5.86	6.59	6.91	7.11
5.0	4.74	6.52	9.37	10.9	12.2	13.9	14.8	15.4
8.0	5.96	8.17	11.7	13.7	15.3	17.4	18.6	19.4
10	6.53	8.93	12.8	14.9	16.7	19.1	20.4	21.3
20	8.26	11.2	16.0	18.7	20.9	24.0	25.7	27.0
30	9.26	12.6	17.9	20.9	23.3	26.8	28.8	30.2
40	9.96	13.5	19.2	22.4	25.0	28.8	30.9	32.5
50	10.5	14.2	20.2	23.6	26.4	30.3	32.6	34.3
60	10.9	14.8	21.0	24.5	27.4	31.5	34.0	35.7
80	11.6	15.7	22.3	26.1	29.1	33.5	36.1	38.0
1.0×10^2	12.2	16.5	23.3	27.2	30.4	35.0	37.7	39.7
2.0×10^2	13.8	18.7	26.4	30.8	34.4	39.6	42.8	45.1
5.0×10^2	15.9	21.5	30.5	35.5	39.7	45.7	49.4	52.1
1.0×10^3	17.6	23.7	33.5	39.0	43.6	50.2	54.4	57.4
2.0×10^3	19.2	25.8	36.4	42.5	47.5	54.7	59.3	62.5
5.0×10^3	21.3	28.7	40.4	47.0	52.5	60.6	65.6	69.3
1.0×10^4	22.9	30.7	43.3	50.4	56.3	65.0	70.4	74.4
2.0×10^4	24.5	32.9	46.2	53.9	60.1	69.4	75.2	79.5
5.0×10^4	26.7	35.7	50.1	58.4	65.2	75.2	81.6	86.2
1.0×10^5	28.3	37.8	53.0	61.7	68.9	79.5	86.6	91.3
2.0×10^5	29.9	39.9	56.0	65.1	72.7	83.9	91.0	96.3
5.0×10^5	32.0	42.7	59.8	69.6	77.8	89.6	97.2	102.9
1.0×10^6	33.6	44.8	62.7	72.9	81.4	93.9	101.9	107.9
2.0×10^6	35.2	46.9	65.6	76.3	85.1	98.2	106.6	112.8
5.0×10^6	37.4	49.7	69.4	80.7	90.1	103.9	112.9	124.5
1.0×10^7	39.0	51.9	72.3	84.1	93.8	108.3	117.6	129.4
2.0×10^7	40.7	54.0	75.2	87.4	97.5	112.5	122.2	135.6
5.0×10^7	42.8	56.8	78.9	91.6	102.2	117.9	128.0	

13.5 培训

环境保护部第 18 号令《放射性同位素与射线装置安全和防护管理办法》

要求，生产、销售、使用放射性同位素与射线装置的单位，应当按照环境保护部审定的辐射安全培训和考试大纲，对直接从事生产、销售、使用活动的操作人员以及辐射防护负责人进行辐射安全培训，并进行考核；考核不合格的，不得上岗。辐射安全培训分为高级、中级和初级三个级别，依据所从事活动的不同开展不同级别的培训。取得辐射安全培训合格证书的人员，应当每4年接受一次再培训。辐射安全再培训包括新颁布的相关法律、法规和辐射安全与防护专业标准、技术规范，以及辐射事故案例分析与经验反馈等内容。不参加再培训的人员或者再培训考核不合格的人员，其辐射安全培训合格证书自动失效。

卫生部第55号令《放射工作人员职业健康管理办法》要求，放射工作人员上岗前应当接受放射防护和有关法律知识培训，考核合格方可参加相应的工作。培训时间不少于4天。除岗前培训外，放射工作单位需定期组织本单位的放射工作人员接受上述培训，两次培训的时间间隔不超过2年，每次培训时间不少于2天。同时，应当建立并按照规定的期限妥善保存培训档案，并将每次培训的情况及时记录在《放射工作人员证》中。

（许洪卫）

第 14 章

展　望

放射源作为放射性同位素的一种重要制品，有着相当广泛的用途。随着现代高科技的迅猛发展，对放射源品种的需求会有所变化，需求的部门也会有所不同，但总的来说，放射源的应用在很多传统领域里，由于具有其独到之处，其他技术难于与之竞争而被保留下来；另一方面新兴部门的建立，交叉学科的发展，又使新的应用不断地涌现。

其中，放射源在核医学领域中有了新的应用。近一二十年来同位素诊断（包括体内与体外诊断）和显像技术（包括 γ 照相机、SPECT、PET 和影像融合术如 SPECT/PET，PET/CT）的快速发展促进了同位素治疗的进步。而同位素治疗的广泛应用，也势必提升核医学的地位。为了提高疗效，在早期"远距治疗"的基础上，拓展了"近距治疗"，它包括敷贴治疗、腔内治疗、痔疮和组织间治疗等。国内已相继研制成功 ^{192}Ir γ 后装机、^{252}Cf 中子后装机等多种治疗仪器和治疗手段。

核医学治疗仪器进展表明，对于 γ 治疗源，同位素的选择趋向于由高能向低能方向发展。除使用 ^{60}Co、^{192}Ir 外，新增加的同位素，有 ^{125}I（$T_{1/2}$ = 59.6 d、E_γ = 27～35 keV）、^{103}Pd（$T_{1/2}$ = 16.9 d，E_γ = 20～23 keV）等。中子治疗趋向于使用小体积高强度的 ^{252}Cf 自发裂变中子源。

为了适应各类同位素治疗仪器的需要，放射源的制备由圆柱源发展到环状源、线状源、面状源、后装源、丝状源、针状源和种子源（或称籽源）。在源芯制造和源的密封技术上都有新的突破。目前同位素治疗除用于肿瘤治疗外，对一些常见病和多发病的治疗也显示出良好的效果。

放射源除在材料密度、厚度、辐照和探伤等领域应用外，在新型的微电子学、集成电路、机器人、激光工艺、光导纤维通信、能源开发、新材料生产和宇航等领域也起到很大作用。并在工业、农业、油田等多部门采用了多种核技术，如中子测井、中子测水、活化分析、X射线荧光分析、生产过程控制、辐射加工、无损检验等正在继续发展，它们对各类放射源的需求将稳步增长。

此外，一些新的应用如环境污染监测、安全系统检查（包括爆炸品和麻醉品）、矿产品在线分析、特种用途核仪表的开发等需要适合不同场合使用的放射源。

核电是一种经济、安全、可靠、洁净的新能源，属于"绿色能源"。有鉴于此，核电发展前景乐观。欧美等一些发达国家在21世纪将面临很多核电站老化、退役，需要重建。亚洲一些国家如我国、日本、韩国等由于经济发展的需要，将建造数十座核电站，对反应堆启动用一次和二次中子源棒需要量将继续增加，并期望研制和提供更多的核电站排出流（固体、液体、气体）监测仪表刻度用的标准源、参考源和工作源。

随着航天技术的发展，对空间电源的需求量越来越大，其中放射性同位素温差发电器用 ^{238}Pu 热源自20世纪60年代投入应用以来，一直在不断改进并日臻完善。为了制造大功率放射性同位素温差发电器，此后又出现了百瓦级热源和通用同位素热源。

参 考 文 献

[1] 刘元方，江林根. 放射化学 [M]. 北京：科学出版社，2010.
[2] 王同生，张秀儒，刘忠文. 辐射防护基础 [M]. 北京：原子能出版社，1983.
[3] 肖伦. 放射性同位素技术 [M]. 北京：原子能出版社，2000.
[4] 孙树正. 放射源的制备与应用 [M]. 北京：原子能出版社，1992.
[5] Radiation Protection—Sealed Radioactive Sources—general requirements and classification：ISO 2919：1999. [S]. 1999.
[6] International Atomic Energy Agency (IAEA). Safety Series No. 6：Regulations for the Safe Transport of Radioactive Materials [S]. 1985.
[7] International Atomic Energy Agency (IAEA). Safety Standards Series：Regulations for the Safe Transport of Radioactive Materials. Requirements，No ST-1 [S]. 1996.
[8] Eichrolz G G，Radioisotope Engineering [M]. New York：Marcel Dekker INC，1972：135.
[9] 钚238源制备小组. 钚238低能光子源 [J]. 原子能科学技术，1975，3：269.
[10] 蔡善钰，周正和. ^{85}Kr 气体放射源的密封技术 [J]. 同位素，1999，12 (2)：85-89.
[11] 陈庆望. 氚靶介绍 [J]. 原子能科学技术，1977 (4)：399.
[12] 方吉东，许金凤，张瑞林，等. ^{137}Cs-铯榴石化合物的制备和性质研究 [J]. 核化学与放射化学，1984，6 (1)：31.
[13] 张家骅，等. 放射性同位素 X 射线荧光分析 [M]. 北京：原子能出版社，1981.
[14] 滕征森，李永强，张淑卿. 钚-238低能光子源的研制 [J]. 原子能科学技术，1982 (1)：86.
[15] 方吉东，刘有信，等. ^{241}Am 低能光子源制备工艺的研究 [J]. 原子能科

学技术，1979（3）：330.

[16] 滕征森. 锎-252的制备及应用[M]. 北京：原子能出版社，1983.

[17] 黛荠祖. ^{210}Po放射性同位素电池[J]. 核技术，1980（5）：8.

[18] 朱毓坤. 核真空科学技术[M]. 北京：原子能出版社，2010.

[19] 山常起，吕延晓. 氚及防氚渗透材料[M]. 北京：原子能出版社，2002.

[20] 陈梦婷，石建军，陈国平. 粉末冶金发展状况[J]. 粉末冶金工业，2017，27（4）：66-72.

[21] 蒋伟忠，厉益骏. 搪瓷与搪玻璃[M]. 北京：中国轻工业出版社，2015：2-7.

[22] 刘书田. 锕系元素电沉积及其应用[J]. 原子能科学技术，1988，22（3）：228-236.

[23] 刘志勇，孙孟良，范峰，等. 磁场下镍电沉积层织构及表面形貌[J]. 功能材料，2010，41（8）：1422-1426.

[24] Panta Y M, Farmer D E, Johnson P. Preparation of alpha sources using magnetohydrodynamic electrodeposition for radionuclide metrology [J]. Journal of colloid and interface science, 2010, 342 (1)：128-134.

[25] 张华明. 放射源的制备技术及应用[J]. 同位素，2009，22（1）：54-59.

[26] 张明杰，李继东，郭清富. 真空升华法从废镁合金中回收镁——镁合金无害化处理技术[J]. 轻金属，2006（2）：48-51.

[27] 安卫. 热扩散技术及其发展趋势[J]. 航空精密制造技术，1995（5）：42.

[28] GUILLAUME M, et at. On the 14 MeV Neutron producing Tritiated Titanium Targets：Final Report，Part [R]., LA—Tr—71—60，1971.

[29] 刘江，孟令祥，常克力，等. P-32玻璃微球与I-125粒子治疗晚期恶性肿瘤比较[J]. 中国中西医结合外科杂志，2012，18（4）．338-340.

[30] 孙志中，等. ^{31}P(n,γ)^{32}P核反应制备高纯度磷[^{32}P]酸钠溶液[J]. 同位素，2019，32（1）：1-6.

[31] 尹帮顺，李明起，邓启民，等. ^{90}Y发生器的研究进展[J]. 同位素,,22（3）：187-192.

[32] 张雯，颜志平. 亡羊补牢——论钇-90微球国产化[J]. 介入放射学杂志，2017，26（10）：865-867.

[33] 陆治美. 放射性同位素提取及制源工艺[M]. 北京：中国原子能出版

社，2012.

[34] ENOMOTO S, et al. A simplified method for preparation of ^{137}Cs pollucite γ-Ray source [J]. The inter-national journal of applied radition and isotopes, 1981, 32 (8): 595-599.

[35] MOSTAFA M, EL-AMIR M A. Preparation of ^{137}Cs and ^{60}Co sealed sources based on inorganinc sorbents for radiometric calibration purposes [J]. Colloids and surfaces A: physicochem ical and engineering aspects, 2008, 317 (1-3): 687-693.

[36] MIELEARSKI M. Preparation of ^{137}Cs pollucite source core [J]. Isotopenpraxis isotopes in environmental and henlth studies, 1989, 25 (9): 404-408.

[37] 袁汉镕. 中子源及其应用 [M]. 北京：科学出版社.

[38] 丁厚本. 中子源物理 [M]. 北京：科学出版社.

[39] 张锋. 中国同位素中子源测井技术与应用发展 [J]. 同位素, 2011, 24 (1): 12-19.

[40] 裴宇阳. 中子照相技术及其应用 [J]. 新技术应用, 2004 (5): 16-22.

[41] 赵经武. 中子测水技术在中国的发展 [J]. 同位素, 2011, 24 (2): 124-128.

[42] 魏国海. 核燃料元件中子照相无损检测专用转移容器的优化设计 [J]. 核技术, 2014, 37 (6): 77-81.

[43] 李永明. 混合压片型^{241}AmO$_2$-Be中子源物理特性研究 [J]. 原子能科学技术, 2013, 47 (1): 1-6.

[44] 蔡善钰. 镅-铍环状中子源的制造 [J]. 核科学与工程, 1997 (4): 382-384.

[45] 蔡善钰. 镅-铍中子源 [J]. 测井技术, 1979 (5): 35-47.

[46] 蔡善钰. 秦山300MW核电站^{210}Po-Be启动源的设计和安全分析 [J]. 同位素, 1995 (4): 193-197.

[47] 陈英. 球形^{124}Sb-Be, ^{24}Na-D^{2}O, ^{24}Na-Be光中子源 [J]. 原子能科学技术, 1975 (2): 191-197.

[48] 闫寿军. 美国锎-252提取技术综述 [J]. 国外核新闻, 2019 (10): 27-31.

[49] 刘造起, 潘光国, 李呈立, 等. 永久发光粉历史回顾及前景展望 [C] //2006年特种化工材料技术研讨会, 2006: 150-153.

[50] 彭述明, 王和义, 等. 氚化学与工艺学 [M]. 北京：国防工业出版

社，2015.

[51] 李思杰，马俊平，平杰红．气态氚光源热冲击仿真分析［J］．中国原子能科学研究院年报，2016（1）：177-178.

[52] 高炬，李瑜．气体放电灯荧光粉涂覆技术的探讨［J］．真空电子技术，1995（1）：20-24.

[53] 李思杰，马俊平，平杰红，等．平面放射性光源荧光层的制备及发光性能研究［C］//中国核学会2019年学术年会，2019.

[54] SH3. R05 and SH3. R06 Type radioluminescent light sources. Technical specifications，TU 95 2639-97，1997.

[55] 吴健，雷家荣，刘文科．氚灯亮度的Monte-Carlo模拟研究［J］．同位素，2013，47（3）：481-484.

[56] 余宪恩．实用发光材料［M］．北京：中国轻工业出版社，2008.

[57] 张伟娜．疏水性二氧化硅气凝胶的常压制备及其性能表征［D］．长春：长春理工大学，2006.

[58] WAGH P B, BEGAG R, PAJONK G M, et al. Comparison of some physical properties of silica aerogel monoliths synthesized by different precursors［J］. Materials chemistry and physics，1999，57（3）：214-218.

[59] VENKATESWARA RAO A, NILSEN E, EINARSRUD M A. Effect of precursors, methylation agents and solvents on the physicochemical properties of silica aerogels prepared by atmospheric pressure drying method［J］. Journal of non-crystalline solids，2001，296：165-171.

[60] POPEA E J A, MACKENZIEA J D. Sol-gel processing of silica：Ⅱ. The vole of the catalyst［J］. Journal of non-crystalline solids，1986，87（1-2）：185-198.

[61] VENKATESWARA RAO A, PAJONK G M, PARVATHY N N. Effect of solvents and catalysts on monolithicity and physical properties of silica aeroels［J］. Journal of Materials Science，1994，29（7）：1807-1817.

[62] LAWRENCE H, POCO W, FOHN J. Method for producing hydrophobic aerogels：US Patent，6005012［P］. 1999-05-16.

[63] 罗燚，姜勇刚，冯军宗．常压干燥制备SiO_2气凝胶复合材料研究进展［J］．材料导报A：综述篇，2018，32（5）：780-787

[64] ELLEFSON R E, et al. Tritiation of aerogel matrices：T_2O, tritiated organics and tritium exchange on aerogel surfaces［C］// Radioluminescent Lighting Technology. Technology Transfer Conference Proceedings, U. S. DOE, Annapo-

lis, MD, 1990.

[65] SHEPODD T J, SMITH H M. Hydrogen – tritium getters and their applications [R]. US. Department of Energy Report CONF9009201. Maryland, US: [s. n.], 1990: 10 – 13.

[66] RENSCHLER C L, CLOUGH R L, SHEPODD T J. Demonstration of completely organic, optically clear radioluminescent light [J]. Journal of applied physics, 1989, 66 (9): 4542 – 4544.

[67] NELSON D A, MOLTON P M, JENSEN G A, Radioluminescent polymers: preparation of deutero – and tritopolystyrene [J]. Journal of applied polymer science, 1991, 42 (7): 1801 – 1806.

[68] MULLINS D F, KRASZNAI J P, MUELLER D A, Development of organic tritium light technology at Ontario Hydro [J]. Fusion Technology, 1992, 21 (2): 312 – 317.

[69] 陈玉玺. 永久性氚发光涂料 [J]. 涂料工业, 1990 (5): 34 – 38.

[70] RENSCHLER C L, et al. Solid state radioluminescent lighting [J]. Radiation Physics Chemistry, 1994, 44 (6): 629 – 644.

[71] SHEPPODD T J, SMITH H M, Hydrogen – tritium getters and their applications, in Radioluminescent Lighting Technology. Technology Transfer Conference Proceedings, U. S. DOE, Annapolis, MD, 1990.

[72] RENSCHLER C L, et al. All – organic, optically clear, radioluminescent lights [C] // Radioluminescent Lighting Technology. Technology Transfer Conference Proceedings, U. S. DOE, Annapolis, MD, 1990.

[73] GILL J T, et al. Solid state radioluminescent sources: mixed organic/inorganic hybrids [C] // Radioluminescent Lighting Technology. Technology Transfer Conference Proceedings, U. S. DOE, Annapolis, MD, 1990.

[74] GILL J T, RENSCHLER C L, SHEPODD T J, et al. Solid state radioluminescent sources: mixed organic/inorganic hybrids [R]. US Department of Energy Report CONF9009201. Maryland, US: [s. n.], 1990: 58 – 68.

[75] GILL J T, HAWKINS D B, RENSCHLER C L, Solid state radioluminescent sources using zeolites [C] // Radioluminescent Lighting Technology. Technology Transfer Conference Proceedings, U. S. DOE, Annapolis, MD, 1990.

[76] TOMPKINS J A, et al. Tritide based radioluminescent light sources [C] // Radioluminescent Lighting Technology. Technology Transfer Conference Proceed-

ings, U. S. DOE, Annapolis, MD, 1990.

[77] KHERANEI N P, Shmayda W T. Radioluminescence using metal tritides [J]. Zeitschrift für Physikalische Chemie, 1994, 183: 453 – 463.

[78] ELLEFSON R E. High – pressure bulk – phosphor tritium lamps [C] // Radioluminescent Lighting Technology. Technology Transfer Conference Proceedings, U. S. DOE, Annapolis, MD, 1990.

[79] 刘造起, 李呈立同, 李城, 等. ^{147}Pm – ZnS: Cu, Cl 永久发光涂料 [C] // 第二届特种胶粘剂研究与应用技术交流会论文集 2010: 137 – 141.

[80] BLANCHARD J, HENDERSON D, LAL A. A Nuclear Microbattery for MEMS Devices [R]. US. Deportment of Energy Award No. DEFG07 – 99ID13781. University of Wisconsin – Madison. Madison, WI, 2002.

[81] 吴治华, 等. 原子核物理实验方法 [M]. 北京: 原子能出版社, 1997.

[82] 蒙大桥, 等. 放射性测量及其应用 [M]. 北京: 国防工业出版社, 2018.

[83] KNOLL G F. Radiation detection and measurement [M]. 3rd ed. New York: John Wiley &Sons, Inc, 2000.

[84] TSOULFANIDIS N. Measurement and detection of radiation [M]. 3rd ed. London: Taylor &Francis, 1995.

[85] REILLY D, et al. Passive nondestructive assay of nuclear materials [R]. LA – UR – 90 – 732, 1991.

[86] TAYEB M, DAI X, Corcoran F C, et al. Evaluation of interferences on measurements of ^{90}Sr/^{90}Y by TDCR Cherenkov counting technique [J]. Journal of radioanalytical and nuclear chemistry, 2014, 300: 409 – 414.

[87] HYPES P, BRACKEN D S, et al. An analysis of calibration curve models for solid – state heat – flow calorimeters [R]. LA – UR – 01 – 3834, 2001.

[88] Standard Test Method for Nondestructive Assay of Plutonium, Tritium and ^{241}Am by Calorimetric Assay: ASTM C1458 – 09 [S]. 2009.

[89] 全国核能标准化技术委员会. 密封放射源一般要求和分级: GB 4075—2009 [S]. 2009.

[90] 全国核能标准化技术委员会. 密封放射源的泄漏检验方法: GB 15849—1995 [S]. 1995.

[91] 中华人民共和国国家质量监督检验检疫总局, 中国国家标准化管理委员会. 质量管理体系 要求: GB/T 19001—2016 [S]. 2016.

[92] 中华人民共和国国家质量监督检验检疫总局. 测量管理体系 测量过程和

测量设备的要求：GB/T 19022—2003 [S]. 2003.

[93] 梁珺成，等. 2πα、2πβ 粒子发射率的绝对测量 [J]. 计量学报，2016，37（2）：209-213.

[94] King L E, et al. A new large - area 2π proportional counting system at NIST [J]. Applied radiation and isotopes 66，2008. 66（6-7）：877-880.

[95] 中国核工业总公司. 放射性核素中子源强度测量—锰浴法：EJ/T 844—1994 [S]. 1994.

[96] 刘毅娜，等. 锰浴法绝对测量中子源发射率 [J]. 原子能科学技术，2013，47（6）：1044-1047.

[97] 金伟其，等. 辐射度 光度与色度及其测量 [M]. 2版. 北京：北京理工大学出版社，2016.

[98] 刘慧，杨臣铸. 光度测量技术 [M]. 北京：中国计量出版社，2011.

[99] International Atomic Energy Agency. IAEA - TECDOC - 1344 Categorization of radioactive sources [R]. 2003.

[100] 中华人民共和国国家质量监督检验检疫总局，中国国家标准化管理委员会放射性物质运输安全规程：. GB 11806—2004 [S]. 2004.

[101] 范申根，娄云. 放射性和辐射的安全使用 [M]. 北京：原子能出版社，1983.

[102] 李星洪. 辐射防护基础 [M]. 北京：原子能出版社，1982.

[103] 王建龙，何仕均. 辐射防护基础教程 [M]. 北京：清华大学出版社，2012.

[104] 马崇智. 放射性同位素手册 [M]. 北京：科学出版社，1979.

索 引

0~9

2πα（β）计数法 362

    计数器结构图 362

^{3}He 探测器（图） 379

^{3}H 灯 453

4πβ-γ 符合测量装置（图） 369

^{10}B 探测器 378

^{241}Am-Be 中子源 229

^{55}Fe 初级光子源 184

    多种靶物组成的可变能量低能光子源的装置（图） 187

    硫靶组合源能谱（图） 186

    铝靶组合源能谱（图） 185

    钛靶组合源能谱（图） 186

    与铝、硫、钛靶组合源的次级光子发射率（表） 184

^{55}Fe 源-靶组合源结构（图） 185

^{60}Coγ 放射源 126

    堆照产额随辐照时间的变化（图） 127

    堆照生产反应链（图） 126

    辐射探伤用 128

    高活度 130

    工农业等辐照用 130

    医用 129

^{57}Co 低能光子源 164

    γ 能谱（图） 164

    光子发射率（表） 164

^{63}Ni 97

    β 放射源的制备 104

^{65}Zn 的 γ 射线减弱曲线（图） 20

^{75}Se 低能光子源 168
    能谱（图） 168

^{85}Kr 灯 453

^{85}Kr 放射源 97
    端窗源（图） 113
    国产端窗源（图） 115
    国产规格（表） 114
    制备 114

^{88}Y 低能光子源能谱（图） 172

^{90}Y 119

^{90}Sr 109，111，319
    测厚源（图） 110
    放射源的制备 109～113
    国产规格（表） 112
    国外规格（表） 111
    同位素热源的制备 318

^{90}Sr - ^{90}Y 98、119、197
    β 辐射与铌靶作用产生的轫致辐射的产额（图） 197
    β 辐射与铅靶作用产生的 X 射线谱（图） 196
    β 粒子激发低能光子源 201
    分离 120
    特性（表） 98

^{90}Sr（$SrTiO_3$）热源燃料主要特性（表） 322

^{99}Mo - ^{99m}Tc 发生器（图） 33

^{106}Ru 放射源的制备 112

^{109}Cd 低能光子源 165
    规格（表） 165
    制备 166

^{123}Te^m 低能光子能谱（图） 175

^{124}Sbγ 放射源 132

^{125}I 低能光子源 170
    点源结构（图） 170
    能谱（图） 170

^{137}Csγ 放射源 136

衰变纲图 135

制备 137~141

^{137}Cs 低能光子源能谱（图） 173

^{137}Csγ 仪表源（图） 142

^{147}Pm 105、200

β 粒子激发低能光子源 200

β 放射源的制备 104

国产 β 测厚源（图） 106

^{147}Pm 发光粉 452

152，154 Euγ 放射源 132

^{152}Eu 低能光子源能谱（图） 173

^{170}Tm 低能光子源 168

国产规格（表） 168

能谱（图） 168

^{170}Tm γ 辐射激发的 X 辐射产额与靶材料原子序数的关系（图） 180

^{192}Ir γ 放射源 130

堆照生产反应过程（图） 131

衰变纲图 131

^{204}Tl 97、108、202

β 放射源的制备 108

β 粒子激发低能光子源 201

^{210}Po–Be 开关中子源 233

我国研制（图） 233

^{210}Po 放射性静电消除器（图） 93

^{210}Po α 放射源规格（表） 87

^{210}Po α 粒子 80、216

与靶物作用的中子产额（表） 217

在某些物质中的射程（图） 80

^{210}Po–Be 中子源 219

检验 220

设计 219

应用 220

制备 220

^{238}Pu、^{241}Am、^{244}Cm 源光子发射率与单位面积活度的关系（图） 159

^{239}Pu 放射源在不同温度下形成的 TiO_2 密封膜的试验结果（表） 83

^{241}Am – ^{125}I 组合源（图） 171
^{241}Am 初级光子源 184
 铜靶组合能谱（图） 184
 银靶组合源能谱（图） 184
 与圆锥面靶组合源的光子发射率（表） 183
^{241}Am 低能光子源 153
 包壳和规格 155
 国产规格（表） 157
 英国生产规格（表） 158
 源芯的制备 154
^{241}Am α 箔源 78
 规格（表） 78
 国产（图） 79
 能谱（图） 79
^{252}Cf 次临界中子倍增器设计特性和参数（表） 248
^{252}Cf 自发裂变中子 241
 能量及产额（表） 242

A ~ Z，α、β、γ

Am – Be 合金法 229
CsCl 136
Ge（Li）探测器 2π 效率曲线（图） 147
GM 计数器 353
（n，α）反应 26
（n，f）反应 26
（n，γ）反应 25
（n，p）反应 26
Si（Li）探测器效率（图） 147
SiO_2 气凝胶 278
 基本性能（表） 277
 制备过程 279~285
在美国 SNAP 计划中 ^{238}Pu 的几种燃料形式利应用状况（表） 317
TDCR 方法 365
X 射线分析 416
 荧光分析 416

索引

X 射线衍射分析 419

 原理（图） 420

（α，n）中子源 215

 靶物 217

 包壳 218

 特性 214

 制备同位素 216

α 放射性同位素 72、216

 特性（表） 72

 用于制备（α，n）中子源（表） 216

 与靶物质组合形式 217

α 放射源 9，73

 活度测量 361

 检验 90

 结构与分类 72

 应用 91

 源芯的制备方法 73

 制备 85

α 粒子激发低能光子源 203

 源 – 靶组合形式（图） 205

 激发不同靶物的光子发射率（表） 205

 激发中等和重元素发射特征 X 辐射的产额（表） 206

α 粒子射程 10

α 粒子在空气中的 Bragg 曲线（图） 13

α 热源 308

α 射线检测 425

 电离效应检测 425

 透射测量 427

α 射线与核外电子的作用 12

B – γ 级联衰变纲图 370

β 放射源 96

 分类 96

 辐射剂量 469

 检验 100

 设计方法 98

制备 100

β 热源 308

β 射线 14

    吸收 16

    反散射测厚 429

    检测 429

    透射测厚 431

    与物质的相互作用 14

β 粒子激发低能光子源 191

    ^{3}H 199

    ^{85}Kr 201

    $^{90}Sr-^{90}Y$ 201

    ^{147}Pm 200

    ^{204}Tl 201

（γ，n） 中子源 236

    用于制备的靶物 238

    用于制备的同位素（表） 236

    制备工艺 238

    中子发射率 237

    中子通量 238

γ 反散射测厚 438

γ 热源 309

γ 射线测量 433

    厚度 433

    密度 436

γ 射线探伤 413

    工作原理 413

    应用 414

A ~ B

锕 227 - 铍中子源 222

    制备 223

钯合金膜 57

    透氢速率（表） 57

靶件辐照 28

索引

靶件制备　26
　　靶材料选择　27
　　靶材料预处理　27
　　靶容器的清洗和靶筒的密封　28
　　靶筒设计　27
靶系统　32
半导体探测器　356
　　组成（图）　356
伴随事件法　381
标准截面法　381
玻璃法　60、77、137
　　铯玻璃法　136
伯杰公式计算各向同性点源、无限介质照射量累积因子的参数值（表）　471
不同检验方法的探测阈值和限值（表）　403
不同能量的 γ 射线在若干材料中的质量衰减系数（表）　473
不锈钢窗^{109}Cd 低能光子源能谱（图）　165
不锈钢窗^{241}Am 低能光子源　148、155
　　国产的不锈钢窗（图）　155
　　和铝窗^{241}Amγ 放射源 γ 辐射能量立体角分布（图）　148
　　能谱（图）　157
步枪氚光瞄准具（图）　300
钚 238　85
　　低能光子源　159
　　放射源制备　85
　　同位素电源　336
　　同位素热源的制备　313
　　同位素热源燃料形式　314
　　原料生产流程图　313
钚 238 – 铍中子源　224
　　检验　226
　　设计　224
　　应用　226
　　制备方法　225
钚 239 – 铍中子源　226
部分放射性核素衰变性质（表）　385

部分可用于同位素电源的放射性同位素燃料特性（表） 308

C

擦拭检验　149、401
　　　干式　402
　　　湿式　401
参考文献　507
产额　32
常温空气浴量热仪　392
常用的波纹管阀结构及其密封方式（图）　55
常用防护材料密度（表）　477
常用于γ探伤仪中的^{192}Ir源（表）　132
常用中子探测方法（表）　376
常用中子探测器（表）377
超声波检验　149
成型吸附　139
充氚工艺　266
　　　铀床结构示意图　266
氚（^{3}H）β粒子激发低能光子源　198
　　　^{3}H–Ti（图）　198
　　　^{3}H–Zr（图）　199
氚（^{3}H）放射源的制备　100
氚靶　101
　　　国产规格（表）　103
氚发光粉　116
　　　基于DEB　290
　　　基于氚化聚苯乙烯　288
　　　其他　292
　　　制备流程（图）　288
氚光源手表（图）　301
氚化苯乙烯的制备　288
氚化有机物　285
　　　实验结果（图）　286
氚同位素交换　286
　　　实验结果（图）　287

索　引

氚扩散与渗透模型（图）　261

次级辐射的产生　175

催化剂　279

D

带电粒子的发射　23

弹性碰撞　14

弹性散射　22

等离子束　38

等离子体弧焊技术　51

低能 β 源　96

　　特性（表）97

低能光子源　145

　　测量　146

　　检验　149

　　结构与分类　144

　　设计　145

　　应用　206

点源 – 锥面靶组合源　179

电磁感应　37

电镀法　61、73

　　制备 β 放射源　99

　　制备 α 放射源源芯　74

　　制备的 ^{241}Am – Au 合金 α 放射源（图）　75

　　制备锎 252 中子源　242

　　制备钷 147 放射源　105

　　制源　61

电化学技术　49

电离式气体混杂物浓度计　426

电离式气体湿度计　426

电离室　350

　　结构（图）　348

电离真空压力计　427

电流电离室　350

　　工作特性（图）　350

原理（图） 350

电子对效应 19

氡222 – 铍中子源 220

E ~ F

俄罗斯锶90同位素电源的部分参数（表） 340

发光强度 254

发光层的制备 262

反应堆中子源 208

《放射工作人员职业健康管理办法》 503

放射性核素 386

  毒性分组（表） 406

  热功率 386

放射性活度 8，346

  测量常用方法（表） 357

  含义 8

  限值（表） 409

放射性静电消除 455

放射性静电消除器（图） 456

放射性浓度 8

放射性气体的纯化与增压 56

放射性同位素电源 462

放射性同位素发生器 33

  ^{99}Mo – ^{99m}Tc 结构（图） 33

  溶剂萃取 34

  升华型 34

放射性同位素光源 452

《放射性同位素与射线装置安全和防护管理办法》 502

《放射性同位素与射线装置安全和防护条例》 494

放射性同位素 8

  常规生产的条件与工艺 29

  毒性分组 482

  含义 8

  某些β放射性同位素及其特征（表） 95

  应用在油田测井 488

用于医学领域　487

　　　治疗疾病方法　459

放射性永久发光体的制备　116

放射源　4、8~24、43~71、342~414、415~506

　　　国内发展历程　5

　　　基本特性　4

　　　使用　487

　　　应用技术　412~463

　　　运输　493

　　　制备基础　8~24

　　　制备技术　42~70

　　　质量　345

　　　质量控制方法　342~414

　　　贮存　492

放射源分类（表）　495

放射源使用　487

　　　γ辐照装置　488

　　　γ探伤源　491

　　　医用　487

　　　仪器仪表源　492

　　　油田测井　488

放射源制备工艺　46

　　　源芯　46

　　　源壳密封技术　50

放射源质量管理流程（图）　344

非弹性碰撞　23

非密封放射源　9、497

　　　分类　497

　　　含义　9

沸石吸附技术　49、64

沸石柱吸附法工艺过程（图）　67

沸腾液浸泡检验　400

粉末混合压片法　217

粉末冶金技术　48、59

粉状光源　452

放射源制备及应用技术

氚靶中子源　231
符合测量法　369
　　符合脉冲示意图　368
　　符合事件示意图　368
辐光伏同位素电池　302
　　示意图　302
辐光转换效率　255
　　含义　256
　　计算公式　256
辐射俘获　23
辐射剂量　467
　　β源　469
　　γ源　467
　　中子源　467
辐射加工的应用（表）　446
辐射屏蔽　470
　　γ射线　471
　　α、β粒子　475
辐射探伤用 ^{60}Co 放射源　128
辐射效应应用技术　3
辐照室防护要求　489
　　安全联锁措施　490
　　臭氧等有害气体的清除　490
　　对水井的要求　489
　　井水的排放　490
　　耐辐照问题　490
　　　选址与屏蔽　489
　　源的贮存与操作　489
　　贮源井水的要求　489

G

钆153（^{153}Gd）低能光子源　166
　　规格（表）　167
　　能谱（图）　167
　　制备　167

索引

干粉法（图） 265

高活度 $^{60}Co\gamma$ 放射源 129

高能 β 源 98

高温挥发法 217

各类型氚光源性能对比（表） 293

工农业等辐照用 ^{60}Co 强源 130

共沉淀法 241

钴 57（^{57}Co）低能光子源 163

钴 60 和 铯 137 衰变纲图 122

鼓泡泄漏检验 402

固态氚光源 276

    各类型氚光源性能对比（表） 293

    基于氚钛靶的氚光源 292

    基于沸石的氚光源 291

    基于气凝胶的体积氚光源 276

    基于有机化合物的氚发光粉 287

固态量热仪 391

光电效应 17

光亮度 255

光通量与辐通量 252

硅酸盐法 60

国产 ^{55}Fe 低能光子源圆盘源规格（表） 162

国家标准 GB15849 399

H

焊缝检验 40

焊缝结构（图） 39

焊接检验方法与分类（表） 41

焊接热源 37

核纯度 32

核反冲法 373

核裂变法 374

赫斯特公司 300

化学镀镍、电镀加金属保护膜 82

环形源靶组合源 181

环形源－圆锥面靶组合结构（图）　183
　　双环形源－靶组合结构（图）　182
　　用于半导体探测器的源靶结合（图）　182
环状中子源　234
活化法　376
火焰封割法　266

J

基于氚化聚苯乙烯的氚发光粉　288
基于微球的体积气态氚光源　275
激光封割法　267
激光束　38、267～270
几种主要β测厚源的特性（表）　432
加速器中子源　208
加速试验　411
间质治疗　461
碱性催化剂　279
溅射法　70
结构安全性仿真　261
金属膜吸附法　98
浸泡检验　400
　　沸腾液浸泡检验　400
　　热液体浸泡检验　400
　　液体闪烁液浸泡检验　400
静电涂覆法　262
钷147（^{147}Pm）β放射源的制备　104
　　电镀法　107
　　粉末冶金法　105
　　搪瓷法　106
　　真空蒸发法　106
锔242－铍中子源　230
　　应用　230
　　制备　230
锔244－铍中子源　231
锔244（^{244}Cm）　低能光子源　160

光子发射率（表） 160
　　能谱图 161

K

开关中子源　233
锎 252 次临界中子倍增装置　245
　　工作原理　245
　　装置　245
锎 252 的生产　241
锎 252 中子源的制备工艺　242
　　^{252}Cf 的含氧酸盐高温转化氧化物法　243
　　电镀法　242
　　粉末冶金法　243
　　共沉淀法　242
　　离子交换吸附 – 灼烧 – 冷压法　243
　　无机吸附剂吸附法　242
康普顿效应（图）　18
可变能量低能光子源　185
氪光源　295
　　活度与亮度的关系（表）　295
　　设计图　295
宽束 γ 射线的减弱　21

L

镭 226 – 铍中子源　220
　　辐照后　222
　　衰变图　221
　　制备　222
锂靶中子源　232
锂玻璃闪烁体　380
亮度测量　395
　　目视法　396
　　客观法　396
量热法　384
　　原理　387

优缺点　395
量热仪类型　388
　　固态量热仪（图）　391
　　空气等温型（图）　392
　　水浴型（图）　390
　　温差杆（图）　393
量热仪运行模式　393
　　被动模式　393
　　伺服模式　394
列出各类电源的性能比较（表）　329
裂变　24
硫化锌中子屏　379
螺纹接头原理示意图和连接类型　55
氯化铯法　136

M

脉冲电离室　349
　　原理（图）　349
煤炭灰分测量　438
　　各种辐射方法测量煤炭中灰分（表）　439
镅241 - 锔242 - 铍中子源　230
镅241 - 铍中子源　227
　　Am - Be 合金法　229
　　国产规格（表）　229
　　国产结构（图）　228
　　混合压片法　228
　　陶瓷法　229
镅241（^{241}Am）低能光子源　153
美国橡树岭国家实验室　315、336
　　制备^{238}Pu溶胶流程图　315
锰浴法　382
密封放射源　8
　　典型使用对质量的要求（表）　408
　　泄漏检测方法（表）　400
　　质量检验标准（表）　405

模拟裂变中子源　232

某些初级低能光子源（表）　172

母体吸附型发生器　119

N

内电解　88

　　装置（图）　88

内照射　482

镍63（^{63}Ni）β放射源的制备　103

凝胶的干燥　282

　　超临界干燥装置示意图　283

　　方法　283

　　过程　283

农业应用技术　456

　　农作物的突变育种　456

　　防治虫害　458

P

培训　502

硼靶中子源　231

钋210α放射源的制备　85

　　电镀　87

　　粉末冶金－滚轧法　89

　　内电解　88

　　陶瓷微球法　89

　　自镀　86

钋210同位素热源　323

　　生成组成为Po（RE）$_2$的条件（表）　325

　　生成组成为Po（RE）的条件（表）　326

　　我国第一个剖面图　328

　　用于制备钋化物的装置示意图　324

　　制备　323

钋210同位素电源　340

钷光源　297

Q

气态氚光源 257~275

  技术全流程（图） 258

  设计 258~260

  系列产品（图） 257

  性能表征（表） 271

  影响亮度的因素 273

  原理示意图 257

  制备 262~272

气体光源 453

气体加压鼓泡检验 403

气体探测器 346

  电压与电流的关系（图） 347

  结构示意图 347

气态氚光源用玻璃载体的成型（图） 262

钎焊 37

球形氚光源表面辐射通量与直径的关系（图） 275

球形中子源 234

R

热电换能器结构示意图 334

热液体鼓泡法 403

热电换能器热电元件的发电原理示意图 332

热电转换材料及元件 332

韧致辐射 15、478

溶剂交换–表面改性 280

溶胶–凝胶工艺 277

溶液蒸发法 69

S

闪烁体探测器 353、379

  基本组成（图） 353

闪烁体 354

  选择 354

索 引

种类 354

射气检验 401

    射气检验法 401

    吸收法 401

    液体闪烁浸泡 401

食品辐照的应用范围（表） 454

手枪氚光源瞄具（图） 299

水涂覆法 263

锶90同位素电源 336

    俄罗斯部分参数（表） 340

    美国应用情况（表） 337

苏联生产的 ^{239}Pu α 面源的规格（表） 76

苏联生产的 ^{239}Pu 静电消除器结构示意图 92

酸性催化剂 279

T

搪瓷法 60、106

    制 ^{241}Am 源芯 154

    制备 ^{241}Am 等放射源的基本工艺流程 76

陶瓷-搪瓷技术 48

陶瓷成型吸附工艺过程（图） 140

陶瓷法 60

    制备 ^{137}Cs γ 源 136

    制备 ^{147}Pm 次级低能光子源 200

    制备 ^{153}Gd 放射源 166

    制备 $AmO_2 \cdot BeO$ 陶瓷体中子源 229

    制备 α 源 75

    制备中子源芯 217

陶瓷体铯榴石 137

锑124-铍中子源的制备 239

铁55（^{55}Fe）低能光子源 162

    国产规格（表） 162

    能谱图 163

同位素电源 10、329

    封装方式 322

类型 330

应用 334

优势 329

展望 341

同位素光源 250

分类与表征参数 252

应用 298

原理及特点 250

同位素甲烷测量报警装置 426

同位素热源 10、306

包壳 312

结构 305

类型 308

选择 306

应用 328

原理 304

展望 341

制备 313~330

同位素仪表用 $^{60}Co\gamma$ 放射源 126

同位素制备方法 24

从高放废液中提取 34

从天然产物中提取 24

反应堆生产 25

放射性同位素发生器提供 33

加速器生产 31

同位素中子源 209

特性 209

应用 212

钍 228 – 铍中子源 223

数据（表） 224

W ~ X

外照射 466

防护基本方法 466

微型 β 放射源的制备 115

索 引

温差杆　392

温差型同位素电源原理　331

温度检验　409

钨极氩弧焊技术　50

物质在 γ 射线作用下不同剂量的辐射效应与应用范围（表）　445

先驱体　278

线状中子源　234

小立体角法　359

泄漏率设计　260

Y

液氮鼓泡检验　403

液闪 TDCR 装置　364

　　装置（图）　365

液闪计数法　363

液体闪烁液浸泡检验　400

一步法与两步法催化工艺　279

一些主要的长寿命裂变产物的性质（表）　34

医疗用品灭菌消毒　448

医学应用技术　459

　　γ 刀治疗　460

　　近距离放射治疗技术　460

　　远距离 γ 射线治疗　460

医用 ^{60}Co γ 强源　129

医用 ^{60}Co 放射源　128

医用 ^{90}Sr 放射源（图）　111

医用内照射 β 放射源的制备　117

异形中子源　234

荧光粉－基体混合体的基本制备工艺　276

铀床结构示意图　266

有机高分子材料改性　451

有机合成法　70

有机闪烁体　380

圆柱形放射性气体总出射功率与气压的关系（图）　274

源窗　9

放射源制备及应用技术

源壳密封技术 50
源芯 9、45
  设计 45
  制备工艺 47

Z

载体的抗压设计 259
窄束 γ 射线减弱 20
长计数器法 382
针状中子源 234
真空鼓泡检验 403
真空技术 47、52
  制备氪 85 源 100
真空升华法 68
  过程 68
正比计数器 351
直接吸附 140
  工艺流程（图） 140
制备 γ 放射源的常用核素的特性（表） 124
制备低能光子源的常用同位素的特性（表） 151
质能吸收系数（表） 479
中能 β 源 97
中子–γ 组合放射源 235
中子测井 213、440
中子产额 214
中子的屏蔽 479
中子发射率 209
  测量 383
  光中子源 236
中子活化分析 212
中子检测 440
  测水分 213
  在石油天然气测井中的应用 440
中子能谱 28、210、215
中子强度 209

中子通量　237

中子 – γ 测井曲线（图）　441

中子源　208

中子照相　213、422

　　^{252}Cf 源照相装置示意图　423

　　优点　424

自镀^{210}Po – 化学镀 α 放射源（图）　86

自镀制源　63

自发裂变中子源　239

　　数据（表）　240

　　特点　239

阻钚透氚装置　311